Schwister (Hrsg.)
Taschenbuch der Umwelttechnik

Herausgeber
Prof. Dr. rer. nat. *Karl Schwister*
Fachhochschule Düsseldorf

Autoren
Prof. Dr.-Ing. *Mario Adam*
Fachhochschule Düsseldorf, (Kapitel 28 und 29)

Prof. Dr.-Ing. *Barbara Dietzsch*
Beuth Hochschule für Technik Berlin, (Kapitel 16 bis 19)

Prof. Dr.-Ing. *Gerd Falkenhain*
Technische Fachhochschule Bochum, (Kapitel 9, 11 und 24)

Prof. Dr.-Ing. *Wiljo Fleischhauer*
Fachhochschule Düsseldorf, (Kapitel 20 und 21)

Ref. iur. *Henning Holz*, LL.M
Universität Erfurt, (Kapitel 3)

Prof. Dr. rer. nat. *Johanna Hopp*
Fachhochschule Jena, (Kapitel 7, 25 und 26)

Doz. Dr.-Ing. *János Janositz*
Ungarische Akademie der Wissenschaften Budapest, (Kapitel 5)

Dipl.-Ing. *Volker Leven*
Fachhochschule Düsseldorf, (Kapitel 13 und 23)

Prof. Dr.-Ing. *Frank-Joachim Möller*
Fachhochschule Jena, (Kapitel 1 und 4)

Dr.-Ing. *Peter Reiser*
Deutsche Montan Technologie GmbH Bochum, (Kapitel 10 und 27)

Prof. Dr.-Ing. *Fred Schäfer*
Fachhochschule Südwestfalen Iserlohn, (Kapitel 23)

Prof. Dr. rer. nat. *Karl Schwister*
Fachhochschule Düsseldorf, (Kapitel 2, 6, 8, 12 bis 15)

Taschenbuch der Umwelttechnik

herausgegeben von
Prof. Dr. rer. nat. Karl Schwister

2., aktualisierte Auflage

Mit 161 Bildern und 61 Tabellen

FACHBUCHVERLAG LEIPZIG
im Carl Hanser Verlag

Bibliografische Information der Deutschen Nationalbibliothek

Die Deutsche Nationalbibliothek verzeichnet diese Publikation in der DeutschenNationalbibliografie; detaillierte bibliografische Daten sind im Internet über http://dnb.d-nb.de abrufbar.

ISBN 978-3-446-41999-5

Fachbuchverlag Leipzig im Carl Hanser Verlag
© 2010 Carl Hanser Verlag München
www.hanser.de/taschenbuecher
Projektleitung: Dipl.-Phys. Jochen Horn
Herstellung: Renate Roßbach
Druck und Bindung: Kösel, Krugzell
Printed in Germany

Vorwort

Das *Taschenbuch der Umwelttechnik* beschreibt die komplexen Zusammenhänge zwischen den verschiedenen Umweltmedien Boden, Wasser und Luft. Es wurde großer Wert auf die interdisziplinäre Verknüpfung verschiedener naturwissenschaftlicher Disziplinen mit der Verfahrenstechnik und den Einflüssen von Schadstoffen sowohl auf den Menschen als auch auf die Umweltmedien gelegt. Neben der Konzeption und Beurteilung umwelttechnischer Maßnahmen kommt dem Umweltmanagement und einer umweltverträglichen industriellen Produktion eine zunehmend steigende Bedeutung zu. Das vorliegende Buch erhebt nicht den Anspruch auf Vollständigkeit der Darstellung der Technologien, sondern versucht, die Notwendigkeit interdisziplinärer Verknüpfungen zwischen technologischen Maßnahmen, rechtlichen Rahmenbedingungen und ökologischen Aspekten herzustellen.

Für den Einsteiger, dem die einschlägigen Begriffe aus Chemie, Biologie und Verfahrenstechnik noch nicht ausreichend geläufig sind, wurde im ersten Abschnitt *„Grundlagen"* eine Basis geschaffen, um sich schnell mit den häufig verwendeten Termini und allgemeinen Gesetzmäßigkeiten vertraut zu machen. Eine Einführung in das Umweltrecht und fachübergreifende Aspekte wie Risikoabschätzung und Umweltmanagement ergänzen diesen Bereich.

Im zweiten Abschnitt *„Umweltschadstoffe"* geht es um die Entstehung von Schadstoffen und ihre Wirkung auf Menschen und Umweltmedien. Die einzelnen Kapitel bieten Basisinformationen zur Wasser- und Luftverschmutzung, zur Bodenbelastung, zu Abfall, Lärm und elektromagnetischer Strahlung. Es werden aber auch aktuelle Probleme besprochen, wie z. B. Ozonloch, Waldsterben oder Klimawandel, die aufgrund des Standes der Forschung noch nicht endgültig zu bewerten sind.

Im dritten Abschnitt *„Umwelttechnologien"* werden moderne Verfahren zur Trinkwasseraufbereitung, Abwasserbehandlung, Luftreinhaltung, Abfallbehandlung, Altlastenbeseitigung und Bodensanierung, zum Lärmschutz, aber auch nachhaltige Maßnahmen zur Energie- und Ressourceneinsparung sowie zur Umstellung auf regenerative Energieträger vorgestellt.

Die langjährige Erfahrung und erfolgreiche Tätigkeit der Autoren in unterschiedlichen Bereichen an Hochschule und in der Industrie trägt mit zu einer ausgewogenen und praxisorientierten Darstellung bei.

Allen Kollegen und Mitarbeitern, die während der Entstehung des Buches mit zahlreichen Hinweisen und Anregungen geholfen haben, möchte ich danken. Mein Dank gilt besonders Herrn *Martin Weidmann* für die sehr sorgfältige Erfassung des Textes und die Anfertigung der Bilder. Danken möchte ich auch Herrn Dr. *Peter Fuchs* für die sehr gute Übersetzung des ungarischen Beitrages. Meiner Frau und meinen Kindern danke ich für die unendliche Geduld und das Verständnis der häufigen Nichtansprechbarkeit. Auch dem Verlag, vor allem Herrn Dipl.-Phys. *Jochen Horn*, sei für die sehr gute Zusammenarbeit herzlichst gedankt. Allen Lesern bin ich für kritische Hinweise verbunden.

Düsseldorf, im September 2009   *Karl Schwister*

Inhaltsverzeichnis

Grundlagen

1   Ursachen der Umweltprobleme

1.1   Eingrenzung der Umweltproblematik

Nach einigen Jahrzehnten, in denen „**Umweltschutz**" betrieben wird, sollte Klarheit darüber herrschen, wodurch die Umwelt gefährdet ist und was folglich zu ihrem Schutz getan werden müsse.

Versteht man unter Umwelt ein System daseinsbestimmender Faktoren von Lebewesen, so kann die Umwelt nur innerhalb gewisser Grenzen verändert werden, ohne Reaktionen der Lebewesen auf die Änderung hervorzurufen.

Es ist nun prinzipiell nichts Ungewöhnliches, dass sich die Umwelt verändert. Mögliche Reaktionen von Lebewesen auf solche Veränderungen sind, dass sich Lebewesen selbst verändern oder ihre Habitate bei den veränderten Bedingungen aufgeben. Ebenso natürlich ist, dass sich einzelne Arten nicht schnell genug an die neuen Lebensgrundlagen anpassen und aussterben.

Veränderungen der Umwelt können durch Lebewesen oder durch andere Faktoren hervorgerufen werden. Von allen Lebewesen hat die umfassendsten Fähigkeiten, Lebensgrundlagen zu verändern, allem Anschein nach der Mensch erlangt.

Nun ist also fraglich: Was, warum und in welchen Ausprägungen sollen Menschen schützen?

Dazu besteht zunächst die Frage, ob Umweltschutz anthropozentrisch oder ökozentrisch motiviert sein soll. Einerseits: Der Mensch ist ein Teil der Umwelt neben anderen Arten. Für sie ist, was infolge menschlichen Handelns geschieht, Teil der Umwelt und mit allen Folgen schützenswürdig, auch mit den Folgen, die wir spontan als negativ bezeichnen würden. Andererseits wirken die hierdurch hervorgerufenen Folgen auf den Menschen zurück, sodass die Lebensgrundlagen der eigenen Spezies betroffen sind.

Bis hierhin wurden noch nicht die Beziehungen innerhalb des Systems von Arten und Faktoren betrachtet. Umwelt in obigem Sinne ist verflochten, ein System, über dessen Komplexität noch nichts ausgesagt werden kann. Sicher handelt es sich nicht um ein System von Produktionsfaktoren, die in irgendeiner einfach beschreibbaren, insbesondere linearen und rückwirkungsfreien Weise zu einem Ergebnis (Leben) führen. Beschreibbar sind praktisch jedoch die beeinträchtigenden Effekte.

So kann die Entscheidung „**öko- oder anthropozentrischer Umwelt-schutz**" letztlich dahinstehen: Auch letzterer Anspruch lässt sich ohne ersteren nicht erfüllen.

Moderne Beschreibungsmethoden des Umweltzustandes oder der Umweltentwicklung zielen konsequent auf eine nicht nur ausschnitthafte Betrachtung. Ziel ist, die Entwicklung der Umweltsituation durch wenige ausgewählte **Indikatoren** zu beschreiben.

Ein Beispiel sind die Indikatorensätze, die im Rahmen der Arbeiten der UN-Kommission für Nachhaltige Entwicklung (Commission on Sustainable Development, CSD) erarbeitet worden sind. Da die Umwelt ein Pfeiler der Nachhaltigkeit ist, beinhalten die Indikatorensätze auch diesbezügliche Felder und Einzelindikatoren.

Diese CSD-Indikatoren stellen Vorschläge dar, die einzelne Staaten in ihren individuellen Nachhaltigkeits-Indikatoren berücksichtigen können. Die Systematik folgt einer Top-down-Darstellung: Zu Themen werden Unterthemen gebildet, diese werden wiederum mit einem oder mehreren Indikatoren beschrieben.

Der letzte Diskussionsstand über die Indikatoren (Dritte Ausgabe, 2007) ist in Tabelle 1-1 zusammengestellt. Dabei sind die umweltrelevanten Themen vollständig aufgezählt, die Indikatoren exemplarisch. Insgesamt handelt es sich um 14 Felder, hiervon sind mindestens sechs umweltrelevant, letztere werden in 44 Indikatoren ausgedrückt, davon 19 Core indicators.

Tabelle 1-1: Umweltrelevante Themen, Unterthemen und exemplarische Indikatoren nach CSD-Richtlinie (Daten nach [1.1])

Thema	Unterthemen	Indikatoren
Atmosphäre	Klimawandel	Emission von CO_2 und anderen Treibhausgasen
	Ozonschichtabbau	Verbrauch ozonabbauender Substanzen
	Luftqualität	Umgebungskonzentration von Luftschadstoffen in städtischen Gebieten
Land	Landgebrauch und Zustand	...
	Desertifikation	von Desertifikation betroffene Fläche
	Landwirtschaft	bewirtschaftete Flächen
	Wälder	von Wäldern bedeckter Landteil, ...
Meere, Seen und Küsten	Küstengebiete	...
	Fischerei	Anteil der Fischbestände in sicheren biologischen Grenzen
	Marine Umwelt	Anteil der geschützten marinen Gebiete
Frischwasser	Wassermenge	Anteil der genutzten Wasserressourcen

Biodervisität	Wasserqualität	Kolibakterien im Frischwasser, BSB, …
	Ökosystem	Anteil geschützter Fläche, …
	Spezies	Veränderung im Status der Bedrohung von Spezies, …
Konsum- und Produktionsmuster	Stoffverbrauch	Materialintensität der Wirtschaft, …
	Energienutzung	jährliche Energienutzung, Energieintensität, …
	Abfallerzeugung und -management	Erzeugung gefährlicher Abfälle, Abfallbehandlung, …
	Transport	Anteile der Verkehrsträger im Personentransport, …

Für Deutschland wurden Indikatorenberichte erstellt durch das Statistische Bundesamt [1.2]. Hierin ist eine Auswahl von zwölf Umweltindikatoren getroffen worden, die quantifiziert werden.

Ein weiteres Indikatorensystem ist das Umwelt-Kernindikatorensystem des Umweltbundesamtes (KIS). 16 Themen gehören zum gesamten System und werden in über 50 Indikatoren konkretisiert. Eine Auswahl an Daten findet sich in [1.3].

Für einen operablen Begriff „Umweltschutz" ergibt sich aus Obigem:

Umweltschutz zielt auf die Erhaltung der Lebensgrundlagen, vorrangig auf solche, die durch menschliches Zutun einer zu großen Veränderung unterliegen.

Umweltschutz bedeutet ein Sich-Stemmen gegen die Evolution, nach der der Mensch sich am Ende auslöschen könnte.

1.2   Entwicklung der Erkenntnis über die Umweltproblematik

Dem Menschen fehlt ein eigenes Sensorium für den Umweltzustand, weswegen Konstrukte wie die oben genannten Indikatoren- bzw. Wirkungskategorien-Kataloge gebildet werden müssen.

Dabei ist zu berücksichtigen, dass die menschliche Erkenntnis hinsichtlich Raum und Zeit konzentriert und hinsichtlich der Wahrnehmbarkeit begrenzt ist. Umweltthemen betreffen jedoch nicht nur lokale und akute Wirkungen und sind daher auch nicht unbedingt der direkten Wahrnehmung zugänglich.

Dennoch gibt es offenbar ein „**Umweltbewusstsein**". Dessen aktueller Zustand wird regelmäßig empirisch erhoben. Einige Befunde über den

Umweltzustand, wie er von der deutschen Bevölkerung wahrgenommen wird, enthält Bild 1-1. Dabei ist es durchaus bemerkenswert, dass etwa drei Viertel der Bevölkerung wahrnimmt, dass eine **Umweltkatastrophe** bevorstehe, „**wenn wir so weitermachen wie bisher**".

Vergleichbare Erhebungen in Vorjahren hatten auch die Einstellung zu Tage gefördert, dass Grenzen des Wachstums „überschritten oder sehr bald erreicht" seien. Mit den „Grenzen des Wachstums" wird der Titel des Werkes über die Forschungsarbeiten von MEADOWS zitiert, das in den 70er-Jahren des vergangenen Jahrhunderts die Diskussion um Umweltaspekte des Wirtschaftens mit eröffnet hatte [1.5].

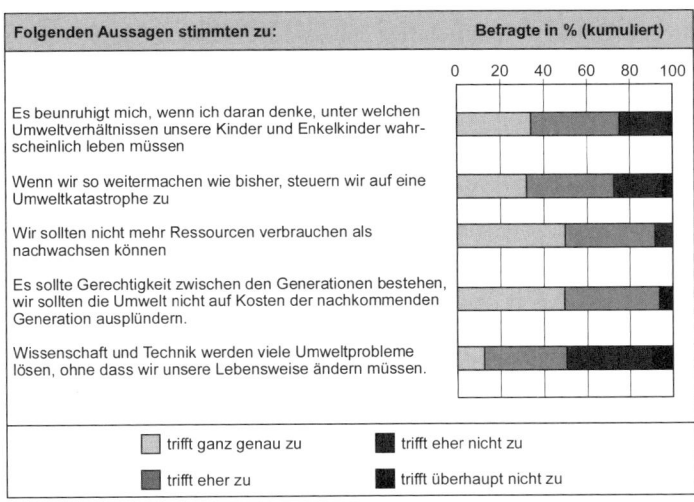

Bild 1-1: Umweltsensibilität in der deutschen Bevölkerung 2008 [Daten nach 1.4]

Die Wissenschaft hat die Erkenntnisse bezüglich Umwelt und Umweltschutz erheblich vermehrt. Naturgemäß erfolgte dies in ihren Fachdisziplinen, etwa:

■   Technische Wissenschaften („Umwelttechnik"),
■   verschiedene Naturwissenschaften („Umweltforschung"),
■   Wirtschaftswissenschaften („Umweltökonomie"),
■   Sozialwissenschaften.

An Versuchen zum Überwinden der Schranken zwischen Disziplinen hat es nicht gefehlt. Hier sei aber bereits auf die Arbeiten von GEORGESCU-ROEGEN hingewiesen, der frühzeitig den Versuch unternommen hat, Gemeinsamkeiten zwischen dem Wirtschaftsprozess und den physikalischen Gesetzmäßigkeiten der Thermodynamik herauszuarbeiten [1.6]. Gleichwohl ist Wissenschaft bis heute unverändert disziplinär orientiert.

In der Politik wurde die Thematik des Umweltschutzes ab den 70er-Jahren des zwanzigsten Jahrhunderts wahrgenommen, in Deutschland manifest mit der ersten Bundestags-Debatte am 16. Dezember 1970. Mit diesem Auftakt wurde die deutsche Umweltpolitik initiiert. Die Entwicklung war damals im Bundestag wesentlich von H. GRUHL angestoßen worden [1.7]. Sie führte langfristig dazu, dass in der 14. und 15. Legislaturperiode eine „Umweltschutzpartei" in der Bundesregierung vertreten war.

Die weltweite Politik hat sichtbare Aktivitäten im Wesentlichen im Rahmen der Vereinten Nationen ergriffen. Hierbei sei hingewiesen auf die UN-Konferenzen von Stockholm (1972), von Rio de Janeiro (1992) und von Johannesburg (2002). Tabelle 1-2 gibt hierzu eine Übersicht.

Tabelle 1-2: UN-Umwelt-Konferenzen (Auswahl) und Ergebnisdokumente

Konferenz	Ergebnisdokumente
1972 Stockholm Conference on the Human Environment (UNCHE)	■ Declaration Of The United Nations Conference On The Human Environment ■ Action Plan For The Human Environment
1992 Rio de Janeiro Conference on Environment and Development (UNCED)	■ Rio Declaration on Environment and Development. ■ Agenda 21 ■ Statement of principles to guide the management, conservation and sustainable development of all types of forests ■ United Nations Framework Convention On Climate Change ■ Convention on Biological Diversity
2002 Johannesburg World Summit on Sustainable Development (WSSD)	■ The Johannesburg Declaration on Sustainable Development ■ Plan of Implementation

Im Zuge der lang anhaltenden Diskussion hat sich als Leitbild „**Nachhaltigkeit**" etabliert. Hiermit wird versucht, die Ansprüche des Umweltschutzes in Einklang mit einem sozialen und wirtschaftlichen Wohlergehen zu bringen.

1.3   Umwelt„verbrauch" an quantitativen Lebensgrundlagen

Leben basiert auf daseinsbestimmenden Faktoren in bestimmten Mengen. Der Vorstellung von Nachhaltigkeit entspräche es, „von den Zinsen zu leben", also in einem Zeitraum nicht mehr an Faktoren zu verwenden, als neu gebildet wird.

Menschen bedienen sich auch in hohem Maße nicht regenerativer Rohstoffe. Hier bliebe das Abweichen von Nachhaltigkeit dann zumindest unbemerkt, wenn die Rate an Neuentdeckungen mindestens die Rate der Entnahme deckte.

Bild 1-2 zeigt die Differenz aus Entdeckung und Förderung für den Rohstoff Erdöl. Im Zeitverlauf zeigt sich ein Beispiel, wie im Rahmen der Rohstofferschöpfung der Umkehrpunkt durchlaufen wird.

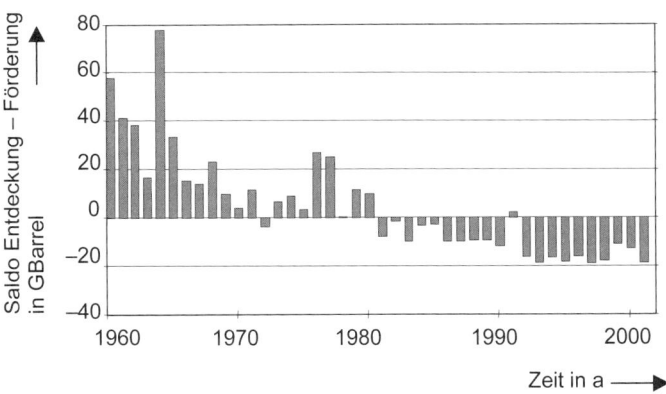

Bild 1-2: Weltweite Bilanz der Erdölentdeckung und -förderung [1.7]

Der „**Verbrauch**" an Umwelt erhöht sich mit der Anzahl der Menschen, mit der Höhe des jeweiligen Lebensstandards und der Verbrauchsintensität des jeweiligen Lebensstandards.

1.4   Umwelt„verschmutzung" qualitativer Lebensgrundlagen

Für das Leben ist nicht nur eine Vielzahl von Faktoren die Grundlage, sondern auch ein bestimmter Qualitätsbereich.

Durch die menschliche Stoff- und Energiewandlung werden in Umweltmedien Stoffe eingebracht, die deren Beschaffenheit verändern. Kommt es nicht zu einem Abbau, bis Stoffe ihre Wirkung an einem Lebewesen entfalten können, so gelten hierfür bei toxischen Stoffen **Dosis-Wirkungs-Beziehungen** (vgl. Bild 1-3). Für Stoffe mit andersartigen Wirkungen gelten diese Beziehungen nicht, z. B. Kanzerogene. Weitgehend der Betrachtung entziehen sich beliebige Gemische aus verschieden wirkenden Substanzen.

Auf andere (indirekte) Wirkungen wurde bereits in Abschnitt 1.1 hingewiesen.

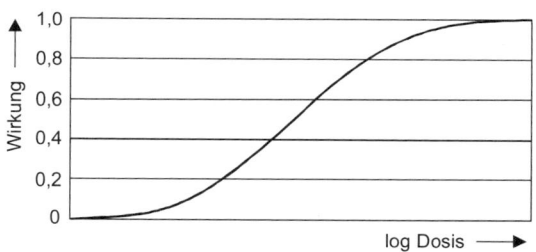

Bild 1-3: Dosis-Wirkungs-Beziehung

Die Nachhaltigkeitsforderung, auf den Qualitätsaspekt angewandt, würde bedeuten, in einem Zeitraum nicht mehr Mengen einzubringen, als auch wieder abgebaut werden. Hierbei erscheint es angebracht, auf das Erfordernis hinzuweisen, dass auch alle Folgeprodukte bis zum Endverbleib verfolgt werden müssen, um nicht Stoffe nur zu verlagern.

Die „**Verschmutzung**" der Umwelt erhöht sich wiederum mit der Größe der Bevölkerung, der Höhe des jeweiligen Lebensstandards und mit der spezifischen Belastung beim jeweiligen Lebensstandard.

So zeigt sich zum Schluss, dass in beiden Basisaspekten als gemeinsamer Nenner der Zeitraum auftritt, in dem die Stoff- und Energiewandlung stattfindet. Hiernach wäre als gemeinsame Ursache der Umweltprobleme die Geschwindigkeit zu nennen, mit der der Mensch auf die Umwelt einwirkt.

2   Naturwissenschaftliche Grundbegriffe

2.1   Chemisches Rechnen – Stöchiometrie

Die Stöchiometrie beschäftigt sich mit den Mengenverhältnissen der Elemente in chemischen Verbindungen und mit den Massen- bzw. Stoffmengenverhältnissen bei chemischen Reaktionen. Sie ist die Grundlage für die Berechnung chemischer Formeln und der Zusammensetzung der Stoffe, das Aufstellen von Reaktionsgleichungen und die quantitative Auswertung chemischer Reaktionen.

2.1.1   Stöchiometrische Größen und Formeln

Die für den Bereich der Elementarteilchen eingeführte **atomare Masseneinheit u** ist definiert als ein Zwölftel der Masse des Kohlenstoffisotops ^{12}C. Sie stellt somit die Durchschnittsmasse (6 Protonen, 6 Neutronen) für ein Nukleon dar und ist ein einfaches Maß für die Masse des Nukleons.

Die **atomare Masse m_a** von verschiedenen Atomen wird daher in der Einheit u ausgedrückt:

$$m_a(^{12}C) = 12\,u \tag{2-1}$$

Die atomare Masse m_a (C), also die Atommasse des Elementes Kohlenstoff, bestehend aus den **Isotopen** (Atomarten) ^{12}C, ^{13}C und ^{14}C, wird folgendermaßen ausgedrückt:

$$m_a(C) = 12,011\,u \tag{2-2}$$

Der Dezimalbruch ergibt sich aus der natürlichen Zusammensetzung aller Isotope des Kohlenstoffes. Die exakten Atommassen für die Elemente sind dem **Periodensystem der Elemente (PSE)** zu entnehmen.

Die **Masse eines einzelnen Moleküls m_a** einer Verbindung berechnet sich aus der Summe der Atommassen der im Molekül enthaltenen Atome. Das Verfahren eignet sich zur Beschreibung kleiner Stoffportionen.

Beispiel: Wasser $m_a(H_2O) = 2 \cdot m_a(H) + 1 \cdot m_a(O)$
$= 2 \cdot 1,008\,u + 1 \cdot 15,999\,u = 18,015\,u$
Phosphorsäure $m_a(H_3PO_4) = 3 \cdot m_a(H) + 1 \cdot m_a(P) + 4 \cdot m_a(O)$
$= 3 \cdot 1,008\,u + 1 \cdot 30,974\,u + 4 \cdot 15,999\,u = 97,994\,u$

In einer chemischen Formel sind die Indexzahlen die Multiplikatoren. Für Atom- und Molekülmassen gilt die Bezeichnung m_a.

Bei der Arbeit mit größeren Stoffmengen benutzt man eine andere Größe – das Mol.

Ein **Mol** eines Elementes oder einer Verbindung entspricht der betreffenden Atommasse oder Molekülmasse in Gramm. Die sich hieraus ergebende **molare Masse M** wird z. B. in der Einheit g/mol angegeben.

Ein Zusammenhang zwischen dem **makroskopischen Bereich** (labor- oder technikgeeignete Stoffmengen) und der **mikroskopischen Ebene** (Atome, Moleküle, Teilchen) stellt die AVOGADRO- oder LOSCHMIDT-sche Konstante N_A dar. Sie besagt, dass in einem Mol eines Stoffes immer $6{,}022 \cdot 10^{23}$ Teilchen enthalten sind.

$$N_A = 6{,}022 \cdot 10^{23} \ \text{Teilchen/mol} \tag{2-3}$$

Stoffmenge und Masse

Die Stoffmenge beschreibt stets einen Bruchteil oder ein Vielfaches eines Mols und wird als chemische Größe mit dem Buchstaben n bezeichnet. Die SI-Einheit lautet Mol (Einheitenzeichen mol). Bei der Masse m hingegen erfolgt die Angabe der wägbaren Größe z. B. in Gramm. Beide Angaben, Stoffmenge und Masse, stehen in einem direkten Zusammenhang zueinander und bilden die Grundlage für eine Vielzahl quantitativer Betrachtungen.

$$M(X) = \frac{m(X)}{n(X)} \tag{2-4}$$

$M(X)$ molare Masse, $m(X)$ Masse, $n(X)$ Stoffmenge

Durch einfaches Umformen ist es möglich, die Größen Stoffmenge und Masse zu bestimmen. Die **molare Masse M** der Elemente ist dem PSE zu entnehmen.

Molares Volumen

Ein Mol eines reinen Stoffes hat einen bestimmten Raumbedarf. Bei Feststoffen und Flüssigkeiten ist dieser eine stoffspezifische Größe (Dichte ρ). Unter Standardbedingungen nehmen z. B. 10 mol Schwefelsäure (= 0,981 kg) ein Volumen von 0,535 l ein ($\rho(H_2SO_4) = 1{,}834$ kg/l).

Unter Standardbedingungen (t = 25 °C, p = 100 kPa) beansprucht 1 mol eines Gases immer ein Volumen von 24,8 Litern (**molares Volumen**).

Die stoffmengenrelevante Größe des molaren Volumens V_m = 24,8 l/mol ist bei vielen stöchiometrischen Berechnungen hilfreich.

Konzentrationsgrößen

Die stoffliche Zusammensetzung von Lösungen wird als Konzentration angegeben, wobei der Gehalt (Masse, Stoffmenge oder Volumen) auf das Lösungsvolumen bezogen wird.

Die **Massenkonzentration β** eines Stoffes X ergibt sich als Quotient aus seiner Masse $m(X)$ und dem Gesamtvolumen V der Lösung.

$$\beta(X) = \frac{m(X)}{V} \qquad (2\text{-}5)$$

SI-Einheit: kg/m³, übliche Einheit: g/l

Die **Stoffmengenkonzentration c** eines Stoffes X ist der Quotient aus seiner Stoffmenge $n(X)$ und dem Gesamtvolumen V der Lösung.

$$c(X) = \frac{n(X)}{V} \qquad (2\text{-}6)$$

SI-Einheit: mol/m³, übliche Einheit: mol/l

Die **Volumenkonzentration σ** eines Stoffes X ergibt sich als Quotient aus seinem Partialvolumen $V(X)$ und dem Gesamtvolumen V der Lösung (vgl. auch Gl. (2-10)). Sie wird als Gehaltsangabe für flüssige, homogene Mischphasen verwendet.

$$\sigma(X) = \frac{V(X)}{V} \qquad (2\text{-}7)$$

SI-Einheit: m³/m³ = 1, übliche Einheit: %

Gehaltsgrößen

Der **Massenanteil w** eines Stoffes X in einer Mischung ist der Quotient aus seiner Masse $m(X)$ und der Gesamtmasse m der Mischung.

$$w(X) = \frac{m(X)}{m} \qquad (2\text{-}8)$$

Die Angabe des Massenanteils erfolgt durch die Größengleichung; z. B. $w(HCl)$ = 0,25 oder in Prozent (= 25 %). Man spricht auch von einem Gehalt in Gewichts-Prozent (Gew.-%).

Der **Stoffmengenanteil** x eines Stoffes X in einer Mischung ist der Quotient aus seiner Stoffmenge $n(X)$ und der Gesamtstoffmenge n der Mischung.

$$x(X) = \frac{n(X)}{n} \qquad (2\text{-}9)$$

Der Stoffmengenanteil erfolgt meist durch die Größengleichung; z. B. $x(NaOH)$ = 0,5 oder in Prozent (= 50 %). Die Angabe als Mol-% ist ebenfalls gebräuchlich.

Der **Volumenanteil** φ eines Stoffes X in einer Mischung ist der Quotient aus seinem Volumen $V(X)$ und dem Gesamtvolumen V der Mischung und damit gleichbedeutend mit der Volumenkonzentration σ. Dies gilt nur, wenn sich das Volumen beim Mischen bzw. Lösen nicht ändert.

$$\varphi(X) = \frac{V(X)}{V} \qquad (2\text{-}10)$$

Die Angabe des Volumenanteils erfolgt durch die Größengleichung; z.B. $\varphi(O_2)$ = 0,2 oder in Prozent (= 20 %). Man spricht auch von einem Gehalt in Volumen-Prozent (Vol.-%).

2.1.2   Umrechnung von Stoff- und Gehaltsgrößen

Masse – Volumen – Stoffmenge

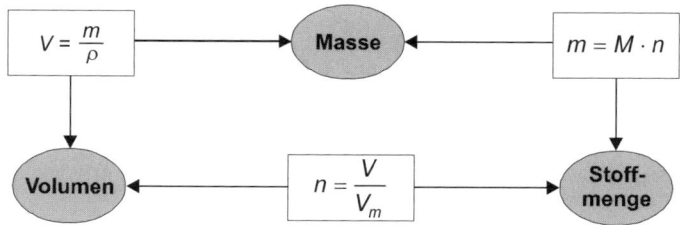

V Volumen, m Masse, ρ Dichte, M molare Masse, n Stoffmenge, V_m molares Volumen

Massenanteil	**Stoffmengenanteil**
$w(X) = \dfrac{x(X) \cdot M(X)}{\Sigma_1}$	$x(X) = \dfrac{w(X)}{M(X) \cdot \Sigma_2}$

$w(X)$ Massenanteil des Stoffes X in %, $x(X)$ Stoffmengenanteil des Stoffes X in %, $M(X)$ molare Masse des Stoffes X in g/mol, Σ_1 Summe der Produkte $x\,M$ aller Komponenten, Σ_2 Summe der Quotienten w/M aller Komponenten

Massenanteil	Stoffmengenkonzentration
$w(X) = \dfrac{c(X) \cdot M(X)}{\rho \cdot 10}$	$c(X) = \dfrac{\rho \cdot w(X) \cdot 10}{M(X)}$

$w(X)$ Massenanteil des Stoffes X in %, $c(X)$ Stoffmengenkonzentration des Stoffes X in mol/l, ρ Dichte der Lösung in g/cm^3, $M(X)$ molare Masse des Stoffes X in g/mol

Massenanteil	Volumenkonzentration
$w(X) = \dfrac{\sigma(X) \cdot \rho(X)}{\rho}$	$\sigma(X) = \dfrac{w(X) \cdot \rho}{\rho(X)}$

$w(X)$ Massenanteil des Stoffes X in %, $\sigma(X)$ Volumenanteil des Stoffes X in %, $\rho(X)$ Dichte des reinen Stoffes in g/cm^3, ρ Dichte der Lösung in g/cm^3

Massenanteil	Massenkonzentration
$w(X) = \dfrac{\beta(X)}{\rho \cdot 10}$	$\beta(X) = 10 \cdot \rho \cdot w(X)$

$w(X)$ Massenanteil des Stoffes X in %, $\beta(X)$ Massenkonzentration in g/l, ρ Dichte der Lösung in g/cm^3

Massen-, Volumen- und Stoffmengenkonzentration

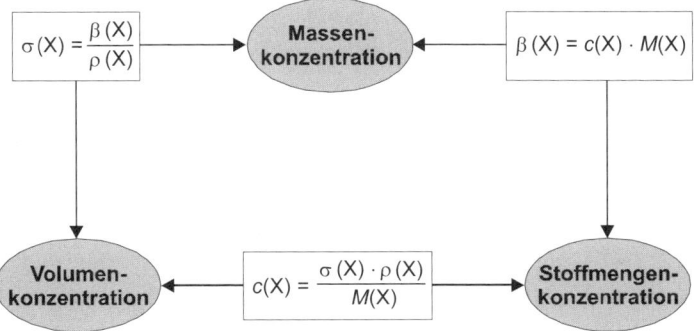

$\beta(X)$ Massenkonzentration des Stoffes X, $c(X)$ Stoffmengenkonzentration des Stoffes X, $M(X)$ molare Masse des Stoffes X, $\sigma(X)$ Volumenkonzentration des Stoffes X, $\rho(X)$ Dichte des Stoffes X

Tabelle 2-1: Übersicht einiger Gehaltsgrößen

Verhältnis	% in g/100g	ppm in mg/kg	ppb in μg/kg	Massen-konzentration in g/l
1 : 100	1	10 000		10
1 : 200	0,5	5 000		5
1 : 1 000	0,1	1 000		1
1 : 2 000	0,05	500		0,5
1 : 10 000	0,01	100		0,1
1 : 20 000	0,05	50		0,05
1 : 100 000	0,001	10	10 000	0,01
1 : 200 000	0,005	5	5 000	0,005
1 : 1 000 000	0,000 1	1	1 000	0,001
1 : 2 000 000	0,000 5	0,5	500	0,000 5
1 : 10 000 000	0,000 01	0,1	100	0,000 1
1 : 20 000 000	0,000 05	0,05	50	0,000 05
1 : 100 000 000	0,000 001	0,01	10	0,000 01
1 : 200 000 000	0,000 005	0,005	5	0,000 005
1 : 1 000 000 000	0,000 000 1	0,001	1	0,000 001

Auf der Basis einer Dichte von 1 kg/l der Lösung entsprechen die Anteils-bezeichnungen **ppm** den Konzentrationsangaben mg/l oder μg/ml und **ppb** den Konzentrationsangaben μg/l oder ng/ml.

2.1.3   Allgemeine Reaktionsbegriffe

Nahezu jedes Reinigungsverfahren in der Umwelttechnik, das auf (bio)chemischen Umsetzungen basiert, lässt sich in drei Stufen einteilen:

- Vorbereitung der Reaktionsteilnehmer
- Chemische Reaktion
- Aufbereitung des Reaktionsgemisches

Die erste und letzte Stufe sind häufig verwendete **Grundoperationen**, bei denen physikalische Änderungen im Vordergrund stehen. Mechanische Trennverfahren (Zerkleinerung, Sedimentation, Flotation oder Filtration), aber auch thermische Verfahren (Destillation, Extraktion, Absorption oder Adsorption), sind Beispiele hierfür.

Mit der zweiten Stufe, der chemischen Reaktion im technischen Maßstab, befasst sich die **chemische Reaktionstechnik**. Ihre Aufgabe ist es, bei einem gegebenen Reinigungsverfahren die

- Betriebsweise (diskontinuierlich, kontinuierlich),
- Art und Größe des Reaktors,

- Reaktorwerkstoffe und
- optimale Betriebsbedingungen (Temperatur, Druck, Konzentration, Reaktionszeit, Katalysatoren usw.)

so festzulegen, dass eine bestimmte Reinigungsleistung mit minimalen Kosten erreicht werden kann. Hierfür ist die Kenntnis verschiedener Teilaspekte erforderlich:

- **Stoffbilanz:** Die Grundlage zur Ermittlung einer Stoffbilanz sind die auf dem jeweiligen Reinigungsschritt basierenden **stöchiometrischen Gleichungen**. Es wird zwischen Haupt- und Nebenreaktionen unterschieden. Nebenreaktionen können zu unerwünschten Nebenprodukten führen.

- **Energiebilanz:** Die Grundlage für die Berechnung von Energieänderungen bei chemischen Reaktionen liefert die **Thermodynamik** (vgl. Abschn. 2.2). Als Folge der Differenz der Bindungsenergien von Reaktionspartnern und -produkten ist die Reaktionsenthalpie anzusehen. Sie ist bei großtechnischen Anlagen gegenüber dem Labormaßstab eine wichtige Größe.

- **Zeitbilanz:** Die Reaktionsgeschwindigkeit hängt von der Konzentration der Reaktionsteilnehmer und von der Temperatur ab. Aus dieser **kinetischen Abhängigkeit** (vgl. Abschn. 2.5) lässt sich die Reaktionszeit bestimmen, die wiederum Einfluss auf die Dimensionierung einer Anlage hat.

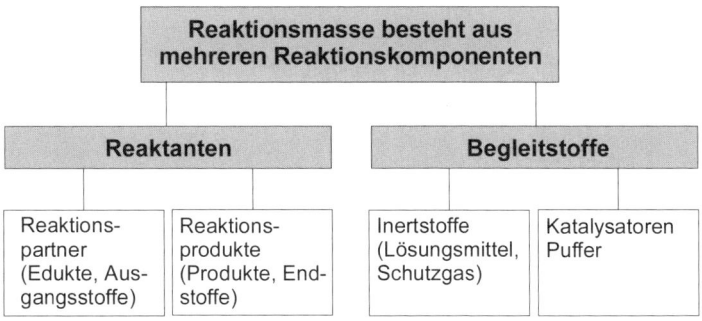

Bild 2-1: Zusammensetzung der Reaktionsmasse

In einem **Reaktor** (z. B. Rührkessel, Kaskade, Festbett oder Wirbelbett) erfolgt die (bio)chemische Reaktion zur Umsetzung der **Reaktionspart-**

ner (z. B. Schadstoffe, Sauerstoff), möglicherweise unter Zusatz von **Begleitstoffen** (z. B. Katalysatoren, Puffer), zu den **Reaktionsprodukten**. Die Reaktionsmasse (Reaktionsgemisch) stellt dabei das **Reaktionsvolumen** dar. Liegen alle **Komponenten der Reaktionsmasse** in einer einheitlichen Phase mit (räumlich) konstanten Eigenschaften vor (z. B. Konzentration, Dichte, Viskosität), so wird das Reaktionssystem als **homogen** bezeichnet. Bei räumlich nicht konstanten Eigenschaften (Mehrphasensystem) spricht man von einem **heterogenen** Reaktionssystem. Zur Kennzeichnung der sich während der Reaktion ändernden quantitativen Zusammensetzung der Reaktionsmasse können Gehalts- oder Konzentrationsgrößen verwendet werden (vgl. Abschn. 2.1.1).

2.2   Einführung in die Thermodynamik

Die Thermodynamik befasst sich mit der Frage, ob eine chemische Reaktion spontan ablaufen kann, d. h., ob eine Reaktion möglich ist. Sie macht Angaben über die Energieänderungen des Systems und erlaubt Berechnungen der maximalen Ausbeute des Produktes, das aus einer chemischen Reaktion erhalten werden kann.

2.2.1   Systeme und Zustandsgrößen

Ein wichtiger Begriff in der Thermodynamik ist der des Systems. Unter einem **System** versteht man eine beliebige Materiemenge mit den sie umgebenden physikalischen oder gedachten Grenzen, die sie von ihrer Umgebung abgrenzen.

- Ein **offenes System** kann Materie und Energie (z. B. Wärme, Arbeit) mit der Umgebung austauschen. Biologische Individuen stellen beispielsweise offene Systeme dar.

- **Geschlossene Systeme** sind durchlässig für Energie, aber undurchlässig für Materie (z. B. verschlossene Glasampulle). Die Systemgrenze kann starr oder elastisch sein.

- Ein **isoliertes System** ist gegenüber seiner Umgebung vollständig abgeschlossen. Seine Systemgrenze ist sowohl für Energie als auch für Materie vollkommen undurchlässig (z. B. geschlossene, ideale Thermosflasche).

Eine **Zustandsgröße** (*Y* oder auch **Zustandsfunktion** genannt), ist eine physikalische Größe, die nur vom aktuellen Zustand des Systems abhängt, unabhängig davon, wie dieser Zustand erreicht wurde. Man unterscheidet:

- intensive Zustandsgröße,
- extensive Zustandsgröße.

Eine **intensive Zustandsgröße** Y_{int} ist eine vom Umfang der Stoffportion unabhängige Zustandsfunktion. Sie hat innerhalb eines homogenen Systems überall denselben Wert. Beispiele sind: Druck, Temperatur und Dichte.

Eine **extensive Zustandsgröße** Y_{ex} hängt vom Umfang der Stoffportion ab. Wird die Masse oder Stoffmenge der in einem System vorkommenden Stoffe bei konstanten intensiven Größen vervielfacht, so vervielfachen sich alle extensiven Zustandsgrößen des Systems in gleichem Maße. Beispiele sind: Masse, Volumen und Energie.

Der Prozess hat eine **Zustandsgrößenänderung** zur Folge. Zur Beschreibung von Zustandsänderungen benutzt man das Δ-Zeichen und bildet die Differenz zwischen dem Wert der entsprechenden Zustandsfunktion nach und vor der Umwandlung.

$$\Delta Y = \Sigma\ \nu_i Y_i \text{ (Endzustand)} - \Sigma\ \nu_i Y_i \text{ (Ausgangszustand)} \quad (2\text{-}11)$$

ΔY Umwandlungsgröße, ν_i stöchiometrischer Koeffizient, Y_i Zustandsgrößen des Endzustandes (Produkte) und des Ausgangszustandes (Edukte)

Zur Kennzeichnung von Zustandsgrößenänderungen werden auch spezielle Begriffe verwendet:

- isotherm (Prozesse bei konstanter Temperatur),
- isobar (Prozesse bei konstantem Druck),
- isochor (Prozesse bei konstantem Volumen),
- adiabatisch (Prozesse ohne Wärmeübergang).

2.2.2   Erster Hauptsatz

Der erste Hauptsatz der Thermodynamik lässt sich **als Gesetz von der Erhaltung der Energie** formulieren. Hiernach bleibt die Energie immer konstant.

> Energie kann weder erzeugt noch vernichtet werden, sondern nur von einer in eine andere Form überführt werden.

In einem isolierten System ist die Energie konstant, da ihm von außen weder Arbeit, Wärme noch Materie zugeführt bzw. entnommen werden kann. Ist das System jedoch nicht isoliert, sondern nur „geschlossen", so ist die Änderung seiner Gesamtenergie, die sich als Änderung seiner

inneren Energie und seiner äußeren **potenziellen** sowie **kinetischen Energie** ergeben kann, durch die mit der Umgebung ausgetauschten Wärme und Arbeit definiert:

$$Q + W = \Delta U + E_{pot} + E_{kin} \qquad (2\text{-}12)$$

Q Wärme, W Arbeit, ΔU Änderung der inneren Energie, ΔE_{pot} Änderung der potentiellen Energie, ΔE_{kin} Änderung der kinetischen Energie

Dies ist zugleich die quantitative Formulierung des ersten Hauptsatzes der Thermodynamik. In der Regel geht man davon aus, dass die einem System zugeführte Arbeit nicht zur Änderung seiner äußeren potenziellen oder kinetischen Energie verwendet wird. Somit vereinfacht sich Gleichung (2-12) zu:

$$\Delta U = Q + W \qquad (2\text{-}13)$$

Wird dem System Wärme oder Arbeit zugeführt, erhalten Q und W ein **positives Vorzeichen**. Energieabgabe an die Umgebung wird durch ein **negatives Vorzeichen** zum Ausdruck gebracht.

Volumenänderungsarbeit W_V

Bei isobarer (p = konst.) Reaktionsführung einer mit Volumenvergrößerung verbundenen Gasreaktion ergibt sich der Arbeitsbetrag zu:

$$W_V = -\, p\, \Delta V \qquad (2\text{-}14)$$

p Druck, ΔV Volumenänderung

Vereinbarungsgemäß stellen positive Werte von $p\, \Delta V$ eine Leistung von Volumenarbeit dar und ergeben eine Arbeit mit negativen Vorzeichen.

Wärme Q

Wärme ist eine Zustandsfunktion, die immer von einem System höherer Temperatur zu dem System niedriger Temperatur übertragen wird. Die Berechnung erfolgt mit dem ersten Hauptsatz, wobei potenzielle und kinetische Energie in der Regel vernachlässigt werden.

$$Q = \Delta U \qquad (W = 0) \qquad (2\text{-}15)$$

$$Q = 0 \qquad (W = \Delta U) \qquad (2\text{-}16)$$

$$Q = -\, W \qquad (T = \text{konst.}) \qquad (2\text{-}17)$$

ΔU innere Energie, W Arbeit, T Temperatur

Enthalpie *H*

Die meisten chemischen Reaktionen werden nicht bei konstantem Volumen, sondern unter isobaren Bedingungen (z. B. Atmosphärendruck) durchgeführt. Vergrößert sich bei einer Reaktion das Volumen, so wird dabei gegen den äußeren Druck eine Arbeit ($W_V = p\ \Delta V$) geleistet. Allgemein gilt, dass die Zuführung von **Wärme** ($Q = H$) zu einem Reaktionssystem bei p = konst. eine Erhöhung der inneren Energie sowie die Leistung von Arbeit gegen den äußeren Druck bewirken kann.

$$\Delta H = \Delta U + p\ \Delta V \hspace{3cm} (2\text{-}18)$$

ΔH Enthalpieänderung, ΔU Änderung der inneren Energie, p Druck, ΔV Volumenänderung

Für Reaktionen, die ohne Volumenänderung ablaufen oder bei denen sich das Volumen nur unwesentlich ändert, gilt:

$$\Delta H = \Delta U \hspace{4cm} (2\text{-}19)$$

ΔH Enthalpieänderung, ΔU Änderung der inneren Energie

> Die Enthalpieänderung von Reaktionen, bei deren Ablauf Energie aus der Umgebung des Systems aufgenommen wird, erhält ein positives Vorzeichen. Solche Reaktionen werden **endotherm** ($\Delta H > 0$) genannt. Gibt das System Energie an die Umgebung ab, nennt man die Reaktion **exotherm**, und das Vorzeichen ist negativ ($\Delta H < 0$).

2.2.3   Standard-Enthalpien

Die Enthalpieänderung einer Reaktion wird **Reaktionsenthalpie** $\Delta_R H$ genannt. Tabellarische Werte beziehen sich auf Reaktionen, bei denen die Edukte und Produkte jeweils in ihren Standardzuständen vorliegen.

> Der Standardzustand einer reinen Substanz ist die bei einem Druck von 100 kPa und der angegebenen Temperatur stabilste Form. Üblicherweise werden thermodynamische Daten auf 298,15 K (= 25 °C) bezogen. Zusätzlich soll in der Reaktionsgleichung der Aggregatzustand einer Substanz aufgenommen werden. Es wird „s" (solid) für fest, „l" (liquid) für flüssig und „g" (gaseous) für gasförmig verwendet.

Die **Standard-Reaktionsenthalpie** $\Delta_R H°$ bezieht sich auf den oben definierten Standardzustand und stellt die Enthalpieänderung pro Mol

Umsatz dar, bezogen auf den Übergang der Edukte in die Produkte, jeweils in ihren Standardzuständen.

Die **Standard-Bildungsenthalpie** $\Delta_B H^\circ$ einer Verbindung ist die Standardenthalpie der Reaktion, in der die Verbindung aus ihren Elementen in den Standardzuständen gebildet wird. $\Delta_B H^\circ$ wird als Enthalpieänderung pro Mol der Verbindung angegeben.

$$\Delta_R H^\circ = \Sigma\ \nu_i \Delta_B H^\circ\ \text{(Produkte)} - \Sigma\ \nu_i \Delta_B H^\circ\ \text{(Edukte)} \qquad (2\text{-}20)$$

$\Delta_R H^\circ$ Standard-Reaktionsenthalpie, $\Delta_B H^\circ$ Standard-Bildungsenthalpie, ν_i stöchiometrischer Koeffizient

Satz von HESS

Die Reaktionsenthalpie eines Gesamtprozesses setzt sich, unabhängig vom Reaktionsweg, additiv aus den Reaktionsenthalpien der Einzelprozesse zusammen. Dies gilt auch für physikalische Phasenumwandlungen. Standard-Reaktionsenthalpien lassen sich aus Tabellenwerten für Standard-Bildungsenthalpien berechnen (vgl. Gleichung (2-20)). Dies ist möglich, weil die Enthalpie eine Zustandsfunktion ist und ihre Änderung nicht vom Reaktionsweg abhängt.

$$\Delta_R H^\circ\ \text{(Reaktionsweg 1)} = \Delta_R H^\circ\ \text{(Reaktionsweg 2)} \qquad (2\text{-}21)$$

Der Satz von HESS wird z. B. angewendet, wenn experimentell schwer bestimmbare Reaktionsenthalpien rechnerisch zu ermitteln sind. So kann die schwierig messbare Reaktionsenthalpie bei der Bildung von CO aus den Elementen aus der Enthalpieänderung der Verbrennungsreaktion von C und der von CO zu CO_2 errechnet werden.

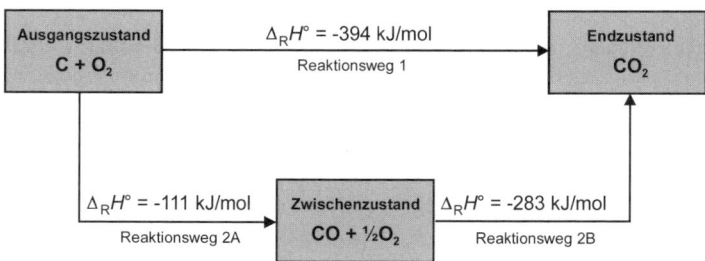

Bild 2-2: Nach dem Satz von HESS ist die Reaktionsenthalpie nicht vom Reaktionsweg abhängig

2.2.4   Zweiter Hauptsatz

Eine Zustandsänderung wird **reversibel** (umkehrbar) genannt, wenn ihre Richtung durch unendlich kleine Änderungen der Zustandsvariablen umgekehrt werden kann, ohne dass Veränderungen in der Umgebung auftreten.

Eine **irreversible** Zustandsänderung kann nur mit Veränderungen in der Umgebung des betreffenden Systems rückgängig gemacht werden. Alle natürlichen und spontan verlaufenden Prozesse sind irreversibel.

$$|W_{irreversibel}| < |W_{reversibel}|$$

Die bei einem irreversiblen Prozess geleistete Arbeit W ist stets kleiner als die bei einer entsprechenden reversiblen Zustandsänderung. Nur bei reversiblen Zustandsänderungen wird maximale Arbeit geleistet.

Entropie S

Die Entropie ist ein Maß für die Verteilung von Materie und Energie. Sie ist damit ein **Stabilitätskriterium**.

$$\Delta S_{reversibel} = 0 \tag{2-22}$$

$$\Delta S_{irreversibel} > 0 \tag{2-23}$$

Die Gesamtentropie aus System und Umgebung bleibt bei einem reversiblen Prozess konstant und nimmt nur bei einem irreversiblen Prozess zu. Bei allen freiwillig (spontan) ablaufenden Zustandsänderungen vergrößert sich somit die Gesamtentropie.

$\Delta S_{ges} > 0$	irreversibler Prozess (kann freiwillig ablaufen)
$\Delta S_{ges} = 0$	reversibler Prozess (System und Umgebung stehen miteinander im Gleichgewicht)
$\Delta S_{ges} < 0$	Vorgang tritt niemals ein

ΔS_{ges} gesamte Entropieänderung des Systems ΔS und der Umgebung ΔS_{Umg} ($\Delta S_{ges} = \Delta S + \Delta S_{Umg}$)

Der zweite Hauptsatz der Thermodynamik besagt, dass von einem System während des Reaktionsverlaufs (T = konst.) die maximale Arbeit nur vom Ausgangs- und Endzustand des Systems abhängt und nicht vom Weg, auf dem der Endzustand erreicht wird.

Grundlagen

Bezieht man die Änderung der reversibel umgesetzten Wärmemenge (T = konst.) auf die Temperatur, bei der der Wärmeaustausch stattfindet, so nennt man den Quotienten Entropieänderung des Systems. Die Entropie ist eine Zustandsgröße mit der SI-Einheit: J/(K · mol).

$$\Delta S = \frac{Q_{rev}}{T} \qquad (2\text{-}24)$$

ΔS Entropieänderung des Systems, Q_{rev} reversibel ausgetauschte Wärmemenge, T Temperatur

Allgemein wird bei einer Reaktion mit der dazugehörigen Reaktionsenthalpie $\Delta_R H$ reversible Übertragung der Wärme unterstellt, an die Umgebung die Wärmemenge $Q_{Umg} = -\Delta_R H$ abgegeben.

$$\Delta S_{Umg} = -\frac{\Delta_R H}{T} \qquad (2\text{-}25)$$

Freie Enthalpie G

Die von GIBBS eingeführte temperaturabhängige Zustandsfunktion G entspricht dem Anteil an Enthalpie eines Stoffes (offenes System), der bei reversibler Reaktionsführung frei wird und in jede andere Energieform umgewandelt werden kann (**Exergie**).

$$\Delta_R G = \Delta_R H - T \Delta S \qquad (2\text{-}26)$$

$\Delta_R G$ freie Reaktionsenthalpie, $\Delta_R H$ Reaktionsenthalpie, T Temperatur, $\Delta_R S$ Reaktionsentropie

Der auch als GIBBS-HELMHOLTZ-Gleichung bekannte Zusammenhang gilt für isotherm-isobare Zustandsänderungen. Alle Größen bzw. Terme der Gleichung ($\Delta_R G$, $\Delta_R H$, T, $\Delta_R S$) sind Energiegrößen und beziehen sich auf Änderungen im System. Änderungen in der Umgebung müssen nicht berücksichtigt werden.

$$\Delta_R G = -T \Delta S_{Ges} \qquad (2\text{-}27)$$

$\Delta_R G$ freie Reaktionsenthalpie des Systems, T Temperatur, ΔS_{ges} gesamte Entropieänderung ($\Delta S_{ges} = \Delta S + \Delta S_{Umg}$ mit $\Delta S = \Delta S_{Sys}$)

Reaktionsrichtung

Bei chemischen Reaktionen, die in geschlossenen Systemen unter isotherm-isobaren Bedingungen ablaufen, lassen sich hinsichtlich der Reaktionsrichtung drei Fälle unterscheiden.

$\Delta_R G < 0$	Die Reaktion läuft freiwillig (spontan) und wird exergonisch genannt. Die freie Reaktionsenthalpie nimmt ab und steht für die Leistung von Nutzarbeit zur Verfügung.
$\Delta_R G = 0$	Edukte und Produkte befinden sich nebeneinander im chemischen Gleichgewicht.
$\Delta_R G > 0$	Die Reaktion verläuft nicht freiwillig und wird endergonisch genannt. Dies bedeutet jedoch nicht, dass keine Produkte entstehen können.

Eine Reaktion verläuft umso vollständiger, je größer der Absolutbetrag von $\Delta_R G$ bei negativem Vorzeichen ist. Freiwillig verlaufen Prozesse nur in Richtung einer Verminderung der freien Enthalpie. Vorzeichen und Größe von $\Delta_R G$ sind ein Maß für die **Triebkraft einer chemischen Reaktion**. Die Änderung der freien Enthalpie ist abhängig von Druck, Temperatur und der Zusammensetzung.

2.3 Chemie und Physik des Wassers

Rund 70 % der Erdoberfläche sind mit Wasser bedeckt. Drei Viertel dieser Wassermenge befinden sich in den Ozeanen, der Rest in Flüssen, Seen und Grundwasser. Auch am Aufbau der Pflanzen- und Tierwelt ist Wasser in besonderem Maße vertreten. Der menschliche Körper besteht zu 60...70 % aus Wasser und kann bis zu 30 Tagen ohne Nahrung, aber nur 3 Tage ohne Wasser auskommen. Verschiedene Gemüse und Früchte, wie Spargel, Tomaten oder Erdbeeren, enthalten mehr als 90 % Wasser. Mikroorganismen, wie bestimmte Bakterien, die nicht mehr ausreichend Feuchtigkeit vorfinden, bilden Sporen aus (vgl. Abschn. 2.4). Diese Form verhindert zwar das Absterben für einen sehr langen Zeitraum, aber sie sind nicht mehr zu aktiven Lebensprozessen (z. B. Vermehrung, Stoffwechsel) fähig. Erst bei erneuter Wasserzufuhr können sie mit ihrer normalen Tätigkeit fortfahren.

Wasser ist als natürlich vorkommendes Lösungsmittel der Träger einer Vielzahl physikalischer, chemischer und aller biologischen Prozesse. Neben Säure- und Basereaktionen ist Wasser als Hydratbildner bei Kolloidreaktionen entscheidend beteiligt. Wasser ist Träger der Gleichgewichtsreaktionen der kolloidchemischen und kolloidosmotischen Vorgänge in lebenden Organismen. Es dient als Transportmittel und stellt so den Ablauf von Stoffwechselvorgängen sicher. Wasser gibt beispielsweise der Biomasse Konsistenz und Form.

2.3.1   Physikalische Eigenschaften

Reines Wasser weist eine Vielzahl physikalisch-chemischer Eigenschaften auf, die durch den unsymmetrischen Aufbau des Wassermoleküls (vgl. Bild 2-3 A) begründet sind. Die nur scheinbar einfach aufgebaute Verbindung ist mit Substanzen, die ähnlich aufgebaut sind (z. B. H_2S, NH_3, HCl) nicht zu vergleichen. Im weiteren Sinne spricht man von der **Anomalie des Wassers.**

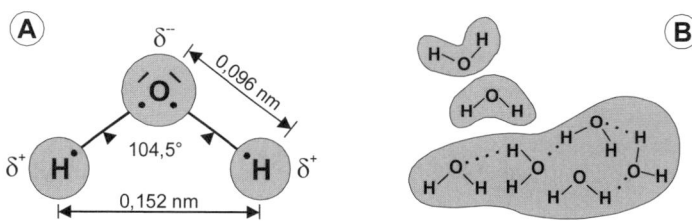

Bild 2-3: Struktur (A) und Assoziate (Cluster) der Wassermoleküle (B)

Die **Struktur des H_2O-Moleküls** ist mit dem Aufbau der Elektronenschalen der beteiligten Atome gut zu erklären. Das Sauerstoffatom verfügt über ein 1s-Orbital mit zwei Elektronen und vier ungefähr in die Ecken eines Tetraeders gerichteten sp^3-Hybridorbitale, von denen zwei je ein nicht bindendes Elektronenpaar tragen und die beiden anderen je ein bindendes Elektronenpaar und ein Proton (H^+). Zwischen den bindenden Hybridorbitalen besteht ein **Winkel von 104,5°** (Tetraederwinkel: 109°). Der elektronegativere Bindungspartner Sauerstoff zieht die Elektronen stärker an als der Wasserstoff und führt so zu einer Ladungsasymmetrie (δ^- / δ^+) und damit zu einem **Dipolmoment.**

Moleküle mit Dipolmomenten neigen zur Bildung größerer **Aggregate,** die durch **Wasserstoffbrückenbindungen** zusammengehalten werden. Wassermoleküle arrangieren sich zu geraden, verzweigten oder verknäulten Assoziaten, die auch als Cluster (vgl. Bild 2-3 B) bezeichnet werden.

Wasser ist eine **farb-, geruch- und geschmacklose Flüssigkeit,** die in Abhängigkeit von Druck und Temperatur in drei Aggregatzuständen auftritt. Die verschiedenen **Aggregatzustände** sind molekular-kinetisch folgenderweise charakterisiert:

■   **gasförmiger Zustand**
     Moleküle haben eine relativ große Entfernung voneinander und sind in **permanenter, ungeordneter Bewegung.** Die Anziehungs-

kräfte zwischen den H_2O-Molekülen treten umso weniger in Erscheinung, je größer die Abstände und die molekularen Geschwindigkeiten sind. Die Abstände nehmen mit steigender Verdünnung, die Geschwindigkeit nimmt mit steigender Temperatur zu. Ein gasförmiger Stoff ist daher umso „**idealer**", je verdünnter und wärmer er ist, bzw. umso „**realer**", je mehr man ihn abkühlt und komprimiert.

■ **flüssiger Zustand**
Reduziert man die Entfernung zwischen den Molekülen (z. B. durch Komprimieren) oder die Bewegungsenergie der gasförmigen Moleküle durch Abkühlen, so werden die **Anziehungskräfte** immer wirksamer. Bei bestimmten Temperatur/Druck-Kombinationen verlieren die Moleküle sprunghaft einen Teil ihrer Energie (z. B. bei t = 100 °C und $p = 1 \cdot 10^5$ Pa). Aus dem Gas ist eine energieärmere Flüssigkeit geworden. Die bei der Änderung des Aggregatzustandes frei gewordene Energie heißt **Kondensationswärme** bzw. **Kondensationsenthalpie** (p = konst.). Die gleiche Energiemenge muss beim Verdampfen von z. B. Wasser als **Verdampfungsenthalpie** $\Delta_V H$ = 40,651 kJ/mol bei t = 100 °C zugeführt werden, um 1 mol Wasser ($m(H_2O)$ = 18 g) in den gasförmigen Aggregatzustand zu überführen.

■ **fester Zustand**
Wird die Bewegungsenergie der Moleküle durch zusätzliche Abkühlung noch weiter reduziert, so nimmt der Energiegehalt unter dem Einfluss weiterer **Kohäsionskräfte** in ähnlicher Weise nochmals sprunghaft um den Betrag der **Kristallisationswärme** bzw. **Kristallisationsenthalpie** ($\Delta_K H$(Wasser) = 6,010 kJ/mol bei t = 0 °C) ab. Beim Schmelzen eines festen Stoffes muss die beim Erstarren frei gewordene Kristallisationsenthalpie als Schmelzenthalpie wieder zugeführt werden.

Beim Übergang vom flüssigen in den festen Aggregatzustand dehnt sich Wasser, im Gegensatz zu den meisten anderen Flüssigkeiten, unter Abnahme der **Dichte ρ** aus:

$$\rho\,(\text{Eis}, 0\ °C) = 916{,}8\ \text{kg/m}^3$$
$$\rho\,(\text{Wasser}, 0\ °C) = 999{,}9\ \text{kg/m}^3$$
$$\rho\,(\text{Wasser}, 4\ °C) = 1000{,}0\ \text{kg/m}^3$$
$$\rho\,(\text{Wasser}, 20\ °C) = 998{,}2\ \text{kg/m}^3$$
$$\rho\,(\text{Wasser}, 100\ °C) = 958{,}4\ \text{kg/m}^3$$

Diese **Ausdehnung des Wassers beim Gefrieren** um ca. 9 % ist geologisch insofern von Bedeutung, als im Winter das in Risse und Spalten von Gesteinen eingedrungene Wasser beim Gefrieren das Felsmaterial sprengt. Der Prozess trägt somit durch Schaffung neuer Oberflächen zur vermehrten Verwitterung und Neubildung des für die Vegetation erforderlichen Erdbodens bei.

Infolge des **Dichtemaximums** bei $t = 4$ °C wird das vollständige Zufrieren stehender Gewässer verhindert, weil sich Gewässerschichten mit unterschiedlichen Dichten bilden. Dadurch bleibt das Leben in tieferen Regionen erhalten.

Die **hohe spezifische Wärmekapazität** ($c_{(Wasser)}$ = 4,182 J/(g · K) bei 20 °C) sorgt ebenso wie die **hohe Verdampfungsenthalpie** für einen ausgeglichenen Temperaturhaushalt auf der Erdoberfläche. Bei Pflanzen wird aufgrund dieser Tatsache eine allzu schnelle Verdunstung des Wassers verhindert und Warmblütler können durch Transpiration bei höheren Lufttemperaturen eine konstante Körpertemperatur beibehalten.

Eine nicht zu unterschätzende physikalische Eigenschaft von Wasser ist seine **Viskosität (Zähigkeit)**. Eine Flüssigkeit setzt bei gegenseitiger laminarer Verschiebung zweier benachbarter Schichten einen inneren Widerstand (Reibung) entgegen. Die Viskosität ist **stark temperaturabhängig**. Sie ist z. B. bei 0 °C doppelt so groß wie bei 25 °C, d. h., bei Raumtemperatur wird z. B. eine im Wasser schwebende Alge oder eine Belebtschlammflocke im Nachklärbecken einer Kläranlage, unter sonst vergleichbaren Bedingungen, doppelt so schnell absinken wie bei 0 °C. Auch die im Wasser gelösten Stoffe beeinflussen seine Viskosität. Bestimmte Polyelektrolyte (wasserlösliche, lineare Makromoleküle) werden z. B. in der Abwasserreinigung als Flockungshilfsmittel eingesetzt. Bei geeigneter Konzentration können sie den Sedimentationsvorgang beschleunigen.

Die Anziehungskräfte in Flüssigkeiten werden **Kohäsionskräfte** genannt. Ihre Wirkung heißt Kohäsion und bedeutet den inneren Zusammenhalt der Moleküle. Flüssigkeitsteilchen, die sich an der Oberfläche (Phasengrenze: Wasser/Luft) befinden, werden einseitig in das Innere der Flüssigkeit gezogen. Ein Maß für die Kräfte, die eine Oberflächenverkleinerung zur Folge haben, ist die **Oberflächenspannung** σ. Sie ist definiert als Quotient aus der Arbeit zur Bildung einer neuen Oberfläche und der Größe dieser Oberfläche. Die Oberflächenspannung ist von der Temperatur und von der Anwesenheit bestimmter Substanzen abhängig. Tenside, Proteine oder Huminsäuren sind Beispiele solcher oberflächenaktiven Substanzen. Sie senken die Oberflächenspannung und sind auf-

grund ihrer benetzenden Wirkung aus dem Haushalt nicht mehr wegzu-
denken. Höhere Konzentrationen ($\beta > 1$ mg/l) stellen jedoch für Gewässer und Biozönose eine erhebliche Gefahr dar.

2.3.2 Chemische Eigenschaften

Die Stabilität der chemischen Bindung zwischen Wasserstoff und Sauerstoff ist ausgesprochen groß und lässt sich nur durch erhebliche elektrische oder thermische Energiezufuhr ($\Delta_B H° = 285,9$ kJ/mol) in die Elemente spalten.

$$Energie + H_2O \rightarrow H_2 + \tfrac{1}{2}O_2$$

Trotz der hohen Bindungsenergie geht Wasser eine Vielzahl unterschiedlicher Reaktionen ein, von denen hier nur einige beispielhaft
besprochen werden.

Reaktionen mit Metallen

Mit Wasser reagieren die Alkalimetalle (Li, Na, K, Rb, Cs) unter Oxidation sehr heftig, wobei Alkalimetall-Kationen, Hydroxidionen (OH^-) und
molekularer Wasserstoff (H_2) entstehen.

$$2\,Na + 2\,H_2O \rightarrow 2\,Na^+ + 2\,OH^- + H_2 \uparrow$$

$$Mg + H_2O \rightarrow MgO + H_2 \uparrow$$

Die Erdalkalimetalle Magnesium und Calcium zeigen ähnliche Eigenschaften wie die Alkalimetalle. Sie reagieren mit Wasser bei Raumtemperatur langsam, beim Erwärmen lebhafter unter Wasserstoffentwick-
lung zum Metalloxid.

Reaktionen mit Metalloxiden

Gebrannter Kalk (CaO) hat die Eigenschaft, mit Wasser unter starker
Wärmeentwicklung ($\Delta_R H° = 65,2$ kJ/mol) und Bildung von Calciumhydroxid ($Ca(OH)_2$) zu reagieren.

$$CaO + H_2O \rightarrow Ca(OH)_2 + Energie$$

Der dabei entstehende **gelöschte Kalk** dient zur Bereitung von Kalkmörtel.
Kalkmörtel besteht aus einer steifen, wässrigen Mischung von gelöschtem Kalk
und Sand. Beim Aushärten dieser Mischung tritt zunächst das überschüssige
Wasser aus (**Abbinden**), worauf anschließend Calciumhydroxid ($Ca(OH)_2$) mit
dem Kohlenstoffdioxid (CO_2) der Luft in Calciumcarbonat ($CaCO_3$) übergeht
(**Erhärten**) und so die große Festigkeit von Kalkmörtel ergibt.

$$Ca(OH)_2 + CO_2 \rightarrow CaCO_3 + H_2O$$

Da beim Aushärtungsvorgang Wasser abgegeben wird, werden neue Wohnungen feucht bei zu frühem Bezug, da das ausgeatmete CO_2 nach obiger Gleichung reagiert.

Reaktionen mit Nichtmetallen

Kohlenstoff ist ein reaktionsträges Element, das erst bei Energiezufuhr mit anderen Stoffen reagiert. Mit H_2O-Dampf reagiert Kohlenstoff, je nach Konzentration und Temperatur, unter Bildung von Kohlenstoffmonoxid (CO) und Wasserstoff (H_2).

$$Energie + C + H_2O \rightarrow CO + H_2$$

Das Bestreben von elementarem Chlor (Cl_2), sich mit Wasserstoff zu verbinden, ist so ausgeprägt, dass es vielen Wasserstoffverbindungen (z. B. Wasser) den Wasserstoff unter Bildung von Chlorwasserstoff (HCl) entreißt. Der Sauerstoff im Wasser wird dabei zu molekularem Sauerstoff (O_2) oxidiert.

$$2\,Cl_2 + 2\,H_2O \rightarrow 4\,HCl + O_2$$

Reaktionen mit Nichtmetalloxiden

Löst man Schwefeldioxid (SO_2) in Wasser auf, so erhält man eine ausgesprochen sauer reagierende Lösung.

$$SO_2 + H_2O \rightleftharpoons H_2SO_3$$

Die sauren Eigenschaften sind dabei auf die gebildete schwefelige Säure ($H_2SO_3 \rightarrow H^+ + HSO_3^-$) zurückzuführen. Das Gleichgewicht dieser Reaktion liegt, im Unterschied zum SO_3/H_2O-System, weitgehend auf der linken Seite, so dass fast das gesamte Schwefeldioxid als in Wasser physikalisch gelöstes SO_2 vorliegt.

Phosphorpentoxid (P_4O_{10}) entsteht beim Verbrennen von Phosphor mit Sauerstoffüberschuss. Es ist sehr hygroskopisch und geht mit Wasser über Zwischenstufen in Phosphorsäure (H_3PO_4) über.

$$P_4O_{10} + 6\,H_2O \rightarrow 4\,H_3PO_4$$

Hieraus ergibt sich auch eine vielseitige Verwendung als Trocknungsmittel.

Hydratisierung

Unter **Solvatisierung** versteht man die Wechselbeziehung zwischen Lösungsmittelmolekülen und gelösten Stoffen. **Hydratisierung** ist die **Sol-**

vatation mit Wasser als Lösungsmittel. Dabei werden die Wassermoleküle an darin gelösten Ionen, Atome, Moleküle oder Kolloide unter Bildung von **Hydraten** angelagert.

Die Hydratisierung von Ionen ist für die **Löslichkeit** von Verbindungen von entscheidender Bedeutung. Beim Auflösen eines Salzes (z. B. NaCl) müssen die Ionen aus dem Gitterverband entfernt werden, wobei die nicht unerhebliche **Gitterenthalpie** ($\Delta_G H$(NaCl) = 766,3 kJ/mol) aufgebracht werden muss. Dies ist jedoch nur möglich, wenn bei der Hydratisierung der Ionen (Na^+ und Cl^-) ein insgesamt größerer Betrag an **Hydratisierungsenthalpie** erhalten wird. Auf Grund des Dipolcharakters von Wasser wird jedes freie Ion sofort mit H_2O-Molekülen umhüllt (**hydratisiert**). Es bilden sich mehr oder weniger definierte Anlagerungskomplexe (**Hydrate**), vorwiegend mit den Koordinationszahlen 4, 6 und 8 nach folgender Schreibweise:

$$NaCl + 12\,H_2O \rightarrow \left[Na(H_2O)_8\right]^+ + \left[Cl(H_2O)_4\right]^-$$

Die **Hydratisierung** ist ein **exothermer Vorgang**. Ist die dabei frei werdende Energie größer als die stoffspezifische Gitterenthalpie $\Delta_G H$, so löst sich die Substanz unter **Erwärmung** der Lösung auf. Überwiegt im umgekehrten Fall die Gitterenthalpie gegenüber der Hydratisierungsenthalpie, so wird beim Auflösen der Substanz eine **Abkühlung** beobachtet. Die Hydratisierungsenthalpien von Na + ($\Delta_{Hydr} H$(Na^+) = 390,0 kJ/mol) und Cl^- ($\Delta_{Hydr} H$(Cl^-) = 384,2 kJ/mol) sind in der Summe größer als die Gitterenthalpie von NaCl. Eine NaCl-Lösung erwärmt sich daher beim Auflösen von NaCl in Wasser als Solvenz.

2.3.3 Autoprotolyse und pH-Wert

Wasser leitet, wenn auch nur sehr schwach, den elektrischen Strom. Der Wert für die elektrische Leitfähigkeit von reinem Wasser beträgt κ = 6,35 · 10^{-6} S/m bei 25 °C. Dies kann nur auf die Existenz von Ionen zurückgeführt werden. Das Molekül H_2O liegt in geringem Maße gemäß folgender Gleichung dissoziiert vor:

$$H_2O \rightleftharpoons H^+ + OH^-$$

Protonen (H^+-Ionen) sind wegen ihrer im Verhältnis zur Größe hohen Ladung nicht existenzfähig, sondern liegen als **hydratisierte Oxoniumionen** (z. B. $H^+_{(aq)}$, H_3O^+, $H_5O_2^+$, $H_9O_4^+$) vor. Zur Vereinfachung verwendet man das H_3O^+-Ion (= Hydroniumion). Man formuliert die Dissoziation von H_2O als **Autoprotolyse des Wassers**:

$$H_2O + H_2O \rightleftharpoons H_3O^+ + OH^-$$

Das **Massenwirkungsgesetz** (**MWG**) lautet für diese Gleichgewichtsreaktion:

$$K = \frac{c(H_3O^+) \cdot c(OH^-)}{c^2(H_2O)}; \quad K(20\,^\circ C) = 3{,}26 \cdot 10^{-18} \tag{2-28}$$

Da die Eigendissoziation des Wassers sehr gering ist und damit die Konzentration des undissoziierten Wassers ($c(H_2O)$) als nahezu konstant angesehen werden kann, lässt sich die MWG-Konstante K zu einer neuen Konstanten, dem **Ionenprodukt des Wassers K_W**, zusammenfassen.

$$K_W = K \cdot c^2(H_2O) = c(H_3O^+) \cdot c(OH^-) \tag{2-29}$$

Das Ionenprodukt des Wassers ermöglicht es, von einer bekannten H_3O^+-Konzentration auf die dazugehörige OH^--Konzentration umzurechnen. Der Zahlenwert von K_W hängt von der Temperatur ab und damit auch der pH-Wert, der dem **Neutralpunkt** ($c(H_3O^+) = c(OH^-)$) zugeordnet ist.

Tabelle 2-2: Ionenprodukt des Wassers und Neutralpunkt bei verschiedenen Temperaturen

Temperatur in °C	K_W in mol²/l²	$c(H_3O^+) = c(OH^-)$ in mol/l	pH-Wert des Neutralpunktes
0	$0{,}116 \cdot 10^{-14}$	$0{,}34 \cdot 10^{-7}$	7,47
15	$0{,}450 \cdot 10^{-14}$	$0{,}67 \cdot 10^{-7}$	7,17
22	$1{,}000 \cdot 10^{-14}$	$1{,}00 \cdot 10^{-7}$	7,00
50	$5{,}985 \cdot 10^{-14}$	$2{,}45 \cdot 10^{-7}$	6,61
100	$5{,}929 \cdot 10^{-13}$	$7{,}70 \cdot 10^{-7}$	6,11

Eine Lösung reagiert **sauer**, wenn $c(H_3O^+)$ größer als in reinem Wasser ist. Eine **alkalische** Lösungsqualität besteht dann, wenn $c(OH^-)$ größer als in reinem Wasser ist.

Es hat sich in der chemischen Praxis eingebürgert, den negativen dekadischen Logarithmus der Oxoniumionen-Konzentration $c(H_3O^+)$ als pH-Wert zu definieren.

$$pH = -\lg c(H_3O^+) \tag{2-30}$$

Die nachfolgende Tabelle 2-3 zeigt den Zusammenhang zwischen der Oxoniumionen-Konzentration und dem pH-Wert an einigen Beispielen:

Tabelle 2-3: H_3O^+-Konzentration, pH-Wert und Qualität der Lösung

$c(H_3O^+)$ in mol/l	pH-Wert	Lösungs-qualität	Beispiele
1	0	sauer	konz. Salpetersäure
0,3	0,5	sauer	Batteriesäure
0,1	1	sauer	Magensäure
0,000 1	4	sauer	Sauerkraut, Cola
0,000 01	5	sauer	Mineralwasser
0,000 001	6	sauer	Speichel, Milch
0,000 000 1	7	neutral	destilliertes Wasser, Blut
0,000 000 01	8	alkalisch	Meerwasser
0,000 000 000 01	11	alkalisch	Ammoniak-Lösung (Haushalt)
0,000 000 000 000 01	14	alkalisch	

In reinem Wasser und auch mit hinreichender Genauigkeit in wässrigen Lösungen gilt am Neutralpunkt:

$$c(H_3O^+) = c(OH^-) = \sqrt{K_W} = 1 \cdot 10^{-7} \, mol/l \implies pH = 7 \quad (2\text{-}31)$$

Dieser Zusammenhang ergibt sich aus dem **Ionenprodukt des Wassers** (bei $t = 22\,°C$) (vgl. Gl. (2-29)). Überlegungen, die hier nicht näher besprochen werden sollen, führen zu einem Zusammenhang zwischen $c(H_3O^+)$ und $c(OH^-)$ auch bei Lösungen, die von pH = 7 abweichende Werte zeigen.

Eine Zunahme der Oxoniumionen-Konzentration geht mit einer Abnahme der Hydroxidionen-Konzentration einher, da sich der negative dekadische Logarithmus beider Konzentrationen als pH-Wert und ein analog definierter pH-Wert immer zu 14 addieren ($pK_W = -lg\,K_W = 14$).

$$pH = -lg\,c(H_3O^+) \text{ und } pOH = -lg(OH^-)$$

$$pH + pOH = pK_W = 14 \quad (2\text{-}32)$$

2.3.4 Härte und Leitfähigkeit

Die Härte eines Wassers wird durch die **Gesamtkonzentration der Erdalkaliionen (Mg^{2+}, Ca^{2+}, Sr^{2+}, Ba^{2+})** bestimmt. Dabei spielen in der Praxis Strontium und Barium keine Rolle, da sie nur in geringen Konzentrationen vorkommen und somit kaum zur Härte des Wassers beitragen. Fast jedes Fluss- und Quellwasser enthält unterschiedliche Mengen an Calcium- und Magnesiumsalzen. Wasser mit hohem Gehalt an Calcium- und Magnesiumsalzen bezeichnet man als „**hart**", Wasser mit geringerem Gehalt als „**weich**". Um die Härte im Sprachgebrauch einfacher unterscheiden zu können, hat sich folgende Einteilung bewährt:

Tabelle 2-4: Härtegrade mit verschiedenen Gehaltsangaben

$c(Ca^{2+}, Mg^{2+})$ in mmol/l	$w(CaCO_3)$ in ppm	Grad deutscher Härte* in °dH	
0...1	0...100	0...5,6	sehr weich
1...2	100...200	5,6...11,2	weich
2...3	200...300	11,2...16,8	mittelhart
3...4	300...400	16,8...22,4	hart
> 4	> 400	> 22,4	sehr hart

* In Großbritannien, Frankreich und den USA benutzt man andere Härtegerade:
  1°dH = 1,25 engl. H° = 1,79 franz. H° = 1,04 amerik. H°.

Calciumcarbonat ($CaCO_3$) ist eine in Wasser schwer lösliche Verbindung, die jedoch in Anwesenheit von Kohlenstoffdioxid (CO_2) zu leicht löslichem Calciumhydrogencarbonat ($Ca(HCO_3)_2$) reagiert:

$$CaCO_3 + H_2O + CO_2 \rightleftharpoons Ca(HCO_3)_2$$

Diese Gleichgewichtsreaktion kann beim Verdampfen des Lösungsmittels nach links verschoben werden, sodass Calciumcarbonat ausfällt. Hierauf beruht die nicht ungefährliche Abscheidung von **Kesselstein** beim Erhitzen von $Ca(HCO_3)_2$-haltigem Wasser in Dampfkesseln und die Bildung von „Stalaktiten" bzw. „Stalagmiten" in Tropfsteinhöhlen.

Calciumcarbonat ist im Gegensatz zur Kesselwand ein schlechter Wärmeleiter, sodass die mit $CaCO_3$ bedeckte Kesselwand heißer wird als eine unbedeckte Stelle. Springt der Kesselstein ab, so entwickelt sich bei Kontakt des Wassers mit dem überhitzten Metall schlagartig Wasserdampf, was zu Kesselsteinexplosionen führen kann.

Beim Kochen von hartem Wasser fällt Calciumhydrogencarbonat ($Ca(HCO_3)_2$) als Calciumcarbonat ($CaCO_3$) aus, wodurch ein Teil der Härte – als **temporäre Härte** – verschwindet. Die in Lösung bleibende Härte (z. B. Calciumsulfat ($CaSO_4$)) wird **permanente Härte** genannt. Temporäre und permanente Härte ergeben additiv die **Gesamthärte**.

Leitfähigkeit

Unter (elektrischer) Leitfähigkeit versteht man die Fähigkeit einer wässrigen Lösung, den elektrischen Strom zu leiten. Reines Wasser leitet den Strom so gut wie nicht. Nur in Anwesenheit elektrisch geladener Teilchen (Ionen) kann ein Strom fließen. Das Leitvermögen von Wasser ist eine gute Kenngröße für die gelöste Ionen-Konzentration:

> Je höher der Salzgehalt einer wässrigen Lösung, desto besser leitet das Wasser den Strom. Die Leitfähigkeit hängt auch von der Temperatur ab (Temperaturerhöhung um 1 °C → Erhöhung der Leitfähigkeit um ca. 2 %).

Leitfähigkeitsmessungen basieren auf der Bestimmung des elektrischen Widerstandes, den der Strom in einem Leiter überwinden muss. Die Einheit für den Widerstand ist das Ohm (Ω). Es hat sich jedoch der Kehrwert des elektrischen Widerstandes als Maß für die Leitfähigkeit, mit der Einheit Siemens (S), eingebürgert.

Tabelle 2-5: Typische Leitfähigkeits-Bereiche für verschiedene Wasser- bzw. Gewässerarten

Leitfähigkeitsbereich in S/m	Beispiele
$5 \cdot 10^{-6}$	chemisch reines Wasser
$(0,1...4) \cdot 10^{-4}$	destilliertes Wasser
$(0,1...10) \cdot 10^{-4}$	Ionenaustauscher-Wasser
$(2...10) \cdot 10^{-3}$	Regenwasser
$(0,1...1) \cdot 10^{-1}$	Trinkwasser
$(0,1...5) \cdot 10^{-1}$	Oberflächenwasser
$(0,2...1,5) \cdot 10^{-1}$	Grundwasser
$0,1...0,5$	Abwasser
$0,1...5$	Meerwasser
ca. 7,5	NaCl-Lösung (c = 1 mol/l)
$0,5...50$	industrielles Prozesswasser

2.3.5 Löslichkeit

Feststoffe, Gase und Flüssigkeiten lösen sich meistens nur bis zu einer bestimmten Konzentration in Wasser und bilden eine homogene Lösung. Wasser ist in diesem Fall das **Solvent** und die gelöste Substanz (Feststoff, Gas oder Flüssigkeit) der **Solut**. In allen Fällen stellt sich bei einem Lösungsvorgang in einer gegebenen Wassermenge ein Gleichgewicht ein, bei dem jede Substanz eine charakteristische, von der Temperatur abhängige **maximale Löslichkeit** besitzt.

Kochsalz (NaCl) ist in Wasser mit 360 g/kg sehr gut löslich, während Silberchlorid (AgCl) mit 2 mg/kg als schlecht oder schwer löslich bezeichnet wird. Auch der Vergleich zweier Gase zeigt einerseits die sehr gute Löslichkeit von Ammoniak (NH_3) in Wasser mit 350 g/kg und andererseits eine nur mäßige Löslichkeit von Sauerstoff (O_2) in Wasser mit 44 g/kg. Die Löslichkeitsdaten gelten für eine Temperatur von 20 °C.

Wird dieser Maximalwert erreicht, so liegt eine **gesättigte Lösung** vor. Fügt man einer solchen gesättigten Lösung weitere Mengen des Solutes zu, so wird seine Konzentration in der Lösung nicht weiter erhöht, sondern führt zur Bildung von ungelöstem Bodenkörper.

Fest-flüssige Systeme

Gibt man ein schwer lösliches Salz (z. B. $Al(OH)_3$) in Wasser, so stellt sich ein dynamisches Gleichgewicht ein, bei dem auch nach intensivem Rühren der überwiegende Teil des Salzes als fester Bodenkörper ungelöst bleibt. Es kommt jedoch zu Wechselwirkungen zwischen einem kleinen Anteil des in Lösung gegangenen Salzes, das in der homogenen Lösung entweder als undissoziiertes $Al(OH)_3$ oder in Form von Ionen (Al^{3+}, OH^-) vorliegt, und dem ungelösten Bodenkörper ($Al(OH)_{3(solid)}$).

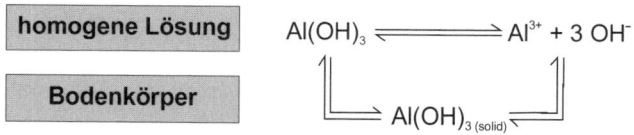

Bild 2-4: Dynamisches Lösungsgleichgewicht am Beispiel von schwer löslichem $Al(OH)_3$

Bild 2-4 fasst die Wechselwirkungen zwischen **Lösungs- und Ausfällungsprozess** von schwer löslichem Aluminiumhydroxid zusammen. Beide Teilprozesse finden Anwendung in der Umwelttechnik. Das Auswaschen ionischer oder löslicher Bodenbestandteile bei Überschwemmungen oder die chemische Phosphateliminierung durch Bildung schwer löslicher Fällungsprodukte ($FePO_4$, $AlPO_4$) in der Abwassertechnik sind Beispiele hierfür.

Befindet sich ein nicht gelöster Feststoff eines schwer löslichen Salzes im Gleichgewicht mit seinen Ionen in einer angrenzenden wässrigen Phase $A_mB_n \rightleftharpoons mA^{n+} + nB^{m-}$, so ist das Produkt seiner Ionenkonzentration in gesättigter Lösung bei gegebener Temperatur eine Konstante, die man Löslichkeitsprodukt nennt.

Das **Löslichkeitsprodukt** K_{LP} eines Stoffes $A_m B_n$ nimmt folgende allgemeine Form an:

$$K_{LP}(A_m B_n) = c^m(A^{n+}) \cdot c^n(B^{m-}) \qquad (2\text{-}33)$$

c Stoffmengenkonzentration der Kationen (A^{n+}) und Anionen (B^{m-}), n/m Verhältniszahlen der Atome bzw. Ladungszahlen der Ionen

Für die Berechnung der molaren Löslichkeit c eines Stoffes ($A_m B_n$) ergibt sich folgende Beziehung:

$$c(A_m B_n) = \sqrt[m+n]{\frac{K_{LP}(A_m B_n)}{m^m \cdot n^n}} \qquad (2\text{-}34)$$

K_{LP} Löslichkeitsprodukt des Stoffes ($A_m B_n$), n/m Verhältniszahlen der Atome bzw. Ladungszahlen der Ionen

In Tabelle 2-6 sind einige Substanzen von umwelttechnischer Bedeutung und ihre Löslichkeitsprodukte zusammengestellt. Aluminiumhydroxid ($Al(OH)_3$) ist z. B. mit 0,33 µg/l schwach löslich, während Calciumsulfat ($CaSO_4$) mit 0,67 g/l gut löslich ist.

Tabelle 2-6: Löslichkeitsprodukte einiger Substanzen

Anwendung	Gleichgewichtsreaktion	Löslichkeits-produkt K_{LP} bei 25 °C
Koagulation	$Al(OH)_3 \rightleftharpoons Al^{3+} + 3\ OH^-$	$1 \cdot 10^{-32}$ mol⁴/l⁴
Härte-Reduzierung	$MgCO_3 \rightleftharpoons Mg^{2+} + CO_3^{2-}$	$4 \cdot 10^{-5}$ mol²/l²
	$CaCO_3 \rightleftharpoons Ca^{2+} + CO_3^{2-}$	$5 \cdot 10^{-9}$ mol²/l²
Enteisenung	$Fe(OH)_3 \rightleftharpoons Fe^{3+} + 3\ OH^-$	$6 \cdot 10^{-38}$ mol⁴/l⁴
Phosphat-Fällung	$Ca_3(PO_4)_2 \rightleftharpoons 3\ Ca^{2+} + 2\ PO_4^{3-}$	$1 \cdot 10^{-27}$ mol⁵/l⁵
Fluorierung	$CaF_2 \rightleftharpoons Ca^{2+} + 2F^-$	$3,9 \cdot 10^{-11}$ mol³/l³
Metall-Fällung	$Cu(OH)_2 \rightleftharpoons Cu^{2+} + 2\ OH^-$	$1,6 \cdot 10^{-19}$ mol³/l³
Rauchgas-entschwefelung	$CaSO_4 \rightleftharpoons Ca^{2+} + SO_4^{2-}$	$2,4 \cdot 10^{-5}$ mol²/l²

Löslichkeit von Gasen

Gibt man einem Stoff A die Gelegenheit, sich zwischen zwei Phasen (z. B. gasförmig/flüssig oder flüssig/flüssig) physikalisch zu verteilen, so führt diese Verteilung zu einem chemischen Gleichgewicht, welches durch die in Bild 2-5 gezeigte Beziehung charakterisiert werden kann (**NERNSTsches Verteilungsgesetz**).

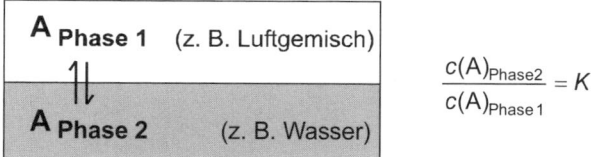

Bild 2-5: Verteilungsgesetz, das die Verteilung eines Stoffes A zwischen zwei Phasen beschreibt. $c(A)$ Konzentration des Stoffes A, K Verteilungskoeffizient

Das Verhältnis der Konzentrationen eines sich zwischen zwei Phasen verteilenden Stoffes ist im Gleichgewichtszustand bei gegebener Temperatur konstant. K wird **Verteilungskoeffizient** genannt und hat bei gegebenen Phasen für jeden Stoff einen charakteristischen Wert.

Ist eine der beiden Phasen gasförmig, so lässt sich bei gegebener Temperatur die Konzentration des betreffenden Stoffes A durch seinen Partialdruck ersetzten ($c = n/V = p/RT$). Gemeinsam mit dem Stoffmengenanteil $x(A)$ in wässriger Lösung ($= n(A)/(n(A) + n(\text{Wasser}))$) ergibt sich folgende Gleichung:

$$p(A)_{Gas} = K_H \cdot x(A)_{Lösung} \tag{2-35}$$

x Stoffmengenanteil des Stoffes A in Lösung, p Partialdruck des Stoffes A in der Gasphase, K_H Löslichkeitskoeffizient nach HENRY-DALTON

Diese Gleichung wird **HENRY-DALTONsches Gesetz** genannt und besagt, dass die Löslichkeit eines Gases proportional seinem Druck ist. Die Proportionalitätskonstante ist der Löslichkeitskoeffizient K_H (vgl. Tabelle 2-7).

Tabelle 2-7: Löslichkeitskoeffizienten für einige in Wasser gelöste Gase bei verschiedenen Temperaturen t

t in °C	K_H in 10^9 Pa							
	Luft	N_2	O_2	CO_2	CO	H_2	H_2S	CH_4
0	4,38	5,36	2,58	0,074	3,57	5,87	0,027	2,27
10	5,56	6,77	3,31	0,105	4,48	6,44	0,037	3,01
20	6,73	8,14	4,06	0,144	5,42	6,92	0,049	3,81
30	7,81	9,36	4,81	0,188	6,28	7,38	0,062	4,55
40	8,81	10,54	5,42	0,236	7,05	7,61	0,076	5,27

Beispiel: Berechnung der Sättigungskonzentration von Sauerstoff (Luft) in Wasser bei $t = 20$ °C und $p = 1 \cdot 10^5$ Pa.

Lösung: Luft enthält 21 Vol.-% O_2 ($\varphi(O_2) = 0{,}21$)
$p(O_2) = \varphi(O_2) \cdot p = 0{,}21 \cdot 10^5$ Pa
$K_H = 4{,}06 \cdot 10^9$ Pa (vgl. Tabelle 2-7)

$$x(O_2) = \frac{p(O_2)}{K_H} = \frac{0{,}21 \cdot 10^5 \ \text{Pa}}{4{,}06 \cdot 10^9 \ \text{Pa}} = 5{,}17 \cdot 10^{-6}$$

Die H_2O-Konzentration in einem Liter beträgt:

$$c(H_2O) = \frac{\beta(H_2O)}{M(H_2O)} = \frac{1000 \ \text{g/l}}{18 \ \text{g/mol}} = 55{,}6 \ \text{mol/l}$$

Aus Gl. (2-9) ergibt sich der Stoffmengenanteil von O_2 pro Liter zu:

$$x(O_2) = \frac{n(O_2)}{n} = \frac{n(O_2)}{n(O_2) + n(H_2O)}$$

$\Rightarrow n(O_2) = 5{,}17 \cdot 10^{-6} \cdot 55{,}6 \ \text{mol} = 2{,}88 \cdot 10^{-4}$
$\Rightarrow c(O_2) = 2{,}88 \cdot 10^{-4} \ \text{mol/l}$

Die Sättigungskonzentration von O_2 ergibt sich somit zu:

$\beta(O_2) = c(O_2) \cdot M(O_2) = 2{,}88 \cdot 10^{-4} \ \text{mol/l} \cdot 32 \ \text{g/mol} = 9{,}2 \cdot 10^{-3} \ \text{g/l}$
$\quad = 9{,}2$ mg/l bei 20 °C und $1 \cdot 10^5$ Pa

$\quad \Rightarrow 14{,}5$ mg/l bei 0 °C und $1 \cdot 10^5$ Pa
$\quad \Rightarrow 6{,}9$ mg/l bei 40 °C und $1 \cdot 10^5$ Pa

2.4   Mikrobiologie

Die Mikrobiologie ist die Wissenschaft der **Mikroorganismen**. Das in der Benennung ausgedrückte Kennzeichen drückt die geringe Größe der Individuen (10^{-5} bis 10^0 mm) aus. Ihre **mikroskopische Dimension** (Auflösungsvermögen des menschlichen Auges: 0,02 mm) war nicht das einzige Motiv zur Abtrennung der Mikroorganismen von den Tieren und Pflanzen, sondern hat auch Konsequenzen hinsichtlich der Morphologie, der Aktivität und Flexibilität des Stoffwechsels sowie der ökologischen Verbreitung. Mikroorganismen sind in den Umweltbereichen Wasser, Luft und Boden allgegenwärtig (**ubiquitär**). Man findet sie in arktischen Gebieten, im Meer und in hohen Luftschichten. Die **Artenverteilung** ist an den meisten Standorten ähnlich der im Boden.

Zum Beispiel sind in 1 Gramm eines humusreichen Bodens 2,5 Billionen Bakterien, 0,5 Millionen Pilze, 50 000 Algen und 30 000 Protozoen (tierische Einzeller).

2.4.1 Einteilung der Mikroorganismen

Eine einfache Klassifizierung der Mikroben-Welt nach abnehmender Größe und geringerer morphologischer Differenzierung ist in Tabelle 2-8 gezeigt.

Tabelle 2-8: Einteilung der Mikroben-Welt

Mikroben-Reich	Beispiele	Zellstruktur
Tiere	Helminthen (Würmer) Eingeweidewürmer	ein- oder mehrzellig
Pflanzen	Wasserpflanzen Farne Moose	gut entwickelte Zell- struktur (Eukaryoten)
höhere Protisten	Pilze Algen Protozoen	
niedere Protisten	Bakterien Cyanobakterien (Blaualgen)	einfache Zellstruktur (Prokaryoten)
Viren		keine Zellstruktur

Mikroorganismen unterscheiden sich von höheren Pflanzen und Tieren durch ihre **geringere Größe** und **morphologische Differenzierung**. Sie lassen sich in zwei voneinander abgrenzbare Gruppen unterteilen:

- Eukaryoten,
- Prokaryoten.

Die erste Gruppe der Eukaryoten umfasst die **höheren Mikroorganismen**. Ihre Zellorganisation ist denen der Tiere und Pflanzen vergleichbar. Die zweite Gruppe wird von den **niederen Mikroorganismen**, den Prokaryoten, gebildet.

Es gibt eine Vielzahl verschiedener Arten von Eukaryoten und Prokaryoten, die zusammen eine systematische Ordnung bilden. **Prokaryoten** sind runde oder stäbchenförmige, einfach strukturierte Zellen mit typischen Dimensionen von 0,5...3 µm. Die Masse eines Bakteriums beträgt ca. 10^{-12} g; es hat einen Wassergehalt von 50...85 %.

Eukaryoten sind komplexer strukturiert und ca. 10-mal größer als die Prokaryoten. Pilze haben z. B. die Eigenschaft, **Hyphen** (Zellfäden) auszubilden, mit denen sie sich zu größeren Zellverbänden (Mycelien) zusammenlagern. Es kann während eines technischen Prozesses zu Klumpenbildung kommen, was eine besondere Anforderung an die Verfahrenstechnik bedeutet.

Tierische und pflanzliche Zellen sind trotz einiger Gemeinsamkeiten der Zellstrukturen von denjenigen der Mikroorganismen zu unterscheiden. Sie sind mit 50...100 µm größer als die Eukaryoten, langsam wachsend und weisen als besonderes Merkmal eine ausgeprägte Fragilität auf.

Alle Mikroorganismen sind auf die Zufuhr von Nährstoffen und Energie angewiesen. Aufgrund der Vielfalt der Nährstoffansprüche teilt man die Mikroorganismen entsprechend ihrer Energie- und Nährstoffquelle in Gruppen ein (vgl. Tab. 2-9).

Tabelle 2-9: Systematische Einteilung der Mikroorganismen entsprechend ihrer Energie- und Nährstoffquelle

Kriterium	Ernährungsweise	Bezeichnung
Energiequelle	elektromagnetische Strahlung (z. B. Licht)	phototroph (photosynthetisch)
	Oxidation von Verbindungen (z. B. Glucose)	chemotroph (chemosynthetisch)
Kohlenstoffquelle	anorganische Verbindungen (z. B. CO_2)	autotroph
	organische Verbindungen (z. B. Glucose)	heterotroph
Wasserstoffquelle	anorganische Verbindungen (z. B. NH_3, H_2O)	lithotroph
	organische Verbindungen	organotroph
Sauerstoffquelle	Sauerstoff (O_2)	aerob
	Sauerstoffausschluss	anaerob

Die Umsetzung der Nährstoffe in einer Zelle wird **Stoffwechsel** (**Metabolismus**) genannt und führt von einfachen Nährstoffen zur Neusynthese von **Biomasse**. Dieser lässt sich in drei Bereiche einteilen (vgl. Bild 2-6):

- ■ Katabolismus,
- ■ Intermediärstoffwechsel,
- ■ Anabolismus.

Beim **Katabolismus** werden die Nährstoffe (z. B. Glucose) in kleinere Molekülbruchstücke zerlegt und im Rahmen des Intermediärstoffwechsels zu einer Reihe von organischen Säuren (z. B. Citronensäure, α-Ketoglutarsäure) und Phosphaten umgesetzt. Die Verstoffwechselung der Nährstoffe wird zum Teil für die Energiegewinnung (z. B. Adenosintriphosphat, ATP) genutzt, während der andere Teil der Bereitstellung von Bausteinen dient, die im **Intermediärstoffwechsel** gebildet werden.

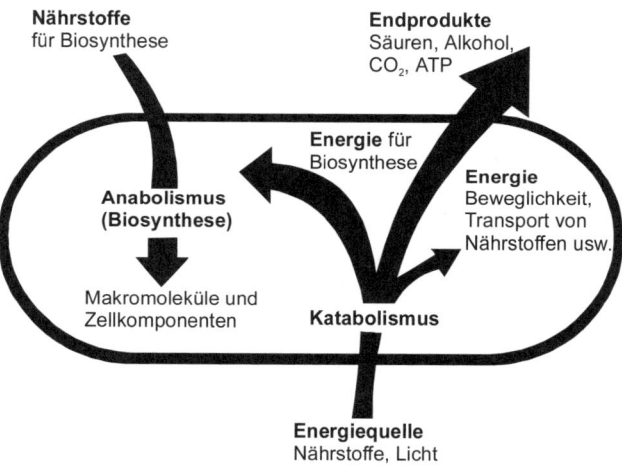

Bild 2-6: Schematische Darstellung des Zellstoffwechsels

Durch den **Anabolismus** (Synthesestoffwechsel) werden Bausteine (z. B. Aminosäuren) mithilfe von Energie zu Makromolekülen (z. B. Proteine) zusammengefügt. Mit der Synthese von Makromolekülen und Zellbestandteilen vergrößert sich die **Zellsubstanz** (**Biomasse**). Jeder Organismus wächst bis zu einer bestimmten Größe, teilt sich und trägt so zur Erhöhung der Anzahl der Organismen bei. In der Mikrobiologie werden Wachstum und Vermehrung gleichgesetzt.

> Unter Wachstum versteht man die irreversible Zunahme von Mikroorganismen, die mit einer Vergrößerung und/oder Teilung der Zelle einhergeht. In beiden Fällen vergrößert sich die Biomasse.

Der Organismus benötigt neben der Kohlenstoff-, Wasserstoff- und Energiequelle noch weitere Substanzen, die als Stickstoff-, Phosphor- und Schwefelquelle genutzt werden können. Diese und noch weitere

Elemente können in anorganisch oder organisch gebundener Form der Zelle zugeführt werden. Eine einfache Nährlösung ist hinsichtlich ihrer Zusammensetzung für das Bakterium *Escherichia coli* in Tabelle 2-10 gezeigt.

Tabelle 2-10: Zusammensetzung und Konzentrationsangaben einer einfachen Nährlösung für das Bakterium *Escherichia coli*

Substanz	Elementquelle	Konzentration β in g/l
Glucose ($C_6H_{12}O_6$)	C-, H- und O-Quelle	5,0
Ammoniumchlorid (NH_4Cl)	N-Quelle	1,0
Kaliumhydrogenphosphat (K_2HPO_4)	P- und K-Quelle	0,5
Magnesiumsulfat ($MgSO_4 \cdot H_2O$)	Mg- und S-Quelle	0,2
Eisensulfat ($FeSO_4 \cdot H_2O$)	Fe- und S-Quelle	0,01
Calciumchlorid ($CaCl_2$)	Ca-Quelle	0,01

Zu den Spurenelementen gehören Mangan (Mn), Zink (Zn), Nickel (Ni), Molybdän (Mo), Kobalt (Co), Kupfer (Cu), Natrium (Na), Chlor (Cl), Vanadium (V), Selen (Se) und Wolfram (W). Nicht alle Elemente sind zum Aufbau von Zellsubstanz notwendig. Bei Transportprozessen spielen z. B. Na- und Cl-Ionen eine besondere Rolle. Der Spurenelementbedarf der einzelnen Mikroorganismenarten ist sehr unterschiedlich. Meistens liegen die Spurenelemente als Verunreinigung der Hauptnährstoffe in ausreichender Konzentration vor.

2.4.2 Bakterien

Mikroorganismen mit einfacher Zellstruktur werden **Prokaryoten** genannt. Hierzu gehören neben den Bakterien und Archaebakterien auch die Blaualgen. Bakterien sind eine nach Form, Physiologie und Umweltansprüchen äußerst vielfältige Gruppe von Kleinstlebewesen. Die meisten prokaryotischen Organismen sind weniger als 1 μm bis etwa 5 μm groß und einzellig. Bakterien gelten als Erreger einer Reihe von Krankheiten, die von einer einfachen Halsentzündung über Salmonellose, Tuberkulose bis hin zur Pest reichen. Pathogene Bakterien sind jedoch in der Minderheit. Der eigentliche Lebensraum ist Wasser und Boden, in dem sie überwiegend als Verwerter abgestorbener organischer Substanz auftreten und diese gemeinsam mit anderen Mikroorganismen mineralisieren und somit in den Stoffkreislauf zurückführen.

Bakterien (Prokaryoten) unterscheiden sich von den Eukaryoten durch einen typischen Zellaufbau, den sie nur mit den Baualgen gemeinsam haben. Wie bei allen übrigen Organismen ist **genetisches Kernmaterial** vorhanden, jedoch fehlt eine differenzierte Trennung vom übrigen Zellmaterial (Cytoplasma).

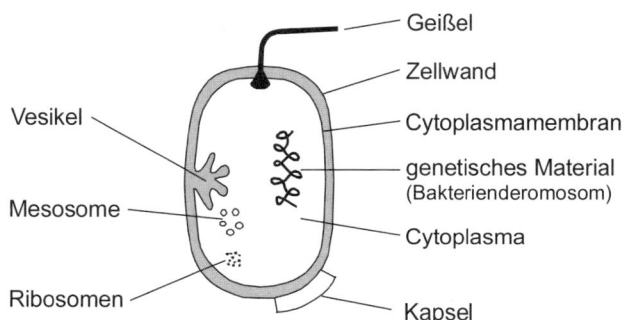

Bild 2-7: Schematischer Aufbau einer prokaryotischen Zelle (Längsschnitt durch ein stäbchenförmiges Bakterium)

Der schematische Aufbau einer typischen prokaryotischen Zelle ist in Bild 2-7 dargestellt. Man unterscheidet die Zellhülle und das von ihr umschlossene **Cytoplasma**. Die Hülle besteht in der Regel aus einer äußeren Zellwand und der **Cytoplasmamembran**, der nicht nur Schutzfunktion zugeschrieben wird, sondern die auch wesentlichen Anteil an Transportprozessen und am Energiestoffwechsel hat. Im Cytoplasma verteilt befinden sich Mikrostrukturen, in denen biochemische Reaktionen zum Aufbau von Zellmaterial oder zur Energiegewinnung ablaufen. Zusätzlich gibt es auch größere Mengen an Reservestoffen (Lipide, Polysaccharide oder Polyphosphate). Auf die Zellwand aufgelagert ist eine vom Nährstoffangebot abhängige, unterschiedlich stark ausgebildete Schicht eines artspezifischen Polysaccharids, das auch als **Kapsel** oder **Schleimhülle** bezeichnet wird.

Neben den Kapseln kommen noch einige nicht obligate Einrichtungen vor, wie z. B. Geißeln. Die **Geißeln** sind das wichtigste Bewegungsinstrument und befähigen zur aktiven Ortsveränderung. Sie sind meist 10 bis 20 nm dicke und bis zu 20 µm lange, einer Schiffsschraube vergleichbare Gebilde, die in der Cytoplasmamembran verankert sind. Je nach Anzahl unterscheidet man:

- ◼ monotrich (eine Geißel),
- ◼ polytrich (mehrere Geißeln),

je nach Anordnung zwischen

- monopolar (Geißeln an einer Seite inseriert),
- bipolar (Geißeln an zwei Seiten inseriert),
- peritrich (Geißeln an den Längsseiten oder allseitig inseriert).

Manche Bakterien verfügen über die Fähigkeit, **Dauerstadien** (**Sporen**) auszubilden, um ungünstige Umweltbedingungen zu überstehen. Das Volumen wird dabei durch Wasserabgabe reduziert. Eine Verstärkung der Hülle sorgt für eine größere Resistenz gegenüber Umwelteinflüssen.

Bakterien bestehen zum überwiegenden Teil aus Wasser (ca. 80 %); der Rest ist organisches Material. Dieses besteht aus ca. 50 % Proteinen, 10...20 % genetisches Kernmaterial und einem Rest, bestehend aus Fetten, Polysacchariden, Aminosäuren sowie organischen Säuren, die in den Membranen und der Zellwand vertreten sind. Daraus ergeben sich folgende Hauptelemente, die an der Zusammensetzung von Bakterien beteiligt sind: Kohlenstoff (50 %), Sauerstoff (20 %), Stickstoff (14 %), Wasserstoff (8 %), Phosphor (3 %), Schwefel (1 %) und Kalium (1 %).

Die morphologische Vielfalt der Bakterien lässt sich bis auf wenige Ausnahmen von der Kugel, dem Stäbchen und der Schraube ableiten. Die meisten Bakterien sind Kugeln (**Kokken**), gerade oder gekrümmte **Stäbchen**. **Spirillen** haben die Form einer Wendel oder Schraubenlinie. Gekrümmte Stäbchen werden als **Vibrionen** bezeichnet.

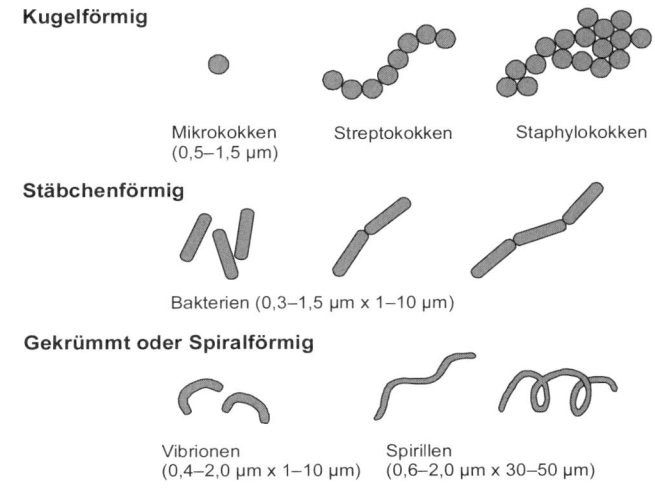

Kugelförmig

Mikrokokken (0,5–1,5 μm)   Streptokokken   Staphylokokken

Stäbchenförmig

Bakterien (0,3–1,5 μm x 1–10 μm)

Gekrümmt oder Spiralförmig

Vibrionen (0,4–2,0 μm x 1–10 μm)   Spirillen (0,6–2,0 μm x 30–50 μm)

Bild 2-8: Grundformen einzelner Bakterien

Abweichungen von diesen Grundformen sind für einige Bakterien charakteristisch. Ansätze zu Verzweigungen sind bekannt bis hin zur Bildung von Mycelien (vgl. Abschn. 2.4.3), die denen der Pilze sehr ähnlich sind.

Die Mehrzahl der Wasser- und Bodenbakterien, aber auch viele Krankheitserreger, sind Kokken sowie gerade und gekrümmte Stäbchen. Sie leben teils aerob, anaerob oder fakultativ. Unter ihnen finden sich stickstoffbindende Formen oder Oxidierer von Ammoniak. Das Darmbakterium *Escherichia coli* zählt ebenfalls zu dieser Gruppe, wie die Erreger von Typhus, Tetanus, Pest und die Milchsäurebildner, die bei der Herstellung von Sauerkraut oder Silofutter eine Rolle spielen. Für Mensch und Tier ist die überwiegende Zahl dieser Bakterien jedoch harmlos.

2.4.3 Pilze

Die Pilze sind **Eukaryoten** und umfassen ausschließlich **heterotrophe Organismen**, deren Zellen mit wenigen Ausnahmen immer eine Zellwand besitzen. Typische eukaryotische Zellen sind größer und komplexer als Protocyten aufgebaut. Ihr vegetativer Körper besteht entweder aus ellipsoiden Einzelzellen, den **Hefen,** oder aus länglichen, zusammenhängenden Zellen, den **Hyphen** (Pilzfäden). Die Hefepilze bilden durch perlschnurartige Knospen neue Zellen, während die Fadenpilze durch Spitzenwachstum verzweigte, filamentöse Hyphen bilden. Hefen und Hyphen sind Wachstumsformen von Pilzen. Es gibt eine Vielzahl typischer Hefepilze (z. B. *Saccharomyces* = Bier- oder Bäckerhefen) und typischen Fadenpilze (z. B. *Aspergillus* = Schimmelpilze). Die Gesamtheit der Hyphen wird **Mycel** (Pilzgeflecht) genannt; es kann in vielen Fällen makroskopisch sichtbare Formen von einigen Metern annehmen.

2.4.4 Protozoen

Tierische Einzeller werden als Protozoen („Urtierchen") bezeichnet und besitzen im Gegensatz zu den Bakterien einen echten Zellkern (vgl. Abschn. 2.4.2). Der Zellaufbau kann sehr einfach gehalten sein (z. B. bei Amöben), aber auch hoch komplexe Strukturen aufweisen, wie beispielsweise Einrichtungen zur Ausscheidung von Wasser, Möglichkeiten zur Fortbewegung oder auch zur Reizerkennung.

Protozoen sind mit einer Größe von < 0,1 mm immer noch mikroskopisch klein, aber beträchtlich größer als Bakterien. Einige bodenbewohnende Formen erreichen eine Größe, die sie fast für das menschliche Auge sichtbar machen.

Die Systematik, nach der Protozoen eingeteilt werden, richtet sich hauptsächlich nach ihrer Erscheinungsform (vgl. Bild 2-9). Es werden unterschieden:

- Wurzelfüßler,
- Geißeltierchen,
- Wimpertierchen,
- Sauginfusorien.

Die **Wurzelfüßler** (**Rhizopoden**) leben auf toter organischer Substanz, z. B. auf sich zersetzenden Pflanzen oder im Schlamm. Ihre einfachsten Formen sind Nacktamöben, die zu den regelmäßigen Bewohnern der oberen Bodenschichten gehören. Wie die Geißeltierchen ernähren sich auch die Amöben von Bakterien. Etwas höher organisiert sind die beschalten Amöben (Thecamöben). Sie sind häufig in sauren Böden anzutreffen. Ihr Gehäuse besteht aus anorganischem oder organischem Material, das vom Plasma gebildet wird.

Geißeltierchen (**Flagellaten**) haben eine feste Körperform und besitzen eine oder mehrere Geißeln, die der Fortbewegung dienen. Sie ernähren sich überwiegend von organischen Feststoffen. Einige von ihnen sind auch zur Photosynthese befähigt.

Wurzelfüßler (Rhizopoden)   **Geißeltierchen (Flagellaten)**

     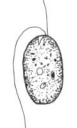

Nacktamöbe   Schalenamöbe   *Trigonomonas spec.*   *Bode caudatus*

Wimpertierchen (Ciliaten)

    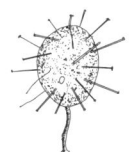 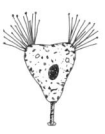

Vorticella spec.   *Paramecium spec.*   *Podophrya fixa*   *Tokophrya infusorium*

Bild 2-9: Auswahl einiger Protozoen

Wimpertierchen (Ciliaten) zeigen unterschiedlichste Formen im Körperbau und in der Nahrungsbeschaffung. Sie haben eine Präferenz für Kalkböden, sind aber auch zum freien Schwimmen und Jagen oder zur sessilen Lebensweise befähigt. Ciliaten sind in bakterienreichen Böden besonders häufig, da Bakterien ihre Nahrungsgrundlage bilden.

Sauginfusorien (Suctorien) sind lokal fixierte Formen, die mit den Zellfortsätzen ihre Beute (z. B. Bakterien, andere Protozoen) einfangen, sie extracellulär verflüssigen und anschließend mit Hohltentakeln einsaugen.

2.4.5   Algen

Die niederen einzelligen Pflanzen (Algen) besitzen im Gegensatz zu den tierischen Einzellern (Protozoen) farbstoffhaltige Strukturen (Chromatophoren) in der Zelle. Die Farbstoffe (z. B. Chlorophyll, Carotinoide) haben die Fähigkeit zur **Absorption von Lichtenergie** und deren **Umwandlung in chemische Bindungsenergie**. Im Unterschied zu den Mikroorganismen mit heterotropher Ernährungsweise sind die C-Quellen weniger differenziert. Kohlenstoffdioxid kann dabei in verschiedener Form aufgenommen werden, z. B. als gasförmiges CO_2 oder gelöstes Hydrogencarbonat (HCO_3^-). Das Angebot an verwertbaren N-, S- und P-Verbindungen ist ebenfalls gering. Es gibt jedoch eine erstaunliche Vielfalt von verschiedenen niederen Pflanzen (vgl. Bild 2-10).

Blaualgen gehören wie Bakterien zu den Prokaryoten. Ihre Farbstoffe sind wie bei den höheren Algen an Membranen gebunden. Der Organismus kann je nach Art in Schleimkapseln oder zu Ketten aufgereiht sein. Blaualgen haften an festen Flächen (z. B. Steinen), um von der Strömung nicht abgeschwemmt zu werden. Das Auftreten von Blaualgen geht häufig mit einem hohen Nährstoffangebot einher.

In stehenden, verunreinigten Gewässern, auf der Bodenoberfläche im Frühjahr nach der Schneeschmelze und auf dem Grund von flachen Gewässern kann es zur Massenvermehrung kommen. Ein derartiges Wachstum führt zu sichtbarer Veränderung der Wasserfarbe (**Wasserblüte**).

Geißelalgen (Phytoflagellaten) haben eine gewisse Ähnlichkeit mit den Geißeltierchen (vgl. Bild 2-7), unterscheiden sich jedoch von diesen in morphologischer Hinsicht und durch den grünen Farbstoff in der Zelle. Sie sind ebenso beweglich wie ihre tierischen Verwandten.

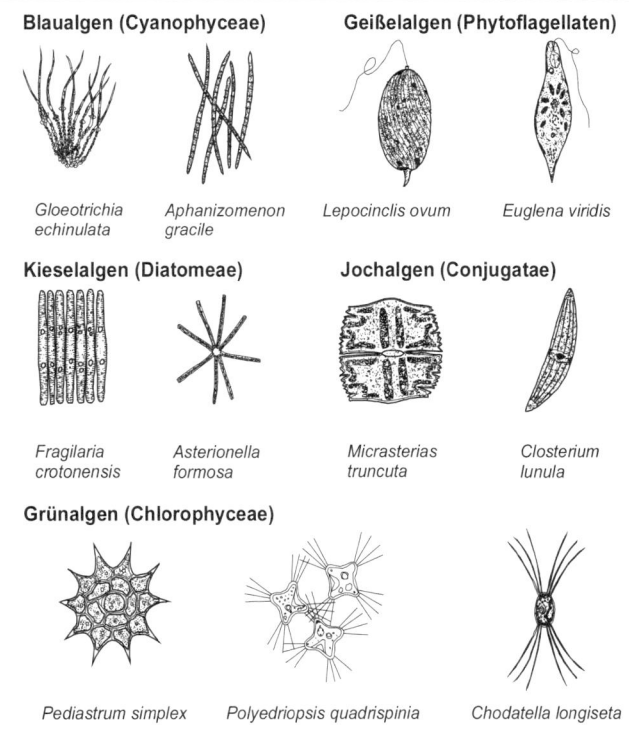

Blaualgen (Cyanophyceae)   Geißelalgen (Phytoflagellaten)

Gloeotrichia   Aphanizomenon   Lepocinclis ovum   Euglena viridis
echinulata   gracile

Kieselalgen (Diatomeae)   Jochalgen (Conjugatae)

Fragilaria   Asterionella   Micrasterias   Closterium
crotonensis   formosa   truncuta   lunula

Grünalgen (Chlorophyceae)

Pediastrum simplex   Polyedriopsis quadrispinia   Chodatella longiseta

Bild 2-10: Auswahl von pflanzlichen Mikroorganismen

Kieselalgen (*Diatomeae*) bestehen aus einer Kieselsäureschale. Die viel-fältig gestaltete Einzelzelle ist schiffchen- oder nadelförmig, gekrümmt, oder hat die Form eines Diskus. *Diatomeae* sind meistens braun gefärbt (Carotinoide) und kommen auch noch mit Spuren Licht aus. Sie sind daher auch in stark verschmutzten Gewässern zu finden.

Jochalgen haben eine sehr grazile Form und sind meist an relativ saube-re und damit nährstoffarme Gewässer gebunden.

Die meisten Bodenalgen gehören zu den **Grünalgen** (*Chlorophyceae*). Sie stellen die größte und formenreichste Gruppe der Algen dar. Neben wenigen Einzellern bildet die Mehrzahl lange Zellketten, die zu dichten Algenmatten auswachsen können.

2.4.6 Mehrzellige tierische und pflanzliche Formen

Jeder Lebensraum verfügt über eine eigene charakteristische Vergesellschaftung von Organismen. Eine einseitige, artenarme Gemeinschaft von Organismen ist immer ein Hinweis auf extreme Bedingungen. Sind nur wenige Arten durch eine hohe Individuenanzahl vertreten, so ist dies häufig ein Zeichen einer Störung durch veränderte Außenbedingungen. Treten in einer Gemeinschaft überproportional niedere Organismen (z. B. Bakterien) auf, deutet dies auf ein Überangebot an organischen Nährstoffen hin. Ist die Lebensgemeinschaft jedoch reich an Grünalgen und Wasserpflanzen, liegt ein Überangebot an anorganischen Nährstoffen vor (**Eutrophierung**).

Wie im vorausgegangenen Abschnitt bereits erwähnt, kann die große Anzahl der Lebensformen unter dem Aspekt der Kohlenstoffquelle in zwei Gruppen unterteilt werden (vgl. Tab. 2-9), nämlich in solche, die aus anorganischen Stoffen organische aufbauen (**autotrophe Formen**) und in diejenige, die von organischer Substanz leben (**heterotrophe Formen**). Die heterotrophen Formen können weiter unterteilt werden in:

- **Destruenten** (leben von abgestorbenen, organischen Substanzen),
- **Primärfresser** (leben als erste Glieder einer Fresskette direkt von pflanzlichem Material).
- **Sekundärfresser** und **Räuber** (nehmen spätere Plätze in der Fresskette ein).

Die im Rahmen dieses Buches interessierenden Lebensformen gehören in erster Linie der Gruppe der Destruenten an sowie den niederen Formen produzierender Organismen (Algen, autotrophe Bakterien). In Kläranlagen bleibt die Lebensgemeinschaft nicht nur auf Bakterien beschränkt, sondern umfasst auch räuberische und Bakterien fressende Protozoen.

Mesostoma spec. (Strudelwurm)   Nematode (Fadenwurm)   *Daphnia spec.* (Blattflusskrebs)   Eintagsfliegenlarve

Bild 2-11: Mehrzellige tierische Formen

Alle pflanzlichen und tierischen Lebensformen sind an biologischen Aktivitäten beteiligt. Je nach Art des Systems liefern sie einen Beitrag zur Reinigung eines belasteten Abwassers bzw. kontaminierten Bodens oder zur Charakterisierung einer bestimmten ökologischen Situation. Eine wichtige Rolle spielen unter den Tieren vor allem **Würmer** und **Insekten** (z. B. Wasser bewohnende Insektenlarven). Bei den Pflanzen sind es höhere Wasserpflanzen, die als **Indikatoren des Gewässerzustandes** genutzt werden können oder als landwirtschaftliche Nutzpflanzen in der Abwasserbehandlung (Pflanzenkläranlagen) eingesetzt werden können.

Grundlagen

2.5 Kinetik chemischer und biochemischer Reaktionen

Die qualitative Beschreibung chemischer und biochemischer Umsetzungen erfolgt auf der Grundlage der **Stöchiometrie**, der **Thermodynamik**, der **Kinetik** und des **Stoff-** und **Wärmeübergangs**. Technische Reaktionsprozesse in der Umwelttechnik laufen in Reaktoren oder offenen, natürlichen Systemen (Pseudoreaktoren) ab. Das Reaktionsgemisch setzt sich aus Reaktionskomponenten zusammen, wobei man zwischen **Reaktanten** (Edukte, Produkte) und **Begleitstoffen** (Katalysatoren, Lösungsmittel, Inertstoffe) unterscheidet. Reaktanten sind an der Stoffumwandlung beteiligt, d. h., ihre Konzentration verändert sich stetig, während Katalysatoren (z. B. Enzyme) nicht als Reaktanten aufgefasst werden. Mikroorganismen unterliegen einer Stoffumwandlung und sind daher als Reaktanten zu betrachten.

Die **freie Reaktionsenthalpie** gibt an, ob eine chemische oder biologische Reaktion freiwillig abläuft und welche Arbeit sie unter optimalen Bedingungen leisten könnte (vgl. Abschn. 2.2.4). Sie sagt dagegen nichts über den zeitlichen Ablauf (z. B. Geschwindigkeit) einer **thermodynamisch möglichen Reaktion**.

> Gegenstand der **Reaktionskinetik** (chemischen Kinetik) ist die Beschreibung des zeitlichen Ablaufs einer chemischen Reaktion in Abhängigkeit von Temperatur, Druck und Konzentration. In Erweiterung dieses Begriffes spricht man bei enzymatischen Reaktionen von der **Enzymkinetik** und bei mikrobiellen Reaktionen von der **mikrobiellen Kinetik**.

Allgemein hängt die **Reaktionsgeschwindigkeit r** von der Konzentration der Reaktanten und der Reaktionsordnung ab:

$$r = \frac{dc}{dt} = k \, c^n \qquad \qquad (2\text{-}36)$$

r Reaktionsgeschwindigkeit, c Konzentration, t Zeit, n Reaktionsordnung, k Reaktionsgeschwindigkeitskonstante

Der Exponent, mit dem die Konzentration eines Reaktionspartners in der Geschwindigkeit auftritt, wird Reaktionsordnung genannt. Hat der Exponent den Wert 0, 1, 2 oder 3, so spricht man von 0., 1., 2. oder 3. Ordnung. Der Exponent n entspricht nicht dem stöchiometrischen Koeffizienten der Reaktionsgleichung.

> Die Geschwindigkeit einer irreversibel verlaufenden Reaktion ist der Konzentration der Reaktanten proportional. Die Proportionalitätskonstante ist die Geschwindigkeitskonstante. Sie hat für jede Reaktion bei gegebener Temperatur einen charakteristischen Wert und nimmt meistens mit steigender Temperatur zu.

2.5.1   Reaktionen 0. Ordnung

Bei dem einfachsten Geschwindigkeitsgesetz ist die Reaktionsgeschwindigkeit nicht von der Konzentration abhängig. Für diesen Fall ist der zeitabhängige Konzentrationsverlauf linear (vgl. Bild 2-12 A). Das **differenzielle Zeitgesetz** lautet somit:

$$A \rightarrow P \qquad -r_A = -\frac{dc_A}{dt} = k_0 \qquad \qquad (2\text{-}37)$$

Hieraus ergibt sich die bestimmte Form des **integrierten Zeitgesetzes** einer Reaktion 0. Ordnung

$$c_A{}^0 - c_A = k_0 \, t \qquad \qquad (2\text{-}38)$$

r_A Reaktionsgeschwindigkeit der Komponente A, c_A Konzentration der Komponente A, t Zeit, k_0 Reaktionsgeschwindigkeitskonstante

Beispiele für Reaktionen 0. Ordnung sind: Elektrolyse (bei I = konst.), Absorption eines Gases in einer Flüssigkeit bei konstantem Volumenstrom.

2.5.2   Reaktionen 1. Ordnung

Das Zeitgesetz für eine Reaktion 1. Ordnung (z. B. radioaktiver Zerfall, thermische Zersetzung von Verbindungen) lautet in **differenzieller Form**:

$$A \rightarrow P \qquad -r_A = -\frac{dc_A}{dt} = k_1\, c_A \qquad (2\text{-}39)$$

Die Reaktionsgeschwindigkeit ist zu jedem Zeitpunkt der aktuellen Konzentration des Ausgangsstoffes A proportional (vgl. Bild 2-12 B). Sie ist zu Beginn der Umsetzung am größten und verringert sich mit abnehmender Konzentration. Bezeichnet man die Anfangskonzentration des Stoffes A zum Zeitpunkt $t = 0$ mit $c_A{}^0$, die Konzentration zu einer beliebigen Zeit t mit c_A, so ergibt sich folgendes **integrales Zeitgesetz** für eine Reaktion 1. Ordnung:

$$\ln\frac{c_A{}^0}{c_A} = k_1\, t \qquad (2\text{-}40)$$

r_A Reaktionsgeschwindigkeit der Komponente A, c_A Konzentration des Stoffes A, t Zeit, k_1 Reaktionsgeschwindigkeitskonstante

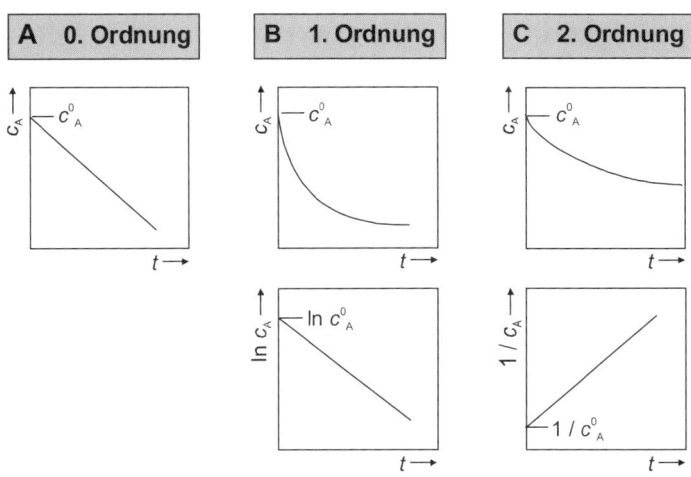

Bild 2-12: Konzentrations-Zeit-Diagramm in unterschiedlicher Auftragung. (A) Reaktion 0. Ordnung, (B) Reaktion 1. Ordnung in linearer und halb logarithmischer Auftragung, (C) Reaktion 2. Ordnung in linearer und reziproker Auftragung der Konzentration

Die logarithmische Darstellung des integrierten Zeitgesetzes (vgl. Bild 2-12 B) ist aus praktischen Gründen (z. B. grafische Bestimmung der Reaktionsgeschwindigkeitskonstante) über die Geradenfunktion am besten geeignet ($y = n + m \cdot x$).

2.5.3   Reaktionen 2. Ordnung

Ist in der Geschwindigkeitsgleichung der Exponent oder die Summe der Exponenten gleich 2, so handelt es sich um eine Reaktion 2. Ordnung. Die Zeitgesetze stellen sich wie folgt dar:

$$2\,A \rightarrow P \qquad -r_A = -\frac{dc_A}{dt} = k_2\,c_A{}^2 \qquad (2\text{-}41)$$

$$2\,B \rightarrow P \qquad -r_B = -\frac{dc_B}{dt} = k_2\,c_B{}^2 \qquad (2\text{-}42)$$

$$A + B \rightarrow P \qquad -r_A = -\frac{dc_A}{dt} = k_2\,c_A\,c_B \qquad (2\text{-}43)$$

r_A Reaktionsgeschwindigkeit der Komponente A, c_X Konzentration des Stoffes A bzw. B, t Zeit, k_2 Reaktionsgeschwindigkeitskonstante

Die Reaktionsgeschwindigkeit ist dem Quadrat oder dem Produkt der aktuellen Konzentrationen eines der Ausgangsstoffe oder beider Ausgangsstoffe proportional. Die **Integration des differenzierten Zeitgesetzes** (z. B. Gleichung (2-41)) ergibt:

$$\frac{1}{c_A} - \frac{1}{c_A{}^0} = k_2\,t \qquad (2\text{-}44)$$

c_A Konzentration der Komponente A, $c_A{}^0$ Konzentration der Komponente A zum Zeitpunkt $t = 0$, t Zeit, k_2 Reaktionsgeschwindigkeitskonstante

Reaktionen 2. Ordnung sind in der Chemie häufig vertreten. Charakteristisch ist der allgemein langsamere Verlauf, der bei Reaktionen höherer Ordnung noch weiter abnimmt. Zur Linearisierung des integrierten Zeitgesetztes wird eine reziproke Auftragung der Konzentration gegen die Zeit gewählt (vgl. Bild 2-12 C).

2.5.4   Temperaturabhängigkeit der Reaktionsgeschwindigkeit

Bei den meisten Reaktionen nimmt die Geschwindigkeit mit steigender Temperatur zu. Empirisch wurde beobachtet, dass für sehr viele Reaktionskonstanten die ARRHENIUS-Gleichung gilt:

$$k = A \cdot e^{\frac{-E_a}{RT}} \qquad (2\text{-}45)$$

k Reaktionsgeschwindigkeitskonstante, A präexponentieller Faktor, E_a Aktivierungsenergie, R allgemeine Gaskonstante, T Temperatur

Trägt man ln k gegen $1/T$ auf, so erhält man eine Gerade, die durch folgende Gleichung beschrieben werden kann:

$$\ln k = \ln A - \frac{E_a}{RT} \qquad (2\text{-}46)$$

Aus der ARRHENIUS-Gleichung ergibt sich, dass die Reaktionsgeschwindigkeitskonstante (bzw. Reaktionsgeschwindigkeit) bei gegebener Temperatur umso kleiner ist (bzw. abnimmt), je größer die Aktivierungsenergie der Reaktion ist. Zahlenwerte der Aktivierungsenergie chemischer Reaktionen liegen im Allgemeinen zwischen 20 und 400 kJ/mol.

> Für endotherme Reaktionen ist $E_a \geq \Delta_R H$; für exotherme Reaktionen lässt sich keine minimale Aktivierungsenergie angeben. Vorzeichen und Größe der Reaktionsenthalpie erlauben keinen Rückschluss auf die Aktivierungsenergie. Aus der Differenz der Aktivierungsenergien von Hin- und Rückreaktion kann die Reaktionsenthalpie berechnet werden.

2.5.5 Wachstum und Vermehrung von Mikroorganismen

Werden Mikroorganismen in ein Nährmedium gegeben, so vermehren sich die Zellen unter Verbrauch von Nährstoffen, bis das Wachstum der Kultur infolge von Nährstoffmangel, Anreicherung von Stoffwechselprodukten oder einer anderen Verschlechterung der Lebensbedingungen aufhört. Werden während dieses Vorgangs keine Nährstoffe zugeführt oder Stoffwechselprodukte abgeführt, so bezeichnet man das Wachstum in diesem Lebensraum als **statische Kultur**. Begriffe wie **Satz-Kultur (batch culture)** oder **diskontinuierliche Kultur** werden ebenfalls verwendet.

Tabelle 2-11: Wachstumsgrundtypen von Mikroorganismen

Mikroorganismenart	Wachstumsgrundtyp
Bakterien	Zellteilung
Hefen und hefeartige Pilze	Sprossung oder Knospung
Schimmelpilze	Hyphen- und Mycelwachstum, Agglomerate (Sprossung)
Viren	an Wirtsorganismen gebunden

Man unterscheidet vier Wachstumsgrundtypen, wie Tabelle 2-11 zeigt. Es wird zwischen Wachstum und Vermehrung unterschieden.

Unter **Wachstum** versteht man den Massenzuwachs der gesamten Kultur, während die Zunahme der Anzahl der Mikroorganismen als **Vermehrung** bezeichnet wird.

Bakterien vermehren sich nach vorangegangener Zellvergrößerung durch Zellteilung. Bei Hefen und hefeartigen Pilzen sind Sprossung oder Knospung die überwiegende Form der Vermehrung, wobei in der Regel auch eine Zweiteilung der Zellen vorliegt. Die Zunahme der Zellzahl folgt bei der Zweiteilung nach einer geometrischen Progression, in der der Exponent der Anzahl der Teilungen entspricht.

$$2^0 \rightarrow 2^1 \rightarrow 2^2 \rightarrow 2^3 \rightarrow \ldots \rightarrow 2^n \qquad (2\text{-}47)$$

Man spricht auch von **exponentiellem Wachstum**. Sind in einer statischen Kultur N_0 Zellen vorhanden, so beträgt die Zellzahl N nach n Teilungen: $N = N_0 \cdot 2^n$. Durch Logarithmierung und Umformung erhält man die Anzahl der **Zellteilungen n**:

$$n = \frac{\lg N - \lg N_0}{\lg 2} \qquad (2\text{-}48)$$

Die Anzahl der Zellteilungen pro Zeiteinheit wird **Teilungsrate v** genannt. Aus der für einen Teilungszyklus benötigten Zeit berechnet sich die **Generationszeit g**:

$$g = \frac{t}{n} = \frac{1}{v} \qquad (2\text{-}49)$$

Bei den meisten wachstumskinetischen Untersuchungen wird bei den Berechnungen die Zellmasse X oder eine ihr proportionale Größe (z. B. Zellzahl) zugrunde gelegt. Die Geschwindigkeit, mit der sich die Größe X ändert, ist zu jedem Zeitpunkt X proportional und folgt somit dem **Geschwindigkeitsgesetz 1. Ordnung**. Während der exponentiellen Wachstumsphase lautet dieses:

$$\frac{dX}{dt} = \mu \, X \qquad (2\text{-}50)$$

X Zellmasse, t Zeit, μ Wachstums- oder Geschwindigkeitskonstante

Die Wachstumskonstante hängt mit der Verdopplungs- oder Generationszeit und der Wachstumsgeschwindigkeit zusammen (vgl. Tab. 2-12). Die Verdopplungszeit der Zellen ist identisch mit der Generationszeit, wenn nur Zweierteilungen stattfinden.

$$v = \frac{1}{t_d} = \frac{\mu}{\ln 2} \qquad\qquad (2\text{-}51)$$

v Teilungsrate, t_a Verdopplungszeit, μ Wachstums- oder Geschwindigkeitskonstante

Tabelle 2-12: Maximale Wachstumskonstanten μ_{max} und Verdoppelungszeiten t_d einiger Mikroorganismen bei verschiedenen Temperaturen t

Organismen	t in °C	μ_{max} in h^{-1}	t_d in h
Escherichia coli	40	2,77	0,35
Bacillus subtilis	40	1,61	0,43
Clostridium botulinum	37	1,19	0,58
Mycobacterium tuberculosis	37	$\approx 0,058$	≈ 12
Saccharomyces cerevisiae	30	0,347	2,0
Saccharomyces carlsbergensis	20	0,060	11,6
Claviceps purpurea	24	0,046	15,0
Aspergillus niger	30	0,200	3,46
Penicillium chrysogenum	25	0,125	5,56

2.5.6 Wachstumsphasen

In einem geschlossenen System (statische Kultur) wachsen Mikroorganismen nicht gleichmäßig, sondern in Phasen mit unterschiedlichen Geschwindigkeiten. Eine typische **Wachstumskurve** hat den in Bild 2-13 gezeigten Verlauf und gliedert sich in fünf unterschiedlich ausgeprägte **Wachstumsphasen**:

- Anlauf- oder Verzögerungsphase (lag-Phase),
- exponentielle oder logarithmische Phase (log-Phase),
- Übergangs-Phase,
- stationäre Phase,
- Absterbe- oder Letalphase.

Anlauf- oder Verzögerungsphase (lag-Phase)

Werden Mikroorganismen neuen Umweltbedingungen ausgesetzt (z. B. Vergrößerung des Reaktionsraumes), so treten in der Regel Wachstumsverzögerungen ein. Die Ursache dieses „Umweltschocks" können veränderte Substratbedingungen, Änderungen der Konzentrationsverhältnisse oder Scherbelastungen der Zellen sein, die zu einer Ausdehnung der Adaptionszeit führen. Die Dauer dieser Anpassungszeit kann bis zu einigen Stunden betragen.

Grundlagen

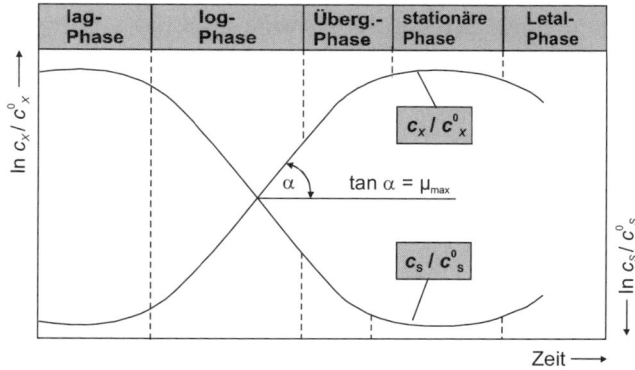

Bild 2-13: Zellkonzentrations-Zeit-Darstellung der Wachstumsphasen c_X / c_X^0 mit gekoppeltem Substratabbau c_S / c_S^0

Exponentielle Wachstumsphase (log-Phase)

Am Ende der Anlaufphase haben sich die Mikroorganismen an die neuen Milieubedingungen angepasst. Der Zellkonzentrations-Zeit-Verlauf zeigt einen exponentiellen Verlauf bzw. in logarithmischer Form eine Gerade (log-Phase). In dieser Phase sind keinerlei Limitierungen wirksam. Der Anteil lebender Zellen beträgt mehr als 95 %.

Übergangsphase

Während dieser Phase kommt es zur Wachstumsbegrenzung (Verarmung an essenziellen Nährstoffen) und toxischer Beeinflussung (Zunahme an Stoffwechselprodukten), die das Wachstum der Mikroorganismen gegenüber der log-Phase eingeschränkt. Der Anteil lebender Zellen nimmt ab. Die Dauer kann sehr unterschiedlich sein. Sie reicht vom „scharfen Abknicken" bis zu einem stetigen Verlauf am Phasenübergang.

Stationäre Phase

Anzahl und Masse der Mikroorganismen erreichen ihre Maximalwerte. Die Vermehrungs- und Absterbegeschwindigkeiten sind gleich groß. Die Dauer der stationären Phase kann jedoch sehr unterschiedlich sein.

Absterbe- oder Letalphase

Die Absterbephase und die Ursachen für das Absterben sind noch wenig untersucht. In dieser Phase haben die Zellen das Wachstum und die Vermehrung völlig eingestellt. Nahrungsmangel und Ausscheidung toxischer Produkte führen zu einer exponentiellen Abnahme lebender Zellen.

3 Einführung in das Umweltrecht

Das Umweltrecht umfasst alle Rechtsnormen, die die Pflege und Wahrung der natürlichen Lebensgrundlagen zum Gegenstand haben und die dem Schutz des Menschen vor schädlichen Umwelteinflüssen dienen. Trotz seines Charakters als **Querschnittsrecht** hat sich das Umweltrecht in den letzten Jahrzehnten zu einem eigenständigen Rechtsgebiet herausgebildet. Es erschließt sich in seiner Komplexität mittlerweile nur noch dem Spezialisten. Erschwerend kommt hinzu, dass für den Rechtsanwender allein die Kenntnis des nationalen Umweltrechts mitunter nicht ausreichend ist, da es zu großen Teilen von dem – im Kollisionsfall einen Anwendungsvorrang beanspruchenden – Recht der Europäischen Gemeinschaft überlagert ist. Eine Einführung in das Umweltrecht muss sich somit darauf beschränken, die Grundprinzipien und den Inhalt der wichtigsten Gesetze zu skizzieren.

3.1 Allgemeines Umweltrecht

3.1.1 Rechtsquellen des Umweltrechts

Zu den Rechtsquellen des Umweltrechts gehört in erster Linie das Umweltverwaltungsrecht mit den Bereichen Naturschutz- und Landschaftspflege, Immissionsschutz, Gewässerschutz, Bodenschutz, Abfallvermeidung und -entsorgung, Strahlenschutz, Kontrolle von chemischen Stoffen sowie Klimaschutz. Daneben lässt sich eine Untergliederung in Umweltverfassungsrecht, Umweltstrafrecht, Umweltprivatrecht, Umwelthaftungsrecht, Europäisches Umweltrecht und in Umweltvölkerrecht vornehmen.

3.1.2 Ziele und Grundprinzipien des Umweltrechts

Im Jahr 1994 wurde die **Staatszielbestimmung Umweltschutz** in das Grundgesetz aufgenommen. Nach **Art. 20a GG** schützt der Staat auch in Verantwortung für die künftigen Generationen die natürlichen Lebensgrundlagen und – seit dem Jahr 2002 – die Tiere. Die objektivrechtliche Staatszielbestimmung richtet sich primär als Handlungs- und Gestaltungsauftrag an den Gesetzgeber. Sie besitzt aber auch Bedeutung als Direktive bei der Ausübung behördlichen Ermessens sowie für die Auslegung unbestimmter Rechtsbegriffe. Konkretisiert wird Art. 20a GG durch die Zielbestimmungen der einzelnen Umweltgesetze.

Mit dem Hinweis auf die Verantwortung für die künftigen Generationen wird in Art. 20a GG der **Nachhaltigkeitsgrundsatz** angedeutet. Der ursprünglich aus der Forstwirtschaft stammende Grundsatz der nachhaltigen und dauerhaften Entwicklung („sustainable development") besagt, dass solche Naturgüter und sonstige Ressourcen, die sich nicht erneuern, geschont und sparsam genutzt werden. Zudem soll der Verbrauch von sich erneuernden natürlichen Ressourcen so gesteuert werden, dass sie auf Dauer zur Verfügung stehen. Neben dem Nachhaltigkeitsprinzip, das seit der globalen UN-Umweltkonferenz von Rio de Janeiro im Jahr 1992 zu einem Leitbild für die internationale und nationale Umweltgesetzgebung emporgestiegen ist, wird das Umweltrecht von einer fundamentalen **Prinzipientrias** geleitet:

- Vorsorgeprinzip,
- Verursacherprinzip,
- Kooperationsprinzip.

Das **Vorsorgeprinzip** ist Handlungsmaxime einer modernen Umweltpolitik. In Abkehr von einer reinen Gefahrenabwehr sollen Risiken für die Umwelt vorausschauend ermittelt und durch praktisch geeignete Maßnahmen vermindert werden (Aspekt der Risikovorsorge). Es verlangt zudem einen möglichst schonenden Umgang mit den zur Verfügung stehenden natürlichen Ressourcen (Aspekt der Umweltschonung).

Nach dem **Verursacherprinzip** ist zur Verwirklichung von Umweltschutzmaßnahmen vorrangig der Verursacher der Umweltbeeinträchtigung in die Pflicht zu nehmen. Das Verursacherprinzip ist in erster Linie ein Kostenzurechnungsprinzip: Der Verursacher muss die Kosten für die Beseitigung bzw. Verminderung der Umweltbeeinträchtigung tragen. Darüber hinaus erlaubt es aber auch die Auferlegung von materiellrechtlichen Verhaltensgeboten. Als Gegenstück zum Verursacherprinzip fungiert das Gemeinlastprinzip, wonach die Lasten der Umweltnutzung ausnahmsweise von der Allgemeinheit zu tragen sind, weil ein Verursacher nicht feststellbar ist (z. B. bei der Waldschadensproblematik) oder die (alleinige) Heranziehung des Verursachers sich als unverhältnismäßig erweist.

Das dritte umweltrechtliche Grundprinzip ist formell-organisatorischer Natur; als Voraussetzung für einen wirksamen Umweltschutz verlangt das **Kooperationsprinzip** eine Zusammenarbeit von Staat und Gesellschaft. Ausdruck findet das Kooperationsprinzip z. B. durch eine frühzeitige Beteiligung der gesellschaftlichen Kräfte am umweltpolitischen Willensbildungs- und Entscheidungsprozess, durch ein Klagerecht von

Naturschutzverbänden, durch freiwillige Selbstverpflichtungen der Wirtschaft oder durch den Einsatz von Umweltschutzbeauftragten in Betrieben.

3.1.3 Medialer und integrativer Umweltschutz

Die Umweltgesetzgebung verfolgte lange Zeit überwiegend einen **medialen Ansatz**, d. h., sie war auf den Schutz der einzelnen Umweltmedien Luft, Wasser, Boden ausgerichtet. Nachteil eines medialen Umweltschutzes ist vor allem, dass Wechselwirkungen nicht hinreichend berücksichtigt werden und es so zu Belastungsverlagerungen zwischen den einzelnen Umweltmedien kommen kann. Nachteilig ist zudem, dass in bestimmten Fällen mehrere Behörden unter verschiedenen Gesichtspunkten (z. B. baurechtliche Genehmigung, immissionsschutzrechtliche Anlagenzulassung und wasserrechtliche Erlaubnis) über ein und dasselbe Vorhaben zu entscheiden haben.

Mit dem am 3. August 2001 in Kraft getretenen **Artikelgesetz**, das insbesondere der Umsetzung der EG-Richtlinie über die integrierte Vermeidung und Verminderung der Umweltverschmutzung (IVU-RL) dient, wird jedoch ein **integriertes Konzept** auch im deutschen Umweltrecht stärker betont. Das integrierte Konzept beinhaltet ein verfahrensrechtliches und ein materiellrechtliches (inhaltliches) Integrationsgebot. Das **verfahrensrechtliche Integrationsgebot** verlangt die vollständige Koordinierung der Genehmigungsverfahren und der Genehmigungsauflagen, sofern mehrere Zulassungsentscheidungen für ein Vorhaben zu treffen sind. Nach dem **materiellrechtlichen Integrationsgebot** müssen bei der Genehmigung eines Vorhabens alle Umweltauswirkungen in den Blick genommen werden, damit eine Verlagerung von Umweltbelastungen unterbleibt und eine bezüglich der Umwelt insgesamt optimierte Entscheidung getroffen wird (**Medien übergreifende Betrachtung**). Im Sinne eines optimierten Umweltschutzes sind die im konkreten Fall vorgeschriebenen Umweltqualitätsnormen nicht mehr am Stand der Technik, sondern vielmehr am Maßstab der **besten verfügbaren Techniken** auszurichten.

3.1.4 Allgemeine Umweltgesetze

Paradebeispiel für den verfahrensbezogenen integrativen Ansatz ist das **Gesetz über die Umweltverträglichkeitsprüfung (UVPG)**. Es sieht für bestimmte umweltrelevante Vorhaben eine Umweltverträglichkeitsprüfung (UVP) vor, die im Rahmen von verwaltungsbehördlichen Zulassungsverfahren durchgeführt wird. UVP-pflichtig sind z. B. die Errichtung und der Betrieb von großen Industrieanlagen, Abfalldeponien, Bundesstraßen, Ferienanlagen oder Einkaufszentren. Die UVP beinhaltet die – möglichst frühzeitige und umfassende – **Ermittlung, Beschreibung und Bewertung der Auswirkungen eines Vorhabens auf die Umwelt** (einschließlich der jeweiligen Wechselwirkungen zwischen den einzelnen in § 2 Abs. 1 S. 2 UVPG benannten Schutzgütern). Nach der gebotenen Beteiligung der Öffentlichkeit und anderer vom Vorhaben berührter Behörden muss die zuständige Behörde das Ergebnis der UVP bewerten und in der Zulassungsentscheidung berücksichtigen.

Zum Allgemeinen Teil des Umweltrechts gehört ferner die **EG-Öko-Audit-Verordnung**. Sie ist unmittelbar geltendes Recht und wird durch die Ausführungsbestimmungen des Umweltauditgesetzes ergänzt. Ziel der Verordnung ist es, Organisationen (insbes. private Unternehmen) auf freiwilliger Basis zu einer kontinuierlichen Verbesserung ihrer Umweltschutzleistung zu bewegen. Eine Organisation, die sich am Öko-Audit-System beteiligen will, muss für sich eine Umweltpolitik festlegen, die Umweltauswirkungen ihrer Tätigkeiten, Produkte und Dienstleistungen ermitteln und mittels einer regelmäßigen **internen Umweltprüfung** ein **Umweltmanagementsystem** am Maßstab der internationalen Norm EN ISO 14 001:1996 schaffen. Anschließend muss die Organisation eine **Umwelterklärung** über die ermittelten Umweltauswirkungen und -ziele für die Öffentlichkeit erstellen. Daraufhin erfolgt eine **Umweltbetriebsprüfung** durch einen staatlich zugelassenen, unabhängigen Gutachter. Die für gültig erklärte Umwelterklärung wird in einem **Register** im Amtsblatt der EG veröffentlicht. Um die Funktion des Öko-Audits als marktwirtschaftliches Anreizinstrument zu verstärken, ist zukünftig eine stärkere Privilegierung von registrierten Organisationen vorgesehen (z. B. durch den erleichterten Nachweis der Erfüllung von Umweltpflichten).

Zu den wesentlichen Vorschriften des Allgemeinen Umweltrechts ist schließlich das **Umweltinformationsgesetz (UIG)** zu zählen. Es dient dazu, den freien Zugang zu den bei den Behörden vorhandenen Informationen über die Umwelt sowie die Verbreitung dieser Informationen zu gewährleisten. Zur Verwirklichung dieses Zwecks hat jede natürliche oder juristische Person des Privatrechts einen **Anspruch auf freien Zugang zu Informationen über die Umwelt**, die bei einer Behörde vorhanden sind und nicht bestimmten Geheimhaltungsgründen unterliegen (§ 4 UIG).

3.2   Immissionsschutzrecht

Die Darstellung des Besonderen Umweltrechts beginnt nicht zufällig mit dem Immissionsschutzrecht. Das in seinem Zentrum stehende, im Jahr 1974 erlassene und seitdem mehrfach novellierte Gesetz zum Schutz vor schädlichen Umwelteinwirkungen durch Luftverunreinigungen, Geräusche, Erschütterungen und ähnliche Vorgänge – kurz: **Bundes-Immissionsschutzgesetz (BImSchG)** – wird auch als das „Leitgesetz" des deutschen Umweltrechts bezeichnet. Dies liegt zum einen an seiner modernen Regelungsstruktur, die es zum Vorbild für andere Umweltgesetze hat werden lassen, zum anderen an seiner hohen wirtschaftlichen Relevanz als das zentrale Gesetz zur Anlagenzulassung.

Das BImSchG enthält in § 7 und § 48 Ermächtigungsgrundlagen zum Erlass von Rechtsverordnungen und allgemeinen Verwaltungsvorschriften, die der Konkretisierung der im BImSchG enthaltenen unbestimmten Rechtsbegriffe dienen. Die Bundesregierung hat in großem Umfang von den Ermächtigungsgrundlagen Gebrauch gemacht. Mittlerweile bestehen zweiunddreißig **Durchführungsverordnungen** (Beispiele: KleinfeuerungsanlagenV – 1.BImSchV, StörfallV – 12. BImSchV, VerkehrslärmschutzV – 16. BImSchV) sowie zahlreiche **allgemeine Verwaltungsvorschriften**, von denen die Wichtigsten die Technische Anleitung zur Reinhaltung der Luft (TA Luft) und die TA Lärm sind.

3.2.1   Ziele und Grundbegriffe des BImSchG

Zweck des BImSchG ist es, Menschen, Tiere und Pflanzen, den Boden, das Wasser, die Atmosphäre sowie Kultur- und sonstige Sachgüter vor schädlichen Umwelteinwirkungen zu schützen (Aspekt der **Gefahrenabwehr**) und dem Entstehen schädlicher Umwelteinwirkungen vorzubeugen (Aspekt der **Vorsorge**). Im Hinblick auf genehmigungsbedürftige Anlagen verfolgt das Gesetz nunmehr ausdrücklich gemäß § 1 Abs. 2 BImSchG auch einen **integrierten, Medien übergreifenden Ansatz** (vgl. Abschn. 3.1.3).

Der **zentrale Begriff der schädlichen Umwelteinwirkungen** ist in § 3 Abs. 1 BImSchG definiert. Danach sind schädliche Umwelteinwirkungen **Immissionen** (Luftverunreinigungen z. B. durch Rauch, Ruß, Staub, Gase, Aerosole, Dämpfe oder Geruchsstoffe sowie Geräusche, Erschütterungen, Licht, Wärme, Strahlen und ähnliche Umwelteinwirkungen), die nach Art, Ausmaß und Dauer geeignet sind, Gefahren, erhebliche

Nachteile oder erhebliche Belästigungen für die Allgemeinheit oder die Nachbarschaft herbeizuführen. **Gefahr** ist ein mit hinreichender Wahrscheinlichkeit bevorstehender Schaden für eines der Schutzgüter des § 1 Abs. 1 BImSchG, während mit **Nachteil** die Beeinträchtigung von Interessen (insbes. Vermögenseinbußen) gemeint ist, die nicht gleichzeitig zu einem Schadenseintritt führt. **Belästigung** ist die Beeinträchtigung des körperlichen und seelischen Wohlbefindens, die zwar keinen Gesundheitsschaden auslöst, aber auch nicht lediglich eine Interessenbeeinträchtigung darstellt (Beispiel: Geruchs- oder Geräuschemissionen). Die Frage der **Erheblichkeit** des Nachteils oder der Belästigung beurteilt sich danach, ob das der Allgemeinheit oder den Nachbarn zumutbare Maß übertroffen ist. Die Zumutbarkeitsschwelle bestimmt sich dabei als Ergebnis einer umfassenden Güter- und Interessenabwägung im Einzelfall, in der auf das Empfinden eines „verständigen Durchschnittsmenschen" abzustellen ist. Daneben wird der unbestimmte Rechtsbegriff der schädlichen Umwelteinwirkungen in den Durchführungsverordnungen zum BImSchG (z. B. durch die ImmissionswerteV – 22. BImSchV) und insbesondere durch die TA Luft und die TA Lärm konkretisiert.

Die Maßnahmen, die das BImSchG zur Zielverwirklichung vorsieht, beziehen sich in erster Linie auf **Anlagen**. Anlagen sind gem. § 3 Abs. 5 BImSchG:

- Betriebsstätten und sonstige ortsfeste Einrichtungen,

- Maschinen, Geräte und sonstige ortsveränderliche technische Einrichtungen sowie bestimmte Fahrzeuge (soweit nicht vom § 38 BImSchG erfasst) und

- Grundstücke mit Ausnahme öffentlicher Verkehrswege, auf denen Stoffe gelagert oder abgelagert oder Arbeiten durchgeführt werden, die Emissionen (§ 3 Abs. 3 BImSchG) verursachen können.

3.2.2   Recht der genehmigungsbedürftigen Anlagen

In den §§ 4 bis 21 BImSchG ist das Recht der genehmigungsbedürftigen Anlagen geregelt. Genehmigungsbedürftig sind die Errichtung, der Betrieb und die wesentliche Änderung von Anlagen, die aufgrund ihrer Beschaffenheit oder ihres Betriebes in besonderem Maße geeignet sind, schädliche Umwelteinwirkungen hervorzurufen oder in anderer Weise die Allgemeinheit oder die Nachbarschaft zu gefährden, erheblich zu benachteiligen oder erheblich zu belästigen. Der Genehmigung bedürfen zudem ortsfeste Abfallentsorgungsanlagen (§§ 4 Abs. 1, 16 Abs. 1

BImSchG). Eine Festlegung der genehmigungsbedürftigen Anlagen erfolgt durch den im Anhang der 4. BImSchV enthaltenen Katalog.

Das BImSchG sieht für genehmigungsbedürftige Anlagen in **§ 6 Abs. 1** ein **präventives Verbot mit Erlaubnisvorbehalt** vor. Es handelt sich dabei um eine gebundene Erlaubnis, d. h., bei Vorliegen der Genehmigungsvoraussetzungen muss die Genehmigung von der zuständigen Behörde erteilt werden. Die **formellen Voraussetzungen** der Genehmigungserteilung sind in §§ 10, 19 BImSchG i. V. mit der Verordnung über das Genehmigungsverfahren (9. BImSchV) aufgeführt. Ob die Genehmigung im förmlichen Verwaltungsverfahren oder im vereinfachten Verfahren zu erteilen ist, richtet sich danach, in welcher Spalte die zu genehmigende Anlage im Anhang der 4. BImSchV aufgeführt ist (Spaltenprinzip gem. § 2 Abs. 1 der 4. BImSchV). Als **materielle Genehmigungsvoraussetzung** muss nach § 6 Abs. 1 Nr. 1 BImSchG zunächst sichergestellt sein, dass die in § 5 Abs. 1 BImSchG bestimmten **Grundpflichten des Betreibers** erfüllt werden.

- ■ **Schutz- bzw. Gefahrenabwehrpflicht, § 5 Abs. 1 Nr. 1 ImSchG**
  Die Schutzpflicht des § 5 Abs. 1 Nr. 1 BImSchG schreibt vor, dass von der geplanten Anlage keine schädlichen Umwelteinwirkungen und sonstigen Gefahren, erheblichen Nachteile und erheblichen Belästigungen für die Allgemeinheit und die Nachbarschaft hervorgerufen werden dürfen (vgl. Abschn. 3.2.1). Das Schutzgebot schreibt also zwingend Maßnahmen **zur Begrenzung von Immissionen** vor, die **oberhalb der Gefahrenschwelle** liegen. Schädlich sind Umwelteinwirkungen insbesondere in den Fällen, in denen die **Immissionswerte** der 22. BImSchV, der TA Luft oder der TA Lärm überschritten sind.

- ■ **Vorsorgepflicht, § 5 Abs. 1 Nr. 2 BImSchG**
  Nach § 5 Abs. 1 Nr. 2 BImSchG ist Vorsorge gegen schädliche Umwelteinwirkungen und sonstige Gefahren, erhebliche Nachteile und erhebliche Belästigungen zu treffen, insbes. durch die dem Stand der Technik entsprechenden Maßnahmen. Im Unterschied zum Schutzgebot greift die Vorsorgepflicht **unterhalb der Gefahrenschwelle**, um dort eine „Sicherheitszone" gegen schädliche Umwelteinwirkungen zu schaffen. Das Vorsorgegebot enthält keine unbegrenzte Pflicht zur Minimierung schädlicher Umwelteinwirkungen, sondern es verlangt vom Anlagenbetreiber nur solche Maßnahmen zur **Emissionsbegrenzung**, die nach dem **Stand der Technik** (§ 3 Abs. 6 BImSchG) möglich sind. Der Stand

der Technik wird durch die im Anhang zum BImSchG aufgeführten Kriterien, durch die Merkblätter der EG-Kommission und vor allem durch die in der TA Luft enthaltenen Emissionswerte konkretisiert.

■ **Abfallvermeidungs-/-entsorgungsgebot, § 5 Abs. 1 Nr. 3 BImSchG**
Abfälle sind in erster Linie – soweit technisch möglich und zumutbar – zu vermeiden, in zweiter Linie zu verwerten und nicht zu verwertende Abfälle sind ohne Beeinträchtigung des Allgemeinwohls zu beseitigen.

■ **Energieeinspargebot, § 5 Abs. 1 Nr. 4 BImSchG**
Genehmigungsbedürftige Anlagen sind so zu errichten und zu betreiben, dass Energie sparsam und effizient verwendet wird. Das Energieeinspargebot kann z. B. durch Erzielung hoher energetischer Nutzungs- und Wirkungsgrade, durch Vermeidung von Energieverlusten oder durch Nutzung der Abwärme verwirklicht werden.

■ **Pflicht zur Nachsorge, § 5 Abs. 3 BImSchG**
Zu den Grundpflichten gehört letztlich, dass der Betreiber auch nach einer möglichen Betriebseinstellung das Schutzgebot sowie das Abfallentsorgungsgebot erfüllt und die Wiederherstellung eines ordnungsgemäßen Zustandes des Betriebsgeländes gewährleistet. Die zuständige Behörde hat die Möglichkeit, geeignete Auflagen zur Nachsorge in den Genehmigungsbescheid mit aufzunehmen. Zumeist erfolgt die Nachsorge jedoch im Wege nachträglicher behördlicher Anordnungen gem. § 17 BImSchG.

Weiterhin muss zur Errichtung und zum Betrieb einer genehmigungsbedürftigen Anlage sichergestellt sein, dass der Betreiber auch die Pflichten erfüllt, die sich aus den Durchführungsverordnungen zum BImSchG ergeben. Dazu gehören z. B. die Pflichten aus der StörfallV (12. BImSchV) oder der GroßfeuerungsanlagenV (13. BImSchV). Schließlich dürfen der Genehmigungserteilung auch nicht andere öffentlich-rechtliche Vorschriften (z. B. solche des Bauplanungsrechts) und Belange des Arbeitsschutzes entgegenstehen (§ 6 Abs. 1 Nr. 2 BImSchG).

3.2.3 Recht der nicht genehmigungsbedürftigen Anlagen

Die immissionsschutzrechtlichen Anforderungen an Anlagen, die nicht im Anhang zur 4. BImSchV aufgeführt sind, die nicht genehmigungsbedürftigen Anlagen, werden in den §§ 22 bis 25 BImSchG beschrieben. Zu den nicht genehmigungsbedürftigen Anlagen gehören z. B. Tankstellen, Sport- und Kinderspielplätze, Gaststätten, Diskotheken, Baustellen, Baumaschinen oder Altglas- und Altpapiercontainer. In **§ 22 Abs. 1 BImSchG** sind die **Grundpflichten** des Betreibers aufgeführt. Danach sind nicht genehmigungsbedürftige Anlagen so zu errichten und zu betreiben, dass

- schädliche Umwelteinwirkungen verhindert werden, die nach dem Stand der Technik vermeidbar sind (**Verhinderungsgebot**),
- nach dem Stand der Technik unvermeidbare schädliche Umwelteinwirkungen auf ein Mindestmaß beschränkt werden (**Minimierungsgebot**) und
- die bei dem Betrieb der Anlage entstehenden Abfälle ordnungsgemäß beseitigt werden können (**Abfallbeseitigungsgebot**).

Zudem können sich Betreiberpflichten aus Rechtsverordnungen ergeben, z. B. aus der KleinfeuerungsanlagenV (1. BImSchV), der ElektrosmogV (26. BImSchV) oder der Geräte- und MaschinenlärmschutzV (32. BImSchV). Die sich aus diesen Verordnungen ergebenden Anforderungen an Errichtung, Beschaffenheit und Betrieb nicht genehmigungsbedürftiger Anlagen können auch der Vorsorge gegen schädliche Umwelteinwirkungen dienen, während die Grundpflichten des § 22 Abs. 1 BImSchG allein auf die Gefahrenabwehr ausgerichtet sind. Zur Durchsetzung der Grundpflichten können die zuständigen Behörden Anordnungen im Einzelfall erlassen und bei Nichtbefolgung als ultima ratio den Anlagenbetrieb ganz oder teilweise untersagen (§§ 24, 25 BImSchG).

3.2.4 Sonstige Instrumente des BImSchG

Neben dem dargestellten anlagebezogenen Immissionsschutz gliedert sich das BImSchG in die Abschnitte **produktbezogener Immissionsschutz** (§§ 32 bis 37), **verkehrsbezogener Immissionsschutz** (§§ 38 bis 43) und **gebietsbezogener Immissionsschutz** (§§ 44 bis 47a). Das produktbezogene Immissionsschutzrecht beschreibt Anforderungen an die Beschaffenheit von Anlagen, Stoffen, Erzeugnissen, Brenn-, Treib- und Schmierstoffen. Das verkehrsbezogene Immissionsschutzrecht betrifft die Beschaffenheit und den Betrieb von Fahrzeugen sowie den Bau oder die wesentliche Änderung von Straßen und Schienenwegen (Schallschutz). Das gebietsbezogene Immissionsschutzrecht regelt die Überwachung der Luftverunreinigung im Bundesgebiet durch Emissionskataster, Luftreinhaltepläne und Lärmminderungspläne, die von den zuständigen Landesbehörden zu erstellen sind.

Ferner gibt es neben dem BImSchG noch **spezielle Immissionsschutzgesetze**, wie z. B. das **BenzinbleiG** oder das **FluglärmG**. Für den Bereich, den das BImSchG nicht abschließend regelt, haben darüber hinaus die **Länder** Immissionsschutzgesetze erlassen, die vor allem **verhaltensbedingte Immissionen**, also solche, die nicht von Anlagen, sondern unmittelbar von Menschen, Tieren oder Pflanzen ausgehen, betreffen (Beispiel: Bayerische Biergartenverordnung).

3.3   Gewässerschutzrecht

Das Gewässerschutzrecht ist das Recht zum Schutz der natürlichen Funktionen der Gewässer, der ordnungsgemäßen Nutzung der Gewässer für verschiedene Zwecke sowie des Hochwasserschutzes. Leitgesetz ist das 1957 erlassene und seitdem in sieben größeren Novellen fortentwickelte **Wasserhaushaltsgesetz (WHG)**, welches die haushälterische Bewirtschaftung des in der Natur vorhandenen Wassers nach Menge und Güte regelt. Das WHG beruht auf der Gesetzgebungskompetenz des Bundes aus Art. 75 Abs. 1 Nr. 4 GG. Es enthält somit überwiegend **nur Rahmenregelungen** und bedarf zu seiner Vollziehbarkeit der Ausfüllung und Ergänzung durch die jeweiligen **Landeswassergesetze**.

3.3.1   Ziele, Grundsätze und allgemeine Pflichten des WHG

Die Gewässer sind als Bestandteil des Naturhaushaltes und als Lebensraum für Tiere und Pflanzen zu sichern. Im Unterschied zu den anderen Umweltmedien wird das Wasser durch das WHG einem Bewirtschaftungsregime, einer vom Grundeigentum losgelösten öffentlich-rechtlichen Benutzungsordnung unterstellt. Als Grundprinzip gilt, dass Gewässer bewirtschaftet werden (**Bewirtschaftungsgrundsatz**). Gewässer sind so zu bewirtschaften, dass sie dem Allgemeinwohl und im Einklang mit ihm auch dem Nutzen Einzelner dienen, vermeidbare Beeinträchtigungen ihrer ökologischen Funktionen und der direkt von ihnen abhängenden Landökosysteme und Feuchtgebiete im Hinblick auf deren Wasserhaushalt unterbleiben und damit insgesamt eine nachhaltige Entwicklung gewährleistet wird (§ 1a Abs. 1 WHG). Im Sinne eines integrierten Umweltschutzes sind dabei mögliche Belastungsverlagerungen zwischen den Schutzgütern zu berücksichtigen und ein hohes Schutzniveau für die Umwelt insgesamt zu gewährleisten. Schutzgüter des WHG sind die in § 1 Abs. 1 WHG definierten Gewässerarten **oberirdische Gewässer**, **Küstengewässer** und **Grundwasser**. Die aus dem Bewirtschaftungsgrundsatz abgeleiteten Bewirtschaftungsziele werden im Hinblick auf die jeweilige Gewässerart modifiziert.

In § 1a Abs. 2 WHG wird eine unmittelbar geltende **allgemeine Sorgfaltspflicht** aufgestellt, nach der **jedermann** bei Maßnahmen, mit denen Einwirkungen auf ein Gewässer verbunden sein können, darauf zu achten hat,

- eine Verunreinigung des Wassers oder eine sonstige nachteilige Veränderung seiner Eigenschaften zu verhüten (**Qualitätsvorsorge**),

- eine mit Rücksicht auf den Wasserhaushalt gebotene sparsame Verwendung des Wassers zu erzielen (**Quantitätsvorsorge**),

- die Leistungsfähigkeit des Wassers zu erhalten (**Nachhaltigkeitsgrundsatz**) und

- eine Vergrößerung und Beschleunigung des Wasserabflusses zu vermeiden (**Hochwasserschutzvorsorge**).

§ 1b Abs. 1 WHG beschreibt als weiterer Grundsatz die ganzheitliche **Bewirtschaftung** der Gewässer **nach Flussgebietseinheiten**. Die Vorschrift ist durch die 7. WHG-Novelle aus dem Jahr 2002 in das Gesetz aufgenommen worden und dient zur Umsetzung der **EG-Wasserrahmenrichtlinie** (WRRL). Die WRRL zielt darauf ab, das Europäische Wasserrecht zu vereinheitlichen. Sie schafft einen Ordnungsrahmen für eine Länder übergreifende Gewässerbewirtschaftung nach Flussgebietseinheiten und legt verbindliche Umweltziele fest, die durch bestimmte in Bewirtschaftungsplänen festzulegende Maßnahmenprogramme verwirklicht werden sollen. Die zehn – überwiegend grenzüberschreitenden – Flussgebietseinheiten für das Bundesgebiet sind: Donau, Rhein, Maas, Ems, Weser, Elbe, Eider, Oder, Schlei/Trave und Warnow/Peene.

Das WHG setzt die umfangreichen und detaillierten Vorgaben der WRRL insbesondere durch die **speziellen Bewirtschaftungsziele** für oberirdische Gewässer (§§ 25a-d WHG), Küstengewässer (§ 32c WHG) und das Grundwasser (§ 33a WHG) um. Für alle Gewässerarten gilt, dass sie so zu bewirtschaften sind, dass eine nachteilige Veränderung ihres ökologischen (bzw. bei Grundwasser mengenmäßigen) und chemischen Zustands vermieden (**Verschlechterungsgebot**) und ein guter ökologischer (bzw. bei Grundwasser mengenmäßiger) und chemischer Zustand erhalten oder erreicht wird (**Sanierungsgebot**). Für das Grundwasser kommt als Bewirtschaftungsziel hinzu, dass alle signifikanten und anhaltenden Trends ansteigender Schadstoffkonzentrationen, die durch Auswirkungen menschlicher Tätigkeiten hervorgerufen wurden, umgekehrt werden. Zudem soll ein Gleichgewicht zwischen Grundwasserentnahme und -neubildung gewährleistet werden.

3.3.2   Gestattung der Gewässerbenutzung

Die Bewirtschaftung der Gewässer erfolgt in erster Linie durch den **Gestattungsvorbehalt** des § 2 Abs. 1 WHG. Danach besteht für die Gewässerbenutzung ein repressives Verbot mit Erlaubnisvorbehalt, d. h., grundsätzlich muss jede Benutzung von der zuständigen Behörde gestattet werden. Nur in wenigen Ausnahmefällen (§§ 15, 17a, 23 ff., 32a, 33 WHG) besteht keine Gestattungsbedürftigkeit für die Gewässerbenutzung. **Benutzungen** sind nach **§ 3 WHG** z. B. das Entnehmen und Ableiten von Wasser aus oberirdischen Gewässern, das Aufstauen und Absenken von oberirdischen Gewässern, das Einbringen und Einleiten von Stoffen in die Gewässer oder die Entnahme von Grundwasser. Diese in **Abs. 1** aufgeführten Tatbestände werden als **echte Benutzungen** bezeichnet. Sie sind durch ihre gezielte Einwirkung auf das Gewässer gekennzeichnet. In **Abs. 2** werden dagegen bestimmte Einwirkungen als **unechte Benutzungen** fingiert. Hier hängt es von der Intensität und der konkreten Situation der Einwirkung ab, ob sie geeignet ist, in nicht nur unerheblichem Ausmaß schädliche Veränderungen der Beschaffenheit des Wassers herbeizuführen (z. B. übermäßiger Eintrag von Dünge- oder Pflanzenschutzmitteln mit der Folge der Beeinträchtigung des Grundwassers). Maßnahmen, die dem Ausbau oder der „chemiefreien" Unterhaltung eines oberirdischen Gewässers dienen, sind – ebenso wie Indirekteinleitungen (vgl. Abschn. 3.3.3) – keine Benutzungen (§ 3 Abs. 3 WHG).

Das Wasserhaushaltsrecht kennt **drei Gestattungsformen**, die im Hinblick auf den Adressatenkreis, ihre Wirkung und das Gestattungsverfahren zu unterscheiden sind. Regelfall ist die **Erlaubnis** (§ 7 WHG), die jederzeit widerruflich ist und damit eine relativ unsichere Rechtsposition verleiht. Die **Bewilligung** (§ 8 WHG) kommt dagegen nur ausnahmsweise bei besonderem wirtschaftlichem Interesse des Antragstellers in

Betracht. Zu ihrer Erteilung ist die Durchführung eines qualifizierten Verwaltungsverfahrens erforderlich, in dem Betroffene und die beteiligten Behörden Einwendungen geltend machen können (§ 9 WHG i. V. mit dem Landesrecht). Die Bewilligung ist ausgeschlossen, wenn es sich um eine Gewässerbenutzung mit einem erhöhten Gefährdungspotenzial handelt (§ 8 Abs. 2 S. 2 WHG). Neben Erlaubnis und Bewilligung gibt es in den Landeswassergesetzen die Gestattungsform der **gehobenen Erlaubnis**. Sie vermittelt zwar kein – grundsätzlich unwiderrufliches – subjektives öffentliches Recht wie die Bewilligung, vermag aber im Vergleich zu der Erlaubnis eine gesichertere Rechtsstellung zu geben.

Neben den speziellen Voraussetzungen der jeweiligen Gestattungsform muss für die Gestattungsfähigkeit der beabsichtigten Benutzung vor allem die **Gemeinwohlklausel des § 6 Abs. 1 WHG** erfüllt sein. Von der beabsichtigten Benutzung darf keine Beeinträchtigung des Allgemeinwohls, insbes. eine Gefährdung der öffentlichen Wasserversorgung, zu erwarten sein, die nicht durch Benutzungsbedingungen oder Auflagen verhütet oder ausgeglichen werden könnte. Es ist eine Abwägung zwischen den Interessen des Antragstellers und den Gemeinwohlinteressen vorzunehmen. Berücksichtigungsfähig sind alle öffentlichen Belange mit wasserrechtlicher Zielrichtung. Eine Beeinträchtigung des Allgemeinwohls liegt nahe, wenn die Forderungen nach Reinhaltung, einem guten ökologischen bzw. mengenmäßigen und chemischen Zustand der Gewässer, sparsamer Verwendung des Wassers und kontrollierbarer Benutzung nicht erfüllt werden.

Als Maßstab kann auch der **Besorgnisgrundsatz** (§§ 26 Abs. 2, 32b Abs. 2 WHG; § 34 Abs. 2 WHG i. V. m. der GrundwasserV) heranzuziehen sein. Die wasserrechtliche Erlaubnis ist darüber hinaus zu versagen, wenn für das beabsichtigte Einleiten von Abwasser die Anforderungen des § 7a WHG (vgl. Abschn. 3.3.3) nicht erfüllt sind. Verboten ist das Einbringen von festen Stoffen in ein Gewässer (§ 26 Abs. 1 WHG).

Liegen alle Voraussetzungen vor, besteht nicht etwa ein Rechtsanspruch wie z. B. nach § 6 BImSchG, sondern die Erteilung der Gestattung steht im pflichtgemäßen Ermessen der Behörde. Durch dieses **Bewirtschaftungsermessen** (§ 2 i. V. m. § 6 sowie §§ 7a, 26, 34 WHG) wird die Behörde in die Lage versetzt, eine zukunfts- und vorsorgeorientierte Gewässerbewirtschaftung zu betreiben. Bei der Ausübung des Ermessens ist vor allem die Gesamtsituation des Wasserhaushaltes zu berücksichtigen, insbes. ob die Gestattung als Präzedenzfall eine wasserwirtschaftlich bedenkliche Entwicklung einleiten könnte, aber auch, ob noch ausreichend Reserven verbleiben.

3.3.3   Abwasserrecht

Das Abwasserrecht nimmt einen zweiten größeren Regelungskomplex innerhalb der wasserwirtschaftlichen Benutzungsordnung ein. Abwasser ist solches Wasser, dessen natürliche Beschaffenheit durch menschliche Eingriffe nachteilig verändert worden ist (vgl. darüber hinaus die Begriffsbestimmung in § 2 Abs. 1 AbwAbgabenG). Grundsätzlich ist Abwasser so zu beseitigen, dass das Wohl der Allgemeinheit nicht beeinträchtigt wird (§ 18a Abs. 1 WHG). Das Abwasserrecht lässt sich unterteilen in **Abwassereinleitungsrecht**, **Abwasseranlagenrecht** und **Abwasserabgabenrecht**.

Das Einleiten von Stoffen in ein Gewässer stellt gem. § 3 Abs. 1 WHG eine (echte) Benutzung dar. Die speziellen Anforderungen an die **direkte Einleitung von Abwasser** sind in § 7a Abs. 1 WHG bestimmt. Danach darf eine Erlaubnis – eine Bewilligung ist nach § 8 Abs. 2 S. 2 WHG ausgeschlossen – für das Einleiten von Abwasser nur erteilt werden, wenn die Schadstofffracht des Abwassers so gering gehalten wird, wie dies bei Einhaltung der in Betracht kommenden Verfahren nach dem Stand der Technik möglich ist (**Emissionsminderungsgebot**). Die dem Stand der Technik (§ 7a Abs. 5 WHG) entsprechenden Anforderungen werden durch die **Abwasserverordnung** (AbwV) konkretisiert. Sie legt in ihren über fünfzig Anhängen Emissionswerte für eine Vielzahl von Bereichen aus Gewerbe und Industrie sowie für kommunale Abwässer fest. Nach § 7a Abs. 4 WHG haben die Länder Anforderungen an **Indirekteinleiter** zu stellen, die ihre Abwässer zunächst einer öffentlichen Abwasseranlage (z. B. Kanalisation, Kläranlage) zuführen, bevor diese von dort in ein Gewässer eingeleitet werden. Dabei sind die Anforderungen nach dem Stand der Technik auch von den Indirekteinleitern zu beachten, obwohl diese keine Gewässerbenutzer sind. Die **Länder** haben entsprechende **Indirekteinleiter-Verordnungen** erlassen, die für die Einleitung von Abwasser in öffentliche Abwasseranlagen eine Genehmigungspflicht vorsehen, soweit das Abwasser mit gefährlichen Stoffen belastet ist oder nicht den Anforderungen der AbwV entspricht.

Das **Abwasseranlagenrecht** ist in § 18b und § 18c WHG geregelt. **Abwasseranlagen** sind Einrichtungen zur Abwasserbeseitigung. Sie sind so zu errichten und zu betreiben, dass bei Einleitungen die dem Stand der Technik entsprechenden Anforderungen (§ 7a WHG) und im Übrigen die Anforderungen nach den allgemein anerkannten Regeln der Technik eingehalten werden. **Abwasserbehandlungsanlagen** sind Einrichtungen, die dazu dienen, die Schadwirkung des Abwassers zu vermindern oder zu beseitigen, indem sie organisch verschmutztes Abwasser mittels physikalischer und chemischer Verfahren reinigen. Ihr Bau, Betrieb sowie ihre Änderung bedürfen ab einer bestimmten Größe der behördlichen Zulassung. Daneben enthält das WHG Vorschriften zum Bau und Betrieb von Rohrleitungsanlagen zum Befördern Wasser gefährdender Stoffe (§§ 19a ff.) sowie für Anlagen zum Umgang mit Wasser gefährdenden Stoffen (§§ 19g ff.).

Flankiert wird das Abwasserordnungsrecht durch das **Abwasserabgabenrecht**, welches den Direkteinleiter von Abwässern – gesteuert durch die nach der Schädlichkeit des Abwassers zu ermittelnde Abgabe – zu einer Minderung der Schadstofffracht bewegen will.

3.3.4 Sonstige Instrumente des WHG

Die öffentlich-rechtliche Bewirtschaftung des Wasserhaushaltes lässt sich allein mit ordnungsrechtlichen Instrumenten nicht bewältigen. Erforderlich ist auch eine **wasserwirtschaftliche Planung**. Das in den §§ 36 ff. WHG geregelte Planungsinstrumentarium ist durch die 7. WHG-Novelle und das eingeführte **Flussgebietsmanagement** vereinheitlicht worden. Es gibt nur noch die Kategorien **Bewirtschaftungspläne** (§ 36b WHG) und **Maßnahmenprogramme** (§ 36 WHG). Diese sind von den Ländern für die jeweilige Flussgebietseinheit in Koordination mit den zuständigen Behörden anderer Länder und EU-Mitgliedstaaten aufzustellen. Sie dienen dazu, die für jede Gewässerart festgelegten allgemeinen Bewirtschaftungsziele (vgl. Abschn. 3.3.1) umzusetzen. Insbesondere die Maßnahmenprogramme enthalten somit entscheidende Vorgaben zur Gewässerbewirtschaftung. Sie sind deshalb über die Gemeinwohlklausel des § 6 WHG eng mit dem ordnungsrechtlichen Instrument der Gestattung verknüpft. Ein weiteres Instrument bildet schließlich die Möglichkeit zur Festsetzung von Wasserschutzgebieten (§ 19 WHG).

3.4 Bodenschutz- und Altlastenrecht

Erst seit dem 1. März 1999 wird das dritte Umweltmedium – der Boden – durch ein entsprechendes Gesetz bundeseinheitlich und unmittelbar geschützt. Zu dem benannten Datum ist das Gesetz zum Schutz vor schädlichen Bodenveränderungen und zur Sanierung von Altlasten, das **Bundes-Bodenschutzgesetz (BBodSchG)**, in Kraft Getreten.

Der **Anwendungsbereich des BBodSchG** erstreckt sich grundsätzlich auf sämtliche schädliche Bodenveränderungen und Altlasten. Das BBodSchG ist allerdings als neu hinzugekommenes Umweltmediengesetz nur subsidiär anwendbar, d. h., soweit das in § 3 Abs. 1 BBodSchG enumerativ aufgeführte Fachrecht Regelungen zum Bodenschutz enthält, gehen diese vor. Damit sollen Doppelregelungen vermieden werden. Keine Anwendung findet das Gesetz im Bereich des Atom- und Strahlenschutzrechts sowie im Zusammenhang mit der Beseitigung von Kampfmitteln (§ 3 Abs. 2 BBodSchG). Das BBodSchG wird ergänzt durch die **Bundes-Bodenschutz- und AltlastenV (BBodSchV)**. Sie enthält spezielle Vorgaben und Bodenwerte, die die im BBodSchG festgelegten Pflichten konkretisieren und ohne die das BBodSchG nicht vollzugsfähig wäre. Für solche Bereiche, für die das BBodSchG keine abschließenden Regelungen trifft oder ausdrücklich – wie in § 21 BBodSchG – Raum zur Gesetzgebung belässt, haben die Länder Ausführungsgesetze mit ergänzenden Verfahrensregelungen erlassen.

3.4.1 Zweck und Grundsätze des BBodSchG

Zweck des BBodSchG ist es, nachhaltig die Funktionen des Bodens zu sichern oder wiederherzustellen. Hierzu sind schädliche Bodenveränderungen abzuwehren (**Gefahrenabwehrgebot**), der Boden und Altlasten sowie hierdurch verursachte Gewässerverunreinigungen zu sanieren (**Sanierungsgebot**) und Vorsorge gegen nachteilige Einwirkungen auf den Boden zu treffen (**Vorsorgegebot**). Bei Einwirkungen auf den Boden sollen Beeinträchtigungen seiner natürlichen Funktionen sowie seiner Funktion als Archiv der Natur- und Kulturgeschichte so weit wie möglich vermieden werden (**Minimierungsgebot**).

Boden ist gemäß § 2 Abs. 1 BBodSchG die obere Schicht der Erdkruste, soweit sie Träger der in Abs. 2 genannten Bodenfunktionen (natürliche Funktion, Funktion als Archiv der Natur- und Kulturgeschichte sowie Nutzungsfunktion) ist, einschließlich der flüssigen Bestandteile (Bodenlösung) und der gasförmigen Bestandteile (Bodenluft), ohne Grundwasser und Gewässerbetten. Zentraler Begriff ist der der **schädlichen Bodenveränderungen**. Er wird sowohl für den Gefahren- als auch für den Vorsorgebereich verwendet. Schädliche Bodenveränderungen sind Beeinträchtigungen der Bodenfunktionen, die geeignet sind, Gefahren, erhebliche Nachteile oder erhebliche Belästigungen für den Einzelnen oder die Allgemeinheit herbeizuführen (§ 2 Abs. 3 BBodSchG). Die Begriffsbestimmung orientiert sich an dem Begriff der schädlichen Umwelteinwirkungen gem. § 3 Abs. 1 BImSchG. Die Gefahrenschwelle bzw. die Erheblichkeit werden durch die in der BBodSchV (Anhang 2) festgelegten Bodenwerte konkretisiert. Soweit schädliche Bodenveränderungen durch Immissionen verursacht werden, gelten sie nach § 3 Abs. 3 BBodSchG als schädliche Umwelteinwirkungen und sind damit Gegenstand des Immissionsschutzrechts.

Für den Bereich der repressiven Gefahrenabwehr wird neben dem Begriff der schädlichen Bodenveränderungen auch auf den Begriff der **Altlasten** Bezug genommen. Altlasten sind nach § 2 Abs. 5 BBodSchG

- stillgelegte Abfallbeseitigungsanlagen sowie sonstige Grundstücke, auf denen Abfälle behandelt, gelagert oder abgelagert worden sind (Altablagerungen) und

- Grundstücke stillgelegter Anlagen und sonstige Grundstücke, auf denen mit umweltgefährdenden Stoffen umgegangen worden ist, ausgenommen Anlagen, deren Stilllegung einer Genehmigung nach dem Atomgesetz bedarf (Altstandorte),

durch die schädliche Bodenveränderungen oder sonstige Gefahren für den Einzelnen oder die Allgemeinheit hervorgerufen werden.

3.4.2 Gefahrenabwehr- und Sanierungspflichten

Pflichten zur präventiven Gefahrenabwehr werden in § 4 Abs. 1 und Abs. 2 BBodSchG bestimmt. Nach der allgemeinen Grundpflicht des **§ 4 Abs. 1 BBodSchG** muss sich jede private oder juristische Person, die auf den Boden einwirkt, so verhalten, dass schädliche Bodenveränderungen nicht hervorgerufen werden (Jedermann-Pflicht). In **§ 4 Abs. 2 BBodSchG** wird eine Pflicht zum präventiven Bodenschutz festgelegt, die sich speziell an den Grundstückseigentümer und den Inhaber der tatsächlichen Gewalt über ein Grundstück (z. B. Mieter oder Pächter) als **Zustandsverantwortliche** richtet. Diese sind verpflichtet, Maßnahmen zur Abwehr der von ihrem Grundstück drohenden schädlichen Bodenveränderungen zu ergreifen.

Die wichtigste Grundpflicht des BBodSchG ist die der **repressiven Gefahrenabwehr** dienende **Sanierungspflicht des § 4 Abs. 3**. Danach sind Boden und Altlasten so zu sanieren, dass dauerhaft keine Gefahren, erheblichen Nachteile oder erheblichen Belästigungen für den Einzelnen oder die Allgemeinheit entstehen. Die Sanierungspflicht erstreckt sich auch auf die vom Boden ausgehenden Gewässerverunreinigungen, insbesondere auf die des Grundwassers. Die bei der Sanierung von Gewässern zu erfüllenden Anforderungen bestimmen sich dabei nach dem Wasserrecht. Als mögliche **Adressaten der Sanierungspflicht** kommen folgende Personen in Betracht: der Verursacher und dessen Gesamtrechtsnachfolger (z. B. der Erbe); der Eigentümer des Grundstücks und der Inhaber der tatsächlichen Gewalt; derjenige, der für eine juristische Person, die Eigentümer eines belasteten Grundstücks ist, einzustehen hat (Durchgriffshaftung); derjenige, der das Eigentum an einem solchen Grundstück aufgibt (Derelinquent) sowie unter bestimmten Voraussetzungen der frühere Grundstückseigentümer.

Da mit der Auferlegung von Untersuchungsanordnungen und ggf. einer Gefahrenabwehr- bzw. Sanierungspflicht regelmäßig hohe Kosten für den Betroffenen entstehen, hat die zuständige Behörde die Wahl ihrer Maßnahmen am Grundsatz der Verhältnismäßigkeit auszurichten. In den §§ 9, 10 BBodSchG i. V. m. den §§ 3, 4 BBodSchV ist somit ein **gestuftes Vorgehen** der Behörde **bei der Gefährdungsabschätzung sowie zur Anordnung von Untersuchungen und Maßnahmen** vorgesehen.

Liegen der Behörde **Anhaltspunkte** für eine schädliche Bodenveränderung oder Altlast vor, soll sie zunächst auf der *ersten Stufe* eine **orientierende Untersuchung** vornehmen. Deren Ergebnisse sind insbes. anhand der in Anhang 2 der BBodSchV festgelegten **Prüfwerte** zu bewerten. Prüfwerte sind Werte, bei deren Überschreiten unter Berücksichtigung der Bodennutzung eine einzelfallbezogene Prüfung durchzuführen und festzustellen ist, ob eine schädliche Bodenveränderung oder Altlast vorliegt (§ 8 Abs. 1 BBodSchG). Die Anforderungen an Probennahme, Analytik und Qualitätssicherung sind in Anhang 1 der BBodSchV aufgeführt.

Liegen mit dem (erwarteten) Überschreiten der Prüfwerte **konkrete Anhaltspunkte** und damit der hinreichende Verdacht einer schädlichen Bodenveränderung oder Altlast vor, kann die Behörde auf der *zweiten Stufe* gegenüber den Sanierungspflichtigen eine **Detailuntersuchung** anordnen. Die Ergebnisse der Detailuntersuchung sind insbes. anhand der ebenfalls im Anhang 2 der BBodSchV bestimmten **Maßnahmenwerte** zu bewerten. Auch bei dieser Bewertung ist die jeweilige Bodennutzung (Beispiel: Kinderspielplatz; Gewerbegrundstück) zu berücksichtigen. Sind für einen Schadstoff keinerlei Prüf- oder Maßnahmenwerte in der BBodSchV bestimmt, ist das Merkblatt des Bundesumweltministeriums mit den zur Ableitung von Werten herangezogenen Methoden und Maßstäben zu beachten (§ 4 Abs. 5 BBodSchV).

Sind die Maßnahmenwerte überschritten, kann die Behörde auf der *dritten Stufe* nach § 10 Abs. 1 BBodSchG **die zur Erfüllung der Gefahrenabwehr- bzw. der Sanierungspflicht notwendigen Maßnahmen** treffen. Als Maßnahmen kommen Sanierungsmaßnahmen sowie Schutz- und Beschränkungsmaßnahmen in Betracht. Als **Sanierungsmaßnahmen** werden solche Maßnahmen bezeichnet, die die Schadstoffe beseitigen oder vermindern (**Dekontaminationsmaßnahmen**), die eine Ausbreitung der Schadstoffe langfristig verhindern oder vermindern, ohne die Schadstoffe zu beseitigen (**Sicherungsmaßnahmen**) oder die schädlichen Veränderungen der physikalischen, chemischen oder biologischen Beschaffenheit des Bodens beseitigen oder vermindern. **Schutz- und Beschränkungsmaßnahmen** sind sonstige Maßnahmen, die Gefahren, erhebliche Nachteile oder erhebliche Belästigungen für den Einzelnen oder die Allgemeinheit verhindern oder vermindern, insbes. Nutzungsbeschränkungen (§ 2 Abs. 7, Abs. 8 BBodSchG).

Das BBodSchG enthält in seinem dritten Teil (§§ 11 bis 16) ergänzende Vorschriften für Altlasten. Hervorzuheben ist hier die Vorschrift des **§ 13 BBodSchG** zur **Sanierungsplanung**. Danach soll die Behörde bei solchen Altlasten, bei denen wegen der Verschiedenartigkeit der nach § 4 BBodSchG erforderlichen Maßnahmen ein abgestimmtes Vorgehen notwendig ist oder von denen aufgrund von Art, Ausbreitung oder Menge der Schadstoffe in besonderem Maße schädliche Bodenveränderungen oder sonstige Gefahren für den Einzelnen oder die Allgemeinheit ausgehen, von einem der Sanierungspflichtigen die notwendigen Untersuchungen zur Entscheidung über Art und Umfang der erforderlichen Maßnahmen (Sanierungsuntersuchungen) sowie die **Vorlage eines Sanierungsplans** verlangen. Die Behörde kann auf der Grundlage des Sanierungsplans Anordnungen gem. § 16 Abs. 1 BBodSchG treffen. Anstelle von Sanierungsanordnungen kann sie den Sanierungsplan, erforderlichenfalls unter Abänderungen oder mit Nebenbestimmungen, **für verbindlich erklären**. Zur Durchführung des Sanierungsplans kann der Sanierungspflichtige auch einen **öffentlich-rechtlichen Sanierungsvertrag** mit der Behörde abschließen.

Wenn es **mehrere Verantwortliche** für eine schädliche Bodenveränderung oder Altlast gibt, steht der zuständigen Behörde ein **Auswahlermessen** zu, dessen Ausübung sich vorrangig an dem Prinzip der Effektivität der Gefahrenabwehr und auch an der jeweiligen finanziellen Leistungsfähigkeit zu orientieren hat. Es besteht grundsätzlich keine bestimmte Reihenfolge bei der Auswahl. Entsprechend dem Verursacherprinzip gilt aber als „Daumenregel", dass zunächst der Verursacher der Bodenbelastung – sofern feststellbar – in die Pflicht zu nehmen ist. Vor allem bei Altlasten kann eine unbeschränkte Sanierungspflicht den betroffenen Grundstückseigentümer oder den Inhaber der tatsächlichen Gewalt in eine „Opferposition" bringen. Aus dem Grundrecht der Eigentumsfreiheit (Art. 14 Abs. 1 GG) wird daher eine **Haftungsbegrenzung für den Zustandsverantwortlichen** abgeleitet. „Opfergrenze" ist der Verkehrswert des Grundstücks, es sei denn, dass bei der Eigentumsübertragung dem Käufer des Grundstücks die schädlichen Bodenveränderungen oder die Altlasten bekannt waren.

Die **Kosten** für die den Verdacht einer Bodenbelastung bestätigende Detailuntersuchung sowie für die von der Behörde angeordneten Maßnahmen trägt der zur Durchführung Verpflichtete. Dieser kann jedoch auf dem Zivilrechtsweg Ausgleichsansprüche gegen andere, nicht von der Behörde herangezogene Verpflichtete – abhängig vom jeweiligen Verursachungsbeitrag – geltend machen (§ 24 BBodSchG). Der Grundstückseigentümer, für dessen Grundstück sich der Verkehrswert infolge einer nicht von ihm finanzierten Sanierungsmaßnahme erhöht hat, ist zur Zahlung eines Wertausgleichs verpflichtet (§ 25 BBodSchG).

3.4.3   Vorsorgepflicht

Der Grundstückseigentümer, der Inhaber der tatsächlichen Gewalt über ein Grundstück und derjenige, der Verrichtungen auf einem Grundstück durchführt oder durchführen lässt (z. B. Bauarbeiten), die zu Veränderungen der Bodenbeschaffenheit führen können, sind nach **§ 7 S. 1 BBodSchG** verpflichtet, **Vorsorge gegen das Entstehen schädlicher Bodenveränderungen** zu treffen, die durch ihre Nutzung auf dem Grundstück oder in dessen Einwirkungsbereich hervorgerufen werden können. Vorsorgemaßnahmen sind geboten, wenn wegen der räumlichen, langfristigen oder komplexen Auswirkungen einer Nutzung auf die Bodenfunktionen die Besorgnis einer schädlichen Bodenveränderung besteht. Damit ist insbes. die Verhinderung Distanz- und Summationsschäden angesprochen.

Anordnungen nach § 10 Abs. 1 BBodSchG zur Erfüllung der Vorsorgepflicht dürfen nur ergehen, wenn und soweit die Anforderungen in einer Rechtsverordnung festgelegt sind. Demgemäß finden sich in der BBodSchV (Anhang 2, Ziff. 4) für bestimmte Schadstoffe **Vorsorgewerte**, bei deren Überschreiten unter Berücksichtigung von geogenen oder großflächig siedlungsbedingten Schadstoffgehalten in der Regel davon auszugehen ist, dass die Besorgnis einer schädlichen Bodenveränderung besteht (§ 8 Abs. 2 BBodSchG). Vorsorgeanordnungen müssen im Hinblick auf den Nutzungszweck des Grundstücks verhältnismäßig sein. Nach den §§ 9 Abs. 1 Nr. 2, 10 Abs. 2 BBodSchV können Vorsorgeanordnungen auch getroffen werden, wenn eine erhebliche Anreicherung von anderen – nicht mit Vorsorgewerten bedachten – Schadstoffen erfolgt, die aufgrund ihrer Krebs erzeugenden, erbgutverändernden, fortpflanzungsgefährdenden oder toxischen Eigenschaften in besonderem Maße geeignet sind, schädliche Bodenveränderungen herbeizuführen. Die Begrenzung dieser Schadstoffeinträge muss aber für den Betroffenen technisch möglich und wirtschaftlich vertretbar sein.

Bei der **landwirtschaftlichen Bodennutzung** wird die Vorsorgepflicht durch die **gute fachliche Praxis** erfüllt (Agrarprivileg). Die Grundsätze der guten fachlichen Praxis sind in § 17 Abs. 2 BBodSchG beschrieben. Die Erfüllung der Vorsorgepflicht für die **forstwirtschaftliche Bodennutzung** richtet sich nach den Forst- und Waldgesetzen des Bundes und der Länder. Die Vorsorge für das **Grundwasser** orientiert sich an den speziellen Vorschriften des WHG und der GrundwasserV.

3.4.4   Sonstige Instrumente des Bodenschutzrechts

Neben den dargestellten Grundpflichten des BBodSchG sind weiterhin die **Entsiegelungspflicht des § 5 BBodSchG** als Maßnahme gegen den Flächenverbrauch und die Pflichten zum **Auf- und Einbringen von Materialien** aus § 6 BBodSchG zu nennen, deren Durchsetzbarkeit aber jeweils von dem Erlass einer Rechtsverordnung mit konkreten Anforderungen abhängig ist. Eine Entsiegelungsverordnung befindet sich in der Planung. Das überwiegend ordnungsrechtliche Instrumentarium des BBodSchG wird ergänzt durch das Landesrecht. Die Länder haben die Aufgabe, Altlasten und Flächen mit schädlichen Bodenveränderungen sowie Verdachtsflächen zu erfassen (§§ 11, 21 Abs. 2 BBodSchG). Darüber hinaus können die Länder Regelungen über **gebietsbezogene Maßnahmen** zum Bodenschutz, wie z. B. die Ausweisung von Bodenschutzgebieten, die Aufstellung von Bodenschutzplänen oder die Einrichtung von Dauerbeobachtungsflächen, treffen. Ferner besteht für sie die Möglichkeit zur Einrichtung von Bodeninformationssystemen (§ 21 Abs. 3, Abs. 4 BBodSchG). Auch außerhalb des BBodSchG gibt es Vorschriften, die (zumindest mittelbar) dem Schutz des Bodens dienen. Zu nennen ist hier vor allem das Raumordnungs- und Bauplanungsrecht, insbes. die **Bodenschutzklausel des § 1a BauGB**, aber auch das Chemikaliengesetz, das Düngemittelgesetz sowie das Pflanzenschutzgesetz.

Grundlagen

3.5   Kreislaufwirtschafts- und Abfallrecht

Das Abfallrecht hat sich von einem Recht der Abfallbeseitigung als Ausdruck der damaligen „Wegwerfgesellschaft" spätestens mit In-Kraft-Treten des **Kreislaufwirtschafts- und Abfallgesetzes (KrW-/AbfG)** im Jahre 1996 zu einem Recht der Kreislaufwirtschaft fortentwickelt, das einen Vorrang der Abfallvermeidung und Abfallverwertung statuiert. Das KrW-/AbfG ist das Leitgesetz des Rechts der Abfallwirtschaft. Es wird ergänzt durch ein umfassendes untergesetzliches Regelwerk, bestehend aus zahlreichen Rechtsverordnungen (z. B. VerpackungsV, GewerbeabfallV, DeponieV) und Verwaltungsvorschriften (z. B. TA Abfall, TA Siedlungsabfall) sowie durch die Landesabfallgesetze, Landesrechtsverordnungen und das örtliche Satzungsrecht der öffentlichrechtlichen Entsorgungsträger.

3.5.1   Ziele und Grundbegriffe des KrW-/AbfG

Ziele des KrW-/AbfG sind die Förderung der Kreislaufwirtschaft zur Schonung der natürlichen Ressourcen und die Sicherung der umweltverträglichen Beseitigung von Abfällen (§ 1 KrW-/AbfG). Demgemäß gelten die Vorschriften des KrW-/AbfG für die Vermeidung und Verwertung (Kreislaufwirtschaft) sowie für die Beseitigung von Abfällen, sofern nicht ein Ausnahmetatbestand des § 2 Abs. 2 KrW-/AbfG eingreift. Der Anwendungsbereich des Gesetzes ist somit grundsätzlich eröffnet, wenn es sich bei einem Stoff um Abfall handelt.

Abfälle sind nach § 3 Abs. 1 S. 1 KrW-/AbfG alle beweglichen Sachen, die unter die in Anhang I aufgeführten Gruppen fallen und deren sich ihr Besitzer entledigt, entledigen will oder entledigen muss. Die Abfallgruppen in Anhang I können nur als vages Hilfskriterium zur Bestimmung des Abfallbegriffs dienen. Dies wird deutlich durch die als „Auffangtatbestand" beschriebene Abfallgruppe Q16 („Stoffe und Produkte aller Art, die nicht einer der oben erwähnten Gruppen angehören"). Eine nähere Ausgestaltung erfahren die Abfallgruppen durch das **Europäische Abfallverzeichnis**, welches mit einer zum 1. Januar 2002 in Kraft getretenen Verordnung in das nationale Recht übernommen worden ist. Allein die Tatsache, dass eine bewegliche Sache im Abfallverzeichnis aufgeführt ist, führt jedoch noch nicht dazu, dass sie unter den Abfallbegriff fällt. Auch dem Abfallverzeichnis kommt nur eine **Indizwirkung** zu. Als zusätzliche Voraussetzung ist weiterhin erforderlich, dass sich der Besitzer der Sache „entledigt, entledigen will oder entledigen muss".

Die **Entledigungstatbestände** werden in § 3 Abs. 2 bis 4 KrW-/AbfG definiert. Die Begriffsalternativen des Entledigens und des Entledigenwollens werden gemeinhin zum **subjektiven Abfallbegriff** zusammen gefasst. Eine **Entledigung** liegt vor, wenn der Besitzer bewegliche Sachen einer Verwertung i. S. des Anhangs II B oder einer Beseitigung i. S. des Anhangs II A zuführt oder die tatsächliche Sachherrschaft über sie unter Wegfall jeder weiteren Zweckbestimmung aufgibt. Der **Wille zur Entledigung** ist hinsichtlich solcher Sachen anzunehmen, die bei der Energieumwandlung, Herstellung, Behandlung oder Nutzung von Stoffen bzw. Erzeugnissen oder bei Dienstleistungen anfallen, ohne dass der Zweck der jeweiligen Handlung darauf gerichtet ist, oder deren ursprüngliche Zweckbestimmung entfällt oder aufgegeben wird, ohne dass ein neuer Verwendungszweck unmittelbar an deren Stelle tritt. Für die Beurteilung der Zweckbestimmung ist auch die Verkehrsanschauung zu berücksichtigen. Fragen wirft die **Abgrenzung zwischen Abfall und Produkt** auf. Zum Produktbegriff werden dabei auch solche Erzeugnisse gezählt, die im Sinne eines Nebenzwecks oder gar untergeordneten Zwecks anfallen und nützlich verwendet oder jedenfalls vermarktet werden können. Ein „**Entledigenmüssen**", welches für den **objektiven Abfallbegriff** steht, liegt vor, wenn eine bewegliche Sache nicht mehr entsprechend ihrer ursprünglichen Zweckbestimmung verwendet wird, sie aufgrund ihres konkreten Zustands geeignet ist, gegenwärtig oder künftig das Wohl der Allgemeinheit, insbesondere die Umwelt zu gefährden und ihr Gefährdungspotenzial nur durch ihre ordnungsgemäße Entsorgung ausgeschlossen werden kann. In diesem Fall spricht man auch von Zwangsabfall.

Während der Begriff der Kreislaufwirtschaft die Vermeidung und Verwertung von Abfällen beinhaltet, umfasst der Begriff der **Abfallentsorgung** die Verwertung und die Beseitigung von Abfällen. Die Begriffe „Abfälle zur Verwertung" und „Abfälle zur Beseitigung" werden in § 3 Abs. 1 S. 2 KrW-/AbfG nur sehr allgemein bestimmt:
„Abfälle zur Verwertung sind Abfälle, die verwertet werden; Abfälle, die nicht verwertet werden, sind Abfälle zur Beseitigung."
Aus § 4 bzw. § 10 KrW-/AbfG ergibt sich jedoch, dass unter **Verwertung** die Gewinnung von Sekundärrohstoffen oder die primäre, zweckgerichtete Nutzung der stofflichen Eigenschaften (**stoffliche Verwertung**) sowie der Einsatz von Abfällen als Ersatzbrennstoff (**energetische Verwertung**) einschließlich der Bereitstellung, Überlassung, (Ein-)Sammlung, Beförderung, Lagerung und (Vor-)Behandlung zu diesem Zweck zu verstehen ist. Der Begriff **Beseitigung** bezeichnet alle übrigen Maßnahmen, die den dauerhaften Ausschluss aus der Kreislaufwirtschaft

zum Hauptzweck haben, einschließlich der hierzu erforderlichen Vorbereitungs- und Begleitmaßnahmen.

3.5.2   Grundsätze und Grundpflichten der Kreislaufwirtschaft

Das gesamte Kreislaufwirtschafts- und Abfallrecht wird von der grundlegenden **Maßnahmentrias** – Abfallvermeidung vor Abfallverwertung vor umweltgerechter Abfallbeseitigung – beeinflusst.

Das KrW-/AbfG nimmt entsprechend seiner Zielbestimmung eine grundsätzliche Unterscheidung zwischen Grundsätzen und Grundpflichten der Kreislaufwirtschaft einerseits und der Abfallbeseitigung andererseits vor. Die Grundsätze und Grundpflichten richten sich grundsätzlich – sofern nicht ausnahmsweise Überlassungspflichten an die öffentlich-rechtlichen Entsorgungsträger bestehen – an die Erzeuger und Besitzer von Abfällen. Nach den in § 4 KrW-/AbfG beschriebenen **Grundsätzen der Kreislaufwirtschaft** sind Abfälle in erster Linie zu vermeiden, insbes. durch die Verminderung ihrer Menge und Schädlichkeit, und in zweiter Linie zu verwerten. Aus § 4 Abs. 1 Nr. 2 und § 5 Abs. 2 S. 2 KrW-/AbfG ergibt sich der Vorrang der Abfallverwertung vor der Abfallbeseitigung.

Maßnahmen zur Abfallvermeidung sind insbes. die anlageninterne Kreislaufführung von Stoffen, die abfallarme Produktgestaltung sowie ein auf den Erwerb abfall- und schadstoffarmer Produkte gerichtetes Konsumverhalten. Maßnahmen zur Verwertung von Abfällen sind ihre stoffliche und ihre energetische Verwertung. Es besteht eine **prinzipielle Gleichrangigkeit von stofflicher und energetischer Verwertung**. Vorrang kommt der im Einzelfall umweltverträglicheren Verwertungsart zu (§ 6 Abs. 1 S. 2 KrW-/AbfG). Der Vorrang einer Verwertungsart kann auch durch Rechtsverordnung festgelegt werden, so geschehen z. B. in der im Jahr 2002 novellierten Altölverordnung, nach der Altöl vorrangig zu Basisöl aufgearbeitet werden soll und die energetische Nutzung nur noch stark eingeschränkt möglich ist.

Aufbauend auf den in § 4 KrW-/AbfG festgelegten Grundsätzen sind in § 5 KrW-/AbfG die **Grundpflichten der Kreislaufwirtschaft** zur Abfallvermeidung und Abfallverwertung geregelt.

Das **Abfallvermeidungsgebot** in § 5 Abs. 1 KrW-/AbfG enthält keine unmittelbare Rechtspflicht. Zum einen verweist es auf § 9 S. 1 KrW-/AbfG und die abfallbezogenen Pflichten des Anlagenbetreibers (§ 5

Abs. 1 Nr. 3 BImSchG). Zum anderen ist es an den Erlass von Rechtsverordnungen nach den §§ 23, 24 KrW-/AbfG, die ihrerseits zur Festlegung von Anforderungen der in § 22 KrW-/AbfG beschriebenen **Produktverantwortung** des Herstellers und des Vertreibers dienen, geknüpft. Zur Umsetzung des Grundsatzes der Produktverantwortung sind bislang Verordnungen für die Bereiche Verpackungen, Batterien und Altfahrzeuge ergangen. Geplant ist zudem eine ElektroaltgeräteV.

Für Abfallerzeuger und -besitzer bestimmt § 5 Abs. 2 S. 1 KrW-/AbfG die **Grundpflicht zur Abfallverwertung**. Nur ausnahmsweise besteht bei Abfällen aus privaten Haushalten eine Überlassungspflicht an die öffentlich-rechtlichen Entsorgungsträger nach § 13 Abs. 1 S. 1 KrW-/AbfG, soweit Abfallerzeuger oder -besitzer zu einer Verwertung nicht in der Lage sind oder diese nicht beabsichtigen. Im Unterschied zum Abfallvermeidungsgebot ist die Grundpflicht zur Abfallverwertung unmittelbar verpflichtend. Sie ist in § 5 Abs. 2 bis 6 und § 6 KrW-/AbfG näher ausgestaltet. Die Verwertungspflicht ist zunächst davon abhängig, dass die Verwertung **ordnungsgemäß und schadlos** erfolgt. Die Verwertung erfolgt ordnungsgemäß, wenn sie im Einklang mit den Vorschriften des KrW-/AbfG und anderen öffentlich-rechtlichen Vorschriften steht. Sie erfolgt schadlos, wenn nach der Beschaffenheit der Abfälle, dem Ausmaß der Verunreinigungen und der Art der Verwertung Beeinträchtigungen des Allgemeinwohls nicht zu erwarten sind, insbes. keine Schadstoffanreicherung im Wertstoffkreislauf erfolgt. Ferner ist eine der Art und Beschaffenheit des Abfalls entsprechende **hochwertige Verwertung** anzustreben. Das Gebot der möglichst hochwertigen Verwertung ist nach herrschender Ansicht eine Rechtspflicht, die jedoch zu ihrer Vollziehbarkeit der näheren Ausgestaltung in Form einer Rechtsverordnung bedarf. Zu diesem Zweck ist am 1. Januar 2003 die **GewerbeabfallV** in Kraft getreten. Sie erhöht die Anforderungen an die Verwertung von gewerblichen Siedlungsabfällen sowie von bestimmten Bau- und Abbruchabfällen durch die Verpflichtung zu einer besseren Getrennthaltung und effektiveren Vorbehandlung. Die GewerbeabfallV dient dazu, Scheinverwertungen, bei denen unzulässigerweise verwertbare und unverwertbare Abfallfraktionen vermischt und generell als Verwertungsabfälle deklariert werden, einzudämmen. Schließlich gilt die Pflicht zur Abfallverwertung nur, soweit die Verwertung **technisch möglich** und **wirtschaftlich zumutbar** ist und soweit nicht die Beseitigung die umweltverträglichere Lösung darstellt.

Die **Abgrenzung zwischen Abfallverwertung und Abfallbeseitigung** gehört wegen der unterschiedlichen Rechtsfolgen und der damit verbundenen – teilweise erheblichen – Kostenunterschiede zu den zentralen Fragen des Abfallrechts. Sie erfolgt mittels einer wirtschaftlichen Betrachtungsweise, unter Berücksichtigung der im einzelnen Abfall bestehenden Verunreinigungen, nach dem **Hauptzweck der Maßnahme** (§ 4 Abs. 3 S. 2, Abs. 4 S. 2 KrW-/AbfG –Hauptzweckklauseln). Zur Abgrenzung der energetischen Verwertung von der Beseitigung von Abfällen durch ihre Verbrennung können zudem die in § 6 Abs. 2 KrW-/AbfG aufgeführten Kriterien (Heizwert, Feuerwirkungsgrad) herangezogen werden. Zu dem speziellen Abgrenzungsproblem bei dem Versatz von Abfällen unter Tage gibt die am 30. Oktober 2002 in Kraft getretene **BergversatzV** wichtige Anhaltspunkte. Soweit die Nutzung der bauphysikalischen Eigenschaften des Abfalls zu bergbaulichen Zwecken Hauptziel des Versatzes ist, handelt es sich um eine Maßnahme zur stofflichen Abfallverwertung und nicht um eine Untertagedeponierung, deren Hauptzweck die Nutzung der vorhandenen Hohlräume zur Beseitigung der Abfälle ist.

3.5.3   Grundsätze und Grundpflichten der Abfallbeseitigung

Die Grundsätze und Grundpflichten der Abfallbeseitigung sind in den §§ 10 ff. KrW-/AbfG geregelt. Nach dem **Grundsatz der gemeinwohlverträglichen Abfallbeseitigung** sind Abfälle, die nicht verwertet werden, von der Kreislaufwirtschaft auszuschließen und zur Wahrung des Allgemeinwohls zu beseitigen (§ 10 Abs. 1 KrW-/AbfG). Der Begriff des Allgemeinwohls wird durch die beispielhafte Aufzählung von Schutzgütern in § 10 Abs. 4 KrW-/AbfG konkretisiert. Die Abfallbeseitigung hat außerdem grundsätzlich im Inland zu erfolgen (§ 10 Abs. 3 S. 1 KrW-/AbfG).

Aufbauend auf den beschriebenen Grundsätzen werden in § 11 KrW-/AbfG die **Grundpflichten der Abfallbeseitigung** festlegt. Abfallerzeuger und -besitzer sind verpflichtet, nicht verwertbare Abfälle gemeinwohlverträglich zu beseitigen und sie dazu – soweit erforderlich – getrennt zu halten und zu behandeln. Dem Stand der Technik entsprechende Anforderungen an die Abfallbeseitigung können sich aus Rechtsverordnungen oder allgemeinen Verwaltungsvorschriften ergeben, die auf der Grundlage des § 12 KrW-/AbfG erlassen worden sind. Beispiele hierfür sind die AbfallablagerungsV, mit der die Deponierung von unbehandelten Abfällen aus Haushalten und Gewerbe ab dem 1. Juni 2005 verboten wird, sowie die TA Abfall und die TA Siedlungsabfall.

Nach § 11 sind die Erzeuger und Besitzer von Abfällen zwar grundsätzlich selbst zur Beseitigung ihrer Abfälle verpflichtet, zu beachten sind aber die in diesem Bereich weitgehenden **Überlassungspflichten** nach § 13 Abs. 1 KrW-/AbfG. Für zur Beseitigung bestimmte Abfälle aus privaten Haushalten besteht prinzipiell eine Überlassungspflicht an die öffentlich-rechtlichen Entsorgungsträger. Bei Abfällen zur Beseitigung aus anderen Herkunftsbereichen besteht eine Überlassungspflicht, soweit die Abfallerzeuger oder -besitzer sie nicht in eigenen Anlagen beseitigen oder überwiegende öffentliche Interessen eine Überlassung erfordern.

3.5.4   Das Recht der Abfallbeseitigungsanlagen

Für Abfälle zur Beseitigung besteht ein grundsätzlicher **Anlagenzwang**. Sie dürfen nach § 27 Abs. 1 KrW-/AbfG nur in den dafür zugelassenen Anlagen oder Einrichtungen (Abfallbeseitigungsanlagen) behandelt, gelagert oder abgelagert werden.

Die Zulassung von Abfallbeseitigungsanlagen ist in § 31 KrW-/AbfG geregelt. Die Errichtung, der Betrieb und die wesentliche Änderung von ortsfesten **Abfallbeseitigungsanlagen** bedürfen der **immissionsschutzrechtlichen Genehmigung** gem. den §§ 4 ff. BImSchG (vgl. Abschn. 3.2.2). Zu beachten sind hier insbes. die Vorgaben der AbfallverbrennungsanlagenV (17. BImSchV). Für die Errichtung, den Betrieb und die wesentliche Änderung von **Deponien**, also solchen Beseitigungsanlagen, die zur (endgültigen) Ablagerung von Abfällen oberhalb oder unterhalb der Erdoberfläche bestimmt sind (§ 3 Abs. 10 KrW-/AbfG), ist dagegen eine **Planfeststellung** erforderlich. Das Planfeststellungsverfahren richtet sich nach den §§ 72 bis 78 des Verwaltungsverfahrensgesetzes. Innerhalb des Planfeststellungsverfahren ist eine **UVP** (vgl. Abschn. 3.1.4) durchzuführen. Statt eines Planfeststellungsbeschlusses kann ausnahmsweise unter den Voraussetzungen des § 31 Abs. 3 KrW-/AbfG auch eine **Plangenehmigung** erteilt werden. Anforderungen an Deponien ergeben sich aus der u. a. auf der Ermächtigungsgrundlage des § 36c KrW-/AbfG beruhenden **Deponieverordnung**. Sie soll – vor allem mit ihren hohen Anforderungen an Standortauswahl, geeigneten Untergrund und Abdichtungssysteme – sicherstellen, dass Deponien zukünftig keine Belastung mehr für nachfolgende Generationen darstellen.

4   Umweltmanagement

4.1   Umweltbeziehungen von Unternehmen

Unternehmen sind Beteiligte am Stoff- und Energiewandlungsprozess, der für den gesamten Wirtschaftsprozess betrieben wird. Jeder einzelne Prozess ist prinzipiell mit mehr oder weniger großen direkten oder indirekten Umweltauswirkungen verbunden.

Ein allgemeiner Prozess ist im Bild 4-1 dargestellt. Je nach dem Prozess entstehen im Output „unerwünschte Kuppelprodukte", die behandlungs- oder entsorgungsbedürftig sind oder direkt an die Umwelt abgegeben werden. Zudem ist zur Betrachtung der Umweltbeziehungen von Unternehmen (vgl. Kap. 1) nicht nur an die augenfälligere Outputseite zu denken, sondern auch an den inputseitigen Rohstoff- und Energiebedarf.

Bild 4-1: Allgemeiner stoff- und energiewandelnder Prozess

Hiernach kommt das Unternehmen also in mehrfacher Sicht in Frage, an Umweltauswirkungen beteiligt zu sein:

- ■   unmittelbarer als Prozessbetreiber und

- ■   mittelbar als Bezieher von Leistungen aus Prozessen anderer Prozessbetreiber oder

- ■   mittelbar als Lieferant von Leistungen in Prozesse Dritter (in einem weiten Sinne; z. B. auch in „Prozesse" bei Endverbrauchern).

Da an Stoff- und Energiewandlungsprozessen teilzunehmen eine Teilhabe an potenziellen Umweltbelastungen mit sich bringt, stellt sich die Frage, inwiefern und in welcher Weise Unternehmen auf ihr Teilnehmen reagieren sollen. Um tätig zu werden, müssen die für das Unternehmen Handelnden beim Wahrnehmen ihrer Aufgaben von den Umweltbeziehungen betroffen sein.

Grundsätzlich werden an Unternehmen von verschiedenen Seiten Ansprüche gestellt. Die verschiedenen Anspruchsgruppen werden als

Stakeholder bezeichnet [4.1]. Wesentliche Stakeholder sind in Bild 4-2 genannt und klassifiziert.

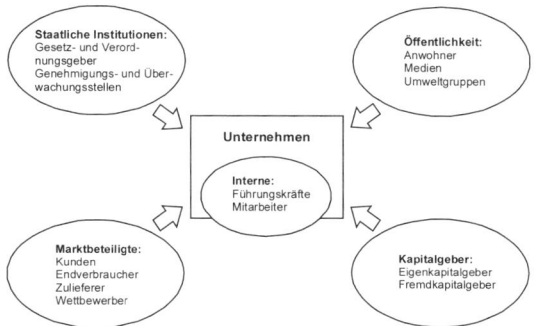

Bild 4-2: Anspruchsgruppen („Stakeholder") von Unternehmen

Die staatlichen Anspruchsgruppen sichern über Rechtsetzung und Vollzug des Umweltrechts **Mindeststandards des Umweltschutzes**. Dies erfolgt über verschiedene Instrumente – überwiegend ordnungsrechtliche, teilweise marktwirtschaftliche oder in einigen Fällen partnerschaftliche (vgl. Kap. 3).

Obschon staatliche Eingriffe in Deutschland prinzipiell dem Gebot der Verhältnismäßigkeit unterliegen, hat die **Regelungsdichte** heute ein beachtliches Ausmaß erreicht. Aus Sicht der Unternehmen wird diese Regelungsdichte vielfach als so umfassend empfunden, dass das Einhalten der Vorschriften als erschöpfend angesehen wird, auf die Umweltbeziehungen des Unternehmens zu reagieren.

Eine weitere wesentliche Anspruchsgruppe sind die **Endverbraucher**. Sie erzeugen die Nachfrage nach Endprodukten. Hiermit korrespondierende Tätigkeiten im Unternehmen sind u. a. die Gestaltung der Produkte, aber auch Informieren von Kunden (vgl. Abschn. 4.3).

Je nach Produktspektrum wird das Sortiment so gestaltet, dass die Ansprüche potenzieller Kunden im Gesamtergebnis ökonomisch optimal abgebildet werden. Generell, also auch hinsichtlich der Ansprüche an die Umwelteigenschaften des Angebots, gilt, dass die Gesamtheit der Verbraucher uneinheitliche Vorstellungen hat, hier also in Bezug auf ihren Beitrag zum Umweltschutz. Bild 4-3 zeigt Haltungstypen in der deutschen Bevölkerung. Haltungen beeinflussen Konsumentscheidungen. Je nach der Zielgruppe für die Produkte werden Umweltmerkmale von Produkten offenbar mehr oder weniger beachtet.

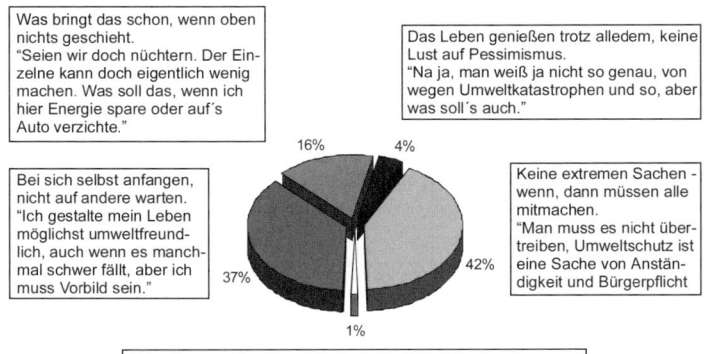

Was bringt das schon, wenn oben nichts geschieht.
"Seien wir doch nüchtern. Der Einzelne kann doch eigentlich wenig machen. Was soll das, wenn ich hier Energie spare oder auf's Auto verzichte."

Das Leben genießen trotz alledem, keine Lust auf Pessimismus.
"Na ja, man weiß ja nicht so genau, von wegen Umweltkatastrophen und so, aber was soll's auch."

Bei sich selbst anfangen, nicht auf andere warten.
"Ich gestalte mein Leben möglichst umweltfreundlich, auch wenn es manchmal schwer fällt, aber ich muss Vorbild sein."

Keine extremen Sachen - wenn, dann müssen alle mitmachen.
"Man muss es nicht übertreiben, Umweltschutz ist eine Sache von Anständigkeit und Bürgerpflicht"

Wenn's uns gut geht, geht's auch der Umwelt gut
"Also so schlimm ist ja nun alles doch nicht, ist doch alles stark übertrieben mit der Umweltverschmutzung. Wir haben doch die Technik, um alles in den Griff zu bekommen."

Bild 4-3: Haltungstypen zum Umweltschutz in der deutschen Bevölkerung 2002 [4.2]

Durch die Reaktion der Verbraucher auf den Umweltschutz betreffende Produkteigenschaften oder Unternehmensnachrichten kann also das Erreichen der Marktziele des Unternehmens beeinflusst werden. Das Ausmaß der Reaktion ist je nach Marktsegment verschieden. Bezüglich der Produkte ist wiederum die **Verbraucherreaktion beeinflussbar** mit der Sortimentsgestaltung, ggf. auch in Verbindung mit der Preisgestaltung und einer entsprechenden Informationspolitik.

Letztlich soll nicht unerwähnt bleiben, dass Unternehmensleitungen neben der Verantwortung, die sie für das Unternehmen und dabei insbesondere für dessen langfristigen Erhalt tragen, auch eine Eigenverantwortung für sich im Sinne einer ethischen Verpflichtung zu einer langfristigen Erhaltung der Umwelt nicht selten in Anspruch nehmen.

4.2   Erfassen und Bewerten von Umweltbeeinflussungen in Ökobilanzen

4.2.1   Grundlagen der Stoff- und Energie-Bilanzierung

Wenn die Stoff- und Energiewandlung die Hauptursache für die anthropogenen Umweltbeeinflussungen darstellt, ist es von zentraler Bedeutung für jeden Beteiligten, die Stoff- und Energieflüsse zahlenmäßig zu kennen. Speziell in Unternehmen ist die Kenntnis der Stoff- und Energieflüsse und -bestände erforderlich beim Ausführen folgender Funktionen:

- Erfüllen verschiedener Dokumentations- und Meldepflichten,
- Feststellen von umweltbezogenen Schwachstellen und Risiken,
- Ermitteln der Umweltaspekte und Umweltauswirkungen im Rahmen von Umweltmanagementsystemen, für das Europäische Umweltmanagement „EMAS" (**Environmental Management and Audit Scheme** [4.3]), z. B. insbesondere
  - ☐ Erstellen eines Verzeichnisses der wesentlichen Umweltaspekte bei der Umweltprüfung,
  - ☐ Quantifizieren von Umweltzielsetzungen und -einzelzielen,
  - ☐ Nachweis der Umweltleistung für interne oder externe Interessenten,
  - ☐ Dokumentation in der Umwelterklärung,
- Berücksichtigen von Umweltaspekten im Rahmen von Entscheidungsvorbereitungen,
- Kennzahlenbilden beim Controlling zur Zielverfolgung als
  - ☐ Jahresvergleiche bzw. Zeitreihen oder
  - ☐ Branchenvergleichen,
- Bereitstellen von Informationen für Kunden.

Neben einzelnen ausschnitthaften Datensammlungen (z. B. gemäß Meldepflichten für bestimmte Umweltkompartimente oder für bestimmte Anlagen) kann auch eine Gesamtübersicht nach Art einer Bilanz erstellt werden.

Ausgangspunkt der Betrachtung ist das elementare Bilanzprinzip, als Ausgleich zwischen zwei Seiten (einer Waage bzw. einer Gleichung):

$$AB + \sum_i dI_i = EB + \sum_o dO_o \qquad (4\text{-}1)$$

i,o Indizes für einzelne In- bzw. Outputs, AB Anfangsbestand (Mengeneinheiten), dI einzelne Input (Mengeneinheiten), EB Endbestand (Mengeneinheiten), dO einzelne Output (Mengeneinheiten)

Diese allgemeine Bilanz kann (innerhalb eines definierten Bilanzraumes) insbesondere angesetzt werden für die Erhaltung der Masse und der Energie, sie gilt jedoch ebenfalls für Geldwerte in der Steuer- und Handelsbilanz, wie weiter unten dargestellt werden wird. Sofern die stoffliche/energetische Bilanz auch auf das Darstellen von Umweltauswirkungen abhebt, hat sich hierfür auch der Begriff **Ökobilanz** durchgesetzt.

Grundlagen

Sie kann summarisch für alle Stoffe oder nur für einzelne Substanzen oder Komponenten („Substanzbilanz") erstellt werden.

Als Bilanzräume sind für die stoffliche und energetische Betrachtung folgende Bezugssysteme üblich:

- **Prozess**: Diese Betrachtung entspricht der üblichen ingenieurmäßigen Sicht und wird beim Auslegen von Apparaten, Anlagen oder Werken (einschließlich Umweltauswirkungen) standardmäßig angewandt.

- **Unternehmen/Organisation**: Ein Unternehmen, allgemeiner eine Organisation, ist stofflich/energetisch verkörpert durch Prozesse an einer räumlichen Ansammlung (Standort) oder an mehreren Standorten. Die Stoff- und Energiewandlung resultiert nicht nur aus Prozessen rein technischer Natur, sondern auch aus organisatorischen Prozessen, z. B. einem bestimmten Verhalten in Bezug auf das anteilige Trennen von Abfällen in solche zur Verwertung und solche zur Beseitigung.

- **Produkt**: Ein Produkt durchläuft eine Reihe von Prozessen nacheinander; im Idealfall wird eine Betrachtung von der Rohstoffgewinnung bis zur endgültigen Ablagerung angestrebt (einschließlich ggf. durchlaufener Verwertungsprozesse). Auch diese Prozesse können technischer oder organisatorischer Natur sein.

- **Region**: Auch eine Region ist ein Bilanzraum, an dessen Grenzen die Massen- und Energieerhaltung Gültigkeit besitzt, sodass Flüsse sich ausgleichen oder in Bestandsänderungen resultieren.

In Bild 4-4 sind zwei verschiedene Bilanzarten im Gesamtzusammenhang schematisch dargestellt.

In dieser Anordnung sind die Einteilungen erkennbar nach

- **wertmäßigen** und **physischen Bilanzen** (links bzw. rechts),
- **zeitpunktbezogenen Bestands-** und **zeitraumbezogene Flussbilanzen** (oben links bzw. rechts) nebst deren Ergänzung um eine jeweils **komplementäre Fluss-** bzw. **Bestandsrechnung** (unten).

Wie ebenfalls erkennbar wird, stehen bei der Ökobilanz im Vergleich zur Steuer- oder Handelsbilanz weniger die gelegentlich zitierten Prinzipien von Klarheit, Wahrheit und Kontinuität im Vordergrund, sondern

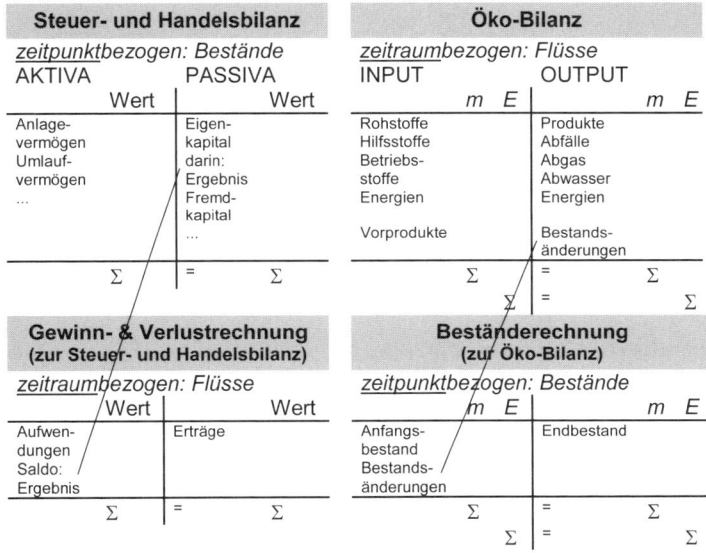

Bild 4-4: Schemata für Bilanz und Öko-Bilanz [4.4]

eben das naturgesetzliche Erhaltungsprinzip von Massen und Energien, darin ggf. auch von Stoffen (die jedoch nicht der Erhaltung unterliegen, wenn sie im Prozess umgewandelt werden). Die bei den ökonomischen

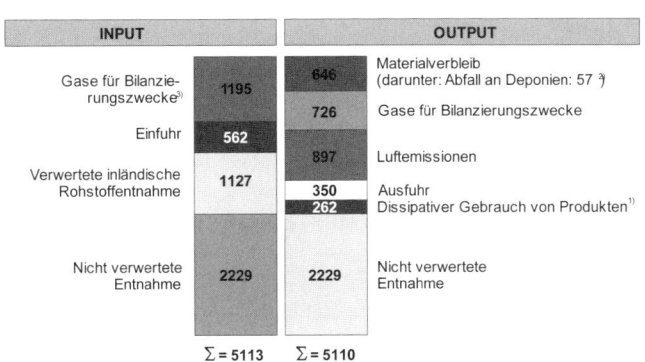

[1] Einschl. Emissionen im Abwasser und dissipativen Verlusten
[2] Ohne besonders überwachungspflichtige Abfälle
[3] Insbesondere für bzw. aus Verbrennungsprozessen (O_2, N_2 bzw. H_2O)

Bild 4-5: Stoffbilanz Deutschland 2004 (in Mio. Mg); Daten nach [4.4]

Bilanzen genannten Prinzipien sind dort nur geboten, da die Bilanzpositionen einer Bewertung unterliegen. Dies ist bei Ökobilanzen auf der physischen Ebene nicht der Fall, da Masse und Energie nicht bewertet werden müssen (erst in späteren Schritten erfolgt ggf. eine Gewichtung).

Ein Beispiel für eine regionale Bilanz zeigt das Bild 4-5 mit der Massenbilanz für Deutschland. Aus Gründen der Übersicht ist die Gliederung der Positionen sehr grob gewählt. Outputseitig ist als oberste Position die Bedeutung des Saldos (Bestandsänderung, hier eine Materialanreicherung) zu erkennen.

4.2.2   Komponenten der Ökobilanzierung

Für das Ökobilanzieren von Produkten ist das Vorgehen am genauesten festgelegt. Dieses ist auch in internationalen Normen beschrieben (vgl. Abschnitt 4.2.6). Die nach der Norm festgelegten Schritte finden sich in dem Bild 4-6. Diese Gliederung kann auch für andere Bilanzobjekte als Produkte empfohlen werden.

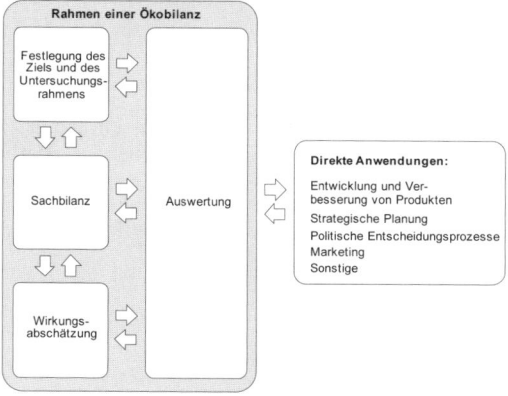

Bild 4-6: Schritte der Produkt-Ökobilanzierung [4.5]

Wesentliche Kennzeichen dieses Vorgehens sind

- Konzeptionelle Überlegungen und Festlegungen stehen vor Beginn der einzelnen aufwendigen Erhebungen (**Festlegen von Ziel und Untersuchungsrahmen** sind der erste Schritt). Hierdurch soll auch, je nach Untersuchungszweck, unangemessener Aufwand vermieden bzw. z. B. bei extern zu kommunizierenden Bilanzen eine hinreichende Belastbarkeit hergestellt werden.

- Deutlich getrennt werden die stoffliche und energetische Erhebung (**Sachbilanz**) sowie evtl. folgende Gewichtungen (**Wirkungsabschätzung**) (vgl. Abschn. 4.2.7).

- Bei der **Auswertung** wird auf mehrere vorangegangene Schritte Bezug genommen, evtl. wird iterierend vorgegangen, um eine Bilanz zu erzielen, die dem Untersuchungsziel angemessen ist, bzw. um die Feststellung zu treffen, dass eine angemessene Bilanz nicht erreicht werden kann.

- Eine **Ergebnisanwendung** soll nur erfolgen, wenn die Fragen betreffend die Befunde der Sachbilanz und der Wirkungsabschätzung geklärt werden können, die bei der Auswertung aufgetreten sind.

4.2.3   Prozess-Ökobilanzen und Module

Der kleinste bilanzierbare Baustein, aus dem die größeren Bilanzen in der Regel zusammengesetzt werden, ist ein einzelner Prozess. Für eine solche Prozessbeschreibung beim Ökobilanzieren ist der Begriff „**Modul**" gebräuchlich. Häufig wird die Beschreibung eines Moduls auf eine Bezugsgröße normiert, bevorzugt Mengeneinheiten wie 1 oder 1000 kg, Mg, kWh, Stck., gelegentlich auch Zeiteinheiten, z. B. 1 Jahr.

Das Modul wird anhand der Mengenverhältnisse der beteiligten Größen zueinander beschrieben. Empfehlenswert und üblich ist, die Größen zu kategorisieren, z. B. wie in Tabelle 4-1.

Tabelle 4-1: Gliederung von Input und Output bei Modulen

INPUT-Kategorien		OUTPUT-Kategorien	
1.1	Bekannte Inputs aus der Technosphäre	2.1	Bekannte Outputs in die Technosphäre
1.1.1	Stoffe, Brennstoffe	2.1.1	Abfälle und Emissionen zur Behandlung
1.1.2	Elektrizität, Wärme	2.1.2	Produkte und Nebenprodukte
1.1.3	Dienstleistungen	2.2	Bekannte Outputs in die Umwelt
1.2	Bekannte Inputs aus der Umwelt	2.2.1	Emissionen in die Atmosphäre
1.2.1	Rohstoffe	2.2.2	Einleitungen in Gewässer
1.2.2	Primärenergieträger	2.2.3	Einträge in Böden
1.2.3	Wasser	2.2.4	Belegter Deponieraum

Die zahlenmäßigen Verhältnisse können unter Zuhilfenahme der **Gesetze der Massen-, Energie- und ggf. der Stofferhaltung** (unter Beachtung von Reaktionen der Stoffe) bestimmt werden. Hinzu kommen verschiedene Gesetze aus den Natur- oder Ingenieurwissenschaften.

Grundlagen

Zur Unterstützung beim Modulbilden werden häufig Größen herangezogen, die in der zu den Prozessen gehörigen Verfahrens- oder Umwelttechnik oder auch, je nach Untersuchungsziel, dem Umweltrecht gebräuchlich sind. Etwa

- **Konzentrations- oder Gehaltsgrößen**
  (z. B. Massenkonzentration in mg/m³, Massenanteil in %)
- **zeitbezogene Größen**
  (z. B. Raten in t/a, Massenstrom in kg/h, Volumenstrom in m³/h)
- **produktbezogene Größen**
  (Emissionsfaktoren, z. B. in g/kg oder g/kWh)
- **leistungsbezogene Größen**
  (Abscheide- oder Emissionsgrad in %)

Für Module existieren verschiedene Schreibweisen. Verbreitet sind vor allem die Notation als T-Konto, wie es der kaufmännischen Buchführung entstammt, oder als Vektor, was im Zusammenhang mit der Verknüpfungsrechnung (vgl. Bild 4-8) vorteilhaft ist, siehe Bild 4-7.

INPUT			OUTPUT		in Vektornotation	
	m in kg	E in kJ		m in kg	E in kJ	
Energie, elektrisch	16,5		Abfälle, unspezifiziert	0,145		Energie, elektrisch	−16,5 kJ
Energie, mechanisch	12,1		Altpapier, sortiert	0,855		Energie, mechanisch	−12,1 kJ
Papier, Pappe zur Verwertung	1		Abwärme		28,6	Papier, Pappe zur Verwertung	−1 kg
						Abfälle, unspezifiziert	0,145 kg
	1	=		1		Altpapier, sortiert	0,855 kg
		28,6	=		28,6	Abwärme	28,6 kJ

Bild 4-7: Modul (Beispiel) als T-Konto und Vektor [Daten 4.6]

Für eine Reihe von Prozessen sind Ökobilanz-Module in Datensammlungen verschiedener Quellen verfügbar, z. B. aus Forschungseinrichtungen, Umweltbehörden oder auch in Datenbanken.

4.2.4   Prozessverknüpfungen

Die Bilanz für das zu untersuchende System wird i. Allg. aus mehreren Modulen berechnet; d. h., die Module werden aufeinander abgestimmt in der Form, dass Prozesse, die Zwischenprodukte in andere Prozesse abgeben, auf einem solchen Niveau betrieben werden, dass ihr Output dem Input der nachfragenden Prozesse genau entspricht.

Stoffe und Energien, die von keinem vorgelagerten Prozess erbracht werden bzw. die in keinen nachfolgenden Prozess eingehen, überschreiten die Systemgrenze. Sie werden also in der Bilanz aufgelistet.

Grundlagen

Bestandteile

Indizes

i: "Stoff" im weiten Sinne
      (Rohstoff, Produkt, Energie,...)

p, r: "Prozess" (Teilanlage bis Werk)

q: "Umweltauswirkung"

Variablen

x_p: Prozessniveau
      (Stellt Mengenverhältnisse her)

y_p: Menge der Umweltauswirkung q

Konstanten

a_{ip}: technische Koeffizienten
      ($< 0 \rightarrow$ Input, $> 0 \rightarrow$ Output)

$\underline{a}_p$: Prozessvektoren

$b_{iq} \in \{0,1\}$: Zuordnung i zu q

Bilanzgleichungen und Struktur

$$\Sigma_p x_p \cdot a_{ip} - \Sigma_q y_q \cdot b_{iq} = 0 \qquad \text{für alle i}$$

$$\text{bzw. } \underline{A}_r\, \underline{x}_r = -\underline{a}_r\, x_r$$

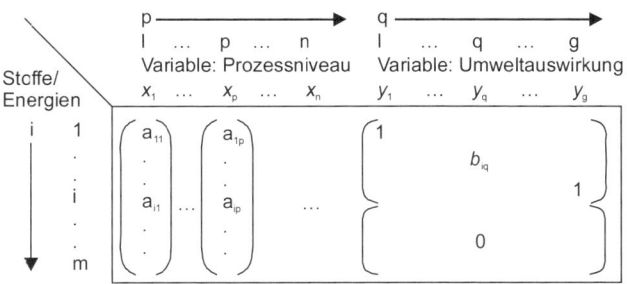

Lösung

$$\underline{x}_r = \underline{A}_r^{-1} \cdot \underline{a}_r \cdot x_r$$

Bild 4-8: Gleichungssystem zur Berechnung der Ökobilanz aus Modulen [4.7]

Zur Abstimmung der Module aufeinander werden grundsätzlich folgende verschiedene Ansätze verwendet:

- **Eine sukzessive Berechnung nach dem Prinzip der Stücklistenauflösung**: Die Prozesse werden Dispositionsstufen zugeordnet, anschließend werden ausgehend von der Bezugsmenge der Bilanz stufenweise aufsteigend von Prozessen niedrigerer Dispositionsstufen die Niveaus der Prozesse berechnet. Dieses einfachere Verfahren ist nur anwendbar, wenn die Anordnung der Prozesse Baumstruktur oder eine zyklenfreie Netzstruktur aufweist.
- Beim Auftreten von Zyklen in der Prozessstruktur (z. B. bei Wiederverwertung oder wechselweise auf ihre Produkte zugreifenden Prozessen) kommen folgende Ansätze zur Anwendung:
  - ☐ iterative Bestimmung der Prozessniveaus,
  - ☐ Bestimmung mittels PETRI-Netzen [4.8],
  - ☐ simultane Lösung mittels Gleichungssystemen, wie in Bild 4-8 dargestellt.

4.2.5   Standort-, Unternehmens- und Organisations-Ökobilanzen

Als Bilanzgrenzen für Standort-, Unternehmens- oder Organisations-Bilanzen (im Folgenden wird einheitlich von Organisationen gesprochen) kommen in Betracht: eine physische Orientierung am „Werkszaun" oder eine erweiterte Orientierung am „Entscheidungsbereich", der naturgemäß umfassender ist. Diese Unterscheidung in „direkte" und „indirekte" Umweltbeeinflussungen geht auch aus Bild 4-9 hervor.

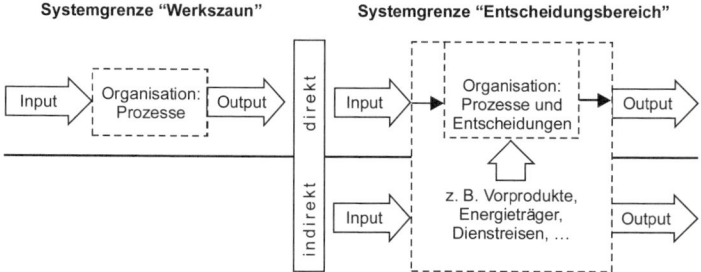

Bild 4-9: Bilanzgrenzen von Organisations-Ökobilanzen

Zum Vorgehen bei der Organisationsbilanzierung können zwei grundsätzliche Herangehensweisen auch gemischt gewählt werden: Zum einen kann die Bilanz zusammengesetzt werden aus den enthaltenen Prozessen einschl. der erwähnten organisatorischen Prozesse (**bottom up**), zum anderen liegen bestimmte Größen bereits auf Organisationsebene vor, etwa aus der Abrechnung über den Jahres-Energiebezug, und können so in die Bilanz aufgenommen werden (**top down**).

4.2.6   Produkt-Ökobilanzen

Der Bilanzierung von Produkten liegt das Prinzip zugrunde, die Umweltbeeinflussungen zu erfassen, die mit einem Produkt auf dem gesamten „**Produktlebensweg**" verbunden sind.

Es soll also eine Abfolge der Prozesse nachgebildet werden, die das Produkt „**von der Wiege bis zur Bahre**" (cradle to grave) durchläuft. Ein Schema ist in Bild 4-10 dargestellt. Zum Ersten ersichtlich sind Zyklen, die in Lebenswegen mit Wiederverwendung oder -verwertung auftreten (vgl. Abschn. 4.2.4). Zum Zweiten wird deutlich, dass Weiterverwertung oder -verwendung Abgrenzungen zwischen Lebenswegen verschiedener Produkte bzw. anteilige Zurechnungen von Umweltbeeinflussungen zu den beteiligten Produkten erforderlich machen.

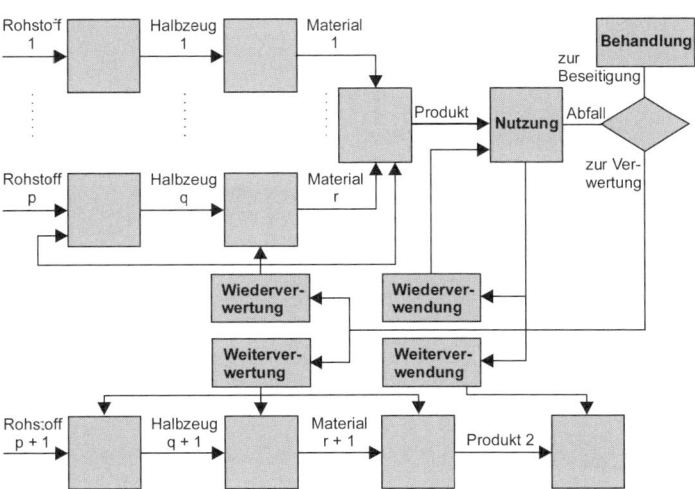

Bild 4-10: Produktlebensweg in Produkt-Ökobilanzen

Mit dem dann vorliegenden Lebensweg und den Modulbeschreibungen der enthaltenen Prozesse werden die Umweltbeeinflussungen der Prozesse auf eine bestimmte Leistung, die das Produkt erbringt, die funktionelle Einheit, normiert und ergeben in der Summe die Sachbilanz.

Angewandt werden Produkt-Ökobilanzen insbesondere beim Verbessern der Umwelteigenschaften von Produkten, zur Schwachstellenanalyse und beim Produkt-Vergleich. Zu Produkt-Ökobilanzen existieren Normen in der internationalen Normenreihe ISO 14040 ff. In dieser Normung ist auch die Vorgehensgliederung enthalten (vgl. Abschn. 4.2.2).

Ein besonderer Aspekt beim Bilanzieren von Produkten ist die Tatsache, dass die konkreten Prozesse für ein Produkt (im allgemeinen Sinne) nicht festliegen. Bereits beim Erstellen einer Bilanz stellt sich wiederkehrend z. B. die Frage, welchem Prozess oder auch nur welchem regionalen Mix die elektrische Energie entnommen wird. Diese Problematik des „nichtdeterministischen Lebensweges" gilt generell: Beim Gebrauch des Produktes lässt sich die genaue Herkunft der Materialien nicht mehr feststellen, während bei der Produktgestaltung nicht abzusehen ist, in welchen Entsorgungsweg das Produkt gelangen wird.

Als Lösung zu dieser Problematik der Datenunsicherheiten ist u. a. vorgeschlagen worden, die verschiedenen möglichen Wege entsprechend ihrer Häufigkeitsverteilung nachzubilden und mithilfe von Simulationsrechnungen statistische Bilanzergebnisse zu erzeugen und zu nutzen.

4.2.7   Bewertungsverfahren

Die Öko-(Sach-)Bilanz stellt eine Liste dar, die, wenn nicht partikulare Angaben gesucht sind, schwer zu interpretieren ist. Es wurden verschiedene Methoden entwickelt, die Aussagen zu bewerten (vgl. Bild 4-11).

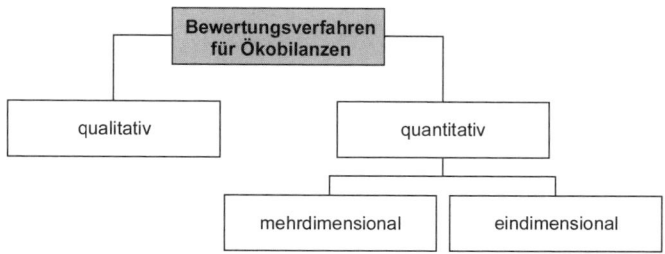

Bild 4-11: Einteilung von Bewertungsverfahren für Ökobilanzen

Als qualitatives Verfahren hat die **ABC-Analyse** Verbreitung gefunden. Es bietet sich an, um aus einer Vielzahl von Bilanzpositionen die konfliktträchtigen zu identifizieren. Dabei wird auf eine quantitative Betrachtung verzichtet, d. h., Größen werden nicht zahlenmäßig gegeneinander abgewogen und Mengenangaben aus der Sachbilanz vernachlässigt. Das Verfahren zeichnet sich durch hohe Transparenz aus.

Jeder Größe (jedem Stoff in der Bilanz) wird zu jedem Kriterium aus üblicherweise sechs Kriterien eine Merkmalsausprägung „A", „B" oder „C" zugewiesen. Je größer die Anzahl von „A"-Bewertungen bei einer Größe, desto kritischer ist sie aus Umweltsicht und umso größer der Vermeidungsbedarf (vgl. Tab. 4-2).

Die ABC-Analyse ermöglicht auch eine Art Fortschrittskontrolle, indem nach jedem Bilanzzeitraum die Anzahl der A-, B- und C-Bewertungen mit der Vorperiode verglichen werden kann.

Tabelle 4-2: ABC-Bewertung für Ökobilanzpositionen nach [4.9]

Kriterium	Ausprägung „A"	Ausprägung „B"	Ausprägung „C"
Politik/Recht	Vorschriftenverstoß	Rechtsverschärfung zu erwarten, Richtlinien, „Agreements"	kein Problem bekannt
Gesellschaft	nachhaltige öffentliche Kritik	Akzeptanzprobleme, Expertenäußerungen	keine öffentliche Kritik bekannt
Gefährdung	Einstufung E, F+, T+, T, K, C, fruchtschädigend, erbgutverändernd; Emissionsklasse I, Wassergefährdungsklassen 2, 3; besonders überwachungsbedürftige Abfälle	Einstufung O, Xi, F, Emissionsklassen II, III, Wassergefährdungsklasse 1	nicht oder kaum als umweltgefährdend bekannt
Umweltschutzkosten	„hoch"	„mittel"	„gering"
Vor- und Folgestufen	hohe Umweltbelastungen	mittlere Umweltbelastungen	keine oder geringe Umweltbelastungen
Rohstoff-Reichweite	≤ 30 Jahre	$> 30 ...100$ Jahre	> 100 Jahre

Unter den quantitativen Bewertungsverfahren ist zu unterscheiden in die eindimensionalen, nach denen die gesamte Ökobilanz in einer einzigen Kennzahl der Umweltbelastung verdichtet werden kann, und die mehrdimensionalen, nach denen die Verdichtung der Ökobilanz auf mehrere Kennzahlen erfolgt.

Grundlagen

Bei den Letzteren hat insbesondere die **Wirkungsabschätzung** Akzeptanz gefunden. Sie ist auch Gegenstand der erwähnten Norm DIN EN ISO 14040. Nach dieser Vorgehensweise werden zunächst verschiedene **Belastungskategorien** gewählt (vergleichbar den Indikatoren in Abschnitt 1.1). Die Größen der Sachbilanz werden diesen Kategorien zugeordnet, wenn sie zu dem betreffenden Umweltproblem beitragen („**Classification**", vgl. Bild 4-12). Im ersten quantitativen Schritt, der „Characterization", werden die Größen innerhalb einer Wirkungskategorie gegeneinander gewichtet anhand eines äquivalenten Beitrags zu dem betreffenden Umweltproblem. Dann werden Werte zu den Wirkungsindikatoren berechnet, indem die Menge der Größen aus der Sachbilanz mit den Äquivalenzfaktoren kombiniert werden.

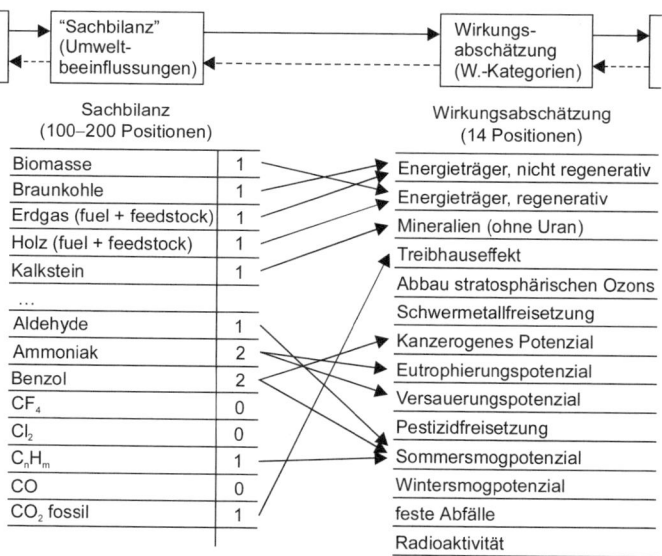

Bild 4-12: Beispiele zur Zuordnung von Sachbilanz-Größen zu Wirkungskategorien

4.3   Umweltmanagement-Elemente und -Systeme

4.3.1   Management

„Managen" umfasst ganz allgemein die Aufgaben des Führens von Organisationen, insbesondere Unternehmen.

Im Praktischen geht es darum, einen Sollzustand zu erreichen und einzuhalten. Hierzu dienen verschiedene Instrumente zum Festlegen und Erreichen von Zielen. Dienlich hierbei ist, die der Arbeitsteilung wesensgemäßen Prinzipien zu berücksichtigen:

- Funktionen und Zuständigkeiten,
- Zusammenarbeit,
- Kommunikation.

Management findet auf verschiedenen Ebenen statt:

Das **normative Management** ist mit Werthaltungen, der Organisationskultur und ihrem Selbstverständnis befasst. Die Bedeutung liegt u. a. darin, dass gemeinsame Normen und Werte der Organisationsteilnehmer koordinierend und motivierend für die einzelnen Tätigkeiten wirken.

Im **strategischen Management** werden Erfolgspotenziale hergestellt. Hierzu bringen die Beteiligten von außen auf das Unternehmen wirkende Chancen und Bedrohungen zur Deckung mit intern erkennbaren Stärken und Schwächen. Sie leiten hieraus u. a. ab, in welchen Märkten ein Unternehmen tätig sein will und mit welchen Wettbewerbsstrategien diese Märkte bearbeitet werden sollen.

Operatives Management schließlich widmet sich dem Umsetzen des normativ und strategisch Festgelegten in einzelnen Regelungen und Tätigkeiten.

Entsprechend diesen drei Ebenen kommen den Aufgabenträgern im Management (top, middle, lower) verschiedene Detaillierungsgrade zu. Nachdem die Basis des Managements das Erreichen von Sollzuständen ist, lassen sich Ziele auf verschiedenen Ebenen beschrieben, etwa:

- „Als Unternehmen, das sich dem Nachhaltigkeitsgedanken verpflichtet sieht, leisten wir einen Beitrag zur Reduzierung des Energiebedarfs."
- Daraus abgeleitet u. a.: „Der Bedarf an elektrischer Energie bezogen auf die Produktionsmenge soll innerhalb der nächsten drei Jahre um 10 % gesenkt werden."
- Daraus abgeleitet u. a. : „Der Umweltbeauftragte erstellt bis zum 31. 12. des Jahres eine Übersicht über die abteilungsbezogene Inanspruchnahme der Klimaanlage."

Grundlegende Festlegungen werden für die Organisation bezüglich der Aufbau- und der Ablauforganisation getroffen. Erstere regelt das Ein-

richten von Stellen samt der Aufgabenzuweisung und dem Weisungsgefüge (Über-/Unterordnung) zwischen den Stellen. Bezüglich der Abläufe
werden die (organisatorischen) Prozesse, die zu den Zielen hinführen
bzw. den erreichten Zustand beibehalten, systematisch geplant, eingeführt und überwacht (vgl. Abschn. 4.3.4).

Die Organisation auf den Sollzustand auszurichten, ist eine kontinuierliche Aufgabe. Selbst bei Übereinstimmung zwischen Soll und Ist bleibt
die Aufgabe bestehen, sich nicht von dem erreichten Zustand zu entfernen. Real wird ein Idealzustand nicht erreicht, da der Weg zur Zielerreichung Zeit erfordert und in praxi die Ziele mit der Zeit Veränderungen
unterliegen. Das Management zielt also auf anhaltendes Streben nach
einem verbesserten Zustand. Dieser „kontinuierliche Verbesserungspro-
zess" findet auch Niederschlag in der Darstellung des „Management
Circle" (vgl. Bild 4-13).

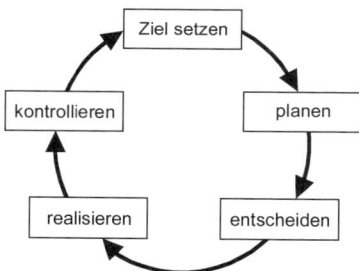

Bild 4-13: Management Circle

4.3.2   Betriebliche Umweltpolitik und Ist-Analyse

Weiter oben ist die Bedeutung der Werthaltungen im Unternehmen
herausgestellt worden. Die ausdrückliche, langfristige (und schriftliche)
Zielfestlegung eines Rahmens für einzelne Umweltziele und somit eines
Sollzustandes auf höchstem und dauerhaftestem Niveau wird als **Umweltpolitik** einer Organisation bezeichnet. Entsprechend ihrer Bedeutung kann die Umweltpolitik nur sinnvoll von der höchsten Leitungs-
ebene der Organisation erlassen werden.

Als einer der ersten Schritte beim Einstieg in Umweltmanagement ist
üblich, eine Bestandsaufnahme über den Istzustand des betrieblichen
Umweltschutzes vorzunehmen. Eine solche **Umweltprüfung** umfasst für

gewöhnlich Erhebungen über die zutreffenden rechtlichen Regelungen und deren Umsetzung (Rechtsverzeichnis), über bestehende organisatorische Regelungen (umweltbezogene Aufgaben, Stellenzuordnungen und Abläufe), über Anlagen (Anlagenverzeichnis) und über Umweltauswirkungen (vgl. Abschn. 4.2).

4.3.3   Umweltziele und Umweltprogramme

Um die Zielerreichung zu konkretisieren und überprüfbar zu machen, formuliert die jeweils geeignete Managementebene **Umweltziele**. Nach der in Abschn. 4.3.1 getroffenen Differenzierung und den dort gegebenen Beispielen sind besonders solche Ziele operabel, die quantitativ und zeitlich bestimmt sind. Während also die erste Formulierung („Energie sparen") den Charakter der Umweltpolitik hat, ist das zweite Ziel ein typisches Umweltziel („Spezifischen Elektrizitätsbedarf um 10 % verringern").

Zum Realisieren der Ziele werden die getroffenen oder geplanten Maßnahmen in einem **Umweltprogramm** zusammengestellt (vgl. Tab. 4-3).

Tabelle 4-3: Schema eines Umweltprogramms (Mindestangaben)

Ist	Soll	Maßnahme	ggf. Ausgaben/Mittel	verantwortliche Stelle	Termin
...					
...					

Ziele und Programme werden zyklisch auf Erreichung überprüft und fortgeschrieben.

4.3.4   Organisation

Das Festlegen einer umweltbezogenen **Aufbauorganisation** beinhaltet, die anfallenden Umweltaufgaben Stellen zuzuordnen und die Stellen mit aufgabengerechten Weisungsbefugnissen zu versehen. Die Ergebnisse dieser Festlegungen werden in Stellenbeschreibungen und Organigrammen niedergelegt.

Die Stellen können bereits vorhanden sein oder neu geschaffen werden. Eine prinzipiell beste Umweltorganisation gibt es nicht, vielmehr orientieren sich die zu treffenden Regelungen u. a. an Situation und gewachsenen Strukturen des Unternehmens, Relevanz von Umweltfragen, Unternehmensart und -kultur.

Grundlagen

Elementar erfolgt die Bildung von Subsystemen, die in Mengen von Stellen resultieren, anhand der Dimensionen:

- **horizontal** (gleichberechtigte Subsysteme nebeneinander, z. B. Abteilungen oder Sparten),

- **vertikal** (über- bzw. untergeordnete Subsysteme, in praxi leitende bis realisierende Stellen).

Die Aufgabenzuweisung zu den Subsystemen bis hin zur Stelle erfolgt im Kontinuum mit den Extremen „Konzentration" und „gleichmäßige Verteilung", und zwar sowohl horizontal als auch vertikal, wie es Tabelle 4-4 zeigt.

Tabelle 4-4: Praktische Ausprägungen von horizontaler und vertikaler Aufgaben-Konzentration und -Verteilung

	Konzentration	Verteilung
horizontal	„Umweltabteilung" regelt Umweltbelange für alle	Fachabteilung regelt ihre Umweltbelange
vertikal	Aufgabenbündelung auf (zwangsweise) höheren Ebenen	Aufgabendelegation mit Koordinationserfordernis

Neben der hierarchischen Einteilung ist gerade bei Umweltorganisation als weitere Form eines Subsystems der **Ausschuss** verbreitet. Hierin arbeiten Organisationsbeteiligte temporär zusammen, ohne dass ihre Einordnung im Weisungsgefüge berührt wäre.

Bezüglich bestimmter umweltrelevanter Tätigkeiten ist die organisatorische Gestaltungsfreiheit eingeschränkt, da der Gesetzgeber eine bestimmte organisatorische Form mit den **Betriebsbeauftragten** vorgeschrieben hat. Bei Vorliegen der Voraussetzungen sind zu bestellen: Betriebsbeauftragte für Immissionsschutz, Abfall oder Gewässerschutz, Störfall-, Gefahrgut-, Strahlenschutz- oder Sicherheitsbeauftragte. Sie haben festgelegte Aufgaben (insbes. Kontrolle, Innovation, Information und Bericht) und Befugnisse. Die Aufgaben können von Betriebsinternen oder -externen wahrgenommen werden.

Im Gegensatz zur Aufbauorganisation regelt die **Ablauforganisation** Inhalte und den Zusammenhang einzelner Tätigkeiten. Hierbei bedient man sich der Darstellung in Arbeitsanweisungen (für einzelne Tätigkeiten) und Verfahrensanweisungen (für die Zusammenarbeit in Verfahren mit mehreren Tätigkeiten). Letzteres kann in grafisch unterstützter Form nach Art von Ablaufplänen oder Datenflussplänen erfolgen. In Schnittstellenplänen, Tabellen mit den Dimensionen „Aufgabe" und

„Organisationseinheit", wird die Art der Beteiligung an Verfahrensschritten festgehalten, insbesondere Verantwortung und Mitarbeit.

4.3.5 Dokumentation

Es entspricht dem Systemcharakter des Umweltmanagements, die Komponenten einheitlich und zentral zu dokumentieren.

Für eine **interne Dokumentation** wird üblicherweise ein Umwelthandbuch angelegt. Dieses ist die zentrale Fundstelle für das Umweltmanagement nebst seinen Dokumenten. Hierbei ist offen, ob die Dokumente selbst oder Verweise auf ihr Vorhandensein, den Aktualisierungsstand und ihre Fundstelle im Handbuch enthalten sind.

Für Nichtmitglieder der Organisation kann auch eine **externe Dokumentation** des Umweltmanagements angelegt werden. So geartete Umweltberichte dienen zum Ersten insbesondere der Öffentlichkeitsarbeit und können zum Zweiten, in Form der „Umwelterklärung", ein vorgeschriebenes Werkzeug zum Informieren der Öffentlichkeit sein, wenn für das betriebliche Umweltmanagement ein Audit und/oder eine Registrierung nach dem EG-Gemeinschaftssystem vorgesehen ist (vgl. Abschn. 4.3.7). In diesem Fall sind Mindestinhalte vorgegeben, die der EG-Verordnung 761/2001 entnommen werden können [4.3].

4.3.6 Audit (Umweltbetriebsprüfung)

Ein Audit ist eine regelmäßige Überprüfung der Komponenten und des Systems. Ziel ist, dass Abweichungen von Organisationszielrichtungen vermieden werden. Audits werden von entsprechend qualifizierten Personen durchgeführt, es kommen interne oder externe Personen oder Personengruppen als Prüfer in Frage.

Das Audit selbst besteht in der Praxis darin, das Managementsystem zur Kenntnis zu nehmen und zu beurteilen, wozu insbesondere vorhandene Dokumente gesichtet werden, Interviews mit Organisationsangehörigen geführt und die Ausrüstung und Betriebsbedingungen geprüft werden.

4.3.7 Zertifizierung/Validierung in Umweltmanagement-Systemen

Wenn die oben genannten Umweltmanagementkomponenten vorhanden sind und bestimmten Regeln entsprechen,

- kann das somit entstandene Umweltmanagementsystem nach einem Audit zertifiziert werden als der internationalen Norm **DIN EN ISO 14001** [4.11] entsprechend und/oder

- kann eine Umwelterklärung, die nach dem Audit erstellt wird, validiert werden nach der EG-EMAS-Verordnung [4.3] und die Organisation in dem europäischen Verzeichnis registriert werden.

Der Zweck dieser zusätzlichen Überprüfung besteht zum Ersten in der erhöhten externen Akzeptanz von bestätigten Umweltmanagementsystemen nach den genannten Regelungen, zum Zweiten in der Möglichkeit, hiernach erhaltene Urkunden (DIN EN ISO 14001) bzw. ein Zeichen über „geprüftes Umweltmanagement" und „geprüfte Informationen" (EMAS, Bild 4-15) öffentlichkeitswirksam zu verwenden und zum Dritten, vielleicht allem voran, in der erhöhten Verlässlichkeit des eigenen Systems.

Eine Organisation, die nach der EG-EMAS-Verordnung registriert ist, genießt in Deutschland zudem nach der EMAS-PrivilegV bestimmte Erleichterungen im ordnungsrechtlichen Bereich [4.10].

Die DIN EN ISO 14001 enthält Anforderungen an ein Umweltmanagementsystem. Das entscheidende Kapitel 4 der Norm ist wörtlich als Anhang I A in die EG-EMAS-Verordnung aufgenommen worden, sodass diese Anforderungen nach beiden Regelungen übereinstimmen. Als Norm der interessierten Kreise zielen die Festlegungen auf eine Akzeptanz durch die Beteiligten und weniger auf die Öffentlichkeit. Die Regelungen entsprechen im Wesentlichen den Bedürfnissen von Unternehmen.

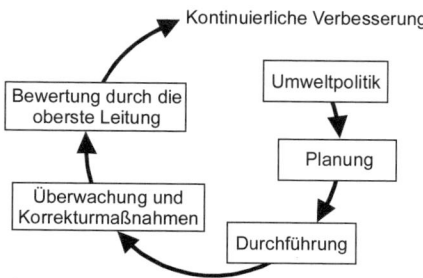

Bild 4-14: Umweltmanagementsystem nach EN ISO 14001

Die europäische **EMAS-Verordnung** enthält noch weitere Regelungen, die dem quasistaatlichen und mehr an den Interessen der Öffentlichkeit ausgerichteten Charakter Rechnung tragen.

Nach der EG-Verordnung sind mehr Informationen öffentlich zu machen. Hierfür gelten dann die in Abschn. 4.3.5 erwähnten Anforderungen an die Umwelterklärung.

Ohne Entsprechung in der DIN EN ISO 14001 ist die Begutachtung der Umwelterklärung durch Umweltgutachter. Diese werden in einem Zulassungssystem der Mitgliedstaaten geprüft und ggf. zugelassen.

Wenn nach den Tätigkeiten des Gutachters keine Beanstandungen verbleiben, kann die Organisation über die Kammern den Eintrag in das europäische Verzeichnis veranlassen.

Hiernach kann die Organisation ein Zeichen nutzen, das die erfolgreichen Bestrebungen bestätigt, die Umweltleistung zu verbessern (siehe Bild 4-15). In einer zweiten Version des Zeichens wird die überprüfte Glaubwürdigkeit von Informationen dokumentiert, die die Organisation im Hinblick auf ihre Umweltleistung zur Verfügung stellt.

Bild 4-15: Zeichen über erfolgte Prüfung nach der EMAS-Verordnung [4-3]

Grundlagen

5   Risikoabschätzung und Grenzwerte

5.1   Definition des Risikos

Unter Risiko (Chance) versteht man den Umstand, dass in einem Prozess oder einer Tätigkeit ein von uns negativ (positiv) bewertetes Ereignis eintreten kann. Diese Definition fasst in komplexer Form folgende charakteristische Merkmale eines Risikos zusammen:

Das **Risiko $R(A)$** ist die negative Bewertung eines zukünftigen Ereignisses A, das mit einem von uns unabhängigen Vorgang in Natur, Gesellschaft, Produktion usw. oder mit einer ausführbaren bzw. beeinflussbaren Tätigkeit oder ihrem Ausbleiben in Zusammenhang gebracht werden kann. Hinsichtlich des Ereignisses A wird Folgendes vorausgesetzt:

- ■ A ist kein sicheres, sondern ein zufälliges Ereignis, dessen Eintreten und/oder Ablauf von zufälligen Einflüssen abhängt. (Unter zufälligen Einflüssen werden Wechselwirkungen verstanden, zu deren entsprechend genauer Beschreibung uns die notwendigen Kenngrößen und/oder Zusammenhänge nicht zur Verfügung stehen.)

- ■ A hat nachteilige Auswirkungen auf die vermeintlichen oder tatsächlichen Interessen und/oder Werte des Individuums oder Kollektivs. Anders ausgedrückt: A hat beim Individuum oder Kollektiv einen **Schaden in der Höhe $S(A)$** zur Folge.

Nach dieser Interpretation hängt die Größe des Risikos davon ab,

- ■   in welchem zeitlichen Rahmen die Möglichkeit des Eintretens des Ereignisses untersucht wird,

- ■   wie groß der mit dem während der Zeit im Zusammenhang mit dem untersuchten Vorgang oder der untersuchten Tätigkeit möglicherweise eintretenden Ereignis verbundene Schaden, gemessen mit der Größe Schadenwert/Ereignis, ist,

- ■   welche Realität das Eintreten von A im Laufe des Vorganges oder der Tätigkeit besitzt, ausgedrückt durch die auf die Zeiteinheit bezogene Eintrittswahrscheinlichkeit $P(A)$ des Ereignisses A.

5.1.1   Wahrscheinlichkeit eines Ereignisses

Die mit Risiko verbundenen Prozesse sind zukunftsoffene Vorgänge – sie sind nicht deterministisch, sondern stochastisch. Die uns berührende

Ereignisse treten bei den Vorgängen der geplanten Tätigkeit nur mit einer bestimmten Wahrscheinlichkeit ein.

Man unterscheidet **objektive** von **subjektiver Wahrscheinlichkeit**. Die **objektive Wahrscheinlichkeit** für das Eintreten eines Ereignisses ist ein, aus hinreichend vielen Messungen bzw. Beobachtungen bestimmbare Zahl $P(A)$, um die bei n-maliger Ausführung der Tätigkeit und dabei beobachtetem k-maligen Eintreten des Ereignisses A die relative Häufigkeit k/n schwankt.

Werden demgegenüber Wahrscheinlichkeitsabschätzungen auf nur eine oder wenige Beobachtungen oder gar nur auf Vermutungen gegründet, spricht man von **subjektiver Wahrscheinlichkeit**. Dazwischen liegt die sog. synthetische Wahrscheinlichkeit. Danach wird die Wahrscheinlichkeit eines Ereignisses unter Berücksichtigung der objektiven Wahrscheinlichkeiten ähnlicher Ereignisse modelliert.

5.1.2   Schadenswert als Folge eines Ereignisses

Auch bei den Folgen eines Ereignisses kann zwischen objektiver und subjektiver Art unterschieden werden. Stehen hinsichtlich der Auswirkungen eines Ereignisses die Ergebnisse eines oder mehrerer unmittelbarer Beobachtungen (Messungen) zur Verfügung, aus denen der gemessene Wert bzw. das Ausmaß eines bestimmten Ereignisses bestimmt werden kann, so spricht man von objektiven Folgen.

Hat man dagegen keine auf Beobachtung, Messung und/oder auf zuverlässiger Modellberechnung beruhenden Informationen über das Ereignis A, hängen das Vorzeichen und die Größe von $S(A)$ grundlegend von der subjektiven Einschätzung des Beurteilers ab. Für eine bestimmte Person hängt in einer risikobehafteten Situation der Wert, den er den Auswirkungen beimisst, von den Wertvorstellungen und der Position dieser Person ab. Außer dieser Betrachtungsweise kann auch ein in der Gesellschaft beobachtbarer Folgewert $S(A)$ definiert werden. Dieser Wert, den eine gesellschaftliche Gruppe den Folgen des zu erwartenden Ereignisses beimisst, kann durch die Untersuchung der Reaktionen dieser Gruppe auf das Bewusstwerden der Möglichkeit des Ereignisses abgeschätzt bzw. gemessen werden.

5.1.3   Begriffspaare

Man kommt dem Begriff des Risikos näher, wenn man die allgemein üblichen Bezeichnungen für Ereignisse A, für die $S(A)$ und $P(A)$ andere

Werte haben als bisher angenommen, in die Betrachtung einbezieht. Man denke daran, dass die Zukunft nicht nur durch negativ bewertete Ereignisse ($S(A) < 0$) geprägt wird, sondern auch durch solche, die eine Bereicherung ($S(A) > 0$) bewirken. Außerdem sind nicht nur zufällige ($0 < P(A) < 1$), sondern auch sicher eintretende Ereignisse ($P(A) = 1$) zukunftsbestimmend. Daraus ergibt sich, dass ein Ereignis A je nach den Werten, die $S(A)$ und $P(A)$ annehmen, vier verschiedene Bezeichnungen erhalten kann, die in Tabelle 5-1 zusammengefasst sind.

Tabelle 5-1: Erklärung der Begriffspaare Risiko – Chance und Nachteil – Vorteil anhand der Kenngrößen eines zukünftigen Ereignisses A bzw. seiner Folgen

	Wahrscheinlichkeit $P(A)$:	
	$P(A) = 1$	$0 < P(A) < 1$
Folgen werden negativ bewertet: $S(A) < 0$	Nachteil	Risiko $R(A)$
Folgen werden positiv bewertet: $S(A) > 0$	Vorteil	Chance $C(A)$

5.1.4   Mathematische Funktion zur Risikobewertung

Da der Schadenswert $S(A)$ der Folgen unserer Tätigkeit von zufälligen Einflüssen abhängt, lässt er sich als Zufallsgröße betrachten und bei seiner Untersuchung und Bestimmung können die Regeln der Wahrscheinlichkeitsrechnung angewandt werden.

 Zur Charakterisierung des Risikos wird allgemein der Erwartungswert des im Zusammenhang mit dem Ereignis möglichen Schadens verwendet.

Hat ein Ereignis A nur eine Folge S mit der Wahrscheinlichkeit P, dann lässt sich das Risiko von diskreten S- und P-Werten berechnen zu:

$$R(A) = EU(S) = S(0) \cdot P(0) + S(A) \cdot P(A) = S(A) \cdot P(A) \qquad (5\text{-}1)$$

Es gilt: $S(0) = 0$. Wenn als Folge von A mehrere Schadenswerte (diskrete oder stetige Zufallsgrößen) auftreten können, dann wird der Erwartungswert des Schadens S **Aggregatrisiko** genannt.

5.1.5   Spezielle Risikoarten

Bei verschiedenen Tätigkeiten können Ereignisse A_i ($i = 1, 2, ..., n$) mit der gleichen Folge $S(A_i)$ eintreten: $S_i(A_i) = $ konst. Für den Vergleich der Risiken $R_i(A_i)$, die mit diesen Tätigkeiten verbunden sind, genügt es, die

Eintrittswahrscheinlichkeiten $P_i(A_i)$ etwa mithilfe der gemessenen relativen Häufigkeiten abzuschätzen. Es gilt

$$R(A_i) = P(A_i) \qquad \left(S_i(A_i) = S(A); \quad i = 1, 2, ..., n \right) \qquad (5\text{-}2)$$

Ein Beispiel hierfür geben die üblichen Risikokennwerte für die Benutzung verschiedener Verkehrsmittel:

- Verunglückten-Rate (Zahl der Verunglückten bezogen auf zurückgelegte Kilometer)

- Verunglückten-Zeitrate (Zahl der Verunglückten bezogen auf die Aufenthaltsdauer im Straßenverkehr)

Ähnlich verhält es sich, wenn das Risiko eines einzigen Ereignisses abzuschätzen ist.

Eine weitere Kenngröße, die bei epidemiologischen Untersuchungen eine Rolle spielt, ist das **relative Risiko RR**. Dieses wird als Quotient der Risiken zweier Tätigkeiten definiert: Das Risiko $R_1(A_1)$ eines Aufenthaltes der Dauer T in einer das Auftreten einer konkreten Krankheit (Ereignis A_1) begünstigenden Umgebung (gegebener Exposition) wird geteilt durch das Risiko $R_2(A_2)$ der Erkrankung (Ereignis A_2) bei einem Aufenthalt der gleichen Dauer in einer nicht exponierten Umgebung.

Da die Folgen auch hier die gleichen sind: $S_1(A_1) = S_2(A_2)$, kann der Quotient $R_1/R_2 = P_1/P_2$ mithilfe der während der epidemiologischen Untersuchungen beobachteten relativen Häufigkeiten wie folgt abgeschätzt werden: Wenn bei bestehender Exposition während einer Dauer T m_1 Personen von insgesamt n_1 Personen und in der Umgebung ohne Exposition von insgesamt n_2 Personen m_2 Personen erkrankt sind, beträgt der Schätzwert für das relative Risiko:

$$RR = \frac{P_1(A_1)}{P_2(A_2)} \cong \frac{m_1 / n_1}{m_2 / n_2} \qquad (5\text{-}3)$$

Kann für die Ereignisse A_i ($i = 1, 2, ..., n$), deren Folgen negativ bewertet werden, die gleiche Wahrscheinlichkeit vorausgesetzt werden: $P_i(A_i) =$ konst., genügt für den Vergleich der Risiken die Kenntnis der Schadenswerte $S_i(A_i)$.

5.2 Bestimmung der Risiken

5.2.1 Zweck der Risikobewertungen

Die Höhe des mit einem bestimmten Ereignis A verbundenen, auf einen bestimmten Zeitraum T bezogenen Risikos $R(A)$ bzw. der entsprechenden Chance $C(A)$ hängt von dem auf denselben Zeitraum bezogenen Werten $S(A)$ und $P(A)$ ab: $R = R(S, P)$ bzw. $C = C(S, P)$. Unter dem Ereignis A wird der Fall verstanden, dass gewisse Zustandsgrößen von uns negativ bewertete Werte annehmen. Zweck und Sinn der Risikobewertungen ist es, unter allen real möglichen Vorgehensweisen jene zu ermitteln, die für uns das günstigste Ergebnis liefern, d. h. jene, bei denen die Bilanz der Risiken und Nachteile auf der einen bzw. der Chancen und Vorteile auf der anderen Seite am günstigsten ist.

5.2.2   Praxis der Risikobewertung

Die Folgen unseres planvollen Tuns sind meistens nicht deterministisch bestimmt, sondern haben stochastischen Charakter. Eine zuverlässige Abschätzung dieser Folgen ist nur mithilfe entsprechender Berechnungsverfahren oder aufgrund von Erfahrungen, die in ähnlichen Situationen gesammelt wurden, möglich. Bei den in weitem Kreis angewandten technischen Geräten sowie bei Produktionssystemen, die aus solchen Einrichtungen bestehen, ist dies der Fall, denn über ihre Funktionsweise bzw. über die stochastischen Gesetzmäßigkeiten ihrer Funktionsstörungen stehen reichlich Erfahrungen und Messergebnisse zur Verfügung. Auf ihrer Auswertung und wissenschaftlichen Aufarbeitung basieren die auch theoretisch gut fundierten Methoden der **Zuverlässigkeitstheorie**, die die Analyse zukünftiger Ereignisse in solchen Systemen ermöglichen. Auch die einträgliche Tätigkeit von Versicherungsgesellschaften und Wettbüros stützt sich auf Risikoberechnungen, die auf einer großen Anzahl früherer Beobachtungen beruhen.

In der Umwelttechnik sind aber sehr oft auch Risiken zu bewerten, bei denen zur **Berechnung des Folgeschadens** und der **Eintrittswahrscheinlichkeit** weder frühere Beobachtungen noch zuverlässige Modelle zur Verfügung stehen. Die Abschätzung dieser Risiken ist daher nur in subjektiver Weise möglich. Subjektive Risikobewertung beruht auf einer intuitiven Schätzung von Gefahren, wie sie im Alltag vollzogen wird. Der entscheidende Faktor für diese Bewertung ist die Kontextabhängigkeit (Abhängigkeit von Begleitumständen).

Die Forschungen haben geklärt, welche Gesichtspunkte bzw. Faktoren die Einzelperson, die Gruppe oder die Gesellschaft in der (subjektiven) Beurteilung der Risikofolgen beeinflussen. Die Kenntnis dieser Faktoren kann helfen, die zu erwartende gesellschaftliche Reaktion auf technische Eingriffe in die Umwelt vorauszusehen und so bei technisch-wirtschaftlichen Entscheidungen einen sehr wichtigen, oft vernachlässigten Aspekt mit der nötigen Gewichtung zu berücksichtigen.

5.2.3 Subjektive Aspekte und äußere Faktoren bei der Bewertung von Risiken

Besonders bei der subjektiven Beurteilung von Risiken können gleichzeitig mehrere Aspekte relevant sein. Eine mögliche Systematisierung dieser Aspekte findet sich in [5.1]. Relevante Faktoren für die intuitive Schätzung sind nach [5.2, 5.3]:

- Anpassung an die Risikoquelle,
- Freiwilligkeit der Risikoübernahme,
- Kontrollmöglichkeit des Risikogrades,
- Sicherheit der Folgen bei Gefahreneintritt (GAU) bzw. Eindruck der Irreversibilität der Risikofolgen,
- Möglichkeit von weit reichenden Folgen der Betroffenen,
- unerwartete Folgen für die kommende Generation,
- sinnliche Wahrnehmbarkeit von Gefahren,
- Eindruck einer gerechten Verteilung von Nutzen und Risiko,
- Kongruenz zwischen Nutznießer und Risikoträger.

Welche Rolle die einzelnen Faktoren spielen, hängt von der Risikoquelle sowie von Wissen und Wahrnehmungsbereitschaft der Betroffenen ab.

5.3 Merkmale einer Entscheidung unter Risiko

5.3.1 Folgenbewertung

Wenn wählbare Tätigkeiten die zukünftige Lage sowohl in negativem als auch in positivem Sinne beeinflussen können, sind die mit ihnen verbundenen Vorteile und Nachteile, Chancen und Risiken gleichzeitig zu bewerten. Das bedeutet nicht, dass es bei einem Übergewicht einer der Faktoren Vorteil, Nachteil, Risiko oder Chance nicht ausreicht, die Beurteilung der zukünftigen Lage nur auf diesen Faktor zu beschränken.

 Das Ziel solcher Bewertungen besteht immer darin, über die Möglichkeiten der Verbesserung unserer zukünftigen Lage Aufschluss zu erhalten.

Überlegungen hinsichtlich Risiken und Chancen haben folglich dann einen Sinn, wenn man sich in einer Entscheidungssituation befindet.

5.3.2 Entscheidungssituation

Der Mensch befindet sich während jeder bewussten Tätigkeit, so auch während jeder produktiven Tätigkeit, fast fortlaufend in einer Entschei-

Grundlagen

dungssituation, indem er zuerst mit einem **Dilemma** konfrontiert wird – ob er überhaupt tätig werden soll oder nicht – und dann sich für eine der mehreren bestehenden Möglichkeiten entscheiden muss, was in einer konkreten Lage zu tun ist.

Von einem nicht instinktiven, also bewussten, verantwortungsvollen Tun ist dann die Rede, wenn diese Fragen überhaupt gestellt werden. Wenn nur eine Möglichkeit zur Wahl steht, kann von einer frei gewählten, bewussten Tat nicht gesprochen werden.

Bei konkreten Problemen lässt sich die beste Lösung offensichtlich nicht auswählen, ohne die zu erwartenden Folgen der einzelnen Lösungswege miteinander zu vergleichen. Die mit der Aufgabe beschäftigten Menschen haben zumeist darüber zu entscheiden, ob Tätigkeiten fortgesetzt oder geändert werden, seltener werden sie mit Problemen konfrontiert, in denen sie die eigene Lage betreffende Folgen von Vorgängen beurteilen müssen, auf die sie keinen Einfluss haben. Es werden daher nur Risiken betrachtet, die als Folge der eigenen Entscheidungen auftreten.

Ist die Möglichkeit für eine Entscheidung gegeben, erhebt sich die Frage, nach welchen Gesichtspunkten zwischen den möglichen Optionen zu wählen ist. Dazu ist vor allem festzulegen, was für zukünftige Verhältnisse angestrebt wird, die nach unserer heutigen Wertschätzung gut, günstig bzw. wünschenswert erscheinen. Die für uns günstigste Variante unter bestehenden Handlungsmöglichkeiten kann nur dann zufriedenstellend ausgewählt werden, wenn die Folgen der einzelnen Handlungsoptionen an klar formulierten, konkreten Zielen gemessen werden können. Dazu sind die möglichen Folgen unserer Handlungen zu untersuchen.

5.3.3   Erstellung eines Zielsystems

Als Ziel (z) wird im Folgenden ein „vorgestellter und gewollter zukünftiger Vorgang oder Zustand, eine antizipierte Vorstellung der Wirkung unseres Handelns" [5.4] verstanden. Das Ziel gibt an, **WAS** erreicht werden soll. Es ist eine Orientierung für menschliches Handeln; es soll darauf ausgerichtet sein oder werden, ein in Qualität und Quantität bestimmtes Ergebnis herbeizuführen, wobei die Zielformulierung nicht den Weg zur Erreichung dieses Ergebnisses – das **WIE** – festlegt, sondern unterschiedliche Wege der Realisierung offen lässt.

Die Ziele z_i (i = 1, 2, ..., **n**), die im Zusammenhang mit einem bestimmten Problemkreis formuliert wurden, sind zur besseren Handhabung in dem Vektor $Z(z_i)$ zusammengefasst. Je konkreter, d. h., je weniger allgemein die Ziele formuliert werden, umso leichter werden die Überlegungen zur Entscheidungsfindung. Die Klarheit über die Ziele ist wichtig für die Auffindung und Generierung bisher unbekannter bzw. unbewusster, aussichtsreicherer Alternativen, eröffnet Möglichkeiten zur Schaffung und Suche von Entscheidungssituationen und zur rationalen Wahl zwischen Alternativen. Am besten sind Zielformulierungen, aus denen eindeutig hervorgeht, welches Attribut welches Objektes vorgegeben wird. Ist dies der Fall, können auch die Folgen der Handlung leichter angegeben werden.

Ein Entscheidungsproblem ergibt sich dadurch, dass mehr als eine Handlungsoption o_r (r = 1, 2..., m) möglich ist, die in einem Vektor $O(o_r)$ zusammengefasst werden. Diese Optionen sind unter Berücksichtigung der Ziele $Z(z_i)$ anzugeben. Es ist sehr wichtig, dass alle Optionen gefunden werden, die uns den vorgegebenen Zielen näher bringen können.

5.3.4   Prognose – Ereignisverlauf

Vor der Entscheidung, eine Option auszuführen, sind die Folgen K_j (j = 1, 2, ..., f) aller möglichen Optionen o_r vom Beginn unserer Handlungen bis zu ihrem Abschluss (oder bis zu einem festgelegten Zeitpunkt) zu bestimmen [5.5]. Dabei ist zu berücksichtigen, dass der Ereignisablauf nicht immer deterministisch ist, sondern auch zufällige Ereignisse eintreten können. Das bedeutet, dass am Ende h verschiedene Folgen möglich sind, die jeweils mit einer als bestimmbar vorausgesetzten Wahrscheinlichkeit p_s (s = 1, 2, ..., h) eintreten ($p_1 + p_2 + ... + p_h = 1$).

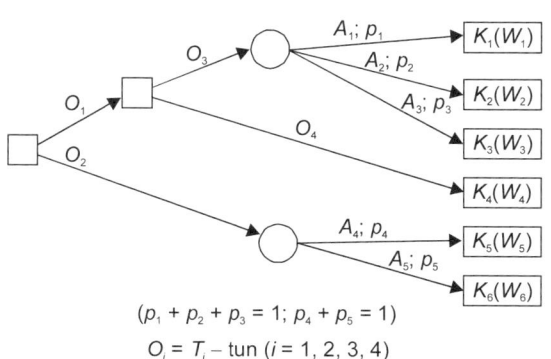

$$(p_1 + p_2 + p_3 = 1;\ p_4 + p_5 = 1)$$
$$O_i = T_i - \text{tun } (i = 1, 2, 3, 4)$$

Bild 5-1 : Entscheidungsbaum zur Risiko-Chancen-Analyse

Die o. g. Komponenten eines Entscheidungsproblems unter Risiko lassen sich an einem in der Entscheidungsanalyse üblichen Entscheidungsbaum (vgl. Bild 5-1) verdeutlichen. Es handelt sich eigentlich um ein Prognosemodell, an dem sich die möglichen Ereignisverläufe gut verfolgen lassen.

Im Bild 5-1 bezeichnen die Quadrate Entscheidungssituationen, in denen zwischen mehreren Optionen gewählt werden muss. Die Kreise symbolisieren Zufallsverzweigungen, in denen mehrere Ereignisverläufe A_i möglich sind, ohne dass darauf Einfluss genommen werden kann. Ein T_l – tun (l = 1, 2, ..., 4) steht für die Handlungsoption $O_l = T_l$ – tun. Die K_j (j = 1, 2, …, 6) stehen für die Folgen. Diese werden durch Rechtecke dargestellt. Der bei der j-ten Folge aufgeführte Vektor W_j gibt darüber Aufschluss, welche Werte w_{ij} der zum Ziel z_i gehörenden Attribute im Falle der Folge K_j zu erwarten sind. Die Werte p_r (r = 1, 2, …, 5) geben die Wahrscheinlichkeiten an, mit denen die jeweiligen Zufallsereignisse A_r eintreten.

Die mit Pfeil versehenen Verbindungslinien zwischen den Rechtecken und Kreisen symbolisieren die Tätigkeiten T_l oder die Zufallsereignisse A_r. Die Abfolgen von Tätigkeiten (Optionen), die vom ersten eine Entscheidung markierenden Quadrat (dem Ausgangspunkt) in Pfeilrichtung über Quadrate oder Kreise bis zu einem eine Folge markierenden Rechteck führen, werden „Strategien" genannt.

Bild 5-1 zeigt drei mögliche Strategien. Eine von ihnen besteht in der Wahl der Optionen O_1 und O_3. Da mit O_3 drei Zufallsereignisse (A_1, A_2, A_3) verbunden sind, kann diese Strategie dreierlei Folgen (K_1, K_2, K_3) haben. K_1 tritt mit der Wahrscheinlichkeit p_1, K_2 mit der Wahrscheinlichkeit p_2 und K_3 mit der Wahrscheinlichkeit p_3 ein. Auch die Wahl der Option O_2 ist eine Entscheidung mit unbestimmtem Ausgang, denn es ist mit einer Wahrscheinlichkeit p_4 mit der Folge K_5 und mit der Wahrscheinlichkeit p_5 mit der Folge K_6 zu rechnen. Die Wahl der Strategie „T_1 tun und T_4 tun" führt mit Sicherheit zur Folge K_4.

5.3.5 Beurteilung von Strategien

Beurteilung bedeutet das Anstellen eines Vergleichs. Ein Vergleich ist nur möglich, wenn es eine feste Vergleichsgrundlage gibt. Diese ist in unserem Fall durch die (festgelegten) Zielvorgaben gegeben. Die Folgen der wählbaren Tätigkeiten bzw. Strategien werden mit diesen verglichen bzw. an diesen gemessen.

Man geht dabei folgendermaßen vor:

- Sind das Attribut, auf das sich das Ziel bezieht, und auch der angestrebte Attributwert bekannt, ist zu bestimmen, welchen Wert dieses Attribut durch die Tätigkeit, die zwecks Erreichung des Zieles vorgenommen wird, annimmt. Wenn z. B. das i-te Ziel auf das Attribut „**Landschaftskonformität des Betriebsgebäudes**" gerichtet ist und der angestrebte Attributwert z_i **das Betriebsgebäude fügt sich gut in die Landschaft ein** ist, dann liegt es auf der Hand, mithilfe welcher Bezeichnungen das subjektive Urteil über die als Folge der verschiedenen Strategien entstehenden Gebäude ausgedrückt werden kann: gut, annehmbar, schlecht usw.

- Ist das Zielattribut eine messbare Größe, z. B. der pH-Wert eines Oberflächengewässers, und ist die Zielvorgabe der optimale pH-Wert, können die durch die verschiedenen Strategien realisierten Attributwerte jeden möglichen, vom Optimalwert beliebig stark abweichenden pH-Wert annehmen.

Beim i-ten Ziel sind die Zielvorgabe z_i und die bei Eintreten der Folgen K_j realisierten Werte w_{ij} Werte desselben Attributs. Sind alle Werte w_{ij} ($j = 1, 2, …, k$), die mit z_i verglichen werden sollen, bekannt, dann kann zu jedem solchen Wert ein Zielerreichungsgrad x_{ij} bestimmt werden. Dazu werden bei messbaren Attributen schon vorher, gegebenenfalls bei früheren Untersuchungen, konstruierte Nutzwertfunktionen $x = u(w)$ verwendet. Der Zielerreichungsgrad ist ein zwischen 0 und 1 liegender dimensionsloser Wert, der ausdrückt, wie gut ein bestimmtes Ziel aus der Sicht des Bewerters erreicht ist [5.3].

Im nächsten Schritt wird die Wichtigkeit der Ziele durch Gewichtungsfaktoren g_i abgebildet. Für ihre Summe gilt die Bedingung:

$$\sum_{i=1}^{n} g_i = 1 \qquad (5\text{-}4)$$

Bei Bewertungsgrößen, die ein subjektives Werturteil ausdrücken, sind zur Bestimmung der Nutzwertfunktionen und der im Allgemeinen nur subjektiv wählbaren Gewichtungsfaktoren der Ziele verschiedene Verfahren zur Skalenbildung gebräuchlich. Diese drücken die Präferenzurteile der Betroffenen aus. Aus diesen Komponenten lassen sich die Gesamtnutzwerte N_j der Konsequenzen K_j berechnen:

$$N_j = N(K_j) = \sum_{i=1}^{n} g_i \cdot x_{ij} \qquad (5\text{-}5)$$

Kann die l-te Strategie zu h_l verschiedenen Folgen K_{lj} ($j = 1, 2, …, h_l$) führen, wobei die Eintrittswahrscheinlichkeit der j-ten Folge p_{lj} ist, dann ist der Nutzwert dieser Strategie gleich dem Erwartungswert N_l der Nutzwerte N_{lj} der Folgen K_{lj}:

$$N_l = EU(N_{lj}) = \sum_{j=1}^{h_l} p_{lj} \cdot N_{lj} \qquad \left(\sum_{j=1}^{h_l} p_{lj} = 1 \right) \qquad (5\text{-}6)$$

Im unteren Index zeigt l die betreffende Strategie an, und j bezieht sich auf die einzelnen möglichen Folgen dieser Strategie. Ist die Wahl der Option O_2 die dritte Strategie ($l = 3$), dann gilt $h_3 = 2$; $p_{31} = p_4$; $p_{32} = p_5$; $N_{31} = N_5$; $N_{32} = N_6$.

Auf diese Weise wird der zu erwartende Nutzen jeder Strategie bestimmt. Der Vergleich dieser Beträge gibt vor der Entscheidung Aufschluss über die Unterschiede im Gesamterfolg dieser Strategien. Es ist anzunehmen, dass die erfolgreichste Strategie jene sein wird, die den größten Nutzwert aufzeigen kann.

5.3.6 Sensitivitätsanalyse

Vor der Entscheidung ist es sinnvoll, eine Sensitivitätsanalyse durchzuführen. Ziel dieses Schrittes ist es, herauszufinden, ob das Ergebnis robust gegenüber Veränderungen von subjektiven Komponenten oder von Annahmen ist, die sich im Verlauf der Realisierung von Optionen ändern können. Technisch ist es leicht machbar, wenn alle Daten z. B. in einem Tabellenkalkulationsprogramm vorliegen, sodass sich Manipulationen an einzelnen Faktoren sofort im Ergebnis ablesen lassen.

5.4 Grenzwerte

Wenn bei geplanten Vorhaben Risiken und Chancen bzw. Nachteile und Vorteile allseitig untersucht werden, geschieht dies immer mit dem Ziel, herauszufinden, ob und in welchem Ausmaß die Gesundheit des Menschen beeinträchtigt ist. Die Folgen eines Eingriffs können nur dann im Einklang mit den wissenschaftlichen und empirischen Kenntnissen vorausbestimmt werden, wenn zwischen den mit dem Eingriff zwangsläufig verbundenen oder in dessen Verlauf möglicherweise eintretenden Ereignissen und deren uns berührenden Folgen ein – zumindest kausaler – Zusammenhang existiert. Für viele Folgen ist bekannt, von welchen konkreten Zustandsgrößen $W(w_i)$ in welcher Weise und in welchem Maße ihr Ausmaß abhängt. Eine auf der Hand liegende Möglichkeit zur Verringerung von Risiken und Nachteilen sowie zur Erhöhung von Chancen und Vorteilen ist die Schaffung von Bedingungen, unter denen nur Zustandsgrößen $W(w_i)$ mit für uns günstigen Folgen $S[W(w_i)]$ auftreten können.

Ein Teil der Zusammenhänge $S[W(w_i)]$ zwischen Folgen und Zustandsparametern ist **deterministisch** bestimmt, andere haben **stochastischen Charakter**. Im ersteren Fall folgt aus der Realisierung bestimmter Werte w_i mit Bestimmtheit, d. h. mit der Wahrscheinlichkeit $P(S_i) = 1$, die Folge $S_i = S(w_i)$. Untersuchungen haben aber auch viele Zusammenhänge $S_i = S(w_i)$ erkennen lassen, wo die Wahrscheinlichkeit, mit der die Folge eintritt, nicht gleich 1, sondern ein Wert zwischen 0 und 1 ist ($0 < P(S_i) < 1$). Bei diesen tritt nur in einem Anteil $P(S_i)$ der mit den Parameterwerten w_i gekennzeichneten Fälle die Folge S_i auf, im restlichen Anteil $1 - P(S_i)$ ist das nicht der Fall.

Durch diese Untersuchungen konnten auch jene Intervalle $[w_{i, min}, w_{i, max}]$ abgegrenzt werden, in denen die Werte der einzelnen Zustandsparameter w_i liegen müssen, damit ihre negativen Folgen unter den gegebenen Umständen minimal oder ganz ausgeschlossen sind.

Bei Parametern w_i, die eine Gifteinwirkung oder einen sonstigen schädlichen Einfluss kennzeichnen, gehört zu einem höheren Parameterwert eine stärkere Gesundheitsschädigung $S_i = S(w_i)$ bzw. bei stochastischen Verhältnissen eine höhere Wahrscheinlichkeit $P(S_i)$. Der minimale Parameterwert $w_{i, min}$ ist hier sinngemäß 0.

In der Heilpraxis und bei der Verbesserung der Lebens- und Arbeitsbedingungen (z. B. Sauerstoff, Klima) sind die zum Zustandsparameter w_i gehörenden Folgen $S_i = S(w_i)$ am günstigsten, wenn die Parameter, die sich zur Kennzeichnung der positiven Einflüsse auf die Gesundheit eignen, in einem durch einen Minimal- und einen Maximalwert begrenzten Intervall $[w_{i, min}, w_{i, max}]$ liegen.

Unter den Folgen der bekannten, hauptsächlich die Gesundheit der Menschen berührenden und die Umwelt schädigenden Einwirkungen gibt es viele, zu deren Vermeidung die Anforderungen heute schon allgemein akzeptiert werden und meistens auch in Gesetzen verankert sind. Es gibt daher Systeme von Gesichtspunkten und Anforderungen, die jene **Intervalle** (**Grenzwerte**) der Zustandsgrößen festlegen, deren Folgen (z. B. Gesundheits- oder Umweltschäden) auszuschließen sind.

Grenzwert ist jedoch nur ein Oberbegriff, unter dem eine Vielzahl von Begriffen zusammengefasst werden, die zumeist nicht eindeutig definiert und deshalb auch unterschiedlich verwendet werden.

Einige allgemein verwendete **Grenzwertbegriffe für die Schadstoffkonzentration** werden nachstehend charakterisiert:

Richtwert ist ein Oberbegriff für handlungsorientierte Werte und umfasst Vorsorge- und Eingriffswerte. Diese basieren auf einem mehr oder weniger großen Erfahrungsstand und regeln eine Fülle von Bedeutungsinhalten. Sie besitzen rechtlich gesehen das geringste Maß an Verbindlichkeit. Daher kommt ihnen der Wert einer Veröffentlichung oder gutachterlichen Stellungnahme zu.

Vorsorgewerte sind sehr niedrig angesetzte Werte. Sie markieren eine Schadstoffkonzentration, die normalerweise gesundheitlich unbedenklich ist und nicht überschritten werden sollte.

Eingriffswerte sind so bestimmt, dass nach ihrem Überschreiten Maßnahmen zur Senkung der Schadstoffkonzentration ergriffen werden sollten, um Gesundheitsgefahren auszuschließen. Welche Maßnahmen zu ergreifen sind, ist im Einzelfall zu entscheiden. Es wäre jedoch wünschenswert, wenn die Schadstoffkonzentration anschließend den Vorsorgewert nicht überschreitet.

Gesetzliche Höchstwerte sind rechtlich fixierte Richtwerte. Sofern sie sich auf Produkte beziehen, ist der Hersteller oder Händler für die Einhaltung verantwortlich, anderenfalls ist er rechtlich haftbar.

Für Krebs erzeugende Stoffe gibt es z. B. keinen sicheren Wert. Der **Zusammenhang zwischen Dosis und Wirkung** ist stochastisch. Bereits kleinste Dosen eines kanzerogenen Stoffes können Krebs verursachen, mit höheren Konzentrationen steigt lediglich die Wahrscheinlichkeit. Hier würde nur ein konsequentes Anwendungsverbot helfen.

Ein anderes Problem ergibt sich aus kombinierten Effekten, dem Zusammenwirken verschiedener Stoffe auch in kleinsten Konzentrationen. Über dieses Problem ist noch zu wenig bekannt, als dass man Grenzwerte ableiten könnte. Hier ist die beste Strategie, generell Schadstoffe und ihre Quellen möglichst zu vermeiden.

Nachstehend werden einige Beispiele für Grenzwerte vorgestellt, die sich auf die Konzentration von gesundheitsschädigenden Gefahrstoffen in der Luft des Arbeitsplatzes beziehen.

Die Beschreibung der diesbezüglichen Anforderungen und der anhand dieser festgelegten Grenzwerte samt ihrer Bezeichnung sind in den **TRGS** (Technische Regeln für Gefahrstoffe, Neufassung 12/1991) enthalten. Die TRGS geben den Stand der sicherheitstechnischen, arbeitsmedizinischen, hygienischen sowie arbeitswissenschaftlichen Anforderungen an Gefahrstoffe hinsichtlich Inverkehrbringen und Umgang wieder. Sie werden vom **Ausschuss für Gefahrstoffe (AGS)** aufgestellt und von ihm in der Entwicklung angepasst.

Die TRGS werden vom Bundesministerium für Arbeit und Sozialordnung (BMA) im Bundesarbeitsblatt (BArbBl.) bekannt gegeben. Die Beschreibung der Inhalte ist zu umfangreich, um sie an dieser Stelle zu schildern. Es werden lediglich einige von der AGS definierte Grenzwerte für Gefahrstoffe in der Luft beschrieben.

MAK (Maximale Arbeitsplatzkonzentration)
Die konkreten Werte müssen folgende Bedingungen erfüllen: Eine Maximale Arbeitsplatzkonzentration ist definiert als höchstzulässige Konzentration eines Arbeitsstoffes als Gas, Flüssigkeit oder Feststoff, die nach dem gegenwärtigen Kenntnisstand auch bei wiederholter und langfristiger Exposition, bei Einhaltung einer durchschnittlichen Wochenarbeitszeit von 40 Stunden im Allgemeinen die Gesundheit der Beschäftigten nicht beeinträchtigt und diese nicht unangemessen belästigt. Zur Aufstellung eines MAK-Wertes bedarf es ausreichender toxikologischer und/oder arbeitsmedizinischer bzw. industriehygienischer Erfahrungen beim Umgang mit dem Stoff.

Die MAK-Liste gibt für einige hundert Arbeitsstoffe Grenzwerte für die Konzentrationen von gefährlichen Stoffen in der Luft am Arbeitsplatz an. Daneben findet man Hinweise auf besondere Gefahren wie Sensibilisierung und leichte Hautresorption. Im Anhang der Liste findet man eine Liste der als erbgutverändernd (mutagen), fortpflanzungsgefährdend, hautresorptiv, Krebs erregend (carcinogen, cancerogen), fruchtschädigend (teratogen) und sensibilisierend eingestuften Arbeitsstoffe.

TRK (Technische Richtlinienkonzentration)
Konzentrations-Grenzwert eines gefährlichen Arbeitsstoffes, der als Anhaltspunkt für die zu treffende Schutzmaßnahme und die messtechnische Überwachung am Arbeitsplatz heranzuziehen ist. TRK-Werte werden für eindeutig Krebs erregende und erbgutverändernde (also sehr gefährliche) Arbeitsstoffe aufgestellt. Für diese Stoffe gibt es keine MAK-Werte, sondern nur eine Angabe über die Gefahren-Einstufung im MAK-Eintrag. TRK-Werte sollen das Gesundheitsrisiko vermindern, schließen aber Krebs- oder Erbgutschäden am Arbeitsplatz nicht aus.

BAT (Biologische Arbeitsplatztoleranzwerte)
Die beim Menschen höchstzulässige Quantität eines Arbeitsstoffes bzw. eines Arbeitsstoffmetaboliten oder die dadurch ausgelöste Abweichung eines biologischen Indikators von seiner Norm, die nach dem gegenwärtigen Kenntnisstand der Wissenschaft im Allgemeinen die Gesundheit der Beschäftigten auch dann nicht beeinträchtigt, wenn sie durch Ein-

Grundlagen

flüsse des Arbeitsplatzes regelhaft erzielt wird. Werte werden in der Regel für Blut und/oder Harn aufgestellt, wobei die Wirkungscharakteristika der Arbeitsstoffe und eine angemessene Sicherheitsspanne berücksichtigt werden. BAT-Werte dienen dem Schutz der Gesundheit am Arbeitsplatz im Rahmen der ärztlichen Vorsorgeuntersuchung. Es besteht zwar ein Fließgleichgewicht zwischen BAT- und MAK-Werten, direkte Rückschlüsse vom biologischen Wert auf die bestehende Arbeitsplatzkonzentration in der Arbeitsluft sind aber nicht zulässig (die Einhaltung der BAT-Werte entbindet nicht von der Überwachung der MAK-Werte).

ADI (Acceptable daily intake)
Die durchschnittliche zugelassene tägliche, lebenslange Aufnahme einer Substanz, die nicht zu gesundheitlichen Beeinträchtigungen führt, wird ADI genannt. Die Angabe erfolgt in Milligramm pro Kilogramm Körpergewicht pro Tag.

MIK (Maximale Immissions-Konzentration)
Die Maximale Immissions-Konzentration ist ein vom VDI (Verein Deutscher Ingenieure) erarbeiteter Richtwert, der nach derzeitiger Erfahrung vor „nachteiligen Wirkungen" schützen soll. Zentrale Bedeutung genießt dabei die Definition des Begriffes „nachteilige Wirkung", worunter letztendlich nur Wirkungen von Schadstoffen verstanden werden, die zu Krankheiten oder Leistungsbeeinträchtigungen führen. Der Schutz von Ökosystemen (Immissionsschäden in Wäldern) wird nicht berücksichtigt.

Außer diesen Grenzwertdefinitionen für Gefahrstoffe des AGS gibt es noch weitere, auf diese soll an dieser Stelle aber nicht eingegangen werden.

Die Wirkungsmechanismen, die die Gesundheit der Menschen beeinflussen, können aber nicht nur mit Gefahrstoffen zusammenhängen, sondern auch mit der auf den menschlichen Körper einwirkenden Strahlung, mit den Einflüssen des elektrischen und magnetischen Feldes, mit den klimatischen Bedingungen der Umgebung und mit anderen Faktoren, die unsere Tätigkeit beeinflussen (Beleuchtung, geometrische und ästhetische Merkmale des Arbeitsplatzes, physische und psychische Belastung usw.). Auch für diese Merkmale mit unzulässigen Folgen gibt es empfohlene oder vorgeschriebene Grenzwerte, die angeben, in welche Intervalle die Werte der Zustandsparameter nicht fallen dürfen. Diese sind in den Arbeitsschutz- bzw. sicherheitstechnischen Vorschriften enthalten.

Als Zustandsparameter der Umwelt können jene Merkmale betrachtet werden, von denen erwiesen oder anzunehmen ist, dass sie bestimmen, ob eine Tätigkeit oder ein Vorgang die belebten und unbelebten Werte der Umwelt beeinflusst. Grenzwerte, die sich auf diese Merkmale beziehen, stellen einen politisch ausgehandelten Kompromiss dar und beinhalten kein Ziel einer angestrebten Umweltqualität. Sie sind eine Entscheidungshilfe, da sie in der Lage sind, komplexe Sachverhalte auf wenige Zahlenwerte zu reduzieren. Ihnen kommt in Hinsicht auf die Konkretisierung unbestimmter Rechtsbegriffe beim Vollzug des Umweltrechts eine Schlüsselfunktion zu. Sie besitzen damit ein hohes Maß an Verbindlichkeit, d. h., es können sich Rechtsfolgen ergeben, die z. B. über die Genehmigung einer Anlage durch die zuständige Behörde entscheiden.

Grundlagen

Umweltschadstoffe

6   Wasserverschmutzung

6.1   Wasservorkommen und Wasserverbrauch

Die gesamte Hydrosphäre besteht aus ca. 1,36 Mrd. km³ Wasser. Weniger als 3 % des weltweiten Wasservorkommens sind Süßwasser (ca. 38 Mio. km³). Davon sind jedoch 80 % in Form von Eis in den Polkappen und Gletschern gebunden.

Wasservorräte der Erde
1 359,918 Mio. km³

Salzwasser 97,2 %	Süßwasser 2,8 %
■ Wasser in den Ozeanen (1 321,890 Mio. km³)	■ Wasser in der Atmosphäre (0,013 Mio. km³) ■ Polar- und Gletschereis (29,190 Mio. km³) ■ Oberflächenwasser (0,230 Mio. km³) ■ Grundwasser (8,595 Mio. km³)

Bild 6-1: Wasservorkommen auf der Erde

Im Vergleich zum gesamten Wasservorkommen auf der Erde ist der für den Menschen nutzbare Anteil äußerst gering. Es erscheint sinnvoll, bei der weiteren Betrachtung zwischen Wasserverbrauch und Wasserbedarf zu unterscheiden.

Unter dem Begriff **Wasserbedarf** versteht man im Allgemeinen die Verrichtung einer bestimmten Dienstleistung durch Wasser, wie z. B. die Autowäsche oder die Beförderung menschlicher Exkremente aus dem Haus. Mit welchem **Wasserverbrauch** diese Dienstleistung umgesetzt wird, hängt von der jeweiligen Gesellschaft ab. In der mitteleuropäischen Gesellschaft wird der Verbrauch – insbesondere an hochwertigem Trinkwasser – erheblich höher sein als der Bedarf. Darüber hinaus ist es nicht besonders intelligent, die Wasserdienstleistung Toilettenspülung durch den Verbrauch an hochwertigem Trinkwasser zu erbringen.

Das natürliche Vorkommen der Ressource Wasser hat sich seit Urzeiten kaum verändert. Der Wasserverbrauch ist jedoch in den letzten 300 Jahren wesentlich (35fache Erhöhung) gestiegen [6.1, 6.2]. Ähnlich wie die Rohstoffe Erdöl, Erze, Kohle usw. ist auch Wasser nicht gleichmäßig auf der Erde verteilt. Daraus leitet sich ein Konfliktpotenzial für die Zukunft ab. Zurzeit leiden 30 Nationen unter Wassermangel, wobei ein Großteil der Mehrnachfrage nach Wasser auf die Dritte Welt entfällt, wo jährliche Wachstumsraten von 4...8 % nicht unüblich sind. Etwa 3 Mio. Menschen pro Jahr sterben direkt oder indirekt an verseuchtem Wasser [6.3].

Der gesamte Wasserverbrauch wird in drei **Verbrauchsbereiche** einge-teilt (die prozentualen Verbraucherangaben beziehen sich auf die Bun-desrepublik Deutschland):

- Kühlwasser in Kraftwerken (ca. 60 %)
- industrielles Brauchwasser (ca. 30 %)
- Haushalte, Kleingewerbe, Landwirtschaft (ca. 10 %)

Es handelt sich bei den Daten um den Gesamtwasserverbrauch, der nicht nach Wasserqualität unterschieden ist. Der Anteil der Haushalte, Klein-gewerbe und Landwirtschaft erscheint zunächst mit 10 % gegenüber dem industriellen Bereich relativ gering. Berücksichtigt man jedoch, dass in vielen Industriebranchen die Wasserkreisläufe nach und nach geschlossen werden und beim Gesamtwasserverbrauch nur das qualitativ hochwertige Trinkwasser betrachtet wird, so stellen sich die prozentua-len Trinkwasserverbrauchsangaben anders dar:

- private Haushalte (ca. 75 %)
- öffentliche Gebäude (ca. 7 %)
- Industrie (ca. 18 %)

Dies bedeutet, dass im industriellen Bereich überwiegend Wässer mit geringer Qualität für die jeweilige Dienstleistung eingesetzt werden können, während in den privaten Haushalten unabhängig von der erfor-derlichen Qualität fast ausschließlich qualitativ hochwertiges Trinkwas-ser eingesetzt wird. Tabelle 6-1 zeigt, für welche Wasserdienstleistung das Wasser verbraucht wird und welche Wasserqualität ausreichend wäre.

Der **Trinkwasserverbrauch** in privaten Haushalten liegt durchschnitt-lich bei 112 l pro Tag. In kleineren Kommunen beträgt der tägliche Pro-Kopf-Verbrauch weniger als 150 l, in Städten ca. 200 l und in **Touris-tenzentren** bis zu 1000 l.

Tabelle 6-1: Trinkwasserverwendung im Haushalt pro Einwohner und Tag ohne Industrie und Gewerbe 2008 [6.4]

Verwendung	Verbrauchs-menge	erforderliche Qualität
sanitäre Zwecke		
Körperpflege, Baden		
und Duschen	44,5 l/d	hohe Qualität
Toilettenspülung	33,5 l/d	geringste Qualität
Haushalt		
Autowaschen, Raum-		
reinigung und Garten	7 l/d	geringe – mittlere Qualität
Geschirrspülen	7 l/d	
Wäsche waschen	15 l/d	mittlere Qualität
Essen und Trinken	5 l/d	höchste Qualität
Gesamtverbrauch	**112 l/d**	

Der **Trinkwasserbedarf** kann idealerweise aus Quell- oder Grundwasser, aber auch aus Oberflächenwasser gedeckt werden. Zur Zeit ist es zwar kein Problem, Wasser in Trinkwasserqualität zur Verfügung zu stellen, jedoch wird es durch die zunehmende Verschmutzung der Gewässer ein Problem, ausreichend Wasser hoher Qualität bereitzustellen.

6.2   Wasserkreislauf

Wasser ist die Grundvoraussetzung für das Leben auf der Erde. Es befindet sich in der Natur in einem Kreislauf und gelangt als **Niederschlag** (Regen, Nebel, Schnee, Hagel usw.) aus der Atmosphäre auf die Erde zurück (vgl. Bild 6-2). Flüsse, Seen und Grundwasser sind Bestandteile dieses Wasserkreislaufes. Über den Ozeanen verdunstet das Wasser und regnet dort teilweise wieder ab. Ein anderer Teil des Wasserdampfes wird in der Atmosphäre über die Kontinente geführt und fällt dort als Niederschlag. Neben der **Verdunstung** strömt das Niederschlagswasser in die Oberflächengewässer oder versickert in das Grundwasser.

Alle Oberflächengewässer werden vom Grundwasser gespeist und führen letztlich zurück in die Ozeane. Die treibende Kraft des Wasserkreislaufes ist die Sonne. Aus der Gegenüberstellung von Niederschlag und Verdunstung ergibt sich der Wasserkreislauf.

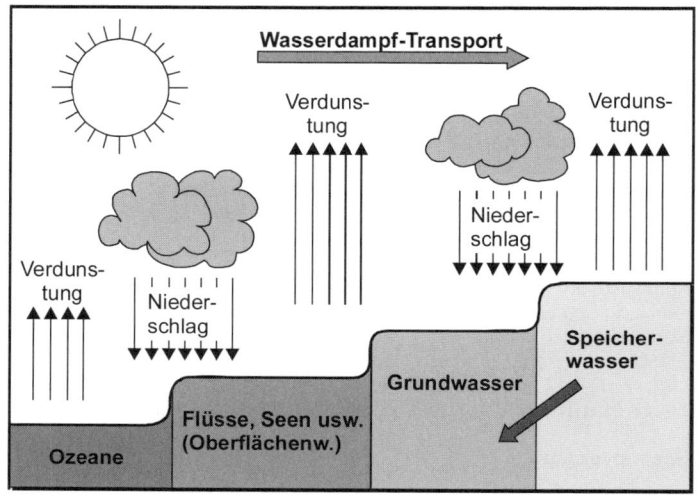

Bild 6-2: Kreislauf des Wassers

> Niederschlagsmengen werden mit einem **Ombrometer** (Regenmesser) und die Niederschlagshöhe in Millimeter angegeben (1 mm Niederschlag $\equiv$ 1 Liter/m²)

Die Änderung des Aggregatzustandes, aber auch der ständige Ortswechsel von natürlich vorkommendem Wasser wird als Wasserkreislauf bezeichnet. Hierdurch wird auch der Energiehaushalt der Erde geregelt. Die Aufnahme von Wärmeenergie durch Wassermoleküle in intensiver bestrahlten Gegenden führt zu einer Umverteilung in höhere geografische Breiten. Gemeinsam mit dem Wasser werden auch gelöste Stoffe oder suspendierte Feinst-Partikel (z. B. Stäube) transportiert. Durch Verwitterungs- und Auslaugungsprozesse kommt es bei der Bodenpassage zu einer Mineralstoffanreicherung des Wassers. Der Transport der Luft bzw. des Wasserdampfes über den Ozean sorgt für die Verteilung von Spurenelementen (Selen, Brom, Natrium usw.) ins Landesinnere.

Wenn der als Regentropfen kondensierte oder als Schnee bzw. Eis kristallisierte Wasserdampf eine bestimmte Größe (Masse) erreicht hat, fällt das Teilchen aus dem Schwebezustand im Nebel oder in den Wolken als Niederschlag zur Erde. Dieses Wasser kann **oberflächlich lagern** (Eis, Schnee usw.), **bei Gefälle abfließen** oder **im Boden versickern**. Die

Niederschlags- und Verdunstungshöhe sind charakteristische Größen für die Klimatypisierung. Man unterscheidet zwischen

- **humidem** (feuchtem) **Klima**
  (Niederschlag > Verdunstung) und

- **aridem** (trockenem) **Klima**
  (Verdunstung > Niederschlag).

Die Verdunstung bzw. Niederschlag stellt auch einen wichtigen Reinigungsschritt für das Wasser dar.

6.3   Limnologische Grundlagen

Die Limnologie (griech. *limnos*: der See) beschäftigt sich als Teilgebiet der Hydrobiologie mit den Süßgewässern und deren Organismen. **Gewässer** lassen sich vereinfacht in

- Fließgewässer und
- stehende Gewässer (Seen, Teiche)

unterteilen. Moore zählen nur im weitesten Sinn zur Kategorie Gewässer. Hochmoore werden vom Niederschlagswasser gespeist; Niedermoore hingegen werden vom Grundwasser und angrenzenden Gewässern feucht gehalten.

6.3.1   Grundwasser

Wasser, das Hohlräume in Form von Poren, Klüften und Höhlen zusammenhängend ausfüllt, wird als Grundwasser bezeichnet. Hydrogeologisch unterscheidet man folgende Grundwassertypen:

- Porengrundwasser (z. B. im Kies des Voralpenlandes)
- Kluftgrundwasser (z. B. im Buntsandstein)
- Karstgrundwasser (z. B. im Weißen Jura der Schwäbischen Alb)
- Tiefengrundwasser und uferfiltriertes Grundwasser (wird aus oberirdischen Gewässern gespeist)

Das Grundwasser hat andere Eigenschaften als Oberflächenwasser. Es wird hauptsächlich von versickerten Niederschlägen und teilweise durch Kondensation von Wasserdampf gebildet (vgl. Bild 6-2). Niederschläge nehmen gelöste, aber auch ungelöste Stoffe auf. Durch die Bodenpassage werden Mikroorganismen und ungelöste Stoffe zurückgehalten (Filterwirkung) sowie gelöste Stoffe mineralisiert. Gute Filtereigenschaften haben sand- und kieselhaltige Böden im Unterschied zu klüftigem Gestein (vgl. Tabelle 6-2).

Umweltschadstoffe

Tabelle 6-2: Filterwirkung in Abhängigkeit von der Bodentiefe

Bodentiefe	Anzahl der Mikroorganismen
Bodenoberfläche	ca. 10^6 Keime pro cm³ Boden
in 10...20 cm Tiefe	ca. 10^5 Keime pro cm³ Boden
in 100 cm Tiefe	ca. 10^3 Keime pro cm³ Boden
in 4 m Tiefe	wenige Keime
in 6...7 m Tiefe	keine Keime

Von Natur aus ist Grundwasser wegen der schützenden Bodendecke und Selbstreinigungskraft des Bodens meist frei von gesundheitsgefährdenden Bestandteilen. Grundwasser ist jedoch durch Schadstoffe wesentlich nachhaltiger gefährdet als Oberflächenwasser (vgl. Tabelle 6-3). Die Regenerationszeit von eingetretenen Schäden ist lang – kurzfristige Sanierungsmaßnahmen sind meistens nicht möglich. Die Konsequenz ist ein besonderer Schutz durch Ausweisung von Wasserschutzgebieten.

Tabelle 6-3: Einflussfaktoren, die zu einer Veränderung der natürlichen Beschaffenheit führen

Art der Beeinflussung	Erhöhter Gehalt folgender Parameter
Versalzung des Bodens	Natrium, Kalium, Chlorid, Sulfat
landwirtschaftliche Nutzung	Stickstoffverbindungen, Kalium, Chlorid, Sulfat, Pflanzenschutzmittel
Staubeintrag durch die Luft	Calcium, Sulfat, Spurenelemente
Versauerung	pH, Aluminium
industrieller Einfluss	AOX (adsorbierbare organische Halogene), PAK (polycyclische aromatische KW); LCKW (leicht flüchtige chlorierte KW), Pflanzenschutzmittel

Grundwasserneubildung

Die Grundwasserneubildung ergibt sich aus der Niederschlagsmenge abzüglich der Gesamtverdunstung und des Direktabflusses:

$$G = N - V - DA \tag{6-1}$$

G Grundwasserneubildung, N Niederschlagsmenge, V Gesamtverdunstung, DA Direktabfluss

Der Direktabfluss wird durch verschiedene Parameter beeinflusst, wie:

- Niederschlagsintensität,
- Hangneigung (Lauflänge),

- Bodenart (Bodenverdichtung),
- Oberfläche (Bewuchs, Versiegelung).

Bei versiegelten (verbauten) Flächen können ca. 80 % der Niederschlagsmenge direkt abfließen, während nur 20 % verdunsten. Auf Oberflächengewässer verdunsten die Niederschläge fast vollständig.

Aus der Sicht des Wasser- und Erosionsschutzes sind der Wald und die nicht zu intensive Grünlandnutzung die günstigste Bodennutzungsform. Aber auch der Direktabfluss von nicht versiegelten, alpinen Flächen hängt von der Bewuchsart, der Bodenart (Bodenverdichtungen) und der Hangneigung (z. B. Skipisten) ab.

Grundwasserspeicher

Dem Wald kommt im Wasserhaushalt und als Schutzwirkung gegen Bodenabtrag durch Oberflächenwasser und Wind eine besondere Bedeutung zu. Kronendach und Bodenschicht können während der Wachstumsperiode starke Niederschläge (100...250 mm) binden und auf diese Art das Entstehen von Katastrophengewässer verhindern. Ein Hektar Mischwald (Fichte, Lärche, Birke) kann durch Verdunstung an die Atmosphäre ca. 45 m³ Wasser pro Tag abgeben. Die Grundwasserspeicherung hängt von folgenden Parametern ab:

- Filtrationsgeschwindigkeit (Baumart und Wurzelausbildung)
- Bestockungsaufbau (Alter des Bestandes)
- Fließgeschwindigkeit des Grundwassers

Die **Wasserspeicherkapazität** beim Wald liegt in der Größenordnung 800...2500 m³ Wasser/ha ($\equiv$ 80...250 l/m²).

6.3.2   Fließgewässer

Zu den Fließgewässern rechnet man Quellen, Bäche und Flüsse. Sie unterscheiden sich von stehenden Gewässern und sind durch folgende Kenngrößen charakterisiert:

- Fließgeschwindigkeit,
- Temperatur,
- Sauerstoffgehalt.

Diese Parameter entscheiden mit über das Selbstreinigungspotenzial des Gewässers beim Einleiten von Abwasser. Der temperaturabhängige Sauerstoffgehalt (vgl. Abschn. 2.3.5) bestimmt z. B. das Vorkommen oder das Fehlen von Organismenarten. Ebenso nimmt die Fließgeschwindigkeit Einfluss auf die Lebensformen in Gewässern. Turbulente

Umweltschadstoffe

Gewässer (Bäche, Wasserfälle) sorgen über den Luftkontakt für den Eintrag von Sauerstoff, aber auch Wasserpflanzen tragen zur Sauerstoffversorgung von Gewässern bei. Besonders O_2-bedürftige Organismen (z. B. Forelle, Zander) haben in stehenden Gewässern häufig keine Überlebenschance [6.5, 6.6].

Selbstreinigung von Fließgewässern

Quellwasser ist natürlicherweise nicht mit Schadstoffen belastet. Die Bezeichnung Selbstreinigung bringt zum Ausdruck, dass die Gewässer automatisch mit bestimmten Verunreinigungen fertig werden. Die Beschaffenheit des Wassers entspricht, nach einer gewissen Fließzeit, idealerweise der oberhalb der Verunreinigungsstelle. Dies gilt aber nur für **leicht abbaubare organische Schadstoffe**. Die Träger der Selbstreinigungsprozesse sind

■   mikrobieller Bewuchs (biologischer Rasen) des Gewässergrundes,
■   frei suspendierte Biomasse (Seston) der fließenden Gewässerwelle.

Eine Reduzierung der Schadstoffkonzentration kann aber auch ohne Mitwirkung von Mikroorganismen erfolgen, z. B. durch Sedimentation oder Verdünnung.

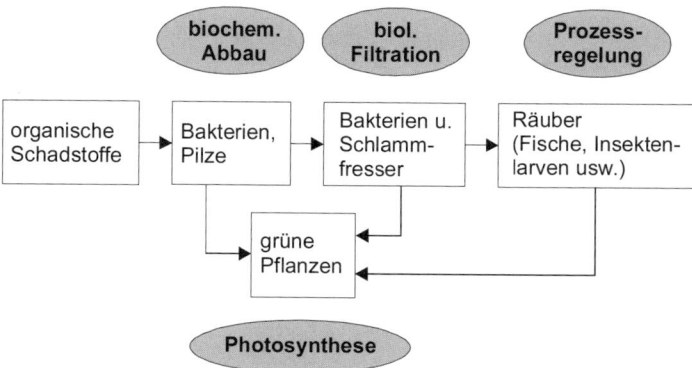

Bild 6-3: Schematische Darstellung der Selbstreinigung in einem Fließgewässer

Mit zunehmender Verunreinigung steigt **die Anzahl und Aktivität der Mikroorganismen**. Im Zuge der biologischen Selbstreinigung wird aber auch vermehrt Sauerstoff verbraucht. Bei ständiger Einleitung von organisch belasteten Abwässern kann dies zu Sauerstoffdefiziten bei anderen

Lebewesen (Fischen, Krebsen usw.) führen. Bakterien und Abwasserpilze nehmen dann überhand, mit der Folge sinkender Wassergüte. Die Mikroorganismen unterliegen ihrerseits, durch Fresswirkung von Protozoen und Würmern (vgl. Abschn. 2.4.4 und 2.4.6) sowie Abschwemmung, einer Verminderung. Nach dem Rückgang von frei suspendierten Bakterien herrschen wieder günstigere Lichtbedingungen, die zu einer verstärkten Ansiedlung von grünen Organismen, vor allem Fadenalgen, führen. Damit geht ein Verbrauch von anorganischen Pflanzennährstoffen einher.

Jede Stufe des biologischen Selbstreinigungsprozesses ist auf die Produkte der vorhergehenden Stufe angewiesen (vgl. Bild 6-3). Der ständige Eintrag von energiereichen, organischen Substanzen oder mineralischen Nährstoffen ist gleichzeitig Grundlage für den Erhalt des Fließgleichgewichtes.

6.3.3   Stehende Gewässer

Die Besiedlung eines stehenden Gewässers durch Organismen ist sehr unterschiedlich. Man teilt ein in

- **ausdauernde Gewässer** (Seen, Weiher, Teiche, Talsperren) und
- **periodische Gewässer** (Tümpel),

die zeitweise austrocknen. Die **Seen** sind vorwiegend durch die Tätigkeit der Gletscher in der Eiszeit entstanden. Sie sind in der Regel im Uferbereich so flach, dass nur hier Licht bis zum Grund eindringen kann. Beim **Weiher** gilt dies für jede Stelle des Gewässerbodens. Somit kann der gesamte Grund mit fest verwurzelten Wasserpflanzen besiedelt werden.

Der **Teich** ist das vom Menschen geschaffene Gegenstück zum Weiher; die **Talsperre** das künstliche Gegenstück zum See.

Stehende Gewässer sind nicht homogen aufgebaut, sondern haben eine Schichtenstruktur. Das thermische Verhalten der Seen wird durch die temperaturabhängige Dichte des Wassers bestimmt (vgl. Abschn. 2.3.1).

Strahlungsenergie wird beim Eintreten in einen Gewässerkörper, in Abhängigkeit von der Wellenlänge, absorbiert. Die Wärmestrahlung (IR-Anteil) wird bereits von einer 1-m-Schicht reinem Wasser weitgehend absorbiert. Im Gegensatz zu reinem Wasser (durchlässig für UV- und blaues Licht) absorbieren natürliche Gewässer aufgrund ihres Gelb- und Trübstoffgehaltes auch diesen Anteil und wandeln ihn in Wärme um.

Die Schwächung der Intensität des eintretenden Lichtes folgt bei allen Spektralanteilen einer exponentiellen Abklingkurve.

Umweltschadstoffe

$$I = I_0 \exp\left(- \varepsilon \cdot z\right) \tag{6-2}$$

I_0 Intensität eines Spektralanteils unmittelbar unter der Wasseroberfläche, I Intensität in der Tiefe z, ε Extinktionskoeffizient

Theoretisch wäre zu erwarten, dass die Temperatur eines Gewässers exponentiell mit der Tiefe abnimmt (Gl. (6-2)). Die turbulente Durchmischung des oberen Wasserkörpers wirkt dem jedoch entgegen. Dieses obere Stockwerk wird als **Epilimnion**, das untere Stockwerk, in dem auch im Sommer kaum mehr als 4 °C herrschen, als **Hypolimnion** bezeichnet. Der Bereich dazwischen wird **Metalimnion** (= Sprungschicht) genannt und ist durch einen hohen Temperaturgradienten charakterisiert.

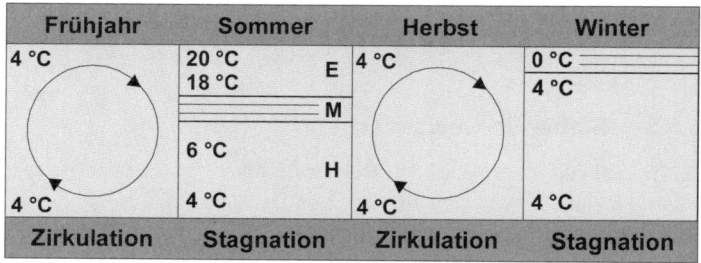

Bild 6-4: Jahreszeitliche Wechsel mit Durchmischung und Schichtung des Wasserkörpers (E Epilimnion, M Metalimnion, H Hypolimnion)

Frühjahr: Das Gewässer hat eine Temperatur von 4 °C. Da ein vertikaler Dichtegradient fehlt, zirkuliert das Wasser unter dem Einfluss des Windes.

Sommer: Über dem kalten, schweren Tiefenwasser lagert erwärmtes, leichtes Oberflächenwasser. Der dadurch bedingte vertikale Dichteunterschied führt zu einer stabilen Sommerschichtung.

Herbst: Die langsame Abkühlung der Luft führt zu einen Wärmeverlust des Epilimnions durch Abstrahlung. Die Wassertemperatur gleicht sich immer mehr der Temperatur des Hypolimnion (4 °C) an. Der Dichteunterschied sinkt. Hat der gesamte Wasserkörper eine Temperatur von 4 °C angenommen, setzt die Herbst-Zirkulation ein.

Winter: Die Temperatur und die Dichte des Wassers (0...4 °C) ist geringer als die der darunter liegenden Wassermasse. Die Winterschichtung bleibt infolge des sehr geringen Dichteunterschieds des Wassers nur stabil, falls eine Eisdecke besteht. Kühlen die obersten Eisschichten weiter ab, können sie wegen ihrer geringeren Dichte nicht mehr nach unten sinken. Seen gefrieren daher nur an der Oberfläche. So können auch im Winter die Wasserbewohner in 4 °C „warmem" und O_2-reichem Wasser überleben.

Das Epilimnion enthält die höchste O_2-Konzentration. Der Sauerstoff wird einerseits durch den Wind und andererseits durch grüne Wasserpflanzen und Algen eingebracht. Grüne Pflanzen benötigen zur O_2-Produktion Licht, was für das Gewässer bedeutet, dass in tieferen, dunklen Schichten kein Sauerstoff gebildet wird. Abgestorbene Pflanzen und Tiere sinken zu Boden und werden dort unter O_2-Verbrauch mikrobiologisch abgebaut. Bei einem Sauerstoffmangel würde der Abbau von abgestorbenem organischem Material nicht oder nur teilweise stattfinden und so eine immer dichter werdende Schicht entstehen. Flache Teiche und Seen wandeln sich nach einigen Jahren in Moore um.

6.4   Gewässereutrophierung

Von großer Bedeutung für ein Gewässer ist die Zufuhr **von Pflanzennährstoffen**, besonders **Phosphor- und Stickstoffverbindungen**. Eine wichtige Funktion dabei kommt dem Phosphor zu, da er das Wachstum der autotrophen Organismen (Algen, Wasserpflanzen) begrenzen kann. Zum Aufbau neuer Zellmasse benötigen die Mikroorganismen verschiedene Nährstoffe in jeweils optimaler Konzentration. Der Stoff, welcher in Bezug auf die Optimal-Konzentration in geringster Konzentration vorliegt, begrenzt als **limitierender Faktor** das Wachstum. Es besteht z. B. eine direkte Abhängigkeit der Algenentwicklung von der Phosphor-Konzentration als Phosphat (PO_4-P).

Unter bestimmten Voraussetzungen kann aber auch Stickstoff zum limitierenden Faktor werden. Das Verhältnis der Phosphor- zu Stickstoffverbindungen beträgt für ein optimales Wachstum 1 : 10. Liegt in einem Gewässer eine sehr hohe Phosphorkonzentration vor, sodass daraus ein P : N-Verhältnis < 1 : 10 resultiert, wird das Wachstum der Mikroorganismen durch Stickstoff limitiert.

> Unter Eutrophierung versteht man die durch einen vorrangig erhöhten Phosphor- oder auch Stickstoffeintrag hervorgerufene Produktion von organischer Substanz (Algen, Wasserpflanzen) aus anorganischen Stoffen (CO_2, Wasser, Salze). Ist die Nährstoffzufuhr relativ gering, so spricht man von einem oligotrophen Gewässer.

Umweltschadstoffe

Phosphateintrag

Bei der externen Phosphatbelastung kann zwischen punktförmigen und diffusen Quellen unterschieden werden.

- **punktförmige Quellen**
  alle Einleitungen, die kanalisationstechnisch erfassbar sind (z. B. Hausabwässer, Industrieabwässer),

- **diffuse Quellen**
  Abwasserversickerungen und -überläufe, Regenwasserabschwemmungen von versiegelten Flächen, undichte Kanalsysteme, Viehhaltung mit Jauche-, Mist- und Gülleverlusten, Bodenerosion und -auswaschung, Streu-, Blätter- und Blütenanfall mit Auslaugung, Badebelastung usw.

Die größte Gefährdung geht von gelöstem Phosphat-Phosphor (PO_4-P) aus, da dieser für das Wachstum der Pflanzen sofort verfügbar ist. Der Mensch produziert pro Tag mit den Fäkalien ca. 1,5 g Phosphat (PO_4). Dazu kommen ca. 1,0 g PO_4 aus Wasch- und Reinigungsmitteln. In der Regel haben die häuslichen und kommunalen Abwässer einen höheren PO_4-Gehalt, als durch die Mikroorganismen beim Abbau der Schadstoffe verbraucht wird. Der Kläranlagenablauf hat daher noch immer relativ hohe PO_4-Konzentrationen. Im Allgemeinen ist bei einem Klärprozess mit folgender PO_4-Elimination zu rechnen:

- mechanische Abwasserreinigung (ca. 15 %),
- mechanisch-biologische Reinigung (25...30 %),
- mechanisch-biologische Reinigung und PO_4-Fällung (ca. 90 %).

Theoretisch sind heute Phosphatkonzentrationen im Ablauf von < 1 mg/l PO_4 zu erreichen.

Stickstoffeintrag

Bei N-limitierten Gewässern hat die sauerstoffzehrende Wirkung des Stickstoffes erhebliche Bedeutung für die Umwelt. Ammoniumstickstoff (NH_4–N) und auch organisch gebundener Stickstoff (org.-N) wirken sauerstoffzehrend, sodass bei plötzlich höherem N-Eintrag, insbesondere bei Gewässern mit geringer natürlicher Belüftung, Sauerstoffmangel auftreten kann. Als Folge kann die für Fische kritische Konzentration an gelöstem Sauerstoff unterschritten werden. Bei starker O_2-Zehrung und pH-Werten im alkalischen Bereich sorgt das NH_4^+/NH_3-Gleichgewicht für die Bildung von stark fischtoxischem Ammoniak.

Die N-Auswaschung des Erdbodens beträgt mit 936 g/(km²·a) ca. 50 % der direkt den Gewässern zugeführten N-Frachten und ist meist auf die natürliche Mineralisation von Ackerböden zurückzuführen [6.7].

Neben einer schwer vermeidbaren N-Grundlast des Erdbodens können folgende Beiträge zur N-Fracht-Reduzierung geleistet werden:

■ Reduzierung der versiegelten Flächen,
■ Reparatur von undichten Kanalnetzen (10...20 % der Abwasserkanäle sind in der Bundesrepublik defekt).

6.5   Gewässerversauerung

Im Jahre 1872 tauchte der Begriff **saurer Regen** erstmals in England auf. Aufgrund immer höherer Schornsteine in den europäischen Industrieregionen und der vorherrschenden Südwestwinde in Europa breitete sich das Gebiet des sauren Regens in Richtung Skandinavien aus. Heute hat der Niederschlag in der Bundesrepublik einen mittleren pH-Wert von 4; vereinzelt sogar < 2,5 (vgl. Abschn. 2.3.3).

Saurer Regen führt nicht nur zu einer Versauerung von Oberflächengewässer. sondern auch schwach gepufferte, kalkarme Böden sind hiervon betroffen. Als Ursache gilt der kontinuierliche Eintrag von Schwefeldioxid, reduziertem Stickstoff oder Stickstoffoxiden aus Industrie, Haushalt, Verkehr und Landwirtschaft. Im Gegensatz zur Versauerungsdynamik in Böden und Oberflächengewässern liegen für Grundwasser nur wenig gesicherte Erkenntnisse vor.

In Skandinavien sind mehr als 20 000 Seen übersäuert. Auch die damit einhergehende Versauerung von Waldstandorten kann zur Versauerung von Gewässern führen [6.8]. Als Folge der pH-Absenkung findet eine verstärkte **Mobilisierung** von **Schwermetallen** und **Aluminium** im Boden bzw. in Gewässersedimenten statt. Dadurch können im Wasser toxische Konzentrationen erreicht werden, die Fisch- und Pflanzenwachstum beeinträchtigen.

Für eine Sanierung versauerter Ökosysteme kommt eine Kalkung des Gewässers in Frage, aber auch Injektionen von Natriumcarbonatlösung in das Bodensediment [6.9].

6.6   Gewässergüte

6.6.1   Kennwerte zur Einstufung der Gewässergüte

Gewässer müssen ständig auf ihren **Schadstoffgehalt** durch physikalische, chemische und biologische Analyseverfahren geprüft werden. Die Güte der Fließgewässer hängt aber nicht nur von der Menge der eingetragenen Schadstoffe, sondern auch vom **Selbstreinigungspotenzial** ab.

Umweltschadstoffe

Dieses wurde in der Vergangenheit durch Flussbegradigungen, Ufer-
und Hochwassermaßnahmen vielfach in Mitleidenschaft gezogen.

Eine der wichtigsten Analysemethoden ist die Bestimmung des **biochemischen (biologischen) Sauerstoffbedarfes (BSB)**, welcher über die
biologisch abbaubaren Verbindungen in einem Gewässer Aufschluss
gibt. Grundlage ist die Simulation der natürlichen Selbstreinigung.
Messgröße ist bei 20 °C der Sauerstoffverbrauch. Nach 2 Tagen (BSB_2)
hat man die sofort abbaubaren Stoffe erfasst; nach 5 Tagen (BSB_5) sind
in der Regel die Abbauprozesse abgeschlossen.

Der Abbau der im täglichen Abwasser enthaltenen Schadstoffe (Schmutzfracht)
benötigt pro Einwohner ca. 60 g Sauerstoff. Daraus ergibt sich pro **Einwohner**
ein Wert von **60 g BSB_5.**

> Der **Einwohnergleichwert** EGW ist eine vergleichbare
> Messgröße für die organische (sauerstoffzehrende) Schad-
> stoffbelastung von Gewässern und Abwässern. Eine Ver-
> gleichbarkeit von Abwässern aus Industrie und Gewerbe mit
> häuslichen Abwässern wird dadurch ermöglicht.

Bringt ein Betrieb eine BSB_5-Last von 120 kg pro Tag ein, so entspricht diese
Schadstoffmenge (120 000 g : 60 g =) 2 000 EGW.

Beispiele: rohes Wasser   200...400 mg/l BSB_5
              biologisch gereinigtes Abwasser < 20 mg/l BSB_5
              Gewässer der Güteklasse I   ≤ 3 mg/l BSB_5

Wegen der langen Analysedauer bei der Ermittlung des BSB_5-Wertes
(5 Tage) wurden weitere Oxidationsmethoden entwickelt, die mit dem
Begriff **Chemischer Sauerstoffbedarf (CSB)** bezeichnet werden. Mit-
hilfe eines Oxidationsmittels (z. B. Kaliumdichromat, $K_2Cr_2O_7$) wird der
Sauerstoff gemessen, der für den Abbau der organisch oxidierbaren
Fracht benötigt wird.

Der gesamte organische Kohlenstoff wird als **TOC (total organic
carbon)** bezeichnet. Er besteht aus dem gelösten organischen Kohlenstoff **DOC (dissolved organic carbon)** und dem partikulär gebundenen
Kohlenstoff.

Weitere wichtige Messgrößen zur Einstufung der Gewässergüte sind der
Ammoniumstickstoff (NH_4-N) und der **Gesamtphosphor (P_{ges})**.

Allgemein hat sich vom **limnologischen Standpunkt** (Phosphatgehalt
als Nährstoffgehaltsanzeige), aber auch vom **hygienischen Standpunkt**
(Anzahl von *Escherichia-coli*-Keimen) der Zustand der meisten Gewässer gegenüber den 60er-Jahren verbessert.

6.6.2   Gewässergütestufen

Fließgewässer werden in vier Güteklassen eingeteilt, wobei neben physikalischen und chemischen Parametern eine jeweils typische Lebensgemeinschaft zur biologischen Charakterisierung herangezogen wird. Die für bestimmte chemische Gewässerzustände typischen Organismen werden als **Leitorganismen** bezeichnet. Dieses auch unter dem Namen **Saprobiensystem** bekannte Verfahren ermöglicht durch eine einfache und schnelle mikroskopische Analyse vor Ort, auf den chemischen Zustand und den Fortschritt der Selbstreinigung zu schließen. Tabelle 6-4 zeigt das Saprobiensystem und ordnet zur kartographischen Darstellung der Gewässergüte den verschiedenen Güteklassen eine Farbe zu.

Tabelle 6-4: Saprobien- und Güteklassensystem

Saprobienbereich	Verschmutzung	Güteklasse (Kennzeichnung)
Oligosaprobe Zone	unbelastet bis gering belastet	I (blau)
β-mesosaprobe Zone	mäßig belastet	II (grün)
α-mesosaprobe Zone	stark verschmutzt	III (gelb)
polysaprobe Zone	übermäßig verschmutzt	IV (rot)

Oligosaprobe Zone (Güteklasse I)

Das klare Wasser ist nahezu mit Sauerstoff gesättigt. Der geringe Nährstoffeintrag wird vollständig verstoffwechselt. Die Gesamtartenzahl ist bei gleichzeitig geringer Individuenzahl einer Art hoch. Es sind überwiegend Mikroorganismen vorhanden.

Bakterienzahl:	< 100 Keime/ml
O_2-Gehalt:	> 8 mg/l
NH_4-Stickstoff:	Spuren
BSB_2:	0,5 mg/l
BSB_5:	$\leq$ 3 mg/l
CSB:	1...2 mg/l

> Leitorganismen in Fließgewässern sind z. B. Steinfliegenlarven, Hakenkäfer, Blattflusskrebs, Kieselalgen, Wimpertierchen, Grünalge, Rotalge.

Umweltschadstoffe

β-mesosaprobe Zone (Güteklasse II)

In dem nur schwach verunreinigten Gewässer finden die Organismen ideale Lebensbedingungen. Bei hoher Artenzahl sind die Konstanz und Dichte der Arten ebenfalls hoch. Der Nährstoffeintrag wird von den Mikroorganismen gerade noch bewältigt.

Bakterienzahl:	ca. 10 000 Keime/ml
O_2-Gehalt:	6...8 mg/l
NH_4-Stickstoff:	ca. 0,3 mg/l
BSB_2:	1...2 mg/l
BSB_5:	3...5 mg/l
CSB:	5...15 mg/l

Leitorganismen in Fließgewässern sind z. B. Hakenkäfer, Eintagsfliegenlarve, Kleinkrebse, Schnecken, Blütenpflanzen.

α-mesosaprobe Zone (Güteklasse III)

Für die stark verunreinigten Gewässer besteht ein hoher Sauerstoffbedarf für die abbauenden Mikroorganismen. Ein optimales Nährstoffangebot hat zunächst eine Erweiterung des Artenspektrums zur Folge, das sich mit zunehmendem Verschmutzungsgrad verringert.

Bakterienzahl:	ca. 100 000 Keime/ml
O_2-Gehalt:	2...4 mg/l
NH_4-Stickstoff:	> 0,5 mg/l
BSB_2:	5...14 mg/l
BSB_5:	3...5 mg/l
CSB:	20...65 mg/l

Leitorganismen in Fließgewässern sind z. B. Wasserasseln, Egel, Wimpertierchenkolonien, Schwämme, Blaualge, Goldalge.

Polysaprobe Zone (Güteklasse IV)

Wegen des extrem hohen Nährstoffangebotes findet eine völlige Sauerstoffzehrung statt. Die organischen Schadstoffe werden nur unvollständig abgebaut. Bei den Abbauprozessen entstehen häufig toxische Stoffe wie Schwefelwasserstoff, Amine und Ammoniak. Mikroorganismen wie

Bakterien (> 100 000 Keime/ml) beherrschen das Artenspektrum. Höhere tierische Lebewesen sind selten.

> Leitorganismen in Fließgewässern sind z. B. Schwefelbakterien, Geißeltierchen, Wimpertierchen, Schwebfliegenlarven, Gliederwürmer.

Umweltschadstoffe

7   Bodenbelastungen

7.1   Bodenbestandteile und Bodenstruktur

Man unterscheidet organische und anorganische Bodenbestandteile. Der **organische Anteil** eines Bodens ist jahreszeitlichen Schwankungen unterworfen und ist in verschiedenen Böden unterschiedlich hoch. In Mooren nimmt dieser Anteil Werte zwischen 30 und 100 % an, in Mineralböden dagegen kann er auf 1,5...4 % sinken. In der Abb. 7-1 wird ein Durchschnittsgehalt von 10 % organischem Anteil angenommen und die Zusammensetzung dieses Anteils näher betrachtet.

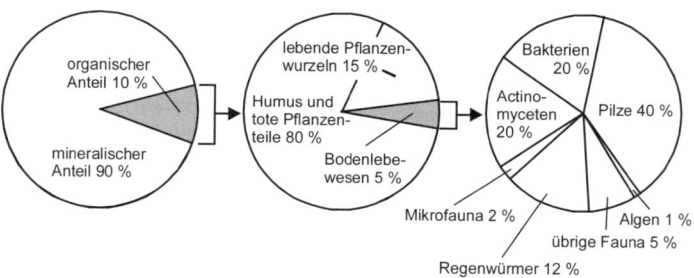

Bild 7-1: Bodenzusammensetzung und detaillierte Betrachtung der verschiedenen Fraktionen im organischen Anteil [7.1]

Die lebenden Organismen, Bodenbewohner und Pflanzen, das **Edaphon**, wird nach [7.2] nicht zur organischen Substanz der Böden gerechnet. Wie in Bild 7-1 dargestellt, macht dieser Anteil ca. 20 % aus. Zur organischen Substanz der Böden gehören definitionsgemäß die abgestorbenen pflanzlichen und tierischen Stoffe sowie deren Umwandlungsprodukte. Dieser Bodenbestandteil wird als **Humus** bezeichnet. Auf die chemische Elementarzusammensetzung hin untersucht, werden hier die Elemente C, H, O, N, S, P gefunden sowie auch Metalle, vorwiegend Ca, Mg, neben den als Zentralatom in Komplexen gebundenen Metalle Cu, Mn, Zn, Al, Fe. Abgestorbene, wenig abgebaute, noch morphologisch sichtbare Pflanzenreste und Bodenorganismen liegen vor. Diese Fraktion wird als „leichte Fraktion" bezeichnet. Ihre stoffliche Zusammensetzung ist sehr heterogen. Als organische Verbindungen dominieren hier Cellulose, Hemicellulose, Pektin, Stärke, Zucker, Proteine, Nucleinsäuren,

Fette, Wachse, Harze, Gerb- und Farbstoffe. Neben dieser Fraktion kommen stärker umgeformte dunkle hochmolekulare Produkte, die Huminstoffe, vor. Beide Fraktionen zusammen werden nach DIN 19684 Teil 2 und nach [7.2] als Humus (vgl. Bild 7-2) bezeichnet.

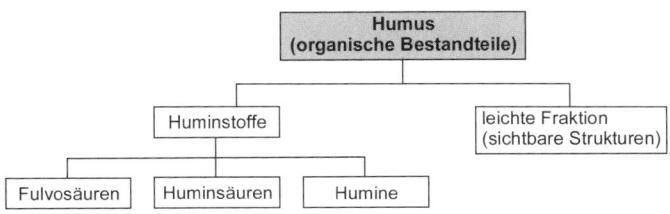

Bild 7-2: Schematische Einteilung von Humus

Umweltschadstoffe

Huminstoffe sind heterogen aufgebaute organische Polymere aus mehrkernigen aromatischen Kohlenwasserstoffen mit 5...6 Ringen. Die Ringe sind über verschiedene Brücken (–O–, –NH–, –N–, –CH$_2$–, –S–) miteinander verknüpft und tragen verschiedene funktionelle Gruppen wie Carboxyl- und phenolische Hydroxylgruppen. Diese besitzen ein acides H-Atom, welches dissoziierbar ist und als bewegliches Gegenion durch andere Kationen ausgetauscht werden kann. Über die Entstehung dieser komplizierten Polymere werden Vermutungen angestellt. So werden beim Abbau von organischen Grundstoffen aus Pflanzenresten wie den Zuckern oder dem Lignin Zwischenprodukte gebildet, die zu huminstoffähnlichen Substanzen polymerisieren können. Weiterhin vermutet man, dass die Aktivität von Mikroorganismen bei der Bildung von Huminstoffen eine große Rolle spielt. Werden Glucose und Aminosäuregemische mit Bodenmikroorganismen inkubiert, so entstehen huminstoffartige Verbindungen. Die Umwandlung der organischen Substanz des Bodens in Huminstoffe bezeichnet man als **Humifizierung**.

Unter den Huminstoffen findet sich eine enorme Vielfalt verschiedener Makromoleküle. Eine genaue Struktur ist nicht festlegbar. Huminstoffe können aufgrund ihrer unterschiedlichen Löslichkeit in saurem und basischem Milieu in verschiedene Fraktionen unterteilt werden (vgl. Bild 7-2). Der größte Teil der Huminstoffe ist in Basen löslich. Der unlösliche Anteil wird als Humine bezeichnet. Aus der basischen Lösung fallen durch Ansäuern auf pH = 2 die Huminsäuren aus, während die in Lösung bleibende Fraktion als Fulvosäuren bezeichnet wird. Humus bildet mit Tonmineralien sowie Eisen- und Aluminiumoxiden stabile Aggregate. Huminstoffe zeigen ein hohes Adsorptionsvermögen für verschiedene organische und anorganische Stoffe und beeinflussen somit im Wechselspiel der Ad- und Desorption die Mobilität von Nähr- sowie auch Schadstoffen im Boden.

Der **anorganische Anteil** des Bodens, die Gesteine und deren Grundbestandteile (Mineralien), werden im Folgenden vorgestellt. Bei der Entstehung der Erde aus heißer gasförmiger, sich langsam abkühlender Materie sanken die schwereren Elemente wie Eisen und Nickel in den Kern ab, während sich die leichteren an der Oberfläche anreicherten. Mit Erstarrung der äußeren Oberfläche bildeten sich die ersten festen Gesteine.

Man unterteilt die sich bildende Erdkruste in zwei Schichten; die äußerste mit den vorherrschenden Elementen Silicium und Aluminium, **Sial** genannt, und die darunter gelegene, welche aufgrund ihres hohen Gehaltes an Silicium und Magnesium Sima genannt wird. Man bezeichnet diese Erstarrungsgesteine als **Magmatite**. Basalt und Granit zählen zu diesen Urgesteinen. Magmatite entstehen auch heute noch, wenn bei Vulkanausbrüchen flüssiges Magma an die Erdoberfläche dringt. Ursprünglich waren alle Gesteine der Erde Magmatite, aber im Laufe der Zeit unterlagen sie verschiedenen Verwitterungs- und Umwandlungsprozessen. Durch die ständigen Bewegungen und Massenverschiebungen gelangten Magmatite wieder in tiefere Erdschichten. Dort veränderten sie sich unter Einwirkung von höheren Temperaturen und zunehmendem Druck. Unter solchen Bedingungen können neue Kristallstrukturen entstehen oder neue chemische Bindungen geknüpft werden. Aus Granit bildete sich Gneis, aus Kalkstein wird bei hohem Druck und hoher Temperatur Marmor. Die im Zuge solcher Umwandlungsprozesse aus den Urgesteinen entstandenen Gesteine werden **Metamorphite** genannt.

Magmatite und Metamorphite sind zu 95 % an der Zusammensetzung der Erdkruste beteiligt, aber ihr Anteil an der Erdoberfläche macht nur 25 % aus. Die Erdoberfläche, welche das Material unserer Böden darstellt, besteht zu 75 % aus Sedimenten. Man unterscheidet klastische, chemische und biogene Sedimente. **Klastische Sedimente** sind aus Magmatiten hervorgegangene Trümmergesteine verschiedener Korngrößen. Bei dieser durch Temperatur- und Wassereinwirkung verursachten Zerkleinerung entstanden auch wasserlösliche Bestandteile als Kationen und Anionen. Beim Verdunsten des Wassers bildeten sich mächtige Schichten zurückgebliebener Salze. Zu diesen gehören die **chemischen Sedimente** Gips (Calciumsulfat), Kalkstein (Calciumcarbonat) und die

Salzlagerstätten. **Biogene Sedimente** sind aus den Schalen und Skeletten verschiedener Organismen entstanden (z. B. Muschelkalk).

Sind Böden aus Bruchstücken der Urgesteine entstanden, so zeigen sie eine ähnliche chemische Grundstruktur wie diese. Die **Primärmineralien** des **Granits** sind Quarz, Feldspat und Glimmer. Es handelt sich um chemisch einheitlich aufgebaute homogene Festkörper. **Quarz** (SiO_2) ist eine Verbindung aus Silicium und Sauerstoff. **Feldspate** sind chemische Verbindungen aus Kalium, Aluminium, Silicium und Sauerstoff. Dieses Mineral hat eine dem Quarz ähnliche Struktur, mit dem Unterschied, dass an einigen Stellen ein dreiwertiges Aluminiumkation das vierwertige Siliciumkation ersetzt. Der entstehende Mangel an positiver Ladung wird durch Einlagerung eines Kalium-, Calcium oder Natriumkations ausgeglichen.

Beim **Glimmer** wiederum kann das vierwertige Siliciumkation entweder durch ein zweiwertiges Magnesium- oder Eisenkation ersetzt sein. Wieder entsteht ein Mangel an positiver Ladung, welcher durch Einlagerung von positiv geladenen Ionen ausgeglichen wird. Die zum Ladungsausgleich eingelagerten Gegenionen wie Kalium, Calcium usw. sind beweglich, d. h., sie können ausgetauscht werden, wenn sie an der Oberfläche liegen. Glimmer haben Schichtenstruktur, sind außerordentlich leicht spaltbar und verwittern sehr viel schneller als Feldspat und Quarz. Wenn diese Primärmineralien verwittern, entstehen die sekundären Mineralien. Zu diesen gehören die Carbonate, Oxide und Hydroxide von Silicium, Eisen, Aluminium und Mangan. Die physikalische Verwitterung bewirkt hauptsächlich eine mechanische Zerkleinerung, während bei der chemischen Verwitterung Reaktionen mit Wasser (Hydrolysen), mit Sauerstoff (Oxidation), mit Kohlenstoffdioxid und Wasserstoffionen (H^+) erfolgen. So werden bei der chemischen Verwitterung von Kaliumfeldspat durch Hydrolyse stufenweise Kaliumkationen und Kieselsäuremoleküle freigesetzt, bis als Endprodukt ein Aluminium-Siliciumoxid, ein Tonmineral, übrig bleibt.

Ton nimmt leicht Wasser auf, er quillt. Man unterscheidet Zweischicht- und Dreischicht-Tonmineralien. Nur die Dreischicht-Tonminerale besitzen eine große Kapazität zur Bindung und zum Austausch von Kationen, welche auch für die reversible Bindung von Pflanzennährstoffen von außerordentlicher Bedeutung ist. Im Boden wirkt Ton als wasserundurchlässige Schicht. Ton bedeutet in der Bodenkunde eine Bodenfraktion mit einer sehr kleinen Korngröße. Man unterscheidet verschiedene Korngrößenfraktionen (vgl. Tab. 7-1)

Umweltschadstoffe

Tabelle 7-1: Korngrößenfraktionen

Fraktion	Äquivalentdurchmesser
Ton	< 2 µm
Schluff	2...63 µm
Sand	63...2 000 µm
Feinboden	< 2 mm
Grobboden	> 2 mm

Der Mengenanteil (Massen-%) der verschiedenen Kornfraktionen bestimmt die Korngrößenverteilung eines Bodens. Die Mengenanteile werden mittels Siebanalyse ermittelt und in Körnungslinien dargestellt (vgl. Bild 7-3). Böden werden nach der mengenmäßig vorherrschenden Kornfraktion einer bestimmten Bodenart zugeteilt. Man spricht von Ton, wenn hauptsächlich Partikelgrößen < 2 µm gefunden werden. Lehm enthält alle drei Fraktionen des Feinbodens in ähnlichen Anteilen.

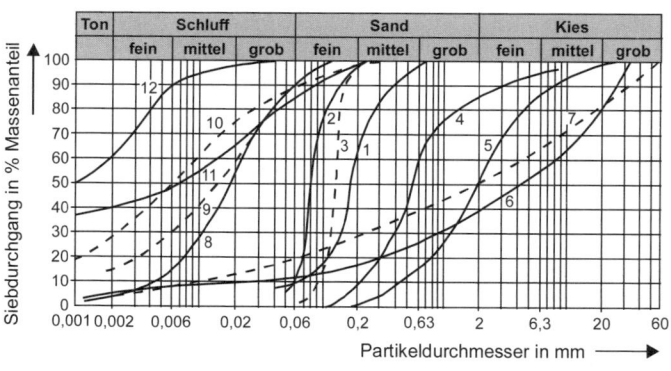

1 Fein-/Mittelsand (Tertiär)
2 Feinsand (Tertiär)
3 Flugsand (Holozän)
4 Flusssand, nass gebaggert
5 Kiessand
6 Hochterrassenkiese (Pleistozän)
7 Verwitterungslehm, steinig-sandig tonig
    (ähnlich auch Geschiebelehm)

8 Löss
9 Lösslehm
10 Lehm, tonig (Schluff, stark,
    leicht feinsandig)
11 Ton, stark schluffig (Tertiär)
12 Ton, schluffig (Tertiär)

Bild 7-3: Typische Partikeldurchmesserverteilung definierter Bodenarten [7.3]

Von der Körnung hängt die Größe und Verteilung der Bodenporen ab, welche wiederum einen direkten Einfluss auf den Wasser- und Lufthaushalt des Bodens haben und damit auf die Fruchtbarkeit, Puffer- und Filterfähigkeit des Bodens.

Viele Bodenpartikel (Ton und auch Humus) tragen negative Oberflächenladungen. Von dieser Ladung angezogen lagern sich Wassermoleküle mit ihren positiven Polen an. Wassermoleküle besitzen aufgrund der ungleichmäßig verteilten Bindungselektronen positive und negative Ladungsschwerpunkte. Es bilden sich mehrere Schichten von angelagerten Wassermolekülen (vgl. Bild 7-4).

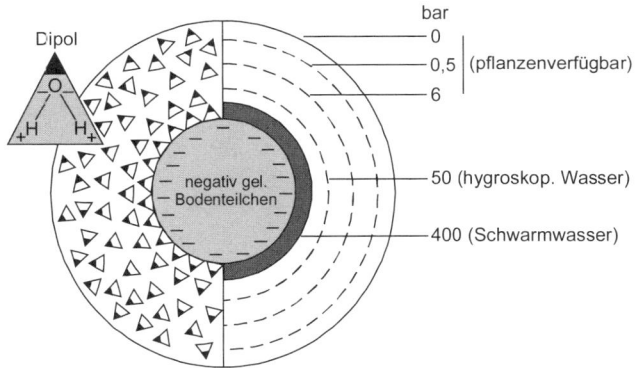

Bild 7-4: Anlagerung von H_2O-Molekülen um ein Bodenpartikel [7.4]

Man bezeichnet dieses Wasser als **Adsorptionswasser**. Durch die Hohlräume zwischen den Bodenpartikeln entstehen enge Röhren oder Kapillaren (Poren), welche mit Wasser gefüllt sein können. Je enger diese Röhren oder Poren sind, umso stärker wird das **Kapillarwasser** gehalten (diese Anziehungskräfte bezeichnet man auch als Kapillarkräfte). Adsorptions- und Kapillarwasser werden als **Haftwasser** bezeichnet (vgl. Bild 7-5).

Die Menge an Haftwasser wird als die **Wasserhaltekapazität** (Feldkapazität) bestimmt und stellt eine bodenspezifische Eigenschaft dar. Ein Boden mit feinkörnigen Partikeln weist eine große Oberfläche pro Volumen Bodenpartikel auf. Es bilden sich sehr viel mehr und engere Hohlräume (Poren) zwischen den dicht gelagerten kleinen Partikeln. Es kann deshalb viel mehr Wasser gespeichert bzw. gehalten werden als beim grobkörnigen Boden.

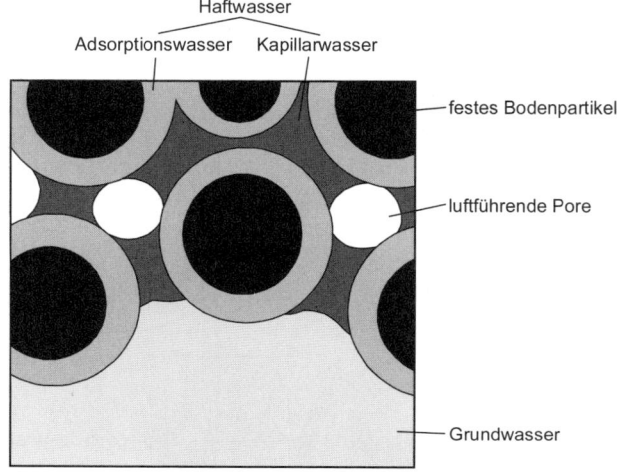

Bild 7-5: Arten des Bodenwassers [7.5]

Das Wasserbindungsvermögen eines Bodens steigt in der Reihenfolge Sand < Lehm < Ton. Infolgedessen versickert Wasser in Sandböden viel schneller als in tonhaltigen Böden. Die Durchlässigkeit eines Bodens für Wasser ist durch das Poren- oder Kapillarsystem gegeben und wird als Wasserleitfähigkeitskoeffizient k_f (Durchlässigkeitsbeiwert) experimentell nach dem DARCYschen Gesetz ermittelt. Dieses Gesetz stellt den Zusammenhang her zwischen Wassermenge Q, dem hydraulischen Gradienten I, der durchströmten Fläche A (m²) und dem gemessen Wert für k_f, der definiert ist als die Geschwindigkeit der Wasserbewegung bei gegebenem hydraulischem Gradienten:

$$k_f = \frac{Q}{A \cdot I}$$ (7-1)

Der niedrigste k_f-Wert eines Bodenprofils bestimmt die Durchlässigkeit des Bodens im Ganzen.

Sind die Hohlräume des Bodens nicht mit Wasser gefüllt, so enthalten sie Luft. Mit steigender Wassersättigung sinkt folglich der Luftgehalt des Bodens. Die Verfügbarkeit von Sauerstoff im Boden wiederum ist ein wichtiger Aspekt für die Atmung der Mikroorganismen und Pflanzenwurzeln. Durch die Atmungsaktivität der Wurzeln (etwa 1/3) und der

Mikroorganismen (2/3) wird Sauerstoff im Boden verbraucht und CO_2 angereichert. Der Mangel an Sauerstoff und der Überschuss an Kohlenstoffdioxid lassen einen Konzentrationsgradienten zwischen Bodenluft und Atmosphäre entstehen, welcher die treibende Kraft ist für den in der Folge stattfindenden Gasaustausch. Das aus dem Boden entweichende CO_2 kann von der Pflanze direkt zur Photosynthese genutzt werden. Es entweicht umso mehr CO_2, je mehr Sauerstoff in der Bodenluft veratmet wurde.

Eine weitere, sehr wichtige chemisch-physikalische Eigenschaft zur Bodencharakterisierung ist die **Kationenaustauschkapazität**. Das Vorkommen von Huminstoffen und bestimmten Tonmineralien in Böden hat hier entscheidenden Einfluss. Die in Tonmineralien vorhandenen negativen Oberflächenladungen waren durch den Einbau von dreiwertigem Aluminium oder zweiwertigem Eisen bzw. Magnesium anstelle des vierwertigen Siliciums in die Gitterstruktur des Siliciumdioxids entstanden. Zum Ladungsausgleich wurden Kationen angelagert, welche nur durch relativ schwache Bindungskräfte gehalten werden. Liegen diese ladungsneutralisierenden Kationen an der Oberfläche und sind zugänglich, so können sie gegen andere Kationen aus der Bodenlösung ausgetauscht werden. Dreischicht-Tonmineralien haben eine große innere Oberfläche und damit viele zugängliche austauschfähige Kationen. Auch Huminstoffe haben durch ihre aciden Wasserstoffionen an den Carboxyl- und Hydroxylgruppen die Fähigkeit zum Kationenaustausch. Sie ist abhängig vom pH-Wert.

> Die Summe aller austauschbaren Kationen bezeichnet man als die Kationenaustauschkapazität (KAK) eines Bodens. Die Fähigkeit eines Bodens zum Kationenaustausch beeinflusst den Wasser- und Lufthaushalt, die Gefügebildung, die Pufferkapazität eines Bodens sowie seine Filtereigenschaften (z. B. Adsorption toxischer Metallkationen) und die Fähigkeit zur Adsorption von löslichen Pflanzennährstoffen, da sie deren Auswaschung entgegenwirkt.

7.2   Bodenfruchtbarkeit

Ein Boden ist fruchtbar, wenn er durchwurzelbar ist und die Fähigkeit besitzt, Pflanzen Wasser, Nährstoffe und Luft zur Verfügung zu stellen. Demnach wird die Bodenfruchtbarkeit bedingt durch die chemischen, physikalischen und biologischen Eigenschaften. Von Bedeutung sind

Umweltschadstoffe

unter anderem die Bodentextur (Körnungsklasse), die Wasserhaltekapazität, der Gehalt an organischer Substanz, das Wärmespeichervermögen, der Nährstoffgehalt und die -verfügbarkeit sowie die Kationenaustauschkapazität.

Die fruchtbarste anorganische Bodenart stellt der Löss dar. Er weist ein ausgewogenes Verhältnis von Mittel- und Feinporen auf und besteht aus Tonmineralien mit einem ausreichenden Nährstoffvorrat an Kalium und Calcium. Durch seine hohe Kationenaustauschkapazität ist er in der Lage, durch Düngung zugeführte Nährstoffe zu halten. Wesentliche der oben genannten Eigenschaften im ungedüngten Boden werden durch Menge und Art der organischen Substanz im Boden sowie durch die in ihm lebenden Organismen bedingt. Die organische Bodenfraktion enthält die Pflanzennährelemente Stickstoff, Phosphor und Schwefel. Der prozentuale Kohlenstoff-zu-Stickstoff-Anteil, das **C/N-Verhältnis,** kann in den oberen Bodenschichten (bis 15 cm) Werte von 10…14 annehmen, das **C/P-Verhältnis** kann 100 betragen, das **C/S-Verhältnis** liegt bei 80…100. Die organische Substanz im Boden stellt eine langsam fließende Nährstoffquelle dar, denn die für die Pflanzen relevanten Nährstoffe sind festgelegt und müssen erst in die pflanzenverfügbare Form überführt werden. Dies geschieht durch die Aktivität von Mikroorganismen. Sie setzen durch den Abbau organischer Substanzen zu CO_2 und Wasser im Prozess, welchen man als Mineralisierung bezeichnet, alle Nährstoffe frei. Gleichzeitig werden beim Umbau der komplexen organischen Substanz Zwischenprodukte frei, die direkt als Pflanzennährstoffe genutzt werden können. Zur organischen Substanz gehören auch Substanzen mit Wirkstoffcharakter wie Vitamine oder Antibiotika. Diese könnten durchaus für das Pflanzenwachstum von Bedeutung sein, denn Pflanzen sind in der Lage, Stoffe bis zu einer relativen Molekülmasse von 200…500 aufzunehmen. Zur Leistung der Mikroorganismen zählen weiterhin die Bindung von Luftstickstoff sowie die Gefügeimmobilisierung. Da die organische Substanz auch die Lebensgrundlage der chemoorganoheterotrophen Bodenorganismen darstellt, besteht ein enger Zusammenhang zwischen Art und Menge der Bodenorganismen, dem Gehalt an organischer Substanz und den aus ihr freigesetzten anorganischen Nährstoffen. Die Abbautätigkeit der Mikroorganismen ist gehemmt, wenn ihnen nicht genügend Stickstoff zum Aufbau ihrer Biomasse zur Verfügung steht. Damit entscheidet unter anderem der Stickstoffgehalt im Ausgangsmaterial darüber, wie gut es zersetzt und wieder pflanzenverfügbar gemacht wird. Ein weiterer Engpass kann die Sauerstoffzufuhr sein. Je besser durchlüftet ein Boden, umso schneller erfolgt die Stoffumwandlung der organischen Bodenbestandteile. Größe und Verteilung der Bodenporen beeinflussen den Wasser- und Lufthaushalt. Ein ausgewogenes Verhältnis von Mittel- und Feinporen gewährleistet ein gutes Wasserspeichervermögen, setzt genügend Wasser für die Pflanzen frei und lässt Luft in die wasserentleerten Poren strömen.

Die organische Substanz des Bodens hat auch eine physikalische Wirkung. Sie unterstützt die Bildung und Stabilität eines grobporigen Aggregatgefüges besonders in tonreichen Böden und verbessert damit dessen **Wasser- und Lufthaushalt** [7.2]. Da die organische Substanz das 3- bis 5fache ihres Eigengewichtes an Wasser festzuhalten vermag, verbessert sie die Wasserhaltekapazität eines stark durchlässigen Bodens (z. B. beim Sandboden). Die dunkle Farbe der Huminstoffe begünstigt durch ihre Fähigkeit zur Absorption von Wärmestrahlung eine bessere Bodenerwärmung im Frühjahr und verlängert dadurch die Vegetationsperiode.

7.3   Art und Menge von Stoffeinträgen

Der Boden ist ein komplexes Ökosystem, welches auf vielfache Weise genutzt wird. Jede Art von Nutzung beeinflusst die natürlichen Abläufe in diesem Ökosystem und führt zu einer mehr oder minder starken Störung. Durch Lebens- und Konsumgewohnheiten, durch industrielle und landwirtschaftliche Produktionsweisen gelangen anorganische und organische Stoffe als feste, flüssige oder gasförmige Substanzen in den Boden. Stoffeinträge erfolgen durch atmosphärische Immission von gasförmigen, flüssigen und staubförmigen Stoffen sowie mittels Lagerung (Abfälle) und Verteilung von Stoffen oder Stoffmischungen durch Transport- oder Industrieunfälle oder durch Ausbringung von Kompost, Klärschlamm, Streusalzen, Pestiziden und Dünger auf der Erdoberfläche. Abhängig von Menge und Konzentration können diese Stoffeinträge eine schädigende bzw. toxische Wirkung haben.

> Alle in anorganischen Schadstoffen enthaltenen Elemente sind zwar natürlicherweise in Böden vorhanden, jedoch meist in geringeren Konzentrationen. Die Emission gasförmiger anorganischer Schadstoffe erfolgt durch jegliche Art von Verbrennungsvorgängen. Mengenmäßig bedeutend sind die sauren Schadgase SO_2, NO_X und CO.

Es gibt verschiedene Verursacher, deren Emissionen in Tabelle 7-2 gegenübergestellt sind.

Umweltschadstoffe

Tabelle 7-2: Emissionen der Schadgase SO_2, NO_x und CO in Deutschland im Jahre 2007 und ihre Verursacher sowie Vergleich der Gesamtemission mit der des Jahres 1999 [7.6]

| Verursacher 2007 | Schadgasemissionen in kt | | | |
	SO_2	NO_x	CO	Anteil an allen Emissionen
Verkehr	1,6	628,6	1 400,3	36,6 %
davon: Straßenverkehr	0,0	566,1	1 279,0	
Haushalte	37,7	56	702,4	14,3 %
Industrie, verarbeiten des Gewerbe	138,2	162	1 304,4	28,9 %
Energiewirtschaft	282,5	295,8	143	13,0 %
Gesamtemission 2007	494	1 294	3 763	
Gesamtemission 1999	783	1 872	5 361	

Ein weiterer anorganischer Stoffeintrag mit Bedeutung für Boden und Umwelt stellt die Emission von Metallen dar. Hierbei kann die Wirkung sehr unterschiedlich sein. Die verschiedenen Wirkprinzipien auf Pflanzen sind in Bild 7-6 dargestellt.

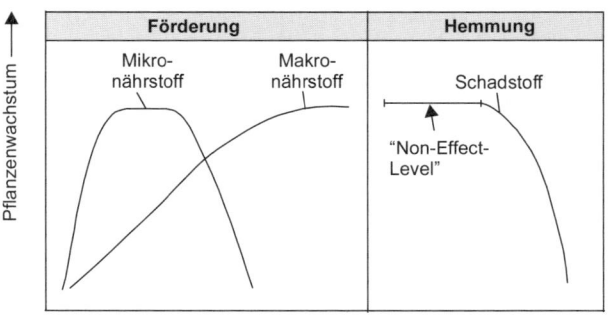

Bild 7-6: Wirkprinzipien, betrachtet anhand der Förderung bzw. Hemmung des Pflanzenwachstums in Abhängigkeit von der Wirkstoffkonzentration (aus [7.2])

Einige Metalle sind für Pflanzen, Tiere und Menschen in sehr geringen Konzentrationen essenziell, d. h., eine zu geringe Aufnahme führt zu **Mangelerscheinungen**. Ein geringer Überschuss jedoch zeigt sofort eine **Schadwirkung**. Stoffe mit diesem Wirkprinzip werden als Mikronährstoffe oder Spurenelemente bezeichnet. Zu den Makronährstoffen zählen Metallkationen mit essenzieller Bedeutung für Stoffwechsel und Wachstum. Im Gegensatz zu den Spurenelementen wird bei diesen Metallen selbst in hohen Konzentrationen keine Schadwirkung beobachtet. Eine weitere Gruppe von Metallen hat stoffwechselphysiologisch keine Bedeutung. In geringen Konzentrationen wird zwar noch keine Hemmung beobachtet (**N**o-**O**bserved-**E**ffect-**L**evel = NOEL), aber bei Überschreiten einer bestimmten Grenzkonzentration tritt eine Schadwirkung ein. Zu den letztgenannten Stoffen gehört z. B. das Blei.

Blei ist ein wichtiger Rohstoff zur Herstellung von Akkumulatoren. Die in früheren Jahren verzeichneten hohen Pb-Emissionen durch Kraftfahrzeugabgase waren bedingt durch die Verwendung von Pb-Verbindungen als Antiklopfmittel im Benzin (vgl. Tab. 7-3). Ein anderes in geringen Konzentrationen toxisches Metall ist das **Quecksilber**. Es ist das einzige bei Raumtemperatur flüssige Metall. Sein Verhalten in der Umwelt wird durch den relativ hohen Dampfdruck bestimmt. Quecksilber wurde in früheren Jahren zur Herstellung von Batterien sowie als Füllflüssigkeit in verschiedenen Messinstrumenten (Thermo- und Manometer) verwendet und wird heute so weit möglich ersetzt. Der geringere Verbrauch schlägt sich auch in den von 1985 bis 2007 um mehr als 97 % gesunkenen Jahresemissionen in Deutschland nieder (vgl. Tab. 7-3). Die Hauptemission des Metalls geschieht jedoch auf natürliche Weise, z. B. bei Verdampfung des Metalls aus Meerwasser, bei Verwitterung von quecksilberhaltigem Gestein oder bei Vulkanausbrüchen, und wird weltweit auf ca. 40 000 t/a geschätzt.

Tabelle 7-3: Vergleich der in Deutschland gemessenen Emissionen relevanter toxischer Metalle Jahre 1985 (BRD und DDR) und 2007 [7.7, 7.8]

Jahr	Metallemissionen in t/a						
	Cadmium	Chrom	Kupfer	Quecksilber	Nickel	Zink	Blei
1985	45	345	460	155	440	1 900	5 050 davon 3 600 Verkehr
2007	2,5	31,3	2110,6	4	112	1856	112

Der Eintrag von **Cadmium** in Böden erfolgte durch Verwendung des Metalls bei der Herstellung diverser Industrieprodukte (heute weit gehend ersetzt) sowie bei Applikation cadmiumhaltiger Phosphatdünger. Die Metalle Quecksilber, Blei und Cadmium haben keine essenzielle Funktion im pflanzlichen, tierischen und menschlichen Stoffwechsel. Sie sind in geringen Konzentrationen für den Menschen bereits toxisch.

Umweltschadstoffe

Die in der Elektro- und Galvanikindustrie genutzten Metalle **Zink** und **Kupfer** sind für Mensch, Tier und Pflanze in sehr geringen Konzentrationen essenziell, in höheren Konzentrationen dagegen wirken Kupferverbindungen toxisch, was die Verwendung als Fungizid im Pflanzenschutz erklärt. Das in der Leder- und Metallindustrie verwendete **Chrom** stellt für Mensch und Tier in geringen Mengen ein essenzielles Element dar. Für Pflanzen dagegen ist es entbehrlich. Eine schädliche Wirkung für den Menschen wurde bisher weder für das elementare Metall noch für das dreiwertige Metallion nachgewiesen. Lediglich die sechswertigen Chromverbindungen zeigen eine akute und chronische Toxizität.

Das in der Stahl-, Galvanik- und Elektroindustrie verwendete **Nickel** wird für manche Tiere als essenzielles Spurenelement angesehen; für den Menschen und auch für Pflanzen ist es schädlich. So kann die Inhalation von Ni-Stäuben zu Lungenkrebs führen und auch das bei der Verbrennung von fossilen Energieträgern gebildete Nickelcarbonyl wirkt carcinogen.

> Stoffeintrag durch organische Verbindungen: Bei den organischen Stoffen, welche in die Ökosphäre eingetragen werden, spielt neben der emittierten Menge die Persistenz (Stabilität) gegenüber photochemischen und mikrobiellen Abbauvorgängen für die Anreicherung in Böden eine wichtige Rolle.

Viele dieser Stoffe gelangen bei Anwendung bzw. bei unsachgemäßer Entsorgung in den Boden, denn durch die seit 2005 geltende TA-Siedlungsabfall (vgl. Kap. 3) ist der Eintragsweg über die Abfalldeponierung weitgehend ausgeschlossen. Jährliche Emissionen werden auch minimiert durch Anwendungsverbote. So reduzierte sich z. B. die jährliche Emission von Hexachlorcyclohexan (HCH) in den Jahren 1990 bis 2007 um 100 % (vgl. Tab. 7-4). Dieser seit 1949 vor allem als Insektizid in Land- und Forstwirtschaft sowie als Biozid (Holzschutzmittel) eingesetzte Stoff ist seit 2002 im Pflanzenschutz nicht mehr zugelassen.

Auch bei anderen Stoffen aus der Verbindungsklasse der POPs (persistent organic pollutants) ist entweder ein Gleichstand oder ein Rückgang bei der Emission zu verzeichnen. Seit Beginn der technischen Verwendung von **polychlorierten Biphenylen (PCBs)** als Transformatoren- und Hydrauliköle, als Flammschutzmittel und Weichmacher wurden weltweit mehr als 1 Mio. t produziert. Aufgrund ihrer Persistenz sind diese Stoffe in fast allen Bereichen der Umwelt vorhanden, auch im

tierischen und menschlichen Fettgewebe wurden sie in nicht unbeträcht-
lichen Mengen gefunden. Um die Emissionen zu begrenzen, ist die
technische Verwendung von PCB seit 1987 nur noch in geschlossenen
Systemen gestattet. Die in Tab. 7-4 genannten Emissionen kommen zu
Stande durch Freisetzung aus alten Produkten.

Tabelle 7-4: Jahresemissionen von persistenten organischen Schadstoffen = POP (persistent organic pollutants) in Deutschland [7.9]

HCH	BaP	PCB	Dioxine
1990 **60,20 t/a**	1990 **65,3 t/a**	1990 **18,3 kg/a**	1990 **113,8 g TE/a**
1997 **14,5 t/a**	1997 **35,7 t/a**	1997 **17,65 kg/a**	1997 **89,21 gTE /a**
2007 **00 t/a**	2007 **33 t/a**	2007 **18,49kg/a**	2007 **82,88 gTE/a**

HCH γ-Hexachlorcyclohexan, **Dioxine** Polychlorierte Dibenzodioxine, Polychlorierte
Dibenzofurane, **BaP** Benzo-(a)-pyren, **PCB** Polychlorierte Biphenyle

Umweltschadstoffe

Ebenfalls in der Tabelle genannte Stoffe sind die **polycyclischen aromatischen Kohlenwasserstoffe (PAK)**. Es handelt sich um Verbindungen
mit unterschiedlicher Anzahl von kondensierten aromatischen Ringen.
Verbindungen mit vier und mehr Ringen haben carcinogene Wirkung, so
z. B. das Benzo-(a)-pyren (BaP), welches einen der toxischsten Vertreter
aus dieser Verbindungsklasse darstellt. Die PAK kommen als natürliche
Bestandteile in der Braunkohle oder Steinkohle vor und entstehen vor
allem bei der Verbrennung organischer Substanzen in Energiegewin-
nungsanlagen, bei der Koksherstellung, der Verbrennung in Motoren
(Kfz-Verkehr), beim Zigarettenrauchen und bei anderen offenen Brän-
den, weshalb sie stets in der Luft nachweisbar sind. Eine weitere bei
Verbrennungs- und Herstellungsprozessen entstehende, für Mensch und
Tier sehr toxische Verbindungsklasse sind die Dioxine (polychlorierte
Dibenzodioxine und -furane). Man kennt mittlerweile die Reaktionsbe-
dingungen, welche zur ihrer Entstehung führen, und konnte ihre Emission in Deutschland von 1990 bis 2007 weiter reduzieren.

Pflanzenschutzmittel werden vor allem in der Hochleistungslandwirt-
schaft zum Schutz von Monokulturen eingesetzt. Etwa 49 % der Ge-
samtfläche Deutschlands werden landwirtschaftlich genutzt. Wenn man
charakteristische Zahlenwerte der Landwirtschaftsbetriebe von 1949 mit
denen des Jahres 2007 vergleicht, so wird deutlich, dass sich die Er-

werbsstrukturen in dieser Zeit sehr verändert haben. 1949 waren 92 % der landwirtschaftlichen Betriebe kleiner als 20 ha. Sie bewirtschafteten 65 % der vorhandenen Ackerflächen. Im Jahre 2007 wurden 74 % der Ackerfläche von nur 23 % der Landwirtschaftsbetriebe Deutschlands bearbeitet. Diese Betriebe bewirtschaften heute Flächen weit größer als 50 ha [7.10]. Sie benötigen hierzu weit weniger Arbeitskräfte als 1949, denn die Zahl der Arbeitskräfte in der Landwirtschaft nahm von 1949 bis 2007 um fast 93% ab [7.10]. Landarbeiter wurden weitgehend durch Maschinen ersetzt, und zur Steigerung der Ertragsleistung werden Dünger und Pflanzenschutzmittel (Herbizide, Insektizide, Fungizide; man bezeichnet sie als Pestizide) eingesetzt. Die Anwendung von Pflanzenschutz- und Düngemitteln stellt einen potenziellen Stoffeintrag in Böden dar. In Deutschland wurden 2008 ca. 43 420 t Pflanzenschutzmittel [7.11] sowie $5,8 \cdot 10^6$ t Düngemittel [7.12] (beide Inlandsabsatz) vermarktet. Mit der Ausbringung von Wirtschaftsdünger [7.13] in Form von Gülle ($5...10$ % TS), Jauche und Festmist entstand im Jahr 2008 ein Stoffeintrag in Höhe von $155,6 \cdot 10^6$ t FM (= Frischmasse).

7.4   Verhalten und Wirkung der Bodenbelastung

Verschiedene anorganische und organische Stoffgruppen mit Gefahrenpotenzial für Mensch und Umwelt, welche durch anthropogene Tätigkeit in größeren Mengen in den Boden gelangen können, wurden zuvor vorgestellt. In diesem Kapitel wird ergänzend über die Wirkungen dieser Stoffeinträge im Boden, über ihren Verbleib bzw. ihren Transport in andere Umweltkompartimente (Wasser, Luft) gesprochen. Von großer Auswirkung auf den Boden sind die sauren Schadgase, die Stickstoffoxide und Schwefeldioxid, denn sie bilden mit Wasser in der Atmosphäre Säuren (vgl. Kap. 8). Mit dem Regen gelangen die Säureprotonen in den Boden und reagieren dort weiter (vgl. Bild 7-7). In einem basenreichen Boden können die Protonen neutralisiert werden und die Auswirkungen sind gering. Bei Böden mit geringer Pufferkapazität (pH 5–4,2) werden aus Tonmineralien Aluminiumkationen freigesetzt, welche die Pflanzenwurzeln schädigen.

Weiterhin kann es bei geringen pH-Werten **zur Mobilisierung von Schwermetallverbindungen** (Cd^{2+}, Zn^{2+}, Ni^{2+}) sowie zur Freisetzung und Auswaschung von gebundenen Nährstoffen ins Grundwasser kommen. Beide Vorgänge beeinflussen die Bodenfruchtbarkeit negativ.

Das Verhalten von Schwermetallen im Boden ist abhängig von den chemischen, physikalischen und biologischen Eigenschaften der verschiedenen Bodenarten.

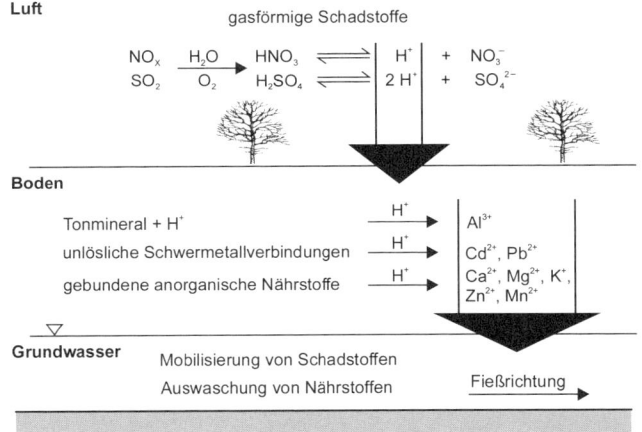

Bild 7-7: Direkte und indirekte Wirkung saurer Schadgase auf Boden und Grundwasser

Kupfer, Blei, Nickel, Cadmium und Zink werden sehr gut an Tonmineralien im Boden gebunden, wobei die ersten beiden die stärkste Bindungsaffinität zu der mineralischen Bodenkomponente aufweisen. Alle der oben genannten Metalle werden auch an die organische Bodenfraktion gebunden, meist in Form von metallorganischen Huminsäure-Komplexen mit unterschiedlicher Stabilität (Stabilitätsabnahme in oben genannter Reihenfolge). Quecksilber erfährt die stärkste Immobilisierung an der organischen Bodenfraktion und kann weiterhin im reduzierenden Bodenmilieu durch Sulfidionen als HgS ausgefällt werden, aber gleichzeitig durch mikrobielle Alkylierung zur flüchtigen Hg-Alkylverbindungen umgewandelt werden. Die Lösung und Verfügbarkeit von Metallkationen aus der mineralischen Bodenfraktion nimmt mit sinkendem pH-Wert bei allen genannten Metallen zu, während die Mobilisierung der Schwermetalle im sauren Bereich durch organische Substanzen erniedrigt wird. Zink, Cadmium und Nickel zählen zu den löslichen, relativ leicht mobilisierbaren Metallen. Pflanzen nehmen Metalle über das Bodenwasser als gelöste Metallkationen auf. Nach der Aufnahme gelangen diese über die Nahrungskette wieder zum Menschen.

Sehr vereinfachend lässt sich sagen: Je geringer der Anteil eines Bodens an Tonmineralien und Humus, desto größer ist die Verfügbarkeit oder Mobilität der Metalle. In der Folge steigen die Gefahr der Auswaschung ins Grundwasser und auch das Ausmaß der Aufnahme durch Pflanzen mit der Gefahr des Transports in die Nahrungskette. Zur Vermeidung von Gesundheitsschäden werden in Deutschland und der EU Grenzwerte bzw. Richtwerte für tolerierbare Schadstoffgehalte in Trinkwasser bzw. Lebensmitteln festgelegt (vgl. Tab. 7-5).

Tabelle 7-5: Grenz- und Richtwerte für Schadstoffe im Trinkwasser, Klärschlamm, Boden und in Kartoffeln sowie Normalwerte in Pflanzen und Boden

Schadstoff	Grenzwert	Grenzwert		Normale Gehalte[*****]		Richtwerte[****]
	Trinkwasser[*] in mg/l	Klärschlamm[**] in mg/kg [TS]	Boden[***] in mg/kg [TS]	Boden in mg/kg [TS]	Pflanze in mg/kg [TS]	Kartoffel in mg/kg [FrS]
Pb	0,01	900	100	2...60	0,1...6	0,1
Cd	0,05	10	1,5	< 0,5	0,05...0,4	0,05
Hg	0,001	8	1	< 0,5	0,002...0,04	0,02
Cu	2	800	60	4...40	3...30	–
Cr	0,05	900	100	5...100	0,1...1	–
Ni	0,02	200	50	5...50	0,1...3	–
Zn	2,0	2500	200	20...400	10...100	–
NO$_3$	50	–	–	–	–	–
Pflanzenschutzmittel, gesamt	0,000 5	–	–	–	–	einzelne Wirkstoffe in versch. Konzentrationen
PCB (Einzelkomponenten)	–	0,2	–	–	–	–
PAK	0,000 1	–	–	0,01-0,1	–	–
PCDD/ PCDF in TE	–	TE: 100 ng	–	–	–	–

TS Trockensubstanz, FrS Frischsubstanz

* Trinkwasserverordnung, 05/2001, BGBl 929, ** KrW/AbfG-Klärschlammverordnung 05/2001 Grenzwert für Klärschlamm, welcher auf Böden ausgebracht werden soll, *** KrW/AbfG-Klärschlammverordnung 05/2001 Grenzwert für Boden, auf welchen Klärschlamm ausgebracht werden soll, **** EG-Kontaminantenverordnung, Amtsbl. 466, 04/2001, ***** Daten nach [7.2]

Da das Ausmaß einer Schadstoffwirkung für Pflanze, Tier und Mensch unterschiedlich ist und von vielen Begleitfaktoren abhängt, ist die Festlegung von Werten nicht ganz einfach. Grenzwerte stellen keine objektiven Werte dar, denn sie werden der Komplexität der Realität nicht gerecht, dennoch müssen sie als Notlösung akzeptiert werden.

Für das Verhalten organischer Schadstoffe lässt sich sagen:

- **Lipophile Schadstoffe** werden bevorzugt an der Humusfraktion des Bodens adsorbiert (angelagert).

- Je humusreicher ein Boden, desto größer ist seine Speicherkapazität für organische Stoffe.

- **Ionogen vorliegende organische Stoffe** werden auch sehr gut an Tonmineralien, Mangan- und Eisen(hydr)oxiden gebunden.

- Die Schadstoffspeicherung ist reversibel.

- Mit Veränderungen des pH-Wertes, Redoxpotenzials und der Konzentrationen in der Bodenlösung werden die organischen Schadstoffe wieder freigesetzt.

- Die Verteilung eines organischen Stoffes zwischen Boden und Bodenlösung wird durch den **Koc-Wert** angegeben.

- Im Gleichgewichtszustand hat sich der Stoff zwischen der Feststoff- und der Flüssigkeitsphase entsprechend seinen chemischen Eigenschaften verteilt.

Der Koc stellt das Verhältnis der Konzentration eines Stoffes im Boden (bezogen auf den organischen C-Gehalt des Bodens) zu seiner Konzentration in der Bodenlösung dar. Dieser Koeffizient zeigt das Stoffverhalten in einem isolierten, statischen Versuchssystem. Da der Boden ein sehr komplexes dynamisches System darstellt, wird der Stoff in diesem System weiter reagieren. Er kann z. B. hydrolisiert oder oxidiert werden (chemischer Zerfall). Welche weiteren Folgereaktionen möglich sind, zeigt Bild 7-8.

Befindet sich ein organischer Stoff an der Bodenoberfläche, so kann er photochemisch zersetzt werden. Unter der Einwirkung von Sauerstoff und energiereicher Strahlung werden Kohlenstoffketten gespalten und oxidiert, bis über mehrere Zwischenstufen CO_2 entsteht.

In tieferen Bodenschichten ist die Aktivität der Mikroorganismen von entscheidender Bedeutung. Feste organische Stoffe werden durch mikrobielle Tätigkeit zu gelösten und gasförmigen Stoffen (z. B. CO_2,

CH_4) umgewandelt. Letztgenannte Mineralisationsprodukte verflüchtigen sich. Diese mikrobielle Stoffumwandlung führt in der Regel zu Stoffen, die keine Schadstoffwirkung mehr haben, aber es können auch Metabolite mit größerer Toxizität als die der Ausgangsstoffe gebildet werden. Persistente organische Stoffe erfahren keine oder nur eine sehr geringe Umwandlung in der Umwelt. Sie sind äußerst reaktionsträge (unterliegen keiner Hydrolyse oder Oxidation), sind resistent gegenüber mikrobiellem und photochemischem Abbau und reichern sich folglich im Boden und in der Umwelt an.

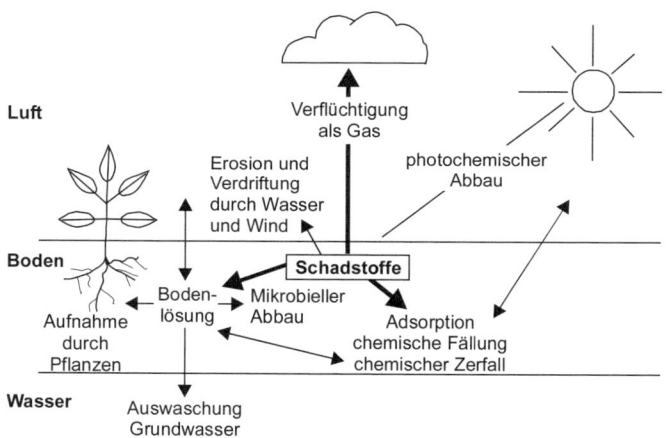

Bild 7-8: Reaktionen und Verhalten von Schadstoffen im Boden

Da Pflanzenschutzmittel (Pestizide; gehören zu den Bioziden) in Deutschland in großer Menge aufgebracht werden, muss sichergestellt werden, dass sie nicht persistent sind und keine toxischen Metabolite bilden. Um negative Einflüsse von Pflanzenschutzmitteln auf den Boden zu vermeiden, ist in Deutschland eines der weltweit strengsten Zulassungsverfahren vorgeschrieben. Unter anderem muss der Hersteller nachweisen, dass der Stoff keine schädlichen Auswirkungen auf Mensch, Tier, den Naturhaushalt und das Grundwasser hat. Die meisten dieser Mittel werden direkt auf das Blatt appliziert und entfalten dort ihre Wirkung, werden von der Pflanze metabolisiert oder photochemisch zersetzt, was jedoch nicht verhindern kann, dass Pestizidrückstände in Nahrungsmitteln, vor allem Frischgemüse, gefunden werden [7.14]. Ob Pestizide bei der Applikation durch Verdampfung und Abdrift in Oberflächengewässer, den Boden und in das Grundwasser gelangen können, hängt unter anderem von der Ausbringungsart und dem Anwendungszeitpunkt ab. Adsorptionsstarke Böden können die meisten Stoffe bis zu ihrer Mineralisation festhalten, sodass eine Auswaschung ins Grundwasser ausgeschlossen ist. Die Möglichkeit der Verlagerung ins Grundwasser beschränkt sich also auf die Anwendung bestimmter Pestizide auf relativ gut durchlässigen Böden. Große Bedeutung für Oberflächen- und Grundwasserkontamination haben die Pestizidrückstände, welche bei Entleerung, Entsorgung und Hofreinigung der Spritzkanister anfallen [7.15]. Weitere Stoffeinträge durch die Intensivlandwirtschaft erfolgen bei der Anwendung von Düngemitteln. Beim Einsatz von Phosphatdüngern wirkt als Hauptkontaminant die Begleitkonzentration des giftigen Schwermetalls Cadmium (nicht alle Phosphatdünger enthalten Cd; Verhalten von Schwermetallen im Boden, siehe oben). Pflanzenbestände reagieren auf eine Unterversorgung mit Stickstoff sofort mit einer Minderung der Erträge. Aufgrund der knappen Gewinnspannen und des engen Finanzrahmens in der Landwirtschaft wird auf eine übermäßige N-Düngung (verständlicherweise) nicht verzichtet. Das nicht unmittelbar von den Pflanzen aufgenommene Nitrat wird in Abhängigkeit von der Bodenart (Durchlässigkeitsbeiwert ist entscheidend) ins Grundwasser ausgewaschen.

Umweltschadstoffe

8   Luftverschmutzung

8.1   Einteilung und Zusammensetzung der Atmosphäre

Der Luftbereich zwischen Erde und Weltall wird als Atmosphäre bezeichnet. Sie ist, bezogen auf die Masse, mit $5,3 \cdot 10^{15}$ Tonnen die kleinste der drei zu betrachtenden Bereiche: **Atmosphäre**, **Hydrosphäre** und **Lithosphäre**. Die ca. 500 km dicke gasförmige Atmosphäre absorbiert weitgehend die UV-Strahlung aus dem Weltall und ermöglicht so das Leben auf der Erde. Die Zusammensetzung der Atmosphäre bestimmt die physikalisch-chemischen Eigenschaften des Regens und beeinflusst somit die Verwitterung von Gesteinen. Neben dem Wasser stellt die Atmosphäre das Transportmittel für Stoffe und Energie dar.

Bis zu einer Höhe von 100 km ist die Zusammensetzung der Luft einheitlich; dieser Bereich wird daher auch **Homosphäre** genannt. Erst in den höheren Schichten (**Heterosphäre**) reichern sich leichte Gase an, von denen die leichtesten (Wasserstoff und Helium) das Gravitationsfeld der Erde verlassen können. Der H_2-Verlust beträgt beispielsweise 25 000 Tonnen pro Jahr.

Die erdnächste Luftschicht wird **Troposphäre** genannt und enthält neben den Hauptbestandteilen Stickstoff und Sauerstoff auch Kohlenstoffdioxid, Argon sowie weitere Edelgase (vgl. Tabelle 8-1). Die Troposphäre reicht von der Erdoberfläche bis zu einer Höhe von ca. 15 km. Hier finden die Lebensprozesse und das Wettergeschehen (Wolken, Niederschlag, Schnee, Wind usw.) statt. Die Durchmischungszeit der Luft beträgt auf einer Erdhalbkugel 1...2 Monate, während eine gleichmäßige Durchmischung über den Äquator hinweg eine Zeit von 1...2 Jahren benötigt. In der Troposphäre sinkt die Temperatur mit zunehmender Höhe um ca. 6 °C pro 1 000 m.

Die darüber liegende Schicht reicht bis zu einer Höhe von 50 km und wird **Stratosphäre** genannt. In etwa 50 km Höhe (Stratopause) herrscht eine Lufttemperatur von ca. 0 °C, deren Entstehung der UV-Absorption an dem hier vorkommenden Ozon (O_3) zu verdanken ist. Über der Ozonschicht nimmt die Temperatur wieder ab.

Bis 80 km erstreckt sich die **Mesosphäre**, in der die Temperatur mit zunehmender Höhe bis auf –130 °C absinkt. In der daran anschließenden **Thermosphäre** steigt die Temperatur in 150...400 km Höhe auf über

1000 °C an; sie bildet den Übergang zum interplanetarischen Raum (**Exosphäre**).

Tabelle 8-1: Zusammensetzung der troposphärischen Luft [8.1]

Bestandteil (Formel)	Anteil in Vol.-%	Quelle
Stickstoff (N_2)	78,1	B, V
Sauerstoff (O_2)	20,9	B
Argon (Ar)	0,93	R
Kohlenstoffdioxid (CO_2)	$354 \cdot 10^{-6}$	B, A, V
Neon (Ne)	$18,2 \cdot 10^{-6}$	V
Helium (He)	$5,2 \cdot 10^{-6}$	R
Krypton (Kr)	$1,1 \cdot 10^{-6}$	R
Xenon (Xe)	$0,09 \cdot 10^{-6}$	R
Methan (CH_4)	$1,72 \cdot 10^{-6}$	B, A
Wasserstoff (H_2)	$0,5 \cdot 10^{-6}$	B, A, P
Distickstoffoxid (NO)	$310 \cdot 10^{-9}$	B, A, P
Ozon (O_3)	$(10...100) \cdot 10^{-9}$	P
Schwefeldioxid (SO_2)	$0,2 \cdot 10^{-9}$	A, P, V
Stickstoffdioxid (NO_2)	$(10...100) \cdot 10^{-12}$	B, P
Stickstoffoxid (NO)	$(5...100) \cdot 10^{-12}$	B, A, P
Ammoniak (NH_3)	$(0,1...1) \cdot 10^{-12}$	B, A
Kohlenstoffmonoxid (CO)	$(40...150) \cdot 10^{-12}$	B, A, P
Formaldehyd (CH_2O)	$(0,1...1) \cdot 10^{-12}$	A, P
FCKW 11 ($CFCl_3$)	$280 \cdot 10^{-12}$	A
FCKW 12 (CF_2Cl_2)	$480 \cdot 10^{-12}$	A

A = anthropogene Emission, B = Biosphäre, P = Photochemie, R = radioaktiver Zerfall, V = Vulkanismus

8.2   Grundbegriffe

8.2.1   Luftdruck

Die Atmosphäre lastet mit einem Gewicht von 1 kg/cm^2 auf der Erdoberfläche, da sie wie jeder andere Körper durch die Schwerkraft der Erde angezogen wird. Der sich so ergebende Luftdruck beträgt auf Meereshöhe $1,013 \cdot 10^5$ Pa (früher = 1 atm). Mit einem Manometer (z. B. Federrohr-, Plattenfeder- oder Flüssigkeitsmanometer) lässt sich der Luftdruck messen und in Pascal (1 Pa = 1 N/m^2) angeben. Die Dichte der Atmosphäre und damit der Luftdruck nimmt mit zunehmender Höhe ab. Im erdnahen Bereich sinkt er pro 10 m Höhenanstieg um ca. 133 Pa (= barometrische Höhenstufe). Der Luftdruck ändert sich in Abhängigkeit von der Zeit und vom Ort durch unterschiedliche Erwärmung der Atmosphäre.

8.2.2   Luftfeuchtigkeit

Unter der Luftfeuchtigkeit versteht man den Gehalt der Atmosphäre an gasförmigem Wasserdampf, wobei z. B. Nebel kein Wasserdampf, sondern in feinen Tröpfchen verteiltes flüssiges Wasser ist. Die in einem Kubikmeter Luft tatsächlich enthaltene Wasserdampfmenge heißt **absolute Feuchte (f_{abs})**.

$$f_{abs} = \frac{m_W}{V} \qquad (8\text{-}1)$$

m_W Wasserdampfmenge, V Volumen

Die bei einer bestimmten Temperatur maximal mögliche Wasserdampfmenge wird **maximale Feuchte (Sättigungsfeuchte)** genannt.

$$f_{abs,\,max} = \frac{m_{W,max}}{V} \qquad (8\text{-}2)$$

$f_{abs,\,max}$ maximale Feuchte, $m_{W,\,max}$ maximale Wasserdampfmenge, V Volumen

In Tabelle 8-2 ist die Sättigungsfeuchte in Abhängigkeit von der Temperatur beispielhaft gezeigt.

Tabelle 8-2: Sättigungsfeuchte in Abhängigkeit von der Temperatur

Temperatur in °C	−20	−10	0	+10	+20	+30
Sättigungsfeuchte in g/m³	1,0	2,1	4,7	9,4	17,3	30,4

Eine übliche Angabe zur Luftfeuchtigkeit ist die **relative Feuchte (f_{rel})**. Sie ist der Quotient aus absoluter Feuchte und bei der gleichen Temperatur maximal möglichen Feuchte.

$$f_{rel} = \frac{f_{abs}}{f_{abs,\,max}} \qquad (8\text{-}3)$$

f_{abs} absolute Feuchte, $f_{abs,\,max}$ maximale Feuchte

Nach Tabelle 8-2 kann bei 20 °C die Luft maximal 17,3 g Wasserdampf pro 1 m³ aufnehmen. Dieser Zustand entspricht 100 % relativer Feuchte und wird **Taupunkt** genannt. Sinkt die Temperatur z. B. von 20 °C auf 10 °C ab, so kondensiert der überschüssige Wasserdampf (17,3 g − 9,4 g = 7,9 g) zu kleinen Wassertröpfchen, die sich z. B. an Gebäuden oder Pflanzen als **Tau** niederschlagen. Verbleibt das Wasser in Form kleiner Tröpfchen in der Luft, so bezeichnet man das System als **Nebel**.

8.2.3   Luftkeime

Unter dem Sammelbegriff **Luftkeime** verbergen sich Bakterien, Pilzsporen und Viren. Sie haften in der Regel an Staubpartikeln und den sich in der Luft befindenden feinsten Wassertröpfchen. Der Keimgehalt in der Außenluft liegt je nach Jahreszeit und Standort zwischen 100 und 500 Keimen/m³ (Bakterien und Pilze), das sind um das bis zu 5fache weniger als in geschlossenen Räumen. Eine Vermehrung der Luftkeime kann wegen Trockenheit, UV-Strahlung (Sonne) und Kälte weitgehend ausgeschlossen werden. Eine Überlebenschance über einen längeren Zeitraum haben jedoch eine Vielzahl von Pilzsporen.

8.2.4   Emission, Transmission und Immission

Die Quelle einer Luftverunreinigung (Emissionsquelle) entspricht der Austrittsstelle von Abgasen oder schadstoffhaltiger Abluft in die freie Atmosphäre. Der Vorgang selbst wird **Emission** genannt (lat. *emittere*: herausschicken).

Als Quellen von **Luftverunreinigungen anthropogener Art** werden nur solche **künstlicher Art** (z. B. Fabrik- und Hausschornsteine, Auspuffrohre von Kraftfahrzeugen), nicht jedoch solche **natürlicher Art** wie Sandstürme oder Vulkanausbrüche angesehen. Eine weitere Unterscheidungsmöglichkeit erfolgt hinsichtlich der Gestaltung von Emissionsquellen:

- ■ Punktquellen (z. B. Schornsteine),
- ■ Linienquellen (z. B. Kraftfahrzeugkolonnen),
- ■ Flächenquellen (z. B. Summe aller Schornsteine eines Stadtteils).

Primäre Schadstoffe (SO_2, H_2S, CO_2, CO, Halogene) werden aus identifizierbaren Quellen freigesetzt, während **sekundäre Schadstoffe** (Ozon, Aldehyde) erst in der Atmosphäre aus den primären luftverunreinigenden Stoffen entstehen,

Meteorologische Merkmale wie Windrichtung/-geschwindigkeit oder Lufturbulenzen sorgen für eine Ausbreitung (**Transmission**) der Schadstoffe (lat. *transmittere*: hinübersenden), wodurch eine Verdünnung der Luftverunreinigung erfolgt. Die Verdünnung der Schadstoffe fällt umso größer aus, je höher die Emissionsquelle liegt (Hochschornsteinpolitik). Partikel mit einer sehr großen Oberfläche (z. B. Ruß) tragen durch Adsorption von Schadstoffen zum Transport in der Atmosphäre bei.

Luftschadstoffe wirken nach ihrer Ausbreitung und Verdünnung auf Menschen, Tiere, Pflanzen, Boden und Materialien (**Immission**, lat.

Umweltschadstoffe

immittere: einwirken). Sie können dabei zu erheblichen Schäden führen (vgl. Tabelle 8-3).

Tabelle 8-3: Luftschadstoffe einiger Emissionsquellen [8.2]

Emittent	Luftverunreinigung
Kohle-Kraftwerke	SO_2, NO_X, CO, H_2S, HF, Flugasche (basisch, F- und As-haltig)
Öl-Heizungen	SO_2, SO_3, Ruß
Synthese-Chemie	SO_2, NO_X, SO_3, H_2S, CO, Kohlenwasserstoffe, Phenole, Amine, Ruß, Flugasche
Zementwerke	SO_2, NO_X, CO, Zementstaub (basisch, F-haltig)
Glaserzeugung und Glasverarbeitung	SO_2, HF, SiF_4, Stäube (F- und Pb-haltig), Flugasche
Zellstoffwerke	SO_2, H_2, Mercaptane
Tier-Intensivhaltung	NH_3, Amine
Kraftfahrzeuge	NO_X, CO, Kohlenwasserstoffe

8.3   Beschreibung der Luftschadstoffe

8.3.1   Kohlenstoffdioxid

Kohlenstoffdioxid (CO_2) ist ein geruchloses und nicht brennbares Gas. Es entsteht bei allen Atmungs- und Verbrennungsvorgängen fossiler Energieträger. Natürliche Vorgänge, wie die Assimilation von CO_2 durch Pflanzen (z. B. Waldatmung) und der Gasaustausch in den Weltmeeren, spielen eine wichtige Rolle. Es ist anzunehmen, dass die CO_2-Aufnahmekapazität der Ozeane bald erschöpft sein wird. Ein weiterer Anstieg der anthropogen verursachten Kohlenstoffdioxid-Emission würde dann zu einer Erhöhung der CO_2-Konzentration in der Atmosphäre führen. Dies hätte im Rahmen des Treibhauseffektes auch klimatische Auswirkungen (vgl. Abschn. 8.4). Das eigentlich ungiftige CO_2 (Ausatmungsluft 3…4 Vol.-%) wird durch seine hohe Dichte (1,5-mal schwerer als Luft) häufig in Kellern (Wein- und Mostkellereien), Jauchegruben, Silos, Kohlegruben sowie bei Bauarbeiten so stark angereichert, dass durch Verdrängung des Sauerstoffs Erstickung eintreten kann.

Beim Menschen wirken CO_2-Konzentrationen von 20 Vol.-% tödlich; bei 8…10 Vol.-% treten Atemnot, Kopfschmerzen, Schwindel, Schwächegefühl und schließlich Bewusstlosigkeit ein. Eine brennende Kerze erlicht bei 8…10 Vol.-% CO_2 und zeigt damit den Beginn der gefährlichen Konzentration an. In Arbeitsräumen sollte die **maximale Arbeitsplatzkonzentration MAK** von 5 000 ppm nicht überschritten werden.

8.3.2   Kohlenstoffmonoxid

Das farb- und geruchlose, in Wasser kaum lösliche und giftige Gas Kohlenstoffmonoxid (CO) entsteht vor allem bei unvollständiger Verbrennung von fossilen Energieträgern (Sauerstoffmangel) und ist auch in den Abgasen von Benzinmotoren enthalten [8.3]. Hauptursache ist der städtische Individualverkehr, da CO vorwiegend bei niedrigen Motortemperaturen (Leerlauf) gebildet wird, ebenso wie bei schlecht eingestellten Heizungen.

Die CO-Emission bei Kraftfahrzeugen kann durch die Katalysatortechnik im Rahmen einer Nachverbrennung drastisch reduziert werden. Ähnliche Maßnahmen werden bei industriellen Prozessen zur Abgasreinigung ergriffen (vgl. Kap. 20).

Beim Menschen besteht die Giftwirkung von Kohlenstoffmonoxid in einer Blockade des O_2-Transportes im Blut, da es sich mit einer ca. 300-fach größeren Affinität gegenüber Sauerstoff an den roten Blutfarbstoff (Hämoglobin) bindet. Die Vergiftungserscheinungen reichen von Kopfschmerzen, Schwindel, Mattigkeit über Atemnot bis hin zum Tod. CO-Vergiftungen sind immer noch eine der häufigsten Vergiftungsmethoden, so z. B. in Ländern (z. B. Großbritannien, Frankreich, USA) mit CO-haltigem Leuchtgas oder durch Einatmung von Autogasen in geschlossenen Garagen.

In der Luft sind Werte bis 10 ppm CO als bedenkenlos einzustufen. In Großstädten können Stundenmittelwerte von 30...50 ppm und Spitzenkonzentrationen von 100...300 ppm erreicht werden. Nimmt man als Maß für die Giftigkeit die CO-Konzentration im Blut, so beobachtet man z. B. bei Rauchern, dass 3 % des Hämoglobins (Hb) mit CO belegt sind. Bei Kettenrauchern kann die CO-Hb-Konzentration auf 10...15 % steigen. Bei 20 % CO-Hb treten Vergiftungserscheinungen auf, und 65 % CO-Hb sind für den Menschen tödlich. Auffällig ist eine angeborene und nicht erworbene Resistenz einiger Menschen gegenüber Kohlenstoffmonoxid.

8.3.3   Methan

Methan wurde als natürlicher Bestandteil der Erdatmosphäre relativ spät als solcher erkannt. Eiskernbohrungen haben für die letzten 25 000 Jahre eine schwankende CH_4-Konzentration ergeben. Erst seit dem 17. Jahrhundert stieg der Methananteil der Luft kontinuierlich auf 1,25 ppm und im letzten Jahrhundert exponentiell auf 1,72 ppm (1990) an. Die Me-

Umweltschadstoffe

thankonzentration ist wie die CO_2-Konzentration von der Jahreszeit abhängig.

Tabelle 8-4: Schätzung natürlicher und anthropogener Quellen von Methan [8.4]

Methan-Quellen	Mio. Tonnen/Jahr
Feuchtgebiete (Moore, Sümpfe, Tundra)	115,0 (50...200)
Ozeane und Seen	15,0 (5...25)
Termiten und andere Insekten	40,0 (10...100)
Reisfelder (Nassreis)	130,0 (70...170)
Fermentation durch Wiederkäuer	75,0 (70...80)
Verbrennung von Biomasse	40,0 (20...80)
Mülldeponien	40,0 (20...60)
Kohlebergbau	35,0 (10...80)

In Klammern ist der Bereich der Schätzung angegeben

Mehr als die Hälfte der Methan-Emissionen stammt aus der Umsetzung von Pflanzen durch anaerobe Bakterien in Reisfeldern und anderen Feuchtgebieten, in den Mägen von Schafen und Kühen sowie im Verdauungstrakt von Termiten. Weitere Quellen sind Kohlebergbau, Kläranlagen, natürliche Gasvorkommen und Deponien.

Die Atmosphäre enthält zz. ca. 1,75 ppm Methan, wobei durch Zunahme der Weltbevölkerung eine proportionale Steigerung zu erwarten ist.

8.3.4   Schwefeldioxid

Schwefeldioxid (SO_2) ist neben Kohlenstoffmonoxid die wichtigste Schadstoffkomponente der städtischen Luft. SO_2 entsteht bei der Verbrennung schwefelhaltiger, fossiler Brennstoffe (Kohle, Diesel- und Heizöl). Es ist ein farbloses und stechend riechendes Gas, das bei hoher atmosphärischer Belastung (z. B. Smog-Situation) ohne weiteres vom Menschen wahrgenommen wird. SO_2 ist gut wasserlöslich und bildet mit der Luftfeuchtigkeit zunächst schweflige Säure (H_2SO_3), die zu Schwefelsäure (H_2SO_4) oxidiert werden kann (vgl. Abschn. 2.3.2).

Die oberen Atemwege und der Bronchialraum werden von den Schwefeloxiden (SO_2/SO_3) unmittelbar beeinträchtigt. Dies kann zu Lähmungserscheinungen, zum Absterben der Flimmerhärchen und zur Beeinträchtigung der Atemfunktion (Krämpfe der Bronchien, Einengung der Atemwege) führen. In den Zellen greift SO_2 in den Energiestoffwechsel ein und verhindert die ATP-Bildung.

Schwefeldioxid ist kein relativ langlebiger Schadstoff und kann über größere Entfernungen transportiert werden. Daher ist SO_2 ein typisches Beispiel für grenzüberschreitende Schadstoffe. Die maximale SO_2-Emission wurde in der Bundesrepublik 1973 mit ca. 3,8 Mio. Tonnen erreicht. Seit dem konnte der SO_2-Ausstoß, flankiert durch gesetzliche Regelungen zur Begrenzung des Schwefelgehalts, wesentlich reduziert werden, durch z. B.:

- ■ höhere Wirkungsgrade bei der Kraftwerkstechnik,
- ■ verbesserte Produktionstechnologie in Industrie und Wirtschaft,
- ■ Brennstoffumstellungen.

Die Beeinträchtigungen durch SO_2-Schädigungen sind zwar reversibel, können in Einzelfällen jedoch ein bedrohliches Ausmaß annehmen. Bei Menschen liegt die Reizschwelle bei 5,0...6,5 mg/m³ SO_2. Pflanzen reagieren bei Überschreitung der Immissionsgrenzwerte (IW-1 Wert: 0,14 mg/m³, IW-2 Wert: 0,4 mg/m³) mit einer erhöhten Verdunstung (Wasserstress) sowie mit Nadel- und Blattnekrosen (Waldschädigung). **Schwefelsaurer Regen** ist auch für Bauwerks- und Materialschäden (Steinpest) verantwortlich, aber kaum zu quantifizieren. Als Indikatorpflanzen für SO_2 können Flechten, aber auch Fichten oder Lupinien herangezogen werden [8.5].

8.3.5 Stickstoffoxide

Stickstoffoxide entstehen überwiegend bei Verbrennungsprozessen mit hoher Temperatur (Kfz-Verkehr, Kraft- und Heizwerke, Industrie) und zählen zu den klassischen Schadstoffen industrieller Luftverschmutzung. NO_X wird als Sammelbezeichnung für alle Stickstoffoxide verwendet. Unter atmosphärischen Bedingungen liegen fast ausschließlich Stickstoffmonooxid (NO) und Stickstoffdioxid (NO_2) vor. Aus Kraftfahrzeugen und Kraftwerken wird überwiegend NO emittiert (ca. 90 % des gesamten NO_X). In der Atmosphäre liegen jedoch beide Gase zu gleichen Anteilen vor. Da die Oxidation zu NO_2 nur langsam verläuft, muss das NO_2 in der Atmosphäre überwiegend bakteriellen Ursprungs sein (vgl. Abschn. 2.4.2).

NO ist farblos und in Wasser nur wenig löslich. Das rotbraune, ebenfalls schwer lösliche NO_2 bildet in Wasser und alkalischen Lösungen Nitrate und Nitrite. NO_2 führt wie SO_2 beim Menschen zu akuter oder chronischer Schleimhautreizung. NO ist nur insofern bedeutsam, da es zu NO_2 oxidiert werden kann.

Umweltschadstoffe

Stickstoffoxide wirken auf zwei verschiedene Arten umweltschädlich:

- Bildung von salpetriger und Salpetersäure („saurer Regen"),

- Reaktion mit gasförmigen, ungesättigten Kohlenwasserstoffen sowie UV-Licht unter Bildung von Photooxidantien (z. B. Ozon).

Die Immissionsgrenzwerte IW-1 und IW-2 der TA-Luft (2002) betragen für NO_2 80 und 200 µg/m³. Für NO werden seit 1986 keine Werte mehr angegeben. In Großstädten mit hohem Verkehrsaufkommen können Kurzzeitwerte von 500…1 000 µg/m³ Stickstoffoxid erreicht werden.

8.3.6 Formaldehyd

Formaldehyd entsteht als Zwischenprodukt bei der Methanoxidation in der Atmosphäre sowie bei unvollständigen Verbrennungsprozessen. Der Schadstoff ist ein farbloses, stechend riechendes Gas mit einem Geruchsschwellenwert von 100…1 000 µg/m³. Diese Konzentration liegt knapp über dem typischen Gehalt von unbelasteten Wohnräumen (30…90 µg/m³).

1990 wurden in der Bundesrepublik ca. 700 000 t Formaldehyd hergestellt. 2/3 der Produktion werden zur Formaldehyd-Harz-Herstellung (z. B. Klebstoff in Spanplatten) verwendet. Seit Ende des vorletzten Jahrhunderts wird Formaldehyd als Desinfektionsmittel angewandt. Heute dienen ca. 6 % der Produktion, wegen des breiten biozidenen Wirkungsspektrums, zu Desinfektions-, Sterilisations- und Konservierungszwecken.

Formaldehyd verursacht bei Inhalation hoher Konzentrationen (> 1,2 mg/m³) Entzündungen an Augen und Atemwegen. Es besteht auch der Verdacht auf Krebs erzeugende und mutagene Wirkung.

8.3.7 Kohlenwasserstoffe

Organische Verbindungen, die nur aus den Elementen Kohlenstoff und Wasserstoff bestehen, werden Kohlenwasserstoffe (KW) genannt. Sie lassen sich in kettenförmige (aliphatische) KW (z. B. Ethan, Propan, Octan) und ringförmige (alicyclische und aromatische) KW (z. B. Cyclohexan, Benzen) einteilen. Kohlenwasserstoffe haben als **Energieträger** (z. B. Erdgas, Erdöl) und **Rohstoff** (z. B. Kunststoffindustrie) größte wirtschaftliche Bedeutung.

Natürliche und anthropogene Emissionen werden zusammen auf 500 bis 1 000 Mio. Tonnen pro Jahr geschätzt [8.2, 8.3]. Typische Quellen sind die Verwendung von Erdölprodukten (z. B. Löse- und Reinigungsmittel, Kraftstoffe), aber auch natürliche Quellen (z. B. Meeresorganismen). Die KW-Konzentrationen liegen in ländlichen Gegenden um 20 bis 100 ppb und in Ballungsgebieten bei 100...1 000 ppb. Der Individualverkehr ist der Hauptverursacher von KW-Emissionen.

8.3.8   Halogenierte Kohlenwasserstoffe

Als Sammelbezeichnung für Kohlenwasserstoffe, an denen Halogene gebunden sind, hat sich die Bezeichnung **halogenierte Kohlenwasserstoffe (HKW)** eingebürgert. Diese Verbindungen werden als Lösungsmittel (z. B. chemische Reinigung), Treibgas (z. B. Spraydosen, Schaumstoffe) und Kühlmittel (z. B. Kühlschrank) verwendet.

Fluorchlorkohlenwasserstoffe (FCKW) gehören ebenfalls zu den halogenierten Kohlenwasserstoffen. Die Weltjahresproduktion beträgt zurzeit über 1 Mio. Tonnen, wobei durch Anwendungsverbote bzw. Beschränkung ein Rückgang zu beobachten ist. FCKW sind vermutlich die Hauptverursacher der Ozonzerstörung in der Stratosphäre (vgl. Abschn. 8.5). Die Industrie versucht Ersatzstoffe zu entwickeln und einzusetzen. So werden die Kohlenwasserstoffe Propan und Butan als Treibmittel bereits verwendet.

8.3.9   Asbest

Unter dem Begriff **Asbest** fasst man eine Gruppe natürlicher Silicatmineralien mit faseriger, verfilzter Struktur zusammen. Asbestfasern haben wegen ihrer extremen Hitze- und Chemikalienbeständigkeit, aber auch wegen ihrer erstaunlichen mechanischen Festigkeit vielfältige Einsatzbereiche gefunden. Das feuerfeste, schlecht wärmeleitende und chemisch inerte Material wurde bis in die 70er-Jahre in vielen Gegenständen des täglichen Lebens eingesetzt. Die Verwendung in Bodenbelägen, Wand- und Deckenverkleidungen, Dachpappe, Rohren, Farben, Dichtungen, Isolationen, Nachtspeicheröfen und Brandabschottungen sind nur einige Beispiele hierfür.

Für die Wirkung auf den Menschen sind die Faserlänge und das Länge-Breite-Verhältnis entscheidend. Fasern mit einer Länge > 5 µm und einer Breite < 3 µm sind besonders leicht lungengängig und bleiben in den Atemwegen stecken. Sie schädigen dort die Funktion der Lungenbläschen (Alveolen) und können zu Krebs führen. Die Asbestose ist unheilbar und wird seit 1936 als Berufskrankheit anerkannt. Die Faserkonzentration in der Luft sollte 500 Fasern/m³ nicht überschreiten.

Umweltschadstoffe

8.4   Treibhauseffekt

Unter dem Begriff **Klima** versteht man im Allgemeinen den durchschnittlichen Wetterverlauf über einen längeren Zeitraum. Veränderungen des Klimas entstehen durch **komplexe Wechselwirkungen** zwischen Luft (Atmosphäre), Wasser (Hydrosphäre), Boden (Pedosphäre) und Lebewesen (Biosphäre). Dabei kommt der Strahlungsbilanz der Erde eine besondere Rolle zu. Es spielen aber auch **externe Parameter**, wie z. B. die Position der Erde zur Sonne, vulkanische Aktivitäten und anthropogene Einflüsse eine wichtige Rolle. Der Mensch greift durch unterschiedliche Formen der Landnutzung und über Veränderung der atmosphärischen Zusammensetzung in das klimatische Geschehen ein.

Klimaschwankungen hat es in der Erdgeschichte schon vor dem Auftreten des Menschen gegeben. So herrschte beispielsweise vor 3 Mrd. Jahren ein Klima mit einer Durchschnittstemperatur von über +50 °C. Die Vereisung der Antarktis begann vor ca. 40 Mio. Jahren. Aber auch in den letzten Jahrtausenden gab es große Temperatursprünge, häufig auch innerhalb einiger Jahrzehnte, aber mit katastrophalen Folgen.

Die Möglichkeit einer anthropogen verursachten Klimaveränderung wird bereits seit den 70er-Jahren diskutiert. Derzeit leben wir, absolut betrachtet, in einer der kohlenstoffdioxidärmsten Epochen, trotz eines CO_2-Anstiegs seit 40 Jahren. Inwieweit diese Zunahme auf die Verbrennung fossiler Energieträger oder die Rodung tropischer Wälder (CO_2-Senke) zurückgeführt werden kann, ist nicht endgültig geklärt.

8.4.1   Natürlicher Treibhauseffekt

Der natürliche Treibhauseffekt beschreibt das Strahlungsgleichgewicht der Erde zwischen **Absorption des Sonnenlichtes** und **Emission der Wärmestrahlung** von Erdoberfläche und Atmosphäre. Dieses Strahlungsgleichgewicht wird durch die in der Atmosphäre vorhandenen **Spurengase** (z. B. CO_2, CH_4, O_3) bestimmt. Ein großer Teil der von der Erdoberfläche emittierten Wärmestrahlung wird daher nicht direkt in den Weltraum abgestrahlt, sondern in der unteren Atmosphäre absorbiert und wieder zur Erde zurückgestrahlt (vgl. Bild 8-1). Die gute Durchlässigkeit der Atmosphäre für kurzwellige Ultraviolettstrahlung (UV) und die relative Undurchlässigkeit für langwellige Infrarotstrahlung (IR) verursacht eine Erwärmung über die direkte Wärmestrahlung der Sonne hinaus (vgl. Tab. 8-5).

Eine von anthropogenen Einflüssen ungestörte Atmosphäre ergibt im Rahmen des Strahlungsgleichgewichtes der Erde in Bodenhöhe eine langjährige mittlere Temperatur von 15 °C. Ohne die klimarelevanten Spurengase in der Atmosphäre würde die Temperatur nur −18 °C betragen.

Tabelle 8-5: Beitrag wichtiger Spurengase zum natürlichen Treibhauseffekt [8.6]

Spurengase	Anteil in der Atmosphäre	Temperatur- erhöhung in °C
Wasserdampf (H_2O)	26 % (Mittelwert)	20,6
Kohlenstoffdioxid (CO_2)	350 ppm	7,2
Ozon (O_3)	30 ppb	2,4
Distickstoffoxid (N_2O)	0,3 ppm	1,4
Methan (CH_4)	1,7 ppm	0,8
sonstige	1 ppm	0,8

Die Differenz von +33,2 °C zu ansonsten −18 °C ohne Spurengase ergibt die heutige mittlere Welttemperatur von +15 °C.

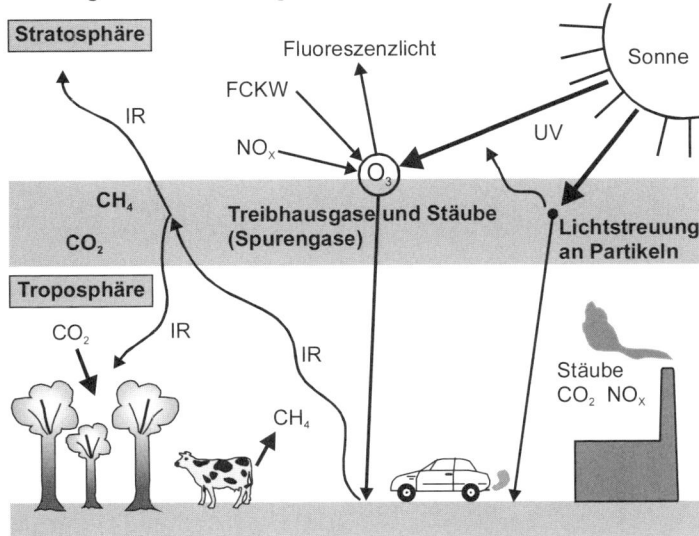

Bild 8-1: Wechselwirkungen von atmosphärischen Spurenstoffen mit dem Strahlungshaushalt der Erde (IR: Wärmestrahlung)

Umweltschadstoffe

8.4.2   Anthropogener Treibhauseffekt

Durch seine Aktivitäten trägt der Mensch zur Emission weiterer treibhausrelevanter Spurengase bei. Es wird nicht nur die Konzentration der bereits vorhandenen Klimagase (z. B. CO_2 und CH_4) erhöht, sondern auch neue Verbindungen (z. B. FCKW) werden erzeugt, die ihrerseits ebenfalls Auswirkungen auf den Treibhauseffekt haben. Kohlenstoffdioxid aus der Verbrennung fossiler Energieträger könnte zu einer stärkeren Absorption der Wärmestrahlung als bisher führen. Daneben können ozonzerstörende Substanzen wie Fluorchlorkohlenwasserstoffe (FCKW) in der Stratosphäre zu einer erhöhten UV-Strahlung auf der Erde führen. Insgesamt würde mehr Sonnenenergie auf die Erde gelangen und für eine höhere mittlere Durchschnittstemperatur sorgen. Da die Lufttemperatur jahreszeitlichen Schwankungen unterworfen ist und die mittlere Durchschnittstemperatur selbst periodischen Schwankungen unterliegt, können langfristige Tendenzen nur über längere Zeiträume ermittelt werden.

Derzeitige Schätzungen der Entwicklung der mittleren Jahrestemperatur, auf der Basis mathematisch sehr aufwendiger Computermodelle (**globale Klimamodelle**), schwanken zwischen 1 °C und 4 °C über einen Zeitraum von 30 Jahren [8.7, 8.8, 8.9]. Temperaturschwankungen dieser Größenordnung sind gravierend für das Erdklima und haben folgende Auswirkungen:

- Abschmelzen der Polareiskappen und Ansteigen des Weltmeeresspiegel und durch Wärmeausdehnung des Wassers,

- vermehrtes Auftreten von Extremwetterlagen (z. B. Sturmfluten),

- Verschiebung regionaler Ökosysteme (z. B. Waldgebiete der nördlichen Breiten wandern weiter nach Norden), Ausdehnung von Wüsten.

Neben der Emission von Kohlenstoffdioxid bei der Verbrennung fossiler Energieträger entstehen Ruß- und Flugaschepartikel. Sie werden als **atmosphärisches Aerosol** bezeichnet. Natürliche Quellen für Aerosole sind z. B. Staubstürme und Vulkanausbrüche. Aerosole Wechselwirkungen mit der Sonnen- und atmosphärisch-terrestrischen Strahlung tragen daher zur Klimaveränderung bei. Die auftretende Strahlung wird einerseits absorbiert und andererseits am Partikel gestreut (vgl. Bild 8-1). Ein Teil der Sonnenstrahlung gelangt somit nicht zur Erdoberfläche und kann daher nicht zur Erwärmung beitragen. Es kommt zu einer Abkühlung der bodennahen Luftschichten. Man nimmt an, dass zurzeit der abkühlende Effekt überwiegt.

Aerosole beeinflussen auch die optischen Eigenschaften von Wolken, die Wolkenbildung und die Verweilzeit der Wolken. Schätzungen zufolge führt die Beeinflussung der Wolken durch anthropogene Aerosole zu einer Abkühlung in Bodennähe.

8.5   Ozonloch

Ozon (O_3), als chemische Variante des Sauerstoffs, entsteht unter dem Einfluss kurzwelliger UV-Strahlung der Sonne aus dem normalen Luftsauerstoff (O_2) in der Stratosphäre. Es herrscht ein Gleichgewicht zwischen Ozon auf- und Ozon abbauenden Prozessen. Dieser Vorgang filtriert den überwiegenden Teil der gefährlichen UV-B-Strahlung aus dem Sonnenlicht.

Als Primärschritt erfolgt eine photoinduzierte O_2-Spaltung durch kurzwellige UV-C-Strahlung (≤ 242 nm), gefolgt von der Ozonbildung durch Dreierstoß, wobei M der zur Aufnahme der freigesetzten Energie notwendige Stoßparameter ist.

$$O_2 \xrightarrow{E = h \cdot \nu} O^{\bullet} + {}^{\bullet}O$$

$$O^{\bullet} + O_2 \xrightarrow{+M} O_3$$

Anschließend führt die Photolyse durch Licht der Wellenlänge ≤ 360 nm wieder zur Spaltung des Ozons.

$$O_3 \to O_2 + O^{\bullet}$$

$$O_3 + O^{\bullet} \to O_2 + O_2$$

Eine Verschiebung dieses stratosphärischen Ozongleichgewichtes erfolgt durch katalysierte Abbaureaktionen. Die hierzu erforderlichen Halogenradikale ($X^{\bullet}$) stammen aus in Bodennähe emittierenden Fluorchlorkohlenwasserstoffen (FCKW) und Distickstoffoxid (N_2O). Die Lebensdauer einzelner halogenierter, ozonabbauender Kohlenwasserstoffe ist mit 2 bis mehr als 400 Jahren sehr unterschiedlich. [8.10]

$$X^{\bullet} + O_3 \to XO^{\bullet} + O_2$$

$$XO^{\bullet} + O^{\bullet} \to X^{\bullet} + O_2$$

Die FCKW sind fluorierte und chlorierte Kohlenwasserstoffe überwiegend von Methan und Ethan. Es wird zwischen voll- und teilhalogenierten FCKW unterschieden, wobei die vollhalogenierten FCKW das weitaus größere Problem für die Zerstörung der Ozonschicht darstellen. Die

Umweltschadstoffe

typischen Eigenschaften (z. B. Unbrennbarkeit, geringe Toxizität) haben in der Industrie für ein breites Anwendungsspektrum geführt. Internationale Abkommen zur Verhinderung von FCKW-Emissionen und auch die deutsche FCKW-Halon-Verbotsverordnung aus dem Jahre 1991 sind erste Schritte in die richtige Richtung.

- Treibgas in Spraydosen (ca. 49 %),
- Aufschäummittel für Kunststoffe (ca. 34 %),
- Kältemittel in Kühlaggregaten (ca. 11 %),
- Lösungsmittel (ca. 6 %).

Zwischenzeitlich ist die Verwendung in Spraydosen drastisch gesunken und auch für den Bereich Aufschäumung von Kunststoffen sind Alternativen gefunden worden. Es ist jedoch zu berücksichtigen, dass FCKW neben der Zerstörung der Ozonschicht auch mit einem hohen Faktor am Treibhauseffekt mitwirkt (vgl. Abschn. 8.4).

Ende der 70er-Jahre wurde das **Ozonloch-Phänomen** als räumlich und zeitlich begrenzte Ausdünnung der stratosphärischen Ozonschicht entdeckt. Das Ozonloch tritt bisher hauptsächlich über der Antarktis in den Monaten September bis November (Beginn des südlichen Frühlings) auf. Der Ozonschwund beträgt teilweise mehr als 50 % (Tendenz steigend) bis zu völligem Verlust. In den Monaten Januar bis März (Ende des nördlichen Winters) nimmt aber auch über der Arktis die Ozonkonzentration zunehmend ab. Die Schutzfunktion des Ozons zur Absorption energiereicher UV-Strahlung wird damit immer weiter reduziert. Als Folge hiervon beobachtet man eine Intensivierung der UV-Strahlung und ein verstärktes Auftreten von Hautkrebs (besonders in Brasilien und Australien).

Tabelle 8-6: Wirkung des UV-Lichtes auf die menschliche Haut

Wellenlänge	Wirkung
400...313 nm	Pigmentierung der Haut (UV-A-Strahlung)
297 nm	schwere Verbrennungen, Bildung von Karzinomen (UV-B-Strahlung)
265 nm	stärkste Absorption der DNA (Zerstörung von Zellen)
254 nm	entzündliche Rötung der Haut, wenn nicht genügend angepasst (UV-C-Strahlung)

Die UV-B-Strahlung ist für den Sonnenbrand verantwortlich und stellt ein körpereigenes Alarmsystem dar. Sonnencreme absorbiert vorrangig die UV-B-Strahlung, lässt die gefährliche UV-A-Strahlung nahezu ungehindert in den Körper eindringen.

9   Abfall

Seit Ende der 70er-Jahre hat sich auch in der Abfallwirtschaft ein Umdenken vollzogen, das in der Erkenntnis begründet ist, dass es ökologisch und ökonomisch nicht sinnvoll erscheinen lässt, Abfälle zu verbrennen oder zu deponieren, sofern sie in einer Zeit knapper werdender natürlicher Ressourcen als Rohstoff genutzt werden können. Dieser Umdenkungsprozess manifestierte sich auch in der Forderung nach einer nachhaltigen Wirtschaftsweise anlässlich der **Konferenz der Vereinten Nationen für Umwelt und Entwicklung (UNCED)** in Rio de Janeiro 1992 und anlässlich des 1994 verabschiedeten **Kreislaufwirtschaftsgesetzes** der Bundesrepublik Deutschland, dessen Zielrichtung es ist, das Verwerten vor das Verwerfen zu stellen. Grundsätzlich aber müsste das Vermeiden von Abfällen als das Ziel der Umwelttechnik angesehen werden, womit gelten müsste:

■ Vermeiden vor Verwerten,
■ Verwerten vor Verwerfen.

Verzicht auf abfallmehrende Produkte oder die Förderung des Konsums von qualitativ hochwertigen, langlebigen oder reparierbaren Produkten könnten die Abfallproblematik eher lösen als verbesserte Entsorgungstechniken.

9.1   Abfallwirtschaftliche Grundlagen

Grundsätzlich ist das Vermeiden von Abfällen auch der Tenor des deutschen **Abfallgesetzes (AbfG)**, das dem Vermeiden Vorrang vor dem Verwerten oder Recyceln und vor dem Entsorgen einräumt, wobei Vermeidungsstrategien nicht ausreichend aufgezeigt werden. Insgesamt reichen die politischen Maßnahmen nicht aus, sieht man von den gesetzgeberischen ab, um die **Vermeidungsstrategie** zu fördern: Es fehlen fiskalische Anreize, wie z. B. höhere Abschreibungen für abfallmindernde Produktionen, Startförderungen und ähnliche Maßnahmen, stattdessen werden die Haushalte von den Kommunen gezwungen, an der Müllbeseitigung teilzunehmen. Die Kosten für das **Duale System Deutschland (DSD)** werden über Kostenaufschläge auf die gekaufte Ware erhoben unabhängig davon, ob der Kunde die Verpackung weiter nutzt oder sie entsorgt. Vermeidungsstrategien sind am ehesten in Mangelgesellschaften wie in Asien oder auch in Europa während der großen Krisen wie zuletzt während und nach dem 2. Weltkrieg erkennbar. Während die EU den Einsatz von Biomasse fördert, um Beschäftigungsprobleme in

Umweltschadstoffe

der europäischen Landwirtschaft zu lösen, erfolgt der Einsatz von Biomasse in einigen asiatischen Ländern aus Mangel an anderen Brennstoffen. Konzepte der deutschen chemischen Industrie waren so angelegt, Rückstände zu nutzen, da andere Rohstoffe nicht erhältlich waren, so wurde die Hydrierung von Ölrückständen nach dem 2. Weltkrieg nicht durchgeführt, um ein besonders pfiffiges Entsorgungskonzept zu realisieren, sondern deshalb, weil wegen des akuten Devisenmangels Rohöle nicht in der erforderlichen Menge eingeführt werden konnten. Dass heute Kenntnisse aus dieser Zeit genutzt werden können, zeigt die Vergasung von Rückständen des DSD in den Anlagen des früheren Kombinats „Schwarze Pumpe", bei der der Chemierohstoff Methanol erzeugt wird.

Als Beispiele für das Vermeiden von Abfällen können genannt werden: Auf Großveranstaltungen kann heute übliches Porzellan und Besteck anstelle von Einmalgeschirr dank moderner, mobiler Spülmaschinen genutzt werden. Anstelle der früher üblichen nasschemischen analytischen Untersuchungen benötigt die moderne Mikroanalytik kleinere Probenmengen, so dass praktisch keine Abfälle entstehen. Die Verlängerung der Inspektionsintervalle beim PKW erspart nicht nur Kosten sondern u.a. auch einen geringeren Anfall von Altölen.

Zu den abfallwirtschaftlichen Grundlagen zählen insbesondere auch die rechtlichen Grundlagen [9.1]. Wie bereits erwähnt, verabschiedete der Deutsche Bundestag erst 1994 das **Gesetz zur Vermeidung, Verwertung und Beseitigung von Abfällen**, das **Kreislaufwirtschaft- und Abfallgesetz (Krw-/AbfG)**. Erstmalig sind damit auch die Prinzipien der Kreislaufwirtschaft definiert und festgeschrieben worden. Hiernach sind Abfälle in erster Linie zu vermeiden, z. B. durch eine abfallarme Produktionsgestaltung, die im Sinne dieses Buches zu den primären Maßnahmen zählen würde. Die Vermeidungsstrategie ist auch Bestandteil früherer Abfallgesetzte (AbfG) von 1986 und 1993. Neu hingegen sind die Forderungen:

- Abfälle sind stofflich zu verwerten oder
- Abfälle werden der Energiegewinnung zugeführt.

An dieser Stelle soll schon darauf hingewiesen werden, dass sich die stoffliche Verwertung in die werkstoffliche und rohstoffliche Verwertung splittet [9.2]. Bei der werkstofflichen Verwertung wird davon ausgegangen, dass z. B. aus Papier wieder Papier (Altpapier) entsteht. Während dieser Weg sich im Falle des Papiers als gangbar erwies, entstehen im Kunststoffbereich bekanntermaßen Probleme. Wegen der Sortenvielfalt gelingt es kaum, ein hochwertiges Sekundärprodukt zu erzeugen. Häufig wird vom „Parkbank- bzw. Blumenkübelsyndrom" gesprochen, um deutlich zu machen, dass die erzielten Produkte kaum eine Bedeutung erlangen und minderwertig sind, was auch mit bezeichnet wird. Die rohstoffliche Verwertung hat das Ziel, z. B. Kunststoffe in ihre Bausteine zu zerlegen, aus denen sie entstanden sind. Als Verfahren werden hier die Vergasung und die Hydrierung diskutiert, auf die später noch eingegangen wird. Bei der energetischen Verwertung spielt das **Bundesimmissionsschutzgesetz (BImSchG)** eine wichtige Rolle, hier insbesondere die 17. BImSchV, die den Betrieb von Müllverbrennungsanlagen regelt. Das Kreislaufwirtschaftsgesetz lässt nur im Ausnahmefall eine Deponierung von praktisch nur inerten Reststoffen zu. Die Regelung für die Deponierung von Hausmüll erfolgt durch die **TA Siedlungsabfall**, die für die Deponierung von Sondermüll durch die **TA Abfall**. Für spezielle Abfälle sind besondere Verordnungen erlassen worden: Das landwirtschaftliche Ausbringen von Klärschlämmen ist durch die **Klärschlammverordnung (AbfKlärV)** geregelt. Sie sieht insbesondere vor, dass keine gesundheitsschädlichen Klärschlämme verwendet werden dürfen, und regelt, wie Rohklärschlämme vor ihrer Ausbringung zu behandeln sind. Zur Eindämmung der Verpackungsflut ist die **Verordnung über die Vermeidung von Verpackungsabfällen (VerpackVO)** erlassen worden. Sie zielt auf die Vermeidung von Verpackungen, auf ihre Wiederverwendbarkeit. Sind diese beiden Wege nicht möglich, ist nur eine stoffliche Verwertung vorgesehen, nicht die energetische. Bei der Verwertung von Abfällen aus Großküchen für die Tierfutterherstellung ist das Tierseuchengesetz zu berücksichtigen. Im Bereich der Verwertung von Elektronikschrott liegt ein Entwurf für eine **Elektronik-Schrott-Verordnung** in der Fassung vom 15.10.1992 vor.

9.2 Abfallaufkommen und Abfallströme

Das derzeitige Abfallaufkommen in Deutschland wird vom Statistischen Bundesamt wie in folgender Grafik (Bild 9-1) dargestellt angegeben und bezifferte sich danach auf 370 Millionen t im Jahr 2006 [9.3]. Auch wenn verglichen mit 1999 ein Rückgang zu verzeichnen ist, so ist dieser im Wesentlichen auf den geringeren Anfall von Bauabfällen (Bauschutt) zurückzuführen. Demgegenüber ist die Menge an Abfällen aus der Produktion und dem Gewerbe (Gewerbeabfälle) angestiegen. Sieht man von diesen geringfügigen Schwankungen ab, so ist ein signifikanter Rückgang des Abfallaufkommens trotz gesetzgeberischer Maßnahmen und trotz des steigenden Umweltbewusstseins nicht erkennbar. Das Abfallaufkommen liegt gemäß Statistik nahezu konstant bei ca. 5 t pro Jahr und Einwohner. Zur Erfassung des Abfallaufkommens des Statischen Bundesamtes sei ferner darauf verwiesen, dass landwirtschaftliche Abfälle nicht erfasst wurden, die jährlich bis zu 200 Mio. t ausmachen sollen.

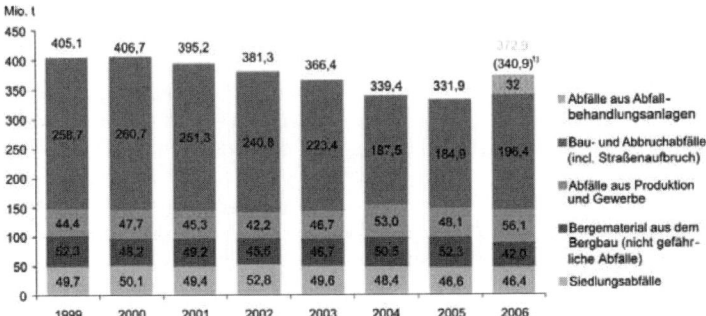

Bild 9-1: Abfallaufkommen (einschließlich gefährlicher Abfälle) laut Statistischem Bundesamt 2008

Angefallener Müll soll möglichst am Entstehungsort entsorgt werden. Mitteilungen über die Entsorgung von Müll aus Neapel in Verbrennungsanlagen in NRW, aber erst recht über die Verbrennung von Abfällen aus Australien, haben der Öffentlichkeit deutlich gemacht, dass einem zunehmenden Mülltourismus entgegengewirkt werden muss. Da rechtlich der Export von Müll zum Zwecke der Verwertung nicht untersagt wird, ist es im Nachhinein gar nicht festzustellen, ob eine Verwertung überhaupt angestrebt wurde, oder ob es sich dabei um eine preiswerte Entsorgung gehandelt hat. In diesem Zusammenhang sei auf die Exporte von Elektronikschrott bis in die asiatischen Länder verwiesen. Einen Überblick über Importe und Exporte der Bunderepubik Deutschland ergibt die vom Umweltbundesamt (UBA) veröffentlichte Grafik (Bild 9-2).

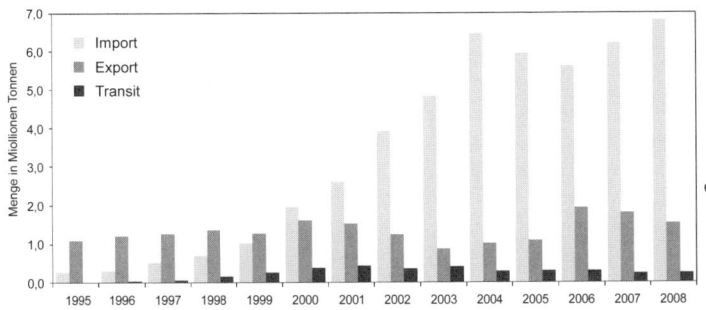

Bild 9-2: Importe, Exporte und Transit von Abfall der Bundesrepublik Deutschland laut Umweltbundesamt

Auch die Bestrebungen in NRW die Entsorgung der von den Kommunen gesammelten Abfälle europaweit auszuschreiben, also eine Liberalisierung der Abfallbeseitigung zu erreichen zeigt, dass das Prinzip der Entsorgung vor Ort aufgeweicht wird.

9.3   Sammlung und Aufbereitung des Abfalls

Am weitesten entwickelt ist in Deutschland das Abfallmanagement im Bereich der Sammlung und Aufbereitung von Verkaufsverpackungen, bedingt durch die 1991 in Deutschland in Kraft getretene **Verordnung zur Vermeidung und Verwertung von Verpackungsabfällen**. Unter anderem verpflichtet sie Handel und Industrie zur Rücknahme und stofflichen Verwertung von Transport-, Um- und Verkaufsverpackungen und fordert den Schutz und den Ausbau von Mehrwegsystemen. Bei den Verkaufsverpackungen können Handel und Industrie von der Rücknahmepflicht freigestellt werden, wenn sie sich mit ihren Verpackungen einem flächendeckenden und haushaltsnahen System zur Erfassung, Sortierung und Verwertung gebrauchter Verkaufsverpackungen anschließen. Diese Aufgabe hat in Deutschland das **Duale System (DSD)** [9.5] übernommen. 1998 wurde die Verpackungsverordnung novelliert und an das Kreislaufwirtschafts- und Abfallgesetz sowie an die EG-Verpackungsrichtlinie angepasst; u. a. wurden die Quoten für die stoffliche Verwertung neu festgelegt. Die Verwertungsquoten für Glas, Weißblech, Aluminium, Papier und Pappe sowie für Kunststoffe betragen jetzt nahezu 100 %. Die Verwertungsquoten müssen laut Verpackungsverordnung eingehalten und jährlich kontrolliert werden. Wird die Quote in zwei aufeinander folgenden Jahren unterschritten, so droht wie im Falle der Einweggetränkedose ein Zwangspfand.

Gemäß den Angaben der Verpackungsverordnung kennzeichnen der Handel und die Industrie die Verkaufsverpackung mit dem „**Grünen Punkt**", für den sie in der Regel eine Lizenzgebühr an das Duale System zahlen und sich damit von der individuellen Rücknahmepflicht befreien. Der Grüne Punkt etabliert sich international und ist in 170 Ländern als Markenzeichen geschützt, 460 Milliarden Verpackungseinheiten werden weltweit vertrieben, seit 2001 nutzen 13 europäische Staaten den Grünen Punkt als Finanzierungszeichen für die Verwertung der Verkaufsverpackungen [9.6].

Nicht nur die Verwertungsquoten für unterschiedliche Rohstoffe sind in den letzten Jahren gestiegen, auch ist ein Anstieg der Quoten für die

Umweltschadstoffe

Hauptabfallströme zu verzeichnen. Diese betragen nach Angaben des Umweltbundesamtes Werte, wie sie in Tab. 9-1 zusammengefasst sind:

Tab. 9-1 Verwertungsquoten der Hauptabfallströme in Prozent [Statistisches Bundesamt 2009]

	2000	2001	2002	2003	2004	2005	2006	2007
Abfälle ingesamt	66,5	66,3	66,1	66,0	65,0	66,0	74,0	73,0
Siedlungsabfälle	51,1	50,9	56,4	58,0	57,0	62,0	70,0	75,0
Abfälle aus Produktion und Gewerbe	49,4	48,6	38,5	42,0	57,0	64,0	83,0	77,0
Bau- und Abbruchabfälle	87,7	88,3	85,6	86,0	86,0	87,0	88,0	88,0
Gefährliche Abfälle	20,0	22,3	25,7	28,0	68,0	62,0	66,0	62,0

Die Tabelle zeigt, dass von den gesammelten Abfällen 2007 bereits 73 % verwertet werden konnten.

Beim Sammeln der Abfälle ist zwischen dem **Hol- und Bringsystem** zu unterscheiden. Beim Holsystem werden z. B. im Bereich der Leichtverpackungen die Abfälle in gelben Tonnen oder gelben Säcken gesammelt und vom Entsorger abgeholt. Beim Bringsystem ist es umgekehrt: Der Abfallerzeuger bringt seinen sortierten Abfall zu Sammelcontainern auf Wertstoffhöfen, z. B. Glasflaschen. Unabhängig vom Sammelsystem gilt das Prinzip, dass möglichst sortenrein gesammelt werden muss. Um überhaupt eine Verwertung zu erzielen, muss von Beginn an auf eine Sortierung geachtet werden, da die Aufbereitung, also die nachträgliche Sortierung, immer aufwändiger ist. Die heute üblichen Abfallsorten aus dem häuslichen oder gewerblichen Bereich, die gesammelt werden, unterteilen sich in Glas, Altpapier, Leichtverpackungen, Metall, Elektronikschrott, Kühlschränke, Bioabfall (Küchen- und Gartenabfälle), Altreifen, Sperrmüll und Restmüll

Über den Abfall aus Haushalten und Gewerbe hinaus lassen sich noch Abfälle aus Gewerbe und Industrie, Schlämme aus industriellen und öffentlichen Kläranlagen, Krankenhausabfälle, Abfälle aus Gartenbau und Landwirtschaft sowie Sonderabfälle nennen.

Unabhängig von der Herkunft der Abfälle muss eine sinnvolle Verwertung von Abfällen formuliert werden. Es handelt sich hierbei um Getrenntes Sammeln, getrennte Anlieferung zur Aufbereitungsanlage, Vorsortierung, Vorzerkleinerung, Vorklassierung, Zerkleinerung, Klassierung, Sortierung sowie Kompaktierung.

Bei Müllverbrennungsanlagen prüft in der Regel der Kranfahrer nach dem Abkippen des Ladegutes, ob sich im Müll problematische Komponenten befinden: So kann es hin und wieder vorkommen, dass Campinggasflaschen mit abgeworfen werden, die in der Feuerung verpuffen und so den Kessel beschädigen könnten. Bei Aufbereitungsanlagen für die Leichtverpackungen sind z. B. Videobänder problematisch, da sie sich abwickeln und dann um Wellen und Lager von Maschinen und Förderbändern wickeln können, was zu aufwändigen Reparaturen führen kann. Somit spielt die visuelle Prüfung des angelieferten Mülls eine wichtige Rolle.

Sortierungsverfahren können immer nur ein Material optimal trennen, wenn es in enger Korngrößenverteilung vorliegt, so ist immer eine Zerkleinerung und eine Klassierung vorzuschalten. Obwohl grundsätzlich für die Müllaufbereitung alle Aufbereitungsmaschinen zum Einsatz kommen könnten, wie z. B. in der Mineralaufbereitung, so hat sich doch gezeigt, dass beim Müll trockene Verfahren gegenüber nassen Verfahren Vorteile aufweisen. In der Aufbereitung von Leichtverpackungen haben optische Verfahren wie die IR-Trennverfahren sich besonders bewährt. Bild 9-3 zeigt den Annahmebereich der Leichtmüllaufbereitungsanlage, Bild 9-4 den Blick auf einen IR-Sortierer.

Bild 9-3: Annahmebereich einer Aufbereitungsanlage für Leichtverpackungen (Fa. Trinekens, Altenessen)

Umweltschadstoffe

Bild 9-4: IR-Sortiereinheit (Fa. Trinekens, Altenessen)

Das Prinzip der optischen Sortierung ist in Bild 9-3 dargestellt.

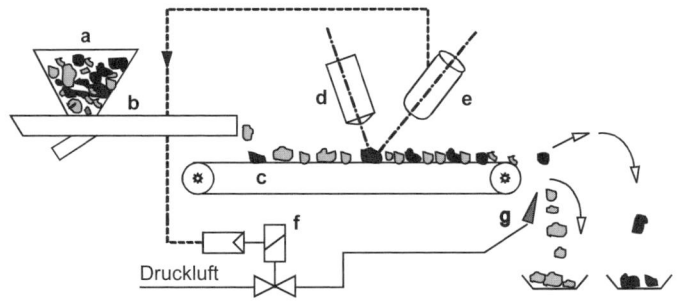

Bild 9-5: Prinzip des optischen Trennverfahrens: a Silo, b Abzugs-
einrichtung, c Förderer, d Strahler, e Kamera, f Pneumatik, g Druck-
luftstrahl

Wie im Bild 9-5 gezeigt, wird das Material auf ein Band (c) aufgegeben,
bestrahlt (d) und die Reflexion der Partikel mit einer Kamera (e) analysiert. Mittels eines Rechners und eines Druckluftstrahls (g) werden die
Partikel der jeweiligen Fraktion zugeführt. Dieses Trennverfahren ist ein
Standardverfahren in der Lebensmittelindustrie, spielt aber auch in der

pharmazeutischen Industrie eine wesentliche Rolle. So können z. B. Schäden an Tabletten identifiziert werden. Es wird aber auch in der Industrie für mineralische Rohstoffe zum Sortieren oder auch zum Klassieren verwendet. Voraussetzung für höhere Durchsätze ist die Leistungsfähigkeit der Rechner, die bekannterweise in den letzten Jahren stark zugenommen hat. Gerade dadurch ist es auch zu einem Schlüsselverfahren der Abfallaufbereitung geworden, das insbesondere die unangenehme Arbeit des manuellen Sortierens ersetzt. Die optische Sortierung ist auch ein Schlüsselverfahren des Trennverfahrens SORTEC 3.0 des DSD, in dem die Inhaltsstoffe des gelben Sackes vollautomatisch getrennt werden können.

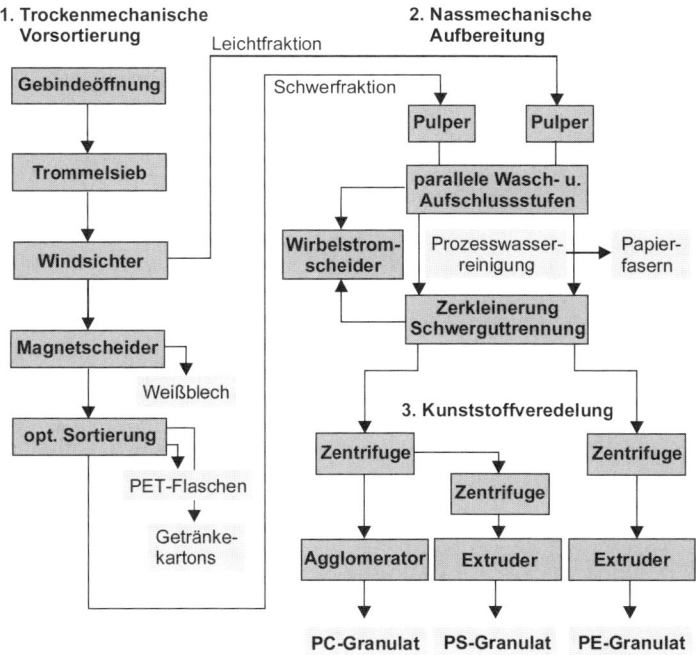

Bild 9-6: Schematische Darstellung des SORTEC-3.0-Verfahrens

In Bild 9-6 ist das Schema des Verfahrens dargestellt. Die optische Sortierung ist der wesentliche Bestandteil der trockenmechanischen Aufbereitung.

10   Lärm

10.1   Physikalische Größen

Mechanische Schwingungen und deren Ausbreitung in einem elastischen Medium werden **Schall** genannt. Je nach Ausbreitungsmedium unterscheidet man z. B. Luftschall, Körperschall und Flüssigkeitsschall. In der Luft sind es die Dichtewellen, geringe, dem Atmosphärendruck von ca. 10^5 Pa überlagerte Druckschwankungen, welche die Ausbreitung des Schalls bewirken. Hierbei schwingen die „Luftteilchen" in Ausbreitungsrichtung um ihre Ruhelage. Diese schwingende Bewegung der Teilchen um ihre Ruhelage mit der Momentangeschwindigkeit v wird über deren elastische Kopplung weitergegeben (vgl. Bild 10-1). Es entsteht so eine fortschreitende Druckwelle, deren Druckmaximum in der Zeit t die Strecke λ zurücklegt, sodass sich für die **Ausbreitungsgeschwindigkeit** der Dichtewelle bzw. des Schalls ergibt:

$$c = \frac{\lambda}{t} \qquad (10\text{-}1)$$

Bei einem ruhenden Beobachter ist also pro Sekunde

$$f = \frac{1}{t} \qquad (10\text{-}2)$$

-mal mit dem Durchlauf des Druckmaximums zu rechnen. Für die Wellenlänge λ gilt dann mit Gl. (10-1) und Gl. (10-2) die wichtige Beziehung

$$\lambda = \frac{c}{f} \qquad (10\text{-}3)$$

Die **Schallgeschwindigkeit** hat bei absoluter Temperatur T den Wert

$$c = c_0 \cdot \sqrt{\frac{T}{T_0}} \quad \text{mit } c_0 = 331{,}5 \text{ m/s}, \ T_0 = 273 \text{ K} \qquad (10\text{-}4)$$

Sie ist nicht von der Frequenz abhängig.

Im akustischen Fernfeld von abstrahlenden Oberflächen $r \geq \lambda$ sind Schalldruck und Schallschnelle in Phase. Die Schallintensität I als Schallleistung pro Flächeneinheit ergibt sich für die ebene Dichtewelle im Fernfeld beim Durchtritt durch eine senkrecht zur Ausbreitungsrichtung stehende Fläche aus dem Produkt der Effektivwerte des Schall-

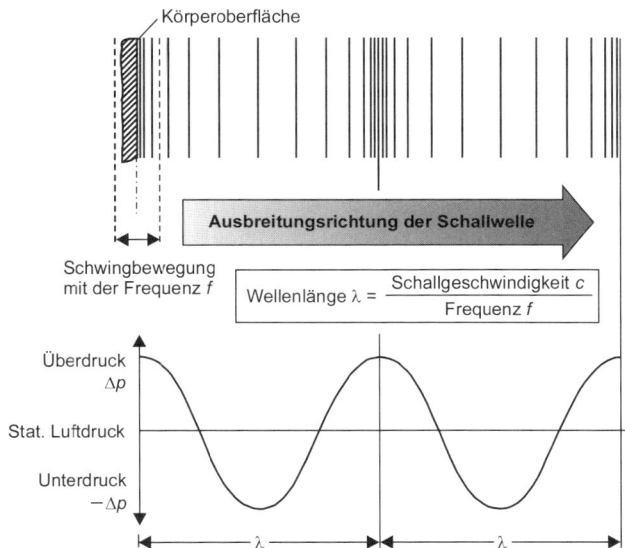

Bild 10-1: Abstrahlung einer ebenen Schallwelle von einer schwingenden Körperoberfläche (Werkzeugmaschinenlabor, RWTH Aachen)

wechseldruckes p und der Schallschnelle v zu

$$I = p \cdot v \qquad (10\text{-}5)$$

und daraus die insgesamt von der Schallquelle abgestrahlte **akustische Leistung** P aus der Integration über die einhüllende Fläche S.

$$P = \oint I \cdot dS \qquad (10\text{-}6)$$

Das Verhältnis der beiden Feldgrößen p und v ist die **Schallkennimpedanz** Z, die in Luft bei einer Dichte von $\rho = 1{,}21$ kg/m^3 und $c = 340$ m/s den Wert $Z = 408$ N $\cdot$ s/m^3 hat.

$$Z = \rho \cdot c = \frac{p}{v} \qquad (10\text{-}7)$$

Mit der Schallkennimpedanz gilt für die **Schallintensität** im akustischen Fernfeld:

$$I = p \cdot v = \frac{1}{\rho \cdot c} p^2 = p \cdot c \cdot v^2 \qquad (10\text{-}8)$$

Die Beziehung (10-8) beschreibt drei verschiedene Verfahren zur Messung der Schallintensität:

■ **Schalldruckmessung**: Das am häufigsten angewandte Verfahren, die Schalldruckmessung mit dem Schallpegelmesser, beruht auf der Messung des Effektivwertes des Schalldruckes gemäß der Proportionalität zwischen I und p^2 mit einem Mikrofon. Sind auf allen senkrecht zur Schallausbreitungsrichtung angeordneten Teilflächen S_{Ti} der einhüllenden Fläche die Drücke p_i gemessen, so errechnet sich die Schallleistung aus

$$P = \frac{1}{\rho \cdot c_0} \sum_i (p^2 \cdot S_T)_i \qquad (10\text{-}9)$$

und mit dem über der Hüllfläche bereits gemittelten Druck und S als der Hüllfläche, bestehend aus der Summe der Teilflächen, gilt dann:

$$P = \frac{1}{\rho \cdot c} \bar{p}^2 \cdot S \qquad (10\text{-}10)$$

■ **Intensitätsmessung**: Die direkte Intensitätsmessung ist wesentlich aufwendiger, sie hat in vielen Bereichen, so z. B. in der Maschinen- und Aeroakustik, dank der modernen Echtzeit-Digital-Analysatoren einen hohen Stellenwert erreicht.

Hierbei wird das Produkt $p \cdot v$ mit einer richtungsempfindlichen Intensitätssonde, bestehend aus zwei 15...50 mm beieinander angeordneten Mikrofonen, direkt gemessen, wobei die Schnelle v aus der Druckdifferenz zwischen den Mikrofonen bestimmt wird. Die insgesamt abgestrahlte Schallleistung ergibt sich dann aus der Integration der gemessenen Intensität über die gesamte Hüllfläche.

■ **Körperschallmessung**: Eine indirekte Methode der Ermittlung der Schallleistung über die Messung der Körperschallleistung P_K geht davon aus, dass an einer Schall abstrahlenden Oberfläche eines Körpers die vertikal zur Oberfläche messbare Schnelle v_K gleich der Schallschnelle v in der Luft ist. Für die insgesamt von der Oberfläche des Körpers abgestrahlte Körperschallleistung P_K gilt analog zu Gleichung (10-9):

$$P_K = \rho \cdot c \sum_i (v_K^2 \cdot S_T)_i \qquad (10\text{-}11)$$

Die Schallleistung im Fernfeld der Luft ist wegen teils gegenphasiger Oberflächenschwingungen und damit verbundener Auslöschungen geringer als die Körperschallleistung. Das Verhältnis von P/P_K beschreibt den **Abstrahlgrad** σ.

$$\sigma = \frac{P}{P_K} \qquad (10\text{-}12)$$

10.2   Geräusche als Lärm

Ein vom menschlichen Ohr wahrnehmbares Schallereignis ist ein Geräusch, bestehend aus einem Gemisch von Tönen beliebiger Frequenz. Geräusche gelten als Lärm, wenn sie belästigen, stören, gefährden oder schädigen. Ob ein Geräusch subjektiv als Lärm empfunden wird, hängt u. a. vom Informationsgehalt des Geräusches und der Einstellung des Menschen gegenüber dem Geräusch ab. Wie laut ein Geräusch empfunden wird, ist durch die Größe der Amplitude des Effektivwertes des Schallwechseldruckes p bestimmt.

Der mit dem Ohr wahrnehmbare Bereich des Effektivwertes des Schallwechseldruckes reicht von der **Hörschwelle** mit $p_0 = 20 \cdot 10^{-5}$ Pa bis zur **Schmerzschwelle** bei $p = 20$ Pa, er umfasst also etwa fünf Zehnerpotenzen. Wegen dieses sehr großen Zahlenbereiches werden die Effektivwerte des Schallwechseldruckes normiert, logarithmiert und als Pegelgrößen L in einem überschaubaren Zahlenbereich von 0 bis ca. 160 angegeben.

Die empfundene Tonhöhe ist von der Anzahl der pro Sekunde auf das Ohr auftreffenden Druckmaxima, also von der Frequenz f, abhängig. Die Einheit von f ist s^{-1}, abgekürzt mit Hz nach den Physiker HERTZ benannt. Da der Hörfrequenzbereich von ca. 16 Hz bis etwa 16 kHz mit drei Zehnerpotenzen ebenfalls einen großen Zahlenbereich umfasst, ist bei der Darstellung der Pegel über der Frequenz als „Spektrum" die Frequenzachse in der Regel auch logarithmisch geteilt und in Oktavsprüngen oder feiner in 1/3-Oktaven = Terzen gegliedert. Für besondere Untersuchungen werden darüber hinaus Schmalbandspektren mit schmalen Bändern konstanter Bandbreite benutzt.

Umweltschadstoffe

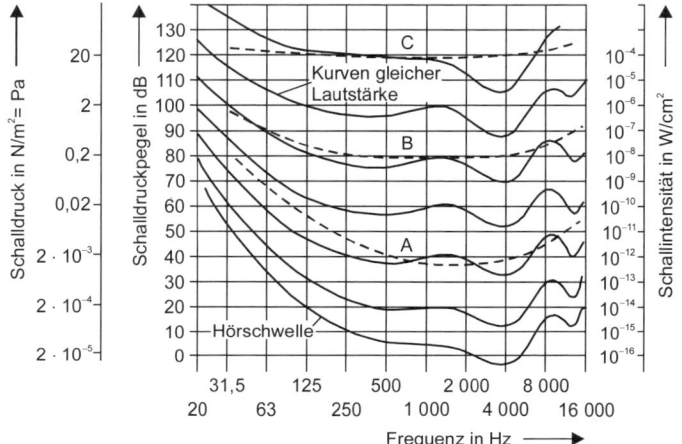

Bild 10-2: Hörschwelle und Kurven gleicher Lautstärke für Töne nach DIN 45630, Bl. 2 sowie Schalldruck, Schalldruckpegel, Schallintensität und Bewertungskurven A, B, C in Abhängigkeit von der in Oktavschritten (31,5 Hz bis 16 000 Hz) unterteilten Frequenzachse

Die in Bild 10-2 eingetragenen Lautstärkepegel sind ein subjektives Maß der Lautstärke, ebenso die frequenzabhängigen Kurven gleicher Lautstärke. Diese Kurven zeigen, dass wir bei tiefen Frequenzen von dem Schall weniger wahr nehmen als bei höheren Frequenzen. In der Messtechnik wird dies durch die verschiedenen Bewertungskurven A, B, C und D berücksichtigt, wobei sich die A-Bewertung bei der Messung von Industrie- und Verkehrsgeräuschen durchgesetzt hat.

Mithilfe der für Terzen und Oktaven nach DIN IEC 651 festgelegten Pegelwerte A wird aus einem die physikalischen Gegebenheiten wiedergebenden linearen Spektrum ein annähernd den Gehöreindruck wiedergebendes A-bewertetes Spektrum. Am Beispiel von Pegeln eines Terzspektrums gezeigt gilt:

$$L_{A,\mathrm{Terz}} = L_{\mathrm{linear}} - A_{\mathrm{Terz}} \tag{10-13}$$

10.3 Pegelmaße

Logarithmierte Verhältnisgrößen werden **Pegel** genannt. Solche mit dem dekadischen Logarithmus werden nach dem Erfinder des Telefons A. G.

BELL mit dem Zusatz B und bei weiterer Unterteilung in 1/10 mit dB (Dezibel) gekennzeichnet.

Somit ergeben sich mit willkürlich, aber sinnvoll gewählten Bezugsgrößen für die Effektivwerte von **Schalldruck** L_p, **Intensität** L_I, **Schallleistung** L_W und **Schallschnelle** L_v folgende Pegelmaße:

$$L_p = 10 \lg \frac{p^2}{p_0^2} \text{ dB} \qquad (p_0 = 2 \cdot 10^{-5} \text{ Pa} = 20 \text{ µPa}) \qquad (10\text{-}14)$$

$$L_I = 10 \lg \frac{I}{I_0} \text{ dB} \qquad (I_0 = 10^{-12} \text{ W/m}^2 = 1 \text{ pW/m}^2) \qquad (10\text{-}15)$$

$$L_W = 10 \lg \frac{P}{P_0} \text{ dB} \qquad (P_0 = 10^{-12} \text{ W} = 1 \text{ pW}) \qquad (10\text{-}16)$$

$$L_v = 10 \lg \frac{v}{v_0} \text{ dB} \qquad (v_0 = 5 \cdot 10^{-8} \text{ m/s} = 50 \text{ nm/s}) \qquad (10\text{-}17)$$

Aufgrund der gewählten Bezugsgrößen stimmen bei ebenen Schallwellen die Zahlenwerte von Schalldruck- und Intensitätspegel überein.

Das nachstehende Messflächenmaß L_S ist das Pegelmaß der gesamten, die Schallquelle einhüllenden Messfläche S nach Gleichung (10-10).

Messflächenmaß $\quad L_S = 10 \lg \dfrac{S}{S_0} \text{ dB} \quad (S_0 = 1 \text{ m}^2) \qquad (10\text{-}18)$

Schalldruckpegel und Intensitätspegel nehmen bei der Ausbreitung des Schalls wegen der Verteilung der von der Quelle abgestrahlten Schallleistung auf eine immer größer werdende Fläche mit zunehmendem Abstand zur Schallquelle ab. Sie sind also nicht geeignet, die Geräuschemission einer Schallquelle eindeutig zu kennzeichnen.

Eine eindeutige, an den Betriebszustand gebundene Kennzeichnung ist deshalb nur mit dem Pegel der abgestrahlten Schallleistung möglich.

Umweltschadstoffe

11   Elektromagnetische Strahlung

11.1   Grundlagen zur elektromagnetischen Strahlung

Die Strahlung umfasst den ganzen Bereich der elektromagnetischen Wellen: Das elektromagnetische Spektrum (Tabelle 11-1) reicht von der Strahlung von Elektrogeräten (Elektrosmog) über das sichtbare Licht bis zur radioaktiven Strahlung und zur kosmischen Strahlung.

Tabelle 11-1: Elektromagnetisches Spektrum

Strahlungsart		Frequenz v in Hz von bis		Wellenlänge λ
Technische Wechselströme		17	200	
Niederfrequenztechnik			$1 \cdot 10^5$	
	Radiowellen			
	Langwellen			5 km
	Mittelwellen			500 m
	Kurzwellen			50 m
	UKW			5 m
Hochfrequenztechnik			$1 \cdot 10^{12}$	1 µm
	Mikrowellen			
	UHF (Mikrowelle, Handy)			50 cm
	SHF (Sat-TV)			5 cm
Wärmestrahlung		10^{12}	$4 \cdot 10^{14}$	
Sichtbares Licht			$1 \cdot 10^{15}$	
	Rot			650...750 nm
	Orange			585...650 nm
	Gelb			575...585 nm
	Grün			490...575 nm
	Blau			420...490 nm
	Violett			400...420 nm
Ultraviolette Strahlung			$1 \cdot 10^{17}$	
	UV-A			400...320 nm
	UV-B			320...280 nm
	UV-C			280...10 nm
Röntgenstrahlung			$1 \cdot 10^{22}$	10 nm...5 pm*
Gammastrahlung			$1 \cdot 10^{25}$	ab 5 pm
Kosmische Strahlung			$> 1 \cdot 10^{25}$	

* 1 pm (p = Piko) = $1 \cdot 10^{-3}$ nm (n = Nano) = $1 \cdot 10^{-12}$ m

Der Zusammenhang zwischen Frequenz und Wellenlänge ist:

$$v \cdot \lambda = c \qquad\qquad (11\text{-}1)$$

c Lichtgeschwindigkeit ($3 \cdot 10^8$ m/s)

Mit $\varepsilon = h \cdot \nu$ ergibt sich der Zusammenhang zwischen der Energie eines Quants, hier eines Photons, und der Frequenz, mit h, dem PLANCKschen Wirkungsquantum ($h = 6{,}6 \cdot 10^{-34}$ Js), wobei deutlich wird, dass eine höherfrequente Strahlung auch energiereicher ist.

Die **Strahlungsdosis** E ergibt sich aus der Strahlungsleistung P und der Einwirkzeit t mit

$$E = P \cdot t \tag{11-2}$$

Dieser Zusammenhang soll an einem einfachen Beispiel dargestellt werden: Die wohl bekannteste Strahlung dürfte das sichtbare Licht, die Sonnenstrahlung, sein. In Berlin kann ihre Leistung bis zu 1000 W/m² betragen, aber auch nur am 21. Juni, wenn die Sonne ihren höchsten Stand erreicht hat und ihr Licht nicht übermäßig absorbiert wird. Nimmt man die Leistung von 1000 W/m² und unterstellt man, dass ein Mensch eine Fläche von einem Quadratmeter habe und dass er sich eine Stunde dieser Strahlung ungeschützt aussetzt, so absorbiert er eine **Energie** von 1000 Wh. Die Dosis von 1000 Wh entspricht $3{,}6 \cdot 10^6$ Joule. Alle wissen, dass diese Strahlungsenergie für Kinder oder Erwachsene mit empfindlicher Haut schon zu einem unangenehmen Sonnenbrand führen kann. Die Spätfolgen der Verbrennung der Haut können der „schwarze Krebs" sein (s. hierzu auch Kap. 11.3).

Neben die natürliche Strahlung ist in zunehmendem Maße die **technische Strahlung** getreten, und es ist somit nicht nur zwingend, die Umwelt vor Schwermetallen oder toxischen organischen Verbindungen zu schützen, sondern auch vor den verschiedenen Arten der Strahlung. In die Diskussion getreten ist der **Elektrosmog**, hier durch die starke Verbreitung von PCs, insbesondere der Bildschirme, die „Mikrowelle" oder das Handy. Strittig ist auch die UV-Strahlung im Solarium, die zwar den Sonnenbrand ausschließt, aber doch die Haut schädigen kann.

Insbesondere die medizinische Anwendung der ionisierenden Strahlen, aber auch die friedliche Nutzung der Kernenergie können erhebliche Schäden verursachen. Die Schäden sind somatischer Art, hier steht die Erkrankung an Krebs oder Leukämie im Vordergrund, oder genetischer Art, die aus heutiger Sicht kaum abgeschätzt werden können. Eine deutliche Herabsetzung der Strahlendosen ist im Laufe der Jahre erfolgt. Erforderlich ist eine ausreichende Überprüfung der gesetzten Normen.

Die wichtigste rechtliche Grundlage ist die **Strahlenschutzverordnung (StrlSchV)**, vor allem in ihrer zuletzt durch Gesetz vom 20. Juli 2001 geänderten Fassung. Ferner die **Röntgenverordnung (RöV)** ebenfalls in ihrer Fassung vom 30. Juli 2003, darüber hinaus das **Strahlenschutz-**

Umweltschadstoffe

vorsorgegesetz (StrVG) und das **Atomgesetz (AtG)**. Erst 1997 wurde die 26. BlmSchV („Elektrosmog VO") in Kraft gesetzt.

11.2 Strahlung elektrotechnischer Einrichtungen (Elektrosmog)

Die Strahlung technischer Ströme wird unterschieden in elektrische und magnetische Strahlung. Die Intensität der elektrischen Strahlung wird gemessen in V/m, die der magnetischen in A/m. Für die magnetische Intensität wird auch statt der Feldstärke (gemessen in A/m) die Induktion in T (Tesla) angegeben, wobei in Luft 1 A/m 1,3 µT (Mikrotesla) entspricht.

Die Strahlung, die von technischen Feldern im Bereich der Energieversorgung ausgeht, ist in Tabelle 11-2 dargestellt.

Tabelle 11-2: Grenzwerte für elektrische und magnetische Felder [11.1]

	Elektrische Felder in V/m	Magnetische Felder in A/m
380-kV-Leitung	6 000	30*
110-kV-Leitung	2 000	15*
jeweils am Ort des größten Durchhangs, gemessen in 1 m Höhe über dem Boden		
Kabel (10...380 kV)	annähernd null	80*
verlegt in 1 m Tiefe, gemessen direkt darüber am Erdboden		
Körpernahe Geräte		
Trockenhaube, Fön	100	2 000
Rasierapparat	120	1 000
Heizdecke	500	4
Elektro-Haushaltsgeräte	100	20
Herd, Kühlschrank, Fernseher, Wäschetrockner, Heizkörper; Abstand 30 cm		
Elektroinstallation (400 V)	5	5
Sicherheitsgrenzwerte (DIN VDE 0848 Teil 4)		
Daueraufenthalt	20 000	4 000
Vorsorgegrenzwert (Deutsche und Internationale Strahlenschutzkommission)		
einige Stunden am Tag	10 000	800
Daueraufenthalt	5 000	80

* bei 1 000 A Stromstärke in jedem Leiter

Auch sind hier Sicherheitsgrenzwerte nach DIN und Vorsorgegrenzwerte der Strahlenschutzkommission aufgeführt. Die Sicherheitsgrenzwerte gelten für Felder im Bereich von 0 bis $3 \cdot 10^4$ Hz und damit nicht für die Hochfrequenztechnik. Im Vergleich ergeben sich folgende Werte:

Werte nach DIN gemäß Tabelle 11-2: 20 000 V/m; 4000 A/m; ca. 5 000 µT

Werte der International Radiation Protection Agency [11.2]: 5 000 V/m; 100 µT

Werte für Computerbildschirme in Schweden: 25 V/m; 0,25 µT

Die Werte der International Radiation Protection Agency (IRPA) entsprechen den Werten der Tab. 11-2 in ihrer letzten Zeile. Bemerkenswert sind die in Schweden für Monitore geforderten, extrem niedrigen Werte. Im Einzelnen sind die schwedischen Grenzwerte für Bildschirmarbeitsplätze festgelegt in der MPR 2 (Statens Mät och Provstrelse), der TCO und der Nutek. Die Nutek geht davon aus, dass die Strahlenexposition insbesondere bei nicht benutztem Bildschirmarbeitsplatz verringert wird, wobei durch den Stand-by-Modus die Leistung der Anlage bei Nichtbenutzung nach 5 min auf einen Wert von < 30 Watt und nach 70 min auf < 8 Watt vermindert wird. Ferner ergeben sich im Vergleich zu deutschen Werten die folgenden Begrenzungen:

Tabelle 11-3: Deutsche und schwedische Grenzwerte für Bildschirmarbeitsplätze [11.3]

	Deutsche Grenzwerte	Schwedische Grenzwerte
Elektrostatisches Feld des Bildschirms	20 kV	500 V
Elektrischer Entladungswiderstand der Tastatur	keine	10...500 MΩ
Elektrische Wechselfeldstärke 5...2000 Hz 2...400 kHz	1 500 V/m 50 V/m	25 V/m 2,5 V/m
Magnetische Wechselfeldstärke 5...2000 Hz 2...400 kHz	400 µT 10 µT	0,25 µT 0,025 µT
Röntgenstrahlung	<1 µSv/h	<0,1 µSv/h

Abschließend hierzu sei noch dazu vermerkt, dass eine Belastung am Arbeitsplatz von 100 µT von Ärzten als problematisch betrachtet wird. Diese Belastung liegt bei Arbeitsplätzen vor, die in der Nähe von Energieversorgungsanlagen (Schaltanlagen oder Transformatorenstationen), also in der Nähe von Orten mit hohen Stromstärken, vor.

11.3   UV-Strahlung

Bereits in Kapitel 8 (Luftverschmutzung) und insbesondere bei der Betrachtung der Folgen durch die Zerstörung der Ozonschichten wurde auf die Gefahren durch die zunehmende UV-Strahlung eingegangen. Die technisch erzeugte UV-Strahlung wird unterschieden in die Bereiche

■   UV-A-Strahlung: 315...400 nm,
■   UV-B-Strahlung: 280...315 nm,
■   UV-C-Strahlung: 100...280 nm.

Umweltschadstoffe

Die UV-A-Strahlung wirkt bräunend und wird in den Solarien angewandt. Obwohl bei UV-A-Strahlung der Sonnenbrand ausgeschlossen wird, warnen Mediziner auch vor zu intensiver UV-A-Strahlung, da Erkrankungen der Haut mehrfach nachgewiesen wurden.

Die UV-Strahlung wird als Ursache für die Entstehung des „schwarzen Hautkrebses", des malignen Melanoms, eines bösartigen Tumors, benannt. Es sollen in Deutschland jährlich etwa 2000 Menschen an dieser Krebserkrankung sterben.

11.4   Ionisierende Strahlung

Schon 1896 entdeckte BECQUEREL die ionisierende Strahlung. Die Strahlung radioaktiver Stoffe wird ganz allgemein unterschieden in:

- α-Strahlen (positiv geladene Heliumkerne),
- β-Strahlen (negativ geladene Elektronenstrahlung),
- γ-Strahlen (ungeladene elektromagnetische Strahlung).

Grenzwerte zum Schutz vor ionisierenden Strahlen werden heute angegeben in mSv, und die Belastung soll nicht mehr als 1,8 mSv pro Jahr betragen.

Da häufig auch noch andere Einheiten benutzt werden, soll als Umrechnungshilfe genannt werden: 1 mSv = 0,1 Rem = 0,1 rad = 1 mGray (Gy)

Ferner ist 10 mSv = 100 erg/g, was bedeutet, dass die bestrahlte Masse von einem Gramm die Energie von 100 erg absorbieren kann. Weiterhin entsprechen 10^7 erg einer Wattsekunde. Unterstellt man das Gewicht des menschlichen Körpers mit 70000 g, so entspricht dem genannten Grenzwert von 1,8 mSv/a eine vom Menschen absorbierte Energie von 0,126 Ws/a bzw. eine Strahlungsleistung von ca. $4,3 \cdot 10^{-9}$ W.

Die Gefährdung des Organismus durch ionisierende Strahlung beruht auf der Bildung von Radikalen, die zu Schädigungen des Gewebes führen. Die Strahlenkrankheit tritt bei einer Kurzzeitbelastung schon von 250 mSv auf. Die Belastung von 4 Sv soll tödlich wirken. Bei Langzeitbelastungen treten neben somatischen Schäden, Schäden bei denen nur das bestrahlte Individuum geschädigt wird, auch genetische Schäden auf. Bei den genetischen Schäden werden die Erbanlagen durch Mutation verändert. Grenzwerte für die Vermeidung von genetischen Schäden wurden noch nicht gefunden.

Die Empfehlung der Internationalen Kommission für Strahlenschutz von 1956 sah vor, dass die Strahlenbelastung 3 mSv pro Woche und 50 mSv pro Jahr nicht übersteigen sollte: Bis zum 30. Lebensjahr sollte die

Strahlendosis auf 500 mSv begrenzt bleiben. In den folgenden 30 Jahren sollte die Gesamtdosis 1500 mSv nicht übersteigen, wobei 500 mSv in jeweils 10 Jahren als Maximalwert angesehen wurde. Damit ergäbe sich für einen 60-Jährigen eine Höchstdosis von 2000 mSv = 2 Sv. Bei dem oben genannten heutigen Grenzwert von 1,8 mSv pro Jahr käme der 60-Jährige lediglich auf 10 mSv.

Umgekehrt gibt die Internationale Strahlenschutzkommission (ICRP) für das Strahlenrisiko an, dass bei einer Dosis von 1 Sv, der 100 Menschen ausgesetzt sind, in fünf Fällen mit strahlungsinduziertem Krebs zu rechnen ist.

Während bei der Strahlendosis der bestrahlte Stoff oder das bestrahlte Individuum im Vordergrund steht, kann man die radioaktive Strahlung einer Substanz durch ihre Aktivität quantifizieren. Die Einheit der Aktivität war früher das Curie (Ci). 1 Ci liegt vor, wenn $3,7 \cdot 10^{10}$ Zerfallsereignisse pro Sekunde stattfinden. Heute wird die Einheit Becquerel (Bq) verwendet, bei der 1 Zerfall pro Sekunde vorliegt.

11.4.1 Natürliche Strahlung

Bei der Festlegung von Höchstwerten wird häufig von der Belastung des Menschen durch die natürliche Strahlung ausgegangen. Sie setzt sich zusammen aus der kosmischen und der terrestrischen Strahlung (Erdstrahlung) sowie durch Aufnahme von radioaktiven Stoffen über die Nahrung und die Luft. Die **kosmische Strahlungsdosis** wird bereits durch Flugreisen deutlich erhöht.

Eine Dosis von 8 µSv ist für einen Flug von Frankfurt/M. nach Mallorca und eine Dosis von 60 µSv für einen Flug von Frankfurt/M. nach Los Angeles und zurück gegeben [11.3].

Die **terrestrische Strahlung** ist abhängig vom Gehalt des Bodens an radioaktiven Elementen. Die Strahlungsaktivität kann bis zu 1 Bq/g betragen. Auch Baustoffe, die oberflächennah gewonnen wurden, haben häufig hohe Strahlungsaktivitäten. Hinzu kommt die Strahlung über die Aufnahme der Nahrung.

Beispielsweise betrug die Belastung der Milch in den Jahren von 1970 bis 1986 0,5...0,8 Bq/l, bezogen auf Cs 137. Durch den Reaktorunfall von Tschernobyl (1986) stieg die Belastung bis auf 8 Bq/l. Bei der Aufnahme von radioaktiven Stoffen aus der Luft ist auch das Radon (radioaktives Gas) zu nennen, das vom Erdboden abgegeben wird und in erhöhten Konzentrationen in nicht gelüfteten Kellerräumen anzutreffen ist. Die Normalwerte der Luft sollen 10 Bq/m³ und 10 Bq/kg betragen. Diese Werte können in Tiefkellern deutlich höher sein und erreichen z. B. in den Heilstollen von Bad Gastein Werte von 70 000 Bq/m³.

Umweltschadstoffe

Die mittlere natürliche Dosis in Deutschland wird mit bis zu 4 mSv/a angegeben, sodass ein 60-jähriger Bürger bereits eine Dosis von 240 mSv absorbiert hat, also ca. 1/10 der oben angegebenen Höchstdosis von 2 Sv. Vermutlich wegen der neuen Erkenntnisse über die Höhe der natürlichen Strahlung sind die Höchstdosen in der heute gültigen Strahlenschutzverordnung im Vergleich zu den Werten von 1956 mit 50 mSv/a noch einmal deutlich verringert worden.

Die Höchstwerte für Strahlendosen pro Jahr für Bereiche, die nicht Strahlenschutzbereiche sind, betragen gemäß Strahlenschutzverordnung von 1994:

- Teilkörperdosis für Knochenoberfläche, Haut: 1,8 mSv,
- Effektive Dosis, Teilkörperdosis für Keimdrüsen, Gebärmutter, rotes Knochenmark: 0,3 mSv,
- Teilkörperdosis für alle anderen Organe und Gewebe: 0,9 mSv.

Diese niedrigen Werte gelten aber nur für beruflich nicht strahlenexponierte Menschen. Die am 1. August 2001 in Kraft getretene Strahlenschutzverordnung berücksichtigt die europäischen Vorgaben und senkt die Dosisgrenzwerte der Bevölkerung von 1,5 auf 1 mSv/a bzw. bei beruflich strahlenexponierten Arbeitskräften von 50 auf 20 mSv/a. Erstmals wird der Schutz vor der natürlichen Strahlung geregelt.

Die stetige Verschärfung der Grenzwerte durch den Gesetzgeber machen auch die Gefährdung von Mensch und Umwelt durch ionisierende Strahlung deutlich. Dies gilt auch für die medizinischen Anwendungen.

11.4.2 Strahlenbelastung durch medizinische Anwendungen

Die medizinische Anwendung der ionisierenden Strahlung liegt im Bereich der **Diagnostik** und der **Therapie** z. B. durch Röntgenstrahlung oder Anwendung radioaktiver Isotope wie dem radioaktiven Jod. Es wird angenommen, dass der Bürger in Deutschland im Mittel mit einer **Dosis von 0,5 mSv/a** beaufschlagt wird. Derartige Mittelwerte haben jedoch kaum Bedeutung, da die verschiedenen Patienten sehr unterschiedlich belastet werden. Auch wird vermutet, dass zur Ausnutzung der kapitalintensiven Geräte z. B. die Röntgenuntersuchung viel zu häufig angeordnet wird. Über die Anwendung von Überdosen wird immer wieder in den Medien berichtet. Da die irreversible Beschädigung der Haut durch Röntgenstrahlung erst bei einer Dosis von 6000 mSv einsetzt [11.4], kann gefolgert werden, dass in manchen Fällen, bei denen über

Verbrennungen in den Medien berichtet wurde, eine um mehr als 1000 % überhöhte Dosis verabreicht wurde.

Tatsächlich beträgt die **Hautoberflächendosis** bei der Röntgenuntersuchung eines Organs wie Niere, Darm oder Magen ca. 200 mSv, bei der Untersuchung eines Knochens 40 mSv und der Lunge 1 mSv. Bei zwei Röntgenuntersuchungen pro Jahr kann sich so sehr leicht eine Belastung von 200...300 mSv/a ergeben. Im deutschen Röntgenausweis werden zwar der untersuchte Körperteil und die Art der angewendeten Strahlung angegeben, eine Information über die Dosis ist nicht vorgesehen, sodass der Patient keinerlei Informationen über die verabreichte Dosis bekommt.

11.4.3 Strahlenbelastung durch die Nutzung von Kernenergie und andere technische Anwendungen ionisierender Strahlen

Obwohl beim Normalbetrieb eines Kernreaktors die Strahlenbelastung nur 10 µS/a beträgt, haben sich den Tschernobyl-Unfall in Deutschland Belastungen von bis zu 1 mSv/a durch ergeben.

Für die Bewertung der Kernenergie (bezüglich der Strahlenbelastung) ist der Brennstoffkreislauf von Bedeutung:

- Urangewinnung und -anreicherung,
- Herstellung der Brennelemente,
- Reaktorbetrieb,
- Transport abgebrannter Brennelemente,
- Zwischenlager,
- Wiederaufbereitung,
- Endlager.

Der Reaktor selbst stellt nur einen der erforderlichen Schritte zur Energieerzeugung dar. Wenn angenommen wird, dass der Reaktor sicher ist, bestehen dennoch Bedenken über die Sicherheit der anderen erforderlichen Schritte des Brennstoffkreislaufs.

Auch wird zu Recht angenommen, dass die freigesetzten Spaltprodukte sich wegen ihrer langen Halbwertszeiten immer weiter anreichern. Über die Probleme der Endlagerung bestehen unterschiedliche Ansichten: Während vielfach verbreitet wird, dass z. B. die Einlagerung abgebrannter Brennelemente in Salzformationen ein extrem hohes Sicherheitspotenzial hat, zeigen andere auf, dass gerade Salzstöcke u. a. durch Erdbeben und nachfolgende Wassereinbrüche besonders gefährdet sind.

Umweltschadstoffe

Erst in den letzten Jahren wurde deutlich, welche Probleme der Uranerz-bergbau der Wismut AG in Thüringen und Sachsen hinterlassen hat. So ist bekannt, dass die Bergehalden, die als Spitzkegelhalden aufgebaut sind, Dosisleistungen von über 8 mSv/a aufweisen, wodurch die Bevöl-kerung mit einer Dosis beaufschlagt ist, die mehr als das Vierfache des Erlaubten ausmacht. Für die Sanierung dieser Hinterlassenschaften wur-den bisher über 5 Mrd. € ausgegeben, vorgesehen sind insgesamt über 10 Mrd. €.

So sicher offensichtlich die durch natürliche Strahlung zu erwartenden Strahlendosen abzuschätzen sind, so unsicher ist bereits die Dosisab-schätzung bei der sinnvollen Nutzung der Radioaktivität in der Medizin, und noch unsicherer sind die Prognosen bei der friedlichen Nutzung der Kernenergie zur Energieerzeugung.

Die Folgen des Unfalls im Kernkraftwerk Tschernobyl, Block 4, werden wohl nie aufgeklärt werden können. Der „TORCH-Bericht" (The Other Report on Chernobyl) kommt zum Ergebnis, dass unter den damals lebenden 570 Millionen Menschen zwischen 30 000 und 60 000 zusätz-liche Krebstodesfälle durch die Katastrophe von Tschernobyl möglich sein könnten. Unwahrscheinlich dürfte dies auch nicht sein, da die Ret-tungskräfte (Liquidatoren) mit Strahlendosen bis zu etwa 500 mSv belas-tet wurden, während oben für die Langzeitbelastung ein Wert von nur ca. 100 mSv genannt wurde. Darüber hinaus wurden insgesamt 218 000 m² mit mehr als 37 000 Bq Cs-137/m² radioaktiv belastet. Der zwingende Nachweis zwischen Ursache und Wirkung ist bei ionisierenden Strah-lungen kaum zu führen.

Tabelle 11-4: Durchschnittliche Belastung des Menschen

Belastungstyp	Durchschnittliche Belastung in mSv/a
Kosmische Strahlung	0,3
Terrestrische Strahlung	0,1
Strahlung durch die Nahrungsaufnahme	0,2
Aufenthalt in Gebäuden	0,5
Kernwaffentests	0,05
Medizinische Anwendung	0,5
Summe	**1,65**

Die Tabelle zeigt, dass der Grenzwert von 1,8 mSv/a nahezu erreicht ist. Menschen, die der Strahlung in besonderer Weise ausgesetzt sind (Men-schen in medizinischen Berufen, Menschen in der Nukleartechnik, Berg-leute oder vielleicht auch das fliegende Personal der Airlines) dürften leicht den Grenzwert überschreiten.

Umwelttechnologien

12   Trinkwasseraufbereitung

12.1   Anforderungen an die Trinkwasserqualität

Der Begriff **Trinkwasser** bezeichnet ein Wasser, das für den menschlichen Verzehr vorgesehen ist. Es muss daher lebensmittelhygienischen Anforderungen gerecht werden, die u. a. in der **Trinkwasserverordnung TrinkwV** festgehalten sind. Diese Verordnung hat ihre gesetzliche Grundlage sowohl im Infektionsschutz- als auch im Lebensmittel- und Bedarfsgegenständegesetz. Wesentliche Bestimmungen der TrinkwV sind:

- Trinkwasser muss frei von krankheitserregenden Mikroorganismen und gesundheitsschädlichen Stoffen sein,

- es soll klar und farblos sein, keine Trübungen aufweisen und keinen unangenehmen Geruch oder Geschmack haben,

- es soll eine erfrischende Temperatur (7...12 °C) aufweisen, unabhängig von der jeweiligen Lufttemperatur,

- Trinkwasser soll keine Werkstoffkorrosion verursachen.

In der Trinkwasserverordnung sind Grenzwerte von Substanzen festgelegt, die gesundheitliche Relevanz haben (vgl. Tabelle 12-1). Die Grenzwerte sind vom Gesetzgeber so festgesetzt, dass nach derzeitigen Kenntnissen auch bei lebenslangem Genuss des Wassers keine Schädigung der menschlichen Gesundheit zu befürchten ist.

Tabelle 12-1: Grenzwerte für gesundheitlich relevante Substanzen [12.1]

Lfd. Nr.	Bezeichnung	Grenzwert in mg/l	Zulässiger Fehler in mg/l
1	Arsen	0,01	0,001
2	Blei	0,01	0,001
3	Cadmium	0,005	0,000 5
4	Chrom	0,05	0,005
5	Cyanid	0,05	0,005
6	Fluorid	1,5	0,2
7	Nickel	0,02	0,002
8	Nitrat	50	5
9	Nitrit	0,5	0,05
10	Quecksilber	0,001	0,000 2

Lfd. Nr.	Bezeichnung	Grenzwert in mg/l	Zulässiger Fehler in mg/l
11	Polycyclische aromatische Kohlenwasserstoffe (Fluoranthen, Benzo-(b)-Fluoranthen, Benzo-(k)-Fluoranthen, Benzo-(a)-Pyren, Benzo-(ghi)-Perylen, Indeno-(1,2,3-cd)-Pyren)	0,000 1	0,000 025
12	Organische Chlorverbindungen		
	– 1,1,1 Trichlorethan, Trichlorethylen, Tetrachlorethylen, Dichlormethan	0,01	0,004
	– Tetrachlorkohlenstoff	0,003	0,001
13	Substanzen zur Pflanzenbehandlung und Schädlingsbekämpfung, polychlorierte und polybromierte Biphenyle, Terphenyle	pro Einzelsubstanz 0,000 1 0,000 025 bzw. Gesamt 0,000 5 0,000 125	

In der Anlage zu § 3 TrinkwV sind weitere Parameter festgelegt, deren Kenngrößen und Grenzwerte einzuhalten sind (vgl. Tabelle 12-2). Es handelt sich einerseits um **sensorische Kenngrößen** wie Färbung, Trübung und Geruch und andererseits um die **physikalisch-chemischen Kenngrößen** Temperatur, pH-Wert, Leitfähigkeit und Oxidierbarkeit. Zusätzlich wurden noch weitere Substanzen aufgenommen, deren gesundheitsgefährdendes Potenzial zurzeit noch nicht so hoch eingeschätzt wird. Gegenüber der TrinkwV 1986 wurde der Katalog um zusätzliche Substanzen erweitert.

Tabelle 12-2: Kenngrößen und Grenzwerte für Substanzen mit geringerem gesundheitlichen Gefährdungspotenzial [12.1]

Lfd. Nr.	Bezeichnung	Grenzwert
1	Färbung	0,5 m^{-1} (SAK* bei 436 nm)
2	Trübung	1,0 Trübungseinheiten (Formazin)
3	Geruchsschwellwert	2 (12 °C); 3 (25 °C)
4	Temperatur	25 °C
5	pH-Wert	6,5...9,5
6	Leitfähigkeit	2 500 µS/cm (20 °C)
7	Oxidierbarkeit	5 mg/l (O_2 als $KMnO_4$-Verbrauch)

Umwelttechnologien

	Bezeichnung	Grenzwert in µg/l	Lfd. Nr.	Bezeichnung	Grenzwert in µg/l
8	Aluminium	0,2	20	Phenole	0,000 5
9	Ammonium	0,5	21	Phosphor	6,7 **
10	Barium	1	22	Silber	0,01
11	Bor	1	23	Sulfat	240
12	Calcium	400	24	Kohlenwasserstoffe	0,01
13	Chlorid	250		(gelöst oder emulgiert	
14	Eisen	0,2	25	mit Chloroform	1 ***
15	Kalium	12		extrahierbare Stoffe	
16	KJELDAL-Stickstoff	1	26	Oberflächenaktive	
17	Magnesium	50		Stoffe	
18	Mangan	0,05		(a) anionisch	0,2 ****
19	Natrium	200		(b) nichtionisch	0,2 *****

* **S**pektraler **A**bsorptions-**K**oeffizient, ** als (PO_4), *** als Abdampfrückstand, **** als methylenblauaktive Substanz, ***** als bismutaktive Substanz

Mikrobiologische Parameter

Die wichtigsten durch Trinkwasser auf den Menschen übertragbaren Bakterien sind: *Salmonella typhi*, *Salmonella paratyphi* und *Camphylobacter jejuni* (Erreger von Thyphus, Parathyphus und Gastroenteritis), *Shigella spec.* (Erreger der Bakterienruhr), *Vibrio cholerae* (Erreger der Cholera), *Legionella spec.* (Legionellose) und einige Formen von *Escherichia coli*. E.-coli ist als Darmbewohner ein Indikator für bakterielle Verunreinigungen, aber selbst kein Krankheitserreger. Mit dem Auftreten von *Escherichia coli*, *Pseudomonas aeruginosa* (Eiterungen) oder Enterokokken im Trinkwasser ist es sehr wahrscheinlich, dass auch andere Krankheitserreger vorliegen.

Im Trinkwasser gilt die Keimzahl (**Kolonien bildende Einheit, KBE**) als quantitatives Maß für mikrobiologische Verunreinigungen. Zur Gewährleistung einer einwandfreien Wasserqualität sollen bei 22 °C hundert Keime je 1 ml bzw. bei 37 °C zwanzig Keime je 1 ml als Richtwert nicht überschritten werden.

12.2   Aufbereitung von Trinkwasser

In der Bundesrepublik Deutschland sind mehr als 97 % der privaten und öffentlichen Gebäude an die zentrale Trinkwasserversorgung angeschlossen. Ein wesentliches Ziel der Zentralisierung besteht darin, die Bevölkerung mit chemisch und vor allem hygienisch einwandfreiem Wasser zu versorgen.

Zur Gewinnung von Trinkwasser werden unterschiedliche Ressourcen genutzt (%-Anteile nach [12.2]).

- Quell- und Grundwasser (71 %),
- künstlich angereichertes Grundwasser (12 %),
- Talsperren (7 %),
- Uferfiltrat (6 %),
- Seen und Flüsse (4 %).

Die Trinkwasseraufbereitung kann je nach Rohwasserqualität in zwei Bereiche eingeteilt werden:

- konventionelle Aufbereitung von **Grundwasser,**
- Aufbereitung aus **Oberflächengewässern.**

Das aus größeren Tiefen geförderte Grundwasser (gilt eingeschränkt auch für Quellwasser) hat folgende Eigenschaften:

- mineralienhaltig (Kationen: Na^+, K^+, Ca^{2+}, Mg^{2+}, Fe^{2+}, Mn^{2+}, Anionen: HCO_3^-, Cl^-, NO_3^-, SO_4^{2-}),
- nahezu frei von gelöstem Sauerstoff,
- relativ hoher Gehalt an Kohlenstoffdioxid,
- 5...10 °C Wassertemperatur.

Für die Aufarbeitung von **Grund- und Quellwasser** zu Trinkwasser muss daher ein Gasaustausch CO_2/O_2 erfolgen sowie die Fe^{2+}-und Mn^{2+}-Konzentration reduziert werden. Bei der Aufbereitung von **Oberflächengewässern** sind diese Maßnahmen in der Regel nicht erforderlich. Jedoch ergibt sich teilweise die Notwendigkeit einer aufwendigen Aufbereitungstechnik. Die Verwendung von Oberflächenwasser sollte jedoch nur eine zusätzliche Möglichkeit sein, um die Verbraucher mit Trinkwasser zu versorgen.

12.2.1 Gasaustausch

Das HENRY-DALTONsche Gesetz beschreibt das druck- und temperaturabhängige Gleichgewicht eines Gases, das in einer Flüssigkeit gelöst ist (vgl. Abschn. 2.3.5). Bei der Aufbereitung von Trinkwasser wird **Sauerstoff** bis zur Sättigung ins Wasser eingetragen und gleichzeitig **Kohlenstoffdioxid** ausgegast. Die Austauschvorgänge sind in Bild 12-1 qualitativ dargestellt.

Umwelttechnologien

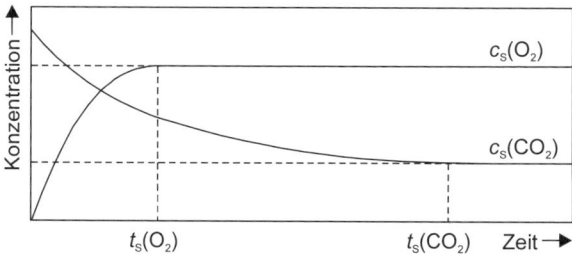

Bild 12-1: Schematischer Verlauf der Konzentrationsänderung für O_2-Eintrag und CO_2-Austragung (c_S Sättigungskonzentration, t_S Sättigungszeitpunkt)

Der Sauerstoff wird leichter und damit früher in das Lösungsmittel Wasser eingetragen, während Kohlenstoffdioxid ausgast. Dieses Verhalten entspricht auch dem Verhältnis der Absorptionskoeffizienten nach BUNSEN bzw. HENRY beider Gase. Sie können nach folgender Gleichung ineinander umgerechnet werden:

$$\alpha = \frac{V_m \cdot \rho}{K_H \cdot M} \qquad (12\text{-}1)$$

α BUNSENscher Absorptionskoeffizient, V_m molares Volumen, ρ Dichte des Lösungsmittels, M molare Masse des Lösungsmittels, K_H HENRYscher Absorptionskoeffizient

> Der BUNSENsche Absorptionskoeffizient α gibt an, wie gut das Lösungsvermögen des Lösungsmittels (z. B. Wasser, Ethylenglykol) für eine bestimmte Gaskomponente (z. B. O_2, CO_2) ist gegenüber seinem Bestreben, sich in der Gasphase aufzuhalten.

Bei 10 °C betragen die Koeffizienten $\alpha(O_2) = 0{,}038$ und $\alpha(CO_2) = 1{,}2$. Das Bestreben bei Kohlenstoffdioxid, sich in Wasser aufzuhalten, ist temperaturabhängig ca. 30fach größer als bei Sauerstoff. Für den Gasaustausch O_2/CO_2 hat dies eine nahezu konstante O_2-Konzentration der Luft zur Folge, während die CO_2-Konzentration der Luft sich erheblich ändert. Das Volumenverhältnis zwischen Wasser und Luft bestimmt daher die Vollständigkeit des Gasaustausches.

Der Austauschvorgang wird technisch meistens durch eine Verdüsung des Wassers erreicht. Die Anlagen arbeiten vorwiegend nach dem **Gleichstromprinzip**, bei dem die Luft vom einströmenden Wasser mitgerissen wird. Es wird ein relativ großes Luftvolumen für den vollständigen Austausch benötigt.

Eine Verbesserung des Gasaustauschs erreicht man an Rieselfilmströmungen. die nach dem **Gegenstromprinzip** an Füllkörper- oder Wellbahnkolonnen erzeugt werden. Der Vorteil dieses Verfahrens besteht darin, dass jeweils frische Luft dem Wasser von unten entgegen strömt, das bereits CO_2 ausgegast hat. Die frische Luft kann beim Eintritt noch Restkonzentrationen CO_2 aufnehmen und auf dem Weg durch die Kolonne weiteres CO_2 dem Wasser entziehen, weil die CO_2-Konzentration im Wasser oben am größten ist. Für einen nahezu vollständigen Gasaustausch ist die benötigte Luftmenge wesentlich geringer als beim Gleichstromverfahren.

12.2.2 Enteisenung und Entmanganung

Eisen und Mangan sind in der Erdrinde weit verbreitete Schwermetalle. Sie kommen in der Natur jedoch nicht als Metalle, sondern als metallische Verbindungen überwiegend in Form von Oxiden (z. B. Fe_2O_3, MnO_2), Sulfiden (z. B. Fe_2S_3) oder Carbonaten (z. B. $MnCO_3$) vor und werden als Erze bezeichnet.

In tieferen Erdschichten kommt Grundwasser bei Abwesenheit von gelöstem Sauerstoff mit den **schwer löslichen Metallverbindungen** in Kontakt. Spezialisierte anaerobe **Mikroorganismen**, die den Energiebedarf ihrer Stoffwechselprozesse durch Reduktion von z. B. Eisen- und Manganerzen abdecken können, überführen die **Metalle in eine lösliche Form** (z. B. Fe^{2+} und Mn^{2+}).

Beide Metalle sind **nicht gesundheitsschädlich**, aber im Trinkwasser unerwünscht. Grundwasser, das als Trinkwasser angeboten werden soll, wird aus vielen Gründen belüftet. Bei Luftkontakt bilden sich durch den gelösten Sauerstoff bevorzugt schwer lösliche Eisen und Manganverbindungen. Sind jedoch im Wasser noch Fe^{2+}- bzw. Mn^{2+}-Ionen gelöst, tritt die Bildung schwer löslicher Verbindungen früher oder später – je nach O_2-Angebot – ein und führt zu:

- **Ablagerungen** an strömungsungünstigen Stellen des Wasserverteilungsnetzes (Verstopfungen der Leitungen können kostenintensive Reparaturen nach sich ziehen),

- Bildung von **braunen Flecken beim Verbraucher**, z. B. auf der Wäsche, Haushaltsgegenständen oder in Sanitäranlagen.

Diese unerwünschten Effekte können vermieden werden, wenn der Oxidationsvorgang für Fe^{2+} und Mn^{2+} möglichst vollständig im Wasserwerk abläuft.

Umwelttechnologien

Enteisenung

Bei der Enteisenung geht es um zwei verschiedene Vorgänge, je nach Gewässerart:

- Bei **Grundgewässern** und **stehenden Oberflächengewässern** werden gelöste Fe^{2+}-Ionen unter Milieubedingungen in schwerer lösliche Eisenverbindungen umgewandelt.

- Bei **fließenden Oberflächengewässern** müssen bereits entstandene schwer lösliche Fe^{3+}-Verbindungen und noch nicht abgeschiedene Dispersionskolloide entfernt werden.

Die folgenden Reaktionsabläufe zur chemischen Enteisenung sind im Folgendem stark vereinfacht dargestellt. 2-wertige Eisenionen liegen in natürlichen Gewässern als

- Eisenhydrogencarbonat, $Fe(HCO_3)_2$
- Eisenchlorid, $FeCl_2$
- Eisensulfat, $FeSO_4$
- Eisennitrat, $Fe(NO_3)_2$

vor und können mit Luftsauerstoff oxidiert werden. Die chemischen Reaktionen sind beispielhaft an der Reaktion von Eisenhydrogencarbonat dargestellt.

$$4\ Fe(HCO_3)_2 + O_2 + 2\ H_2O \rightleftharpoons 4\ Fe(OH)_3 + 8\ CO_2$$

Es handelt sich um ein pH-abhängiges Gleichgewicht, da bei der Reaktion zum schwer löslichen $Fe(OH)_3$ gleichzeitig eine Säure ($CO_2/H_2O \rightarrow H^+ + HCO_3^-$) gebildet wird. Bei der Enteisenung ist ein pH-Wert von mindestens 5,5–6,0 erforderlich, damit sich Eisen(III)-hydroxid als schwer lösliche Verbindung abscheidet.

Dies kann in der Regel eingehalten werden, wenn das Wasser über eine ausreichende Pufferkapazität verfügt (TrinkwV-Grenzwert pH 6,6–9,5):

$$Ca(HCO_3)_2 + 2\ HCl \rightleftharpoons CaCl_2 + 2\ H_2O + 2\ CO_2$$

Die Alternative einer Neutralisation mit z. B. Alkalien stellt hohe Anforderungen an die Dosiergenauigkeit, da pH-Einstellungen bei geringerer Pufferkapazität relativ schwierig sind.

Alle schwer löslichen Verbindungen werden in der Regel in Kiesbettfiltern abgeschieden. In diesen Filtern wird die Oxidation fortgesetzt und durch die bereits ausgefallenen Verbindungen katalytisch beschleunigt. Bei **offenen Filtern** liegen die Filtergeschwindigkeiten bei bis zu 5 m/h, während bei Druckfiltern Geschwindigkeiten von mehr als 20 m/h erreicht werden können.

Entmanganung

Zur Oxidation von 2-wertigen Manganionen reicht ebenfalls Luftsauerstoff aus. Mangan kommt in natürlichen Gewässern als Hydrogencarbonat (HCO_3^-), Chlorid (Cl^-), Sulfat (SO_4^{2-}) und Nitrat (NO_3^-) vor. Die chemische Oxidation wird beispielhaft an Manganchlorid dargestellt.

$$2\ MnCl_2 + O_2 + 4\ H_2O \rightleftharpoons 2\ MnO(OH)_2 + 4\ HCl$$

$$2\ MnO(OH)_2 \rightleftharpoons 2\ MnO_2 + 2\ H_2O$$

Das zunächst gebildete schwer lösliche Manganoxidhydroxid reagiert weiter zu Braunstein (MnO_2). Es handelt sich auch beim Mangan um ein pH-abhängiges Gleichgewicht. $MnO(OH)_2$ fällt erst bei einem pH > 9 mit nennenswerter Reaktionsgeschwindigkeit aus. Unter den gegebenen pH-Bedingungen (TrinkwV-Grenzwert pH 6,5...9,5) ist eine chemische Entmanganung durch Sauerstoff nicht zu erwarten. Wird jedoch durch Kalkzugabe entcarbonisiert, dann können pH-Werte > 9 zeitweise erreicht werden.

$$Ca(HCO_3)_2 + Ca(OH)_2 \rightleftharpoons 2\ CaCO_3 + 2\ H_2O$$

Unter diesen Bedingungen findet bei ausreichendem O_2-Angebot eine Entmanganung statt.

> Enteisenung und Entmanganung laufen nicht gleichzeitig ab. Bei der Verwendung einer Filtereinheit findet die Abscheidung im Filter räumlich getrennt statt. Die Rückspülzyklen müssen sich dann an der schneller verlaufenden Enteisenung orientieren.

Es ist daher sinnvoll, die Vorgänge auf zwei Filter aufzuteilen. Abgeschiedene Eisenverbindungen lassen sich im Gegensatz zu den Manganverbindungen bei der Rückspülung gut abtrennen. Der gebildete Braunstein (MnO_2) haftet gut auf dem Filter und macht erst nach mehrjährigem Betrieb ein Austauschen des Filtermaterials erforderlich.

Umwelttechnologien

12.2.3 Filtration

Filtrationsverfahren werden zur Trinkwasser- und Brauchwasseraufbereitung eingesetzt, um suspendierte und kolloidale Teilchen ggf. nach deren Überführung in den filtrierbaren Zustand aus dem Wasser abzuscheiden. Die Filtration spielt bei den meisten Wasseraufbereitungsverfahren eine wichtige Rolle in der Vor- und Nachbereitung.

Die Filtration über körnige Materialien wie Sand, Kies oder Aktivkohle ist das älteste technische Wasseraufbereitungsverfahren. Bei den Sand- und Kiesfiltern findet die Abtrennung der Teilchen durch physikalische

Wechselwirkungen zwischen Filtermaterial und Partikeln statt. Diese Kräfte haben nur eine geringe Reichweite und sind deshalb nur bei direktem Kontakt wirksam. Grundsätzlich unterscheidet man je nach Vorbehandlung verschiedene Filtrationsarten:

■ Als **Direktfiltration** bezeichnet man ein Filtrationsverfahren, bei dem das Wasser nicht vorbehandelt wird. Die Direktfiltration ist nur bis zu einer Restfeststoffkonzentration ≤ 50 mg/l wirtschaftlich. Bei größeren Feststoffkonzentrationen sind die Filterstandzeiten zu kurz und die benötigte Rückspülwassermenge zu groß.

■ Kolloidal gelöste Stoffe werden bei der Direktfiltration an körnigen Filtermaterialien (Ausnahme Aktivkohle) nicht abgetrennt. Bei der **Flockungsfiltration** wird dem Wasser direkt vor der Filtration ein Flockungsmittel zugesetzt, um kolloidal gelöste Stoffe in größere, abtrennbare Flocken zu überführen. Dieser Zusatz kann bei einer geringeren kolloidalen Belastung direkt auf das Filter erfolgen. Bei fließenden Oberflächengewässern muss aufgrund der stark wechselnden Sauerstofflast das Flockungsmittel in einem vorgeschalteten Flockungsbehälter dosiert werden.

■ **Filtration eines geflockten und bereits sedimentierten Wassers**: Bei der Aufbereitung von Oberflächengewässern, speziell Fließgewässern, wird die Flockung in einem Schnellklärer durchgeführt. Die nachgeschalteten Filter arbeiten sehr wirtschaftlich, da sie eine geringere und konstante Schwebstoffkonzentration zugeführt bekommen.

Filter müssen regelmäßig durch Rückspülen gereinigt werden, um die während der Filtration an der Oberfläche und im Inneren zurückgehaltenen Feststoffe wieder aus dem Filter zu entfernen. Der ansteigende Druckverlust ist ein Indikator dafür, dass die weitere Filtration praktisch (oder wirtschaftlich) nicht mehr betrieben werden kann.

Als Spülmedien werden Wasser und/oder Luft eingesetzt, die während der Rückspülung das Filter entgegen der Filtrationsrichtung durchströmen. Die Notwendigkeit der Rückspülung wird in der Praxis häufiger vom Druckverlust als von der Filtergüte bestimmt.

12.2.4 Nitratreduktion

Wie die meisten Grundwasserinhaltstoffe nimmt auch die Nitratkonzentration stetig zu. Ursachen hierfür sind:

- Infiltration von Oberflächengewässer und Niederschlagswasser (quantitativ vernachlässigbar),
- Überdüngung in der Landwirtschaft,
- Ausbringen (Beseitigen) von stark stickstoffhaltigen Abfällen aus intensiver Massentierhaltung (Mist, Jauche, Gülle),
- undichte Kanalisation,
- Altlasten.

Gleichzeitig ist der Nitratgrenzwert in der TrinkwV 1990 von 90 mg/l auf 50 mg/l herabgesetzt worden. Dieser Wert ist als gesetzlich festgelegter Maximalwert zu verstehen, während der anzustrebende Richtwert mit 25 mg/l anzusetzen ist. Eine weitere Absenkung des Grenzwertes auf den derzeitigen EG-Richtwert von 25 mg/l ist wahrscheinlich.

Maßnahmen zur weiteren Absenkung unter diesen Grenzwert sind angezeigt, nicht nur, weil Nitrat die Trinkwasserqualität verschlechtert, sondern auch physiologische Relevanz hat:

- Erhöhte Nitratkonzentrationen können die Darmschleimhaut reizen.

- Der menschliche Organismus kann einen Teil der Nitrationen mikrobiell zu Nitrit reduzieren, das den Sauerstofftransport im Blut behindert und bei Säuglingen zur Blausucht (Methämoglobinämie) führt.

- Die in der Mundhöhle aus Nitrat gebildeten Nitritionen können im Magen mit Aminen (Amiden) Nitrosamine bzw. Nitrosamide bilden, die unter dem Verdacht stehen, kanzerogen zu wirken.

Die angeschnittene Nitratproblematik ist jedoch nicht auf das Trinkwasser beschränkt. Es gibt, je nach Ernährungsgewohnheit, weitaus relevantere Nitratquellen.

Verfahren zur Reduktion der Nitratkonzentration

- **Wasserwirtschaftliche Maßnahmen**: Zur Bereitstellung von nitratreduziertem Trinkwasser kann hoch und gering belastetes Grundwasser miteinander bis unterhalb des Grenzwertes verschnitten werden. Die Erschließung von nitratarmen Grundwasservorkommen beinhaltet zusätzliche Investitionen für den Brunnenneubau, das Tiefbohren bestehender Flachbrunnen oder zusätzliche Elimination von anderen Wasserinhaltsstoffen bei Wässern aus größerer Tiefe (z. B. Enteisenung/Entmanganung).

- **Physikalische Verfahren**: Umkehrosmose und Elektrodialyse sind Aufbereitungsverfahren, um den Gesamtsalzgehalt und damit auch

Umwelttechnologien

die Nitratkonzentration zu reduzieren. Die Umkehrosmose wird z. B. zur Meerwasserentsalzung eingesetzt. Das Trennprinzip beruht auf einer Membran, die für Wassermoleküle durchlässig, für größere hydratisierte Ionen impermeabel ist. Die Elektrodialyse hat wegen zu geringer Membranstandzeiten kaum großtechnische Anwendungen gefunden.

■ **Chemische Verfahren**: Ionenaustauscherharze, die ausschließlich Nitrationen austauschen, sind nicht verfügbar. Setzt man ein stark basisches Anionenaustauscherharz in der Chloridform ein, so werden alle Anionen (HCO_3^-, SO_4^{2-} und NO_3^-) gegen Chlorid ausgetauscht. Das Verfahren stellt an die Rohwasserzusammensetzung und auch an die weitergehende Aufbereitung erhebliche Anforderungen. Für den Normalbetrieb werden chemische Verfahren nicht angewendet.

■ **Biologische Verfahren**: Die biologische Denitrifikation, als einziges nitrationenspezifisches Verfahren wird in Kap. 13 (Kommunale Abwasserreinigung) ausführlich besprochen. Ein wesentlicher Unterschied zum Abwasser besteht darin, dass man es bei der Trinkwasseraufbereitung mit großen Wassermengen und relativ geringen Nitratkonzentrationen zu tun hat. Die Denitrifikation findet in Festbett- oder Wirbelbettreaktoren mit immobilisierten Bakterien statt.

Bei der Verwendung **heterotropher Mikroorganismen** muss dem Trinkwasser eine Kohlenstoffquelle (z. B. Methanol, Ethanol, Essigsäure) zugesetzt werden. Nach erfolgreicher Denitrifikation müssen Reste der C-Quelle aus dem Trinkwasser durch eine nachgeschaltete Reinigungsstufe (z. B. aerobe Biologie, Aktivkohle) entfernt werden. Das Verfahren wird in großen Wasserwerken erfolgreich eingesetzt.

Die **autotrophe Denitrifikation** nutzt als C-Quelle anorganisch gebundenen Kohlenstoff (z. B. CO_2) und benötigt somit keine nachgeschaltete Reinigungsstufe. Der Energiebedarf wird durch die Oxidation von molekularem Wasserstoff gedeckt.

$$5\ H_2 + 2\ H^+ + 2\ NO_3^- \rightarrow N_2 + 6\ H_2O$$

Bei der Verwendung von H_2 als Energiequelle werden Protonen verbraucht. Die Folge wäre ein pH-Anstieg, wenn die Pufferkapazität des Wassers nicht ausreichen würde.

12.3   Desinfektion von Trinkwasser

Grund- und Oberflächenwasser, das in biologischer Hinsicht nicht der Trinkwasserverordnung entspricht, muss desinfiziert werden. Das Ziel der Desinfektionsmaßnahme besteht darin, die Gesamtkeimzahl auf 20 Keime pro 1 ml zu begrenzen. *Escherichia coli* darf in 100 ml Trinkwasser nicht nachgewiesen werden.

Da die *E.-coli*-Verteilung im Wasser nicht homogen ist, kann bei einem negativen Befund nicht davon ausgegangen werden, dass auch keine Krankheitserreger anwesend sind. In der Praxis führt auch ein einmaliger Nachweis von *E.-coli* zu entsprechenden Maßnahmen, zumal die Information erst nach 24 h zur Verfügung steht.

12.3.1 Biologische Verfahren

Unter den biologischen Verfahren ist die **Langsamfiltration** bekannt. In den oberen Schichten bildet sich ein biologischer Rasen – wie er auch im Tropfkörper in der Abwasserreinigung bekannt ist –, der zwei Funktionen hat:

- Erhöhung der Filtrationsschärfe durch Zuwachsen von Zwischenräumen im Sandbett,

- Reduktion der organischen Belastung des Trinkwassers durch mikrobiologische Abbauprozesse.

Die Filterschicht besteht aus feinkörnigem Sand (0,8...1,2 mm), der auf Stützschichten aufgebaut ist. Die Gesamthöhe der Filterschicht beträgt 40...100 cm, der Überstand des Wassers 10...80 cm, die Filtrationsgeschwindigkeit liegt bei maximal 10 cm/h. Wegen des großen Platzbedarfs und der zunehmenden Verschmutzung der Gewässer werden Langsamfilter heute kaum noch angewendet.

12.3.2 Chemische Verfahren

Die **Chlorung** nimmt bei der Entkeimung von Trinkwasser den breitesten Raum ein, da es das wirtschaftlichste Desinfektionsverfahren ist. Es stehen drei Verfahren zur Verfügung:

- Verwendung von Chlorgas (Cl_2),

- Einsatz von Hypochlorit (ClO^-),

- Desinfektion mit Chlordioxid (ClO_2).

Umwelttechnologien

Chlorgas und Hypochlorid

Beim Einleiten von Chlorgas laufen folgende Reaktionen ab:

$$Cl_2 + H_2O \rightleftharpoons HCl + HOCl \qquad pH = 1,7$$

$$HOCl \qquad \rightleftharpoons H^+ + OCl^- \qquad pH = 7,5$$

Beide Gleichgewichte sind pH-abhängig, wobei der angegebene pH-Wert den Zustand mit je 50 % Edukte bzw. Produkte darstellt. Insofern entscheidet der pH-Wert, ob das Chlor als Hypochlorit (ClO^-), unterchlorige Säure (HClO) oder Chlorgas (Cl_2) vorliegt. Die keimabtötende Wirkung nimmt von Cl_2 über HClO nach ClO^- ab. Im stark saurem Bereich hat man demzufolge die größere Wirkung. Der pH-Wert des Trinkwassers ist nicht frei wählbar, sondern sollte zwischen 6,5 und 9,5 liegen. Es ist daher gleichgültig, ob das Gleichgewicht ausgehend von Chlorgas oder Hypochlorit eingestellt wird.

Hypochlorit ist in der Handhabung wesentlich unproblematischer als Chlor und erfordert einen geringeren apparativen und sicherheitstechnischen Aufwand. Chlorgas ist sehr preiswert, da es bei einigen großtechnischen Prozessen als Abfallprodukt anfällt.

Bei der Desinfektion mit Chlorgas werden 0,3…1,0 g/m³ eingesetzt bei einer Kontaktzeit mit dem Trinkwasser von mindestens 30 Minuten. Beim Verbraucher dürfen nur noch 0,1 mg/l nachweisbar sein.

Chlordioxid

Chlordioxid (ClO_2) wird, da es sehr reaktionsfähig und explosiv ist, immer vor Ort hergestellt und im flüssigen Aggregatzustand verarbeitet. Es wird aus Natriumchlorit gemäß folgender Reaktionsgleichung hergestellt:

$$2\ NaClO_2 + Cl_2 \rightleftharpoons 2\ ClO_2 + 2\ NaCl$$

Im Chlorit-Säure-Verfahren wird ClO_2 aus Salzsäure und Natriumchlorit hergestellt:

$$5\ NaClO_2 + 4\ HCl \rightleftharpoons 4\ ClO_2 + 5\ NaCl + 2\ H_2O$$

Das Oxidationspotenzial von Chlordioxid ist relativ konstant und damit insbesondere im alkalischen Bereich den anderen Chlorungsvarianten vorzuziehen.

Ozonisierung

Die Trinkwasser-Ozonisierung ist in der Bundesrepublik Deutschland aus Kostengründen (Investition und Strombedarf) wenig verbreitet. In der Schweiz sind beispielsweise alle Seewasseranlagen zur Trinkwassergewinnung mit einer Ozonisierung ausgerüstet.

Bei diesem Verfahren wird gereinigte und getrocknete Luft bei 6...24 kV zwischen Hochspannungselektroden geleitet. Aus dem Luftsauerstoff wird durch Aufspalten und Radikalreduktion Ozon (O_3) gebildet. Zur Desinfektion von 1 m³ Trinkwasser sind je nach Verunreinigung 0,5...2,0 g O_3 bei einer Einwirkdauer von mindestens 4 Minuten erforderlich. Die Restkonzentration nach 4 Minuten sollte 0,3...0,4 g/m³ nicht übersteigen.

Wasserstoffperoxid

Als Trinkwasserdesinfektionsmittel ist Wasserstoffperoxid (H_2O_2) nicht zugelassen, kann aber zur Keimreduzierung von Anlagen zur Trinkwasserversorgung verwendet werden.

Wasserstoffperoxid regiert gemäß folgender Gleichung als starkes Oxidationsmittel:

$$H_2O_2 + 2\,H^+ + 2e^- \rightleftharpoons 2\,H_2O$$

Es haben sich Konzentrationen von ca. 150 mg/l bei einer Einwirkdauer von 24 Stunden bewährt. Die Verwendung von H_2O_2 gegenüber chlorhaltigen Verbindungen hat deutliche Vorteile bei der Handhabung und Entsorgung der desinfektionsmittelhaltigen Wässer.

12.3.3 Physikalische Verfahren

Hierzu zählt als einfachstes Verfahren das Abkochen von Wasser, das durch ca. 10-minütiges Erhitzen auf $t \geq 75\ °C$ entkeimt werden kann. In der großtechnischen Trinkwasseraufbereitung spielt dieses Verfahren aus Kostengründen natürlich keine Rolle.

Desinfektion mit UV-C-Strahlung stellt eine Alternative zu den Verfahren der chemischen Desinfektion dar. Das zu entkeimende Wasser muss in möglichst dünner Schicht an einer UV-Lampe (z. B. Quecksilber-Niederdruck-Dampflampe) vorbeifließen. Während chemische Verfahren nur die Bakterienoberfläche angreifen und die eigentliche oxidative Zerstörung längere Einwirkzeiten benötigt, wird bei der UV-Bestrahlung eine photochemische Reaktion im Zellkern ausgelöst, die innerhalb weniger Sekunden zur Inaktivierung führt. Die Anwendbarkeit der UV-Desinfektion setzt Folgendes voraus:

- weitgehende Freiheit von Teilchenverunreinigungen (z. B. Eisen/-Manganoxide, Kalk, Korrosionsprodukte) und
- möglichst keine Ausfällungen von gelösten Inhaltstoffen.

Umwelttechnologien

12.4   Korrosion in Trinkwassersystemen

Korrosionsprozesse können in metallischen Wasserleitungen und Installationen auftreten, weil die unedlen Metalle (z. B. Eisen, Zink) und auch Kupfer nicht in ihrer stabilsten Form vorliegen. Bei Kontakt mit einem Oxidationsmittel (z. B. Chlor, Ozon, Sauerstoff) werden sie in andere Verbindungen (z. B. Chloride, Oxide) umgewandelt [12.3]. Der Begriff der Korrosion wird in DIN 50 900 folgendermaßen definiert:

> Unter Korrosion versteht man die Zerstörung von Werkstoffen durch chemische oder elektrochemische Reaktion mit ihrer Umgebung.

Neben der Zerstörung von Metallen umfasst diese Definition auch die Korrosion von Beton und Kunststoffen. Im Folgenden wird jedoch nur die Korrosion von Metallen betrachtet. Man unterscheidet die trockene und die nasse Korrosion, wobei in wässrigen Systemen wie bei der Trinkwasseraufbereitung die trockene Korrosion praktisch keine Rolle spielt.

- Bei der **trockenen Korrosion** reagieren die Metalle an der Oberfläche mit Gasen (z. B. Luft, H_2O-Dampf, Kohlenstoffdioxid).

- Als **nasse Korrosion** bezeichnet man einen Vorgang, bei dem das Metall in Gegenwart eines Elektrolyten aufgrund elektrischer Potenziale in Lösung geht.

Man unterscheidet zwischen **Korrosion** und **Korrosionsschaden**, wobei ein Korrosionsschaden immer die Folge einer Korrosion ist, jedoch eine Korrosion nicht zwangsläufig einen Korrosionsschaden nach sich zieht. Die nasse Korrosion in Wasserinstallationen wird unterschieden in

- Korrosion durch gleichmäßigen Flächenabtrag und
- Korrosion durch ungleichmäßigen Flächenabtrag.

Bild 12-2 gibt eine Übersicht zu den wichtigsten Korrosionsarten.

Ein **gleichmäßiger Flächenabtrag** führt bei verzinkten Stahlrohren zu einem kontinuierlichen Abtrag der Zinkschicht. Es entsteht zunächst eine Deckschicht aus Zinkkorrosionsprodukten, in die partiell korrodiertes Eisen eingelagert wird. Gealterte Eisen-Korrosionsprodukte bilden idealerweise einen dauerhaften Korrosionsschutz. Aggressive Wässer beschleunigen den normalerweise sehr langsamen Abtrag der Deckschicht. Es führt dann zu rostbraunem Wasser, zugewachsenen Rohren und auch zu Rohrwanddurchbrüchen.

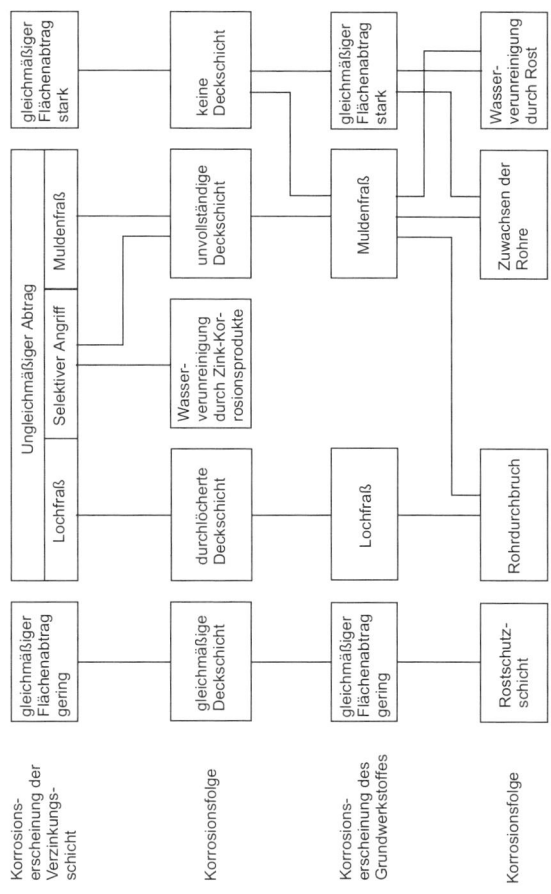

Umwelttechnologien

Bild 12-2: Schematische Darstellung wichtiger Korrosionserscheinungen in wässrigen Systemen nach DIN 50 930 Teil 3

Kupferleitungen bilden mit dem im Wasser gelösten Sauerstoff eine Schutzschicht aus Kupfer(I)-oxid, die sich im Wesentlichen in Kupfercarbonat umwandelt. Die bei der Korrosion ins Wasser gelangenden Kupferionen sind zwar gesundheitlich unbedenklich, stellen aber ein technisches Problem dar. Sie beschleunigen in verzinkten Stahlrohren deren Korrosion.

Als wesentlich kritischer ist der **ungleichmäßige Flächenabtrag** zu bewerten. Die Ursachen hierfür können Materialheterogenitäten im oder am Werkstoff sein, der dann zu Lochfraß führt. Dies kann z. B. mechanisch durch eingetragene Sand- oder Korrosionspartikel ausgelöst werden oder durch lokalen elektrochemischen Abtrag der Zinkschicht bei verzinktem Stahl geschehen. Luftblasen auf der Metalloberfläche, wechselnde Strömungsgeschwindigkeiten und auch hohe Chloridgehalte können Lochfraß begünstigen.

13   Kommunale Abwasserreinigung

13.1   Einführung

Der Begriff Abwasser ist in der Norm DIN 4045 definiert [13.1]. Als **Abwasser** bezeichnet man das durch häuslichen, gewerblichen, landwirtschaftlichen oder sonstigen Gebrauch in seinen Eigenschaften veränderte und bei Trockenwetter abfließende Wasser (**Schmutzwasser**). Hinzu kommt das von Niederschlägen aus dem Bereich von bebauten oder befestigten Flächen abfließende und gesammelte Wasser (**Niederschlagswasser**). Dabei muss zwischen industriellen (gewerblichen) und häuslichen Schmutzwässern in Bezug auf die Art und die Stärke der Belastung unterschieden werden. Gelangen beide Schmutzwasserarten zusammen mit dem verschmutzen Niederschlag in eine Mischkanalisation, so spricht man von kommunalem Abwasser.

Die Größenordnung der Rückstände im Abwasser ist durch die technische Produktion und die Haushalte in den letzten Jahren stark angewachsen, sodass eine Selbstreinigung durch die Natur nicht mehr gegeben ist. Überfrachtung der natürlichen Gewässer durch Giftstoffe (toxische Wirkung auf einzelne Glieder der Nahrungskette) und/oder gut abbaubare biologische Stoffe (Eutrophierung stehender oder langsam fließender Gewässer) führten zu einem akuten Handlungsbedarf im Hinblick auf die Abwasserreinigung.

Um diesen Ansprüchen nachzukommen, wurde das **Gesetz zur Ordnung des Wasserhaushalts (WHG)** von 1957 erlassen (vgl. Abschn. 3.3). Es enthält grundlegende Bestimmungen für wasserwirtschaftliche Maßnahmen. Diese gelten für ober- und unterirdische Gewässer (Seen, Grundwasser, Flüsse) und für Küstengewässer. Wichtigstes ordnungsrechtliches Instrument ist die Erlaubnis- und Bewilligungspflicht für Gewässerbenutzungen. Darunter werden u. a. das Entnehmen von Wasser sowie das Einbringen von Stoffen, vor allem durch Abwassereinleitungen, verstanden.

Werden die Abwässer von einem gewerblichen oder industriellen Betrieb über eine öffentliche Abwasseranlage gereinigt, bezeichnet man diese Betriebe als **Indirekteinleiter**. Die Kläranlage selbst wird dann folgerichtig als **Direkteinleiter** bezeichnet, da diese an ein Gewässer angebunden ist, welches den gereinigten Abwasserstrom aufnimmt und in die Weltmeere ableitet (Vorfluter).

Umwelttechnologien

13.2   Abwasserinhaltstoffe

Um Abwasser zu charakterisieren, können unterschiedliche **Beurteilungskriterien** herangezogen werden. Hierzu zählen z. B. die Herkunft, die Zusammensetzung, die Reinigungsmöglichkeiten und die Wirkungen auf die Umwelt.

Die **Herkunft eines Abwassers**, z. B. von bestimmten Industriezweigen, grenzt oft die Möglichkeit der im Abwasser vorhandenen Inhaltstoffe ein. So kann der Gesetzgeber den Industriebranchen unterschiedliche Grenzwerte für bestimmte Inhaltstoffe vorschreiben, die daraufhin gezielt untersucht werden. Im Allgemeinen ist aber die genaue Herkunft von Abwässern im kommunalen Bereich schwer festzustellen, zumal es sich um eine Mischung verschiedenster Schmutzwässer handelt.

Die Bestimmung der **Zusammensetzung** des vorliegenden Abwassers als weiteres Unterscheidungsmerkmal ist in der Praxis ein fast unlösbares Problem. Eine Elementaranalyse ist aufgrund der Vielfalt der möglichen vorliegenden Verbindungen nicht sinnvoll.

Prinzipiell sind alle Abwässer zu reinigen, wobei allein der Aufwand entscheidend ist. Die Art und die Konzentration der Verschmutzung durch bestimmte Substanzen können hierbei eine einfache mechanische oder biologische Reinigung unmöglich machen. Das Abwasser muss als problematisch eingestuft und zusätzlich behandelt werden.

Die **Wirkung auf die Umwelt** ist ein wichtiges Kriterium zur Einschätzung der Belastung des Abwassers. Es kann vereinfacht eine Einteilung in vier Stoffgruppen vorgenommen werden, die sich durch ihre Wirkung auf die Umwelt unterscheiden.

■ **Nährstoffe**

Für die abbauenden Mikroorganismen sind die in das Abwasser gelangenden Schadstoffe vergleichbar mit Nährstoffen, die zum Biomasseaufbau benötigt werden, wenn sie den Mikroorganismen durch Stoffwechsel einen Energiegewinn ermöglichen. Wird aus dem Nährstoff CO_2 oder eine andere anorganische Verbindung gebildet, spricht man von **Mineralisierung**. Der Nährstoff wird erst dann zum Schadstoff, wenn er in hohen Konzentrationen in ein Gewässer gelangt und dort z. B. zur **Eutrophierung** führt (vgl. Abschn. 6.4).

■ **Giftstoffe**

Als Giftstoffe werden Substanzen bezeichnet, die **hemmend (inhibitorisch)** oder **abtötend (toxisch)** auf Mikroorganismen, Menschen, Tiere oder Pflanzen wirken und somit eine erhebliche Schädigung erwarten lassen. Hierbei unterscheidet man zwischen akut-toxischen, chronisch-toxischen und den erbgutschädigenden Wirkungen. Weiterhin ist eine Anreicherung der Giftstoffe durch Bioakkumulation, wie z. B. bei Schwermetallen, zu beobachten.

■ Zehrstoffe

Als Zehrung bezeichnet man den Verbrauch von Sauerstoff durch Mikroorganismen. Zehrstoffe verbrauchen den für die im Wasser befindlichen Organismen lebensnotwendigen Sauerstoff und stören somit empfindlich das Ökosystem (z. B. in Oberflächengewässern). Es kommt zum Absterben von Fischen und anderen Tieren, die auf einen hohen Sauerstoffgehalt angewiesen sind.

■ Störstoffe

Besitzen Substanzen keine der oben genannten Merkmale und sind sie trotzdem im zu reinigenden Abwasser unerwünscht (z. B. Aufsalzung der Gewässer), werden sie als Störstoffe bezeichnet.

Die genannten Einzelbereiche umschließen sehr viele unterschiedliche Einzelsubstanzen bzw. Parameter, die vollständig zu untersuchen unmöglich ist. Um aber eine gezielte Aussage über die Qualität des Rohwassers bzw. des nach der Reinigung vorliegenden Abwassers machen zu können, werden diese Kriterien zu verschiedenen Analysegrößen zusammengefasst.

13.2.1 Messgrößen zur Abwasserbeurteilung

Bei der Wasser- und Abwasseranalyse werden drei Parameterarten unterschieden. Es handelt sich dabei um Summenparameter, Gruppenparameter und Einzelsubstanzen [13.2].

Summenparameter

Als Summenparameter werden zusammenfassende Kenngrößen bezeichnet, die wenig Rückschluss auf die verschmutzende Komponente erlauben. Trotz ihrer geringen stofflichen Aussagekraft bilden sie die Grundlage zur unkomplizierten und zeitnahen Gesamtaussage der Abwasserqualität. Oft werden diese über normierte Verfahren (ISO bzw. DIN) bestimmt. Gebräuchliche Summenparameter in der Abwasseranalytik sind:

- **Adsorbierbare organische Halogenverbindungen (AOX)**: In der Abwasseranalytik beinhaltet AOX alle an Aktivkohle adsorbierbaren Chlor-, Brom- und Iodverbindungen mit unterschiedlichsten Gefährdungspotenzialen.

- **Biologischer (biochemischer) Sauerstoffbedarf (BSB$_5$)**: Der BSB$_5$ ist ein Parameter für die biochemisch abbaubaren Stoffe im Wasser. Die Aussage, ein Abwasser hat einen BSB$_5$ von 350 mg/l, bedeutet: Das Abwasser enthält biologisch abbaubare Substanzen, zu deren Abbau in einem Liter Wasser in 5 Tagen bei 20 °C 350 mg Sauerstoff verbraucht werden.

- **Chemischer Sauerstoffbedarf (CSB)**: Der Gesamtgehalt an organischen Substanzen wird durch den CSB ergänzt. Es wird mit chemischen Oxidationsmitteln (z. B. KMnO$_4$, K$_2$Cr$_2$O$_7$/H$_2$SO$_4$) eine Totaloxidation der oxidierbaren Inhaltstoffe vorgenommen.

- **Total Organic Carbon (TOC)**: Der TOC-Wert gibt die Belastung von Wasser mit organischen Stoffen an und bezieht sich auf den gesamten organisch gebundenen Kohlenstoff. Wegen der Probleme bei der CSB-Bestimmung (Dauer der Analyse, giftige Abfälle) und der stark angestiegenen Probenanzahl wird der TOC als umweltfreundliche Alternative diskutiert.

- **Fischtest**: Bezeichnung für ein Analyseverfahren zur Beurteilung von verschmutzten Abwasserströmen und zur Überprüfung des ökotoxikologischen Wirkungspotenzials neuer Substanzen. Im Gegensatz zu den vorgenannten Analysemethoden ist der Fischtest als biologisches Testverfahren einzuordnen. Zu diesen Verfahren gehören z. B. auch der Daphnientest (Wasserfloh), der Algen- und Bakterientest.

- **Absetzbare Stoffe**: Sammelbezeichnung für Feststoffe, die sich in einer Wasserprobe nach einer bestimmten Zeit abgesetzt haben.

Gruppenparameter

Im Gegensatz zu den Summenparametern fassen die Gruppenparameter stofflich ähnliche Substanzen zusammen. Einige Parameter sind jedoch nicht klar einem Bereich zuzuordnen (z. B. pH-Wert, elektrische Leitfähigkeit). Wesentliche Unterschiede bestehen einerseits in den Bestimmungsmethoden, die sich auf Reaktionen beziehen und somit stoffspezifisch sind. Andererseits lassen sich die Messwerte wesentlich genauer interpretieren und erlauben somit **Rückschlüsse auf die im Abwasser enthaltenen Substanzen**. Als wichtiger anorganischer Gruppenparameter ist die Härte zu nennen. Ansonsten werden eher organische Abwasserinhaltstoffe in diesen Bereichen zusammengefasst. Einige wichtige sind Tenside, Phenole, PAK (polycyclische aromatische Kohlenwasserstoffe), Pestizide, Fette und Öle.

Der Begriff „biologisch abbaubar":
Werden organische Moleküle abgebaut, so erfolgt dies grundsätzlich über mehrere Stufen und Zwischenprodukte. Am Ende stehen
bei vollständigem Abbau die mineralischen Abbauprodukte (z. B.
CO_2, H_2O). Man unterscheidet daher:

- **Primärabbau**
  erste Abbaustufe, bei der die chemische Verbindung (z. B.
  Tensid) ihre typischen Eigenschaften verliert

- **Endabbau**
  vollständige Zersetzung

Für den **Nachweis der biologischen Abbaubarkeit** von Tensiden
nach dem Wasch- und Reinigungsmittelgesetz WRMG ist nur der
Nachweis des Primärabbaus erforderlich.

Einzelsubstanzen

Eine Analyse auf Einzelsubstanzen ist einerseits das exakteste Beurtei-
lungskriterium für die Abwasserqualität, erfordert andererseits aber eine
genaue Kenntnis über die Abwasserzusammensetzung. Diese Analyse-
form wird daher primär bei Industriebetrieben, deren Abwasserzusammensetzung bekannt ist, oder bei wichtigen Abwasserparametern eingesetzt. Hierbei führt eine Analyse der Summen- und Gruppenparameter
zu den im Abwasser vorliegenden Substanzen.

13.2.2 Typische Abwasserparameter

Eine Einteilung der Gewässergüte kann auf der Basis vieler unterschiedlicher Kriterien, wie aus den oben beschriebenen Parametern deutlich
wird, erfolgen. Hier sind als Beispiel die typischen Abwasserparameter
in Abhängigkeit von der biologischen Gewässergüte dargestellt.

Tabelle 13-6: Zu erwartende typische Abwasserparameter in Abhängigkeit
von der biologischen Gewässergüte [13.3]

Biologische Gewässergüte	I	II	III	IV
Wassertemperatur in °C	12...14	15...18	21...23	24
Sauerstoffsättigung * in %	100...86 100...110	85...50 110...150	40...20 150...200	< 10 > 230
BSB_5-Wert in mg/l	1...2	2...8	8...20	> 20

Umwelttechnologien

Biologische Gewässergüte	I	II	III	IV
pH-Wert alkalisch	7,0...7,5	8,0...8,5	9,0...9,5	10,0
sauer *	7,0...6,5	6,5...6,0	5,5...5,0	< 5,0
Ammonium (NH_4^+) in mg/l	< 0,1	0,1...1	> 2	
Nitrit (NO_2^-) in mg/l	< 0,1	0,2...0,5	4,0...6,0	8,0
Nitrat (NO_3^-) in mg/l	< 1,0	1...5	> 5	
Orthophosphat (PO_4^{3-}) in mg/l	< 0,03	< 0,5	0,5	
Chlorid (Cl^-) in mg/l	< 80	80...500	1500...3500	> 3500
Säurebindungsvermögen in mmol/l	1,0...0,5	0,5...0,25	0,1...0,03	0,05
Gesamthärte in mmol/l	um 3,6	um 5,3	um 7,1	
Eisengehalt in mmol/l	0...0,1	0,1...0,2	um 0,5	1,0

* Die Sauerstoffsättigung unterteilt sich in einen minimalen und einen maximalen Sättigungsbereich.

13.3   Aufbau und Funktion einer Kläranlage

Kläranlagen werden zur Reinigung von kommunalen, gewerblichen oder industriellen Abwässern eingesetzt. Sie arbeiten nach mechanischen, biologischen und chemischen Verfahren. Die Abwasserreinigung verfolgt das Ziel, unerwünschte Inhaltsstoffe so vollständig wie möglich aus dem Abwasser zu entfernen und somit den Sauerstoffmangel des Vorfluters nicht gravierend zu beeinträchtigen, um die Einhaltung einer bestimmten Gewässergüteklasse (vgl. Tab 13.1) zu ermöglichen.

Dieses Ziel wird erreicht durch den Einsatz konventioneller Verfahren, ergänzt durch chemische/physikalische Verfahren. Bild 13-1 zeigt das Schema konventioneller Verfahren mit einer Belebungs- bzw. Tropfkörperanlage im Rahmen einer mechanisch-biologischen Abwasserreinigung.

13.3.1 Mechanischer Anlagenteil

Vor dem Abwasserzulauf ist ein Regenüberlauf dargestellt, der bei starken Niederschlägen die Kläranlage vor hydraulischer Überlastung und Überschwemmung schützen soll.

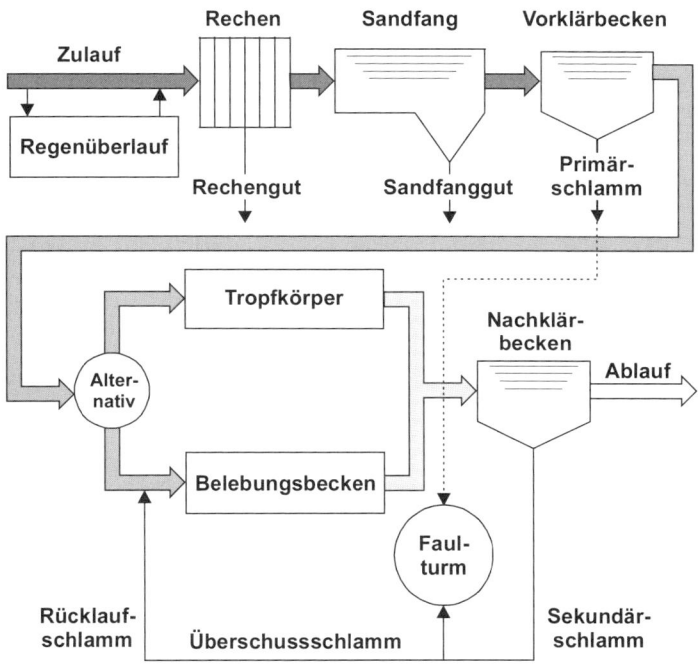

Bild 13-1: Schema einer konventionellen Kläranlage

Man unterscheidet zwischen:

- **Regenüberlaufbecken**
  Es wird nur der erste Teil des Wassers bei Starkregen aufgefangen, da die Verschmutzung (Oberflächenabfluss, Effekt der Kanalreinigung) besonders hoch ist.

- **Regenrückhaltebecken**
  Die Regenrückhaltebecken können aufgrund ihres Fassungsvermögens einen Starkregen meistens vollständig aufnehmen. Das Regenwasser wird nach Abklingen des Niederschlages, wie im Regenrückhaltebecken, in die Kläranlage geleitet.

- **Regenklärbecken**
  Bei der Trennkanalisation werden häufig Regenklärbecken eingesetzt, um das getrennt abgeleitete Regenwasser vorzureinigen und anschließend in den Vorfluter zu leiten.

Die mechanische Abwasserreinigung beruht auf wenigen konventionellen Verfahren zur Abscheidung fester Stoffe (grob, fein oder feinst suspendiert):

■ **Abscheidung nach Teilchengröße**
(Rechen, Sieben, Kammfilter/Volumenfilter, Vakuumfilter/Druckfilter, Mikrosiebe, Ultrafiltration),

■ **Ausnutzung der Trägheits- und Schwerkraft**
(Sedimentation in Absetzbecken, in Kläranlagen sind Zentrifugen und Hydrozyklone selten),

■ **Ausnutzung der Auftriebskräfte**
(Flotation).

In allen Fällen handelt es sich um **physikalische Verfahren**, bei denen sich die Eigenschaften der abgeschiedenen Stoffe durch die Abscheidung nicht ändern. Das Trennverfahren bewirkt nur eine Auftrennung des Zulaufs in einen partikelarmen und einen partikelreichen Teilstrom. Bei der Entfernung der Rückstände aus dem Abwasser werden Feststoffe bzw. Schlämme erzeugt. Die Feststoffabscheidung ist erforderlich und sinnvoll zur Vermeidung des Verschleißes der nachfolgend verwendeten Pumpenanlagen und unerwünschter Ablagerungen innerhalb der Kläranlage. Damit aus dem Abwasserproblem kein Abfallproblem wird, müssen diese Rückstände der Abwasserreinigung wiederverwertbar bzw. entsorgbar vorliegen.

Das der Kläranlage zugeführte Abwasser wird im Normalfall mit Pumpen (ARCHIMEDES-Schneckenpumpe bzw. Zentrifugalpumpen) auf ein Niveau gefördert, welches ermöglicht, dass das Abwasser aufgrund der Schwerkraft die Kläranlage durchströmt. Danach folgt eine Vorbehandlung mit **Rechen, Sieben, Abscheidern und Absetzbecken.** Hierbei werden bei den Grobrechen (Spaltweite 50...100 mm) und Feinrechen (Spaltweite 15...30 mm) gerade oder gebogene Gitterstäbe eingesetzt, die zur Grobstoffentfernung (z. B. Hygieneartikel) des Abwassers dienen. Die anfallenden Feststoffe (Rechengut) werden automatisch entfernt und daraufhin gepresst bzw. entwässert, um sie kompaktiert einer Deponierung zuzuführen.

In den **Abscheidern und Absetzbecken** wird das Prinzip der Sedimentation genutzt, um disperse Teilchen aus dem Abwasser zu entfernen. Bei diesen Verfahren muss ein Dichteunterschied zwischen den suspendierten Teilchen und der flüssigen Phase vorliegen. Ein unerwünschter Nebeneffekt bei der Sedimentation der Feststoffe ist die Abscheidung organischer geflockter Substanzen (Geruchsbelästigung), die bei unterschiedlicher Größe gegenüber dem Sand ein ähnliches Gewicht aufweisen. Um die Absetzung der organischen Stoffe zu vermeiden, werden in Abwasserreinigungsanlagen Sandfänge eingesetzt.

In großen kommunalen Abwasserreinigungsanlagen werden Vorklärbecken zur abschließenden **Sedimentation** verwendet. Durch langsame Fließgeschwindigkeiten in Rechteckbecken bzw. Rundbecken (Durchflussrichtung horizontal von innen nach außen) werden die organischen Bestandteile abgeschieden. Das anfallende Sedimentationsgut bezeichnet man als Primärschlamm bzw. Vorklärschlamm.

Weiterführende Verfahren sind die Siebtechnik, die Flotation und die Filtration. Diese werden zumeist bei der industriellen Abwasserbehandlung eingesetzt, um problematische Abwässer gezielt zu reinigen (vgl. Kap. 14).

13.3.2 Biologischer Anlagenteil

Der zweite Anlagenteil einer konventionellen Kläranlage ist die biologische Reinigungsstufe und das Nachklärbecken. Bei diesem Verfahren geht es um eine weitgehende Reduzierung der BSB_5-Belastung. Die Abbauleistung der Reinigungsstufe wird bestimmt durch:

- Verschmutzungsart,
- Konzentration der Abwasserinhaltstoffe,
- Menge und Aktivität des belebten Schlammes,
- allgemeine Bedingungen (Temperatur, pH-Wert, Nährstoffverhältnis usw.).

Der aerobe Abbau von organischen Verunreinigungen erfolgt überwiegend durch Bakterien, Pilze und Protozoen (vgl. Abschn. 2.4). Das Abwasser muss dabei vollständig mit Sauerstoff versorgt werden, da die Organismen den gelösten Sauerstoff verbrauchen. Die hauptsächlich verwendeten Verfahren zur biologischen Abwasserreinigung sind:

- Belebungsverfahren,
- Tropfkörperverfahren,
- Abwasserteiche.

Weiter gehende Verfahren zur Phosphat- und Stickstoffeliminierung werden in Abschnitt 13.4 besprochen, industrielle Abwasserbehandlungsverfahren in Kapitel 14.

Belebungsverfahren

Im Gegensatz zum Tropfkörperverfahren werden im Belebungsverfahren (früher Belebtschlammverfahren) Abwasser und belebter Schlamm in

einem Reaktorsystem (Belebungsbecken) unter Sauerstoff- bzw. Luftzufuhr durchmischt. Der belebte Schlamm besteht vorwiegend aus Flocken
bildenden Mikroorganismen (z. B. Bakterien, Protozoen). Im Vergleich
zum Feststoffreaktor wird eine erhöhte Raum-Zeit-Ausbeute erreicht.

Zum Aufbau neuer Biomasse aus organischen Verunreinigungen benötigen die Bakterien Energie, die sie jedoch aus den biochemischen Prozessen selbst gewinnen können. Für diese Oxidationsprozesse muss im
Belebungsbecken ausreichend Sauerstoff verfügbar sein. Da von den
Mikroorganismen der gelöste Sauerstoff schnell verbraucht wird, muss
zusätzlich Luftsauerstoff eingetragen werden. Im allgemeinen Sprachgebrauch spricht man von **Belüftung** des Abwasser-Schlamm-Gemisches.

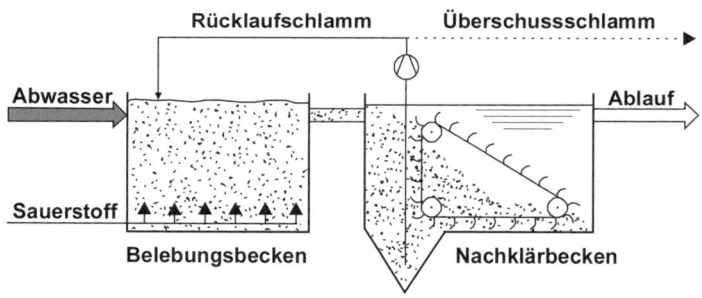

Bild 13-2: Verfahrenstechnischer Ablauf des Belebungsverfahrens

Bild 13-2 zeigt den verfahrenstechnischen Ablauf des Belebungsverfahrens. Danach werden Abwasser und Rücklaufschlamm aus dem Nachklärbecken in das belüftete Belebungsbecken gepumpt, während Überschussschlamm kontinuierlich abgeführt wird. Die technische
Detailgestaltung und Ausführung von Belebtschlammbecken sind viel-
schichtig. Der Eintrag von Luft kann beispielsweise durch Düsen einge-
presst oder durch Bürstenwalzen eingeschlagen werden. In allen Fällen
muss für eine ausreichende Turbulenz gesorgt werden, um die Sedimentation im Belebungsbecken zu verhindern. Auf die baulichen Besonder-
heiten sei verwiesen [13.4, 13.5].

Tropfkörperverfahren

Tropfkörper werden auch als **Festbettreaktoren** bezeichnet, weil die
Biomasse als **biologischer Rasen** auf Festkörpern (Füllkörpern, Steinen,
Schlacken) angesiedelt und somit **immobilisiert** ist. Durch die Immobi-
lisierung hat das Tropfkörperverfahren einen wesentlich geringeren

Schlammaustrag als das Belebungsverfahren. Es wird vorwiegend abgestorbene Biomasse ausgetragen, während das aktive biologische Material im Festbett angelagert ist.

Die Höhe der Tropfkörper liegt zwischen 2 und 4 m und wird vom Abwasserstrom vertikal von oben nach unten durchströmt. Mithilfe eines Drehsprengers wird das Abwasser verteilt, rieselt durch das poröse Gestein und wird dabei biologisch gereinigt. Je nach Belastung liegt die Verweilzeit im Tropfkörper bei 20...60 min.

Tropfkörper werden offen oder geschlossen gebaut, je nach Notwendigkeit einer zusätzlichen Belüftung. Bei offenen Tropfkörpern findet die Belüftung durch natürliche Konvektion statt. Mitunter muss bei schwer wiegenden Geruchsproblemen (partiell anaerobe Zonen) dieser Vorteil aufgegeben werden. Ein weiterer Grund für eine geschlossene Bauweise ist eine geringere Reduktion der Abbauleistung bei niedrigen Außentemperaturen und eine hohe Schadstoffbelastung, bei der man von den Witterungsbedingungen nicht abhängig sein möchte.

13.3.3 Klärschlammbehandlung

Nach den Klärstufen und dem Belebungsbecken fallen die dem Abwasser entnommenen Stoffe als Schlamm an. Als Schlamm wird ein wasserreiches Gemisch partikulärer Substanzen (Suspension) bezeichnet. Dieser muss mit einem möglichst geringen Energieaufwand in eine umweltverträgliche Form überführt bzw. stabilisiert werden.

Hierbei ist es unerlässlich, den Schlammanfall auf eine Mindestmenge zu reduzieren, verfahrenstechnisch schon während der Reinigung die Entwässerung zu erleichtern und eine Gewinn bringende Verwertungsmöglichkeit zu erzielen. Im Allgemeinen sind allerdings die Schlammzusammensetzungen der einzelnen Kläranlagen sehr unterschiedlich. Diese Tatsache lässt somit keine Aussage über eine grundsätzlich optimale Schlammbehandlung zu (vgl. Kap. 15).

13.3.4 Nachklärung

Die Nachklärung ist ein elementarer Bestandteil einer kommunalen Kläranlage. Hier werden, meistens durch kostengünstigere Sedimentationsbecken (ähnlich der Vorklärung), die durch die biologisch-chemische Behandlung anfallenden Schlämme zurückgehalten. Daher sollte schon bei der Planung eine ausreichende Größe kalkuliert werden, da eine optimale Schlammentfernung in dieser letzten Stufe vor dem Vorfluter

Umwelttechnologien

gewährleistet werden muss. Ferner sollen in der Nachklärung anfallende Schlämme eingedickt und ein Austrag von Bakterien durch einen eventuell auftretenden hohen Durchflussstrom verhindert werden.

Eine Auswaschung von Mikroorganismen durch den Abwasserzulauf vermindert den Wirkungsgrad einer Abwasserreinigungsanlage bzw. der Belebung. Ein ausreichender Rücklauf der Belebtschlämme in das Belebtbecken ist zwingend erforderlich, da das Bakterienwachstum nicht ausreicht, um das anfallende Abwasser zu reinigen. Zusätzlich wäre ein starker Austrag der Mikroorganismen z. B. in Bezug auf die Einhaltung der geforderten Grenzwerte folgenschwer. Am Beispiel von oben beschriebenem Phosphat wird diese Tatsache besonders deutlich, da der als Polyphosphat gespeicherte Phosphor durch die Mikroorganismen in den Vorfluter gelangt. In diesem Fall sind nachgeschaltete Filteranlagen sinnvoll. Hierbei kann auch der Schwimmschlamm abgeschieden und dem Schlammrücklauf zugeführt werden.

Hinter der Nachklärung befindet sich die Endkontrolle des in den Vorfluter abzugebenden Abwassers.

13.4   Phosphat- und Stickstoffeliminierung

Im Gegensatz zum Stickstoff kann der Phosphor nicht gasförmig z. B. als P_4 aus dem Abwasser entfernt werden, sondern nur in Form schwer löslicher Phosphorverbindungen. Dies kann durch **Fällungsreaktionen gemeinsam mit Sorptionsprozessen** oder durch Inkorporation in biologische Zellstrukturen erfolgen. Beide Reaktionsmechanismen werden in Abwasserreinigungsanlagen angewendet.

Phosphor liegt im Abwasser unterschiedlich gebunden vor, als:

- Orthophosphat (PO_4^{3-}),
- Polyphosphat (durch Kondensation verknüpfte Orthophosphate) oder
- Derivate der phosphorigen Säure gemeinsam mit organischen Komponenten.

Über die **Phosphormengen**, die in Gewässer eingeleitet werden, gibt es unterschiedliche Schätzungen. Bild 13-3 zeigt Quellen und Mengen des P-Eintrags. Haushalte mit Fäkalabwässern und Waschmittel tragen mit 55 % mehr als die Hälfte zur Gesamtbelastung bei. Insgesamt ergab sich 1990 eine eingeleitete Menge von ca. 80 Mio. t/a. Nach Erhebungen des Statistischen Bundesamts ergab sich allerdings eine ca. 50-%ige Reduzierung in den Jahren 1991 bis 1998.

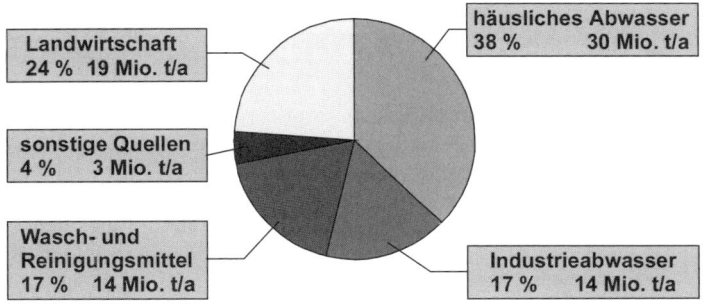

Bild 13-3: Quellen des Phosphoreintrags in die Oberflächengewässer der BRD (von 1990) [13.6]

Die Phosphate der Wasch- und Reinigungsmittel sind in der Vergangenheit durch den Einsatz von P-Ersatzstoffen immer weiter zurückgegangen. Phosphatersatzstoffe sind vor allem Zeolith A mit Polycarboxylaten (CO-Builder) sowie die Komplexbildner Nitrilotriessigsäure NTA und Ethylendiamintetraessigsäure EDTA.

13.4.1 Chemische Fällung

Bei der chemischen P-Eliminierung werden Phosphate in schwer lösliche Aluminium-, Eisen- oder Calciumverbindungen überführt und durch Sedimentation abgetrennt. Neben der eigentlichen Phosphatfällung finden in der Regel auch weitere Schadstoffabtrennungen aus dem Abwasser statt [13.7]. Die Löslichkeit der Phosphate und ihre Flockungseigenschaften sind vom pH-Wert anhängig und müssen ggf. durch Kalkmilchzugabe in der Fällungsstufe auf einen pH-Wert von 6...7 angehoben werden [13.8]. Je nach Zugabestelle wird unterschieden zwischen **Vor-**, **Simultan-** und **Nachfällung**. Bei allen Verfahrensvarianten laufen folgende Teilreaktionen ab:

- Dosierung des Fällungsmittels im Abwasser,
- intensive Vermischung,
- Bildung schwer löslicher Phosphate,
- Bildung und Abscheidung der Makroflocken.

Vorfällung
Das Fällmittel wird im Zulauf der mechanischen Vorklärung in turbulente Bereiche dosiert, z. B. in einem belüfteten Sandfang. Die Abscheidung der schwer löslichen P-Verbindungen erfolgt im Vorklärbecken.

Umwelttechnologien

Es ist darauf zu achten, dass der Phosphorbedarf von 2...3 mg/l der Belebtschlammbiozönose nicht unterschritten wird.

Simultanfällung

Die Phosphatfällung findet gemeinsam mit der biologischen Abwasserreinigung im Belebungsbecken statt (vgl. Abschn. 13.3.2). Das Fällungsmittel kann direkt in den Zulauf der Belebung oder in den Rücklaufschlamm erfolgen. Die intensive Belüftung sorgt bei der Verwendung von preiswerten Eisen(II)-Salzen (z. B. Grünsalz) für eine unmittelbare Oxidation. Mit dem Verfahren sind P-Ablaufkonzentrationen von < 1 mg/l möglich. Eine positive Wirkung hat die Simultanfällung auch auf die Schlammbeschaffenheit (z. B. Entwässerbarkeit, Blähschlammverhalten).

Nachfällung

Die beschriebenen Prozesse der Fällung, Flockung und Abtrennung finden in einer dritten, nachgeschalteten Verfahrensstufe statt. Mit dem Bau eines zusätzlichen Reaktions- und Nachklärbeckens ist der Wirkungsgrad der Nachfällung am größten. Ablaufkonzentrationen von < 0,5 mg/l sind möglich.

Zur Phosphatfällung in kommunalen Kläranlagen werden zurzeit bevorzugt saure Eisen- und Aluminiumchloride bzw. -sulfate eingesetzt. Geringe Löslichkeitsprodukte der entsprechenden Phosphate, niedrige Kosten und gute Verfügbarkeit (Einsatz von eisenhaltigen Beizen, Nebenprodukte der chemischen Industrie) sind Gründe dafür.

13.4.2 Biologische P-Eliminierung

Neben den zurzeit überwiegend eingesetzten chemischen P-Fällungsverfahren gewinnen biologische Phosphor-Eliminierungsverfahren zunehmend an Bedeutung.

Die biologische Phosphatelimination ist auf die Akkumulation der im Abwasser vorhandenen Phosphatverbindungen in den Mikroorganismen und die Verstoffwechselung der akkumulierten Verbindungen zurückzuführen. Bei aeroben Bedingungen und ausreichendem Substratgehalt im Abwasser werden die vorliegenden Phosphate als Polyphosphate im Zellinnern angereichert. Da die Zellen teilweise mit dem Überschussschlamm entfernt werden, findet somit eine Reduzierung des Phosphatgehaltes statt.

Ändern sich jedoch die Milieubedingungen in der Belebungsstufe, kann das angereicherte Polyphosphat als Orthophosphat wieder abgeschieden werden, wobei der Organismus Energie gewinnt. Im Normalfall verläuft dieser Prozess allerdings wesentlich langsamer als die Anreicherung.

Liegt eine anaerobe Zone vor der aeroben Stufe im Belebungsbecken, so ist es wichtig, eine möglichst kurze Verweilzeit in dieser zu realisieren, um eine zu hohe Phosphatabscheidung zu vermeiden. Eine weitere Möglichkeit besteht darin, dass eine ausreichende Konzentration von P-bindenden Ionen (z. B. Calciumionen) vorliegt, die eine simultane Ausfällung der Phosphate ermöglicht. Ein großer Teil dieser gebundenen Phosphate kann unter aeroben Bedingungen wieder von den Mikroorganismen aufgenommen werden. Der Gesamtprozess der P-Eliminierung wird somit stabilisiert und die Effektivität gesteigert.

Der **Wirkungsgrad** einer biologischen Phosphatelimination ist aus bereits beschriebenen Gründen einerseits stark vom **Schlammwachstum** (Verstoffwechselung des Phosphats) und andererseits vom **Schlammalter** (Fortschritt der P-Akkumulation in den Zellen) und damit von der Neigung zur P-Akkumulation abhängig.

13.4.3 Eliminierung von Stickstoffverbindungen

Stickstoff ist neben Phosphor ein wichtiger Nährstoff für die Gewässerbiologie. Ein übermäßiger Eintrag hoher N-Konzentrationen kann das natürliche Gleichgewicht stören. Der Stickstoff liegt im Abwasser überwiegend als **Ammonium** vor und trägt durch natürliche Nitrifikation zur Sauerstoffzehrung bei. Daneben zehrt **Nitrit** – wenn auch in geringerem Umfang – Sauerstoff bei der Oxidation zu Nitrat und ist für viele Organismen toxisch. **Nitrat** ist ein leicht verwertbarer Nährstoff, der auch zur Gewässereutrophierung beiträgt (vgl. Abschn. 6.4). In Bild 13-4 sind die Quellen des Stickstoffeintrags in Gewässer der BRD vor 1990 gezeigt.

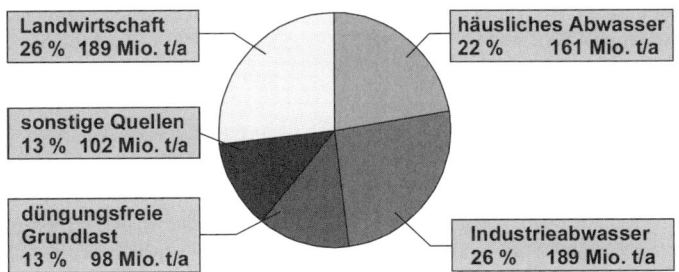

Bild 13-4: Quellen des Stickstoffeintrags in die Oberflächengewässer der BRD (vor 1990) [13.6]

Untersuchungen des Statistischen Bundesamtes zeigen, dass die Gesamt-stickstofffracht von 1991 bis 1998 auf 60 % reduziert wurde. Stickstoff wird als essenzieller Bestandteil des Belebtschlamms mit dem Schlamm-abzug aus der Kläranlage nur mit einem Anteil von 25...30 % der Ein-gangsfracht ausgetragen. Bei der Zulaufkonzentration einer kommunalen Kläranlage von 30...50 mg Stickstoff können die gesetzlich vorgeschrie-benen N-Ablaufkonzentrationen meist nicht eingehalten werden. Daher sind zusätzliche Maßnahmen zur Stickstoffelimination in Form einer **Nitrifikation** der reduzierten Stickstoffverbindungen mit nachfolgender **Denitrifikation** unter Bildung von molekularem Stickstoff erforderlich.

13.4.4 Biologische Nitrifikation

Als Nitrifikation bezeichnet man die mikrobielle Oxidation von Ammo-nium zu Nitrat über die Zwischenstufe Nitrit. Bei den Nitrifikanten handelt es sich um aerobe, spezialisierte Bakterien, die relativ empfind-lich gegenüber Milieuschwankungen (BSB_5-Belastung, Temperatur, pH-Wert) sind und nur geringe Wachstumsraten haben. An der Umsetzung sind zwei Bakteriengruppen beteiligt:

- **Nitrosomonas** (Ammoniumoxidierer)
  z. B. *Nitrosomonas europaea*
  $$NH_4^+ + 1,5\ O_2 \rightarrow NO_2^- + 2\ H^+ + H_2O$$

- **Nitrobacter** (Nitritoxidierer)
  z. B. *Nitrobacter agilis*
  $$NO_2^- + 0,5\ O_2 \rightarrow NO_3^-$$

Nitrosomonas haben geringere Wachstumsraten als Nitrobacter, d. h., die Ammoniumoxidation ist der geschwindigkeitsbestimmende Schritt der gesamten N-Elimination. Zu hohe Ammoniumkonzentrationen wir-ken außerdem toxisch auf Nitrobacter. Dies führt zu einer Hemmung der Nitritoxidation.

Im Belebungsbecken werden mit dem Sekundärschlamm die langsam wachsende Nitrifikanten ausgetragen. Um eine nennenswerte Nitrifikati-on durchzuführen, muss das Schlammalter größer sein als die Generati-onszeit (vgl. Abschn. 2.5.5) der Nitrifikanten. Tabelle 13-2 zeigt eine Übersicht der temperaturabhängigen Wachstumsraten von Nitrifikanten.

Das angegebene Mindestschlammalter führt noch nicht zu einer Zunah-me von Nitrosomonas-Bakterien, sondern nur zur Konstanz der Popula-tion. Eine befriedigende Nitrifikationsleistung kann nur erreicht werden, wenn das Schlammalter doppelt so groß ist wie die Generationszeit der Nitrosomonas.

Tabelle 13-2: Temperaturabhängige Wachstumsraten der Nitrifikanten Nitrosomonas und Nitrobacter [13.9]

Temperatur in °C	Nitrosomonas		Nitrobacter		Mindestschlammalter in d
	Wachstumsrate in d^{-1}	Generationszeit in h	Wachstumsrate in d^{-1}	Generationszeit in h	
10	0,29	82,6	0,58	41,4	3,44
20	0,76	31,6	1,04	23,1	1,32
30	1,97	12,2	1,87	12,8	0,53

Eine ausreichende Schlammrückführung kann jedoch nur realisiert werden, wenn die Bakterien wegen eines geringen Nährstoffangebots nicht zu schnell wachsen. Für das Schlammalter sind daher die BSB_5-abbauenden Bakterien bestimmend, da sie eine viel kürzere Generationszeit haben als die Nitrifikanten.

Die komplexen Abbauvorgänge lassen sich vereinfacht nach folgender Reaktionsgleichung beschreiben:

$$NH_4^+ + 2\,O_2 \rightarrow NO_3^- + 2\,H^+ + H_2O$$

Aus dieser Gleichung wird ersichtlich, dass die Nitrifizierung einen erheblichen O_2-Bedarf hat, wobei der Sauerstoff überwiegend in Nitrat festgelegt wird. Für den Abbau von 1 g N werden ca. 18 l Luft benötigt.

13.4.5 Biologische Denitrifikation

Die Reduktion des Nitrats zu molekularem Stickstoff (**Nitratatmung**) kann nur nach vorangegangener Nitrifikation in nennenswertem Umfang stattfinden. Eine wirkungsvolle Denitrifikation erfolgt bei Abwesenheit von Sauerstoff. Der gelöste Sauerstoff ist für die Bakterien leichter zugänglich als der im Nitrat gebundene. Zu hohe Sauerstoffgehalte führen zu einer gehemmten Denitrifizierung. Ferner ist der Wirkungsgrad der Denitrifikation direkt abhängig von dem in der Nitrifikationsstufe gebildeten Nitrat. Der Abbau des Ammoniums und dessen Umsatz zu Nitrat ist folglich ein wichtiger Faktor für einen effizienten Abbau der im Abwasser vorliegenden N-Verbindungen.

■ **Denitrifizierende Bakterien**
   z. B. *Pseudomonas denitrificans*
   $$2\,NO_3^- + 10\,H^+ \rightarrow N_2 + 2\,OH^- + 4\,H_2O$$

Umwelttechnologien

Der Zustand während der Denitrifikation wird auch **anoxisch** genannt, da die Bakterien aufgrund des Sauerstoffmangels den im Nitrat gebundenen Sauerstoff verwerten.

13.4.6 Verfahrenskonzepte

Aus den nachfolgenden Darstellungen wird deutlich, dass die N-Eliminierung eng mit einer P-Eliminierung verknüpft ist. Die Prozessstufe der Denitrifikation kann auf unterschiedliche Art und Weise in die Gesamtkonzeption eines Belebtschlammverfahrens zur kommunalen Abwasserreinigung integriert werden.

Nachgeschaltete Denitrifizierung

Die Denitrifizierung erfolgt in einem separaten Becken zwischen Belebungs- und Nachklärbecken. Das Abwasser wird hier nur bewegt, aber nicht belüftet (vgl. Bild 13-5).

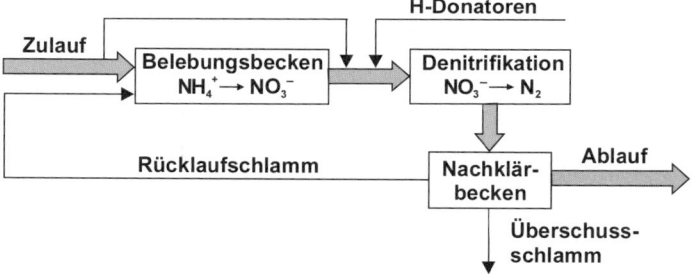

Bild 13-5: Schema einer nachgeschalteten Denitrifikation

Ein wesentliches Problem der nachgeschalteten Denitrifikation ist das Fehlen von H-Donatoren im gereinigten Abwasser. Es muss daher gezielt z. B. Methanol oder ein Teilstrom Rohabwasser dosiert werden. Außerdem muss das austretende Abwasser vor der Nachklärung belüftet werden, um das Sauerstoffdefizit auszugleichen.

Vorgeschaltete Denitrifizierung

Bei der am häufigsten angewendeten Verfahrensvariante fließt das Abwasser zunächst in ein anaerobes Denitrifikationsbecken. Da das gesamte Becken von Abwasser durchströmt wird, ist die Anwesenheit von H-Donatoren in der Denitrifizierung sichergestellt. Es kann somit bereits vorhandenes Nitrat reduziert werden und als molekularer Stickstoff das Becken verlassen.

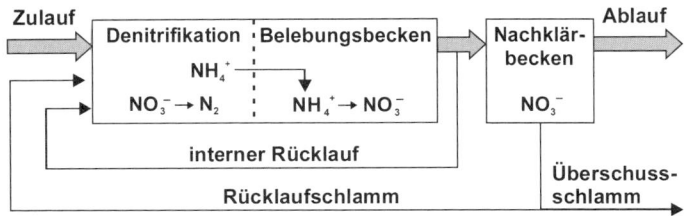

Bild 13-6: Schema einer vorgeschalteten Denitrifikation

Die Ammoniumverbindungen des Rohwassers gelangen unverändert aus dem anoxischen Milieu in das aerobe Belebungsbecken und werden dort nitrifiziert. Das dort gebildete Nitrat gelangt mit dem Rücklaufschlamm zur Denitrifizierung.

Die Nitrifizierung ist im Ablauf des Belebungsbeckens abgeschlossen. Daher kann ein weiterer interner Rücklauf eingerichtet werden, der den NO_3^--haltigen Ablauf vor dem Nachklärbecken der Denitrifikation zuführt. Bei 5fachem Rücklauf werden z. B. 80 % des Nitrats erfasst. Voraussetzung ist, dass die Anlage den Kreislauf hydraulisch bewältigt.

Ein wesentlicher Vorteil dieses Verfahrens besteht in dem verminderten Sauerstoffeintrag, da der bei der Denitrifikation erfolgte BSB_5-Abbau im aeroben Belebungsbecken abläuft. Nachteilig ist jedoch die zusätzliche Pumpenenergie, die für die Abwasserzirkulation im internen Rücklauf aufzubringen ist.

Simultane Denitrifikation
Auch in bestehenden Anlagen kann eine N-Eliminierung erreicht werden, wenn die O_2-Zufuhr alternierend an- und abgeschaltet wird. In den jeweiligen Zonen werden aerobe und anoxische Zustände zeitlich nacheinander realisiert, sodass dort jeweils Nitrifikation und Denitrifikation stattfinden kann. Die zeitliche Trennung der beiden Zustände kann auch räumlich erfolgen. Die Belüftung wäre dann nicht alternierend, sondern bestimmte Zonen werden ständig, während andere Zonen nicht belüftet werden. Um Sauerstofffreiheit zu gewährleisten, müssen die aeroben und anoxischen Zonen weit genug voneinander entfernt sein.

13.5 Alternative Verfahren

Noch heute werden in ländlichen Bereichen belüftete und unbelüftete **Abwasserteiche** und **Oxidationsgräben** als Abwasserreinigungsanlagen eingesetzt. Diese Verfahren, die als Vorläufer der heutigen Belebt-

Umwelttechnologien

schlammverfahren angesehen werden, bieten allerdings keine effiziente Alternative zu den zentralisierten Kläranlagen. Sie sind auch bei kleinen Entsorgungseinheiten in Bezug auf den Wirkungsgrad als wesentlich schlechter anzusehen.

Um trotzdem die natürliche Reinigungsleistung während der Bodenpassage zu nutzen, wurden **Pflanzenkläranlagen (PKA)** entwickelt. Im Wesentlichen sind dies:

- Schilf-Binsen-Anlage nach Dr. SEIDEL,

- hydrobotanische Anlage (Mettmanner System).

Pflanzenkläranlagen werden als Kleinkläranlagen für bis zu 50 Einwohner eingesetzt. In Einzelfällen können es auch bis zu 1 000 Einwohner bei entsprechendem Platzangebot sein. Gemeinsam ist allen PKA die Notwendigkeit einer mechanischen Vorreinigung, um die Verschlammung der Beete zu verhindern und damit den erforderlichen Durchfluss sicherzustellen. Pflanzenkläranlagen unterscheiden sich in der Durchströmungsrichtung des Abwassers; sie können horizontal oder vertikal durchströmt werden.

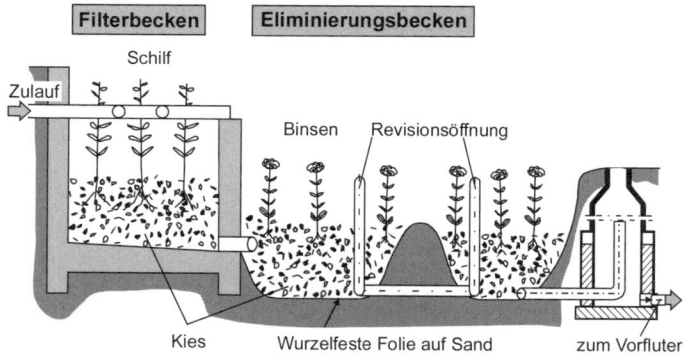

Bild 13-7: Schilf-Binsen-Anlage nach Dr. SEIDEL [13.11]

Die Mehrzahl ist jedoch als Horizontalfilter ausgeführt, obwohl Vertikalfilter leistungsfähiger erscheinen. Die horizontale Beschickung erfolgt quasi kontinuierlich, je nach Abwasseranfall, die vertikale dagegen intermittierend. Die Abbauleistung ist dabei über Pilotanlagen zu überprüfen.

Als Beispiel einer PKA ist die Schilf-Binsen-Anlage, eine zweistufige Kaskade, in Bild 13-7 gezeigt. Die erste Stufe ist ein vertikal durchflossenes Filterbecken, von dem das Abwasser in das Eliminationsbecken fließt, das horizontal (aber auch vertikal) durchströmt werden kann. Im Unterschied zu den Wurzelraumanlagen ist der Boden nicht bindig, sondern porös (z. B. Kies) mit der Möglichkeit der Sauerstoffaufnahme aus der Luft.

> Bei korrekter Auslegung und Dimensionierung einer Pflanzenkläranlage sind diese Anlagen nach einer relativ langen Einfahrzeit betriebsbereit. Sie erbringen eine stabile Reinigungsleistung und sind unempfindlich gegen Stoßbelastungen. Bei Horizontalfiltern ist für die gleiche Reinigungsleistung wie bei Vertikalfiltern (mit Drainage) die doppelte Pflanzenmasse und Fläche der ungesättigten Bodenzone erforderlich [13.10].

Umwelttechnologien

14   Industrielle Abwasserreinigung

14.1   Aerobe Verfahren

Die im Kapitel 13 beschriebenen biologischen Reinigungsverfahren sind mit der dort angewendeten Bauweise für die hoch belasteten Industrieabwässer nur bedingt einsetzbar. Nachteilig sind z. B.:

- großer Flächenbedarf und großes Reaktionsvolumen,
- energetisch aufwendige O_2-Versorgung bei schlechter Ausnutzung des eingetragenen Sauerstoffs,
- Geruchsbildung bei offener Bauweise,
- Anfall großer Mengen an Überschussschlamm,
- geringer Abbau von langlebigen (persistenten) Schadstoffen.

Steigende Anforderungen an den Umweltschutz haben in den letzten Jahren wichtige Fortschritte bei der Behandlung industrieller Abwässer gebracht. Diese Entwicklung kann in zwei Bereiche unterteilt werden:

- Verringerung des Platzbedarfs durch Hochbauweise und Optimierung der Sauerstoffnutzung
- Erhöhung der spezifischen Abbauleistung der Mikroorganismen

14.1.1   Blasensäulenreaktor

Blasensäulenreaktoren finden aufgrund ihrer einfachen Bauweise nicht nur in der chemischen Industrie Anwendung, sondern werden auch für die Abwasserreinigung eingesetzt.

Mit dem **Biohochreaktor** (Hoechst), der **Turmbiologie** (Bayer) oder der **Abwasserreinigung in Tanks** (Lurgi) sind Neuentwicklungen gelungen, die besonders für industrielle Abwässer geeignet sind. Die Konzepte der Hochbiologie-Varianten unterscheiden sich nur unwesentlich voneinander und bieten u. a. folgende Vorteile:

- **geringerer Grundflächenbedarf** gegenüber der Flachbauweise (Bauhöhe: 10...30 m),
- zusätzliche Flächeneinsparung durch eine in der Höhe angeordnete ringförmige Nachklärung (vgl. Bild 14-1),
- **effiziente O_2-Ausnutzung** durch Tiefenbelüftung,
- **Gerüche und Lärmerzeugung** werden durch die geschlossene und kompakte Bauweise erheblich reduziert,
- **einfache Wartung** durch das Fehlen bewegter Teile unter Wasser.

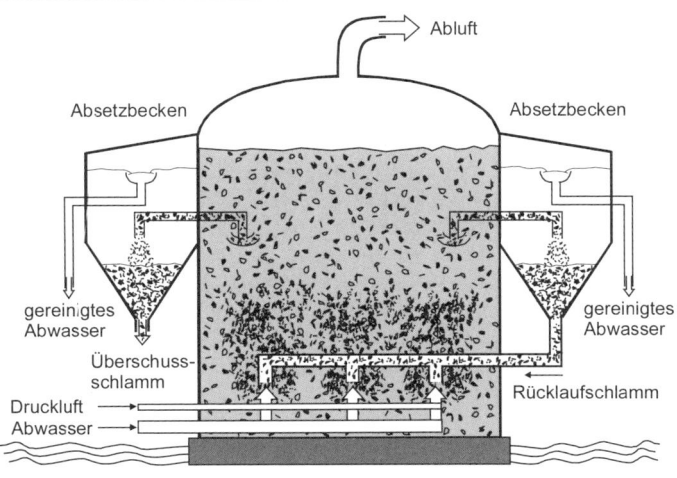

Bild 14-1: Turmbiologie der Firma Bayer [14.1]

Der **Biohochreaktor** unterscheidet sich von der **Bayer-Turmbiologie** durch die Verwendung einer Radialstromdüse als Begasungssystem und durch die Verwendung von Leitrohren zur Schaffung besserer Strömungsbedingungen (vgl. Bild 14-1 und 14-2). Die Radialstromdüse hat die Aufgabe, Luft mithilfe eines Wasserstrahls (Zweistoffdüse) in feine

Umwelttechnologien

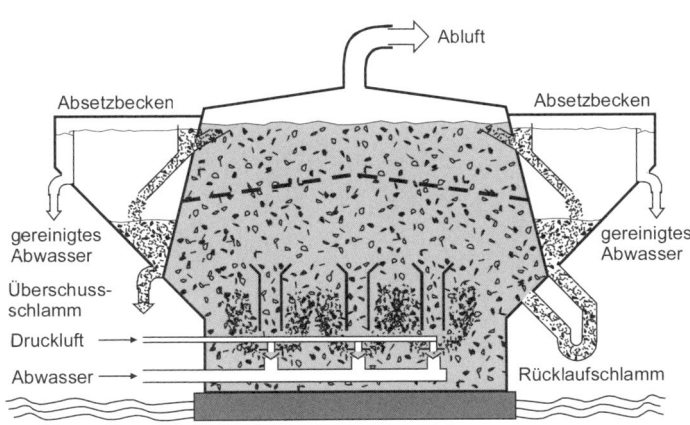

Bild 14-2: Biohochreaktor der Firma Hoechst [14.1]

Blasen zu zerteilen und anschließend durch Leitvorrichtungen radial in das zu begasende Abwasser zu verteilen.

Nach oben wird der Reaktionsraum durch eine Lochplatte von dem darüber liegenden Entgasungsraum abgetrennt. Das gereinigte Abwasser fließt nach außen in die ringförmig angeordnete Nachklärung, in der die Schlammabtrennung stattfindet. Die Systeme sind in ihrer Leistung (z. B. Sauerstoffertrag) weitgehend vergleichbar. Beide Reaktoren werden technisch angewendet, wobei die größten Reaktoren ein Reaktionsvolumen von ca. 20 000 m³ bei einem Abwasserdurchsatz von ca. 60 000 m³/d haben. Auf der Basis einer Schadstofffracht von 30 t BSB_5/d können eine **Raumbelastung** von 0,9 kg BSB_5/(m³ · d) und eine **mittlere Verweilzeit** von 8 h berechnet werden. Beide Kenngrößen liegen in der gleichen Größenordnung wie bei einer kommunalen Kläranlage mit Belebungsbecken.

14.1.2 Schlaufenreaktor

Schlaufenreaktoren bestehen aus einem zylindrischen Behälter mit einem Höhe-Durchmesser-Verhältnis von 5 zu 7. In dem Behälter befindet sich ein beidseitiges offenes Rohr, dem von unten oder oben über eine Zweistoffdüse Abwasser und Luft zugeführt werden (vgl. Bild 14-3). Der mit Flüssigkeit und Gas eingetragene Impuls sorgt für eine intensive Vermischung im Bereich der Düse sowie eine ausgeprägte Schlaufenströmung um das Innenrohr.

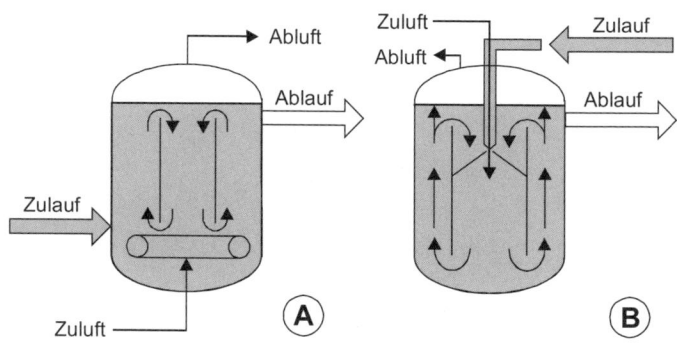

Bild 14-3: Schematische Darstellung eines Schlaufenreaktors: (A) Zufuhr der Luft/Flüssigkeit von unten, (B) Zufuhr der Luft/Flüssigkeit über eine Zweistoffdüse von oben

Bei der Maßstabsvergrößerung bereiten Schlaufenreaktoren wegen definierter Strömungsführung weniger Probleme als andere Reaktoren. In der Praxis werden daher auch Schlaufenreaktoren mit einem Durchmesser von bis zu 7 m und einer Höhe von bis zu 60 m eingesetzt.

Zur aeroben Abwasserreinigung werden von den Schlaufenreaktoren im industriellen Maßstab bisher nur der ICI-DEEP-SHAFT-Reaktor [14.2] und der Hochleistungs-Compakt-Reaktor (HCR) der Firma Otto Oeko Tech [14.3] eingesetzt.

Beim **DEEP-SHAFT-Verfahren** ist der Belebungsbeckenraum als Schacht von 50...150 m Tiefe mit einem zylindrischen Innenrohr ausgeführt. Das oberirdisch abgeschlossene Kopfbecken dient der Entgasung (vgl. Bild 14-4). Das Abwasser wird im Innenrohr (Downcomer) nach unten geführt und fließt im äußeren Rohr (Riser) wieder hoch. Die Wasserbewegung wird dabei wie beim **Airlift-Verfahren** durch den Auftrieb erzeugt, der aus der Luftzugabe resultiert. Der hohe O_2-Druck und die lange O_2-Verweilzeit im Reaktor tragen zu einer guten Sauerstoffausnutzung bei. Nach einer Startbelüftung im Riser erfolgt die Betriebslüftung im Downcomer auf etwa 1/3 der Beckentiefe.

Vorteile des DEEP-SHAFT-Verfahrens im Vergleich zu konventionellen Kläranlagen sind:

- sehr geringer Platzbedarf,
- geringer Energiebedarf wegen guter O_2-Ausnutzung,
- keine Auskühlung des Abwassers.

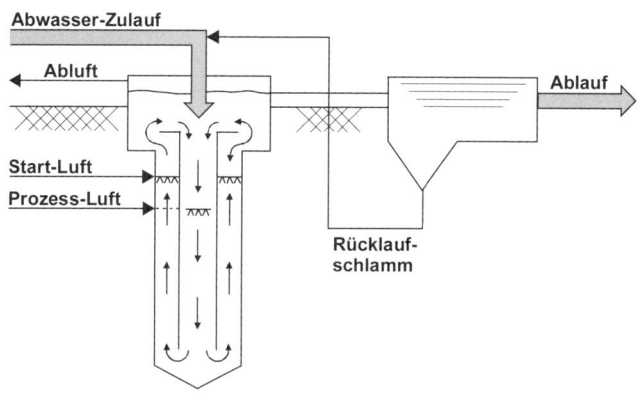

Bild 14-4: DEEP-SHAFT-Verfahren (ICI) [14.2]

Nachteilig ist die eingeschränkte Anwendbarkeit in Abhängigkeit von der Ablaufuntergrundbeschaffenheit.

Der **Hochleistungs-Kompakt-Reaktor** stellt eine Variante des Schlaufenreaktors dar, wie sie schematisch bereits in Bild 14-3B gezeigt ist. Über eine Zweistoffdüse wird Abwasser/Schlamm-Luft eingetragen und im System sehr fein dispergiert. Das Dreistoff-Gemisch wird mit hoher Geschwindigkeit in den Reaktor gefördert, sodass über das Innenrohr der Düse gleichzeitig Luft angesaugt wird. Der erzeugte Freistrahl bewirkt eine Umwälzung des Reaktorinhalts um das Innenrohr, sodass eine Schlaufenströmung entsteht [14.3].

Da die Oberfläche der Biomasse bei Schlaufenreaktoren gegenüber konventionellen Verfahren um ein Vielfaches größer ist, können Schadstoffe und auch Sauerstoff durch einen verbesserten Stoffübergang schneller zu den Mikroorganismen transportiert werden. Dies hat hohe Abbauleistungen mit bis zu 100 kg $BSB_5/(m^3 \cdot d)$ zur Folge sowie eine weitere Reduzierung der Überschussschlammproduktion.

14.1.3 Festbettreaktoren

Bereits seit über 100 Jahren werden Festbettreaktoren als **Tropfkörper** für die Reinigung schwach belasteter kommunaler Abwässer eingesetzt. Auf der Oberfläche des im Festbettreaktor befindlichen Füllkörpermaterials bildet sich ein biologischer Rasen aus, sodass Mikroorganismen im Reaktor zurückgehalten werden. Als Füllkörpermaterial dienen poröse Träger oder Kunststoffpackungen mit einer volumenspezifischen Oberfläche von bis zu 250 m^2/m^3.

Besonders für die Behandlung **von schwer abbaubaren Abwasserinhaltstoffen** eignen sich Festbettreaktoren, da die Schadstoffe am Biorasen so lange adsorbiert werden, bis sie biologisch abgebaut sind. Unter diesen Voraussetzungen können solche Systeme Aktivkohlefilter ersetzen mit dem großen Vorteil, dass das **Adsorbens** wegen der mikrobiologischen Aktivität kaum regeneriert werden muss.

14.2 Anaerobe Verfahren

Anaerobe Abwasserbehandlungsanlagen haben in der jüngsten Vergangenheit eine erhebliche Entwicklung erfahren, insbesondere weil sie sich zur Behandlung von organisch hoch belasteten Industrieabwässern eignen. Weiterhin bieten sie den Vorteil der **Energiegewinnung** durch das entstehende Biogas. In der Bundesrepublik gab es z. B. 1998 ca. 130 großtechnische Anwendungen. Die Einsatzbereiche beschränken sich bisher auf hochbelastete Abwässer (CSB: 3...40 g/l) aus der Nahrungsmittel- und Papierindustrie sowie Tierkörperverwertungsanstalten.

Die anaeroben Verfahren haben gegenüber aeroben Verfahren folgende **Vorteile**:

- Anaerobe Prozesse erfolgen unter O_2-Ausschluss, sodass der Energiebedarf (Beschickungspumpen und Umwälzung) geringer ist.
- Es entsteht verwertbares Biogas mit einem Heizwert von 7...9 kWh/m³ (60...80 % Methananteil).
- Die spezifische Überschussschlammproduktion ist um den Faktor 3...10 niedriger als bei den aeroben Verfahren (Aufwendungen für die Beseitigung von Schlamm sind geringer).
- Manche aerob nicht abbaubaren Stoffe können anaerob abgebaut werden.
- Anaerobverfahren eignen sich besonders für Kampagnebetriebe (z. B. Fruchtsaftindustrie), da die Biomasse auch nach längerer Ruhepause in wenigen Tagen wieder aktiv ist.

Nachteilig sind:

- Der CSB-Wirkungsgrad liegt in der Regel bei 70...80 %, d. h., eine aerobe Nachbehandlung ist häufig erforderlich.
- Anaerobsysteme sind gegenüber Temperatur-, pH-, Konzentrations- und Belastungsschwankungen empfindlicher als aerobe Systeme.

14.2.1 Mikrobiologische Besonderheiten

Der Belebtschlamm bei der aeroben Abwasserreinigung besteht aus sehr vielen Bakterienarten (**Mischbiozönose**). Jede einzelne dieser Bakterienarten baut die organischen Schadstoffe in die mikrobiologischen Endprodukte CO_2 und H_2O und eigene Biomasse um.

Im Unterschied dazu werden bei der anaeroben Abwasserreinigung die organischen Schadstoffe größtenteils nacheinander von verschiedenen Bakterienarten bis zu den Endprodukten CH_4, CO_2, H_2S (Biogas) und Biomasse umgebaut. Der anaerobe Abbau verläuft in vier Stufen (vgl. Bild 14-5) und lässt sich wie folgt beschreiben.

- **Hydrolyse-Phase**

  Die häufig schwer löslichen makromolekularen Substrate werden durch Enzyme in kleinere lösliche Moleküle (Zucker, Aminosäuren, Fettsäuren) überführt. Dieser Schritt erfolgt sehr langsam.

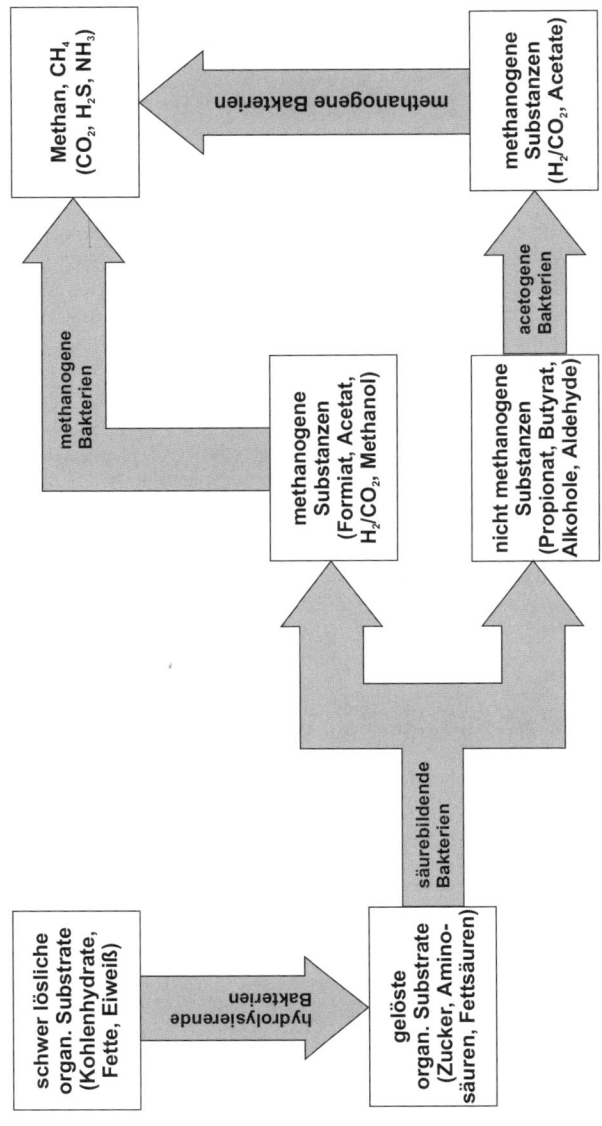

Bild 14-5: Anaerober Abbau organischer Substanzen

■ **Versäuerungs-Phase**

Während der acidogenen Phase entstehen durch fakultative Anaerobier, bei relativ konstantem CSB-Wert des Abwassers, geruchsintensive kurzkettige organische Säuren (Essigsäure, Propionsäure, Buttersäure, Valeriansäure) sowie Alkohole (Methanol, Ethanol) und in der Gasphase H_2/CO_2. Von diesen Zwischenprodukten können die Methanbakterien jedoch nur Essigsäure (langsam) und H_2/CO_2 (sehr schnell) zu Methan umsetzen.

■ **Acetogene Phase**

Es werden Propion- und Buttersäure sowie Alkohole in dieser Phase zu Essigsäure umgebaut. Dies kann jedoch nur bei geringem Wasserstoffpartialdruck geschehen. Die nachfolgende Bildung von Methan führt durch H_2-Verbrauch zu einem konstant niedrigen H_2-Partialdruck.

■ **Methanogene Phase**

Die Methanbildung erfolgt vereinfacht nach folgenden Gleichungen:

$$CH_3COOH \rightarrow CH_4 + CO_2 \text{ (langsam)}$$

$$CO_2 + 4\ H_2 \rightarrow CH_4 + 2\ H_2O \text{ (schnell)}$$

Da die methanogenen Bakterien vergleichsweise langsam wachsen (Generationszeit: 30 Tage) und empfindlich gegenüber Milieuänderungen sind, bestimmen sie häufig den Wirkungsgrad und die Stabilität einer anaeroben Abwasserreinigungsanlage.

Je nach Schadstoffart stellt eine der Abbaustufen den geschwindigkeitsbestimmenden Schritt dar. Bei feststoffreichen Abwässern ist dies häufig die Hydrolyse, während bei einer anderen Abwasserzusammensetzung die acetogene oder methanogene Phase geschwindigkeitsbestimmend sein kann.

14.2.2 Verfahrenstechnische Aspekte

Methanogene Bakterien können, auch gemeinsam mit acetogenen Bakterien, nur niedermolekulare organische Säuren, CO_2/H_2 und Methanol als Substrat verwerten. Somit stellt die Hydrolyse und Versäuerung der Abwasserinhaltstoffe die entscheidende Vorraussetzung für einen hohen Wirkungsgrad der anaeroben Reinigung dar. Es ist jedoch unabhängig davon, ob Hydrolyse und Versäuerung räumlich von der Methanstufe getrennt werden (**zweistufiges Verfahren**) oder ob nur ein Reaktor

Umwelttechnologien

verwendet wird (**einstufiges Verfahren**). In Bild 14-6 sind die Verfahrensschemata beider Reinigungsverfahren gezeigt.

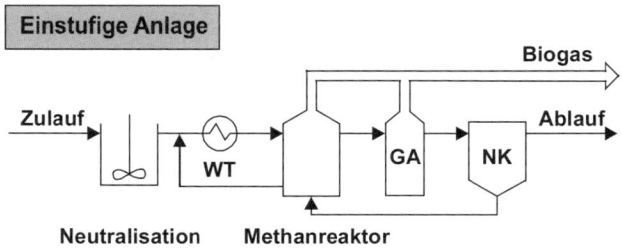

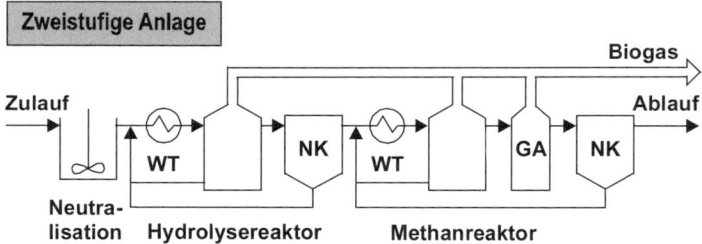

Bild 14-6: Verfahrensschemata von ein- und zweistufigen anaeroben Abwasserreinigungsverfahren (WT Wärmetauscher, GA Gasabscheider, NK Nachklärung)

In der Vergangenheit wurden wegen der einfachen und damit kostengünstigen Ausführung die einstufigen Anlagen bevorzugt. Die Voraussetzung hierfür ist, dass der Hydrolyseschritt schnell und die Essigsäure-Methan-Bildung langsam verläuft. Die Nachteile einer einstufigen Anlage sind:

- ■ erhöhte Störanfälligkeit,
- ■ geringere Abbauraten.

Substratbedingte Schwankungen und Störungen können durch ein Ausgleichsbecken aufgefangen werden.

Verläuft der Hydrolyseschritt dagegen langsam und ist damit geschwindigkeitsbestimmend, sollte die Anlage ohnehin zweistufig ausgelegt werden. Betriebssicherheit, Stoffumsatz, Biogasertrag und auch -qualität sind bei zweistufigen Anlagen generell besser als bei einstufigen.

Bei hohen CSB-Belastungen (> 3 g/l) liegen die Abbauleistungen bei 85...90 %, sodass der anaerobe Abbau als alleiniges Verfahren noch keine Direkteinleiterqualität liefert. Zusammengefasst ergeben sich folgende Aspekte von zweistufigen Anlagen:

- höhere Investitions- und Betriebskosten,
- erhebliche Reduzierung des Reaktorvolumens,
- keine Vorteile der zweistufigen Ausführung bei problematischen Abwässern (z. B. schwer hydrolysierbares und stark gepuffertes Abwasser).

Für die verfahrenstechnische Auslegung von Anaerobverfahren kann nicht im Vorfeld festgelegt werden, welcher Reaktortyp (z. B. Rührreaktor, Festbettreaktor, Fließbettreaktor) der effizienteste für die jeweilige Anwendung ist. Vergleichende Untersuchungen der verschiedenen Reaktortypen führen bei unterschiedlichen Abwässern zu unterschiedlichen Ergebnissen [14.4]. Die Auslegung einer anaeroben Abwasserreinigung erfolgt auf der Grundlage von halbtechnischen Versuchen oder in Anlehnung an eine bestehende Großanlage mit vergleichbaren Randbedingungen, wobei die Durchführung vor Ort immer dem Vorzug zu geben ist.

Umwelttechnologien

15   Schlammbehandlung

15.1   Überblick und Kenngrößen von Klärschlämmen

Durch die verschiedenen Abwasserbehandlungsverfahren in Kläranlagen werden dem Abwasser feste organische und anorganische Schmutzstoffe entzogen. Die gelösten Schadstoffe reagieren unter Beteiligung von Mikroorganismen idealerweise zu Kohlenstoffdioxid und Biomasse. Diese Rückstände der Abwasserreinigung fallen als wasserreicher Schlamm an, dessen Anteil 1...2 % der behandelten Abwassermenge ausmacht. Hieraus ergeben sich pro Einwohner täglich 2...3 Liter Schlamm mit einem Feststoffgehalt (Trockenrückstand) von 2...5 %. Der Feststoff besteht zu zwei Dritteln aus organischem Material.

Klärschlämme werden, je nach Herkunft, eingeteilt in

■   industrielle Klärschlämme (z. B. aus Fällungs-/Flockungs- und Separationsprozessen) und

■   Klärschlämme aus der kommunalen Abwasserreinigung.

Das wachsende Aufkommen kommunalen Klärschlamms ist eine wesentliche Folge der aeroben Abwasserbehandlung. Gute Reinigungserfolge aus der Sicht des Abwassers beinhalten jedoch auch eine erhöhte Schlammproduktion (50 % der BSB_5-Fracht wird von den Mikroorganismen in Biomasse umgesetzt). Diese Klärschlammmengen können sowohl quantitativ wie auch wegen ihrer hohen Belastung mit Schwermetallen bzw. organischen Problemstoffen nur zu einem geringen Teil in der Landwirtschaft oder im Landschaftsbau eingesetzt werden. Ein hoher Anteil ist daher zu deponieren, zu kompostieren oder einer thermischen Behandlung (vgl. Kap. 19 und 25) zu unterwerfen.

Die industriellen Klärschlämme machen eine Einzelfallbetrachtung erforderlich und werden in diesem Kapitel daher nicht behandelt.

> Klärschlamm ist die Sammelbezeichnung für den vom Abwasser abgetrennten Anteil an ungelösten Stoffen (Sink- und Schwimmstoffe). Das Rechen-, Sieb- und Sandfanggut wird nicht dazu gerechnet [15.1].

Innerhalb einer kommunalen Kläranlage sind entsprechend den **Herkunftsstellen** oder den **Betriebszuständen** folgende spezifischen Schlammbezeichnungen üblich:

- **Rohschlamm** (unbehandelter Frischschlamm),

- **Primärschlamm**: Schlamm aus dem mechanisch-physikalischen Kläranlagenteil, der durch Sedimentation ungelöster organischer Stoffe im Vorklärbecken anfällt,

- **Sekundärschlamm**: Aus biologischen Reinigungsstufen (Belebungsanlage, Tropfkörper) ausgetragener und im Nachklärbecken abgeschiedener Schlamm (z. B. Biomasse),

- **Belebtschlamm**: Schlamm aus Belebungsanlagen mit einem hohen Anteil an Mikroorganismen,

- **Rücklaufschlamm**: In das Belebungsbecken zurückgeführter Sekundärschlammanteil, um die Mikroorganismendichte konstant zu halten,

- **Überschussschlamm**: In biologischen Verfahren anfallender Anteil an belebtem Schlamm, der nicht mehr zum Abbau eingesetzt wird,

- **Faulschlamm** (durch anaerobe Faulung stabilisierter Schlamm).

In Bild 15-1 ist eine Übersicht der wichtigsten in einer kommunalen Kläranlage anfallenden Schlammarten gezeigt.

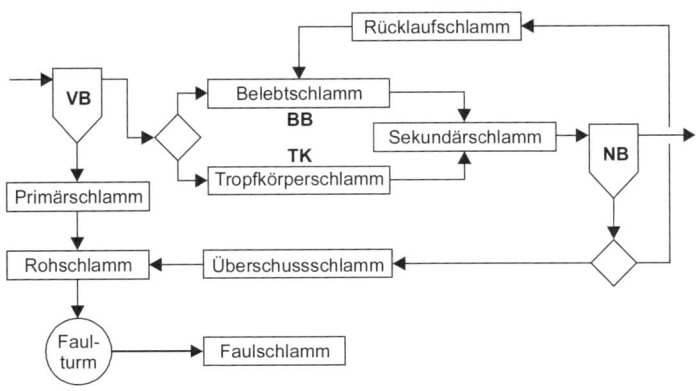

Bild 15-1: Schlammbezeichnung in einer kommunalen Kläranlage

Kenngrößen zur Schlammbeurteilung sind:

Trockensubstanz (DIN 38414 Teil 10)
Als Trockensubstanz TS bezeichnet man die durch Eindicken, Filtrieren und Trocknen (105 °C) erhaltene Trockenmassekonzentration bezogen

auf das Volumen in g/l oder kg/m³. Belebtschlamm hat eine TS von 1 bis 10 g/l, während Faulschlamm aufgrund der höheren organischen Belastung einen Gehalt von 60...160 g/l aufweist. Die Werte beinhalten nicht nur die lebende Biomasse des Schlammes, sondern ebenso abgestorbenes Zellmaterial wie auch anorganische Substanzen.

Glühverlust der Trockensubstanz (DIN 38414 Teil 3)

Der Glühverlust GV eines Schlammes definiert den bei 550 °C entweichenden Massenanteil der getrockneten Substanz. Die Angabe erfolgt in %. Näherungsweise kann der Glühverlust auch als organische Trockensubstanz angesehen werden (GV ≈ organ. TS). Diese Näherung gilt nur bei Abwässern mit hohem kommunalem Abwasseranteil, da verschiedene anorganische Inhaltsstoffe ebenfalls beim Glühen (550 °C) entweichen.

Trübung (DIN 38404 Teil 2)

Als Trübung eines Abwassers bezeichnet man seine Eigenschaft, an ungelösten und fein dispersen Stoffen das eingestrahlte Licht zu streuen. Die Trübung kann entweder halb quantitativ unter Angabe „**klar – schwach getrübt – stark getrübt – undurchsichtig**" oder unter Zuhilfenahme eines Durchsichtigkeitszylinders mit unterlegter, genormter Schriftprobe bestimmt werden. Das Abwasser wird hierbei langsam in den Zylinder gefüllt, bis die Schrift nicht mehr zu erkennen ist.

Neben diesen orientierenden Methoden kann die Trübung quantitativ mit Photometern (Messung der Schwächung des durchtretenden Lichtes) bestimmt werden.

Schlammindex (DIN 38414 Teil 10)

Der Schlammindex ISV ist definiert als Quotient aus dem Schlammvolumenanteil und der Massenkonzentration des Schlamm-Wasser-Gemisches:

$$ISV = \frac{\chi \,(\text{Schlamm})}{\beta_{TS} \,(\text{Schlamm - Wasser})} \qquad (15\text{-}1)$$

χ (Schlamm) Schlammvolumenanteil, β_{TS} (Schlamm-Wasser) Massenkonzentration des Schlamm-Wasser-Gemisches als Trockensubstanz

Der ISV ist ein Maß für die Absetzeigenschaften des Schlammes. Er gibt an, welches Volumen 1 Gramm abgesetzter Schlamm (angegeben als Trockensubstanz) nach einer Absetzdauer von 30 Minuten einnimmt. Die Kenngröße erlaubt eine vergleichende Bewertung verschiedener Kläranlagen. Normalwerte für Belebtschlamm liegen zwischen 40 und

150 ml/g. Bei ISV-Werten > 150 ml/g und ausgeprägt fädigen Bakterienkolonien kann davon ausgegangen werden, dass **Blähschlamm** vorliegt.

15.2   Schlammmenge und Schlammbeschaffenheit

Klärschlamm ist im Sinne des Kreislaufwirtschafts- und Abfallgesetzes (vgl. Abschn. 3.5.2) nicht vermeidbar. Die einwohnerspezifische Schlammmenge schwankt je nach Art und Wirkungsgrad einer Abwasserbehandlungsanlage zwischen 60 und 90 g/(E · d). In der Bundesrepublik Deutschland haben wir zurzeit ein jährliches Klärschlammaufkommen von ca. 53 Mio. m³. Bei einem mittleren Feststoffanteil von 5 % ergeben sich hieraus ca. 2 Mio. Tonnen Trockensubstanz.

Die Entwicklung des Klärschlammanfalls Deutschland ist in den letzten Jahren kontinuierlich gestiegen [15.2]. Hierfür werden verschiedene Ursachen verantwortlich gemacht:

- Erhöhung des Anschlussgrades an Kläranlagen,
- Steigerung der gewerblichen/industriellen Produktion,
- Zunahme der entwässerten Flächen,
- Steigerung der Reinigungsleistung von Kläranlagen (Phosphat- und Nitrateliminierung),
- Verringerung der Verluste im Kanalsystem.

Im Vergleich zu der in der Bundesrepublik Deutschland jährlich anfallenden gesamten Abfallmenge von ca. 370 Mio. Tonnen ist die Menge an Klärschlamm von zurzeit 2 Mio. Tonnen Trockensubstanz als gering einzustufen.

In Abschnitt 15.1 sind wesentliche Größen zur Beurteilung des Schlammes wie Trockensubstanz (TS), Glühverlust (GV), Schlammindex (ISV) und Trübung bereits erwähnt worden. Tabelle 15-1 zeigt weitere physikalische und chemische Kenngrößen verschiedener kommunaler Abwasserschlämme.

Um Rohschlamm von Faulschlamm unterscheiden zu können, genügen in den meisten Fällen bereits die äußere Erscheinungsform, Farbe und Geruch. Primärschlamm ist beispielsweise von gelblich-grauer Farbe mit deutlichen Feststoffpartikeln (z. B. Kot, Obst- und Gemüsereste, Papier und Plastikmaterial). Der Geruch ist fäkalartig. Rohschlamm ist im Unterschied zu Faulschlamm schlecht entwässerbar und nicht so gut

Umwelttechnologien

fließfähig. Beim Faulungsprozess nimmt der Glühverlust des Trockenrückstandes ab und die Entwässerbarkeit zu. Faulschlamm hat schwarzes Aussehen und riecht nicht unangenehm (Geruch nach Teer).

Tabelle 15-1: Physikalische und chemische Kenngrößen zur Beurteilung verschiedener Schlammarten

Parameter	Rohschlamm (mech. Stufe)	Tropfkörper- oder Belebt- schlamm*	Faulschlamm	
			schlecht ausgefault	sehr gut ausgefault
pH-Wert	5,0...7,0	6,0...7,0	6,5...7,0	7,4...7,8
Wassergehalt in %	90...95	92...96 (97...99,5)*	88...96	88...96
Trockenrückstand TS in %	5...10	4...8 (0,5...3)*	4...12	4...12
Glühverlust GV in %	60...75	55...80	55...70	30...45
Säureverbrauch in mmol/l	20...40	20...40	40...100	160...220
Flüchtige Säuren in mmol/l	30...60	30...60	40...70	2
Ges.-Stickstoff in % (TS)	2...7	1,5...5 (3...10)*	1...5	0,5...2,5
Ges.-Phosphor in % (TS)	0,4...3	0,9...1,5	0,3...0,8	0,3...0,8
spez. Filtrationswiderstand in m/kg	$10^{11}...10^{13}$	$10^{12}...10^{13}$	$5 \cdot 10^{11}... 5 \cdot 10^{12}$	$10^{10}...10^{11}$
Heizwert in kJ/g TS	16...20	15...21	15...18	6...10

Bei Schlämmen aus kommunalen Kläranlagen, die wesentlich von Einträgen industrieller Indirekteinleiter bestimmt werden, kann die Schwermetallbelastung (z. B. Cd, Cr, Cu, Ni, Hg, Pb) zu erheblichen Problemen führen. Schwermetalle werden in Kläranlagen nicht abgebaut, sondern verlassen diese entweder mit dem gereinigten Abwasser oder an den Belebtschlamm gebunden. Eine landwirtschaftliche Nutzung von Klärschlamm erscheint daher problematisch. Bereits 1982 wurden in der Klärschlammverordnung (AbfKlärV) die für eine Ausbringung zulässigen Schwermetallkonzentrationen und -frachten festgelegt. Die Kommunen bemühten sich daraufhin, die Schwermetalleinleitung der Indirekteinleiter zu reduzieren, um die vergleichsweise kostengünstigere Verwertung des Klärschlammes in der Landwirtschaft zu erhalten.

Einen weiteren Problembereich stellen die langlebigen (persistenten) organischen Schadstoffe (z. B. PCB, PAK, Tenside und Phtalate) dar. Neben industriellen Indirekteinleitern sind Haushaltsquellen in zunehmendem Maße verantwortlich zu machen. Als Konsequenz hat der Gesetzgeber die AbfKlärV 1992 novelliert.

Zur Beurteilung einer möglichen Gesundheitsgefährdung durch Schadstoffe im Klärschlämmen sind Informationen über die

- Mobilität der Schadstoffe im Boden (abhängig von der Bodenart, Humusgehalt, pH-Wert usw.),
- Pflanzenverfügbarkeit und dem
- Ort der Speicherung (z. B. Blatt, Stängel oder Wurzel)

notwendig.

Ungereinigte kommunale Abwässer enthalten wie Klärschlämme neben Schmutz-, Nähr- und Schadstoffen eine Vielzahl lebender Mikroorganismen (Bakterien, Viren, Protozoen), die sowohl aus dem Verdauungstrakt von Mensch und Tier als auch aus gewerblichen und industriellen Einleitungen stammen können. Unter den Organismen können sich auch auf den Menschen übertragbare Krankheitserreger befinden. Der Zustand von Abwasser und Klärschlamm kann daher auch in seuchenhygienischer Hinsicht als Spiegelbild der Lage der Bevölkerung herangezogen werden. Die Klärschlammverordnung unterscheidet daher zwischen **seuchenhygienisch bedenklichem** und **unbedenklichem Klärschlamm**, wobei grundsätzlich ein bedenklicher Schlamm nicht zur landwirtschaftlichen Verwertung kommen darf.

15.3   Verfahren zur Schlammstabilisierung

Nach DIN 4045 verfolgt die Stabilisierung von Schlämmen eine weitgehende Verringerung von geruchsbildenden Inhaltstoffen und fäulnisfähigen Schlammfeststoffen. Nebenziele sind die Verbesserung der Entwässerbarkeit und die Verminderung von Krankheitserregern. Wird wenigstens eines der beiden Hauptziele erreicht, so spricht man von stabilisiertem Schlamm. Die Verfahren der Stabilisierung werden eingeteilt in:

- anaerobe Stabilisierung (Faulung),
- aerobe Stabilisierung (Kompostierung),
- thermische Verfahren (Pasteurisierung, Trocknung, Verbrennung),
- chemische Verfahren (Kalk-Behandlung).

Umwelttechnologien

Im Vordergrund stehen biologische Verfahren, da sie auch in Zukunft ihre Bedeutung zur Schlammreduktion vor einer weiter gehenden thermischen Behandlung behalten werden.

15.3.1 Anaerobe Stabilisierung

Unter anaerober Stabilisierung (Faulung) versteht man den mikrobiellen Abbau organischer Schadstoffe unter Sauerstoffausschluss durch verschiedene Bakterienarten. Die biochemischen Prozesse sind die gleichen, die bereits bei der anaeroben Abwasserbehandlung beschrieben wurden (vgl. Abschn. 14.2). Entsprechend Bild 14-5 sind mehrere Gruppen von Mikroorganismen zu unterscheiden:

- hydrolysierende Bakterien,
- Säure bildende (acidogene) Bakterien,
- Essigsäure bildende (acetogene) Bakterien,
- Methan bildende (methanogene) Bakterien.

Die Temperatur während des Faulprozesses hat entscheidenden Einfluss auf die Faulzeit und den Ausfaulgrad. Im Unterschied zu der vergleichsweise geringen Temperaturabhängigkeit der Hydrolyse und Versäuerung reagieren die acetogenen und methanogenen Bakterien sehr empfindlich gegenüber Temperaturschwankungen (vgl. Bild 15-2).

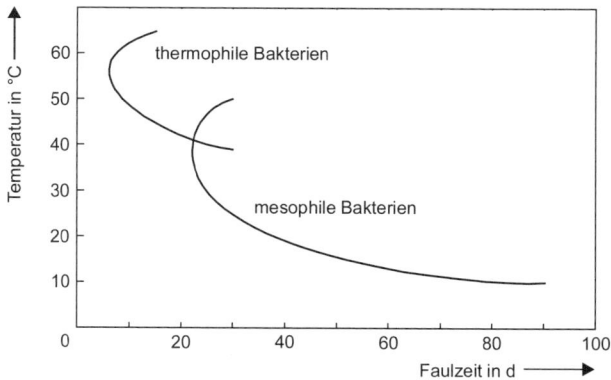

Bild 15-2: Abhängigkeit der Faulzeit von der Temperatur [15.3]

Mit sinkender Temperatur sind sowohl bei **mesophilen** als auch bei **thermophilen Bakterien** wesentlich längere Faulzeiten nötig, um einen vergleichbaren Ausfaulgrad zu erreichen. Der Faulungsprozess wird jedoch meistens im mesophilen Bereich (30...37 °C) durchgeführt. Die Faulung im psychrophilen Bereich (< 15 °C) wird wegen der extrem langen Stabilisierungszeiten nur selten angewendet.

Die spezifische Faulungsmenge und -qualität hängt nicht nur von Temperatur und Faulzeit, sondern auch in starkem Maße von der Schlammzusammensetzung ab. Die wichtigsten Stoffgruppen und deren Umsatzgleichungen sind in Bild 15-3 gezeigt.

Kohlenhydrate (z. B. Polysaccharide)	$n(CH_4) : n(CO_2) = 1 : 1$
$(C_6H_{12}O_6)_n + n\,H_2O \rightarrow 3\,n\,CH_4 + 3\,n\,CO_2$	
Fette (z. B. Tri-Stearin)	$n(CH_4) : n(CO_2) = 2,5 : 1$
$C_3H_5(C_{17}H_{35}COO)_3 + 26,5\,H_2O \rightarrow 40,75\,CH_4 + 16,25\,CO_2$	
Proteine/Aminosäuren (z. B. Glycin)	$n(CH_4) : n(CO_2) = 3 : 1$
$CH_2(NH_2)COOH + 1,5\,H_2O \rightarrow 0,75\,CH_4 + 0,25\,CO_2 + NH_4^+ + HCO_3^-$	

Bild 15-3: Reaktionsgleichungen verschiedener Stoffgruppen zu den Endprodukten Methan und Kohlenstoffdioxid

Das Faulgas besteht im Wesentlichen aus Methan (67 %) und Kohlenstoffdioxid (28 %). Weitere Bestandteile sind Stickstoff (2 %), Wasserstoff (3 %) und Sauerstoff (< 0,05 %). Die Angaben entsprechen der mittleren Zusammensetzung eines Faulgases. Kohlenhydrate werden bei einer anaeroben Stabilisierung schnell und quantitativ abgebaut. Die Ausbeute des Faulgases ist jedoch gering und die Zusammensetzung der Gase in Bezug auf den Heizwert schlecht. Fette und Proteine sind mikrobiell schwerer umsetzbar; führen aber bei geringer Gasausbeute zu sehr guten qualitativen Eigenschaften (Heizwert).

Bei einer erfolgreichen anaeroben Schlammstabilisierung sind folgende Randbedingungen zu beachten:

- optimaler Temperaturbereich: 30...37 °C (mesophiler Bereich),
- pH-Wert: 7,0...7,5 (neutral),
- Luftausschluss,
- Dunkelheit,
- Umwälzung/Durchmischung des Schlammes,
- Austreiben des Faulgases,
- ausreichende Reaktionszeit.

Diese Randbedingungen können in speziellen Reaktoren (Faulbehältern) realisiert werden. Aus verfahrens- und bautechnischen Gründen hat sich die eiförmige Behälterbauweise mit Reaktionsvolumina von bis zu 15 000 m³ durchgesetzt.

Umwelttechnologien

15.3.2 Aerobe Schlammstabilisierung

Bei der aeroben Stabilisierung werden organische Stoffe durch die Stoffwechselaktivität aerober Mikroorganismen unter O_2-Verbrauch abgebaut. Dieser Prozess erfolgt entweder **simultan zur biologischen Reinigung** in der Belebungsstufe (vgl. Abschn. 13.3.2) oder als **getrennte Stabilisierung**. Beide Prozesse werden bei Umgebungstemperatur durchgeführt und daher auch „**kalte**" Verfahren genannt.

Im Unterschied dazu nutzen die **aerob-thermophilen Verfahren** den exothermen Charakter der Abbauprozesse und kommen so auf Prozesstemperaturen von teilweise bis zu 70 °C. Dieser Effekt ist eng mit dem Aspekt einer zuverlässigen Hygienisierung verbunden.

Simultane Stabilisierung

Das Verfahren der simultanen Schlammstabilisierung ist speziell für kleine Kläranlagen geeignet, bei denen eine Schlammbehandlung in Faultürmen unverhältnis mäßig hohe Kosten mit sich bringt. Die biologische Voraussetzung für dieses Verfahren ist ein geringes Nährstoffangebot für die Mikroorganismen des Belebtschlammes. Damit wird die organische Substanz überwiegend auf dem Weg des Energiestoffwechsels veratmet (vgl. Bild 15-4). Der auf diese Weise in der Menge reduzierte Überschussschlamm kann in Schlammteichen, Schlammbecken oder auf speziellen Deponien gelagert werden. Je nach ursprünglicher Belastung und Schlammalter kann der Gehalt an organischer Trockensubstanz TS im stabilisierten Schlamm bis auf ca. 40 % reduziert werden.

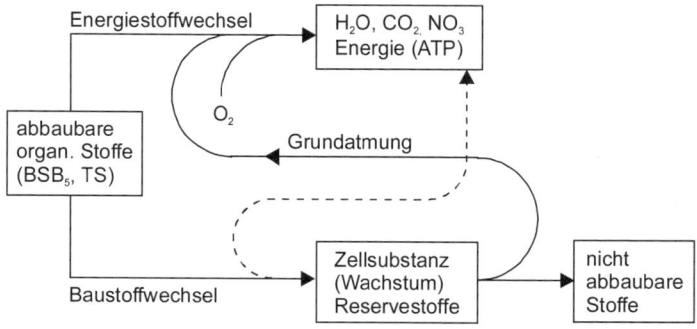

Bild 15-4: Schematische Darstellung der Stoffwechselprozesse bei der aeroben Schlammstabilisierung (nach [15.3])

Getrennte Stabilisierung

Der anfallende Primär- und der Überschussschlamm werden in getrennten Becken anstelle einer Faulung einer Belüftung unterzogen, um die organischen Stoffe über **Energie- und Baustoffwechsel** abzubauen. Die verfahrenstechnische Gestaltung der Stabilisierungsbecken entspricht denen der Belebungsbecken. Da die Kinetik der biochemischen Reaktionen stark von der Temperatur abhängt (vgl. Abschn. 2.5), ist die aerobe Stabilisierung für kältere Regionen ohne externe Wärmezufuhr nicht geeignet. Auch wegen der langen Belüftungszeiten (min. 20 Tage) ist die mikrobiologische Tätigkeit der Organismen stark eingeschränkt.

Aerob-thermophile Stabilisierung

Unter dem Aspekt der Hygienisierung von Klärschlämmen nimmt die Bedeutung der aerob-thermophilen Stabilisierung stetig zu, zudem die anderen Stabilisierungskriterien (vgl. Abschn. 15.2) ebenso gut sind wie bei den konkurrierenden Verfahren. Da sich die Reaktionsgeschwindigkeit mikrobiologischer Prozesse in der Regel bei Temperaturerhöhung um 10 °C verdoppelt, ist die Effizienz der thermophilen aeroben Stabilisierung sehr hoch. Bei einer Stabilisierungstemperatur von z. T. > 45 °C kann die Behandlungsdauer auf 5...7 Tage gegenüber durchschnittlich 25 Tagen unter Normaltemperatur vermindert werden. Bei einer Stabilisierungstemperatur > 60 °C erfolgt jedoch ein Rückgang der Umsatzleistung, da das Enzymsystem der Mikroorganismen teilweise irreversibel geschädigt wird.

Kompostierung

Eine aerobe Schlammstabilisierung kann auch im festen oder nicht fließfähigen Zustand durchgeführt werden. Man bezeichnet dieses Verfahren dann als Kompostierung. Die ablaufenden mikrobiologischen Prozesse entsprechen der aeroben thermophilen Stabilisierung im flüssigen Zustand. Der biologische Abbauprozess im Rahmen der Kompostierung (Rotte) setzt einen Entwässerungsschritt voraus, bei dem ein Trockengehalt von 20...25 % des Einsatzschlammes eingestellt wird (Flüssigstabilisierung: Rohschlamm TS = 3...8 %). Die wärmeisolierten Reaktoren werden je nach Verfahrensweise eingeteilt in:

- dynamische Prozessführung (Trommelreaktoren, Rottetürme mit Zwangsaustrag),

- statische Prozessführung (Mischer, Container).

Zur Sicherung einer ausreichenden Gasver- und -entsorgung (Sauerstoff, Kohlenstoffdioxid) werden Zuschlagstoffe (Stroh, Rindenmulch, Papier)

Umwelttechnologien

zugesetzt. Der Verlauf einer Kompostierung wird entsprechend dem zeitlichen Verlauf unterteilt in

- Vorrotte (5...20 Tage),
- Schnell- oder Intensivrotte (5...20 Tage) und
- Nachrotte (mehrere Wochen).

Gütekriterien für Klärschlammkomposte werden analog zur Abfallklärschlammverordnung (AbfKlärV) im Rahmen entsprechender Richtlinien und Verordnungen erlassen (vgl. auch [15.4] und [15.5]).

15.4 Schlammentwässerung

Die Entwässerung von Klärschlamm spielt für nachgeschaltete Verfahren (z. B. Verbrennung, Pyrolyse) eine wichtige Rolle. Schlämme haben in der Kläranlage an den unterschiedlichen Stellen nur geringe Feststoffgehalte zwischen < 1 und 5 %. Mittlere Wassergehalte einiger Schlämme liegen bei:

- Primärschlamm (95 %),
- Sekundärschlamm (Tropfkörper: 96 %, Belebungsbecken 99,3 %),
- Schlamm aus Vorfällung (96 %), Simultanfällung (97 %) und Nachfällung (98,5%).

Das gute Wasserbindungsvermögen dieser Schlämme begründet die hohen Wassergehalte und ist teilweise auch für technische Probleme bei der Entwässerung verantwortlich.

Als einfachstes Aufkonzentrierungsverfahren wird die **Eindickung** angewendet. Sie ermöglicht unter Ausnutzung der Schwerkraft die Abtrennung des Schlammwassers. Die Entwässerung erfolgt diskontinuierlich in Standeindickern (statisch) oder kontinuierlich in Durchlaufeindickern (dynamisch) und kann Feststoffgehalte von 5...10 % erreichen.

Die Verbesserung der Entwässerungseigenschaften von Schlämmen wird **Konditionierung** genannt und beruht auf chemischen, physikalischen oder biochemischen Vorgängen, die das Wasserbindungsvermögen absenken oder die Struktur der Schlammflocken verändern. Es werden anorganische Verbindungen (Al- und Fe-Salze, Kalkhydrate), organische Polyelektrolyte oder Zuschlagstoffe (Asche, Kohle, Sand oder Kieselgur) eingesetzt.

Nach Voreindickung und/oder Konditionierung kann eine zusätzliche mechanische Entwässerung in einem begrenzten TS-Bereich angewendet werden. Zurzeit werden folgende Systeme eingesetzt:

- Bandfilterpressen (Entwässerungsgrad: 20…30 % TS),
- Kammerfilterpressen (Entwässerungsgrad: 25…40 % TS),
- Zentrifugen/Dekanter (Entwässerungsgrad: 25…25 % TS).

Diese Verfahren reichen jedoch nicht aus, um eine Verbrennung ohne Stützfeuerung nachzuschalten [15.6]. Grundsätzlich kann ein mehr oder weniger entwässerter Klärschlamm in geeigneten Anlagen (z. B. Wirbelschichtofen, Drehrohrofen) z. T. auch gemeinsam mit anderen Abfällen (z. B. Hausmüll, Rechen- und Sandfanggut) verbrannt werden.

Bei den **thermischen Entwässerungsmethoden** unterscheidet man zwischen direkter Trocknung (z. B. Trommeltrockner, Fließbetttrockner) und indirekter Trocknung. Bei der **direkten Trocknung** kommt der zu trocknende Schlamm direkt mit dem Wärmeträger (z. B. Heißdampf) in Kontakt, während die Wärmeübertragung bei der **indirekten Trocknung** durch einen Zwischenträger (z. B. Kontaktfläche eines Wärmetauschers) erfolgt. Großtechnische Erfahrungen im Bereich der thermischen Entwässerung liegen jedoch noch nicht vor.

15.5   Schlammverwertung und -entsorgung

Die nutzbare Verwendung von behandeltem Schlamm für den Landbau, die Landwirtschaft oder für energetische Zwecke wird als Schlammverwertung bezeichnet. Organische Klärschlämme dienen in erster Linie der Bodenverbesserung (besser Nährstoffversorgung, Bodenbiologie und Wasserrückhalt). Bei einer landbaulichen Verwertung muss der hygienische Aspekt besonders beachtet werden. Die Klärschlammverordnung verlangt seuchenhygienische Unbedenklichkeit von Klärschlamm. Potenziell vorhandene Krankheitserreger müssen durch thermische Behandlung, chemische Stabilisierung oder ein anderes geeignetes Verfahren abgetötet werden. Darüber hinaus sind Schwermetallgehalte für Cd, Cr, Ca, Hg, Ni, Pb und Zn zu begrenzen.

In Deutschland werden ca. 45 % der anfallenden Klärschlämme deponiert und ca. 40 % landwirtschaftlich genutzt [15.7]. Der Rest wird verbrannt, kompostiert, deponiert oder auf See verklappt. Zukünftig wird sich der zu deponierende Anteil weiter erhöhen.

Umwelttechnologien

16 Altlastenprobleme und Bodenschutz

16.1 Einführung

Die Diskussion über Altlasten wird seit etwa 1970 geführt, und seitdem wird der Begriff „**Altlasten**" verwendet.

> Unter Altlasten versteht man Ablagerungen von Abfällen im Erdreich von Grundstücken der gewerblichen oder kommunalen Betriebe, die ein Gefährdungspotenzial für die Umgebung, insbesondere für das Grundwasser, darstellen.

Eine Kontamination des Bodens mit Schadstoffen kann teilweise Jahre und Jahrzehnte zurückliegen und grob fahrlässig, durch unsachgemäßen Umgang oder durch Unkenntnis der Gefährdung entstanden sein. Die Verunreinigung von Böden mit gefährlichen Stoffen ist vorwiegend durch industrielle Nutzung, insbesondere Chemiebetriebe, durch landwirtschaftliche Nutzung, alte Deponien, die nicht nach dem heutigen Stand abgedichtet wurden, aber auch durch die Rüstungsindustrie oder durch Kriegseinwirkungen entstanden. Für eine Sanierung werden Altlasten aus umweltpolitischer Sicht, aus juristischer Sicht und aus technischer Sicht unterschiedlich definiert. Altlasten erfordern in der Regel umfangreiche Sanierungsmaßnahmen, und für die Finanzierung gilt grundsätzlich das Verantwortlichkeitsprinzip.

Im Laufe der Zeit erfolgte in verschiedenen Gesetzen und Verordnungen eine Präzisierung des Begriffes Altlasten. In dem Gesetz zum Schutz vor schädlichen Bodenveränderungen und zur Sanierung von Altlasten – **Bundes-Bodenschutzgesetz (BBodSchG)** vom 1. März 1999 – wird eindeutig formuliert, was unter Altlasten zu verstehen ist (vgl. Abschn. 3.4). Im dritten Teil dieses Gesetzes sind ergänzende Vorschriften für Altlasten, u. a. Erfassung und Information der Betroffenen, Sanierungsuntersuchungen und -planung sowie behördliche Überwachung und Eigenkontrolle, festgelegt.

Weitere Vorgaben zu Untersuchungen und zur Bewertung von Altlasten, zu den Anforderungen an Sanierungsuntersuchungen und -pläne bei bestimmten Altlasten und Anforderungen an die Probennahme, Analytik und Qualitätssicherung sind in der **Bundes-Bodenschutz- und Altlastenverordnung (BBodSchV)** vom 12. Juli 1999 enthalten.

Eine Bodenverunreinigung ist nur dann eine Altlast, wenn nach durchgeführter Untersuchungen und einer Beurteilung aller vorliegenden Fakten die Erkenntnis gewonnen wird, dass eine Gefahr vom Boden und durch die Mobilität der Schadstoffe auch über das Grundwasser oder von der Bodenluft für die öffentliche Sicherheit und Ordnung ausgeht. Bei der **Beurteilung einer Altlast** sind stets folgende Aspekte zu berücksichtigen:

- Abwehr von Gefahren aus Sicht der Technik,
- Berücksichtigung der Interessen der Bürger,
- Einbeziehung der Bürger an der Entscheidungsfindung.

Die Lokalisierung von Bodenverunreinigungen, die Einstufung als Altlast und die daraufhin notwendige Sanierung liegen in der Zuständigkeit der Gemeinden und Kommunen. Aufgrund der sehr hohen Komplexität von Probenahme, -analyse und Bewertung der Gefährdung bei gleichzeitiger Wirkung verschiedener Schadstoffe wird bundesweit nicht nach einheitlichen Kriterien verfahren.

16.2   Sanierungsziele

Die Sanierung von Altlasten führt zur Mobilisierung von Brachflächen. Leider wird oftmals aus mangelnder Erfahrung beim Umgang mit Altlasten, durch Geldmangel für Untersuchung und Sanierung von Altlasten, Rücksichtnahme auf örtliche Situationen, nicht geklärte Rechtslage o. Ä. eine Sanierung mit geringen Qualitätsansprüchen angestrebt oder der mit Schadstoffen hoch belastete Boden wird als nicht lösbare Sanierungsaufgabe eingestuft. In beiden Fällen ist diese Vorgehensweise kurzsichtig und kann bei der Stadtentwicklung zu erheblichen Hemmnissen führen. Eine Fläche wird erfahrungsgemäß im Laufe der Zeit mehrfach umgenutzt. Ist eine Altlast nur gesichert oder teilweise saniert, wird das Altlastenproblem nicht gelöst, sondern in die Zukunft verschoben.

Eine Sicherungsmaßnahme kann dann sinnvoll sein, wenn mit den zur Verfügung stehenden technischen Verfahren nur eine unzureichende Minimierung der Schadstoffbelastung im Boden möglich ist bzw. eine akute Gefährdung des Grundwassers besteht. Inwieweit das Einkapseln einer Altlast als sicher angesehen wird, ist unter den Experten umstritten. Es sollten deshalb regelmäßige Kontrollmaßnahmen und Überprüfungen zur Sanierbarkeit vorgeschrieben werden. Durch ein zu niedrig angesetztes Sanierungsziel ist eine eingeschränkte Nutzung der Fläche vorprogrammiert. Die zukünftige Nutzung als Gewerbefläche oder Wohngebiet wird oftmals ausgeschlossen.

Umwelttechnologien

Die Sanierung einer Altlast sollte stets unter dem Gesichtspunkt einer zukünftigen uneingeschränkten Nutzung des Bodens durchgeführt werden. Für eine Stadtentwicklung sind alle örtlichen und regionalen Brachflächen zu erfassen und eine Planung der Sanierung unter Einbeziehung des Bodenschutzes vorzunehmen [16.1]. Nur so können Freiräume gesichert und Erholungsgebiete geschaffen werden.

16.3   Gefährdungsabschätzung

Wird eine Bodenfläche als belastungsverdächtig eingestuft, kann das Gefährdungspotenzial jedoch sehr unterschiedlich sein. Eine allgemein zu verzeichnende Hysterie der Anwohner bei Bekanntwerden einer **Altlast** wie auch eine Unterschätzung bzw. Verharmlosung der Gefahr sollte vermieden werden. Die Gefahr, die von einem kontaminierten Boden ausgeht, ist durch direkten Kontakt, aber auch über das Grundwasser oder über die austretende Bodenluft gegeben.

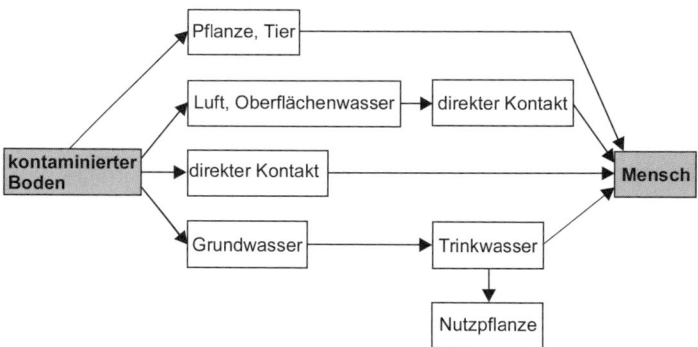

Bild 16-1: Gefahrenwege von Schadstoffen

Bei der Gefährdungsabschätzung müssen die vorliegende Zusammensetzung des Bodens und die durch Fremdstoffe in den Boden eingebrachten Schadstoffe (Schwermetalle, organische Verbindungen, toxische Stoffe) in Betracht gezogen werden. Welche Schadstoffarten und in welchem Umfang diese im Boden, im Wasser und in der Bodenluft enthalten sind, kann nur durch umfangreiche Untersuchungen repräsentativ ermittelt werden. Dabei spielt auch der zeitliche Faktor eine entscheidende Rolle, denn durch Ausgasen leicht flüchtiger Stoffe aus dem kontaminierten Boden oder durch Auswaschen von Schadstoffen durch

Oberflächenwasser oder das durchfließende Grundwasser erfolgt eine laufende Änderung des Istzustandes. Die Beeinträchtigung der Umwelt und der Menschen durch die Gefahrenquelle ist über sehr unterschiedliche Schadstoffwege möglich (vgl. Bild 16-1). So besteht neben der Erfassung einer Gefährdung auch die Festlegung von Grenzwerten für sehr unterschiedliche Bedingungen. Es ist beispielsweise eine Schwermetallbelastung in einem Gebäude bei Abriss anders zu bewerten als der Übergang einer Schwermetallverbindung vom kontaminierten Boden in das Grundwasser. Für die Gefährdungsabschätzung sind nicht nur die Schadstoffe an sich zu betrachten, sondern auch Randbedingungen wie örtliche Gegebenheiten, Nutzung der Fläche oder geplante Nutzung mit einzubeziehen. So kann für eine vorgesehene Bebauung als Industriestandort ein anderer Maßstab angesetzt werden als für ein Wohngebiet oder Erholungsgebiet.

Es gibt eine Vielzahl an Verordnungen und Aufstellungen, wo Grenzwerte oder Richtwerte für gefährliche Stoffe angegeben sind. Dazu zählen u. a. die Gefahrstoffverordnung, Trinkwasserverordnung, Klärschlammverordnung, Richtwerte für Wasser und Boden – „Niederländische Richtwerte", Richtwerte 80 oder Maximale Arbeitsplatzkonzentrationen (vgl. Kap. 3 und Abschn. 5.4). Für eine Beurteilung des Gefährdungspotenzials einer Altlast kann auf eine von der Landesanstalt für Umweltschutz von Baden-Württemberg und der Altlasten-Kommission von Nordrhein-Westfalen aufgestellten Zusammenstellung von derzeit verfügbaren nationalen und internationalen Grenz- und Richtwerten für Luft, Boden und Wasser zurückgegriffen werden. Als erstes Bundesland hat Baden-Württemberg im Sommer 1991 ein eigenständiges Gesetz zum Schutz des Bodens erlassen.

Tabelle 16-1: Orientierungsdaten für tolerierbare Gesamtgehalte einiger Elemente in Kulturböden – Auszug aus Richtwerte 80 [16.2]

Element	Gesamtgehalte im trockenen Boden in mg/kg		
	häufig	besondere bzw. kontaminierte Böden	tolerierbar
Arsen	2... 20	< 8 000	20
Cadmium	0,1...1	< 200	3
Chrom	2...50	< 20 000	100
Quecksilber	0,1...1	< 500	2
Blei	0,1...20	< 4 000	100
Thallium	< 0,1...0,5	< 40	1
Zink	3...50	< 20 000	300

Umwelttechnologien

Die Angaben in Tabelle 16-1 verdeutlichen, dass auch ein natürlicher Boden häufig Schadstoffe enthält, aber in Konzentrationen, die für den Menschen nicht gefährlich sind.

Nach dem Ordnungsrecht ist eine Gefahr für die öffentliche Sicherheit und Ordnung abzuwenden, d. h., es sind Menschenleben, das Grundwasser und das Oberflächenwasser als Lebensgrundlagen mit ausreichender Sicherheit vor schädlichen Umwelteinwirkungen zu schützen. Erst wenn das Gefährdungspotenzial bekannt ist, sind Maßnahmen zur Sanierung planbar. Eine Altlastensanierung ist in der Regel mit hohen Kosten verbunden, aber schon die erforderlichen Untersuchungen zur Einstufung als Gefahr können sehr kostenintensiv sein.

16.4   Erkundung und Bewertung

Die Erfassung und Bewertung von Altlasten wird in den Bundesländern recht unterschiedlich gehandhabt [16.3]. Die Ausgangssituation ist immer eine Verdachtsfläche, die durch systematisches Vorgehen, zufällig oder durch Angaben von Bürgern, z. B. durch Geruchsbelästigung, ermittelt wurde. Nach Schätzungen von Experten waren Ende 1990 bundesweit ca. 76 000 Verdachtsflächen als Altlast erfasst [16.4], und die Anzahl steigt ständig, wobei der Anteil an untersuchten und sanierten Flächen nur einen Bruchteil davon beträgt. Diese Flächen können sein:

■ **Altablagerungen** – stillgelegte Ablagerungsplätze von Abfällen, stillgelegte Verfüllungen von Produktionsrückständen, illegale Deponien,

■ **Altstandorte** – Grundstücke, Betriebsflächen, nicht mehr genutzte Kanalsysteme.

Für die Entscheidung, ob von der Verdachtsfläche ein Umweltrisiko ausgeht und in welchem Maße eine Sanierung erforderlich ist, sind zahlreiche, zum Teil sehr umfangreiche Untersuchungen erforderlich. Zur Erkundung und Bewertung einer Altlast wird allgemein nach der im Bild 16-2 aufgezeigten Vorgehensweise verfahren.

Ist eine Verdachtsfläche lokalisiert, sind zuerst möglichst viele Informationen aus Archivmaterial, Literaturdaten, Aufzeichnungen oder Veröffentlichungen zusammenzutragen, z. B. über bisherige Nutzung, wann wurde die Fläche bebaut bzw. stillgelegt, was wurde produziert oder gelagert, gab es Schadstoffeinwirkungen durch Unfälle? Befindet sich auf der Fläche ein stillgelegter Chemiebetrieb und die früher verarbeiteten und hergestellten Stoffe sind bekannt, so ist eine wesentlich bessere

Ausgangssituation für die Erkundung und Bewertung gegeben, als wenn keinerlei Informationen über das Zustandekommen einer Bodenverunreinigung vorliegen.

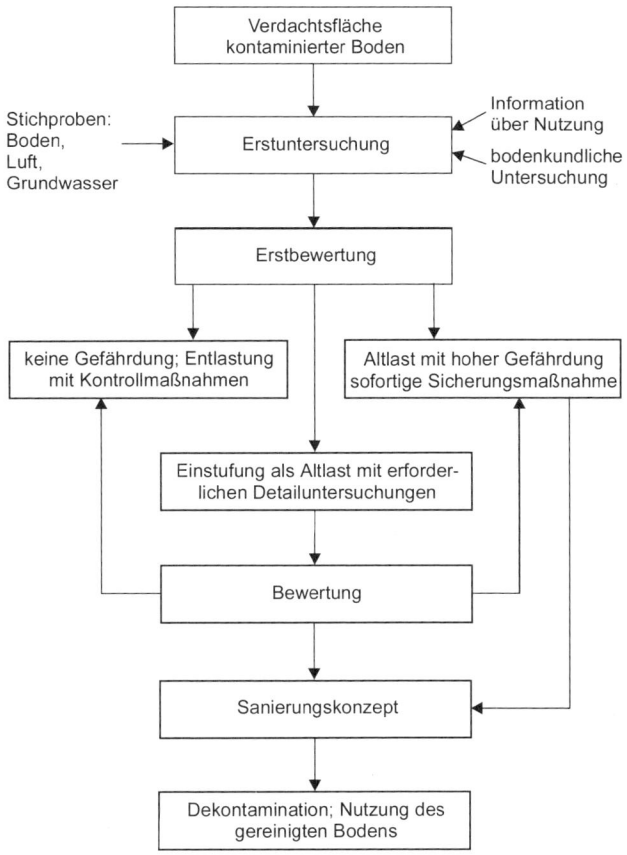

Bild 16-2: Ablaufplan zu Erkundung und Bewertung von Altlasten

Außerdem geben bodenkundliche, geologische und hydrologische Untersuchungen wichtige Erkenntnisse für eine mögliche Schadstoffeinlagerung bzw. -ausbreitung. Um das Ausmaß einer Kontamination, d. h. Schadstoffanzahl und Konzentration, abzuschätzen, müssen Stichproben aus dem Boden und vom Grundwasser gezogen und analysiert werden. Alle Ergebnisse aus diesen Erstuntersuchungen sind anschließend durch ein fachkundiges Gremium in Hinblick auf die Stärke der Boden- und Grundwasserbeeinträchtigung und die räumliche Ausdehnung zu bewerten, um die Gefährdung in folgende drei Kategorien einzustufen:

- Es geht mit hoher Wahrscheinlichkeit **keine Gefährdung** von der untersuchten Verdachtsfläche aus und diese wird nicht als Altlast eingestuft. Generell sollten jedoch Kontrolluntersuchungen in gewissen Zeitabständen erfolgen, um eine endgültige Entlastung oder weitere Schritte für eine mögliche Sanierung festzulegen.

- Es besteht eine **Gefährdung** und die untersuchte Verdachtsfläche wird als Altlast eingestuft, aber die vorliegenden Daten ermöglichen keine zuverlässige Gefahrenabschätzung. Es sind weitere Untersuchungen erforderlich.

- Von der untersuchten Verdachtsfläche geht eine **hohe Gefährdung** aus und es müssen sofortige Sicherungsmaßnahmen für die Altlast getroffen werden. Durch das Einbringen von vertikalen und horizontalen Dichtwänden oder einer Injektionssohle wird die Altlast eingekapselt, damit kein Austritt der Gefahrenstoffe möglich ist. Zu einem späteren Zeitpunkt kann eine Sanierung geplant und durchgeführt werden.

Diese Bewertung ist aufgrund der komplexen Zusammenhänge bei einer Umweltgefährdung sehr schwierig und wird bundesweit nicht nach einheitlichen Kriterien durchgeführt [16.5].

Wird eine Verdachtsfläche als Altlast eingestuft, sind in der Regel für die Durchführung einer Sanierung weitere systematische Detailuntersuchungen erforderlich. Für die Auswahl eines geeigneten Sanierungsverfahrens und zur Abschätzung der notwendigen finanziellen Mittel müssen verlässliche Angaben über **Art der Schadstoffe** (anorganische oder organische Verbindungen), deren **Eigenschaften** (z. B. wasserlöslich oder unlöslich) und **Konzentrationsverteilung** im Boden vorliegen. Die Untersuchungen des Bodens, der Luft und des Wassers sollten flächendeckend nach statistischen Gesichtspunkten erfolgen. Problematisch ist dabei, dass es keine verbindlichen Vorschriften für die Probenahme und die Analyse gibt.

Auf der Grundlage des nun vorliegenden Datenmaterials und des dadurch verbesserten Informationsstandes ist eine erneute Bewertung vorzunehmen, bei der die Stoffcharakteristik, die Standortbedingungen und die geplante Nutzung der Fläche einzubeziehen sind. Die vorhandenen Modelle für diese mehrdimensionale Bewertung unterscheiden sich in ihrem strukturellen Aufbau. So kann nach festgelegten Kriterien die Beurteilung der einzelnen Bewertungsgrößen erfolgen oder es wird durch Vergabe von Punktzahlen und deren Addition und/oder Multiplikation gewertet. Ziel ist immer, eine Entscheidung für die weitere Behandlung der Altlast zu treffen, d. h. Entlastung als Altlast, Sanierung ohne Festlegung des Verfahrens oder sofortige Sicherungsmaßnahme.

Für die Sanierung einer als Altlast erkannten Fläche sollte stets ein Sanierungskonzept unter Berücksichtigung folgender Schwerpunkte erarbeitet werden:

- **Sanierungsplanung**: Es sind die Anforderungen an die Sanierungsmaßnahme festzulegen, die wissenschaftlich-technischen Voraussetzungen zu ermitteln und finanzielle Mittel einzuplanen.

- **Machbarkeitsstudie**: Es ist ein Verfahren bzw. wenn erforderlich eine Kombination von Verfahren für die vorgegebenen Dekontaminationsgrade der Schadstoffe auszuwählen. Dabei sollten die Vor- und Nachteile eines In-situ-Verfahrens sorgfältig abgewogen werden, bevor die Entscheidung für das Ausheben des kontaminierten Bodens und die Sanierung in einer örtlich entfernten zentralen Anlage getroffen wird.

- **Sanierung**: Es sollten möglichst Voruntersuchungen im kleintechnischen Maßstab durchgeführt werden, um kostspielige Fehlschläge zu vermeiden und die Sanierungstechnik zu optimieren. Vorgegebene Kontrollmaßnahmen müssen die Sanierung begleiten.

Eine Sanierung kann als erfolgreich nur eingestuft werden, wenn eine nach den gesetzlichen Vorschriften ausreichende Zerstörung der gefährlichen Stoffe im Boden mit vertretbaren Kosten erreicht wurde und zukünftig eine uneingeschränkte Nutzung der Fläche möglich ist.

16.5 Sanierungsstrategien

Für der Sanierung von Altlasten ist es oftmals erforderlich, dass mehrere Genehmigungen für die Sanierungsmaßnahmen eingeholt werden müssen – nach Baurecht, Abfallrecht, Immissionsschutzgesetz, Wasserrecht und Bauplanungsrecht. Bei Einhaltung der Normen besteht ein Rechtsanspruch auf Genehmigung. Heutzutage existiert eine Fülle von Konzepten zur Altlastenbewältigung, aber nur das Konzept lässt sich effizient umsetzen, das betriebswirtschaftliche Anreize beinhaltet. So lassen sich die Probleme der Grenzwerte, der technischen Vorgaben und der Bodenmobilität auch betriebwirtschaftlich erörtern. Beispielsweise können

Umwelttechnologien

Eigentümer altlastenverdächtiger Flächen dazu tendieren, diese Grundstücke nicht zu nutzen bzw. zu verkaufen, um deren Überprüfung zu vermeiden und ggf. eine Wertminderung auszuschließen. Interessenten von Grundstücken stellen dagegen eine völlige Altlastenfreiheit als Bedingung, um nicht später mit einer Nutzungsminderung oder Sanierungspflicht konfrontiert zu werden.

Um bei Umweltschutzmaßnahmen eine Annäherung zwischen betriebswirtschaftlichen und ökologischen Zielen zu erreichen, müssen Eigentümer und Unternehmen bereit sein, gesellschaftliche Verantwortung für die Sanierung zu übernehmen. Für einen Sanierungsfall können möglicherweise vielfältige technische Prozesse zum Einsatz kommen und deshalb sollte zweckmäßigerweise eine Abstimmung mit Sanierungsmaßnahmen an anderen Orten in der Umgebung erfolgen. Dabei sollte ein Sanierungszentrum nicht als Konkurrenzanlage zu Einzeltechniken vor Ort angesehen werden, sondern es steht die besondere Qualität durch die Kombination mehrerer Reinigungsverfahren im Interesse der Sache. Mit Sanierungszentren sind keineswegs nur Entlastungen für den konkreten Sanierungsfall, sondern zusätzliche Belastungen durch Transport und am Standort des Sanierungszentrums verbunden.

Das Vorsorgeprinzip des Umweltschutzes appelliert an das Verantwortungsbewusstsein und die Kooperationsbereitschaft aller Beteiligten, Maßnahmen zu ergreifen, um ein Entstehen zukünftiger Altlasten zu vermeiden. Sanierungsstrategien sind zukünftig immer stärker mit Vermeidungsstrategien zu verknüpfen. Dazu gehören der Verzicht auf kritische Stoffe, die Vermeidung oder Verminderung von Sonderabfällen durch Kreislaufführung von Stoffen und Wasser im Prozess, die Verwertung von Abfallstoffen im Produktionsverbund und Abgabe von Rest-Abfallmengen in schadstoffarmer Zusammensetzung.

17 Sanierung von Altlasten

17.1 Überblick über Verfahren

Die Kontaminationen des Bodens können sehr unterschiedlich in der Art der Schadstoffe, der Konzentration und der räumlichen Ausdehnung sein. Für die Sanierung dieser Altlasten kommen zahlreiche physikalische, chemische oder biologische Verfahren in Frage. Generell wird jedoch unterschieden zwischen:

- Sicherungsmaßnahmen,
- Sanierungsmaßnahmen.

Unter **Sicherungsmaßnahmen** versteht man Maßnahmen, welche die Gefährdung der Umwelt durch eine Altlast unterbinden. Das Gefährdungspotenzial wird jedoch nicht beseitigt. Die Sanierung der Altlast wird allgemein nur zeitlich aufgeschoben. Sanierungsmaßnahmen führen zur Beseitigung des Gefährdungspotenzials einer Altlast [17.1].

Sicherungsmaßnahmen in der Bodensanierung sind **Einkapselungstechniken**, die auf eine Abwehr der Gefahren durch Schadstoffe über den Wasserpfad oder Luftpfad abzielen. Es gibt verschiedene Möglichkeiten zur Einkapselung eines mit Schadstoffen belasteten Bodens:

- Systeme zur Oberflächenabdichtung,
- Dichtwandsysteme,
- Systeme zur Basisabdichtung.

Eine Oberflächenabdichtung sollte aus mehreren Schichten (Vegetationsschicht als Oberboden, Entwässerungs-, Dichtungs- und Entgasungsschicht) bestehen, um die Infiltration von Niederschlagswasser in den kontaminierten Boden sowie die Ausbreitung von Schadstoffen aus diesem über Verdunstung insbesondere in den Sommermonaten sicher zu verhindern. Durch das Einbringen von vertikalen Dichtwänden soll ein Durchströmen des Bodens durch Grundwasser und damit eine seitliche Ausbreitung der Schadstoffe unterbunden werden. Am verbreitetsten ist die Schlitzwandbauweise mit Einsatz einer erhärtenden Betonit-Zement-Suspension. Für die Wirksamkeit verschiedener Dichtwandsysteme und deren Beständigkeit über einen längeren Zeitraum sind vor allem Materialauswahl und technische Gestaltung von großer Bedeutung. Eine Basisabdichtung verhindert das Aussickern von Flüssigkeiten und damit Schadstoffen in den Untergrund. Dazu werden unterhalb der Altlast vorhandene Hohlräume und Poren mit injizierten Zement- oder Kunst-

Umwelttechnologien

stofflösungen verfüllt oder durch Verdrängungstechniken aktiv Hohlräume geschaffen und anschließend verfüllt. Oftmals wird eine Grund-
wasserabsenkung als zusätzliche Sicherungsmaßnahme durchgeführt.

Die Einkapselungstechniken führen zur Abschirmung der Schadensquel-
le, aber nicht zur Beseitigung des eigentlichen Schadstoffpotenzials. Die
physikalische, chemische und hydrogeologische Beschaffenheit des kontaminierten Bodens bleibt weitestgehend unverändert. Alle Maßnahmen
zur Sicherung einer Altlast haben stets eine zeitlich befristete Wirksamkeit und deshalb sind in vorgegebenen Zeitabständen Kontroll- und
Wartungsmaßnahmen unerlässlich. Ist eine Abdichtung vor Ort aus verschiedenen Gründen nicht möglich, kann ein Aushub des kontaminierten
Bodens und Einlagerung in eine geordnete Deponie als Sicherungsmaßnahme in Betracht gezogen werden.

Der Einsatz technischer **Verfahren zur Dekontamination des Bodens**
bewirkt eine endgültige Beseitigung der bestehenden Gefahr durch
Emissionen der Schadstoffe. Dabei ist eine vollständige Beseitigung der
Kontamination des Bodens aus verfahrenstechnischer und ökonomischer
Sicht nicht erreichbar. Vielmehr sollen die Schadstoffkonzentrationen so
weit reduziert werden, dass bei einer weiteren Nutzung des Bodens keine
Gefahren mehr von diesem ausgehen.

Tabelle 17-1: Dekontaminationsverfahren

Physikalisch-chemische Trenn- und Umwandlungsverfahren	Thermische Verfahren	Biologische Verfahren
Desorptionsverfahren	Vergasung	mikrobiologische Oxidation evtl. Reduktion
Wasch- und Extraktionsverfahren	Verbrennung	
Elektrolyse	Pyrolyse	
Oxidation mit O_3 oder H_2O_2		

Die Verfahren lassen sich hinsichtlich der Stoffumwandlung in drei
Gruppen einteilen (vgl. Tabelle 17-1). Von den aufgeführten Verfahren
befinden sich noch einige im Stadium der Forschung und Entwicklung.
Für die Auswahl eines Verfahrens zur Dekontamination des Bodens sind
zahlreiche Faktoren zu beachten, z. B. Art und Konzentration der Schadstoffe, Ausmaß der Verunreinigung, Verteilung der eingedrungenen
Stoffe, Beschaffenheit des Bodens etc. Die Auslegung einer Anlage erfolgt nach Stand der Technik des verfahrenstechnischen Prozesses und
Erfahrungswerten bei der Altlastensanierung.

Eine weitere Systematisierung der Dekontaminationsverfahren ist nach dem Ort der Sanierung möglich:

Bei einem **In-situ-Verfahren** verbleibt der kontaminierte Boden in seiner Lage und die Altlastensanierung erfolgt vor Ort, vorhandene Bebauungen müssen nicht abgerissen werden. Ein **On-site-Verfahren** ist dadurch gekennzeichnet, dass der Boden ausgehoben wird (das sog. Auskoffern), mit einer mobilen Anlage neben dem Schadensfall dekontaminiert und danach wieder eingebaut wird. Erfolgt ein Aushub des kontaminierten Bodens und anschließender Transport in eine zentrale Bodenaufbereitungsanlage, ist dies ein **Off-site-Verfahren.** Der gereinigte Boden wird einer Verwertung zugeführt.

Ein In-situ-Verfahren ist gegenüber den anderen Verfahren kostengünstiger, weil ein Aushub bzw. Transport des Bodens entfällt. Nachteilig ist jedoch, dass der zeitliche und örtliche Verlauf des Schadstoffabbaus schlecht kontrollierbar ist [17.2]. Bei einer Bodensanierung im Off-site-Verfahren besteht der große Vorteil einer Kombination verschiedener Sanierungsverfahren, z. B. als erste Stufe ein Waschverfahren und als zweite Stufe der mikrobielle Abbau verbliebener Schadstoffe im feinstkörnigen Boden.

Nachfolgend soll auf die Möglichkeiten der Altlastensanierung [17.3] näher eingegangen werden, die in der Praxis eingesetzt werden und technisch interessant sind.

17.2   Bodenluftabsaugung

Eine Sanierung durch Bodenluftabsaugung ist vor allem dann geeignet, wenn die Schadstoffe in der Gasphase vorliegen oder leicht in die Gasphase übergehen. Durch den Luftwechsel wird das Verteilungsgleichgewicht im Porenraum des Bodens ständig gestört, sodass bei Vorhandensein einer Flüssigphase die Schadstoffe allmählich verdunsten. Gleichzeitig findet eine ständige Ausgasung der Schadstoffe statt, die im Haftwasser des Bodens gelöst sind. Bewährt hat sich das In-situ-Verfahren für Methan und andere leicht flüchtige Kohlenwasserstoffe, insbesondere wenn die belasteten Flächen bebaut sind. Durch geeignete technische Maßnahmen wird die im Boden befindliche schadstoffreiche Luft je nach Bodendurchlässigkeit mit Ventilatoren oder Vakuumpumpen abgesaugt (vgl. Bild 17-1). Durch das sog. Grundwasserstrippen sind auch Schadstoffe aus dem Wasser abtrennbar. Unter Strippen versteht man die Überführung von gelöstem Stoff aus einer wässrigen Phase in Luft, indem Luft mit Wasser in innigen Kontakt gebracht wird.

Umwelttechnologien

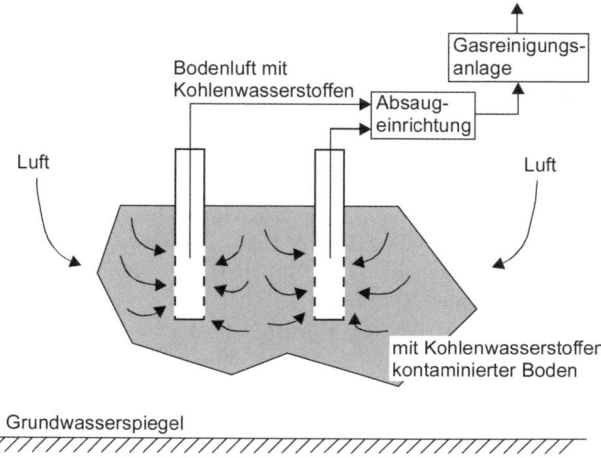

Bild 17-1: Schema einer Bodenluftabsaugung

Die Bodenluftabsaugung muss stets mit einer Gasreinigung kombiniert werden, denn die schadstoffreiche Luft darf nicht ungereinigt in die Atmosphäre gelangen. Für die schadlose Beseitigung von Methan wird allgemein ein Verbrennungsvorgang vorgesehen. Bei der Verbrennung von chlorierten Kohlenwasserstoffen ist durch feuerungstechnische Maßnahmen die Bildung von Dioxin möglichst auszuschließen. Anstelle einer Verbrennung können die Schadstoffe durch Adsorption an Aktivkohle aus der Gasphase abgeschieden werden. In diesem Fall sind auch sehr niedrige Schadstoffkonzentrationen, die bei der Verbrennung Probleme bereiten, technisch verarbeitbar. Ist nach einer gewissen Zeit die Adsorptionsfähigkeit der Aktivkohle erreicht, wird in der Regel mit Wasserdampf desorbiert und das Gas kann anschließend weiterverarbeitet oder wiederum verbrannt werden. Das Adsorptionsverfahren bereitet Schwierigkeiten, wenn mehrere Schadstoffe mit sehr unterschiedlichen Eigenschaften aus dem Gas abzutrennen sind.

Bei der Bodenluftabsaugung spielen die räumliche Ausdehnung der Kontamination und die Bodenstruktur für den zeitlichen Verlauf der Schadstoffminderung im Boden, der sehr gut messtechnisch kontrollierbar ist, eine entscheidende Rolle. Der Sanierungszeitraum kann sich auf wenige Wochen bis zu mehreren Jahren erstrecken. Die Vorteile des Verfahrens liegen in einer raschen Wirkung zur Einschränkung der

Grundwassergefährdung und günstigen Anlagen- und Betriebskosten. Eine vollständige Beseitigung der Schadstoffe ist aufgrund der natürlichen Gegebenheiten im Boden nicht möglich. Sind vorgegebene Grenzwerte unterschritten, kann die Sanierung abgebrochen werden.

Bei tonhaltigen Böden mit schlechter Durchlässigkeit ist die Bodenluftabsaugung zur Altlastensanierung ungeeignet.

17.3   Wasch- und Extraktionsverfahren

Zur Abtrennung von Schadstoffen aus dem Boden werden mechanische Energie oder chemische Extraktionsmittel oder eine Kombination von beiden eingesetzt. Extraktionsmitteln sind Wasser, Säuren, Laugen oder organische Lösungsmittel, teilweise mit Zugabe von Tensiden. Wasch- und Extraktionsanlagen sind je nach Größe als On-site- oder Off-site-Verfahren einsetzbar.

Kennzeichnend für nassmechanische Verfahren ist die Übertragung der Schadstoffe von den Bodenpartikeln in eine Waschflüssigkeit durch gezielten Energieeintrag. Die Schadstoffe werden sozusagen abgewaschen, herausgezogen und deshalb werden diese Verfahren allgemein als Bodenwäsche bezeichnet. Die Schadstoffe werden nicht zerstört oder umgewandelt, sondern in die flüssige Phase überführt. Anschließend müssen die Schadstoffe aus der Waschflüssigkeit entfernt werden, was teilweise technisch aufwendig und mit hohen Kosten verbunden ist. Behandelt werden können organische und wasserlösliche anorganische Verbindungen. Sind Schwermetalle in elementarer Form oder „verharzte" unlösliche Bestandteile an organischen Verbindungen im Boden enthalten, ist davon auszugehen, dass dieses Sanierungsverfahren nicht den geforderten Abbaugrad erzielt.

Allgemein ist bekannt, dass die Haftkräfte zwischen Schadstoff und Bodenpartikel umso größer sind, je kleiner die Partikel sind. Demzufolge richtet sich der notwendige Energieeintrag zur Schadstoffabtrennung hauptsächlich nach der Kornverteilung im Boden. Man unterscheidet nach der Korngröße folgende Bodentypen:

- Schotter (Korngrößen > 63 mm),
- Kies (Korngrößen 2…63 mm),
- Sand (Korngrößen 0,063…2 mm),
- Schluff (Korngrößen 0,002…0,063 mm),
- Ton (Korngrößen < 0,002 mm).

Für die Bodenwäsche sind Böden mit Anteilen von Ton, Schluff und Sand einsetzbar. In einem natürlichen Boden befinden sich unterschied-

Umwelttechnologien

liche Anteile der o. g. Bodentypen und in der Regel noch bestimmte Mengen an Mineralien, Humus und pflanzlichen Bestandteilen. Deshalb ist allgemein bei jeder Bodenwäsche stets eine geeignete Aufbereitung durch Klassieren und Zerkleinern als erster Verfahrensschritt erforderlich, siehe Fließschema einer Bodenwäsche Bild 17-2. In der Regel muss eine Luftabsaugung zur schadlosen Beseitigung ausgasender Stoffe vorhanden sein. Das abgetrennte Überkorn mit Durchmessern größer als 20 bis 30 mm kann einer Bodenwäsche nicht zugeführt werden und ist kaum belastet. Danach wird der homogenisierte kontaminierte Boden mit der Waschflüssigkeit in einem Mischer suspendiert. Es ist darauf zu achten, dass eine sehr gute Benetzung der Bodenaggregate sowie die Anlösung der Verschmutzungen durch ausreichende Verweilzeit erreicht wird.

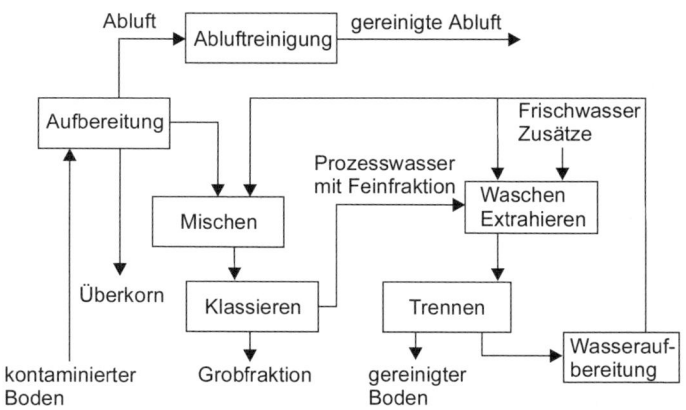

Bild 17-2: Fließschema einer Bodenwäsche

Die Wirksamkeit der Waschflüssigkeit kann nach Art des Schadstoffes durch Zusätze von organischen Lösungsmitteln, Säuren, Laugen oder Tensiden verstärkt werden. Bei ölverschmutzten Böden kann an dieser Stelle eine Ölabscheidung stattfinden. Gröbere Bodenfraktionen, bei denen schon durch diesen Waschvorgang die Schadstoffe ausreichend entfernt sind, werden durch eine anschließende Nasssiebung von der Bodensuspension abgetrennt, bevor der Aufschluss des Bodens mit Korngrößen kleiner als 2 mm durch gezielten Energieeintrag erfolgt. Diese Apparate bilden das Kernstück einer Bodenwaschanlage. In der Suspension liegt der kontaminierte Boden teilweise durch die zwischen den Partikeln wirkenden Haftkräfte, vor allem VAN-DER-WAALS-

Anziehungskräfte und elektrostatische Wechselwirkungskräfte, als Agglomerate vor. Die spezifische Oberfläche eines Agglomerates ist wesentlich geringer als die spezifische Gesamtoberfläche aller enthaltenen Einzelpartikel. Der Energieeintrag in die Bodensuspension soll bewirken, dass die Grenzflächenkräfte zwischen den einzelnen Partikeln im Agglomerat überwunden werden, um eine möglichst große aktive Oberfläche für den Stoffübergang zu erhalten. Dabei ist sowohl ein zu hoher Energieeintrag als auch ein zu niedriger Energieeintrag nachteilig. Ein zu hoher Energieeintrag kann zur Zerkleinerung von Leichtgut und auch zur Abrasion schon gereinigter größerer Partikel führen, was ein zusätzliches Schlammvolumen ergibt. Zu niedriger Energieeintrag während des Aufschlusses ergibt keine ausreichende Abreinigung der Schadstoffe aus Schluff- und Tonfraktionen. Je höher der Anteil an feinsten Partikeln ist, umso höher muss der Energieeintrag sein. Vor allem die wirkenden Scher- und Reibungskräfte führen zur Abtrennung der zwischen den Bodenpartikeln und an der Oberfläche haftenden Schadstoffe. In der Praxis haben sich folgende Vorrichtungen bewährt:

- **Wäscher mit Einbauten** (z. B. Schwerter),
- **Hochdruckstrahlrohr,**
- **Attritionsaggregat** (drehbarer Mischbehälter mit schnell laufendem, exzentrisch angeordnetem Wirbler).

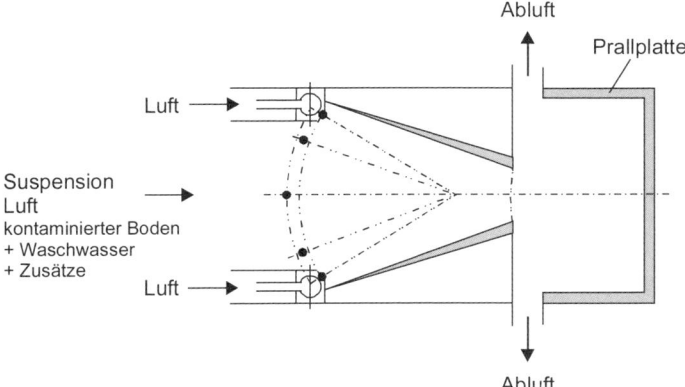

Bild 17-3: Schnitt durch ein Hochdruckstrahlrohr.

Bei einem Hochdruckstrahlrohr, schematisch im Bild 17-3 dargestellt, sind mehrere Düsen ringförmig angeordnet. Die austretenden Wasserstrahlen mit Drücken zwischen 50 und 350 bar bilden einen kegelförmigen, konzentrischen Wasserschleier, durch den die Bodensuspension geführt wird. Durch die fokussierten Wasserstrahlen wird einerseits die hohe mechanische Energie direkt in die Bodenagglomerate und vereinzelte Partikel eingetragen und andererseits durch die angesaugten Luftmengen ein starkes Strippen bewirkt.

Aus der Suspension – gereinigter Boden und schadstoffbelastete Waschflüssigkeit – werden die Bodenpartikel durch Einsatz von Hydrozyklonen und Filteranlagen abgetrennt und falls erforderlich mit sauberem Wasser gewaschen. Der gereinigte Boden verlässt die Anlage mit natürlicher Feuchte und ist für Verfüll- oder Baumaßnahmen verwertbar. Die Waschflüssigkeit wird weitestgehend im Kreislauf mit zwischengeschalteter Schadstoffentfernung nach bewährten Methoden aus der Abwasserreinigung gefahren.

Enthält ein Boden hohe Anteile an Schluff und Ton, führt in der Regel eine Bodenwäsche nicht zum gewünschten Reinigungsergebnis. Feinste Partikel bleiben schadstoffbelastet bzw. der Schadstoffanteil kann sich sogar erhöhen. In diesem Fall kann eine nachgeschaltete biologische Reinigung die vorhandenen Schadstoffe im Feinstkornbereich abbauen. Enthält ein Boden mehr als 30 % Ton, wird die Bodenwäsche unwirtschaftlich.

Wird für die Schadstoffeliminierung ein Lösungsmittel, z. B. n-Hexan, Cyclohexan, Petroläther, als Extraktionsmittel verwendet, muss die Bodenaufbereitung eine Trocknung auf Wassergehalte < 10 % enthalten. Diese Reduzierung des Wassergehaltes ist notwendig, weil sonst durch Bildung von Hydrathüllen an den Bodenpartikeln der Zutritt des Lösungsmittels und damit der Schadstoffübergang verhindert wird.

17.4   Thermische Verfahren

Mit einer thermischen Behandlung des kontaminierten Bodens können

- **flüchtige Verbindungen**, z. B. Lösungsmittel, Mineralöle, komplexgebundene Cyanide und
- **halogenierte organische Verbindungen**, z. B. chlorierte Insektizide, PCBs, Dibenzodioxine und -furane

entfernt werden. Diese Stoffe gehen bei Temperaturen von ca. 500 °C in die Dampfphase über oder werden aufgespalten. Eine vollständige Zersetzung erfolgt durch die thermische Nachverbrennung für flüchtige Verbindungen bei Temperaturen im Bereich von 800 bis 1 000 °C und für halogenierte Kohlenwasserstoffe im Temperaturbereich von 1 000 bis 1 200 °C. Welche Menge an Schadstoff zersetzt wird und welche Zerfallszeiten bestehen, hängt hauptsächlich von dem Durchmischungsgrad, der Verweilzeit und dem Temperaturprofil bei der thermischen Behandlung ab [17.4].

Sind im Boden nicht flüchtige anorganische Verbindungen oder Schwermetalle gebunden, bringt die thermische Behandlung des Bodens zur Dekontamination unbefriedigende Ergebnisse. Technische Verfahren zur thermischen Bodensanierung sind:

- **Verbrennung** (thermische Behandlung des Bodens mit Luftzufuhr und anschließende thermische Nachverbrennung der primären, gasförmigen Verbrennungsprodukte),

- **Pyrolyse** (thermische Behandlung durch Vergasung unter Wasserdampfzufuhr und/oder Entgasung unter Luftausschluss und anschließende thermische Nachverbrennung der Pyrolyseprodukte).

Ist das räumliche Ausmaß der Schadstoffbelastung im Boden gering, kann durch vor Ort eingebrachte Wärmestrahlrohre mit Oberflächentemperaturen von ca. 1 000 °C der Boden so weit erhitzt werden, dass die Schadstoffe entgasen und/oder verbrennen. Der Abgasstrom ist oberirdisch zu reinigen. Bei diesem In-situ-Verfahren muss der Boden nicht ausgehoben werden. Es ist jedoch zu beachten, dass durch die hohen Temperaturen die organischen Bestandteile des Bodens zerstört werden und die Bodenstruktur sich wesentlich verändert. Mobile Anlagen wurden entwickelt, um den ausgehobenen Boden vor Ort kostengünstig zu reinigen und danach wieder einzubauen. Dieses On-site-Verfahren muss aber schadstoff- und standortangepasst sein. In der Regel werden die kontaminierten Böden ausgehoben und zu einer zentralen Bodensanierungsanlage transportiert (Off-site-Verfahren). In solchen Anlagen stehen die verschiedensten Apparate für eine gezielte thermische Behandlung nach Beschaffenheit des Bodens, Anzahl und Art der Schadstoffe, Konzentration etc. zur Verfügung.

Die Verbrennung kontaminierter Böden ist nicht mit einer Müllverbrennung gleichzusetzen, da die Bodenverunreinigungen in fast allen Fällen < 1 % betragen und somit der Energieanteil gegenüber Müll aus kommunalen Bereichen oder der chemischen Industrie sehr gering ist. Deshalb müssen kontaminierte Böden in separaten Anlagen mit angepasster Verfahrensweise entsorgt werden. Die Methoden und der Aufwand zur Reinigung der entstehenden Rauchgase sind jedoch vergleichbar.

Im Bild 17-4 ist eine thermische Bodenreinigungsanlage schematisch dargestellt. Sie besteht im Wesentlichen aus einer Aufbereitungsstufe,

Apparaten zur Trocknung und Glühung, der thermischen Nachverbrennungseinheit und dem Komplex zur Abgasreinigung.

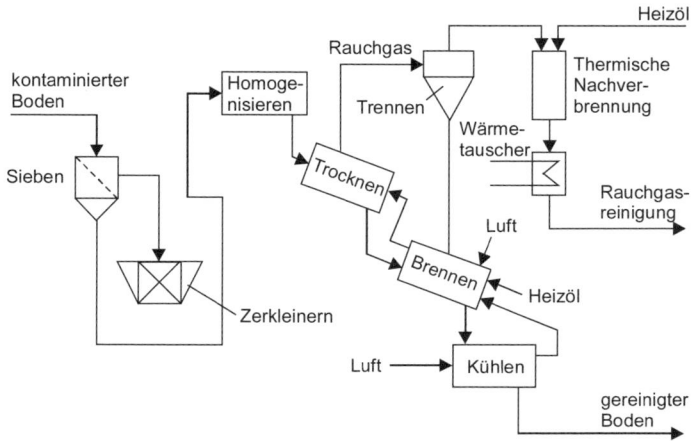

Bild 17-4: Schema einer thermischen Bodenreinigungsanlage

Der angelieferte kontaminierte Boden wird durch Klassieren und Zerkleinern mit einer gegebenenfalls erforderlichen Metallaussortierung homogenisiert und so für die thermische Behandlung aufbereitet. Über Transportbänder gelangt dieser Boden kontinuierlich in den ersten Drehrohrofen, wo eine Trocknung bei 100 °C erfolgt, und danach in einen zweiten Drehrohrofen zur Erhitzung über 600 °C (bei Hochtemperaturverfahren über 1 000 °C). Beide Drehrohröfen sind mit Brennern ausgestattet, die mit vorgeheizter Verbrennungsluft oder möglicher Rauchgasrückführung arbeiten. Nach der anschließenden Kühlung des abgereinigten Bodens auf ca. 50 °C wird er aus der Anlage ausgeschleust. Das mit den Schadstoffen beladene Rauchgas aus dem Drehrohrofen wird über einen Zyklon in die thermische Nachverbrennungskammer geleitet und bei Temperaturen zwischen 900 und 1 200 °C weiter verbrannt. Nach Abwärmeauskopplung durch nachgeschaltete Wärmeübertrager werden die staubförmigen und gasförmigen Schadstoffe wie Schwefeldioxid, Stickstoffoxide, Chlorwasserstoff, Fluorwasserstoff, Dioxine, Furane oder flüchtige Schwermetalle aus dem Rauchgas entfernt. Durch Einsatz bewährter Trocken- und Nassverfahren zur Rauchgasreinigung werden die gesetzlich vorgeschriebenen Emissionsgrenzwerte eingehalten und oftmals deutlich unterschritten.

Solche direkten thermischen Verfahren mit thermischer Nachverbrennung haben einen hohen Entwicklungsstand erreicht. Es gibt zahlreiche apparative Varianten der Drehrohröfen. So können durch Anordnung mehrerer Brenner mit unterschiedlichem Temperaturniveau in einem Drehrohrofen das Trocknen, das Brennen und die thermische Nachverbrennung stattfinden. Es wurden aber auch Wanderrostverfahren und Wirbelschichtverfahren zur thermischen Bodenbehandlung entwickelt.

Bei höheren Schadstoffkonzentrationen und problematischen Schadstoffen im Boden hat das Pyrolyse-Verfahren den Vorteil, dass geringere Abgasmengen anfallen. Diese enthalten nur die durch pyrolytische Vorgänge abgeschwelten Schadstoffe, die in der thermischen Nachverbrennungskammer zerstört werden müssen.

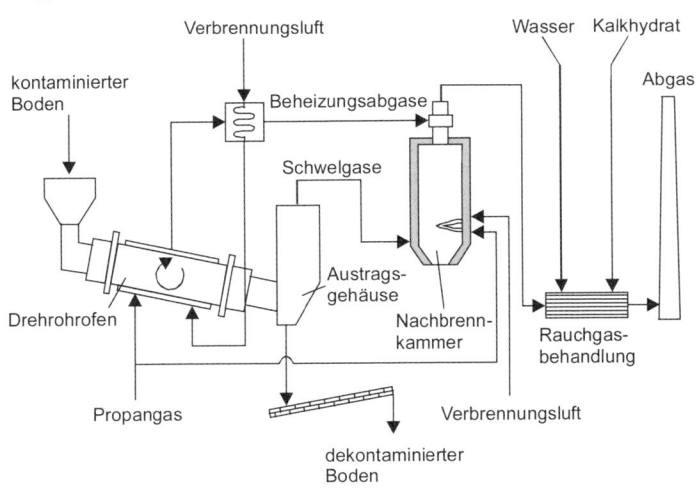

Bild 17-5: Pyrolyseanlage zur Bodenreinigung (Ruhrkohle AG/Babcock)

Der kontaminierte Boden gelangt nach einer Aufarbeitung und Abtrennung von Korngrößen über 40 mm in einen luftdicht abgeschlossenen, indirekt beheizten Drehrohrofen (vgl. Bild 17-5). Die Entgasung der Schadstoffe erfolgt mithilfe eines gesteuerten Temperaturprofils und das austretende Pyrolysegas wird in der Nachverbrennungskammer oxidiert und anschließend einer Rauchgasreinigung unterzogen. Der gereinigte Boden kann über gasdichte Absperrorgane aus dem Drehrohrofen abgezogen werden. Der apparative Aufwand hierbei ist sehr hoch.

Moderne Anlagen zur thermischen Behandlung von Altlasten sind so ausgelegt, dass die gereinigten Böden möglichst am Standort wieder eingebaut werden können oder bei der Landschaftsgestaltung bzw. im Straßenbau verwertbar sind. Man muss aber von einer Veränderung der Bodenstruktur ausgehen, die durch die hohen Temperaturen eintritt. Der Boden ist sozusagen tot, denn alle organischen Bestandteile wie Humus, Mikroorganismen sind zerstört. Zu hohe Temperaturen fördern eine Mineralisierung des Bodens.

17.5   Biologische Verfahren

Bei der Kontamination eines Bodens mit aliphatischen oder aromatischen Kohlenwasserstoffen werden nach Stand der Technik biologische Verfahren zur Sanierung eingesetzt. Soll die Sanierung in situ erfolgen, müssen niedrige Schadstoffkonzentrationen und eine gute Durchlässigkeit des Bodens vorhanden sein. Die Mikroorganismen (Bakterien oder Pilze) bauen dann unter geeigneten „Lebensbedingungen" diese Schadstoffe bis zu Kohlenstoffdioxid und Wasser ab. Die Schadstoffe befinden sich in dem Porensystem des Bodens, sehr oft auch in gelöster Phase im Grundwasser und entsprechend ihrem Dampfdruck ebenfalls in der Gasphase, sodass bei einer mikrobiellen Bodensanierung der Boden, das Grundwasser und die Luft mit zu behandeln sind. Die Verteilung eines Schadstoffes im Boden richtet sich nach den Eigenschaften des Stoffes und des Erdreiches sowie der Strömung des Grundwassers. Bei höheren Schadstoffkonzentrationen muss in der Regel der Boden ausgehoben werden und kann mit einem On-site-Mietverfahren gereinigt werden. Aus Kostengründen ist stets die In-situ-Sanierung anzustreben.

Untersuchungen zum mikrobiellen Abbau von halogenorganischen Verbindungen, wie Tri- und Tetrachlorethen, Chlorbenzene und -phenole, laufen im Labor- und Pilotmaßstab. Problematisch wird der Einsatz von Mikroorganismen, wenn die Böden mit Schwermetallen und Arsen zusätzlich belastet sind.

Im Bild 17-6 ist die Sanierung eines Mineralölschadens als In-situ-Verfahren schematisch dargestellt. In solch einem Fall genügt es oftmals, die am Standort vorhandenen Mikroorganismen in ihren Stoffwechselvorgängen durch Zugabe von Nährlösungen, Spurenelementen und Sauerstoff in gelöster oder gebundener Form zu unterstützen. Da eine unterschiedliche Körnung im Boden vorliegt und damit veränderte Kapillarität und Durchströmung bestehen, muss durch Hinspülen der Nährlösung mit den Mikroorganismen ein Schadstoffabbau gewährleistet werden. Eine große Rolle spielen dabei der Grundwasserspiegel und die Fließrichtung des Grundwassers. Die Stoffwechselvorgänge sind sehr kompliziert und schlecht kontrollierbar. Es ist stets darauf zu achten, dass einerseits der Abbau nicht verlangsamt oder unterbunden wird und andererseits kein ungehemmtes Wachstum an Mikroorganismen einsetzt. Dadurch würde die Bodendurchlässigkeit verschlechtert und die Sanierung zum Stillstand kommen. Anhand des Schemas ist zu erkennen, dass eine biologische In-situ-Sanierung sehr oft mit einer Bodenluftabsaugung für die dampfflüchtigen Stoffe und einer Grundwasserreinigung verknüpft wird.

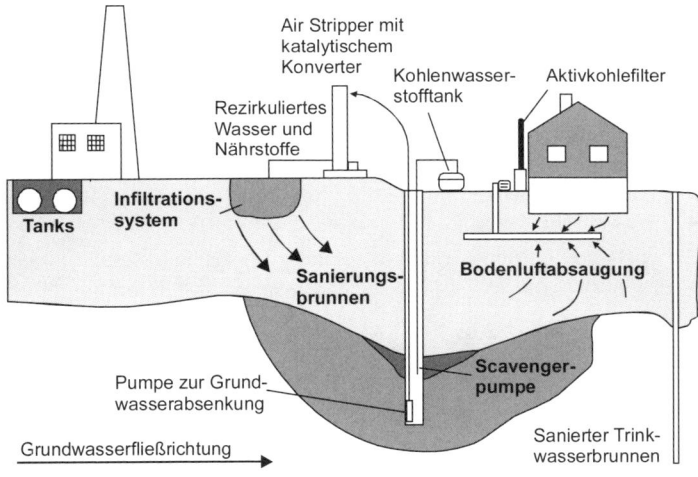

Bild 17-6: Schema einer biologischen Sanierung bei einer Mineralöl-kontamination [17.5]

Die biologische Sanierung kann als umweltschonendes und kostengünstiges Verfahren eingestuft werden. Oftmals kann sie aufgrund einer großen Schadstoffvielfalt nicht angewendet werden und besonders problematisch ist die Bildung von Metaboliten (toxischen Stoffen) beim mikrobiellen Abbau einiger Schadstoffe. In solch einem Fall wird ein neues Gefahrenpotenzial im Boden geschaffen [17.6]. Nachteilig sind weiterhin die lange Sanierungsdauer und die schlechte Kontrollierbarkeit des Schadstoffabbaus im Boden sowie gegebenenfalls Veränderungen in der Bodenstruktur.

18   Staubabscheidung

18.1   Einführung

In zahlreichen Produktionsprozessen der stoffwandelnden Industrie werden disperse Stoffe verarbeitet oder gebildet. Vor Austritt der Prozess- bzw. Abgase in die Atmosphäre müssen staubförmige Partikel abgetrennt werden, um Emissionen zu vermeiden oder weitestgehend zu vermindern, abgeschiedene Stoffe sind in den Prozess zurückzuführen, anderweitig zu verwerten oder zu entsorgen. Stäube im Produktionsprozess können Verfahrensstufen behindern oder die Qualität des Produktes beeinträchtigen. Die Partikel müssen aus dem Gasstrom abgetrennt werden. Man unterscheidet nach dem Abscheidevorgang:

- **Massenkraftabscheider** (z. B. Prallabscheider, Zyklone),
- **Filternde Abscheider** (z. B. Gewebeabscheider),
- **Elektroabscheider,**
- **Nassabscheider** (z. B. Rotationswäscher, VENTURI-Wäscher).

Ein wichtiges Leistungskriterium für eine Entstaubungsanlage ist der Abscheidegrad, der auch als Entstaubungsgrad bezeichnet wird.

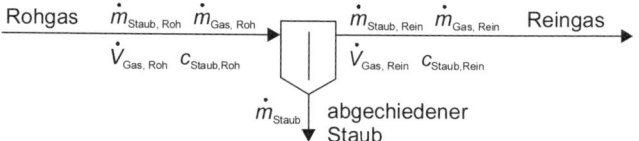

Bild 18-1: Darstellung der Stoffströme eines Staubabscheiders

Der **Abscheidegrad** η errechnet sich aus der Massenbilanz und ist das Verhältnis von pro Zeiteinheit abgeschiedener Staubmasse zu Staubmasse im Rohgas.

$$\eta = \frac{\dot{m}_{Staub,\,Abgesch}}{\dot{m}_{Staub,\,Roh}} = \frac{\dot{V}_{Gas,\,Roh} \cdot c_{Staub,\,Roh} - \dot{V}_{Gas,\,Rein} \cdot c_{Staub,\,Rein}}{\dot{V}_{Gas,\,Roh} \cdot c_{Staub,\,Roh}} \quad (18\text{-}1)$$

V Volumenstrom des Rohgases bzw. Reingases, c Konzentration des Staubes im Rohgas bzw. Reingas, m Masse des Staubes im Rohgas bzw. Reingas

Zur Beurteilung des Reingases kann auch der **Durchlassgrad** $D = 1 - \eta$ herangezogen werden. Grobe Partikel werden allgemein besser abgeschieden als feine Partikel. Staubabscheider zeigen den im Bild 18-2 dargestellten typischen Verlauf des Abscheidegrades.

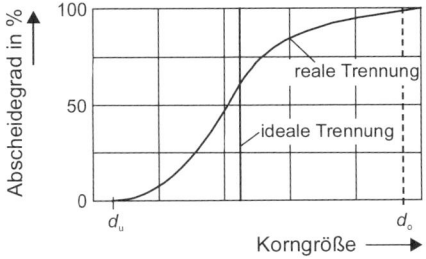

Bild 18-2: Typische Trenngradkurve eines Entstaubers

Die **ideale Trennung** (Sprungfunktion) ist aufgrund vieler Einflussgrößen nicht möglich. Eine **reale Trennung** verdeutlicht, dass Korngrößen zwischen d_u und d_o sowohl abgeschieden als auch mit dem Reingas in die Atmosphäre gelangen.

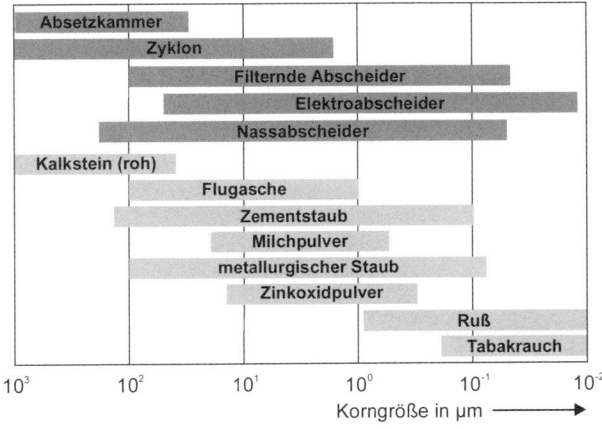

Bild 18-3: Einsatzmöglichkeiten von Staubabscheidern und Korngrößenbereiche wichtiger Industriestäube

Bei der Auswahl einer Entstaubungsanlage sind folgende Gesichtspunkte zu beachten:

■ **Prozessgrößen** (z. B. Durchsatz, Staubkonzentration),

- **Eigenschaften des Gases** (z. B. Feuchtigkeitsgehalt, Temperatur und chemische Zusammensetzung),
- **Eigenschaften der Partikel** (z. B. chemische Zusammensetzung, Korngrößenverteilung, Kornform, Dichte, elektrische Leitfähigkeit, Agglomerationsverhalten und elektrischer Widerstand),
- geforderter Reingasstaubgehalt, Verfügbarkeit, Kosten, Platzbedarf.

18.2   Massenkraftabscheider

Die Abtrennung von Partikel aus einem Gasstrom wird durch Massenkräfte (Schwerkraft, Trägheits- und Zentrifugalkräfte) bewirkt. Massenkraftabscheider lassen sich in drei Gruppen einteilen:

- Schwerkraftabscheider oder Staubkammer,
- Umlenk- oder Prallabscheider,
- Fliehkraftabscheider oder Aerozyklon.

Beim Eintritt des Rohgasstromes in einen **Schwerkraftabscheider** führt die Querschnittserweiterung zur starken Verminderung der Strömungsgeschwindigkeit. Die gröberen Partikel sedimentieren unter Einfluss der Schwerkraft und der Voraussetzung, dass die Verweilzeit größer ist als die Absetzzeit, in die Staubbunker (vgl. Bild 18-4A). Bei mittleren Gasgeschwindigkeiten von 0,8...1,5 m/s im Schwerkraftabscheider sind Trennkorngrößen um 100 μm bei geringen Druckverlusten erreichbar. Durch horizontale Einbauten sind dem Gasstrom eine oder mehrere Richtungsänderungen von 90...180° vorgegeben, was die Abscheideleistung erhöht. Bestimmte Partikel können aufgrund ihrer Trägheit der Gasumlenkung nicht folgen und werden abgeschieden.

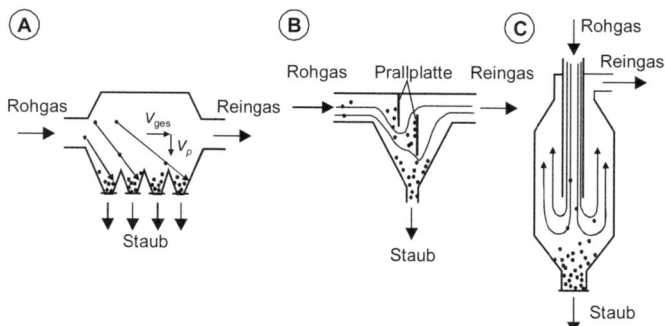

Bild 18-4: Bauformen von Abscheidern: (A) Schwerkraftabscheider, (B) Prallabscheider, (C) Umlenkabscheider

Im Bild 18-4B und C sind zwei Hauptausführungen schematisch dargestellt. **Prallabscheider** arbeiten bei Gasgeschwindigkeiten von 2,5 bis
20 m/s und können auch als Tropfenabscheider eingesetzt werden.

Der bekannteste und am häufigsten eingesetzte Massenkraftabscheider
ist der **Aerozyklon,** auch Gaszyklon genannt. Die Abtrennung von
Partikeln > 5 µm erfolgt unter Einwirkung von Zentrifugalkräften, die
durch tangentiales Einströmen des Gases in einen rotationssymmetrischen
Behälter auftreten. Zyklone zeichnen sich durch einfachen Aufbau aus
(vgl. Bild 18-5), besitzen keine rotierenden Teile und sind wartungsarm.

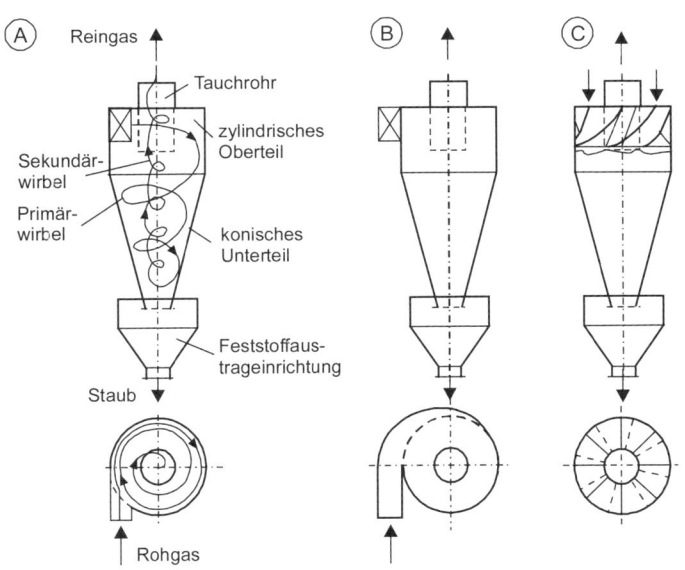

Bild 18-5: Bauarten von Aerozyklonen: (A) tangentialer Einlauf,
(B) Spiraleinlauf, (C) Axialeinlauf [18.1]

Durch die hohe Geschwindigkeit, mit der das Rohgas tangential in den
zylindrischen Teil des Zyklons einströmt, entsteht ein stabiler Primärwirbel. Größere Partikel, die der Gasströmung nicht folgen können, gelangen an die Zyklonwand und rutschen an der Mantelfläche nach unten.
Bedingt durch die Drosselwirkung des konischen Unterteils kehrt sich
der Primärwirbel um und steigt als Sekundärwirbel nach oben zum
Tauchrohr. Kleine Partikel werden nicht abgeschieden und strömen mit

dem Gas über das Tauchrohr aus dem Zyklon heraus. Ein Wiederaufwirbeln des bereits abgeschiedenen Staubes aus dem Auffangbehälter wird i. d. R. durch einen Apexkegel verhindert.

Die Strömungsverhältnisse des dreidimensionalen Wirbels im Zyklon sind sehr komplex. Hinsichtlich der theoretischen Durchdringung sind in der Literatur Berechnungsgrundlagen mit Vereinfachungen angegeben [18.2], z. B. die Partikel haben dieselbe Geschwindigkeit wie das Gas, es herrschen ideale Strömungsbedingungen. Die Axialgeschwindigkeit ist gegenüber der Umfangs- und Radialgeschwindigkeit zu vernachlässigen.

Zur Berechnung der Trennkorngröße werden alle wichtigen Einflussgrößen auf die gedachte Zylinderfläche (verlängertes Tauchrohr im konischen Teil) mit dem Radius r_i und der Höhe h_i bezogen. Kreist ein Partikel mit der Feststoffdichte ρ_P und dem Durchmesser d_P auf dem Radius r_i, so wird ein Kräftegleichgewicht zwischen der Zentrifugalkraft und der Strömungswiderstandskraft vorausgesetzt. Die Gasdichte ist gegenüber der Feststoffdichte ρ_P vernachlässigbar (η Viskosität des Gases). Das Partikel bleibt in Schwebe und der Durchmesser d_P entspricht der **Trennkorngröße d_T**, berechnet mit

$$d_T = \sqrt{\frac{18\,\eta\,\dot{V}}{2\,\pi\,\rho_P\,h_i\,u_i^2}} \qquad (18\text{-}2)$$

Die Umfangsgeschwindigkeit u_i hängt von verschiedenen Größen ab, u. a. Gasdurchsatz, Einlaufquerschnitt, Bauart, Einschnürung des Gasstromes, Umfangsgeschwindigkeit an der Zyklonwand, und kann mit verschiedenen Berechnungsansätzen ermittelt werden [18.3]. Stets muss jedoch die Beladung $\mu = m_{St,Roh}/m_{Gas}$ kleiner sein als die Grenzbeladung $\mu_G \approx 0,1 \cdot (d_T/d_{50,3})$. Die Korngröße $d_{50,3}$ ist der Medianwert des Aufgabegutes.

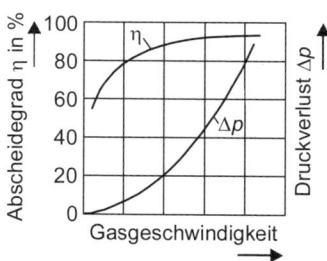

Bild 18-6: Einfluss der Gasgeschwindigkeit auf den Abscheidegrad und den Druckverlust

Die Abhängigkeit des Abscheidegrades und des Druckverlustes von der Strömungsgeschwindigkeit am Zykloneinlauf ist in Bild 18-6 qualitativ dargestellt. Für hohe Gasdurchsätze werden oft Multizyklone eingesetzt. Solche Apparate sind mit vielen Einzelzyklonen mit axialem Gaseintritt ausgerüstet und durch die kleineren Abmessungen erhöht sich die wirkende Zentrifugalkraft auf das Partikel.

Aerozyklone sind in vielen Industriezweigen zur Feststoffabtrennung aus einem Gas- bzw. Luftstrom vor allem nach Mahlprozessen oder bei der pneumatischen Förderung und direkt zur Abgasreinigung anzutreffen. Standardzyklone mit einem Durchmesser von 300…4500 mm erreichen Trennkorngrößen von etwa 5…10 µm bei Abscheidegraden von 70 bis 95 % und Druckverlusten im Bereich von 0,3…15 kPa.

Aerozyklone zeichnen sich durch Einsatz bei hohen Gastemperaturen, geringen Wartungsaufwand, geringen Platzbedarf und somit relativ geringe Kosten aus. Nachteilig sind die unzureichende Abscheidung feiner Partikel und der starke Einfluss von Gasdurchsatzschwankungen auf den Abscheidegrad.

18.3 Filternde Abscheider

Wenn aus einem Abgasstrom Partikel < 1 µm wirksam abgeschieden werden sollen, werden die **Gewebeabscheider** als **Abreinigungsfilter** in der technischen Ausführung als

- Taschenabscheider oder Taschenfilter,
- Schlauchabscheider oder Schlauchfilter

eingesetzt.

Die Abscheidung der Partikel von ca. 0,1 bis 100 µm erfolgt an der Oberfläche eines porösen Filtermittels, während das Gas durchströmt.

| Filtrationsphase | Abreinigungsphase |

Bild 18-7: Abscheide- und Abreinigungsvorgang am Filterschlauch

Umwelttechnologien

Es bildet sich ein kontinuierlich wachsender Filterkuchen aus, der nach Erreichen eines vorgegebenen Druckverlustes abgereinigt werden muss (vgl. Bild 18-7). Als Filtermittel werden vorrangig textile Gewebe oder oberflächenbehandelte Nadelvliesstoffe aus natürlichen oder synthetischen Fasern eingesetzt. Mit der Entwicklung temperaturbeständiger Gewebe aus Glasfasern oder Metallfasern, aber auch durch keramische Filterelemente konnte das Einsatzgebiet der filternden Abscheider wesentlich erweitert werden [18.3].

Der Abscheidevorgang wird von der Partikelgröße, der Porengröße des Filtermittels, aber auch von der Art und Weise, wie das Partikel mit dem Rohgasstrom an die Faseroberfläche transportiert wird, beeinflusst. Es wirken die in Bild 18-8 schematisch dargestellten Abscheideeffekte.

(1) Trägheits- oder Pralleffekt: Ein größeres Partikel kann der Richtungsänderung des Gases nicht folgen und trifft auf die Faseroberfläche.

(2) Sperreffekt: Das Partikel trifft aufgrund seiner räumlichen Ausdehnung und der der Faser auf die Oberfläche.

(3) Diffusionseffekt: Ein kleineres Partikel folgt nicht direkt der Stromlinie des Gases, sondern gelangt aufgrund der BROWN'schen Molekularbewegung an die Faseroberfläche.

(4) Elektrostatischer Effekt: Durch das Vorhandensein elektrischer Felder wird das Partikel an die Faseroberfläche transportiert.

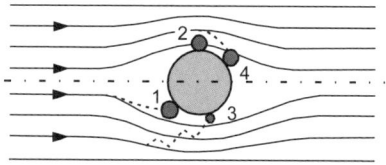

Bild 18-8: Abscheideeffekte an einer Faser

Eine wichtige Einflussgröße bei der Auslegung von Gewebefiltern ist somit die Anströmgeschwindigkeit der Faser (Bild 18-9). Einerseits sollen die Partikel an die Faseroberfläche gelangen und andererseits sollen sie aber auch durch Wirkung von Haftkräften abgeschieden werden. Da der zu reinigende Volumenstrom durch den jeweiligen Produktionsprozess in der Regel vorgegeben ist, sind bei Gasgeschwindigkeiten von 0,01...0,03 m/s zum Teil enorme Gesamtfilterflächen bis zu 5 000 m^2 erforderlich.

Der gegenwärtige Stand der Modellierung der Kuchenfiltration erlaubt keine theoretische Beziehung für den **Abscheidegrad η** als Funktion der zahlreichen Einflussgrößen. Zur Bestimmung des Abscheidegrades wird allgemein auf das Exponentialgesetz zurückgegriffen.

$$\eta = 1 - e^{-kw^n} \tag{18-3}$$

w Staubbeladung, k, n Konstanten (sie sind von den Staub-, Gas- und Filtermitteleigenschaften sowie z. T. von der Intensität der Abreinigung des Staubes vom Filtermittel abhängig und sind experimentell zu ermitteln)

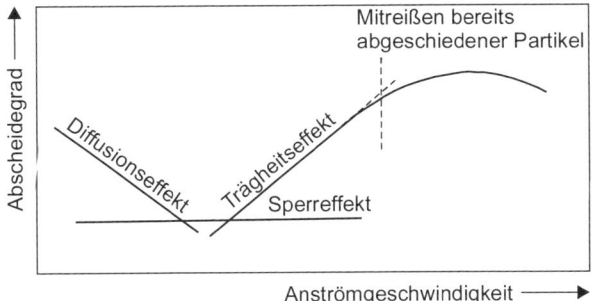

Bild 18-9: Abscheidegrad an der Einzelfaser in Abhängigkeit von der Gasgeschwindigkeit

Die technische Realisierung des Filtrationsprozesses von Rohgasen mit Staubgehalten bis zu 500 g/m^3 erfolgt in **Taschenabscheidern** (auf Rahmen gespannte Filtermittel werden von außen nach innen durchströmt) oder Schlauchabscheidern (zylindrische Filterschläuche fixiert durch Stützkörbe werden von außen oder innen durchströmt) der verschiedensten Bauarten. Eine Unterscheidung in Druck- oder Saugfilter ist ebenfalls möglich, je nachdem wo der Ventilator angeordnet ist. In der Praxis sind Schlauchfilter im Saugbetrieb, d. h., die Filter arbeiten bei einem Unterdruck, am häufigsten anzutreffen.

Beim Betrieb eines **Gewebefilters** ist die Abreinigung des abgeschiedenen Staubes von großer Bedeutung. Der Staubkuchen lässt sich mechanisch durch Rütteln, Vibrieren oder pneumatisch durch Spülluft oder Druckluftimpulse vom Filtermittel ablösen. In jüngster Zeit hat sich die Abreinigung durch Druckluftimpulse durchgesetzt, da neben der hohen Abreinigungsintensität der Filtrationsprozess im Abscheider bzw. in der Abscheidekammer nicht unterbrochen werden muss. Im Bild 18-10 ist

Umwelttechnologien

ein solcher Gewebeabscheider schematisch dargestellt. Die Filterschläuche werden bei einer Filtrationsphase von 5 bis 30 min von außen beaufschlagt. Ist ein vorgegebener Druckverlust über den Filterkuchen erreicht, löst ein Steuermechanismus kurze Druckluftstöße < 1 s aus, die einen Filterschlauch schlagartig aufblähen und dadurch den abgeschiedenen Staub kompakt abwerfen. Die extrem kurzzeitige Abreinigungsphase bedingt keine sonst übliche Unterbrechung der Rohgaszufuhr und damit steht quasi die gesamte Filterfläche immer zur Staubabscheidung zur Verfügung.

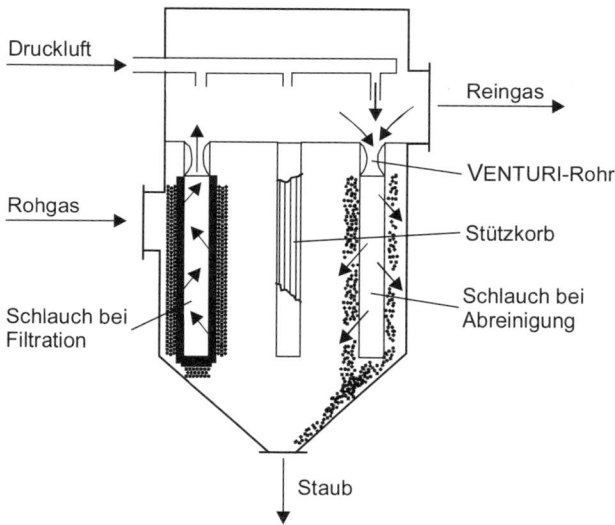

Bild 18-10: Schematische Darstellung der Arbeitsweise eines Schlauchfilters

Gewebefilter sind hauptsächlich in der Bindemittelindustrie, metallurgischen, chemischen und keramischen Industrie anzutreffen. Grundlagen für die Auslegung sind Konstruktionsmerkmale und Erfahrungen aus gut arbeitenden technischen Anlagen. Die **Vorteile der filternden Abscheider** sind hohe Gesamtabscheidegrade > 99,9 % bzw. Reingasstaubgehalte < 30 mg/m^3, unabhängig von der chemischen Zusammensetzung des Gases und des Staubes, als auch gute Anpassungsfähigkeit bei Schwankungen des Gasdurchsatzes und der Staubkonzentration im Rohgas. Die Druckverluste liegen allgemein im Bereich von 0,5 bis 1,5 kPa.

Als **nachteilig** zählen die Temperaturbeschränkung durch das Filtermittel, kein Einsatz bei aggressiven Gasen oder Stäuben und das Verkleben des Filtermittels bei einer Taupunktunterschreitung.

18.4 Elektroabscheider

Bei der elektrischen Gasreinigung werden die abzutrennenden Partikel aufgeladen und mithilfe eines elektrischen Feldes aus dem Gasstrom abgelenkt. Ein **Elektroabscheider** ist dadurch gekennzeichnet, dass zwischen den drahtförmigen Sprühelektroden und den flächenförmigen Niederschlagselektroden das Hochspannungsfeld liegt, in dem die Aufladung der Partikel und ihre Ablenkung aus dem Gasstrom gleichzeitig ablaufen, schematisch in Bild 18-11 dargestellt.

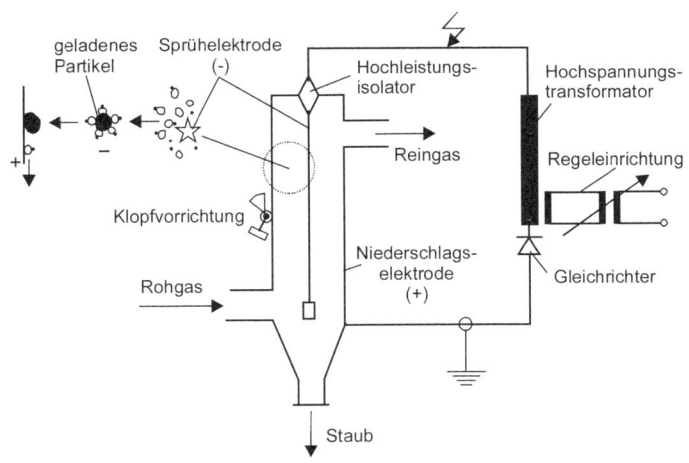

Bild 18-11: Darstellung des Abscheidevorganges im Rohr-Elektroabscheider

Für eine gute Arbeitsweise des Elektroabscheiders müssen drei grundlegende Vorgänge beachtet werden:

- **Aufladung und Transport der Partikel zur Niederschlagselektrode**: Die Sprühelektrode, bestehend aus dünnem Draht ggf. mit Spitzen und angelegter negativer Gleichspannung von 30 bis 80 kV, emittiert Elektronen und ionisiert damit das Gas. Durchströmen Partikel das zwischen den Elektroden hervorgerufene Koronafeld, so werden sie infolge des Ionenbeschusses (für Partikel > 1 μm) oder der Ionendiffusion (für Partikel < 0,5 μm) negativ aufgeladen und bewegen sich im elektrischen Feld quer zur Gasströmung an die positiv geladene Niederschlagselektrode. Deshalb sollte die mittlere Gasgeschwindigkeit im Abscheider nur 0,2 bis 0,3 m/s betragen.

■ **Entladung und Haftung der Partikel an der Niederschlags-elektrode**: Der elektrische Widerstand des Staubes bestimmt das Verhalten der Staubpartikel an den Elektroden und damit die gesamte Arbeitsweise des Elektroabscheiders. Damit die Ableitung der Ladung und die Haftung Partikel/Partikel bzw. Partikel/Niederschlagselektrode optimal verläuft, sollte der spezifische elektrische Widerstand der Staubschicht erfahrungsgemäß im Bereich 10^4 bis 10^{11} Ω · cm²/cm liegen. Ansonsten sinkt die Abscheideleistung durch das sog. „Rücksprühen" oder durch den „elektrischen Kugeltanz". In der Praxis wird der elektrische Widerstand durch Temperaturänderung oder Feuchteänderung des Gases, indem in der Regel Wasser oder Wasserdampf zugegeben wird, optimal eingestellt.

■ **Abführung des Staubes von der Niederschlagselektrode**: Um während des Betriebes optimale elektrische Werte an der Niederschlagselektrode immer wieder herzustellen, muss eine Entfernung des abgeschiedenen Staubes in einen strömungstoten Raum ohne große Aufwirbelungen erfolgen. Durch geeignete Klopfmechanismen bei Variation von Intensität und Intervall wird die Niederschlagselektrode abgereinigt.

Der **Abscheidegrad** η eines Elektroabscheiders hängt von sehr vielen Einflussgrößen ab, neben den Staub- und Gaseigenschaften auch von der Elektrodenkonfiguration und Betriebsweise. DEUTSCH hat unter der Voraussetzung eines monodispersen, gleichmäßig verteilten Staubes und eines proportionalen Zusammenhangs zwischen abgeschiedener und im Abscheideraum verteilter Staubmenge folgende Gleichung abgeleitet:

$$\eta = 1 - e^{-(A_{NE}/\dot{V})^w} \qquad (18\text{-}4)$$

Dabei werden nur die Fläche der A_{NE}, der Gasdurchsatz $\dot{V}$ und die Wanderungsgeschwindigkeit w der geladenen Partikel zu Niederschlagselektrode berücksichtigt. Die Ermittlung der Wanderungsgeschwindigkeit kann nur experimentell erfolgen [18.4]. Ausgehend von der Bauart unterscheidet man

■ Rohr-Elektroabscheider,
■ Platten-Elektroabscheider.

Wenn von den Niederschlagselektroden der abgeschiedene Staub nass abgespült wird, sind es die Nass-Elektroabscheider.

In der Praxis werden vor allem **Platten-Elektroabscheider** (vgl. Bild 18-12) für Gasmengen > 10^6 m^3/h eingesetzt. Einsatzschwerpunkte sind Kraftwerke, Müllverbrennungsanlagen, Zementfabriken, Hüttenwerke und Betriebe der Schwerindustrie. Durch Veränderung der Temperatur und durch Zugabe von Dämpfen (meist Wasserdampf) können die Leitfähigkeit des Gases und der elektrische Staubwiderstand verändert werden und damit günstige Abscheidebedingungen eingestellt werden.

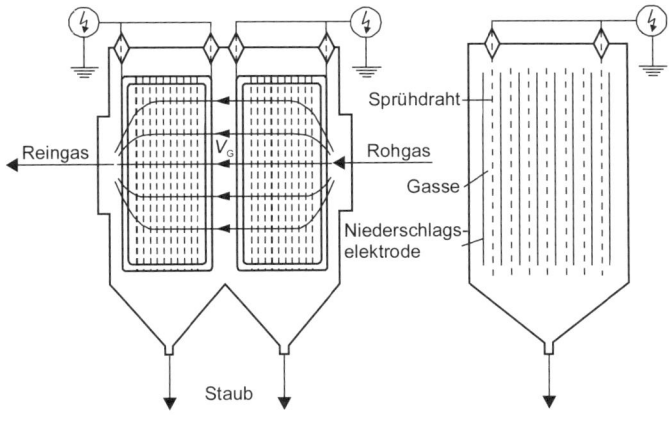

Bild 18-12: Aufbau eines Platten-Elektroabscheiders (nach LURGI)

Elektroabscheider haben die Vorteile, dass sie kleinste Teilchen und Tropfen bei Gesamtabscheidegraden über 99,9 % abscheiden können, sehr große Gasmengen bei Druckverlusten von 50 bis 250 Pa reinigen, ein breites Einsatzgebiet bezüglich Gastemperatur und Staubkonzentration haben und relativ geringe Bedienungs- und Instandhaltungskosten aufweisen. Nachteile sind der große Platzbedarf (Fläche der Niederschlagselektrode kann über 10^5 m^2 betragen), hohe Investitionskosten und die starke Abhängigkeit des Abscheidegrades von den Gas-Staub-Eigenschaften.

18.5   Mechanische Nassabscheider

Das Prinzip der Nassabscheidung beruht darauf, dass Partikel in Tropfen einer Waschflüssigkeit eingeschlossen werden und dann aufgrund der größeren Masse besser aus dem Gasstrom entfernt werden können. Die Tropfen werden durch Einwirkung mechanischer Kräfte auf ein Flüssigkeitsvolumen erzeugt und es bietet sich an, danach die Nassabscheider bzw. Wäscher einzuteilen in

- Waschtürme,
- Wirbel-Nassabscheider,
- VENTURI-Nassabscheider,
- Rotations-Nassabscheider.

Damit ein Partikel abgeschieden wird, sind folgende Vorgänge zu realisieren:

- Das Partikel muss mit dem größeren Wassertropfen in Kontakt gebracht werden. Für den Transport an die Flüssigkeitsoberfläche sind vor allem Trägheits- und Diffusionskräfte, aber auch Kondensationseffekte verantwortlich. Bei einer Taupunktsunterschreitung wirken feinste Partikel als Kondensationskeime und durch diese Massenzunahme wird eine Abscheidung am Tropfen ermöglicht.

- Das Partikel muss auf dem Wassertropfen haften oder von ihm eingeschlossen werden. Hierbei spielen die Benetzbarkeit des Staubes und die wirkenden Haftkräfte eine entscheidende Rolle. Untersuchungen haben gezeigt, dass es für jede Partikelgröße eine optimale Tropfengröße gibt.

- Durch mechanische Tropfenabscheider, z. B. eingebaute Prallbleche, Zyklone, sind die tropfenförmige Waschflüssigkeit samt Staub aus dem Gasstrom abzutrennen.

Der heutige Stand der theoretischen Durchdringung bei der Nassabscheidung erlaubt keine Vorausberechnung des Abscheidegrades.

Die wichtigsten Bauarten von Nassabscheidern sind im Bild 18-13 schematisch dargestellt [18.5]. In dem **Waschturm** wird die Flüssigkeit mit Düsen versprüht und das zu reinigende Gas strömt mit Geschwindigkeiten von 1 bis 2 m/s von unten nach oben. Die erzielbaren Abscheidegrade sind sehr niedrig und können durch Einbauten oder Füllkörperschichten erhöht werden.

Wirbel- und VENTURI-Nassabscheider sind sehr wirksame Nassentstauber. **VENTURI-Nassabscheider** als Hochleistungsentstauber zeigen einen einfachen Aufbau, sind weit verbreitet und unterscheiden sich nach der Art der Flüssigkeitszufuhr. Das Rohgas strömt axial in das Rohr ein, wird im konvergenten Teil beschleunigt und kann an der engsten Stelle Geschwindigkeiten bis zu 120 m/s erreichen. Hier in der Kehle wird die Waschflüssigkeit axial oder radial zugeführt und fein zerstäubt. Die Abscheidegrade können über 99,9 % liegen bei Druckverlusten in der Größenordnung von 3...20 kPa und einem Wasserverbrauch von 1 bis 5 l/m³ Gas. VENTURI-Wäscher sind sehr anpassungsfähig und damit vielseitig einsetzbar.

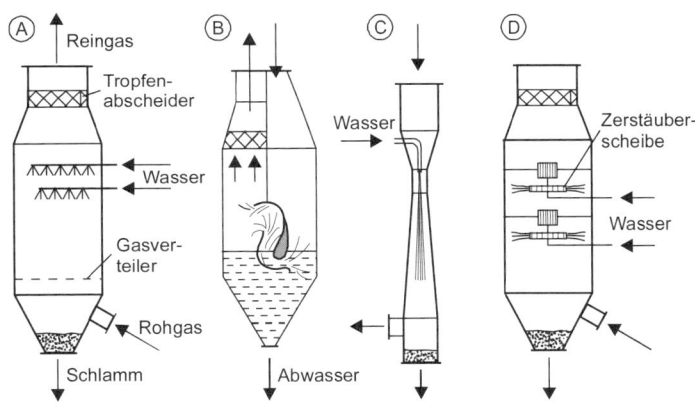

Bild 18-13: Bauarten von Nassentstaubern: (A) Waschturm, (B) Wirbel-Wäscher, (C) VENTURI-Wäscher, (D) Rotations-Wäscher

Bei Nassabscheidern mit bewegten Einbauten, wie es die **Rotations-Nassabscheider** darstellen, wird die Waschflüssigkeit mit rotierenden Scheiben oder Schlagelementen fein zerstäubt; sie sind damit unempfindlich gegenüber Gasschwankungen. Sie sind besonders für hohe Staubkonzentrationen, Partikelgrößen > 0,1 µm und schäumende Stoffe geeignet. Der Wasserverbrauch und die Druckverlustwerte liegen niedriger als bei den VENTURI-Nassabscheidern.

Durch das Erzeugen von Tropfen können neben der Abkühlung des Gases auch gasförmige Luftverunreinigungen abgeschieden werden. Generell ist jedoch bei Einsatz eines Nassabscheiders zu beachten, dass nach der Gasreinigung eine Wasserreinigung bzw. aufwendige Schlammaufbereitung erforderlich wird. Wenn Nassabscheider wirtschaftlich betrieben werden sollen, muss der Wasserverbrauch pro Volumeneinheit Rohgas nicht größer sein, als es für die erforderliche Reinigungsleistung notwendig ist.

Umwelttechnologien

19 Primärmaßnahmen bei der Verbrennung

19.1 Schadstoffbildung

Aus technischer Sicht versteht man unter dem Begriff **Verbrennung** die schnelle Verbindung der brennbaren Bestandteile des Brennstoffes mit Luftsauerstoff bei hohen Temperaturen unter Wärmeentwicklung (**Oxidation als exothermer Prozess**). In Feuerungsanlagen wird durch Verbrennung von festen, flüssigen oder gasförmigen Brennstoffen die chemisch gebundene Energie freigesetzt und kann durch Wärmeabfuhr der Verbrennungsgase einer weiteren Nutzung zugeführt werden. Die weltweite Primärenergienutzung basiert gegenwärtig auf etwa zwei Drittel fossiler Energieträger. Demgegenüber beträgt die Verbrennung von Biomasse einschließlich Abfallprodukten nur einen Bruchteil, aber mit steigender Bedeutung. Die Kenntnis der Brennstoffzusammensetzung bildet die **Grundlage für Stoff- und Energiebilanzen** und die Bearbeitung anwendungstechnischer Fragen der Feuerungstechnik.

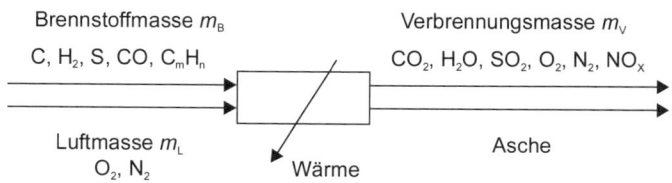

Brennstoffmasse m_B
C, H$_2$, S, CO, C$_m$H$_n$

Verbrennungsmasse m_V
CO$_2$, H$_2$O, SO$_2$, O$_2$, N$_2$, NO$_x$

Luftmasse m_L
O$_2$, N$_2$

Wärme

Asche

Bild 19-1: Stoff- und Energiewandlung bei der Verbrennung

Verbrennungsprozesse sind stets mit lokalen und regionalen Luftverschmutzungen verbunden. Über die Schornsteine gelangen **Luftschadstoffe** wie Staub, Schwefeloxide, Stickstoffoxide, Kohlenstoffmonoxid und andere Verbindungen in die Atmosphäre. Diese werden durch den Transport in der Luft verteilt und können als Immissionen zur Gesundheitsschädigung der Menschen als auch zu Waldschäden, Gebäudeschäden und zur Bodenversauerung führen (vgl. Abschn. 8.3).

Bei der Umwandlung von Primärenergie und erneuerbarer Energie zu Gebrauchsenergie durch Verbrennung steht die Forderung, einerseits den Wirkungsgrad zu erhöhen, um Rohstoffe zu sparen, und andererseits die

Schadstoffemissionen zu minimieren. Die Entwicklung schadstofffreier Technologien ist nicht möglich.

Der Anteil von **staubförmigen Partikeln** in den Verbrennungsgasen ist maßgeblich von der Art des Brennstoffes abhängig. Die Staubabscheidung wird heutzutage in Kraftwerksanlagen vorrangig durch die elektrische Gasreinigung mit den geforderten Emissionsgrenzwerten < 50 mg/m³ realisiert.

Schwefeldioxid SO_2 entsteht bei der Verbrennung durch den mit dem Brennstoff eingebrachten Schwefel und wird bei Öl- und Gasfeuerungen ausschließlich emittiert, hingegen bei Feuerungen mit festen Brennstoffen ist der Schwefel anteilig auch in der Asche gebunden. Durch Aufoxidierung bildet sich im geringen Maße SO_3. Eine Taupunktunterschreitung ist in der Anlage zu vermeiden, weil durch Bildung von schwefelhaltigen Säuren Korrosionen auftreten.

Die Bildung von **Stickstoffoxiden** NO_X ist sowohl von dem im Brennstoff chemisch gebundenen Stickstoff als auch von der Verbrennungstechnik abhängig (vgl. Bild 19-2). Im Verbrennungsprozess entsteht bei Temperaturen zwischen 1 200 bis 1 800 °C das aus dem Brennstoffstickstoff gebildete NO_X und zusätzlich aus molekularen N_2 und O_2 das thermische NO_X. Kommt es in der Flammenzone zu einem Sauerstoffüberschuss, so entsteht noch das „prompte" NO_X [19.1].

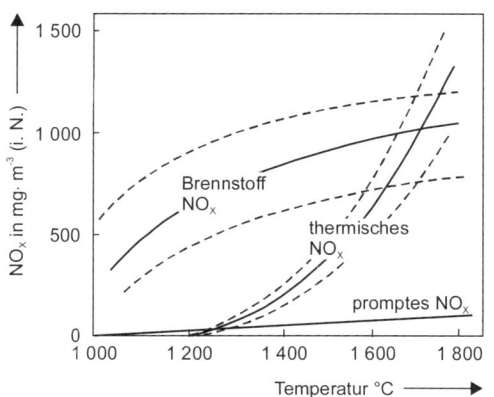

Bild 19-2: NO_X-Bildung in Abhängigkeit von der Temperatur

In jüngster Zeit findet auch die Bildung von Distickstoffoxid Beachtung. Bei unvollständiger Verbrennung oder ungenügender Durchmischung von Brennstoff mit Verbrennungsluft entsteht **Kohlenstoffmonoxid** CO (vgl. Bild 19-3). Bei stöchiometrischer Verbrennung erhält man im Rauchgas den brennstoffspezifischen maximalen CO_2-Gehalt [19.1].

Unter dem **Luftfaktor** λ versteht man das Verhältnis der Volumenströme von zugeführter Verbrennungsluft zum Mindestluftbedarf.

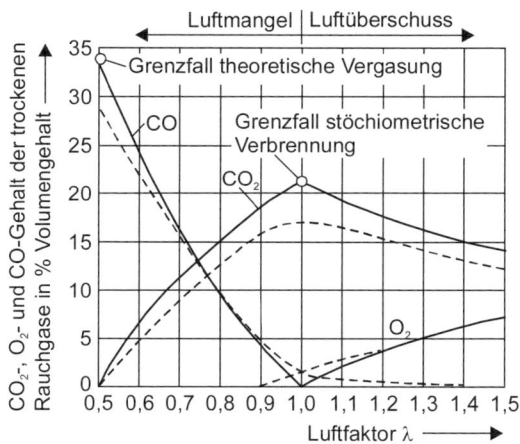

Bild 19-3: CO/CO_2-Anteile in Abhängigkeit vom Luftfaktor

Besonders bei der Verbrennung von Biomasse und Abfallprodukten entstehen weiterhin aufgrund ihrer Zusammensetzung **Halogenverbindungen, Dioxine und Furane**.

Da ein Ersatz fossiler Brennstoffe für die Energiewirtschaft zum jetzigen Zeitpunkt nur begrenzt möglich ist und eine Primärreinigung für Schwefelverbindungen bei Kohle im technischen Maßstab nur bedingt realisierbar ist, kommen ausschließlich Veränderungen im verfahrenstechnischen Prozess zur Schadstoffminimierung in Frage.

Hierbei unterscheidet man zwischen den seit langem in Verbrennungsanlagen realisierten **Sekundärmaßnahmen** – Beseitigung schon gebildeter Schadstoffe durch Rauchgas- bzw. Abgasreinigung und den aus ökonomischen Gründen an Bedeutung gewinnenden **Primärmaßnahmen** – Verringerung der Schadstoffbildung. Zu Primärmaßnahmen zählen prinzipiell folgende Möglichkeiten:

- ■ Einsatz neuer umweltfreundlicher Verfahren,
- ■ Austausch, Wegfall oder Neueinführung von Prozesseinheiten,

■ Einstellung optimaler Prozessbedingungen,

■ Schaffung von Kreislaufprozessen,

■ Veränderungen bei der apparativen Ausrüstung.

Zum gegenwärtigen Zeitpunkt kann durch den Einsatz schadstoffarmer Brenner, Zugabe von Additiven und durch die Wirbelschichtfeuerung die Bildung von Schadstoffen im Verbrennungsprozess wesentlich verringert werden [19.2]. Eine **Einhaltung der Grenzwerte für Emissionen** auf der Grundlage des Bundesimmissionsschutzgesetzes (BImSchG) und zahlreicher Verordnungen (BImSchV) ist oft allein durch entsprechende Primärmaßnahmen erreichbar:

■ 13. BImSchV→ SO_2 < 400 mg/m^3,

■ 17. BImSchV→ NO_X < 200 mg/m^3 und

■ Dioxine/Furane als Toxizitätsäquivalent mit 0,1 ng/m^3.

Damit wird eine aufwendige und kostenintensive Abtrennung gasförmiger Schadstoffe nach dem Verbrennungsprozess, bei Nassverfahren mit notwendiger Abwasserreinigung, nicht mehr erforderlich.

19.2   Brennkammer und schadstoffarme Brenner

Mit einem Brenner werden der Kohlenstaub, Heizöl oder Heizgase und die Verbrennungsluft in den Feuerraum eingebracht. Für die verschiedenen Brennstoffe sind zahlreiche Brennerarten entwickelt worden, damit ein oder zwei Brennstoffe gut mit einem Teil oder der gesamten Verbrennungsluft durchmischt in den Feuerraum eingeblasen und schnell gezündet werden können. Der Brenner muss so angeordnet sein, dass der Feuerraum ohne Toträume und Wirbelbildung ausgefüllt wird. Durch die Entwicklung schadstoffarmer Brenner wird während der Verbrennung die maximale Flammentemperatur gegenüber herkömmlichen Brennern abgesenkt und die Verweilzeit im hohen Temperaturbereich verkürzt.

Die **NO_X-armen Brenner** sind gekennzeichnet durch

■ Regelung des Verhältnisses von Primär- zu Sekundärluft,

■ Zufuhr von Wasser oder Wasserdampf zu dem Brenner,

■ Vorrichtungen zum Zu- und Abschalten von Brennern im Feuerraum während der Verbrennung.

Der in Bild 19-4 schematisch dargestellte Brenner ist so gestaltet, dass der eingeblasene Brennstoff mit der Primärluft einen brennstoffreichen Flammenkern bildet. Die gesondert zugeführte Sekundärluft umhüllt den Flammenkern und führt zur vollständigen Verbrennung. Bei dieser Stufenverbrennung ist die erste Stufe durch einen Brennstoffüberschuss und

Umwelttechnologien

die zweite Stufe durch einen Luftüberschuss gekennzeichnet. Die dadurch erzielte Absenkung der Flammentemperatur kann auch durch Rückführung von Rauchgas anstelle der Sekundärluft oder durch Wasser- bzw. Wasserdampfzugabe entweder direkt in die Verbrennungszone oder vorgemischt mit dem Brennstoff besonders bei flüssigem Brennstoff erreicht werden. So ist beispielsweise bei einem relativen Verhältnis Massendurchsatz H_2O-Zugabe zu Massendurchsatz Brennstoff von 1 : 2 eine Minderung der Stickstoffoxidemission um 50 % erreichbar. Bei Wasserzugabe ist zu beachten, dass aufbereitetes Wasser mit sehr niedrigem Salzgehalt erforderlich ist und sich der Wirkungsgrad der Anlage verschlechtert.

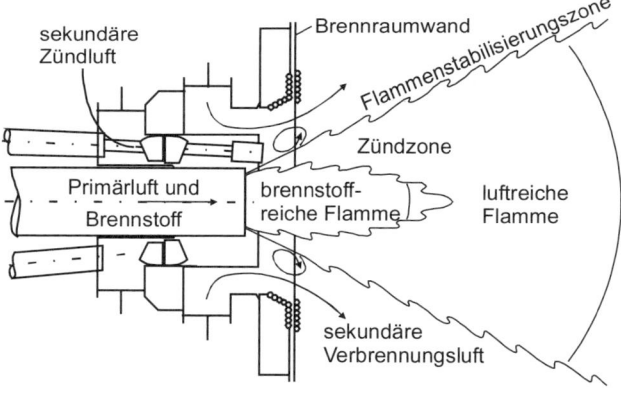

Bild 19-4: Brenner mit gestufter Luftzufuhr [19.3]

Durch Anordnung mehrerer Brenner bzw. Brennersysteme in einer Brennkammer, die wahlweise zu- oder abgeschaltet werden können, ist eine ruhige Verbrennung bei guter Temperaturregelung für unterschiedliche Laststufen der Verbrennung möglich.

19.3   Trockenadditivverfahren

Der Betrieb von großen Dampferzeugern ist weltweit durch die Trockenfeuerung von Steinkohle und Braunkohle gekennzeichnet. Als Feuerungssysteme können die Rostfeuerung, Wirbelschichtfeuerung oder Staubfeuerung eingesetzt werden, wobei die Schadstoffbildung abgesehen von der Zusammensetzung des Brennstoffes besonders von den technischen Bedingungen bei der Verbrennung abhängt.

Tabelle 19-1: Merkmale von Feuerungssystemen

	Rostfeuerung	Wirbelschicht-feuerung	Staub-feuerung
Temperatur im Feuer-raum	1 200...1 400 °C	800...900 °C	1 200...1 400 °C
Kohlekörnung	> 10 mm	< 4 mm	< 0,05 mm
Spez. Oberfläche	klein	groß	sehr groß
Verbrennungsdauer	ca. 60 min	ca. 20 min	ca. 1 s
Wärmeübergang	gering	sehr gut	gut

Durch die Zugabe geeigneter **Additive** beim Verbrennungsprozess kann die Emission von SO_2 so vermindert werden, dass eine anschließende **Rauchgasentschwefelung** (REA) entfallen kann. Additive sind Stoffzusätze in geringen Konzentrationen, die unter Eigenbeteiligung Stoffeigenschaften oder das chemische Reaktionsverhalten im Gegensatz zu Katalysatoren beeinflussen. Bei der Verbrennung werden Schwefel bindende Stoffe, in der Regel Kalkstein zur Abscheidung von Schwefeloxiden und Ammoniak zur Abscheidung von Halogenwasserstoffen, eingesetzt. Dagegen ist der Umsatz von Stickstoffoxiden zu molekularem Stickstoff und Wasser durch Zugabe von Ammoniak bei der **selektiven katalytischen Reduktion** (SCR-Verfahren) eine Sekundärmaßnahme.

Mit der Zugabe von Kalkstein wird das sich bei der Kohleverbrennung bildende SO_2 über die Reaktionen

$$CaCO_3 \rightarrow CaO + CO_2 \text{ und } CaO + SO_2 + \frac{1}{2} O_2 \rightarrow CaSO_4$$

gebunden und als Gips mit der Asche ausgetragen. Der Grad der Entschwefelung hängt vor allem von der Kalksteinsorte, der Kalksteinmenge, der Korngröße des Brennstoffes und der Verweilzeit ab. Somit ist die Wirbelschichtfeuerung mit einer großen spezifischen Oberfläche der gemahlenen Kohle und ausreichender Verweilzeit für die Reaktion besonders geeignet. In allen modernen Anlagen mit Wirbelschichtverbrennung wird diese Art der SO_2-Abscheidung eingesetzt. Bei einem Ca/S-Molverhältnis von ca. 3 und Verbrennungstemperaturen um 850 °C liegt die Schwefeleinbindung über 90 % und der damit gesetzlich vorgeschriebene Grenzwert für SO_2-Emissionen wird unterschritten

19.4   Wirbelschichtfeuerung

Bei der Wirbelschichtfeuerung wird durch die niedrige Verbrennungstemperatur um ca. 850 °C, Zugabe von Additiven in die Brennkammer, gestufte Luftzufuhr und/oder Rauchgasrückführung in den Feuerungsprozess eine nennenswerte Schadstoffminderung erreicht.

Umwelttechnologien

Eine **Wirbelschicht** entsteht, wenn eine Schüttung feiner Feststoffpartikel von einer aufwärts gerichteten fluiden Phase durchströmt wird. Sobald die Anströmgeschwindigkeit des Fluids einen bestimmten Wert erreicht hat, kann die Widerstandskraft das Gewicht der Schüttung kompensieren. Ab diesem Lockerungspunkt verhält sich die Schüttung wie eine Flüssigkeit, was für die technische Handhabung viele Vorteile bringt. Bei weiterer Steigerung der Strömungsgeschwindigkeit beginnt eine gute Durchmischung der aufgewirbelten Partikel. Bei Gas-Feststoff-Wirbelschichten entstehen allgemein aufgrund wirkender Haftkräfte zwischen den Partikel die blasenbildenden Wirbelschichten, feststofffreie Blasen steigen durch das Wirbelbett nach oben [19.4].

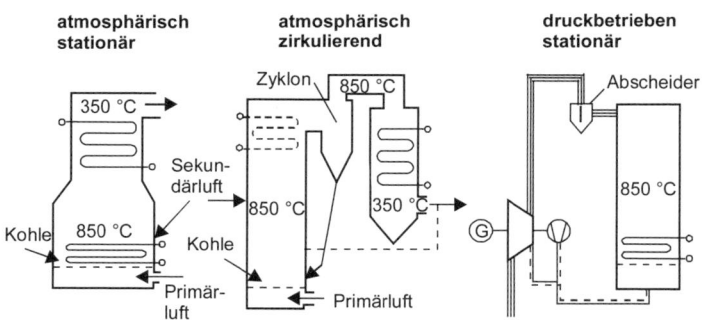

Bild 19-5: Prinzipien der Wirbelschichtfeuerung

Bei der Wirbelschichtfeuerung wird die feinkörnige Kohle zum Teil auch mit Zugabe von pastösen bis flüssigen Brennstoffen, z. B. Klärschlamm, durch Luftzufuhr aufgewirbelt und bei Temperaturen von 800 bis 900 °C verbrannt. Damit sich eine gute Verteilung der Partikel einstellt und die Bildung aufsteigender feststofffreier Blasen minimiert wird, werden der Wirbelschicht inerte Stoffe wie Quarz zugegeben. Durch die Wärmekapazität des Brennstoffes und seine große Oberfläche ist ein sehr guter Wärmeübergang garantiert. Die entstehende Wärme wird über in die Wirbelschicht eintauchende Heizflächen und zum Teil auch durch im Abgasweg angeordnete Heizflächen abgeführt.

Nach dem Grad der Wirbelbettausdehnung und der Höhe des Betriebsdruckes unterscheidet man bei der Verbrennung drei Wirbelschichtarten: stationäre, zirkulierende und druckbetriebene Wirbelschicht. In Bild 19-5 sind diese Wirbelschichten schematisch dargestellt und in Tabelle 19-2 einige technische Daten angegeben [19.5].

Die stationäre atmosphärische Wirbelschichtfeuerung arbeitet mit Gasgeschwindigkeiten von 1,5 bis 3 m/s, sodass ein Austragen von Asche weitgehend vermieden wird. Diese Feuerungsart in Kraftwerksanlagen verlangt große Wirbelbettflächen, wodurch Mischungsprobleme auftreten, die konstruktiv kaum lösbar sind. Die Einhaltung des NO_X-Emissionsgrenzwertes von 200 mg/m^3 bereitet Schwierigkeiten, sodass oftmals zusätzlich eine Entstickung der Rauchgase erforderlich wird. Durch die relativ hohen Verweilzeiten der Partikel in der Wirbelschicht und eine Verbrennung mit Luftüberschuss wird die Bildung von Kohlenstoffmonoxid weitestgehend unterbunden.

Tabelle 19-2: Technische Daten der Wirbelschichtfeuerung

	Stationäre Wirbelschicht	Zirkulierende Wirbelschicht	Druckbetriebene Wirbelschicht
Gasgeschwindigkeit	1...3 m/s	5...8 m/s	1...2,5 m/s
Korngröße von Inertstoffen	2...3 mm	0,1...0,3 mm	2...3 mm
Feuerungswirkungsgrad	90 bis 95 %	95 bis 99 %	90 bis 99 %
Ca/S-Molverhältnis bei 90%iger Entschwefelung	4,0...5,5	1,5...2,0	ca. 2,0
NO_X-Emissionen	300...600 mg/m^3	50...300 mg/m^3	200...400 mg/m^3
Leistungsbereich je Block	0,5...200 MW	30...500 MW	< 1 000 MW

Mit einer Kalksteinzugabe wird die Rauchgasentschwefelung in die Brennkammer integriert und der Schwefel gelangt gebunden in Form von Gips in die Asche. Die geforderten SO_2-Emissionsgrenzwerte sind nur bei erhöhter Kalkzugabe erreichbar.

Für die **zirkulierende atmosphärische Wirbelschichtfeuerung** liegen die Gasgeschwindigkeiten im Bereich von 5 bis 8 m/s. Die dadurch aus der stark expandierten Wirbelschicht mitgerissenen Kohle- bzw. Aschepartikel werden in einem integrierten Zyklon abgeschieden und zur Brennkammer zurückgeführt; je nach Wärmebedarf direkt oder über einen Wirbelschicht-Wärmeaustauscher. Durch kontinuierliche Rückführung von feinen Partikeln wird ein nahezu vollständiger Ausbrand erreicht. Mit einer gestuften Luftzufuhr oder Abgasrückführung sowie langen Reaktionszeiten können sehr niedrige NO_X-Emissionen, teilweise < 50 mg/m^3, und sehr hohe Schwefeleinbindungsgrade erzielt werden. Eine Wirbelschicht-Dampferzeugung mit zirkulierender Wirbelschicht und Sekundärluftzuführung ist in Bild 19-6 schematisch dargestellt.

Umwelttechnologien

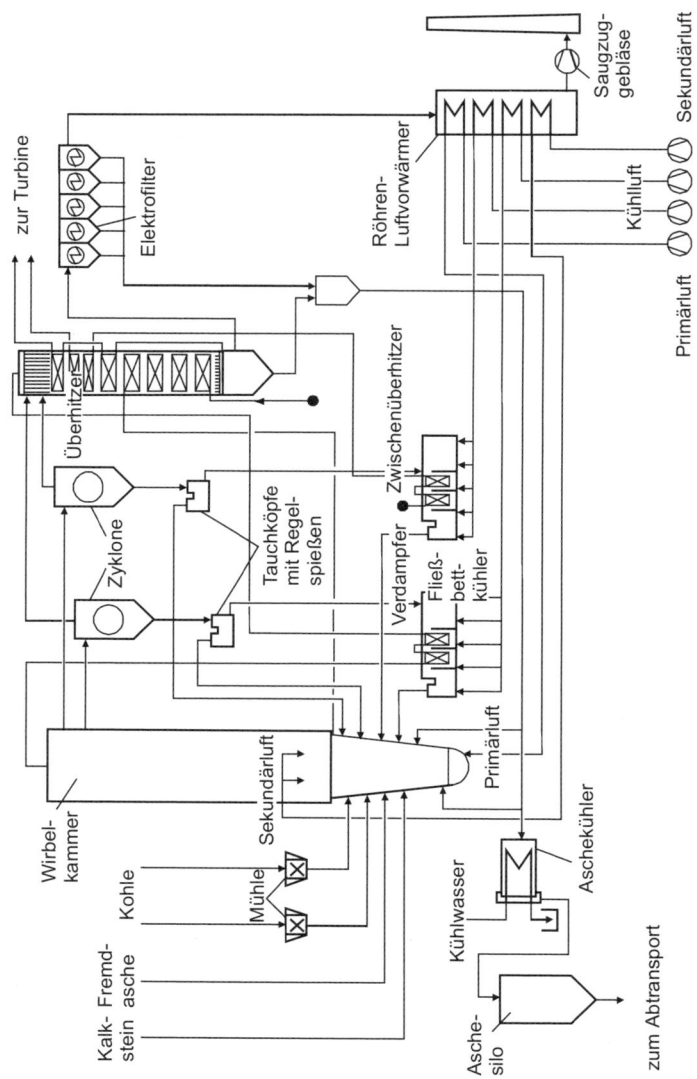

Bild 19-6: Schematische Darstellung des Verbrennungsprozesses mit zirkulierender Wirbelschicht (Bewag, Berlin)

Die **stationäre Wirbelschichtverbrennung** unter Druck ermöglicht eine kompakte Bauweise und Abnahme der Schadstoffemissionen mit steigendem Druck. Zurzeit wird diese Technik zur Energieerzeugung in kleineren Anlagen erprobt.

Gegenüber den herkömmlichen Rost- oder Staubfeuerungen zeichnen sich moderne Wirbelschichtfeuerungen durch einfachen Aufbau der Gesamtanlage zur Wärmeerzeugung, hohe Betriebssicherheit, Eignung für ein breites Brennstoffangebot auch minderwertiger Brennstoffe und durch sehr geringe gasförmige Schadstoffemissionen aus. Die geforderten Emissionsgrenzwerte für Staub werden durch leistungsfähige Elektroabscheider oder Gewebefilter bei gleichzeitiger Abscheidung von anorganischen Halogenverbindungen mittels Einsatz geeigneter Sorbenzien eingehalten. Dagegen bereitet die Verwertung der anfallenden Aschen (20 bis 25 $g/kWh_{elektr.}$) infolge der integrierten Entschwefelung zurzeit noch Probleme. So ist aufgrund der verschiedenen Schwefelverbindungen mit dem Kalkstein eine weitere Behandlung der Asche, z. B. Mischungen, Änderung der Morphologie, für einen Einsatz in der Baustoffindustrie erforderlich.

Bei einer Verbrennung mit Zugabe von Klärschlamm oder Müll ist ein möglichst vollständiger Ausbrand wichtig, der bei einem Luftüberschuss von 1,8 bis 2,2 erreicht wird. Durch die Zugabe von 25%igem Ammoniakwasser direkt in den Feuerraum mit entsprechender Temperatursteuerung kann eine weitere NO_X- und Dioxin-Abnahme im Rauchgas erreicht werden.

Umwelttechnologien

20 Thermische Abgasreinigung durch Oxidation und Reduktion

Durch **Oxidationsverfahren** lassen sich brennbare gasförmige Bestandteile wie organische Schadstoffe in umweltneutrale Verbindungen, vor allem in Kohlenstoffdioxid und Wasser, umwandeln, wenn eine Rückgewinnung dieser organischen Stoffe aus dem Abgasstrom aus wirtschaftlichen oder aus technischen Gründen nicht geboten erscheint.

Reduktionsverfahren dienen vor allen der Beseitigung von Stickstoffoxiden in mit fossilen Brennstoffen gefeuerten Kraftwerken, dabei wird dem Abgasstrom zur Sauerstoffaufnahme Ammoniak zugeführt.

Diese beiden Verfahrensprinzipien sind wichtige unverzichtbare und technisch ausgereifte „**End-of-the-pipe**"-Technologien. Aus ökologischen und ökonomischen Gründen sollte aber immer zuerst nach Alternativen gesucht werden wie nach

- **primären Techniken**, bei denen die Schadstoffe erst gar nicht oder in verringertem Maße entstehen, oder
- **Recyclingverfahren**, in denen die Schadstoffe zurückgewonnen werden, um sie dann erneut zu verwenden.

So führt z. B. der verstärkte Einsatz von Wasserlacken in Lackierstraßen zwangsläufig zu einer Verringerung der Kohlenwasserstoffemissionen oder die Rauchgasrückführung (vgl. Kap. 19) zu geringeren Stickstoffoxidemissionen in Kohlekraftwerken. Mithilfe der in Kapitel 21 skizzierten Verfahrensschritte der Kondensation, der Absorption oder der Adsorption lassen sich gasförmige Schadstoffe aus dem Abluftstrom ausschleusen und im Produktionsprozess etwa dem Lack als Lösungsmittel erneut zusetzen.

20.1 Oxidative Schadstoffumsetzung in Verbrennungsanlagen

Die rein thermische Behandlung in Verbrennungsanlagen wird zur Beseitigung vor allem von gasförmigen Kohlenwasserstoffen der allgemeinen Formel C_xH_y angewendet. Sie werden bei vollständiger Verbrennung exotherm in Kohlenstoffdioxid und Wasser entsprechend der folgenden Reaktionsgleichung (20-1) umgewandelt:

$$C_xH_y + (x + y/4)\, O_2 \rightleftharpoons x\, CO_2 + y/2\, H_2O \qquad (20\text{-}1)$$

Das Gleichgewicht liegt weit gehend auf der rechten Seite und damit bei den erwünschten unschädlichen Verbrennungsprodukten CO_2 und H_2O (unschädlich im medizinischen Vergleich mit den organischen Ausgangsstoffen, natürlich nicht ökologisch unbedenklich wegen der befürchteten globalen Erwärmung). Da der **Verbrennungsvorgang exotherm** verläuft, liegt das Gleichgewicht allerdings umso mehr auf der rechten Seite, je niedriger die Temperatur ist. Diese Tatsache wird durch das Massenwirkungsgesetz in Gl. (20-2) wiedergegeben: Dabei stehen jeweils die Partialdrücke p der Verbrennungsprodukte CO_2 und H_2O im Zähler und die der Ausgangsstoffe C_xH_y und O_2 im Nenner):

$$K_p = \frac{p^x_{CO_2} \cdot p^{y/2}_{H_2O}}{p_{C_xH_y} \cdot p_{O_2}^{(x+y/4)}} \qquad (20\text{-}2)$$

K_p Gleichgewichtskonstante, p Partialdrücke der Reaktionsteilnehmer, x, y stöchiometrische Koeffizienten

Bei **Sauerstoffmangel** bildet sich in einer unvollständigen Reaktion (Gl. (20-3)) neben Wasser der Sekundärschadstoff Kohlenstoffmonoxid:

$$C_xH_y + (x/2 + y/4)\, O_2 \rightleftharpoons x\, CO + y/2\, H_2O \qquad (20\text{-}3)$$

Aber auch bei Vorhandensein von ausreichend Sauerstoff in der Verbrennungszone muss der Konzentration von Kohlenstoffmonoxid große Beachtung geschenkt werden:

> Kohlenwasserstoffe werden zumeist in mehreren Stufen oxidiert, dabei ist der letzte Oxidationsschritt von CO nach CO_2 für die Gesamtreaktion geschwindigkeitsbestimmend und maßgebend für die Wahl von Reaktionstemperatur und Verweildauer in der Brennkammer.

Bild 20-1 zeigt den Reaktionsverlauf beim Abbau von Benzen zu CO und CO_2. Deutlich ist in Bild 20-1 der schnelle Abfall des C-Anteils von Kohlenwasserstoffen – dargestellt als Restbenzen inklusive sämtlicher CH- Zwischenprodukte – zu erkennen, während der C-Anteil der letzten Zwischenproduktstufe CO erheblich später gegen 0 strebt. Daraus ergibt sich zwingend, dass der CO-Abbau wegen der erforderlichen größeren Verweilzeit des Abgasstroms für die Dimensionierung der Brennkammer maßgebend ist.

Umwelttechnologien

Die vollständige Schadstoffoxidation erfordert ein mehr als stöchiometrisches Angebot an Sauerstoff, weil sich während ihres kurzen Aufenthalts in der Verbrennungszone Sauerstoff und Schadgase nicht vollständig mischen lassen und das austretende Reingas noch 3 Vol.-% Sauerstoff enthalten soll.

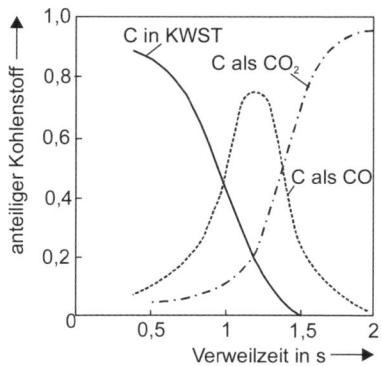

Bild 20-1: Oxidativer Abbau von Benzen als Schadstoff im Abgasstrom in Abhängigkeit von der Verweilzeit (Anfangsgehalt 530 ppm Benzen, Temperatur 1 000 K) [20.1]

Als Sauerstoffquelle steht der Sauerstoff zur Verfügung, der im Abgasstrom oder/und in den Schadstoffen selbst schon enthalten ist bzw. der bei zu geringem Angebot aus diesen beiden Quellen zusätzlich aus der Atmosphäre zuzuführen ist. Über die stöchiometrische Reaktionsgleichung der vollständigen Oxidation (Gl. (20-1)) lässt sich der **Mindestsauerstoffbedarf** berechnen (damit Luftzahl $\lambda = 1$).

Die Luftzahl λ ist der Quotient aus dem tatsächlichen Luftbedarf und dem stöchiometrisch benötigten Luftbedarf. Die Forderung nach einem ausreichenden, aber wirtschaftlich vertretbaren Luftüberschuss wird bei einer Luftzahl $\lambda \approx 1{,}1$ bis 1,35 erfüllt.

Die Reaktionsgleichung (20-1) lässt sich aufteilen in:

1 kmol C	+ 1 kmol O_2	$\Rightarrow$ 1 kmol CO_2 oder
12 kg	+ 32 kg (= 24,8 m^3)	$\Rightarrow$ 44 kg (= 24,8 m^3)
2 kmol H_2	+ 1 kmol O_2	$\Rightarrow$ 2 kmol H_2O oder
4 kg	+ 32 kg (= 24,8 m^3)	$\Rightarrow$ 36 kg (= 49,6 m^3).

Mit diesen Angaben errechnet sich der Mindestsauerstoffbedarf unter Standardbedingungen bei vollständiger Oxidation von 10 g $(CH_4)/m^3$ (Abgas) zu:
0,03 m^3 $(O_2)/m^3$ (Abgas). Im Abgasstrom muss dann bei einer Luftzahl von
$\lambda = 1,2$ ein Sauerstoffvolumen von 0,0372 m^3 $(O_2)/m^3$ (Abgas) vorhanden sein.
Allerdings reicht der im Abgas enthaltene Brennstoff nicht für eine autotherme
Verbrennung (d. h. eine selbsttätige Verbrennung) aus, sodass Erdgas oder extra
leichtes Heizöl als Zusatzbrennstoff zugeführt werden muss.

Tabelle 20-1: Zündtemperaturen, Zündgrenzen und Heizwerte von einigen
Stoffen [20.2]

Substanz	Brutto-formel	Zünd-temperatur in °C	Zündgrenzen in Luft (bei 1,013 bar und 20 °C) in g/m³		Heizwert in kg/kJ
			untere	obere	
Ethin	C_2H_2	305	16	880	56 870
Ethen	C_2H_4	425	31	390	47 130
Ethan	C_2H_6	515	37	195	47 465
Ethanol	C_2H_6O	425	67	290	26 765
Ammoniak	NH_3	630	105	200	18 610
Benzen	C_6H_6	555	39	270	40 150
Methan	CH_4	595	33	100	50 015
Methanol	CH_4O	455	73	530	19 510
Propan	C_3H_8	470	39	180	46 335
Toluol	C_7H_8	535	46	270	40 355
Wasserstoff	H_2	560	3,3	64	111 575

(Anm.: Unter dem Heizwert der aufgeführten Substanz ist die bei der Verbrennung
frei werdende Verbrennungswärme zu verstehen, wobei das als Reaktionsprodukt
entstandene Wasser dampfförmig vorliegt. Wird das Wasser kondensiert, sodass
dessen Kondensationswärme zusätzlich zu berücksichtigen ist, dann muss mit dem
höheren Brennwert – früher auch „oberer Heizwert" genannt – gerechnet werden.)

Jede chemische Reaktion, auch die Oxidation, benötigt Aktivierungsenergie, die zugeführt werden muss. Deshalb müssen der Abgasstrom
und/oder der Zusatzluftstrom vorgewärmt oder mit Zusatzbrennstoff auf
Zündtemperaturen von 500…600 °C aufgeheizt werden.

Die **Zündtemperatur** ist diejenige Temperatur, bei der die
Verbrennungsgeschwindigkeit so groß ist, dass die Verbrennungswärme ausreicht, um nachströmende Substanzen
auf Zündtemperatur zu halten.

Tabelle 20-1 gibt diese erforderlichen Zündtemperaturen und die Zündgrenzen in Luft für einige Substanzen wieder. Bei der katalytischen
Verbrennung bewirken geeignete Katalysatoren die Reduzierung der
notwendigen Aktivierungsenergie der Reaktionspartner und damit deutlich geringere Zündtemperaturen von nur noch 250…350 °C.

Umwelttechnologien

Dieser Reaktionsparameter ist auch wegen der bei den tieferen Temperaturen größeren Gleichgewichtskonstanten vorteilhaft.

Ein brennbarer Stoff kann nur innerhalb dieser Zündgrenzen oxidiert werden: Die Verbrennung kommt bei Unterschreiten der unteren Zündgrenze wegen Brennstoffmangels, bei Überschreiten der oberen Zündgrenze wegen Sauerstoffmangels zum Erliegen. Die Konzentrationsbereiche zwischen den in Tabelle 20-1 genannten Zündgrenzen lassen sich bei einer Temperaturerhöhung und Druckerhöhung ausdehnen. So sinkt z. B. die untere Zündgrenze (auch „untere Explosionsgrenze" genannt) von Kohlenstoffmonoxid von 16,5 Vol.-% bei 15 °C auf 7,4 Vol.-% bei 600 °C. Entscheidend ist daneben natürlich der Sauerstoffgehalt im Abgas-Luft-Gemisch: Liegt in einem Wasserstoff-Gas-Gemisch die Sauerstoffkonzentration unterhalb von 5 Vol.-%, dann ist eine Explosion nicht mehr möglich; bei Kohlenstoffmonoxid ist eine Explosion unterhalb von 5,4 Vol.-% Sauerstoff ausgeschlossen; je nach dem gasförmigen Stoff liegt dieser maximale Sauerstoffwert ansonsten aber zwischen 10 und 14 Vol.-% O_2 [20.2].

Da im Abgasstrom in der Regel ein Stoffgemisch enthalten ist, muss dessen **Zündtemperatur** experimentell ermittelt werden; die in Tabelle 20-1 genannten Daten können so allenfalls einen ungefähren Hinweis auf die notwendige Zündtemperatur liefern.

Ob und wie viel **Zusatzenergie** zugeführt werden muss, ist in Form einer Energiebilanz zu ermitteln; dabei müssen die vorhandenen und die eventuell zusätzlich zugeführten Brennstoffmengen so groß sein, dass der zu reinigende Abgasstrom und der mögliche **Zusatzluftstrom** die notwendigen Verbrennungstemperaturen erreichen.

Bei der Reaktion von 1 kg C mit Sauerstoff zu CO_2 werden 32 795 kJ freigesetzt. Reagiert hingegen 1 kg C mit Sauerstoff nur zu CO, dann erhält man nur 10 106 kJ. Daraus folgt, dass sowohl aus ökologischen, aber auch aus energetischen Gründen eine vollständige Oxidation zu CO_2 unbedingt anzustreben ist.

Eine vollständige Oxidation zu CO_2 wird über ein ausreichendes Sauerstoffangebot und eine genügend lange Verweildauer in der Brennkammer bei hoher Temperatur (vgl. Bild 20-3), aber auch über konstruktive Maßnahmen an der Brennkammer sichergestellt. Unter den hier relevanten konstruktiven Anforderungen werden alle Details verstanden, die gewährleisten, dass sich Abgas und Zusatzbrennstoff gut mischen.

Der Energieinhalt der Verbrennungsprodukte lässt sich durch geeignete Wärmetauscher auf den Rohgasstrom und/oder den Zusatzluftstrom teilweise übertragen, damit deren Eintrittstemperaturen in die Brennkammer erhöhen und den Bedarf an Zusatzbrennstoff senken (vgl. Abschn. 20.2).

 Überschlägig wird bei einem Gehalt von 1 g (C)/m^3 (Abluft) die Temperatur des Abgasstroms bei vollständiger Oxidation um ca. 25 °C erhöht.

Enthalten die im Abgasstrom vorhandenen Schadstoffe noch Elemente wie Chlor, Fluor oder Schwefel, dann entstehen im Oxidationsprozess neue Schadstoffe wie HCl, HF oder SO_2, die je nach deren Konzentrationen im die Brennkammer verlassenden Abgasstrom in weiteren Reinigungsstufen wie durch Absorption (vgl. Kap. 21) zu entfernen sind. Auch das Entstehen von Stickoxiden muss bei Verbrennungstemperaturen von 850 °C und mehr stark beachtet werden (vgl. Kap. 19).

Der **Wärmerückgewinnung** aus den heißen Reingasen sind Grenzen durch die noch enthaltenen Inhaltsstoffe wie Schwefeldioxid – Herkunft aus dem Rohgas oder/und aus den Zusatzbrennstoffen Erdgas oder extra leichtem Heizöl – gesetzt. Eine Taupunktunterschreitung muss sicher vermieden werden, deshalb ist das Reingas bei Temperaturen zwischen 110 und 135 °C – ca. 110 °C bei Erdgas, 135 °C bei extra leichtem Heizöl als Zusatzbrennstoff – über den Schornstein abzuleiten.

20.2   Flammen-, thermische und katalytische Verbrennung

Die Abgasverbrennung lässt sich je nach den aufgetretenen Betriebstemperaturen unterscheiden in die

- Flammenverbrennung,
- thermische und katalytische Verbrennung.

Bei der **Flammenverbrennung** werden die organischen Substanzen bei Temperaturen über 1 200 °C vernichtet. Die Abgase müssen einen so hohen Energieinhalt aufweisen, dass die Reaktion ohne weitere Energiezufuhr stabil verläuft. Die wichtigsten Einsatzgebiete der Flammenverbrennung sind Boden- und Hochfackeln als Sicherheitseinrichtungen in Raffinerien und Chemieanlagen, um schnell bei einer Produktionsstörung große produzierte Gasströme unschädlich zu machen, bevor die Produktionsanlage selbst zurückgefahren werden kann. Aus regelungs- und sicherheitstechnischen Gründen (stoßweise Verbrennung der Gase mit stark wechselnden Volumenströmen und/oder Konzentrationen) verbietet sich eine Unterfeuerung in Industrieöfen.

Umwelttechnologien

Fackeln sind zur Atmosphäre nach oben hin offene Brenner, die in einer Höhe bis zu 100 m installiert und mit einer Zündflamme versehen sind. Aus Lärmschutzgründen finden sich in Ballungsgebieten auch Bodenfackeln, weil diese sich schalltechnisch gut abschirmen lassen.

Wichtigste **Forderungen an den Betrieb einer Fackel** sind eine sichere Zündung und eine vollständige und rußfreie Verbrennung. Zu diesem Zweck brennt am Fackelmund eine mit Erdgas gespeiste Zündflamme, schwankende Abgaskonzentrationen lassen sich mit Erdgas als Stützgas ausgleichen. Durch das Eindüsen von Wasserdampf – bis zu 0,25 kg H_2O-Dampf je kg Abgas – und durch Luftzufuhr direkt in die Verbrennungszone ist eine unvollständige Oxidation mit Produkten wie Ruß, Kohlenstoffmonoxid und Kohlenwasserstoffen sicher zu vermeiden.

Bild 20-2 zeigt eine Sicherheitsfackel, die im Störungsfall große Volumina an brennbaren Gasen vernichten kann, wobei allerdings die im Verbrennungsprozess frei werdende Energie ungenutzt an die Umgebung abgegeben wird.

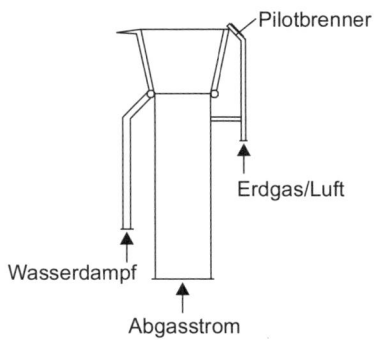

Bild 20-2: Freiflammenfackel

Im Jahre 2001 wurde die neue EU-Lösemittelrichtlinie in deutsches Recht umgesetzt: die novellierte TA-Luft (vgl. Kap. 3) schreibt ab 1. Oktober 2002 weiter reduzierte Grenzwerte bei gasförmigen organischen und anorganischen Stoffen vor, dabei ist auch das Gebot zur CO_2-Minimierung zu beachten. Vor diesem Hintergrund sieht die Prozessindustrie – etwa die chemische Industrie, die Automobilindustrie mit ihren Lackierstraßen, Kaffeeröstereien, Betriebe der Tierkörperverwertung – erhöhten Handlungsbedarf, die oxidative Abgasreinigung in thermischen oder in katalytischen Verbrennungsanlagen zu optimieren.

Bei der **thermischen Verbrennung** – häufig auch **thermische Nachverbrennung (TNV)** genannt – wird der mit organischen Stoffen beladene Abluftstrom inklusive eventuell noch benötigter Verbrennungsluft
und zusätzlichen Brennstoffes in eine Brennkammer geführt, die vollständig aus hochlegiertem Stahl oder aus einem mit keramischen Werkstoffen ausgekleidetem Stahlmantel besteht.

Die Konzentration an organischen Substanzen beträgt bis zu 15 g je m^3
Abluftstrom, zu deren Zerstörung Verbrennungstemperaturen von 800
bis 1 100 °C bei Verweilzeiten des Gasstroms in der Brennkammer von
0,3 bis zu 2 s benötigt werden. Obwohl der Kohlenwasserstoffabbau
schon bei deutlich niedrigeren Temperaturen als 800 °C einsetzt, müssen
aber Reaktionstemperaturen von 800 °C und mehr angestrebt werden,
um den erst später einsetzenden Schadstoffumsatz hin zu CO_2 entsprechend Bild 20-1 auch sicher zu gewährleisten.

> Niedrige Verbrennungstemperaturen bedingen eine höhere
> Verweildauer in der Brennkammer, so mindestens eine Ver-
> weildauer von 3 s bei einer Temperatur von 900 °C.

Den Zusammenhang zwischen Verbrennungstemperatur und Verweildauer in der Brennkammer verdeutlicht Bild 20-3: Der restliche Gehalt
an organischem Kohlenstoff im Reingas sinkt mit ausreichend hoher
Verweildauer oder erhöhter Verbrennungstemperatur.

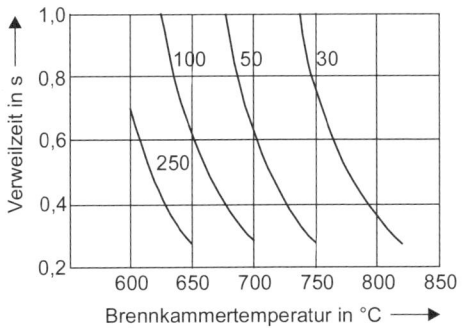

Bild 20-3: Einfluss von Temperatur und Verweildauer der Brenngase
und Zusatzluft in der Brennkammer auf die Reingasqualität mit dem
Parameter im Diagramm: Konzentration in mg organischer Kohlenstoff je m^3 i. N. im austretenden Reingasstrom (ausgehend von 2 g
organischer Kohlenstoff je m^3 i. N. im zugeführten Rohgasstrom)
[20.3]

Bild 20-4 zeigt schematisch alle Systemkomponenten einer thermischen Verbrennungsanlage, vor allem Brennkammer und Wärmetauscher. In Bild 20-4A wird der Abgasstrom aufgeheizt, der restliche Energieinhalt des Reingasstromes wird extern genutzt, denkbar wäre auch, den notwendigen Verbrennungsluftstrom aufzuheizen. Wenn der Brennstoffgehalt des Rohgasstromes ausreichend für eine autotherme Verbrennung ist, sodass auf eine Wärmeübertragung Reingas/Rohgas entsprechend Bild 20-4A verzichtet werden kann, dann sollte der Energieinhalt entsprechend Bild 20-4B völlig extern – z. B. zur Dampferzeugung – genutzt werden.

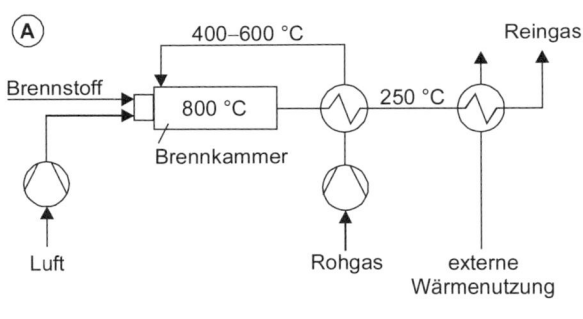

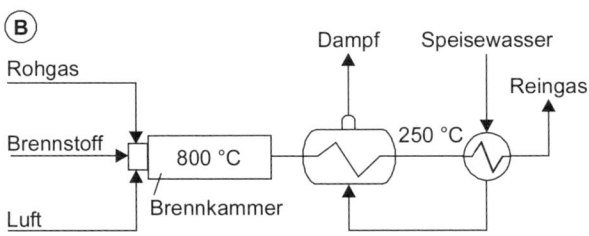

Bild 20-4: Schema einer thermischen Verbrennungsanlage (TNV) (A) mit Vorwärmung des Abgasstroms und (B) mit externer Wärmenutzung zur Dampferzeugung [20.4]

Eine technisch sinnvolle und wirtschaftlich optimale Konstruktion ist in Bild 20-5 gelungen, wo die Brennkammer und der Abluftwärmetauscher als Kompakteinheit in Stahl ausgeführt sind. Der Rohgasstrom durchströmt den konzentrisch um die Brennkammer angeordneten Wärmetauscher und nimmt dabei Energie von der gereinigten Abluft auf. Das so vorerhitzte Rohgas erreicht dann unter Zufuhr von Erdgas als Zusatzbrennstoff die erforderliche Verbrennungstemperatur von ca. 800 °C (abhängig von den Inhaltstoffen im Rohgasstrom, siehe z. B. Tab. 20-1). Die in Bild 20-5 skizzierte Anlage ist bezüglich ihrer Konstruktion vorteilhaft, weil sich der Wärmetauscher ungehindert ausdehnen kann und die Brennkammer innen und außen von heißen Gasen umspült wird. Außerdem sind die Wärmeverluste durch Strahlung an die Umgebung dadurch minimiert, dass der kalte Rohgasstrom bewusst außen geführt wird. Über einen Bypass am Brennkammerende ist es möglich, den Wärmetauscher zu umfahren, wenn dieser bei stark steigenden Schadstoffkonzentrationen entlastet oder wenn eine Mindesttemperatur im Reingas wegen der Gefahr von möglichen Taupunktsunterschreitungen eingehalten werden soll.

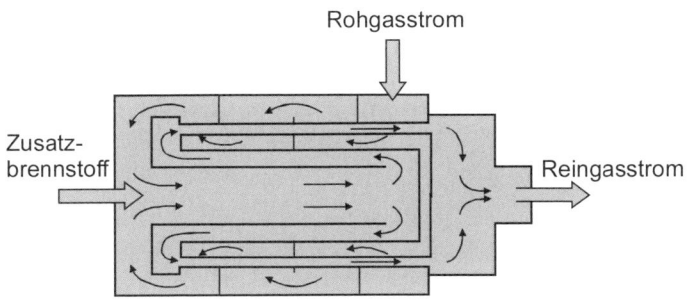

Bild 20-5: Kompaktanlage zur thermischen Abluftreinigung (TNV) der Firma Eisenmann Maschinenbaugesellschaft mbH, Böblingen

Neben der in Bild 20-4 und 20-5 dargestellten **rekuperativen Wärmenutzung** ist auch eine **regenerative Wärmenutzung** entsprechend Bild 20-6 möglich. Hierbei werden zwei baugleiche, räumlich aber voneinander getrennte Wärmetauschereinheiten – Schüttgut mit hoher Wärmekapazität und starker thermischer Belastbarkeit – abwechselnd von kaltem Rohgas bzw. heißem Reingas durchströmt, dabei aufgeheizt oder aber abgekühlt. Der thermische Wirkungsgrad erreicht in solchen Anlagen – auch **RNV-Anlagen** genannt – wegen des verbesserten Wärmeübergangs und wegen der großen Wärmetauscherflächen der Speichermaterialien Werte bis zu 97 %. In Bild 20-6 wird das Rohgas zunächst der Speichermasse in Bett 1 zugeführt, heizt sich dort auf, gelangt in die Brennkammer, wo eventuell noch Zusatzenergie zugeführt werden muss, und erreicht anschließend die Speichermasse in Bett 2, die sich aufheizt, während sich der Reingasstrom dabei abkühlt. Im Minutentakt werden die Ventile 1 und 4 bzw. 2 und 3 abwechselnd geschlossen bzw. geöffnet, um das Gas abwechselnd über Bett 1, über die Brennkammer und dann über Bett 2 bzw. umgekehrt führen zu können.

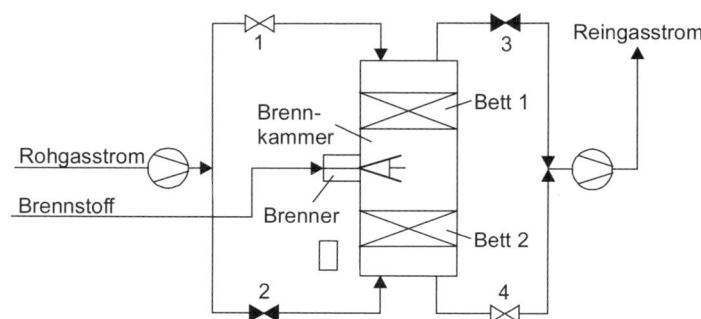

Bild 20-6: Schema einer regenerativen thermischen Verbrennungsanlage (RNV) mit geöffneten Ventilen 1 und 4 und geschlossenen Ventilen 2 und 3 [20.4]

Gasförmige organische Schadstoffe können ebenfalls in einer **katalytisch arbeitenden Anlage** – häufig auch **katalytische Nachverbrennungsanlage (KNV)** genannt – nach Gl. (20-1) oxidiert werden. Die KNV-Anlage ist wie eine TNV-Anlage konzipiert, allerdings enthält die Brennkammer einen geringe Strömungswiderstände aufweisenden Katalysator in Form von Schüttungen aus Kugeln oder Strangpresslingen mit 6 mm Durchmesser oder aber in Form von Wabenkörpern. Die aktiven Komponenten des Katalysators sind Edelmetalle – häufig Platin oder Palladium – auf einer keramischen Unterlage aus Aluminium-, Silicium- oder Titanoxiden. Diese Edelmetallkatalysatoren finden besonders bei Abgasströmen Anwendung, die Kohlenwasserstoffe und Kohlenstoffmonoxid enthalten. Übergangsmetalloxid-Katalysatoren auf Kupfer- oder Chrombasis sind unempfindlicher gegen Katalysatorgifte und werden eingesetzt, wenn im Rohgasstrom Chlor- oder Schwefelverbindungen zu finden sind.

Katalysatoren reduzieren die benötigte Aktivierungsenergien, beschleunigen so die Reaktion, nehmen selbst aber an der Reaktion nicht teil.

Gegen Katalysatorgifte – so z. B. Schwermetalle, Schwefel- und Halogenverbindungen – sind Katalysatoren unterschiedlich stark empfindlich.

Katalysatorgifte desaktivieren den Katalysator durch Ablagerung auf der Katalysatoroberfläche oder durch chemische Reaktion von Abgasbestandteilen mit der Aktivkomponente irreversibel, sodass der Reinigungseffekt dann stark nachlässt.

Der Katalysator erlaubt es, die Oxidation auf einem deutlich reduzierten Temperaturniveau von nur 300 bis 400 °C durchzuführen (die Temperaturgrenzen in KNV-Anlagen betragen minimal 180 °C für reine CO-haltige, maximal 500 °C für reine CH_4-haltige Abgase) [20.5]. Ein wesentlicher Vorteil von KNV-Anlagen gegenüber TNV-Anlagen ist der deutlich früher einsetzende Abbau des Sekundärschadstoffs CO, der bei 300 bis 350 °C nahezu vollständig umgesetzt ist (vgl. auch Bild 20-1).

Mit KNV-Anlagen lässt sich der Bedarf an Zusatzenergie absenken oder/ und die beim Verbrennungsprozess frei werdende Energie extern über eine Thermoölanlage nutzen. Bild 20-7 zeigt das Schema einer KNV-Anlage mit wesentlichen Daten, die sich auf den Katalysator beziehen.

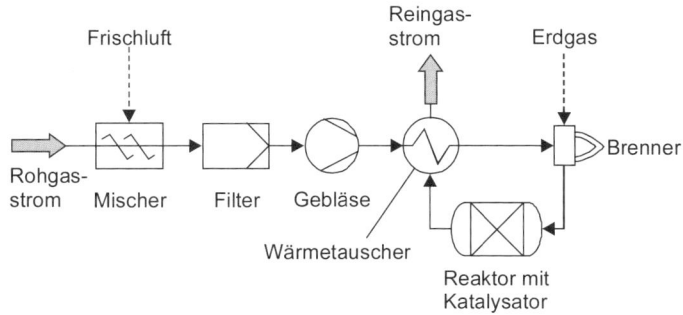

Bild 20-7: Schema einer KNV-Anlage mit wichtigen Angaben zum Katalysator: Raumgeschwindigkeit: 10 000...20 000 m^3 i. N./(h · m^3 Katalysator), Druckverluste durch das Katalysatorbett 10...50 mbar bei einer Betthöhe bis 0,5 m, Reaktionstemperaturen an Edelmetallkatalysatoren z. B. für Ammoniak 270 °C, Propen 210 °C, für Benzen 350 °C [20.5]

Eine weitere Möglichkeit, die Temperatur in der Brennkammer gegenüber TNV-Anlagen zu senken, stellt die **elektrisch angeregte Nachverbrennung** (**ENV**) dar. Hierbei wird der Abgasstrom zur Zündung und zur Flammenstabilisierung durch ein elektrisches Strahlerfeld geführt (eine Entwicklung der Firma Eisenmann Maschinenbaugesellschaft mbH). Vorteilhaft arbeiten ENV-Anlagen bei niedrigen Reaktionstemperaturen mit Sauerstoffgehalten von nur 4 Vol.-% im Rohgas (gegen über 15 Vol.-% bei TNV-Anlagen). So eignen sich ENV-Anlagen gut dazu, inerte Reingasströme mit Restsauerstoffkonzentrationen von < 1 Vol.-% O_2 zu erzeugen, die dann z. B. das Innere von Behältern und Tanks schützen und konservieren sollen. Selbstverständlich muss aber auch bei einer ENV-Anlage die Sauerstoffkonzentration im eintretenden Gasstrom für eine vollständige Oxidation ausreichend groß sein.

Thermische Verbrennungsanlagen müssen mit **Sicherheitseinrichtungen** wie Flammenfilter oder Wassertauchung versehen sein, wenn die zündfähigen Schadstoffe im Rohgasstrom Konzentrationen erreichen können, die über dem halben Wert der unteren Zündgrenze (Tab. 20-1) liegen. Diese Sicherheitssysteme verhindern ein „Zurückzünden" aus der Brennkammer in die Wärmetauscher und in die Zuleitungen.

Da die genannten Sicherheitseinrichtungen bei **regenerativen Anlagen (RNV)** nicht eingesetzt werden können, werden RNV-Anlagen nur zur Reinigung von Abgasen mit einer geringen Konzentration an zündfähigen Stoffen betrieben.

20.3   Grundlagen der reduktiven Abgasreinigung

Bei der Verbrennung reagieren Stickstoff und Sauerstoff zu Stickstoffoxiden NO und NO_2, zusammengefasst als NO_X (95 % NO, 5 % NO_2). Der Stickstoff im NO_X stammt dabei aus zwei Quellen: aus dem Brennstoff, deshalb „**Brennstoff-NO_X**" genannt, und exponentiell ansteigend ab Verbrennungstemperaturen von 850 °C aufwärts aus der Verbrennungsluft, deshalb „**thermisches NO_X**" genannt. Neben den primären Maßnahmen (vgl. Kap. 19, [20.6]) sind bei den sekundären Maßnahmen zwei Verfahrensprinzipien zu unterscheiden, mit denen Stickstoffoxide aus dem Abgas entfernt werden können:

■   mit dem Oxidationsverfahren und
■   mit dem hierbei wichtigeren Reduktionsverfahren [20.3, 20.6]

Im Oxidationsverfahren wird NO zu NO_2 z. B. mit Hilfe von Ozon oxidiert, in wässriger Lösung reagiert NO_2 mit NH_3 zu Ammoniumnitrit und -nitrat; Ammoniumnitrit wird zu Nitrat oxidiert und als „Stickstoffdünger" gewonnen (Reaktionsgleichungen (20-4) bis (20-6)). Diese als „WALTHER-Verfahren" bekannt gewordene Technik hat sich aber bisher in Großanlagen nicht durchsetzen können:

$$NO + O_3 \rightleftharpoons NO_2 + O_2 \qquad \qquad (20\text{-}4)$$

$$2\ NO_2 + 2\ NH_3 + H_2O \rightleftharpoons NH_4NO_2 + NH_4NO_3 \qquad \qquad (20\text{-}5)$$

$$NH_4NO_2 + \tfrac{1}{2}\ O_2 \rightleftharpoons NH_4NO_3 \qquad \qquad (20\text{-}6)$$

Im Reduktionsverfahren werden die Stickoxide NO_X zu N_2 meist auf katalytischem Wege reduziert; dabei wird Ammoniak als Reduktionsmittel verwendet (Gl. (20-7 und 20-8)):

$$4\ NH_3 + 4\ NO + O_2 \rightleftharpoons 6\ H_2O + 4\ N_2 \qquad (20\text{-}7)$$

$$8\ NH_3 + 6\ NO_2 \rightleftharpoons 12\ H_2O + 7\ N_2 \qquad (20\text{-}8)$$

Die daneben auch ablaufende oxidative Reaktion von Sauerstoff mit Ammoniak ist wegen des zusätzlichen NH_3-Verbrauchs unerwünscht:

$$4\ NH_3 + 3\ O_2 \rightleftharpoons 2\ N_2 + 6\ H_2O \qquad (20\text{-}9)$$

Bei der katalytischen NO_X-Reduzierung, der „selektiven katalytischen Reduktion" – abgekürzt auch als „**SCR-Verfahren**" bezeichnet – wird ein zwischen 380 bis 430 °C arbeitender Katalysator eingesetzt, der aus aktiven Oxiden von Vanadium, Molybdän, Eisen, Wolfram u. a. auf dem Trägermaterial Titandioxid besteht. Mit einem Molverhältnis von $NH_3/NO_X \approx 0,8$ lassen sich die NO-Konzentrationen im Rauchgasvolumen zu ca. 80 % reduzieren, die Raumgeschwindigkeit sollte auf 5 000 m^3 i. N./(h · m^3 Katalysatorvolumen) eingestellt werden. Der zulässige „NH_3-Schlupf" – d. h. die Emission an nicht reagiertem NH_3 im Reingasstrom – beträgt etwa 5 ppm [20.6].

Dagegen muss im Verfahren ohne Katalysator – deshalb „selektive nicht katalytische Reduktion" oder abgekürzt „**SNCR-Verfahren**" genannt – in einem engen Temperaturfenster um 900 °C gearbeitet werden, der NH_3-Verbrauch ist überstöchiometrisch, die NO_X-Reduzierung beträgt nur 60 % [20.3].

20.4   Das SCR-Verfahren zur NO_X-Reduktion

Der SCR-Reaktor kann im Rauchgasweg eines fossil gefeuerten Kraftwerks an unterschiedlichen Stellen eingebaut werden (vgl. Bild 20-8).

Bei der **High-Dust-Variante** muss keine hochwertige Zusatzenergie in Form von Erdgas zugeführt werden, um den Katalysator im SCR-Reaktor auf seine „Anspringtemperatur" von ca. 390 °C zu bringen. Allerdings muss der Katalysator weit gehend unempfindlich gegen Staub- und Schwefelverunreinigungen im Rauchgas sein. Bei der **Low-Dust-Variante** kommt das weit gehend entstaubte und entschwefelte Rauchgas mit dem Katalysator in Kontakt, allerdings muss mit einem aufwändigen „Wärmeverschiebesystem" der Bedarf an Zusatzenergie minimiert werden.

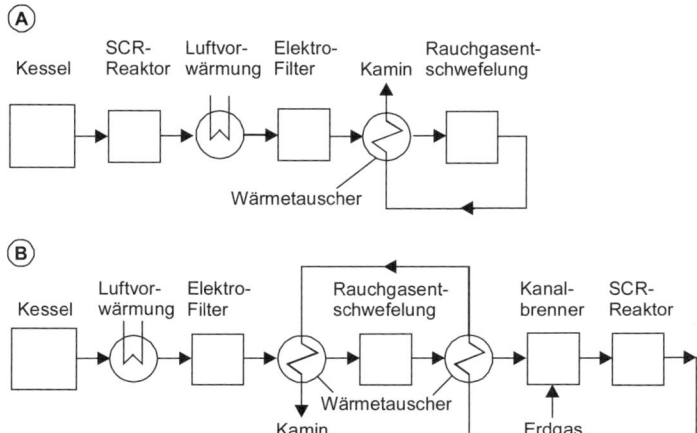

Bild 20-8: SCR-Reaktor im Rauchgasweg eines fossil gefeuerten Kraftwerks A) direkt hinter dem Kessel, als „High-Dust-Variante" bezeichnet, B) hinter den Anlagen zur Rauchgasentstaubung und -entschwefelung, als „Low-Dust-Variante" bezeichnet.

21   Abgasreinigung durch Kondensation, Ab- und Adsorption

Im praktischen Betrieb schon jahrzehntelang bewährte Verfahren zur Abscheidung gasförmiger Komponenten aus Gasströmen sind die **Kondensation**, die **Absorption** und die **Adsorption.** Diese thermischen Grundoperationen erlauben es, aus Gasströmen Substanzen auszuschleusen, um sie zurückzugewinnen und erneut in der Produktion einzusetzen, oder auch nur, um sie gasförmig aufzukonzentrieren und dann in Kombination mit Oxidationsverfahren (vgl. Kap. 20) betriebswirtschaftlich günstig zu vernichten.

21.1   Theoretische Grundlagen

Durch **Kondensation** lassen sich Gaskomponenten abscheiden, wenn deren Siedetemperaturen erheblich die der Hauptbestandteile des Abgasstromes übersteigen. Dazu muss die Temperatur abgesenkt und/oder der Druck erhöht werden. Die Temperatur, bei der Kondensatbildung einsetzt, wird auch als Taupunkt bezeichnet.

Beispielhaft sei das Kondensationsverfahren als Trennoperation für Toluol als Lösungsmittel verdeutlicht: Der Dampfdruck beträgt bei der Temperatur von 20 °C 29 mbar; damit ergibt sich bei 20 °C und dem Gesamtdruck von 1 bar eine Sättigungskonzentration von 0,029 Stoffmengenanteile Toluol in der Abluft (entsprechend 119 g Toluol pro m^3 Abluft). Beläuft sich beispielhaft die Schadgaskonzentration bei 50 °C auf 300 g/m^3, dann fällt bei Kühlung des Abluftstroms auf 20 °C 181 g Toluol pro m^3 aus. Die Technische Anleitung zur Reinhaltung der Luft (TA Luft) teilt die organischen Substanzen je nach deren Gefährdungspotenzial in drei Klassen ein: Toluol gehört danach in Klasse II; ab 1. Oktober 2002 schreibt der Gesetzgeber für diese Schadstoffklasse vor, maximal 100 mg/m^3 zu emittieren. Dieses bedeutet: Der Abgasstrom muss bis auf −65 °C (Dampfdruck von Toluol dabei 2,32 Pa) heruntergekühlt werden, um bei p = 1 bar mit 95,35 mg/m^3 den vorgeschriebenen Grenzwert zu unterschreiten. Würde der Abgasstrom hingegen nur z. B. auf −20 °C (Dampfdruck 215 Pa) heruntergekühlt, wäre das gesättigte Abgas bei p = 1 bar noch mit 8841 mg Toluol pro m^3 beladen. Selbst bei einer Druckerhöhung auf p = 10 bar läge das Abgas mit 884 mg Toluol pro m^3 noch deutlich über dem vorgeschriebenen Grenzwert.

Mithilfe der Kondensation lassen sich betriebswirtschaftlich günstig die in der TA Luft vorgeschriebenen Grenzwerte nicht einhalten, da dieses

Umwelttechnologien

nur mit großem Energieaufwand zu erreichen wäre. Dazu müsste der Gasstrom erheblich in seiner Temperatur reduziert und/oder im Druck angehoben werden. Technisch interessant ist deshalb die Kondensation nur zur Vorreinigung und bei Kreislaufbetrieb mit inerten Gasströmen, die auch innerhalb der Zündgrenzen mit organischen Gaskomponenten beladen sein können (vgl. Abschn. 20.1, Tab. 20-1).

Im Trennverfahren der **Absorption** [21.1] werden Gasbestandteile in einer Flüssigkeit, auch Absorptionsmittel oder Absorptionsflüssigkeit genannt, auf physikalischem oder chemischem Wege gelöst und gebunden. Bild 21-1 zeigt den prinzipiellen Unterschied zwischen physikalischer und chemischer Absorption auf: Bei einem physikalisch – nicht aber bei einem chemisch – wirkenden Lösungsmittel besteht ein linearer Zusammenhang zwischen der Gaszusammensetzung, hier mit dem Partialdruck gekennzeichnet, und der Flüssigkeitskonzentration, hier in Stoffmengenanteilen angegeben.

Den Gleichgewichtszustand zwischen der Gasphase und der flüssigen Phase beschreibt für die physikalische Absorption das HENRYsche Gesetz:

$$p_A = H_A \cdot x_A \qquad (21\text{-}1)$$

p_A Partialdruck der Komponente A in bar, H_A HENRYsche Konstante in bar (von der Temperatur abhängig), x_A Konzentration der flüssigen Phase in Stoffmengenant. Komp. A.

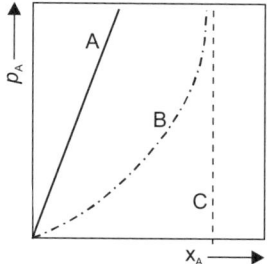

Bild 21-1: Partialdruck p_A der gelösten Gaskomponente A in Abhängigkeit von der Konzentration des gelösten Gaskomponente A in der Flüssigphase x_A bei konstanter Temperatur t [21.1, 21.3]. (A) physikalisch wirkendes Absorptionsmittel mit der HENRYschen Konstanten H_A als Steigungsfaktor (vgl. Gl. (21-1)); (B) chemisch wirkendes Absorptionsmittel mit der durch die chemische Bindung verursachten maximalen Beladung C

Tabelle 21-1: Löslichkeit von Kohlenstoffdioxid in Wasser und in N-Methylpyrrolidon (abgek. NMP, C_5H_9NO) bei dem Gesamtdruck p = 1 bar, aber bei unterschiedlichen Temperaturen [21.1 und 21.2]

t in °C	CO_2 in Wasser $H_{CO2}/10^2$ bar	x_{CO2} (bei p_{CO2} = 0,05 bar)	CO_2 in NMP H_{CO2}/bar	x_{CO2} (bei p_{CO2} = 0,05 bar)
0	7,36	$6,79 \cdot 10^{-5}$	38,7	$1,29 \cdot 10^{-3}$
30	18,96	$2,64 \cdot 10^{-5}$	74,8	$0,67 \cdot 10^{-3}$
60	34,56	$1,47 \cdot 10^{-5}$	127,1	$0,39 \cdot 10^{-3}$

Deutlich ist in Tab. 21-1 zu erkennen, dass die Löslichkeit mit steigender Temperatur abnimmt und dass sich CO_2 in Wasser erheblich schlechter als in NMP löst.

Mit dem DALTONschen Gesetz $y_A = p_A/P$ ergibt sich aus Gl. (21-1):

$$y_A = \frac{H_A}{p} \cdot x_A \qquad (21-2)$$

y_A Stoffmengenanteile der Gasphase, x_A Stoffmengenanteile der flüssigen Phase, H_A HENRYsche Konstante in bar, p Gesamtdruck in bar; der Index A steht für die ausgetauschte Komponente A.

Aus Gl. (21-2) folgt: **Die Absorption muss bei möglichst großen Gesamtdrücken durchgeführt werden.** So steigen die in Tab. 21-1 genannten maximalen Konzentrationen der flüssigen Phase z. B. um den Faktor 5, wenn CO_2 aus dem Gasstrom mit y_A = 0,05 Stoffmengenanteilen CO_2 nicht bei p = 1 bar, sondern bei p = 5 bar entfernt werden soll.

Die Löslichkeit von Gaskomponenten A in Flüssigkeiten x (Tab. 21-1) nimmt zu tieferen Temperaturen T und höheren Drücken p hin zu:

$$x \sim p \cdot (1/T) \qquad (21-3)$$

Bei **chemisch wirkenden Absorptionsmitteln** werden die zu absorbierenden Gaskomponenten chemisch gebunden, dabei ist die maximale Beladbarkeit eines chemisch wirkenden Waschmittels wesentlich größer als die einer physikalisch wirkenden Flüssigkeit. Allerdings kann ein chemisch wirkendes Absorptionsmittel – wenn überhaupt – dann nur bei hohem Wärmebedarf regeneriert werden.

Bei der Absorption durch chemische Bindung tritt neben die Diffusionsgeschwindigkeit als bestimmenden Faktor noch die Reaktionsgeschwindigkeit. Die chemisch wirkende Absorptionsflüssigkeit belädt sich schnell bis zur Sättigung, deshalb senkt sich im Gasraum der Druck der zu absorbierenden Komponente A ab. Erst nach hohen Gasaufnahmen – weit über denen bei einem physikalisch wirkenden Lösungsmittel – steigt der Partialdruck wieder an.

 Hervorzuheben ist die sehr gute Selektivität von wässrigen alkalischen Lösungen gegenüber sauren Gaskomponenten wie CO_2, SO_2, H_2S.

Bei der **Adsorption** werden Gaskomponenten an der großen Oberfläche von Feststoffen, deshalb Adsorbenzien genannt, angelagert. Der Vorgang beruht in der Regel auf physikalischen Effekten, chemische Reaktionen zwischen Gas und Feststoff sind normalerweise unerwünscht.

Auch für die Adsorption gilt: Der Arbeitsdruck sollte möglichst hoch, die Arbeitstemperatur sollte möglichst niedrig sein, damit der Feststoff möglichst viel von der Komponente A aufnehmen kann (vgl. Bild 21-2). Für die Regeneration des Adsorptionsmaterials sind die entgegengesetzten Parameter – hohe Temperatur und/oder tiefer Druck – zu wählen.

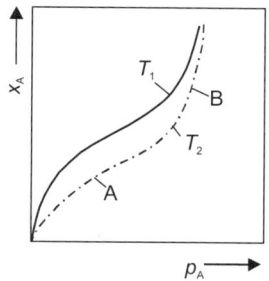

Bild 21-2: Typischer Verlauf von Adsorptionsisothermen bei den Temperaturen T_1 und T_2 (dabei $T_2 > T_1$): Beladung der adsorbierten Komponente A/Adsorptionsmaterial x_A in g/kg in Abhängigkeit vom Partialdruck p_A; Teilkurve (A) monomolekulare Bedeckung der Adsorptionsflächen; Teilkurve (B) zunehmend Adsorption durch Kapillarkondensation in den Adsorptionsporen [21.1, 21.2, 21.3]

Der Effekt der Kapillarkondensation ist dadurch zu erklären, dass der Dampfdruck der Komponente A, also des benetzenden Adsorptivs, über den stark gekrümmten Flächen in den Kapillaren kleiner ist als der Dampfdruck über einer ebenen Bezugsfläche.

In Bild 21-3 ist für die Adsorption von Aktivkohle mit verschiedenen Stoffen deren Gleichgewichtsbeladungen x_A bei 30 °C dargestellt. Dieses

Diagramm weist aus, dass Aktivkohle mit seiner sehr großen inneren Oberfläche bis zu 1 200 m^2/g hervorragend zur Reinigung von Abluftströmen geeignet ist, die mit organischen Stoffen – auch in geringer Konzentration – verunreinigt sind (hingegen weniger geeignet für die Gastrocknung).

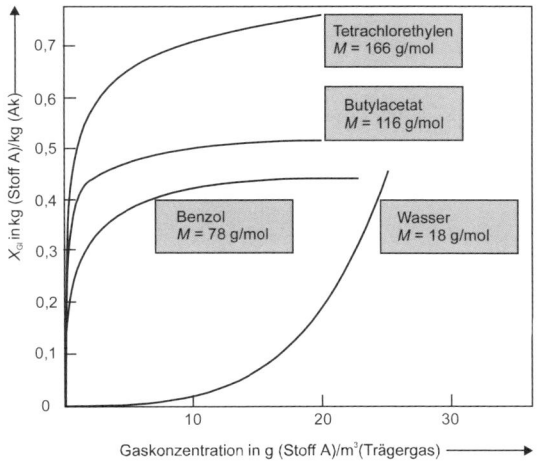

Bild 21-3: Adsorptionsisothermen verschiedener Substanzen an Aktivkohle bei 30 °C [21.1, 21.4]

Bei der **Desorption von beladenen Adsorptionsmaterialien** werden niedrige Arbeitsdrücke und/oder hohe -temperaturen eingestellt. Bei organischen, mit Wasser nicht mischbaren Kohlenwasserstoffen wird zur Temperaturerhöhung häufig Wasserdampf eingesetzt. Dabei sei darauf verwiesen, dass manche Isothermen Hysteresen zeigen, d. h., die mit steigender Gaskonzentration aufgenommenen Beladungen – die „Gleichgewichtsbeladungen" – lassen sich bei der Desorption, wenn die Konzentrationen sinken, nur mit Verzögerung wieder verifizieren.

21.2   Absorber- und Adsorberbauarten

Die Apparaturen, in denen die Absorption durchgeführt wird, werden **Absorptionskolonnen oder auch Absorber** (früher auch „Wäscher") genannt. Der Abgasstrom und der Flüssigkeitsstrom müssen in intensiven Stoffaustausch treten [21.1, 21.3, 21.5]: Zu diesem Zweck sind entweder die Absorptionskolonnen mit Böden, mit Füllkörpern oder mit Packungen in unterschiedlichen Geometrien oder aus unterschiedlichen Werkstoffen ausgerüstet oder aber der Flüssigkeitsstrom wird hier in den Abgasstrom hinein versprüht. Bild 21-4 zeigt einige typische Absorberkolonnen.

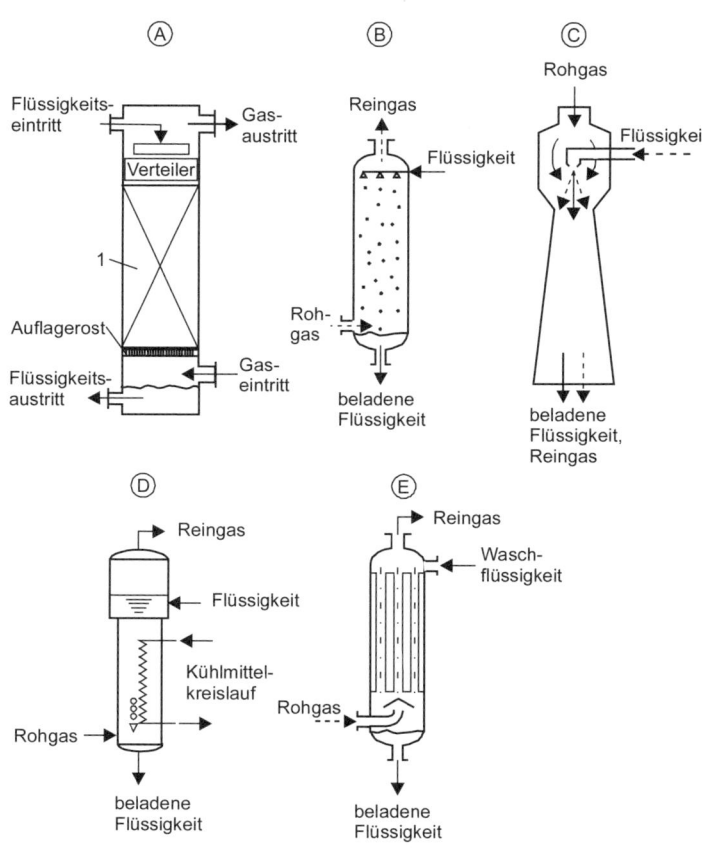

Bild 21-4: Typische Absorberbauarten: (A) Kolonne mit Füllkörpern, Packungen oder Böden (als 1 bezeichnet); (B) Sprühwäscher; (C) Strahlwäscher; (D) Gefäßabsorber; (E) Fallfilmabsorber [21.1, 21.3, 21.8 bis 21.10]

Die in Bild 21-4A skizzierte Absorptionskolonne enthält Füllkörper, Packungen oder Böden. Das Rohgas tritt unten zu und strömt der oben aufgegebenen Absorptionsflüssigkeit entgegen. Bei **Füllkörper- oder Packungskolonnen** bleiben Gas- und Flüssigphasen im Wesentlichen zusammenhängend, während bei **Bodenkolonnen** das Gasgemisch auf den Böden in die Flüssigkeit hinein dispergiert wird [21.1, 21.8]. In **Sprühwäschern** (Bild 21-4B) wird die Absorptionsflüssigkeit in den Gasstrom hinein versprüht, die im Gleich- oder im Gegenstrom zueinander geführt werden können. In Bild 21-4C ist ein **Strahlwäscher** dargestellt, bei dem die Absorptionsflüssigkeit unter Druck eingedüst und dispergiert wird. Absorber mit Flüssigkeitszerstäubung sind bei kleinen Flüssigkeitsströmen im Vergleich zu großen Gasströmen – so z. B. für umwelttechnische Aufgaben in der Luftreinhaltung –, bei kurzen Verweilzeiten und bei leicht löslichen Gaskomponenten besonders geeignet. In **Gefäßabsorbern** (Bild 21-4D) – bevorzugt bei schwer löslichen Gaskomponenten – steigen Gasblasen in einer nur wenig bewegten Flüssigkeit auf, aus der sich mit geringem technischen Aufwand die Absorptionswärme abführen lässt. In **Fallfilmabsorber** (Bild 21-4E) fließt die Absorptionsflüssigkeit an gekühlten Rohrwänden herab, die gasförmige Phase dazu im Gegenstrom – möglich aber auch im Gleichstrom – tritt an der Oberfläche des flüssigen Films in Stoffaustausch.

Die Adsorption wird in **Adsorbern** durchgeführt; typische Adsorberbauarten sind in Bild 21-5 dargestellt.

Die in Bild 21-5A skizzierte **Festbettadsorberanlage** besteht aus mindestens zwei Behältern, die mit Adsorbenzien gefüllt sind; Der linke Behälter ist hier auf Adsorption, der rechte auf Desorption geschaltet. Wenn das Adsorptionsmaterial, das im auf Adsorption geschalteten Adsorber enthalten ist, erschöpft ist, muss auf den anderen Adsorber umgeschaltet werden. Deshalb muss der gesamte Desorptionsvorgang, der die eigentliche Desorption der adsorbierten Gaskomponente und die Trocknung und Kühlung des Adsorptionsmaterials umfasst, in der Zeit abgeschlossen sein, in der in dem anderen Behälter der Adsorptionsvorgang stattfindet.

Bild 21-5A zeigt die Desorption mit Wasserdampf, die Kondensation und Trennung der gewonnenen flüssigen Phasen (nur möglich, wenn Wasser und Lösungsmittel nicht mischbar sind) und die Trocknung des desorbierten Adsorptionsmaterials mit Stickstoff oder Luft. Bei dem **Adsorptionsrad** (Bild 21-5B) mit einer Rotationsgeschwindigkeit von 1 bis 2 U/min sind die Segmente zu 90 % auf Adsorption geschaltet (dunkel gezeichnet) und zu 10 % auf Desorption geschaltet (hell gezeichnet).

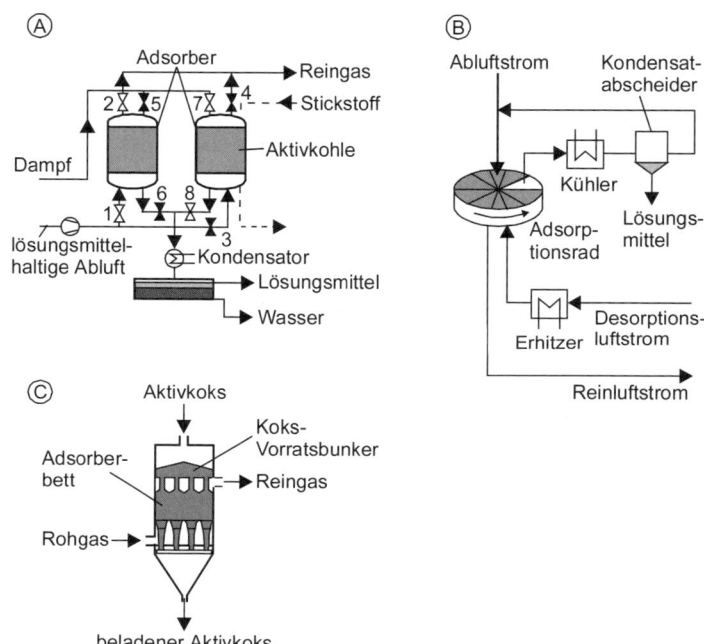

Bild 21-5: Typische Adsorberbauarten: (A) Festbettadsorberanlage, für Abgasstrom Ventile 1 und 2 offen, 3 und 4 geschlossen, für den eintretenden Wasserdampf und für das austretende Wasserdampf-/ Lösungsmittel-Gemisch Ventile 5 und 6 geschlossen, 7 und 8 offen; (B) Adsorptionsrad; (C) Herdofenkoksadsorber

Die Aktivkohleschicht im Adsorptionsrad ist etwa 50 cm dick; die durchgesetzten Abluftströme betragen 50 000 bis zu 100 000 m³/h, mit dem Desorptionsluftstrom lässt sich die Konzentration der vorher adsorbierten, jetzt desorbierten organischen Stoffe um den Faktor 10 bis 15 erhöhen. So lassen sich diese ausgeschleusten Stoffe möglicherweise mit Kühlwasser kondensieren und recyclen oder betriebswirtschaftlich interessant in einer thermischen Oxidationsanlage vernichten (vgl. Kap. 20).

Im **Herdofenkoksadsorber** (Bild 21-5C) bewegt sich das Adsorptionsmaterial im Gegenstrom zum unten eintretenden Rohgasstrom, dieser Adsorbertyp wird deshalb auch „Wanderschichtadsorber" genannt. Die Firma Rheinbraun setzt diesen Adsorbertyp unter Verwendung von preiswertem Aktivkoks (Oberfläche nur 100 m^2/g) zur Minimierung der Restemissionen von Abfallverbrennungsanlagen und damit zur Einhaltung der hierzu in der 17. BImSchV vorgeschriebenen Grenzwerte ein. Dieser preiswerte Koks – Ausgangsmaterial Braunkohle – wird als „Einwegkoks" nur einmal verwendet, er kann aber auch in einem vom Adsorber getrennten Desorber regeneriert werden.

21.3   Verfahren zur Rauchgasentschwefelung

Die großtechnisch bewährten Verfahren der Rauchgasentschwefelung beruhen heute auf absorptiven Verfahrensprinzipien, während das adsorptive Verfahren der Babcock/Bergbauforschung mit der Adsorption von SO$_2$ an Aktivkoks in einem Wanderschichtadsorber und mit der Gewinnung von SO$_2$-Reichgas für die Schwefelsäure-Produktion nach der Desorption des Aktivkokses seine industriell notwendige Einsatzreife nicht nachweisen konnte. Je nach eingesetztem Brennstoff – Steinkohle hat z. B. einen Schwefelgehalt von ca. 1 Massen-% – und je nach der Kraftwerksgröße fallen sehr große Rauchgasvolumenströme von 2 bis 3 Mio. m^3/h und mehr mit 2 000 mg (SO$_2$)/m^3 an, die nach der 13. BImSchV auf Konzentrationen unter 400 mg/m^3 zu reinigen sind.

> Die absorptiven Verfahren können je nach dem eingesetzten Lösungsmittel in regenerative und nicht regenerative Verfahren unterschieden werden, wobei die nicht regenerativen Verfahren inzwischen einen Marktanteil von ca. 90 % erreicht haben.

Prinzipiell wäre es möglich, als Absorptionsmittel Wasser zu verwenden. Die Löslichkeit von SO$_2$ in Wasser ist aber nur gering (bei 20 °C und 1 bar maximal 35 m^3 SO$_2$ in 1 m^3 Wasser, zum Vergleich aber kann bei diesen Parametern 1 m^3 Wasser bis zu 680 m^3 NH$_3$ absorbieren). Wegen dieser nur geringen physikalischen Löslichkeit von SO$_2$ in Wasser, die sich sogar noch zu niedrigen pH-Werten verschlechtert, werden alkalisch reagierende Lösungen wie Kalkstein-Suspensionen mit den Abgasströmen zum Stoffaustausch und zur Reaktion mit den sauren Abgaskomponenten gezwungen, sodass eine chemische Absorption vorliegt.

Bei den **regenerativen Verfahren** seien das **Magnesium-Verfahren** und **das Wellman-Lord-Verfahren** erwähnt.

Beim in den USA und Japan bevorzugten **Magnesium-Verfahren** wird eine wässrige Suspension von Magnesiumhydroxid nach Gl. (21-4) mit

Umwelttechnologien

SO_2 umgesetzt. Das dabei entstandene Produkt lässt sich nach Gl. (21-5) thermisch regenerieren: MgO wird zur Absorption zurückgeführt, während SO_2 gewonnen und weiterverarbeitet wird.

$$Mg(OH)_2 + SO_2 + 5\,H_2O \rightleftharpoons MgSO_3 \cdot 6\,H_2O \qquad (21\text{-}4)$$

$$MgSO_3 \cdot 6\,H_2O \rightleftharpoons MgO + 6\,H_2O + SO_2 \qquad (21\text{-}5)$$

Beim WELLMAN-LORD-Verfahren – Basis für die Rauchgasentschwefelung im Kraftwerk Buschhaus – reagiert nach Gl. (21-6) eine wässrige Natriumsulfitlösung mit SO_2 zu Natriumhydrogensulfit; daraus lässt sich bei Umkehrung dieser Reaktion im Verdampfer SO_2-Reichgas gewinnen.

$$Na_2SO_3 + SO_2 + H_2O \rightleftharpoons 2\,NaHSO_3 \qquad (21\text{-}6)$$

Zu den nicht regenerativen **Verfahren** zählen vor allem die **Kalkverfahren**, die sich in nasse, halb trockene und trockene Verfahren unterscheiden lassen, aber auch das bisher nicht im großtechnischen Einsatz befindliche **KRUPP-WALTHER-Verfahren** [21.7, 21.8].

Bei den **nassen Kalkverfahren** werden Branntkalk (CaO) und auf dieser Basis eine Ca(OH)$_2$-Suspension bzw. heute bevorzugt Kalkstein ($CaCO_3$) in einer Kalkstein-Suspension als Absorptionsflüssigkeit eingesetzt. SO_2 wird chemisch absorbiert, entstandenes Calciumsulfit wird zu Calciumsulfat oxidiert, die Suspension wird entwässert, Gips wird gewonnen und für die Baustoffindustrie aufbereitet.

In Bild 21-6 ist im Rauchgasweg ein Sprühabsorber (siehe dazu auch Bild 21-4B) nach dem BISCHOFF-Verfahren vorgesehen, das als erstes Verfahren in Deutschland 1977 großtechnisch angewandt wurde. Im Sprühabsorber sind die drei Zonen mit ihren vier wesentlichen Reaktionen und den entsprechenden chemischen Reaktionsgleichungen bezüglich Kalkstein als Einsatzmedium und bezüglich der Absorption von SO_2 (daneben ja noch Reaktionen mit HCl und HF) benannt. Die Vorgänge werden kurz beschrieben [21.7, 21.9].

In der **Absorptionszone** wird kalksteinhaltige Waschsuspension über verschiedene Düsenebenen in den Rauchgasstrom eingedüst. Hier kommt es zur Abscheidung der sauren Abgasbestandteile (hier SO_2) entsprechend Gl. (21-7).

$$Ca(HCO_3)_2 + 2\,SO_2 \rightleftharpoons Ca(HSO_3)_2 + 2\,CO_2 \qquad (21\text{-}7)$$

Die SO_2-Abscheiderate hängt vom pH-Wert ab: Bei einem pH-Wert von 5 kann SO_2 nur zu 77 % abgeschieden werden, hingegen steigt die SO_2-

Absorptionsrate auf 90 % bei einem pH-Wert von 6 und sogar auf über 95 % bei einem pH-Wert von 7 [21.9].

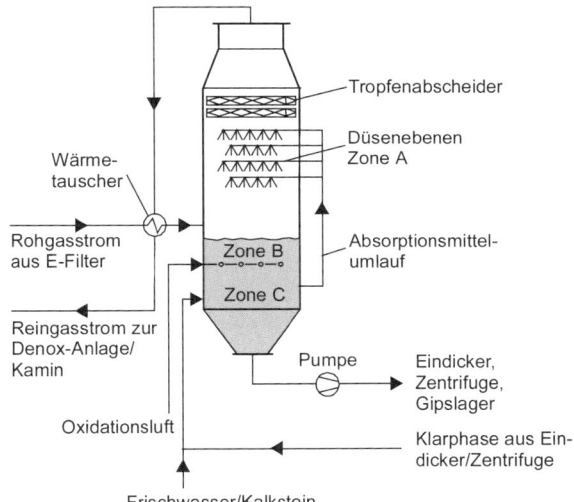

Bild 21-6: Aufbau eines BISCHOFF-Sprühabsorbers mit den verschiedenen Reaktionszonen und seiner Anordnung im Rauchgasweg [21.9]: (A) Absorptionszone, (B) Oxidationszone, (C) Kristallisationszone (Wachsen der Gipskristalle bzw. Bildung von Calciumhydrogencarbonat aus Kalkstein)

Die vom Gasstrom mitgerissenen Tropfen werden am Absorberkopf durch Tropfenabscheider zurückgehalten, bevor der entschwefelte Rauchgasstrom den Wäscher verlässt.

Der Absorbersumpf besteht aus zwei Zonen: In der **Oxidationszone** (Zone B in Bild 21-6) wird Luft in die Flüssigkeit eingeblasen; bei einem pH-Wert zwischen 4 und 5 bildet sich aus Calciumsulfit durch die Oxidation Calciumsulfat (Gl. (21-8)). Die Oxidationsrate ist bei dem niedrigeren pH-Wert von 4 besser als bei dem pH-Wert von 5. Wegen der besseren Absorptionsrate bei dem pH-Wert in Richtung auf 7 wird allerdings der pH-Wert von 5 in der Oxidationsstufe bei größerer Verweildauer in Kauf genommen.

In der **Kristallisationszone** (Zone C in Bild 21-6) wachsen die in der Oxidationsstufe gebildeten Gipskristalle; außerdem wird hier Kalkstein

(Gl. (21-10)) zudosiert, aus dem durch Kohlenstoffdioxid Calcium-hydrogencarbonat – (Ca(HCO$_3$)$_2$ – entsteht, das nach Gl. (21-7) die Schadgaskomponente SO$_2$ aufnehmen kann.

$$Ca(HSO_3)_2 + CaCO_3 + O_2 \rightleftharpoons 2\ CaSO_4 + CO_2 + H_2O \qquad (21\text{-}8)$$

$$CaSO_4 + 2\ H_2O \rightleftharpoons CaSO_4 \cdot 2\ H_2O \qquad (21\text{-}9)$$

$$CaCO_3 + CO_2 + H_2O \rightleftharpoons Ca(HCO_3)_2 \qquad (21\text{-}10)$$

Die nach Gl. (21-9) gebildeten Gipskristalle aus Rauchgasentschwefe-lungsanlagen lassen sich als gut entwässerbare Feststofffraktion von der Waschflüssigkeit trennen und als Rohstoff – gleichwertig mit Naturgips – vor allem für Zwecke der Baustoffindustrie verwenden.

Für die SO$_2$-Abscheidung mit Kalkstein gilt auf Basis der Reaktionsglei-chungen (21-7) bis (21-10) die Bruttogleichung (21-11):

$$CaCO_3 + SO_2 + \tfrac{1}{2}\ O_2 + 2\ H_2O \rightleftharpoons CaSO_4 \cdot 2\ H_2O + CO_2 \qquad (21\text{-}11)$$

Beim **halb trockenen Verfahren – auch quasi-trockenes Verfahren genannt** – wird in einen Sprühabsorber (Bild 21-4B) die Waschsuspen-sion – Ca(OH)$_2$ – eingedüst. Mit den noch heißen Rauchgase von 120 °C wird das eingebrachte Wasser verdampft, sodass in einem Arbeitsgang ein rieselfähiges Feststoffgemisch entsteht, das sich aus Sulfit, Sulfat, anderen Salzen, aber auch aus Flugasche und Schwermetallen zusam-mensetzt und sich in Zyklonen, Elektrofiltern oder Gewebefiltern ab-scheiden lässt. Das halb trockene Verfahren wird bevorzugt in Müll-verbrennungsanlagen zur Rauchgasreinigung eingesetzt (u. a., weil keine mit Schwermetallen belasteten Abwässer anfallen). Bei einem Verhältnis von Ca/SO$_2$ ≈ 1,5 werden die in der 13. BImSchV bzw. in der 17. BImSchV vorgeschriebenen Entschwefelungsgrade erreicht. Offensicht-lich verhindert das verdampfende Wasser die Bildung einer gasun-durchlässigen Sulfit-/Sulfatschicht an der Kornoberfläche, sodass der Feststoff weit gehend mit SO$_2$ durchreagieren und so dieses günstige Verhältnis von Hilfsstoff zum Schadgas eingestellt werden kann [21.8].

Beim **trockenen Verfahren – auch Additiv-Verfahren genannt** – wird pulverförmiges Absorbens (meist CaCO$_3$) in den Rauchgasstrom einge-blasen. In einer Gas-Feststoff-Reaktion reagieren die sauren Gaskompo-nenten mit dem Feststoff. Die SO$_2$-Abscheiderate ist selbst bei zwei- bis dreifachen stöchiometrischen Überschüssen an Calcium gegenüber dem Schwefelatom zu gering, um die vorgeschriebenen Grenzwerte einzu-halten. An der Kornoberfläche bildet sich vermutlich eine gasundurchlässige Schicht, die verhindert, dass SO_2 ins das Korninnere hineindiffundieren kann, um den Hilfsstoff möglichst vollständig auszunutzen. Als Vorteile sind aber zu nennen: Die Temperatur des Rauchgases wird nicht gesenkt und muss nicht vor Eintritt in den Schornstein aufwendig wieder angehoben werden. Abwässer fallen – wie beim halb trockenen Verfahren – nicht an. Wegen des geringen Umsatzes von $CaCO_3$ mit SO_2 kommt das trockene Verfahren allerdings nur bei kleinen Kraftwerken zum Einsatz [21.8, 21.9].

Das **KRUPP-WALTHER-Verfahren** arbeitet zur SO_2-Aufnahme mit NH_3-Wasser als Absorptionsflüssigkeit; nach der chemischen Absorption lässt sich das für die Landwirtschaft wertvolle Düngesalz Ammoniumsulfat gewinnen. Die entscheidenden Reaktionsschritte – Absorption von SO_2, Bildung von wasserlöslichem Ammoniumsulfit und Oxidation zu Ammoniumsulfat – sind in den Gln. (21-12) bis (21-14) aufgeführt:

$$NH_3 + SO_2 + H_2O \rightarrow NH_4HSO_3 \qquad (21\text{-}12)$$

$$NH_4HSO_3 + NH_3 \rightarrow (NH_4)_2SO_3 \qquad (21\text{-}13)$$

$$(NH_4)_2SO_3 + \tfrac{1}{2}\, O_2 \rightarrow (NH_4)_2SO_4 \qquad (21\text{-}14)$$

Aus der nach Gl. (21-14) entstandenen Salzlösung wird in einem Sprühtrockner Wasser verdampft und als festes Düngemittel Ammoniumsulfat gewonnen. Allerdings konnten bisher nicht – auch nicht mithilfe modernster Filtertechnik – feine entstandene $(NH_4)_2SO_4$-Aerosole mit einem befriedigenden Ergebnis abgeschieden und an ihrer Emission gehindert werden, sodass an diesem erst im Rauchgasreinigungsprozess entstandenen lufttechnischen Problem dieser interessante Entsorgungspfad bisher großtechnisch gescheitert ist [21.8, 21.9].

Mithilfe der skizzierten sekundären Rauchgasentschwefelungsverfahren, deren Abscheidungsgrade inzwischen auf 95 % gesteigert werden konnte, ist es gelungen, die SO_2-Emissionen in der Bundesrepublik Deutschland (alte Bundesländer) von fast 4 Mio. t/a (1970) über 1 Mio. t/a (1995) auf 0,11 Mio. t/a (2008) abzusenken und damit die Immissionssituation deutlich zu verbessern [21.8].

Das Hauptaugenmerk auf der Emissionsseite bei fossilen Großkraftwerken verschiebt sich aktuell auf die Frage, wie das bei der Verbrennung entstehende Kohlenstoffdioxid wirtschaftlich aus den Rauchgasen entfernt, sicher in ehemaligen Erdgasspeichern über sehr lange Zeiträume aufbewahrt und so am Eintritt in die Atmosphäre gehindert werden kann.

Umwelttechnologien

22   Biologische Abgasreinigung

22.1   Grundlagen

Als Ausgangspunkt der Nutzung von biologischer Aktivität zur Umsetzung von Schadstoffen kann schon das Vergraben von Kadavern und Exkrementen angesehen werden. Dabei wurde schon seit Urzeiten die Selbstreinigungskraft der Natur verwendet, um zumindest die Geruchsstoffe zu reduzieren. Aus diesen Potenzialen zieht man seit den 60er-Jahren technischen Nutzen, indem Erdfilter als Abluftreinigungsverfahren für landwirtschaftliche Betriebe im Bereich der Massentierhaltung und Tierkörperverwertung eingesetzt werden, um die Geruchsbelastung zu mindern. In den 80er-Jahren wurden Biowäschersysteme entwickelt, die neben oben genanntem Anwendungsgebiet auch zur Reinigung industrieller Abgase genutzt wurde. Da sich die Akzeptanz der biologischen Verfahren in den 90ern wesentlich steigerte und die Forschung auf diesem Gebiet forciert wurde, etablierten sich zu dieser Zeit auch Biofiltersysteme, Tropfkörper- und Biomembranreaktoren in der industriellen Abgasreinigung.

> Als biologische Abluftreinigungsverfahren werden Verfahren bezeichnet, welche eine Abgas- bzw. Abluftreinigung (in Bezug auf organische und einige anorganische Schadstoffe) aufgrund von mikrobiologischer Aktivität bzw. biochemischer Oxidation realisieren. Unter Abluft ist im Gegensatz zu Abgas die Luft zu verstehen, die aus Räumen abgeführt wird, in denen sich zumindest zeitweise Personen aufhalten.

Im Gegensatz zu den konventionellen Verfahren (z. B. katalytische Nachverbrennung oder Kondensation) wird bei der biologischen Abluftreinigung der anfallende Schadstoff durch biologische Verstoffwechselung in nicht schädliche bzw. geruchlich nicht mehr wahrnehmbare Folgeprodukte umgewandelt. Da alle biologischen Abluftreinigungsverfahren auf Umsetzungen von Schadstoffen durch Mikroorganismen beruhen, ist die vornehmliche Aufgabe der „Technik", für eben solche **optimale Lebensbedingungen** zu schaffen. Es müssen somit Voruntersuchungen durchgeführt werden, um festzustellen, ob die Anwendbarkeit einer biologischen Abluftreinigung gegeben ist.

Zu diesen entscheidenden Voruntersuchungen gehören grundlegend:

- Überprüfung der biologischen Abbaubarkeit der Schadstoffe,

- Teilstromuntersuchungen in kleinen Modell- bzw. Pilotanlagen, um die Prozessparameter an den vorliegenden Problemfall anzupassen,
- mögliche Adaption der Mikroorganismen (Bildung toxischer oder hemmender Zwischenprodukte),
- Optimierung der Reinigungsleistung durch biologische Animpfung.

Hierbei ist zu beachten, dass bei einer Modellanlage im Labormaßstab meist Ergebnisse erzielt werden, die nicht ohne weiteres auf eine großtechnische Anlage übertragbar sind. Das liegt z. B. an einem zu geringen Schüttvolumen, kurzen Untersuchungszeiträumen oder Schadstofffrachten mit wenigen Einzelkomponenten, wie sie in einer technischen Abluft selten zu finden sind.

Findet nach erfolgreichen Voruntersuchungen eine Planung bzw. Auswahl des zu verwendenden Verfahrens statt, müssen folgende Kriterien zugrunde gelegt werden [22.1].

- Wirksamkeit der Emissionsbegrenzung/Geruchsminderung,
- Anlagensicherheit und Anlagenverfügbarkeit,
- Wartungsaufwand,
- Lebensdauer der Anlage,
- Berücksichtigung von An- und Abfahrvorgängen,
- Energieaufwand,
- Investitions- und Betriebskosten,
- Platzbedarf,
- Erzeugung neuer Emissionen und medienübergreifende Emissionsverlagerung (z. B. von Luft und Wasser).

Nachfolgend werden übergreifend einige Vor- und Nachteile der biologischen Abluftreinigungsverfahren aufgeführt:

Vorteile
- geringer Platzbedarf,
- wesentlich geringere Anschaffungs- und Betriebskosten im Vergleich zu den konventionellen Verfahren,
- Vermeidung von giftigen Zwischenprodukten,
- hohe Betriebssicherheit,
- Umweltfreundlichkeit,
- keine Verlagerung der Schadstoffe (z. B. in den Abwasserbereich).

Nachteile
- Stillstandszeiten wirken sich negativ auf den Reinigungsgrad aus,

■   Flächenfilter haben zumeist einen hohen Platzbedarf,
■   begrenzte Standzeit bei Biofiltern (3...5 Jahre),
■   hohe Druckverluste bei einigen Bauformen.

22.2   Einteilung der Verfahren

Biologische Abluftreinigungsverfahren werden in drei Bereiche eingeteilt:

■   Biofilter (Flächen-, Container-, Etagen-, Turmfilter),
■   Biowäscher (Tropfkörper- und Belebtschlammverfahren),
■   Biomembranverfahren (Membranreaktor).

Diese Bereiche können weiter gehend in ihre Bauformen unterteilt werden. Es sei an dieser Stelle angemerkt, dass sich in der Literatur abweichende und ausführlichere Unterteilungen der nachfolgend beschriebenen Verfahren finden lassen [22.2]. Im Hinblick auf die Struktur des
folgenden Kapitels ist jedoch oben genannte Einteilung gewählt worden.

22.3   Biofilter

Die klassische Ausführung eines Biofilters ist der **Flächenfilter**. Die zu
reinigende Abluft wird in einer Druckkammer unterhalb des auf einem
Gitter oder porösen Gitterstoff liegenden Filtermaterials verteilt. Hierbei
ist eine gleichmäßige Anströmung über die gesamte Filterfläche notwendig. Es werden Spaltböden aus Beton, Kunststoff oder Holz bzw.
Gitterroste verwendet.

Während des Gasdurchtritts durch das Filtermaterial werden die Schadstoffkomponenten aus der Gasphase in den Flüssigkeitsfilm des Biofil-
termaterials abgeschieden und dem Konzentrationsgefälle folgend in den
Biofilm transportiert (vgl. Bild 22-1). Im Biofilm werden die Schadstoffe durch Mikroorganismen verstoffwechselt, sodass im austretenden Gas
die Schadstoffkomponenten geringer konzentriert oder gar nicht mehr
vorliegen.

Als gebräuchliche **Biofiltermaterialien** haben sich Kompost, Humus,
Torferden, Baumrinde und Reisig etabliert. Eine Auswahl dieser Materialien ist stark abhängig von den vorliegenden Schadstoffen in der Abluft
bzw. von den „benötigten" Mikroorganismen. Zusätzlich kommen Stütz-
materialien wie z. B. Sand, Keramik, Blähton und Rindenmulch zum
Einsatz. Sie dienen zur Strukturverbesserung (z. B. geringe Kompaktierung des Filtermaterials) und Steigerung der Wasserhaltekapazität.

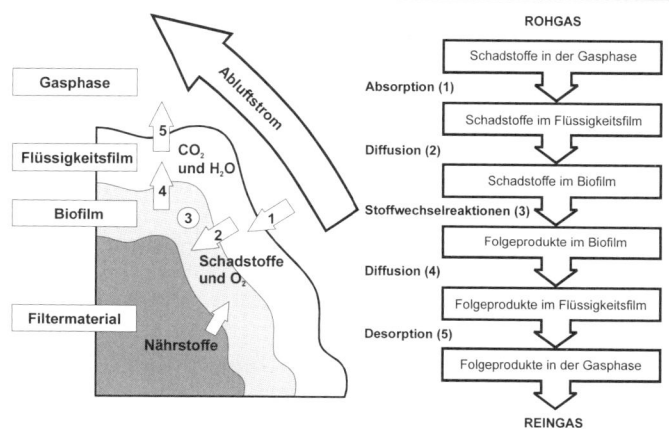

Bild 22-1: Schematischer Verlauf der Abbauprozesse im Biofilter

In den Flächenfiltern ist dabei eine Schütthöhe von 0,5…2 m üblich, um den Druckverlust so gering wie möglich zu halten.

22.3.1 Funktionsprinzip

Der konventionelle Aufbau einer Biofilteranlage ist in Bild 22-2 gezeigt.

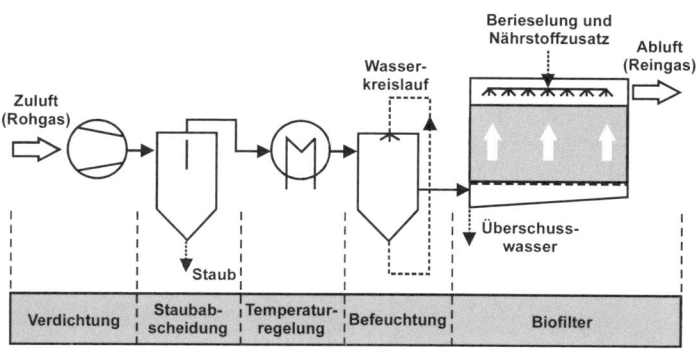

Bild 22-2: Schematischer Aufbau einer Biofilteranlage

Die üblichen Verfahrensschritte zur Konditionierung des Abgasstromes vor der Biofiltration sind:

Umwelttechnologien

- **Verdichtung:** Eine saug- oder druckseitige Anordnung des Ventilators ist möglich. Bei druckseitiger Anordnung des Gebläses ist der daraus resultierende Druck- und Temperaturanstieg für die weitere Abluftkonditionierung zu beachten.

- **Staubabscheidung** (optional): Die Abluft sollte vor der Einströmung in das Filterbett fett- und staubfrei sein, da es sonst zu einer Verstopfung des Filtermaterials kommen kann.

- **Temperaturregelung** (optional): Die Prozessabgase sollten in einen Temperaturbereich von 10...60 °C gebracht werden, da der Schadstoffabbau zumeist durch mesophile und psychrophile Mikroorganismen erfolgt [22.3].

- **Befeuchtung:** Die in den Biofilter eintretende Abluft sollte im oben genannten Temperaturbereich eine Luftfeuchtigkeit > 93 % haben. Ansonsten finden Austrocknungsprozesse im Filtermaterial statt und die biologische Aktivität sinkt. Mögliche Befeuchtungsmethoden sind: Wasserzerstäubung, Oberflächenbefeuchtung, Wasserdampfeinleitung, im Filtermaterial verlegte poröse Schläuche oder saugfähige Materialien.

Im Biofilm liegt meist eine Lebensgemeinschaft aus Bakterien, Schimmelpilzen und Algen vor. Diese Artenvielfalt des Biomaterials ermöglicht nicht nur eine Anpassung an die unterschiedlichsten Umgebungsparameter (z. B. pH-Wert, Wassergehalt), sondern vielmehr erlaubt sie auch eine schnelle Adaption an die vorliegende Abluft, sodass eine Animpfung mit externen Kulturen in vielen Fällen entfällt. Die mikrobiellen Stoffwechselreaktionen bei der Biofiltration sind zumeist oxidativer Natur. Dabei werden durch Oxidation die organischen Kohlenstoffverbindungen zu Kohlenstoffdioxid und Wasser, die organisch gebundenen Schwefelverbindungen zu Sulfat und die organisch gebundenen Stickstoffverbindungen zu Nitrat umgewandelt. Bei reduzierter Beschickung werden Nitrat und Sulfat von den Mikroorganismen verstoffwechselt und ebenfalls in Biomasse überführt.

22.3.2 Allgemeine Parameter

Eine Auslegungsrechnung eines Biofilters kann durch **Verfahrensparameter** erfolgen. Mit Kenntnis der Konzentration der Abluftinhaltsstoffe und des Abluftdurchsatzes kann so eine Dimensionierung vorgenommen werden. Folgende Parameter sind für eine solche Berechnung entscheidend:

- Reaktionszeit (Aufenthaltszeit des Luftstroms im Filtermaterial),
- Gasgeschwindigkeiten in der Schüttung (0,02...0,1 m/s),
- Filterflächenbelastung (20...30 m^3/(m$^2 \cdot$ h)),
- Filtervolumenbelastung (abhängig von der Filterflächenbelastung und der Schütthöhe),
- spezifische Filterbelastung (Einbeziehung der Schadstoffbelastung).

Um eine Biofilteranlage zu überwachen und eine optimale Reinigungsleistung zu erzielen bzw. während des Betriebs sicherzustellen, müssen folgende **Kontrollparameter** eingehalten werden:

- Feuchte der Zuluft (> 93 % relative Feuchte),
- pH-Wert (durch Mikroorganismen, meist pH 6...8),
- Trockensubstanzgehalt der Schüttung (40...60 %),
- Zulufttemperatur (10...60 °C),
- Druckabfall ($p_{\text{Ausgang}}/p_{\text{Eingang}}$ > 0,95, Verdichtung durch Staub, Fette, und Zersetzung des Filtermaterials durch Mikroorganismen),
- Schadstoffgehalte der Zu- und Abluft,
- Sauerstoffgehalt der Zuluft,
- Kohlenstoffdioxidgehalt der Zu- und Abluft,
- Temperatur in der Schüttung (Filtertemperatur < 45 °C, optimiert für mesophile und psychrophile Mikroorganismen).

22.3.3 Bauformen

Aufgrund der wechselnden Anforderungen durch das immer größer werdende Anwendungsgebiet der Biofilter haben sich unterschiedlichste Bauformen entwickelt. Hierbei unterscheidet man zunächst die offenen und geschlossenen Systeme. **Offene Systeme** sind frei liegende Flächenfilter mit großem Platzbedarf, die Umwelteinflüssen wie z. B. Regen und Sonneneinstrahlung ausgesetzt sind. Kommt es durch diese Einflüsse zu einer Beeinträchtigung der Abbauleistung (z. B. durch Austrocknung oder Wasserüberschüsse), wird oft eine Überdachung ausgeführt. Im Gegensatz dazu sind **geschlossene Systeme** durch ihre Bauweise komplett von diesen Einflüssen isoliert. Hierbei haben sich zum jetzigen Zeitpunkt folgende Konzeptionen durchgesetzt:

Containerbauweise
Die Containerbauweise stellt die einfachste Bauform der geschlossenen Systeme dar. In einem Container wird dabei meistens die einströmende Abluft in Bezug auf Feuchte und Temperatur konditioniert und durch ein

Umwelttechnologien

Filterbett geleitet. Die gereinigte Abluft verlässt den Biofilter durch eine Öffnung an der Oberseite. Von Vorteil sind bei dieser Bauweise die Witterungsbeständigkeit des Filtermaterials, die einstellbare (konstante) Betriebstemperatur, die Möglichkeit zur Änderung der Durchströmungsrichtung und die gezielte Ableitung der Reinluft.

Etagenfilter

Der Etagenfilter ist eine Weiterentwicklung der Containerbauweise. Hierbei werden mehrere Module übereinander angeordnet. Die Abluft durchströmt nacheinander die einzelnen Module. Hieraus ergibt sich eine Platz sparende Bauweise, eine längere Kontaktzeit mit dem Filtermaterial und die Möglichkeit, selektiv das Mikroorganismenwachstum in den einzelnen Stufen an die Abluft anzupassen.

Turmfilter

Im Gegensatz zu den gängigen Schütthöhen (0,5...2 m) werden bei Turmfiltern Schütthöhen von bis 6 m eingesetzt. Ähnlich wie bei den Etagenfiltern ist dies eine platzsparende Bauart mit dem Vorteil, auch Baukosten zu sparen. Allerdings ist die Materialverdichtung wesentlich höher und führt zu kürzeren Standzeiten, höheren Druckverlusten und somit zu höheren Betriebskosten.

22.3.4 Einsatzgebiete

Die Einsatzgebiete der Biofilter sind in den letzten Jahren immer umfangreicher geworden. Sie werden gerne für komplexe Schadstoffgemische in sehr kleinen Konzentrationen (z. B. Gerüche) verwendet. Darüberhinaus existieren einschränkende Faktoren, die nur in bestimmten Industriebranchen einen Einsatz ermöglichen:

- Der Schadstoff muss biologisch abbaubar sein und in Konzentration von 0,3 bis 2 g(C)/m³ vorliegen.
- CO- und H_2S-Konzentrationen sollten möglichst gering sein.
- Schwermetallstäube müssen vor der Einleitung in das Filterbett abgeschieden werden (Bioakkumulation).

Biofilter werden häufig in Schlachthäusern, Kompostierungsanlagen, pharmazeutischen und chemischen Industrie-, Bodensanierungs- sowie Lackieranlagen und Druckereien eingesetzt. Man erzielt dabei Standzeiten von bis zu fünf Jahren bei nicht aufwendiger Wartung, kostengünstiger Anschaffung und geringen Betriebskosten. Die Komposteigenschaften nach der Verwendung des Biofilterbetts sind als hochwertig anzusehen. Das Material weist im Normalfall durch das Selbstreinigungspotenzial keine Belastung auf, sollte jedoch mit einschlägigen chemischen und biologischen Testverfahren vor dem Einsatz als Kompost z. B. auf toxische Substanzen, Schwermetalle und Ölgehalt untersucht werden. Einsatz findet das unbedenkliche Material häufig im Garten- und Landschaftsbau.

Erfordert die Zusammensetzung der Abluft eine zusätzliche Behandlung, bietet sich eine Kombination mit anderen biologischen Abluftreinigungs-methoden an. Hierbei findet häufig die Kombination aus Biofilter und Biowäscher (z. B. als Vorreinigung für gut wasserlösliche Komponen-ten) Anwendung.

22.4   Biowäscher

Biologische Abluftwäscher werden im Gegensatz zu Biofiltern zumeist für **gut wasserlösliche** und damit gut absorbierbare **organische Bela-dungen höherer Konzentration** eingesetzt. Auch hier findet eine Schadstoffabsorption aus der Gasphase in die flüssige Phase (Wasch-flüssigkeit) statt. Dort erfolgt die mikrobielle Umsetzung zu Kohlen-stoffdioxid, Wasser und Biomasse.

Eine **Regeneration der Waschflüssigkeit** erfolgt dabei durch den mikrobiellen Abbau der absorbierten Schadstoffe. Dadurch wird ein erneuter Einsatz als Absorptionsflüssigkeit möglich. Die auftretenden Verdunstungsverluste werden durch Frischwasser kompensiert, wobei gleichzeitig eine Aufsalzung und eine Anreicherung von Hemmstoffen verhindert wird.

Das Verfahren setzt eine möglichst **große Austauschfläche** zwischen Flüssigkeits- (in den meisten Fällen Wasser) und Gasphase voraus. Der Biowäscher ist somit eine Kombination aus einer konventionellen Ab-luft- (Gaswäsche) und einer Abwasser-Behandlungsmethode (Belebt-schlammbecken). Es können Mischpopulationen unterschiedlichster Mi-kroorganismen eingesetzt werden (z. B. Klärschlamm), die allerdings eine Adaptionszeit benötigen, um sich an die vorliegenden Schadstoffe anzupassen. Wesentlich einfacher als bei der Biofiltration gestaltet sich das Animpfen mit speziellen Mikroorganismen, die auf den Schadstoff abgestimmt sind. Dies setzt allerdings eine genaue Kenntnis der Abluft-inhaltsstoffe voraus und eine gleich bleibende Abluftzusammensetzung.

22.4.1   Funktionsprinzip

Die in der Gasphase vorliegenden Schadstoffe werden zunächst in den Biowäscher von unten eingebracht, dann über das Kreislaufwasser im Gegenstrom ausgewaschen (daher der Name „Biowäscher") und so den

Mikroorganismen zugeführt. Hierzu werden Kolonnen in verschiedensten Ausführungen (Füllkörper-, Bodenkolonne, Sprühwäscher) eingesetzt, um eine möglichst große Absorptionsfläche zu erreichen. Durch eine optimierte Berieselungsdichte und biologisch inerte Füllkörper wird die Besiedlungsdichte der Einbauten begrenzt. Nach diesem Schritt kann das anfallende Waschwasser neutralisiert werden.

Die Regeneration des Waschwassers bzw. die Stoffumsetzung findet dann z. B. beim Belebtschlammverfahren in einem räumlich getrennten Becken aerob statt. Dort können die Parameter wie pH-Wert, Temperatur, Nährstoff- und Sauerstoffgehalt exakt auf ein optimales Niveau für die Mikroorganismen eingestellt werden.

Die regenerierte Waschflüssigkeit kann dann erneut als Absorptionsmittel über eine Pumpe in den Kreislauf gebracht bzw. in den Absorber eingesprüht werden. Am Kopf der Kolonne tritt die gereinigte Abluft aus.

Auch hier bietet die Waschflüssigkeit, ähnlich wie bei einem Biofilter, die Möglichkeit einer Pufferung und somit gleich bleibenden Reingasqualität. Diese Eigenschaft ist allerdings bei den Biowäschern nicht so stark ausgeprägt. Ferner besteht ein sehr empfindliches Verhältnis zwischen dem **mikrobiologischen Schadstoffabbau**, der Kreislaufwasser-Restbeladung (eingesprühtes Absorbens) und dem **Absorbtionsgrad** in der Kolonne. Hierbei muss beachtet werden, dass

- der Waschwasserstrom und die Fläche der Einbauten ausreichen, um eine möglichst komplette Entfernung des wasserlöslichen Schadstoffes zu gewährleisten,

- die Mikroorganismen in der Lage sind, den Schadstoff in der Regenerationseinheit zu verstoffwechseln,

- das Belebtschlammbecken (soweit vorhanden) richtig dimensioniert ist, um einen optimalen Lebensraum für die Mikroorganismen zu schaffen.

Ein Einsatz von Lösevermittlern (z. B. Siliconöle), welche für die Mikroorganismen nicht verstoffwechselbar sind und dem Waschwasser zugesetzt werden, kann zur Steigerung der Absorptionskapazität führen. Die Auslegung, der Aufbau und die Wirkungsweise eines Wäschers werden auf die Grundlagen der physikalischen Absorption zurückgeführt. Der Hauptunterschied zur herkömmlichen Gaswäsche ist der gleichzeitige Abbau der Schadstoffkomponente aus der Waschflüssigkeit (wobei Folgeprodukte und Biomassen entstehen).

22.4.2 Wichtige Parameter

Im Gegensatz zur Biofiltration stehen bei einem Biowäscher aufgrund der unterschiedlichen Funktionsprinzipien andere Parameter für eine effiziente Abluftreinigung im Vordergrund. Dabei sind für eine Auslegungsrechnung der Anlage folgende **Verfahrensparameter** wichtig:

- Reaktionszeit (Aufenthaltszeit des Luftstroms in Schüttung und Aufenthaltszeit des Waschwassers in der Regeneration),
- Volumenstrom des Waschwassers (Auslegung der Pumpen für Belebtschlamm- oder Tropfkörperverfahren),
- Gasgeschwindigkeit sollte bei ca. 1 m/s bezogen auf den Apparatequerschnitt liegen,
- Berieselungsdichte (> 20 m^3/m^2·h),
- Füllkörperauswahl, unregelmäßige oder geordnete Packungen.

Um einen effizienten Betrieb der Biowäscheranlage sicherzustellen, werden folgende **Kontrollparameter** kontinuierlich überwacht:

- Zulufttemperatur (Prozessabgase 10...60 °C),
- Schadstoffgehalte der Zu- und Abluft,
- Waschwassertemperatur (optimiert für möglichst vollständige Absorption und effektiven mesophilen Mikroorganismenstoffwechsel),
- Salzgehalt des Wassers (Frischwasserzugabe),
- Volumenströme des Rohgases,
- O_2-Gehalt (optimiert auf das angewandte Verfahren),
- Trockensubstanzgehalt der Waschsuspension (max. 15 g/l TS).

22.4.3 Bauformen

Ähnlich wie bei der Biofiltertechnologie, haben sich heutzutage unterschiedliche Bauformen etabliert. Hierbei können Biowäscher in Belebtschlamm- und Tropfkörperanlagen unterteilt werden. Die Unterscheidung richtet sich weniger nach dem verfahrenstechnischen Prinzip, vielmehr wird nach dem Lebensraum der Mikroorganismen (Ort des Schadstoffabbaus) unterschieden.

Belebtschlammverfahren

Beim Belebtschlammverfahren findet der Schadstoffabbau durch die Mikroorganismen in einem externen oder integrierten Belebungsbecken statt (vgl. Abschn. 13.3.2).

Umwelttechnologien

Die zu reinigende Zuluft (Rohgas) wird zuerst durch eine Absorberkolonne im Gegenstrom zur Waschflüssigkeit geleitet. Zur Erhöhung der Kontaktfläche zwischen Gas- und Flüssigphase werden Einbauten (z. B. Füllkörper) eingesetzt. Das mit dem absorbierten Schadstoff beladene Waschwasser gelangt in das Belebungsbecken, in dem die biologische Schadstoffumsetzung stattfindet. Simultan zum Schadstoffabbau werden hier neben den aus der Abluft stammenden Kohlenstoffverbindungen noch weitere Nährstoffe sowie Sauerstoff zudosiert. Die im Waschwasser befindlichen Mikroorganismenagglomerate (Schlammflocken) werden in einem Absetzbecken oder direkt in der Belebung abgeschieden (vgl. Bild 22-3).

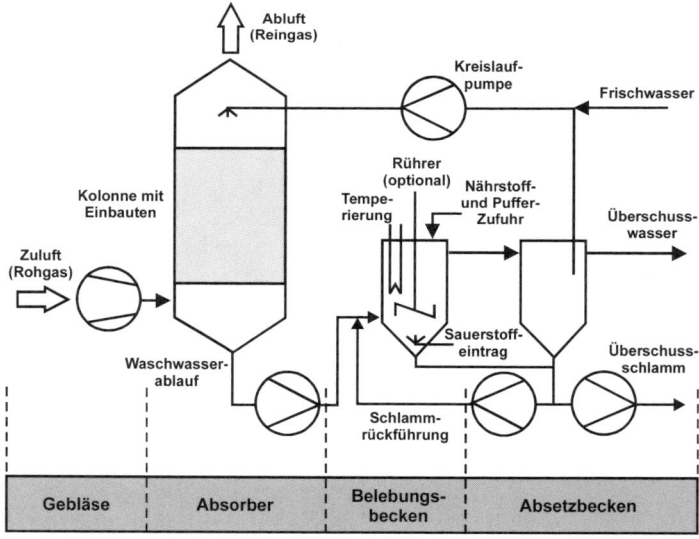

Bild 22-3: Schematischer Aufbau einer Biowäscheranlage mit Belebungsbecken

Durch eine bauliche Ausführung ohne ein externes Belebungs- bzw. Absetzbecken, d. h., die Absorption und die biologische Umsetzung sind in einem Apparat vereinigt, verringern sich die erforderliche Wasserkreislaufmenge und das Apparatevolumen. Das Waschwasser wird in einem in der Kolonne befindlichen Absetzbecken aufgefangen. Hier werden die Mikroorganismenagglomerate und Schwebstoffe abgeschieden. Die überstehende Flüssigkeit wird erneut als Waschwasser in den

Reaktor gefördert. Hierbei sollte der Waschwasserstrom allerdings keine zu große Mikroorganismenbeladung aufweisen, da ein zu starker Bewuchs der Füllkörper und der restlichen Anlagenteile zu Betriebsstörungen führen kann.

Tropfkörperverfahren

Im Gegensatz zum Belebtschlammverfahren nutzt man beim Tropfkörperverfahren auf inerten Trägermaterialien **immobilisierte Mikroorganismen** zum Schadstoffabbau.

Auf den Einbauten (z. B. Füllkörperschüttungen), welche ebenfalls zu einer Vergrößerung der Absorptionsfläche führen, wird der sog. „**biologische Rasen**" gebildet. Das mit Mikroorganismen beladene Waschwasser wird dabei von oben auf die Füllkörper gepumpt (Berieselung), während die beladene Abluft von unten nach oben die Kolonne durchströmt. Die Schadstoffe werden über das Waschwasser aus der Gasphase absorbiert und gelangen so „in" den biologischen Rasen, wo die mikrobielle Umsetzung direkt im Reaktor stattfindet.

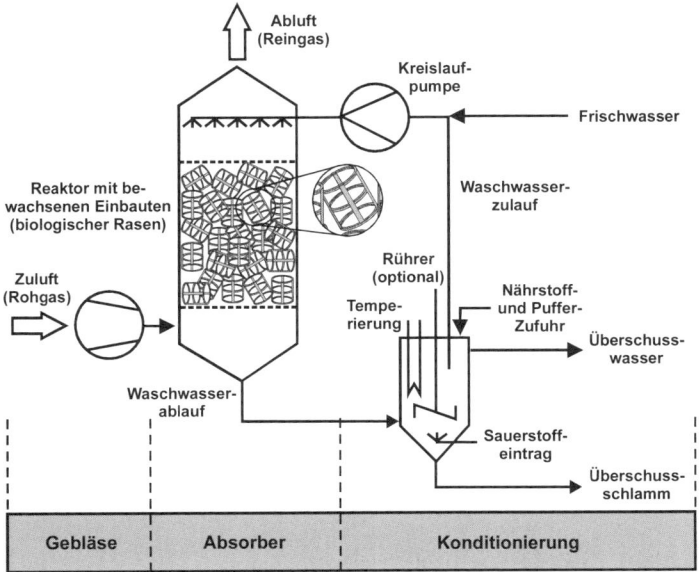

Bild 22-4: Schematische Abbildung einer Tropfkörperanlage

Die Waschflüssigkeit wird hinsichtlich des pH-Wertes, der Temperatur, der Sauerstoff- und Nährstoffkonzentration (Stickstoff, Phosphor, Spurenelemente) konditioniert und im Kreislauf gefördert (vgl. Bild 22-4).

22.4.4 Einsatzgebiete

Die Einsatzgebiete der Biowäscher sind denen der Biofilter sehr ähnlich. Das resultiert aus den nahezu identischen Anwendungskriterien wie z. B. der biologischen Abbaubarkeit und der Wasserlöslichkeit der Schadstoffkomponenten in der Abluft. Biowäscher sind trotz des kleineren Platzbedarfs der Anlage weit weniger verbreitet als Biofilter, da der verfahrenstechnische Aufwand wesentlich größer ist. Somit steigen die Investitions- und Betriebskosten im Gegensatz zur Biofiltertechnologie.

Zumeist werden Biowäscher dann angewendet, wenn hohe Schadstoffbeladungen und unterschiedlichste Abluftinhaltsstoffe zu erwarten sind. In solchen Fällen werden zwei- bis dreistufige Absorptionskolonnen ausgeführt. Typische Anwendungsgebiete sind Metallgießereien, Tierkörperverwertungen. Lackierereien, Kompostierungsanlagen sowie Klärgasbehandlung und Kaffeeröstereien.

22.5   Membranbioreaktor

Extrem schwer wasserlösliche Schadstoffe stellen für oben beschriebene Biofilter und Biowäscher eine nur schwer zu lösende Problematik dar. Liegen in der Abluft ausschließlich hydrophobe Substanzen vor, findet kein Stofftransport aus der Gasphase in die flüssige Phase statt und eine biologische Reinigung ist nur durch externe Zugabe von Lösevermittlern oder durch Exopolymere, die von den Mikroorganismen selbst ausgeschieden werden, zu realisieren. Diese Maßnahmen sind allerdings in den meisten Fällen nicht ausreichend für die benötigte Reinigungsleistung. Für dieses Anwendungsgebiet wurden die Biomembranreaktoren entwickelt, welche zwar auch auf dem Prinzip des Abbaus der Schadstoffe durch Mikroorganismen beruhen, allerdings werden die Schadstoffe nicht durch eine Flüssigkeit absorbiert, sondern durch eine Membran aufgenommen und zu den Organismen „transportiert".

22.5.1 Funktionsprinzip

Das Funktionsprinzip eines Biomembranreaktors beruht auf der Diffusion des Schadstoffes durch eine semipermeable Membran zu einer Mikroorganismensuspension. Bild 22-5 zeigt, wie die zu reinigende Abluft durch Schläuche (z. B. aus Silikonkautschuk) geleitet und gleichzeitig von außen von einer Mikroorganismensuspension umspült.

Auf der Außenseite der Siliconschläuche, an der sich die Mikroorganismenlösung befindet, bildet sich ein Biofilm aus. Die Schadstoffe und der Sauerstoff aus der an der Innenseite strömenden Abluft werden durch die Siliconkautschukmembran absorbiert.

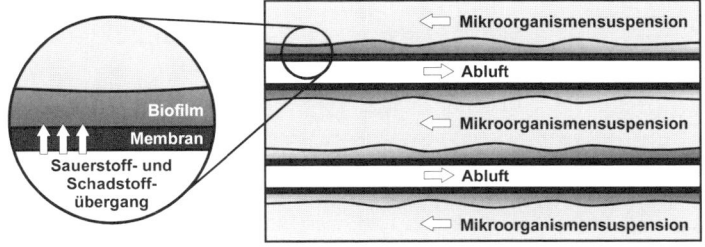

Bild 22-5: Schematische Darstellung des Biomembranverfahrens

Somit entfällt der Absorptionsschritt des Schadstoffes aus der Gas- in die Flüssigphase. Die Schadstoffe diffundieren direkt durch die Membranschläuche in den Biofilm, in dem sie biologisch umgesetzt werden. Die zu reinigende Abluft hat somit keinen direkten Kontakt mit dem flüssigen Medium, was den Vorteil hat, dass keine Verdunstungsverluste und zusätzliche Belastung des Abluftstromes (Keime) auftreten.

Eine wichtige Eigenschaft der Silikonkautschukschläuche ist dabei die Permeationsfähigkeit des Sauerstoffs durch die Membran, ohne Gasblasen zu erzeugen. Somit ist eine Sauerstoffversorgung der an der Membran haftenden Mikroorganismen sichergestellt. Zusätzlich können sehr hohe Schadstoffkonzentrationen vorliegen, die durch die Membran aufgenommen werden können. Sollten Schadstoffe in geringer Konzentration neben anderen vorliegen, ist die Biomembrantechnologie meist nicht geeignet, da sich im aktiven Biofilm keine ausgeglichene Matrix an Mikroorganismen ausbilden kann [22.4].

22.5.2 Bauform

Die Bauform eines Biomembranreaktors (vgl. Bild 22-6) ähnelt dabei einem Rohrbündelwärmetauscher. Die Abluft wird durch die semipermeablen Schläuche geleitet, welche von der Mikroorganismenlösung umströmt werden.

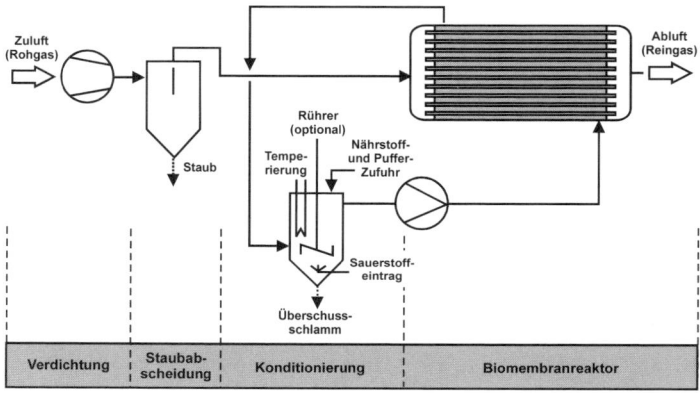

Bild 22-6: Aufbau einer Biomembrananlage mit Rohrbündelreaktor

Dabei ist es wichtig, eine größtmögliche Kontaktfläche zwischen Gasphase und Membran zu erzielen, eine kleinstmögliche Membrandicke aufgrund der verbesserten Diffusionseigenschaften zu realisieren und die Mikroorganismenlösung in Hinblick auf Temperatur, pH-Wert, Nährsalzkonzentration und Sauerstoffgehalt zu konditionieren. Im Gegensatz zur Biofiltration, bei der die Mikroorganismen die Nährsalze aus der Filtermatrix beziehen können, muss die Nährstoffkonzentration bei Biomembranreaktoren genaustens überwacht und eingestellt werden.

Im Gegensatz zu üblichen Membranfiltrationsverfahren ist ein Bewuchs der Membran (Biofilm) Voraussetzung für die Funktion eines Biomembranreaktors. Um ein „Zuwachsen" (**Biofouling**) des Strömungsprofils zwischen den Membranschläuchen im Reaktor zu vermeiden, müssen die Zwischenräume, die von der Mikroorganismenlösung durchflossen werden, ein verhältnismäßig großes Volumen aufweisen.

Als optimale Bauform in Hinblick auf die Austauschfläche erweisen sich dabei Hohlfaden-Membranmodule, die eine wesentlich größere spezifische Stoffaustauschfläche aufweisen (1 500...8 000 m^2/m^3) als z. B. Füllkörperkolonnen (10...350 m^2/m^3), wie sie bei der Biowäschertechnologie eingesetzt werden. Allerdings muss bei dieser Bauform ein großer Druckabfall in Kauf genommen werden, der die Betriebskosten stark ansteigen lässt.

Bei genauer Dimensionierung sind Randeffekte oder Verdichtungen, wie sie besonders bei Biofiltern auftreten, vernachlässigbar. Außerdem kann auf eine Vorbefeuchtung der Abluft komplett verzichtet werden. Daraus resultieren Investitions- und Betriebskosteneinsparungen.

22.5.3 Einsatzgebiete

Durch die Möglichkeit, hydrophobe Substanzen aus der Abluft zu eliminieren und biologisch umzusetzen, wird die Biomembrantechnologie verstärkt bei der Abluftreinigung in der petrochemischen Industrie und bei Lackieranlagen eingesetzt. Die Biomembrantechnologie ist die „jüngste" und somit die am wenigsten verbreitete Technik in der biologischen Abluftreinigung und wird bis heute meist im labortechnischen oder halbtechnischen Maßstab betrieben.

Im Gegensatz zu den vorher beschriebenen Verfahren eignet sich die Biomembrantechnologie auch für Luftkreisläufe, was eine komplette Absorption der anfallenden Schadstoffe voraussetzt. Die Tatsache, dass die gereinigte Abluft ihre relative Luftfeuchtigkeit und Temperatur beibehält und keine Keimbelastung aufweist, ist hierbei das entscheidende Kriterium. Im Spezialfall können Biomembranreaktoren auch mit Monokulturen betrieben werden, was gegenüber den etablierten Verfahren einen großen Vorteil darstellt.

Sollten in der Abluft neben den hydrophoben auch hydrophile Schadstoffe vorliegen, ist eine Kombination mit einem Biofilter oder Biowäscher sinnvoll. Hierbei kann bei vertikal angeordneten Membranmodulen auch eine überstehende Mikroorganismenlösung als Waschflüssigkeit eingesetzt werden, sodass die Behandlung der Abluft mit Biomembranen und der Biowäsche in einem Reaktor stattfinden kann.

Umwelttechnologien

23   Emissionsminderung bei Kraftfahrzeugen

23.1   Einleitung

Eine der Quellen für die Belastung der Atemluft ist der Straßenverkehr, mit Otto- und Dieselmotoren als Antriebsaggregate für Fahrzeuge. Das hat Ende der 50iger-Jahre zu ersten Gesetzgebungsmaßnahmen in den USA geführt, die den Ausstoß der wichtigen toxischen Abgaskomponenten begrenzten. Die Notwendigkeit dieser Maßnahmen rechtfertigte sich in dem nahezu ungebrochenen Trend einer steigenden Fahrleistung.

Der Rückgang der Schadstoffemissionen wird sich daher in Zukunft auch nur langsam vollziehen. Die weiterhin zunehmende Fahrleistung sowie der relativ langsame Abbau von Altfahrzeugen mit weniger wirksamen Entgiftungssystemen sind als Ursachen dafür anzusehen. Gegen diese Fakten wirkt eine Verschärfung der Abgasgesetzgebung und global gesehen ein Einbeziehen weiterer Staaten in die Abgasgesetzgebung.

Wesentlich für die Minimierung der antropogenen CO_2-Emissionen ist die Senkung des Kraftstoffverbrauchs. Hier sind mit mit den vorgeschlagenen 3-Liter-Fahrzeugen erste Schritte getan.

23.2   Entstehung der Schadstoffe

Fast ausschließlich werden bei der motorischen Verbrennung Benzin und Diesel als Kraftstoffe eingesetzt, die aus Gemischen unterschiedlicher Kohlenwasserstoffe bestehen. Die Zusammensetzung des Kraftstoffes hat einen erheblichen Einfluss auf die Zusammensetzung des Abgases.

Grundsätzlich kann man feststellen, dass die Schadstoffkomponenten, mit Ausnahme der Stickstoffoxide, primär durch den Kraftstoff, dessen Additive und die verbrannten Motorenöle bestimmt werden. Die Höhe der Emissionen wird in erster Linie durch die motorischen Parameter beeinflusst.

Die gesetzlich limitierten Abgaskomponenten sind:

- **Kohlenstoffmonoxid (CO):** Es entsteht bei unvollständiger Verbrennung unter Sauerstoffmangel. Wesentlicher Einflussparameter dabei ist das Luft-Kraftstoff-Verhältnis λ. Dies ist definiert mit:

$$\lambda = \frac{\dot{m}_L}{\dot{m}_K \cdot m_{L,th}} \qquad (23\text{-}1)$$

$\dot{m}_L$ Luftmassenstrom, $\dot{m}_K$ Kraftstoffmassenstrom, $m_{L,th}$ für eine „vollständige" Verbrennung theoretisch benötigte Luftmasse (abhängig von der Kraftstoffart und beträgt für handelsübliche Kraftstoffe 14,7 kg Luft pro kg Kraftstoff)

Im Luftmangelgebiet ($\lambda < 1$) ergeben sich hohe CO-Konzentrationen, da im Mittel nicht genügend Sauerstoff vorhanden ist, um alle C-Moleküle vollständig zu CO_2 zu oxidieren. Im Luftüberschussgebiet ist die CO-Konzentration relativ niedrig und fällt mit zunehmendem Luft-Kraftstoff-Verhältnis. Operative motorische Parameter, wie z. B. Zündzeitpunkt, Verdichtungsverhältnis, Drehzahl und Einspritzzeitpunkt, beeinflussen die CO-Bildung im Motor nur unwesentlich.

- **Kohlenstoffdioxid (CO_2):** Es hat Auswirkungen auf den Treibhauseffekt. Zunehmend wird der CO_2-Ausstoß über den zulässigen Kraftstoffverbrauch reglementiert.

- **Unverbrannte Kohlenwasserstoffe (HC):** Sie entstehen im Abgas aus Kraftstoff und Schmieröl. Wesentliche Mechanismen sind z. B. das Verlöschen der Flamme in Spalten, Toträume, Fehlzündungen und das Erreichen der Zündgrenze.

Gelangt die Flammenfront an eine „kalte" Brennraumwand, so ist dort die Wärmeabfuhr so groß, dass die Flamme erlischt. Übrig bleibt ein dünner Film von Kohlenwasserstoffen, der beim nächsten Gaswechsel ausgespült wird. Ebenso kann ein Wandfilm aus Schmierstoffen abgelöst werden. Nähert man sich der Zündgrenze des Luft-Kraftstoff-Gemisches auf der mageren oder fetten Seite, kommt es zu erheblichen Kohlenwasserstoffemissionen.

Minimieren kann man diese Effekte durch einen kompakt gestalteten Brennraum mit kleinem Oberflächen-/Volumen-Verhältnis sowie mittiger Zündkerzenlage, bei dem durch entsprechende Gemischbewegung im Brennraum die gesamte Gemischmasse von der Flamme erfasst wird.

- **Stickstoffoxide (NO_X).** Im Motor treten maximale Stickstoffoxidkonzentrationen im Bereich knapp über $\lambda = 1$ auf. Zur NO_X-Bildung sind hohe Temperaturen und Sauerstoff notwendig. Motorische und konstruktive Parameter, die diese Randbedingungen beeinflussen, beeinflussen auch die NO_X-Emission. Neben dem Verdichtungsverhältnis sind das in erster Linie der Zündwinkel, das Luft-Kraftstoff-Verhältnis und die Motorlast.

Umwelttechnologien

Beim Otto- und Dieselmotor mit Direkteinspritzung ist die NO_X-Bildung aufgrund des möglichen mageren Gemisches ($\lambda \gg 1$) geringer als beim Ottomotor mit Saugrohreinspritzung. Der Dreiwegekatalysator ist bei Systemen mit Direkteinspritzung (Magerbetrieb) nicht sinnvoll einsetzbar. Ein Abgasnachbehandlungssystem, das auch im mageren Betrieb Stickstoffoxide reduzieren kann, ist der $DeNO_X$-Katalysator.

- **Partikel:** Komponenten, die unterhalb von 51,7 °C auf einem Filter ausgeschieden werden können. Sie bestehen aus festen oder flüssigen Phasen wie z. B. Ruß, Sulfate, Additive aus dem Kraftstoff, Metallabrieb. Den größten Teil der Partikel bilden Kohlenstoffteilchen. Partikel sind deshalb so kritisch, weil sie mit einem Mobilitätsdurchmesser von 10…300 nm tief in die Lunge (Alveolen) eindringen können. Darüber hinaus können diese Partikel krebserregende Substanzen in den Körper transportieren.

23.2.1 Ottomotor

Bei der Gemischbildung mit Saugrohreinspritzung gelangt ein mehr oder weniger homogenes Gemisch in den Brennraum, welches mit einem Zündfunken entflammt wird. Das Luft-Kraftstoff-Verhältnis muss aus Gründen der Abgasnachbehandlung mit einem Dreiwegekatalysator in weiten Bereichen des Motorkennfeldes den Wert $\lambda = 1$ haben.

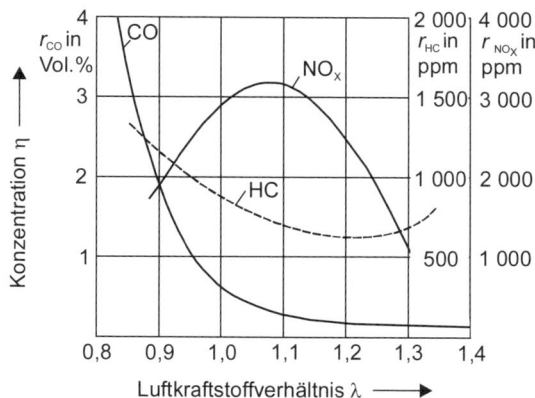

Bild 23-1: Schadstoffkonzentrationen über dem Luft-Kraftstoff-Verhältnis für einen Ottomotor

23.2.2 Dieselmotor

Mit der Einführung des geregelten Dreiwegekatalysators beim Ottomotor wurden die toxischen Abgasemissionen gegenüber dem Zustand ohne Katalysator um eine Größenordnung abgesenkt, weshalb das Emissionsverhalten des Dieselmotors immer mehr in den Blickpunkt der Kritik rückte. Grund dafür war, dass beim Dieselmotor keine gleichwertige Maßnahme zur Verfügung stand, auch die Stickstoffoxidemissionen zu verringern.

Zur Lastregelung wird das Gemisch abgemagert oder angereichert. Das Luft-Kraftstoff-Verhältnis liegt beim Dieselmotor zwischen $\lambda = 1{,}1$ in der Volllast und $\lambda = 7$ im Leerlauf.

Bild 23-2 zeigt die Abhängigkeit der wichtigsten Schadstoffkomponenten vom Luft-Kraftstoff-Verhältnis für einen Dieselmotor mit Direkteinspritzung.

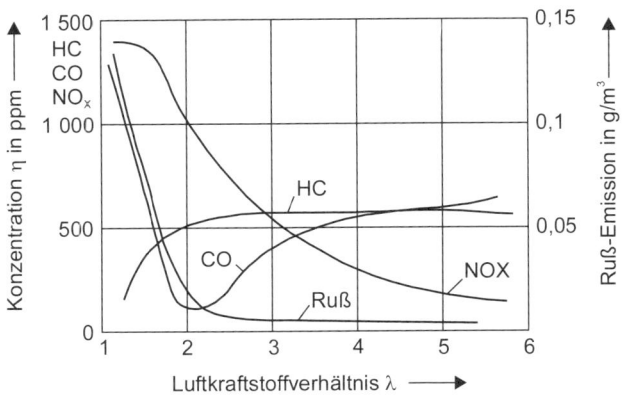

Bild 23-2: Schadstoffkonzentrationen über dem Luft-Kraftstoff-Verhältnis für einen Dieselmotor

23.3 Gesetzliche Vorschriften

Der zunehmenden Luftverschmutzung wurde 1961 in den Vereinigten Staaten und 1970 in Europa mit der Einführung von Abgasgrenzwerten für den Straßenverkehr begegnet.

Um 1990 führte die verstärkte Diskussion um den Treibhauseffekt dazu, Maßnahmen zu ergreifen, den Anstieg des CO_2-Gehaltes in der Atmosphäre zu bremsen. Pkw müssen im Rahmen der Abgaszulassung einer länderspezifischen Prüfung unterzogen werden. Die wichtigsten sind:

- USA: FTP 75 mit Zusatz-Testzyklen SC03 und US06 , US Highway Testzyklus z. B. für die Kraftstoff-Verbrauchsmessung,
- Europa: EG ECE 15/04, EG MVEG-A-Testzyklus,
- Japan: 10.15-mode-Test, Japanischer 11-mode Kalttest.

Bei diesen Tests wird ein vorkonditioniertes Fahrzeug auf einem Rollenprüfstand entsprechend einer Geschwindigkeits-Zeit-Vorgabe bewegt. Die während der Testzeit emittierten Abgase werden analysiert.

Europa: Die aktuell gültigen, gesetzlichen Grenzwerte für Benzin- und Dieselfahrzeuge sind in Tabelle 23-1 dargestellt.

Tabelle 23-1: Aktuelle Abgasgrenzwerte für Personenkraftwagen in der Europäischen Union

Emissionsgrenzwerte in g/km		CO	HC	HC+NO$_X$	NO$_X$	PM
Diesel	Euro 3 (ab 2000)	0,64	–	0,56	0,50	0,050
	Euro 4 (ab 2005)	0,50	–	0,30	0,25	0,025
	Euro 5 (ab 2009)	0,50		0,23	0,18	0,005
	Euro 6 (ab 2014)	0,50		0,17	0,08	0,005
Benzin	Euro 3 (ab 2000)	2,30	0,20	–	0,15	–
	Euro 4 (ab 2005)	1,00	0,10	–	0,08	–
	Euro 5 (ab 2009)	1,00	0,10	–	0,06	–
	Euro 6 (ab 2014)	1,00	0,10	–	0,06	–

USA, Kalifornien: Kalifornien hat bei der Emissionsbegrenzung aufgrund der speziellen klimatischen Bedingungen, mit Ausnahme von CO, niedrigere Grenzwerte vorgeschrieben als die übrigen amerikanischen Staaten. Im Laufe der Jahre wurden immer neue Fahrzeugkategorien nach den Emissionskategorien wie LEV (Low Emission Vehicle), ULEV (Ultra Low Emission Vehicle) und ZEV (Zero Low Emission Vehicle) definiert und eingeführt. Die Verkaufszahlen der Automobilhersteller müssen einem Prozentsatz dieser Kategorien genügen.

Japan: Durch die 1975 bis 1978 eingeführten Grenzwerte konnten die CO-, HC- und NO$_X$-Emissionen von Fahrzeugen um 90 % reduziert werden. Diese Grenzwerte sind in ihrer Größenordnung heute noch gültig.

23.4 Maßnahmen zur Minderung des Schadstoffausstoßes

Maßnahmen sind Eingriffe in das motorische Betriebsverhalten und konstruktive Elemente, die zur Emissionssenkung beitragen.

23.4.1 Ottomotor

Eine Beeinflussung der Schadstoffemissionen ist u. a. durch folgende Maßnahmen möglich:

Gemischbildung: Eine präzise Zuordnung der Kraftstoffmasse zur Luft mit entsprechender Aufbereitung ist die Grundvoraussetzung für niedrige Rohemissionen. Darüber hinaus ist ein gleiches Luft-Kraftstoff-Verhältnis für alle Zylinder eines Motors wichtig. Das wird im Allgemeinen mit modernen Motorsteuersystemen erreicht.

Zündung: Wesentlicher Parameter ist der Zündzeitpunkt. Er wird angegeben in Grad Kurbelwinkel, relativ zum oberen Totpunkt (OT). In der Praxis spricht man von Früh- und Spätzündung. Frühzündung bedeutet, dass der Zündzeitpunkt weiter vor OT, Spätzündung bedeutet, dass er weiter in Richtung OT verlegt wird. Später Zündzeitpunkt ergibt niedrige NO_X- und HC-Emissionen; früher Zündzeitpunkt hohe NO_X- und HC-Emissionen. Bei Spätzündung erreicht man bessere Bedingungen für die Nachoxidation der Kohlenwasserstoffe und niedrige Gastemperaturen im Brennraum, welche die NO_X-Bildung unterdrücken. Ein Verschieben des Zündzeitpunktes von der wirkungsgradoptimalen Einstellung in Richtung „spät" hat jedoch negative Auswirkungen auf den Kraftstoffverbrauch und damit auf den CO_2-Ausstoß.

Verdichtungsverhältnis und Brennraumform: Ein hohes Verdichtungsverhältnis (hoher thermischer Wirkungsgrad) ergibt einen niedrigen Kraftstoffverbrauch und geringe CO_2-Emission. Damit wird jedoch die Gastemperatur im Brennraum erhöht, was zu einer Erhöhung der NO_X-Emission führt. Brennräume mit geringem Oberflächen-/Volumen-Verhältnis, zentraler Lage der Zündkerze, minimalen Totvolumina bieten optimale Bedingungen zur Minimierung der HC- und CO-Emissionen.

Brennverfahren: Bei der Saugrohreinspritzung verbrennt ein nahezu homogenes Gemisch mit $\lambda = 1$. Der Brennverlauf ist abhängig von Parametern wie z. B. Ventilsteuerzeiten, Strömungsbedingungen im Brennraum, Zündzeitpunkt, Einspritzzeitpunkt, Gemischaufbereitung.

Beim Ottomotor mit Direkteinspritzung wird die Verbrennung im Wesentlichen durch den Einspritzzeitpunkt gesteuert. Aufgrund der La-

Umwelttechnologien

dungsschichtung mit hohem Luftüberschuss sind die NO_X-Emissionen geringer als bei Motoren mit Saugrohreinspritzung.

Abgasrückführung: Ein Mittel zur Senkung der NO_X-Emission ist die Ladungsverdünnung durch Abgasrückführung. Dabei wird ein Teil des Abgases gesteuert in den Motor geführt. Der höhere „Inertgasanteil" (N_2) senkt die Gastemperatur im Brennraum und damit den NO_X-Ausstoß.

Ventilsteuerung: Moderne Motoren besitzen eine variable Ventilsteuerung, bei der zumindest die Steuerzeiten abhängig von den Motorbetriebsbedingungen verändert werden können. Das hat positive Auswirkungen auf das Emissions- und Verbrauchsverhalten.

23.4.2 Dieselmotor

Das mittlere Luft-Kraftstoff-Verhältnis im Brennraum des Dieselmotors ist deutlich größer als das beim Ottomotor. Die Inhomogenität des Gemisches durch Ladungsschichtung führt zu Zonen mit einem Luft-Kraftstoff-Verhältnis $\lambda < 1$ mit der Folge hoher CO-Konzentration und zu Zonen $\lambda \gg 1$ mit geringen CO- und NO_X-Konzentrationen im Abgas. Die vorhandenen Schwefelverbindungen sind ausschließlich durch den Schwefelgehalt im Kraftstoff bedingt.

Einspritzsysteme: Einspritzdrücke im Bereich von zukünftig über 2 000 bar garantieren eine optimale Gemischaufbereitung, die zur Senkung der Partikelemission führt. Darüber hinaus sind z. B. Spritzbeginn, Einspritzdauer, Einspritzgesetz, Voreinspritzung, Anzahl der Löcher in einer Einspritzdüse, Einspritzdüsenform von Bedeutung.
Früher Spritzbeginn (relativ zum oberen Totpunkt) führt zu höherer NO_X-Emission, geringerer Partikelemission und sinkender CO_2-Emission. Eine kurze Absteuerzeit der Düse mit geringem Schadvolumen senkt die HC-Emissionen.

Brennverfahren und Brennraum: Als optimal hat sich eine luftverteilende Direkteinspritzung ergeben. Dabei wird der Kraftstoff primär in die mit einem Drall versehene, strömende Luft eingetragen. Der Drall wird dabei durch einen Drallkanal (vgl. Bild 23-3) im Ansaugsystem erzeugt. Mit der Drallintensität sind NO_X, Partikel und CO_2 zu beeinflussen. Eine entsprechend gestaltete Mulde im Kolben, deren Form ebenfalls das Emissionsverhalten beeinflusst, bildet den eigentlichen Brennraum.

Abgasrückführung: Der Abgasrückführung (AGR) kommt beim Dieselmotor mit Direkteinspritzung besondere Bedeutung zu, da dieses

Brennverfahren extrem hohe Rückführraten von über 50 % ermöglicht. Das führt zu einer deutlichen Absenkung der NO_X-Emissionen; allerdings steigen mit zunehmender AGR-Rate die Partikelkonzentration, die HC-Emissionen und der Kraftstoffverbrauch.

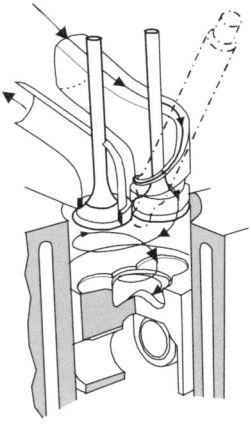

Bild 23-3: Drallerzeugung mithilfe eines Drallkanals bei einem Dieselmotor mit Direkteinspritzung

Aufladung: Dieselmotoren mit Direkteinspritzung besitzen fast ausschließlich eine Abgasturboaufladung zur Leistungssteigerung. Die Aufladung hat darüber hinaus den Effekt, dass praktisch alle Schadstoffkomponenten reduziert werden. Wichtige Parameter dafür sind Ladedruck und Ladetemperatur, die kennfeldgesteuert variiert werden.

23.5   Abgasnachbehandlung

23.5.1 Ottomotor

Wichtigstes Element in der Abgasnachbehandlung beim Kraftfahrzeug ist der „**geregelte" Dreiwegekatalysator**. Gegenüber den Rohemissionen verringert sich der Schadstoffausstoß etwa um den Faktor zehn.
Die eigentliche katalytische Wirkung erzeugen die Edelmetalle Platin, Palladium und Rhodium. Um hohe Konvertierungsraten zu erzielen, werden die Edelmetalle auf einem Trägermaterial (z. B. Al_2O_3, SiO_2, TiO_2) mit komplexer Porenstruktur und hoher Oberfläche dispergiert. Bild 23-4 zeigt den eingebauten Katalysator.

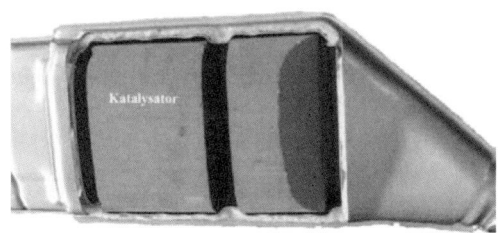

Bild 23-4: Eingebauter Katalysator [23.1]

Dreiwegekatalysator

Der eigentliche Katalysator besteht aus dem Träger, als Keramik- oder Metallträger, dem Wash-Coat (Beschichtung) und der Edelmetallauflage, die für die katalytische Wirkung maßgebend ist. Übliche Verhältnisse der Edelmetalle sind z. B. 4:1 bis 5:1 bei Platin/Rhodium- oder 1:14:1 bis 1:28:1 bei Platin/Palladium/Rhodium-Beschichtung.

Der Dreiwegekatalysator konvertiert die Schadstoffe Kohlenstoffmonoxid, Kohlenwasserstoffe und Stickstoffoxide gleichzeitig. Das ist jedoch nur möglich, wenn ein enger Bereich des Luft-Kraftstoff-Verhältnisses eingehalten wird. Die Oxidation von HC und CO verlangt Sauerstoffüberschuss, die Reduktion der Stickoxide erfordert die Anwesenheit reduzierender Komponenten, z. B. HC.

Beim „geregelten" System (es wird nicht der Katalysator geregelt, sondern das Luft-Kraftstoff-Verhältnis) wird durch eine Lambda-Sonde das Luft-Kraftstoff-Verhältnis λ im Bereich um $\lambda = 1$ gehalten (Lambda-Fenster).

Im Betriebsbereich, in dem Sauerstoffüberschuss herrscht, wird ein Teil des überflüssigen Sauerstoffes gespeichert und im O_2-Mangelbereich zur Konvertierung abgegeben. Dazu wird in die katalytische Beschichtung Cer eingebracht. Die Konvertierungsraten liegen damit für alle drei oben genannten Schadstoffe weit über 90 % (vgl. Bild 23-5).

Der Katalysator kann „motornah" oder als Unterbodenkatalysator „motorfern" angeordnet werden. Der motorferne Katalysator benötigt eine längere Zeit zum Anspringen, ist jedoch im Dauerbetrieb tieferen Temperaturen ausgesetzt, was die Lebensdauer erhöht, jedoch die katalytische Wirkung reduziert. Die motornahe Position wird durch Parameter (thermische/mechanische Stabilität, vorhandener Bauraum) beeinflusst.

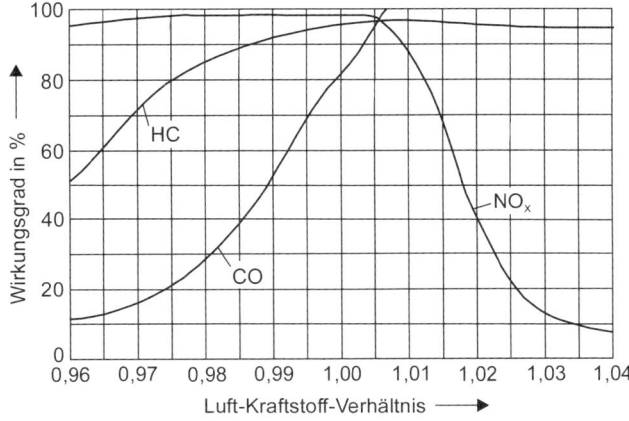

Bild 23-5: Konvertierung der Schadstoffkomponenten in Abhängigkeit vom Luft-Kraftstoff-Verhältnis [23.1]

Häufig hilft hier eine Kombination aus motornahem Vorkatalysator und Unterbodenkatalysator. Das ergibt Vorteile durch schnelle Aufheizung einer motornahen Anordnung und größeren Bauraum im Unterbodenbereich für größere Katalysatorvolumina. Bild 23-6 zeigt mögliche Anordnungen.

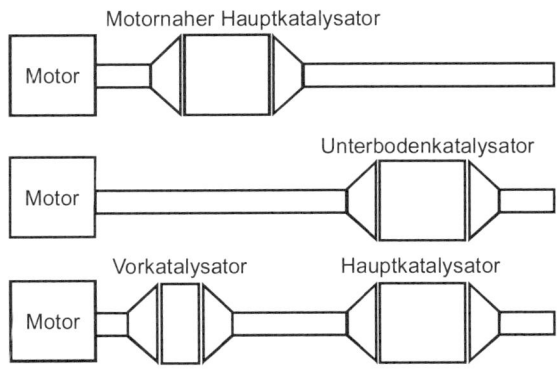

Bild 23-6: Schematische Darstellung von Katalysatoranordnungen

Der Kaltstart eines Verbrennungsmotors verursacht extrem hohe Emissionen, insbesondere an unverbrannten Kohlenwasserstoffen und CO. Daher muss der Katalysator möglichst schnell seine Betriebstemperatur erreichen. Das kann geschehen durch:

- **Reduzierung der Wärmekapazität** des Katalysatorsystems,

- **Beheizung** des Katalysators durch elektrische Heizelemente,

- **Sekundärluft**. Das Einblasen von Luft (Sekundärluft) in den Abgasstrang erwärmt den Katalysator durch exotherme Reaktionen mit vorhandenen Abgaskomponenten.

- **HC-Speicherkatalysator**. Solange der Dreiwegekatalysator nicht ausreichend konvertiert, werden die unverbrannten Kohlenwasserstoffe von einem HC-Speicherkatalysator adsorbiert. Nachdem der Dreiwegekatalysator „angesprungen" ist, werden diese freigegeben und konvertiert.

Katalysatoren verlieren ihre Konvertierungsfähigkeit durch Deaktivierungseffekte. Zu hohe Abgastemperaturen (> 900 °C) und Komponenten aus Kraftstoff oder Motoröl, die in das Abgas eingebracht werden, sind von zentraler Bedeutung.

Katalysatorkonzepte für „mageren" Motorbetrieb

Durch den Sauerstoffüberschuss im Abgas wird die Konvertierung von Schadstoffen erheblich erschwert. Bei der bevorzugten Umwandlung von HC und CO zu Wasser und CO_2 fehlen dann die Reaktionspartner zur NO_X-Reduktion. Die wirkungsvolle Konvertierung setzt Techniken voraus, die eine effiziente Abgasnachbehandlung, insbesondere der Stickstoffoxide, in „magerer" Atmosphäre erlauben. Die bei „magerem" Betrieb niedrigere Abgastemperatur erschwert die Konvertierung zusätzlich. Zurzeit sind zwei Möglichkeiten zur NO_X-Reduktion in „magerem" Abgas von Bedeutung:

- **Selektive katalytische Reduktion (SCR)**. Sie benötigt ein Reduktionsmittel, welches nach der Verbrennung in den Abgasstrang vor dem Katalysator eingebracht wird. Als Reduktionsmittel werden z. B. Ammoniak oder Harnstoff verwendet.

- **NO_X-Speicherkatalysatoren**. Aussichtsreichste Methode zur Verminderung der NO_X-Emission im Abgas von Otto-Magermotoren ist die Verwendung von NO_X-Speicherkatalysatoren, die bereits in der Serie eingesetzt werden. Das Prinzip des Katalysators ist schematisch in Bild 23-7 dargestellt.

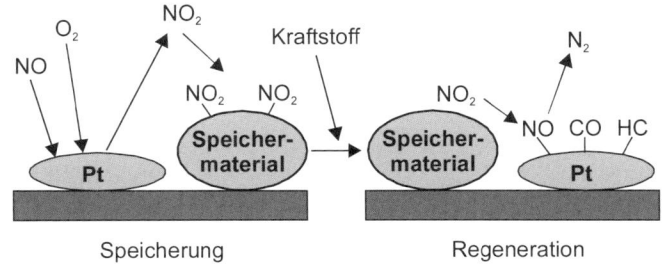

Bild 23-7: Modellbeispiel für die NO_X-Speicherung und -Regeneration [23.1]

23.5.2 Dieselmotor

Da der Dieselmotor im gesamten Betriebsbereich mit Luftüberschuss betrieben wird, ist der Einsatz eines Dreiwegekatalysators nicht hilfreich. Darüber hinaus ist die Abgastemperatur deutlich niedriger als bei Ottomotoren. Das bedeutet, dass eine Oxidation von HC und CO möglich ist, NO_X und Partikel werden nicht ausreichend konvertiert.

Oxidationskatalysatoren sind ähnlich wie Dreiwegekatalysatoren aufgebaut und bestehen aus dem Trägermaterial (Keramik oder Metall), Al_2O_3 mit großen Oberflächen (100...200 m^2/g), Edelmetallen und Promotoren als katalytisch aktive Zentren.

NO_X-Adsorber für Dieselmotoren

Grundsätzlich können Stickstoffoxide bei Luftüberschuss mithilfe der NO_X-Speicherkatalysatortechnik sowohl beim Otto- als auch beim Dieselmotor reduziert werden. Eine Besonderheit beim Betrieb von NO_X-Speicherkatalysatoren liegt in der Entschwefelung des Katalysators mit typischen Entschwefelungstemperaturen von 500...550 °C, die im Dieselabgas schwierig zu erreichen sind.

Ohne geeignete Maßnahmen zur Regeneration (Desulfatisierung) verringert sich die NO_X-Konvertierungsrate des Speicherkatalysators im Mager/Fett-Zyklus mit der Zeit. Bei der Regeneration wird entweder ein Reduktionsmittel, z. B. Dieselkraftstoff, vor den Speicherkatalysator eingebracht oder man erzeugt durch veränderte Motorparameter eine Erhöhung der Abgastemperatur. Nachteilig ist dabei die erhöhte Partikelemission.

Partikelfilter

Gesetzlich definiert für den Straßenverkehr gilt als **Partikelmasse** alles, was bei 325 K filtriert und somit gewogen werden kann, unabhängig von der Größe der Partikel und ihrer chemischen Zusammensetzung.

Die Größe von Partikeln ist schwer zu beschreiben. Es sind Vergleichsgrößen wie der aerodynamische Durchmesser > 500 nm und der Mobilitätsdurchmesser < 500 nm üblich. Die Größenverteilung (Bild 23-8) der Partikel aus der motorischen Verbrennung zeigt einen Log-Normalcharakter um 60...100 nm.

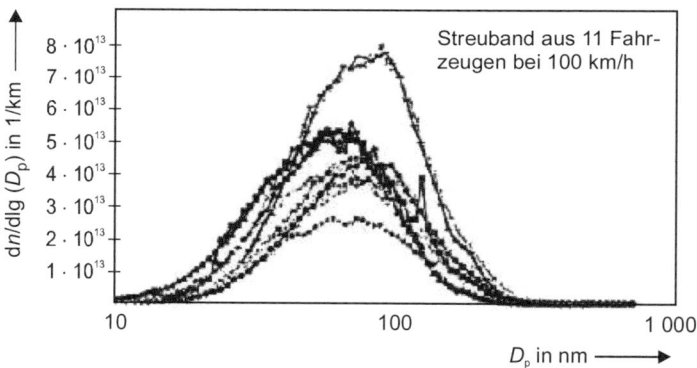

Bild 23-8: Größenverteilung von Feststoffpartikeln bei 11 modernen PKW-Dieselmotoren [23.2] D_p = Mobilitätsdurchmesser (Messverfahren SMPS)

Das gesundheitliche Risiko von Partikeln wird vor allem durch die Eindringtiefe in die Lunge und die Verweilzeit bestimmt. Beide Kriterien werden von Partikeln aus Motoren erfüllt. Es muss daher das Ziel sein, Partikel im Größenbereich 10...500 nm sicher abzuscheiden (Bild 23-9).

Die Anforderungen, die an den Diesel-Partikelfilter gestellt werden, sind neben einem Abscheidegrad > 99 % für Partikel im Größenbereich 10 bis 500 nm, u. a. Resistenz gegen Temperaturspitzen bei Regenerationen bis 1 400°C, hohe Speicherfähigkeit für Ruß und Asche, geringer Druckverlust, unempfindlich gegen Fahrzeugvibrationen.

Das Filtermedium muss eine große Oberfläche haben und hochwarmfest sein. Dafür sind monolithisch-poröse keramische Strukturen, hochlegier-

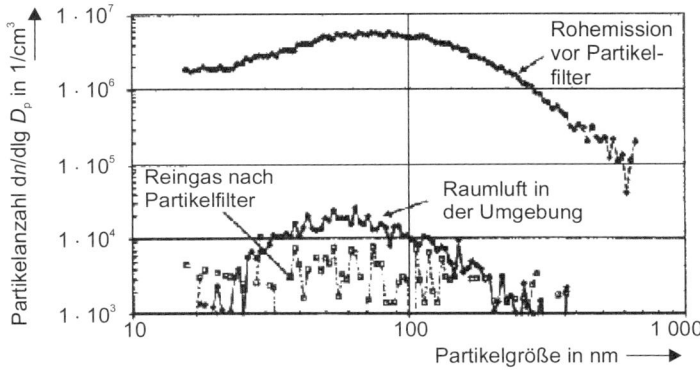

Bild 23-9: Abscheidegrad eines keramischen Zellenfilters an einem Nutzfahrzeug mit DI-Dieselmotor nach einem Feldeinsatz über 2 000 Betriebsstunden [23.3]

te poröse Metall-Sinterstrukturen, Metallschäume sowie Faserstrukturen, Garnwickel usw. geeignet. Die für die Abscheidung maßgebende Größe, Porengröße oder Faserdurchmesser, muss im Bereich um 10 µm oder darunter liegen. Die folgenden Filtersysteme werden derzeit bevorzugt angewendet:

- keramisch-monolithische Zellenfilter aus Cordierit oder Siliciumcarbid mit wechselweise verschlossenen Zellen,

- Metall-Sinterfilter aus dünnen Sinterplatten mit guter Wärmeleitfähigkeit,

- Faser-, Wickel-, Strick- oder Flechtfilter,

- Filterpapiere/Filterfilze/Filtervliese.

Die Belegung mit Ruß erfolgt in wenigen Stunden, die mit Asche innerhalb von einigen tausend Stunden. Das führt zu einem Ansteigen des Abgasgegendruckes. Die Leistung des Motors fällt und der Kraftstoffverbrauch steigt.

Um dies zu vermeiden, muss der brennbare Rückstand aus Kohlenstoff/Kohlenwasserstoffen relativ häufig durch Verbrennung entfernt werden. Diesen Vorgang nennt man **Regeneration**.

Zur Regeneration wurden zahlreiche Verfahren entwickelt, die in passive und aktive unterteilt werden können. Als **aktiv** bezeichnet man Verfah-

Umwelttechnologien

ren, wenn die Regeneration durch Energiezufuhr ausgelöst wird, als **passiv**, wenn durch katalytische Maßnahmen die Aktivierungsenergie abgesenkt wird.

Mit der Kombination von Partikelfilter, Oxidationskatalyse und DeNO$_X$-Katalyse kann eine weitere wichtige Hürde in Richtung der Minimierung von Schadstoffemissionen genommen werden.

23.6 Kraftstoffe

Der eingesetzte Kraftstoff hat erheblichen Einfluss auf die Abgaszusammensetzung und damit auf das Emissionsverhalten des Motors. Auf eine Darstellung der Zusammenhänge zwischen der Kraftstoffzusammensetzung, dem Herstellverfahren, der Additivierung etc. sowie dem Emissionsverhalten wird hier verzichtet, da dies den Rahmen des Buches sprengen würde. In [23.1] und [23.4] ist eine ausführliche Darstellung zu finden.

Reformulierte und alternative Kraftstoffe bieten die Möglichkeit, den Ausstoß an Schadstoffen weiter zu minimieren. Unter **Reformulieren** versteht man dabei eine Änderung der Zusammensetzung bzw. der physikalisch-chemischen Kennwerte des Kraftstoffs mit dem Ziel, das Emissionsverhalten zu senken.

Als alternative Kraftstoffe sind Propan/Butan/Methan als Flüssiggas, Alkohole wie Methanol und Ethanol, gasförmiger und flüssiger Wasserstoff, Biogas, Biodiesel in der Diskussion und teilweise im Einsatz. Darüber hinaus sind Mischungen aus konventionellen und alternativen Kraftstoffen möglich.

Alternative Kraftstoffe können sowohl auf der Basis von fossilen Energieträgern als auch über regenerative Energien erzeugt werden. Wesentlicher Gesichtspunkt ist hierbei das CO$_2$-Verhalten

23.7 Alternative Antriebe

Ebenso wie alternative Kraftstoffe können alternative Antriebssysteme die Schadstoffemissionen senken. Wesentliche Systeme sind der Elektroantrieb, hybride Systeme und die Brennstoffzelle.

Problem bei der Einführung des **Elektroantriebes** ist die mangelnde Speicherkapazität der Batterie. Der Betrieb des Elektromobils kann emissionsfrei erfolgen. Die Beurteilung des gesamten Emissionsverhaltens hängt jedoch stark von der Art der Stromerzeugung ab.

Hybride Systeme zeichnen sich im Allgemeinen durch zwei Antriebe mit unterschiedlichen Energiespeichern aus. Zum Beispiel wird ein Verbrennungsmotor nahe dem verbrauchsminimalen Punkt betrieben und die Beschleunigung mit einem E-Motor realisiert. Damit kann der CO_2-Ausstoß reduziert werden.

Bei Betrieb der **Brennstoffzelle** als Antriebssystem sind die Emissionen vor Ort von HC, NO_X, CO_2 und Partikeln je nach verwendetem Energieträger nahezu null. Bei der Beurteilung der Gesamtemission ist jedoch die gesamte Energiekette zu betrachten.

Stirlingmotor, Dampfmotor, Gasturbine sind als Antriebssysteme für Kraftfahrzeuge von untergeordneter Bedeutung.

23.8   Geräuschemissionen

Geräusche von Kraftfahrzeugen zählen ebenso wie die gasförmigen und festen Bestandteile (Partikel) zu den Emissionen. Hierbei stehen neben den „hörbaren" Phänomenen auch fühlbare in Form von Vibrationen im Vordergrund. Auch hier sei auf die weiterführende Literatur [23.1, 23.4] verwiesen.

Umwelttechnologien

24   Konzepte zur Abfallreduzierung

Der Gesetzgeber hat die Abfallvermeidung vor die Verwertung gestellt. In vielen Bereichen ist jedoch zu erkennen, dass es kaum Hinweise auf Vermeidungsstrategien gibt. Die technisch-wissenschaftliche Literatur befasst sich ausschließlich mit Entsorgungstechniken. Dass die Vermeidungstechniken nicht das Unternehmensziel der Entsorgungswirtschaft sein können, ist verständlich. Haushalte, das Gewerbe, die öffentliche Hand und die Industrie sollten längerfristig Konzepte entwickeln in Richtung „Vermeidung" von Abfällen, da dies auch erhebliche Kosten- und Wettbewerbsvorteile ermöglichen kann.

24.1   Primäre Maßnahmen

24.1.1 Haushalt

Es wurde einleitend bereits darauf hingewiesen, dass **der Verzicht auf Güter** den besten Beitrag zur Verringerung des Abfallaufkommens bedeutet. Das Abfallaufkommen im privaten Bereich beträgt 30 Mio. t/a entsprechend rund 400 kg/a je Einwohner, also nur 10 % der gesamten Abfallmenge in Deutschland (vgl. Tabelle 24-1).

Tabelle 24-1: Zusammensetzung des Hausmülls, Recyclingquote und recycelte Mengen

	Hausmüllanfall			davon recycelt	
	in kg/ (EW · a)	in %	in Mio. t/a	in %	in Mio. t/a
Pappe, Papier	56	16	4,5	77	3,5
Glas	31,5	9	2,5	93	2,5
Textilien	7	2	0,6	86	0,5
Kunststoffe	18	5	1,5	53	0,8
Materialverbunde	10	3	0,8		
Feinmüll 0...8 mm	38	11	3		
Mittelmüll 8...40 mm	56	16	4,5		
Fe-Metall	10	3	0,8	76	0,6
NE-Metalle	1,5		0,1		0,1
Sonstige	18	5	1,5		
(darin Holz)	3,6	1	0,3	60	0,2
kompost. org. Reste	104	30	8,3		
Summe	350	100	28,1		8,2

Werden die darin enthaltenen Abfallmengen aus dem Dienstleistungs- und Kleingewerbe herausgenommen, dürfte sich der Wert auf 300 kg/a und Einwohner verringern, entsprechend 24 Mio. t/a. Damit beträgt die im privaten Bereich anfallende Abfallmenge bezogen auf die oben genannte Abfallmenge von 300 Mio. t/a nur ca. 8 % der gesamten Abfallmenge. Auch wenn dieser Prozentsatz zunächst als sehr niedrig anzusehen ist, so ist doch die sehr unterschiedlich strukturierte Zusammensetzung des Hausmülls eine Herausforderung der Umwelttechnik. Die Zusammensetzung des Hausmülls ist in Tabelle 24-1 dargestellt. Hiervon sind ca. 60 % organischer Natur. Unterstellt man einen Heizwert von ca. 10 MJ/kg, so entspräche dies einem Energieinhalt von ca. $14 \cdot 10^{10}$ MJ oder einem Energieäquivalent von ca. 5 Mio. t Steinkohle, also etwa 10 % der deutschen Steinkohleförderung. Hinzugefügt werden muss, dass die Haushalte nicht nur Verursacher des Hausmülls sind, sondern auch andere Abfallarten hervorbringen, wie Bauschutt, Klärschlamm, Shredderrückstände oder Elektronikschrott.

Die tabellarische Zusammenstellung basiert auf der jährlichen Menge von 350 kg/Einwohner, zusammen mit dem Gewerbe- und Geschäftsmüll. Zusätzlich werden die Recyclingquote und die daraus berechenbaren recycelbaren Mengen gezeigt. Bezogen auf die anfallenden Mengen betragen hiernach die recycelbaren Mengen 30 %. Ein weiterer Teil des Hausmülls sind die kompostierbaren organischen Reste (30 %), ein Grund, warum die Entsorger aktiv die mechanisch-biologischen Behandlungsanlagen planen. Trotz alledem sind die Abfallmengen aus dem Bereich Hausmüll noch so hoch, dass Müllvermeidungsstrategien deutlicher gefördert werden müssten.

Vermeidungspotenziale der Haushalte sind gegeben in den Bereichen

- Konsumgüter,
- Mobilität und im
- Wohnbereich.

Kann auf Produkte nicht verzichtet werden, sollten von den Herstellern Produkte gefordert werden

- mit längerer Lebensdauer,
- mit austauschbaren Bauelementen [24.1],
- mit umweltverträglichen Werkstoffen und Betriebsstoffen,
- mit demontierbaren Konstruktionen, um eine Wiederverwertung zu erleichtern (demontierbar).

Für tägliche Maßnahmen im Haushalt sollte zur Verminderung der Abfälle gelten:

Umwelttechnologien

- **Verzicht auf Verpackungen,** z. B. durch Verzicht auf gefrorenes Gemüse und Bevorzugung von Frischgemüse,
- **Mehrweg statt Einweg,** z. B. Bevorzugung der Perlwasserflasche anstelle von recycelbaren Glasflaschen,
- **Intensiveres Trennen der Abfälle,** wodurch der Restmüllanteil noch weiter verringert wird,
- **Kompostieren von Küchenabfällen,** z. B. mit Schnellkompostern auf dem eigenen Grundstück überall dort, wo es möglich ist,
- **Kompostieren der eigenen Gartenabfälle.**

24.1.2 Industrie

Wie im privaten Bereich, so gilt auch im industriellen Bereich, dass primäre Maßnahmen eindeutig günstiger einzustufen sind als sekundäre. Hinzu kommt, dass das Einsparungspotenzial wegen der deutlich höheren Mengen viel größer ist.

Bergbau

Bergbauliche Rückstände sind zunächst die hereingewonnenen, nicht verwertbaren Produkte, die Berge. Je nach dem Wertstoffgehalt können die Bergmengen erheblich sein, von z. B. 50 % Verwertbarem im Falle der deutschen Steinkohle bis deutlich unter 1 % bei Metallen. Hauptsächlich werden diese Berge auf Bergehalden deponiert, von denen je nach Bergbauzweig große Gefahren ausgehen können. Im Bereich der Kohle neigen solche Bergehalden zu Schwelbränden, die zu stark gefährdenden Emissionen führen. Im Salzbergbau spielt die Wasserlöslichkeit eine große Rolle, im Erzbergbau die Löslichkeit von Metallen, insbesondere Schwermetallen. Der untertägige Bergeversatz ist zumeist aus anderen Gründen als dem Vermeiden von Bergehalden durchgeführt worden, wäre aber aus der Sicht der Vermeidung von Gefahren, die durch Halden ergehen, zu fordern und langfristig anzustreben.

Energiewirtschaft

Die Maßnahmen zur Reinhaltung der Luft hatten eine Umstellung der Wärmeerzeugung von Kohle/Koks auf Heizöl und später auf Erdgas zur Folge. Damit hat sich das Abfallaufkommen deutlich gemindert. In den 60iger-Jahren wurden ca. 60 Mill. t/a an Steinkohle bzw. Steinkohleprodukten verfeuert – heute sind es nur noch 2...3 Mio. t/a. Wird ein Aschegehalt von nur 6 % unterstellt, so resultiert daraus ein Minderaufkommen von über 3 Mill. t Asche jährlich. Ein weiterer Schritt war die Forderung, Kraftwerke zu entschwefeln. Die Techniken zur Entschwefelung

können eingeteilt werden in solche, bei denen der Schwefel in verkaufs-
fähige Produkte umgewandelt wird, oder in solche, bei denen der
Schwefel als Sulfat vorliegt, vorrangig als Gips. Beide Lösungen waren
in der Entwicklung, wobei die erstere sicherlich als die schwierigere
Lösung anzusehen ist. Die Großfeuerungsanlagenverordnung forderte
die Entschwefelung, aber auch gleichzeitig Umstellungstermine. Die
Kraftwerksbetreiber entschieden sich deshalb wegen der Kürze der Zeit
für die Gipsroute. Derzeit kann die produzierte Gipsmenge im Markt
noch untergebracht werden. Langfristig werden aber die REA-Gipse
deponiert werden müssen, ein Beispiel dafür, dass sekundäre Maßnahmen zwar eine kurzfristige Lösung bieten, langfristig jedoch vermieden
werden sollten. Heute hat bereits ein Umsteuern begonnen. Neue Kraft-
werkskonzepte zielen u. a. auf die Vermeidung des Gipsanfalls oder auf
eine Verminderung wie z. B. bei dem derzeitigen Neubau der RWE nach
dem BoA-(Braunkohlen-optimierte Anlage-)Konzept, das geplant ist
unter der Voraussetzung eines deutlich höheren Wirkungsgrades, der
einen geringeren Brennstoffeinsatz pro erzeugte kWh ermöglicht, aber
damit auch einen niedrigeren Gipsanfall bewirkt.

Ein weiteres Beispiel sind die primären Entstickungsmaßnahmen, wie
Verzicht auf Luftvorwärmung, gestufte Verbrennung, Rauchgasrückführung, bei denen – im Gegensatz zu den sekundären Maßnahmen – auf
den Einsatz von Hilfsstoffen, wie z. B. den schwermetallhaltiger Katalysatoren, verzichtet werden kann, die ihrerseits dann auch nicht wieder-
verwertet oder entsorgt werden müssen.

Chemische Industrie

Wie auch in anderen Industrien fallen auch in der chemischen Industrie
Reststoffe an. Dazu zählen Koppelprodukte, Neben- und Folgeprodukte,
durch den Prozess modifizierte Hilfsstoffe sowie nicht umgesetzte Ein-
satzstoffe. Ziel der heutigen Verfahrensentwicklung ist es, ein Verfahren
zu entwickeln, das Luft, Wasser und Boden von vornherein so wenig wie
möglich belastet. Auch hier ist das oberste Ziel, Reststoffe durch primäre
Maßnahmen zu vermeiden dort, wo es möglich ist. Einige Maßnahmen
sind [24.2]:

■   neue Synthesewege mit dem Ziel der Reststoffvermeidung,
■   erhöhte Selektivität der Katalysatoren,
■   Prozessoptimierung durch moderne Mess- und Steuerungstechnik.

Als Beispiel für den produktionsintegrierten Umweltschutz dient die
Polypropylenherstellung (PP):

Umwelttechnologien

Aus 1 000 kg Rohstoffen und Hilfsstoffen entstanden
1964   844 kg PP, 44 kg Abluft, 76 kg Abfall, 36 kg Abwasser
1988   978 kg PP, 17 kg Abluft, 5 kg Abfall
heute   987 kg PP, 13 kg Abluft

Bei dem früher üblichen Verfahren wurde die Polymerisation in einem leicht flüchtigen Lösungsmittel, dem Leichtbenzin oder Naphtha, durchgeführt. Durch eine lösungsmittelfreie Verfahrensvariante, die Massepolymerisation, verringerte sich die Abfallmenge von 76 auf 5 kg bei einem Rohstoffeinsatz von 1 000 kg. Bei den neueren Verfahren werden selektive Katalysatoren verwendet, sodass der Prozess abfall- und abwasserfrei ist.

Die BASF gibt beispielsweise an, dass 1981 in ihrem Unternehmen bezogen auf eine Tonne Produkt 13,7 kg in die Luft und in das Wasser gelangten neben 31,8 kg Deponiegut, während heute nur noch 5,4 kg Schadstoffe in die Luft und das Wasser und 22,8 kg auf die Deponie gelangen, wobei diese Schadstoffverringerungen nicht nur auf primäre, sondern auch auf sekundäre Maßnahmen zurückzuführen sein dürften [24.3].

Eisen- und Stahlindustrie

Durch Verbesserungen des Hochofenprozesses sind die Koksverbräuche in den letzten Jahren von 1 000 kg (Koks)/t (Fe) auf ca. 400 kg (Koks)/ t (Fe) gesunken.

Wenn darüber hinaus festgestellt werden kann, dass die Kokserzeugung früher nur mit einem Koksausbringen von 50 % betrieben wurde und heute mit Werten von ca. 80 % erfolgt, so ergibt sich ein doppelter Effekt: Der Verbrauch an Kohle für die Reduktion ist merklich verringert worden, was sich vor allem beim Anfall der Schlacken positiv bemerkbar macht.

Positiv zu vermerken ist, dass die Stahlindustrie große Schrottmengen seither übernommen hat und dass ein Recycling ohne eine funktionierende Stahlindustrie kaum möglich wäre. Hinzu kommt, dass Stahl auch ein relativ einfach zu recyclender Rohstoff ist, was von anderen Rohstoffen kaum behauptet werden kann.

Metallverarbeitende Industrie

Auch für die Metall verarbeitende Industrie gibt es die Notwendigkeit, Abfall verringernde und Abfall vermeidende Maßnahmen zu ergreifen. Nicht nur steigende Entsorgungskosten des Herstellers und auch des Verbrauchers sowie beabsichtigte Rücknahmepflichten des Herstellers zwingen zur Abfallvermeidung, insbesondere scheint erwähnenswert, dass die Metalle – vor allem die Schwermetalle – im Abfall wegen ihrer umweltschädigenden Eigenschaften sehr problematisch sind, insbesondere wegen der nicht vorhandenen Abbaubarkeit. Die Weltproduktionszahlen der wichtigsten Metalle sind in Tabelle 24-2 gezeigt.

Tabelle 24-2: Weltjahresproduktion der wichtigsten Metalle

Metalle	in Mio. t/a
Eisen (Fe)	900
Bauxit	71
Chromit	7
Kupfer (Cu)	7
Zink (Zn)	6
Blei (Pb)	3
Nickel (Ni)	0,7
Quecksilber (Hg)	0,01

Metallische Rückstände entstehen in der Metallurgie, in der Fertigung, in der Schrottaufbereitung, beim Recyceln. Neben der systematischen **Substitution von Schwermetallen** muss angestrebt werden eine **Verminderung des Rohstoffeinsatzes** und eine **Verringerung oder Vermeidung von Hilfsstoffen** sowie eine **höhere Produktqualität**.

Sonderabfälle

Nachweispflichtige, in der Industrie anfallende Sonderabfälle sind:

- **schwefelhaltige Abfälle** (Dünnsäure, Gips, Säureteere/-harze),

- **ölhaltige Abfälle** (Schlämme, Mineralölverarbeitung),

- **Lack- und Farbabfälle,**

- **halogenhaltige organische Lösungsmittel** (Destillationsrückstände, Lösemittelgemische und Schlämme),

- **Galvanikabfälle** (Schlämme, cyanidhaltige Härtesalze),

- **verunreinigte Böden,**

- **Salzschlacken,**

- **Filtermassen,**

- **Gichtgasschlamm,**

- **organische Lösungsmittel** (Destillierrückstände und Schlämme).

Insgesamt fallen in Deutschland ca. 5 Mio. t dieser Sonderabfälle an. Insbesondere wegen der oft nicht vorhandenen sekundären Maßnahmen

Umwelttechnologien

im Bereich des Recycelns oder wegen der Probleme beim Deponieren sind diese Sonderabfälle besonders problematisch [24.4].

24.2   Sekundäre Maßnahmen

Sind primäre Maßnahmen, also Vermeidungsstrategien, nicht oder noch nicht möglich, so sind sekundäre Maßnahmen der Abfallbeseitigung durchzuführen. Im Wesentlichen zählen hierzu Recyclingtechniken im Sinne des Kreislaufwirtschaftsgesetzes oder im Sinne der Prioritäten des Abfallgesetzes: **Vermeiden vor Verwerten vor Deponieren**. Bewusst wird hier der Begriff des Entsorgens nicht verwendet, da häufig nur unscharf zwischen dem Verwerten und Deponieren unterschieden wird. Im Sinne der hier durchgeführten Gliederung zählt das Deponieren nicht zu den sekundären Maßnahmen, sondern zu den tertiären Maßnahmen der Abfallbewältigung. Im Sinne der Auflagen der TA-Siedlungsabfall und der TA-Abfall sind solche Maßnahmen nur in sehr eng begrenztem Maße noch zu dulden.

24.2.1   Gewinnung von Wertstoffen (werkstoffliche Verwertung)

Stahlschrottrecycling

Das klassische Beispiel des werkstofflichen Verwertens ist die Verwertung des Stahlschrotts. Am Beispiel des Stahlschrotts soll die mögliche Strategie des Vermeidens erläutert werden auch, weil das Recycling von Fe bzw. von Schrott eine lange Geschichte hat. Die Stahlerzeugung mit dem SIEMENS-MARTIN-Verfahren bot gerade die technische Möglichkeit, Schrott für die Erzeugung von Stahl zu nutzen. Heute sind es die Stahlkonverter, in denen Schrott zugesetzt wird, oder die Elektroschmelzöfen der sog. „Mini Mills", die weltweit Stahl auf Schrottbasis erzeugen. Die technischen Möglichkeiten, Schrott zu nutzen – zum Teil kann Stahl so billiger hergestellt werden als über die Hochofen-Route – hat auch zu einem internationalen Markt für Schrott geführt und so, wegen eines Preises für Schrott, auch den Anreiz gegeben, Schrott zu sammeln und ihn zu verkaufen. Nach den Daten des Statistischen Jahrbuchs der Bundesrepublik Deutschland beträgt der spezifische Eisen-Verbrauch in Deutschland 150 kg pro Einwohner und Jahr [24.5].

Auf der Basis der Publikationen der Wirtschaftsvereinigung Stahl lässt sich zeigen, dass die Recyclingmenge 12,4 Mio. t an Schrott einer Quote von ca. 60 % entspricht [24.6]. Unterstellt man trotz eines schwankenden Schrottpreises einen Wert von über 200 Euro/t wie in den Jahren 2005 bis 2007, so beträgt der Wert hierfür 2,4 Mrd. Euro.

Würde man diese Menge als Erz importieren müssen, würde dies einer zusätzlichen Erzmenge von 31 Mio. t/a ausmachen und würde die derzeitigen Erzimporte von ca. 52 Mio. t/a deutlich vergrößern, sodass aus heutiger Sicht das Ziel der Abfallvermeidung mit dem Ziel der Ressourcenschonung schon heute sehr weit entwickelt ist. Für das Erschmelzen der zusätzlichen Erzmenge wären zusätzliche 6 Mio. t an Koks erforderlich, was wiederum eine zusätzliche CO_2-Emission von mindestens 22 Mio. t/a bedeuten würde.

Wird die derzeit schon erreichte Recyclingmenge von 12,4 Mio. t verglichen mit der rückgewinnbaren Menge aus dem Hausmüll von 700 000 t/a, so ist diese ausgesprochen klein und beträgt nur 5 %. Durch das getrennte Sammeln von Metallschrott auf den Wertstoffhöfen kommen aber weitere Mengen hinzu ebenso wie durch das zunehmende getrennte Sammeln von Elektroschrott und Kühlgeräten.

Trotz der guten Recyclingmöglichkeiten des Shredderschrotts gibt es wegen seiner Anteile an Kupfer, Zinn, Zink und Blei auch Begrenzungen, da durch sie die Stahlqualitäten bzw. die Emissionen bei der Stahlerzeugung ungünstig beeinflusst werden.

Die umweltrelevanten Vorteile des Stahlrecyclings können auch durch den geringeren Primärenergieeinsatz erklärt werden:

- Gesamtenergiebedarf für die Herstellung von Stahl aus Erz: 14 MJ/kg,
- Gesamtenergiebedarf für die Herstellung von Stahl aus Schrott: 9 MJ/kg.

Glasrecycling

Wie der Abbildung 24-1 zu entnehmen ist, wurden 2006 in Deutschland 2,6 Mio. t Altglas erfasst. Die Behälterglasindustrie hat 2,9 Mio. t Produkte abgesetzt, wofür 2,4 Mio. t Altglas eingesetzt wurden. Dies entspricht einem Altglaseinsatz von 83 %. Mit diesem Einsatz wurden 92 % des Altglasaufkommens verwertet.

Weitere Mengen wurden als Baustoffzuschlag verwendet. Vor allem die Herstellung von Glaswolle für die Wärmedämmung basiert heute fast ausschließlich auf dem Einsatz von Altglas. Dieser führt zu einer deutlichen Energieeinsparung, darüber hinaus werden die Rohstoffe Sand, Soda und Kalk eingespart, für deren Herstellung ebenfalls Energie benötigt worden wäre.

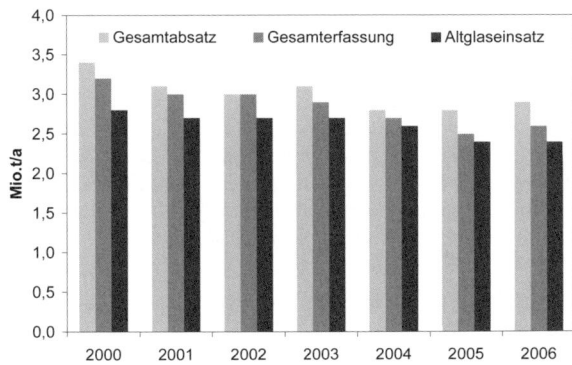

Bild 24-1: Altglaserfassung und -verwertung in der deutschen Behälterglasindustrie in den Jahren 2000 bis 2006 laut Umweltbundesamt

Papierrecycling

Altpapier ist weltweit zum wichtigsten Rohstoff geworden. Für die Produktion von jährlich etwa 400 Mio. t Papier werden 44 % Altpapier eingesetzt. Im weltweiten Vergleich liegt die Papierindustrie in Deutschland an 4. Stelle hinter USA, China und Japan.

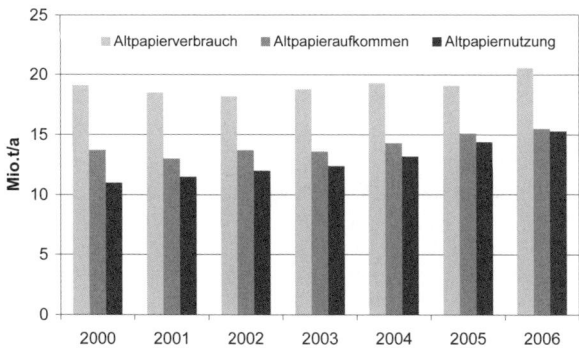

Bild 24-2: Papierverbrauch, Altpapieraufkommen, Altpapiereinsatz in der Papierindustrie Deutschlands in Mio.t/a laut Verband Deutscher Papierfabriken e. V. (2006)

Mit einer Jahresproduktion von 22,8 Mio. t Papier ist Deutschland führend beim Altpapiereinsatz. 2008 betrug die Einsatzquote 68 %, die

Rücklaufquote 78 %. Es werden jährlich etwa 16 Mio. t Altpapier verarbeitet. Die Papierindustrie leistet damit einen wichtigen Beitrag zum Umweltschutz und zur Ressourcenschonung. Da die Papierherstellung aus Altpapier weniger Energie erfordert als der Einsatz von Primärfaserstoffen, wird auch die CO_2-Bilanz positiv beeinflusst.

Der Einsatz von Altpapier in Verpackungspapieren, Karton und Pappe führte zu Einsatzquoten von 95 %. Im Bereich der grafischen Papiere wurde durch die Entwicklung der **Deinkingtechnologie** ein starker Anstieg des Altpapiereinsatzes erreicht. So wird Zeitungsdruckpapier in Deutschland heute zu 100 % aus Altpapier erzeugt.

Der Begriff **Deinking** (engl.: ink = Tinte) charakterisiert den Prozess der Entfernung der Druckfarbe aus dem Altpapier. Es werden zwei verschiedene Verfahren angewendet: die Flotation und die Wäsche. In Europa dominiert das **Flotationsverfahren**. Hierbei werden die abzutrennenden Druckfarbenpartikel an Luftblasen angelagert, um sie dann als Schaum aus der Altpapierstoffsuspension zu entfernen. Der fertige Deinkingstoff erreicht wieder die Weißgrade des Ausgangsstoffes, und dieser kann anschließend durch Bleiche weiter gesteigert werden.

Der **Wasserverbrauch** für die Papiererzeugung wurde in den letzten Jahren durch Mehrfachnutzung und Wiederverwendung des Kreislaufwassers weiter stark reduziert. Nur ein geringer Anteil des Kreislaufwassers wird als Frischwasser zugeführt. Dabei wird eine 10- bis 20-fache Nutzung des Wassers erreicht. In Einzelfällen werden geschlossene Wasserkreisläufe ohne jede Abwasserausschleusung betrieben. Das Wasser wird hier bis zu 100-mal wiederverwendet [24.11].

Der **Energieeinsatz** hängt stark von den geforderten Produkteigenschaften ab. Der spezifische Energieverbrauch konnte von 8800 kWh/t Papier im Jahr 1950 auf 2400 kWh/t im Jahr 2008 gesenkt werden. Der spezifische Energieverbrauch liegt bei der Herstellung von LWC- und Zeitungsdruckpapier bei etwa 2000 kWh/t, bei Wellpappenrohpapier bei 1700 kWh/t und bei Hygienepapier bei 3000 kWh/t. Bei Spezialpapieren ist der höchste Energieeinsatz erforderlich, zum Beispiel bei Wertpapieren von über 9000 kWh/t [24.11].

Aluminiumrecycling

Die Aluminiumproduktion in Deutschland beträgt ca. 1,3 Mio. t/a. Zum Teil wird mehr als die Hälfte hiervon als Recyclingaluminium hergestellt, wie dem Bild 24-3 zu entnehmen ist. Die Recyclingquote könnte durch bessere Sortiertechniken beim NE-Schrott noch weiter gesteigert werden.

Umwelttechnologien

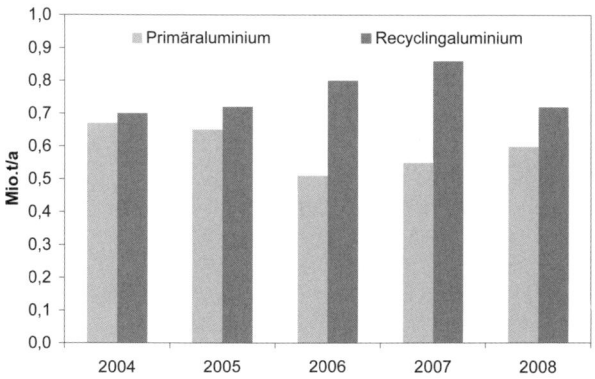

Bild 24-3: Produktion von Primär- und Recyclingaluminium in Deutschland laut Verband der Aluminiumrecycling-Industrie e.V. (2009)

Der Primärenergieverbrauch beim Einschmelzen von recyceltem Aluminium beträt nur 5…10 % des Energieverbrauchs bei der Erzeugung von Aluminium aus Bauxit:

- Gesamtenergiebedarf für die Herstellung von Aluminium aus Bauxit: 160 MJ/kg
- Gesamtenergiebedarf für die Herstellung von Aluminium aus Schrott: 26 MJ/kg.

Die Zahlen machen deutlich, dass Aluminium ein energieintensives Metall ist und dass der Energieverbrauch durch Recyclingmetall deutlich verringert werden kann.

Elektronikschrott

Eine wesentliche Quelle für die NE-Metalle ist der Elektronikschrott. In der Bundesrepublik fallen derzeit ca. 1,9 Mio. t/a an Elektronikschrott an, mit zunehmender Tendenz, von denen ein Teil im Rahmen des Kreislauf-wirtschafts- und Abfallgesetzes recycelt wird. Die Geräte sind teilweise mit schadstoffhaltigen Bauteilen bestückt, die bei der manuellen Zerlegung während des Recyclingprozesses freigesetzt werden können. Auch stellen diese eine Gefahr bei der Wiederverwendung oder bei der Entsorgung dar.

Unter den Großgeräten wird im Allgemeinen die Gruppe der Küchengeräte wie Herd, Kühlschrank oder Waschmaschine verstanden, die sog. **weiße Ware**. Wird von den FCKWs bei den Kälte- und Klimaanlagen einmal abgesehen, dürften die Demontage und die Sortierung der Wertstoffe dieser Produktgruppe noch relativ unproblematisch sein. Bei den Kleingeräten werden Radios, Telefone, TV-Geräte und Computer gesehen, ein Markt, der noch große Zunahmen erwartet. Er ist gekennzeichnet durch die Unterhaltungselektronik, die sog. **braune Ware**. Das zunehmende Aufkommen an Elektrogeräte stellt Bild 24-4 dar.

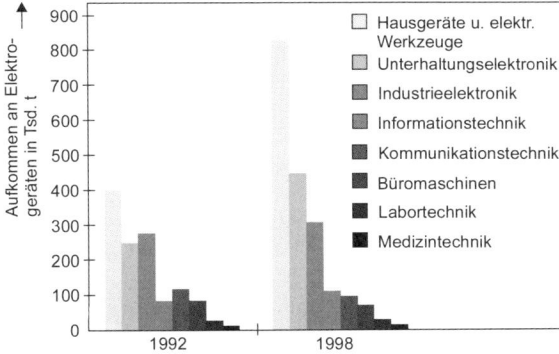

Bild 24-4: Einteilung des Aufkommens an Elektrogeräten in den Jahren 1992 und 1998 [24.7]

Die Zusammensetzung des Elektroschrotts ist stark schwankend und hängt sehr von den jeweiligen Geräten ab (vgl. Tab. 24-3). Hier soll deshalb als Richtanalyse die folgende Zusammensetzung des Elektroschrotts genannt werden, die Stoffe sind nach der Dichte sortiert angegeben:

Tabelle 24-3: Durchschnittliche Zusammensetzung des Elektroschrotts

Stoffart	Anteil in %	Dichte in t/m^3
Eisen	45	8
Kupfer und Zink	10	8
Aluminium	5	3
Glas	5	3
Sortenreiner Kunststoff	7	1
Gemischter Kunststoff	7	1
Flammengeschützter Kunststoff	5	1
Holz	5	1
Sonstige	11	

Der Zusammenstellung kann entnommen werden, dass es drei unterschiedliche Dichtegruppen gibt, sodass die Sortierung nach der Dichte möglich ist. Es zeigt sich jedoch, dass in der Schwerfraktion neben dem

Umwelttechnologien

Eisen noch die Schwermetalle vorliegen. Mithilfe von Magnetscheidern ist eine Abtrennung der Fe-Fraktion möglich, ohne dass die Schwermetalle getrennt werden. Glas und Aluminium in einer Mittelfraktion sind ebenso unerwünscht wie Holz und Kunststoff in der Leichtfraktion. Ferner ist anzumerken, dass eine nasse Sortierung wegen der zu erwartenden Abwasserprobleme ebensowenig angestrebt werden sollte, zumal die Produkte auch trocken Verwendung finden, anders als beim Altpapier. So ist im Falle des Elektroschrotts keine Nasssortierung, sondern eine Trockensortierung von Vorteil. Als Grundverfahren für die Elektroschrottsortierung wird die **elektrostatische Sortierung** gesehen.

Für die Trennung der NE-Metalle bieten sich die schon erwähnten **Wirbelstromscheider** an, die nach der elektrischen Leitfähigkeit trennen. Mit einem vorgeschalteten Magnetscheider lassen sich so alle Metallfraktionen gewinnen. Je nach Art des Elektronikschrotts bieten sich verschiedene Kombinationen von Grundverfahren an.

Kunststoffrecycling

Bei den Kunststoffen beträgt die werkstoffliche Recyclingquote derzeit nur 3 %. Die Wiederverwertung scheitert bekanntermaßen noch an der mangelnden Sortenreinheit, die auch deshalb nur schwer zu erreichen ist, weil die Zahl der Kunststoffarten insbesondere durch die Produktion der Mischpolymere stark gewachsen ist und es an geeigneten Trennverfahren fehlt. Eine nur manuelle Trennung nach der Kunststoffkennzeichnung ist nicht ausreichend, zumal die Kunststoffe mit Farbstoffen und Füllstoffen sowie Aufdrucken versehen sind und auch Verschmutzungen aufweisen. Für die Produktion normaler Kunststoffprodukte sind aber saubere Rohstoffe erforderlich. Ziel müsste es sein, die genannte niedrige Recyclingquote zu erhöhen, da die Energieeinsparung aufgrund der folgenden Anhaltszahlen hoch ist. So beträgt der Gesamtenergiebedarf für die Herstellung von Kunststoffen aus Rohöl 20 MJ/kg und aus Altkunststoff 5 MJ/kg.

Biogene Reststoffe

Zum werkstofflichen Recyceln soll hier auch die **Kompostierung** gezählt werden. Sie wird zum einen zur Massenreduzierung, zum anderen aber auch zur Herstellung von Bodenverbesserern durchgeführt.

Kompostierung von biogenen Reststoffen

Biogene Reststoffe fallen in großem Maße in der Land- und Forstwirtschaft an, auch in den Kommunen als Grünschnitt oder Friedhofsabfall oder im privaten Bereich, z. B. getrennt gesammelt in der sog. **braunen Biotonne**. Der kommunale Anfall an biogenen Stoffen wird auf jährlich 50 kg/EW, der im privaten Bereich auf weitere 50 kg/EW geschätzt. Der Abbau der biogenen Masse erfolgt mikrobiell, wobei zwischen aeroben und anaeroben Mikroorganismen unterschieden werden kann. Die aerobe Umsetzung – sie wird bei der Kompostierung angestrebt – führt letztlich zu den Endprodukten Kohlenstoffdioxid und Wasser und wird als **Verrottung** bezeichnet. Die anaerobe Umsetzung ist typisch für die Vergärung, als Endprodukte entstehen u. a. Methan, Ammoniak und Schwefelwasserstoff, der Prozess wird auch als **Faulung** bezeichnet. Um bei der Kompostierung die Faulung zu unterdrücken, die bedingt durch die Freisetzung von Ammoniak und Schwefelwasserstoff zu unerwünschten Geruchsbelästigungen führen kann, besteht die Hauptaufgabe in der Belüftung der Rotte. Die Kompostierverfahren können unterschieden werden in Verfahren, die in Mieten mit Breiten von ca. 3 m und maximalen Höhen von 1,5 m arbeiten und bei denen mit Spezialmaschinen für eine Belüftung gesorgt wird, ferner in Verfahren in zwangsbelüfteten Großmieten sowie in Kompostierer mit Behältern in Stahl- oder Betonbauweise, stehend oder liegend, als Trommeln zum Teil ruhend, zum Teil bewegt. Bei allen Rotteverfahren ist eine Aufbereitung des Rohstoffs erforderlich, ferner eine Absiebung des erzeugten Komposts. Die Abgase sind z. B. in **Biofiltern**, die als Geruchsfilter wirken, nachzubehandeln. Als Richtwert für den Umsatz des organischen Materials können 50 % angegeben werden.

Mechanisch-biologische Restabfallbehandlung

Eine Variante der Kompostierung besteht darin, nur die Restabfälle nach vorheriger Trennung zu kompostieren. Hierzu werden von den öffentlichen Abfallentsorgern die mechanisch-biologischen Behandlungsanlagen entwickelt: Nach dem Antransport und dem Aussortieren von groben Störstoffen wird das Material in Siebtrommeln bei ca. 60 mm getrennt. Das Grobmaterial wird zerkleinert und mit dem Feinmaterial nach einer Homogenisierung in Rottetunnel eingegeben, durch die es kontinuierlich mit Schubböden transportiert und über einen Zeitraum von 10 Tagen teilkompostiert wird.

Vergärung von biogenen Reststoffen

Neben der Kompostierung kommt auch die Vergärung für die Behandlung biogener Reststoffe zum Einsatz. Wird der gefaulte Reststoff als Wertstoff angesehen, kann die Vergärung auch zu den werkstofflichen Verfahren gezählt werden. Sie ist im Gegensatz zur Kompostierung ein anaerob verlaufender bakterieller Prozess, auch **Faulung** oder **Fermen-**

Umwelttechnologien

tation genannt. Er wird entweder in der flüssigen Phase, analog zum Faulturmverfahren der Kläranlagen, oder in trockener Form durchgeführt. Dabei entsteht ein Faulgas mit einem für ein BHKW ausreichend hohen Heizwert, sodass die Energie optimal genutzt werden kann. Die gefaulte Biomasse kann kompostiert werden und ist hygienisch nicht so bedenklich wie die ungefaulte Substanz.

24.2.2 Gewinnung von Rohstoffen

Beim werkstofflichen Recyceln geht es darum, den Werkstoff zu erhalten: Stahl soll als Stahl genutzt werden, Polyethylen soll wieder als Polyethylen Verwendung finden. Beim rohstofflichen Recyceln wird der Abfall so modifiziert, dass aus ihm die Grundstoffe, die für seine Herstellung benötigt wurden, erzeugt werden. Das heißt, man geht mindestens eine Produktionsstufe zurück. Beim Kunststoff z. B. wird versucht, das für seine Herstellung erforderliche Öl durch **Spaltung** zu erzeugen.

Dies wurde beispielsweise bei der **Hydrierung von Altkunststoffen** von der VEBA AG und der RAG im Werk Bottrop durchgeführt. Dieses Verfahren, ursprünglich für die Hydrierung von Kohle entwickelt, bietet die Möglichkeit, hochmolekulare in niedermolekulare Stoffe umzuwandeln. Es zeigte sich jedoch, dass dieser Prozess zu kostenaufwendig ist [24.9].

Ein noch weitergehender Abbau der Grundsubstanz ist bei der **Vergasung** möglich. Hier wird der Rohstoff praktisch bis zum Wasserstoff und Kohlenmonoxid aufgebrochen. Chlor- und Fluorverbindungen werden wie bei der Hydrierung in HCl und HF umgewandelt. Dieser Prozess wird in Ostdeutschland durchgeführt, wobei aus den nicht weiter verwertbaren Anteilen des DSD Briketts gepresst werden, die in Druckvergasern zu Synthesegas verarbeitet werden, aus denen dann Methanol hergestellt wird.

Häufig werden auch Überlegungen angestellt, durch **Pyrolyse** aus Müll Rohstoffe zu erzielen. Technisch nutzbare Konzepte liegen aber noch nicht vor. Demgegenüber sind bei der **Müllverbrennung** deutliche Fortschritte zu erkennen (vgl. Kap. 25).

24.2.3 Energetische Verwertung

Das Hauptverfahren zur energetischen Nutzung ist die Verbrennung. Die bereits erwähnte Pyrolyse wird unter Luftabschluss durchgeführt. Es entsteht neben dem erzeugten Gas Teer und Koks. Eine stoffliche Verwendung dieser Produkte ist auszuschließen. Als Lösung wird also ihre Verbrennung ins Auge gefasst, sodass das Verfahren der Siemens KWU bereits unter dem Begriff **Schwel-Brenn-Verfahren** eingeordnet wird. Verfahrenstechnisch ist damit die Pyrolyse insgesamt ein Verbrennungsverfahren mit vorgeschalteter Pyrolyse, also eine energetische Verwertung. Ob die Zweistufigkeit des Verfahrens Vorteile bietet, ist kaum erkennbar. Probleme dürften sich allerdings bei der Handhabung der genannten Stoffe ergeben, wobei insbesondere der Teer besonders problematisch sein dürfte. Ziel der neuen Verfahren ist es, die Rückstände auf sehr hohe Temperaturen zu bringen, sodass die Asche versintert und so weniger eluierbar ist. Auf diese Weise könnte den Anforderungen der TA-Abfall entsprochen werden. Es bleibt abzuwarten, wie sich die Demostationsanlagen bewähren. Im Bau sind die Schwel-Brenn-Anlage von Siemens in Fürth, eine Thermoselect-Anlage in Karlsruhe sowie eine Konversionsanlage von Noell in Northeim.

Beim **PyroMelt-Verfahren** ist die Hauptkomponente ein indirekt beheiztes Drehrohr, in dem die Pyrolyse erfolgt. Dabei entstehen Gas, Teer und Koks. Der Koks wird aufbereitet und von Wertstoffen befreit. Zusammen mit dem selbst erzeugten Gas und dem Teer wird der Koks verbrannt. Dabei werden so hohe Temperaturen erzielt, dass die Asche flüssig als Schlacke anfällt und zu Granulat verarbeitet wird. Die Restwärme dient der Energieerzeugung [24.10].

Ko-Verbrennung in Energieerzeugungsanlagen

Offensichtlich erfolgreicher als die mehrstufige Mineralisierung ist die Möglichkeit der Mitverbrennung von Abfällen in üblichen Verbrennungsanlagen wie z. B. der Einsatz von im BSE-Verdacht stehendem Tiermehl in Kohlenstaubfeuerungsanlagen oder der Einsatz von Abfällen in Produktionsanlagen.

Ko-Verbrennung in Produktionsanlagen

Als typisches Beispiel kann die Sintererzeugung in den Drehrohröfen der Zementindustrie genannt werden, in denen komplette Altreifen verbrannt werden, zugleich aber auch flüssige Abfälle, z. B. Altöle, mitverbrannt werden. Beispielsweise findet die Stahlindustrie Erwähnung, die die Kunststofffraktionen in den Hochofen mit einbläst und damit andere konventionelle Brennstoffe substituiert. Als weiteres Beispiel sei noch die Pressspanplattenindustrie genannt, die traditionellerweise zur Trocknung der Späne den Abfall, die Schleifstäube, verwendet.

Umwelttechnologien

25   Müllverbrennung

25.1   Anlagentechnik und Verfahrensvarianten

Verschiedene Verfahrensvarianten können bei der thermischen Behandlung von Abfällen eingesetzt werden. Bei der **Vergasung** findet die thermische Zersetzung von Abfällen unter Zugabe eines reaktiven Gases wie Sauerstoff, CO_2 oder Dampf statt. Wird hingegen die thermische Zersetzung von Müll bzw. Abfällen unter Luftausschluss oder zumindest Sauerstoffunterschuss erreicht, so heißt das Verfahren **Pyrolyse**. Die thermische Zersetzung von Abfall unter Zugabe von Luft wird als **Verbrennung** bezeichnet. Letzteres ist das mit Abstand wichtigste Verfahren der thermischen Abfallbehandlung, denn noch immer ist es das Verfahren mit der geringsten Störanfälligkeit. Bei den alternativen, mittlerweile großtechnisch realisierten Verfahren handelt es sich um Kombinationsverfahren mit einer vorgeschalteten Pyrolyse-Prozessstufe und einer nachgeschalteten Prozessstufe Vergasung (Thermoselect, Konversionsverfahren) bzw. Hochtemperaturverbrennung (Schwelbrennverfahren).

Bei allen drei Prozessvarianten entstehen gasförmige sowie feste Endprodukte bzw. Stoffmischungen, jedoch unterschiedlich in Menge und Art. Diese sind nach dem KrW/AbfG als Reststoffe zur Verwertung dem Stoffkreislauf wieder zuzuführen. Handelt es sich dabei um Reststoffe mit schädigender Wirkung, so sind diese zu beseitigen bzw. dem Ökosystem weitgehend dauerhaft und sicher zu entziehen.

Alle Behandlungsvarianten verfolgen das Ziel, unverwertbare Abfall- oder Reststoffe so stofflich umzuwandeln, dass keine neuen Schadstoffe entstehen bzw. enthaltene Schadstoffe zerstört werden und eine erhebliche Volumenreduktion der Behandlungsrückstände gegenüber dem anfänglichen Abfallvolumen erreicht wird. Zweitrangig wird angestrebt, die bei der Behandlung entstehenden Rückstände möglichst in verwertbare Sekundärprodukte umzuwandeln sowie auch den Heizwert des Restabfalls oder Mülls durch Wärmerückgewinnung zu nutzen.

Bei der Energienutzung aus Abfällen nimmt Deutschland im internationalen Vergleich eine Spitzenposition ein. Die Beiträge der Abfallbehandlungsanlagen mit Energierückgewinnung zum bundesdeutschen Gesamtenergiebedarf betragen jedoch nur 0,46 %. Die Betriebsstrukturen einer thermischen Verbrennungsanlage (vgl. Bild 25-1) können aus folgenden Anlagenteilen bestehen:

- Entladestation/Zerkleinerungsstation/Müllbunker,
- thermischer Behandlungsreaktor,
- Dampferzeuger zur Wärme- bzw. Energierückgewinnung,
- Rauchgasreinigungsanlage,
- Rückstandsbehandlungsanlage.

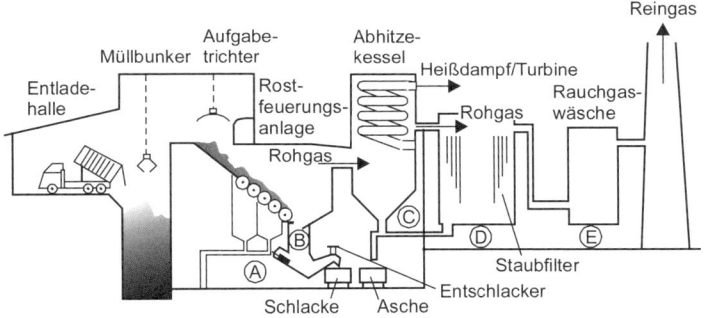

Bild 25-1: Betriebsstrukturen einer Verbrennungsanlage mit Rostfeuerungsreaktor und Walzenrost; anfallende Endprodukte und ihr Entstehungsort: (A) Rostdurchfall, (B) Schlacke und Asche, (C) Kesselasche, (D) Filterstaub, (E) Rückstände aus der chemischen Rauchgasreinigung – Abwasser aus der nassen Rauchgasreinigung und Reaktionssalze aus der trockenen Rauchgasreinigung

In der **Entladestation** werden die Abfälle gewogen, klassifiziert und gegebenenfalls einer Zerkleinerung zugeführt. Im Müllbunker (es gibt verschiedene Ausführungen: Tiefbunker, Plattenbunker, Flachbunker) werden die diskontinuierlich gelieferten Müllmengen gelagert und von hier aus mit einem Müllkran zum Aufgabetrichter der weitgehend kontinuierlich arbeitenden thermischen Reaktoren gebracht. Um Geruchsemissionen zu vermeiden, herrscht in der Entladestation und im Müllbunker ein geringer Unterdruck.

Bei der **Verbrennung** von Müll kommen fast ausschließlich Rostfeuerungsreaktoren zum Einsatz, wobei dem als Rost bezeichneten Anlagenteil die Aufgabe zukommt, das Brenngut umzuwälzen, aufzulockern und zu vergleichmäßigen. Ein Rost besteht entweder aus alternierend angebrachten beweglichen und festen Roststabreihen oder elektrisch angetriebenen Walzen. Die Roste durchziehen den Feuerungsreaktor und sind zum Reaktoraustrag hin leicht geneigt (vgl. Bild 25-1). Der Feuerungsraum wird mit Stützbrennstoff (Kohle, Gas, Öl) vorgeheizt, sodass die in der 17. BImSchV vorgeschriebene Mindesttemperatur von 850 °C in der

Nachbrennzone erreicht wird. Der Müll wird im oberen Teil des Reaktors auf den Rost gebracht und durch die heiße Verbrennungsluft getrocknet und gezündet. Durch Steuerung des Rostsystems ist es möglich, die Brenngutverweilzeiten in den Verfahrensstufen von der Trocknung bis zum Ausbrand zu regeln.

Beim Gesamtprozess der Verbrennung werden simultan und sukzessiv verschiedene der genannten Prozessvarianten der thermischen Abfallbehandlung durchlaufen. Temperaturen von 100...200 °C bewirken zunächst die Abspaltung und **Verdampfung von Wasser** und damit die Trocknung des Brenngutes. An Stellen, wo das Brenngut nicht ausreichend mit Sauerstoff in Kontakt kommt, folgt eine Abspaltung von kurzkettigen gasförmigen organischen Molekülen, von Wasserstoff und Kohlenstoffmonoxid. Man spricht von Zonen der **Entgasung, Schwelung** oder auch **Pyrolyse**. Die so entstehenden heizwertreichen Gase entzünden sich. Dort, wo das Brenngut bzw. seine gasförmigen Spaltprodukte mit ausreichend Sauerstoff in Verbindung kommen, findet eine **Vergasung** statt. Mit Vorgabe definierter Prozessbedingungen können die genannten reinen Prozessvarianten Pyrolyse und Vergasung als unabhängig voneinander ablaufende Verfahren realisiert werden.

Ein weiterer, hierzu einsetzbarer und vielseitig nutzbarer Reaktor ist der Drehrohrofen (vgl. Bild 25-2). Er eignet sich vor allem für die Verbrennung von flüssigen, pastösen, pumpbaren sowie festen und unterhalb der Zündtemperatur schmelzenden Abfällen.

Sehr verbreitet ist sein Einsatz zur Verbrennung von Schlämmen, Industrie- und Sonderabfällen. Beim **Drehrohrofen** handelt es sich um einen mit feuerfestem Material ausgekleideten, auf Rollen frei um seine Längsachse drehbar gelagerten Stahlzylinder. Die Verweilzeit des Brenngutes im Reaktor sowie die Durchmischung lassen sich einstellen über die Drehgeschwindigkeit sowie den Neigungswinkel der Drehachse zur Waagerechten. Der **Etagenofen** wird eingesetzt zur Verbrennung von Klärschlamm bzw. stark wasserhaltigen Abfällen aller Art. Es handelt sich um einen mit feuerfestem Material ausgekleideten Stahlzylinder mit eingebauten Etagen. Drehende Krählarme schleusen das Verbrennungsgut von oben nach unten über die Etagenböden. Im oberen Bereich der Aufgabezone herrschen Temperaturen von 100 °C, welche zur Trocknung des Brenngutes ausreichen. In den unteren Verbrennungszonen werden Temperaturen von bis zu 1 000 °C eingestellt. Bei den drei genannten thermischen Behandlungsreaktoren handelt es sich um **Schüttgutreaktoren**. Sie unterscheiden sich vom **Wirbelschichtreaktor**. Im Gegensatz zu diesem sind sie relativ unempfindlich gegenüber

Lastschwankungen, zeigen geringe Anforderungen gegenüber einzuhaltender Teilchengrößenverteilung und sind vielseitig einsetzbar.

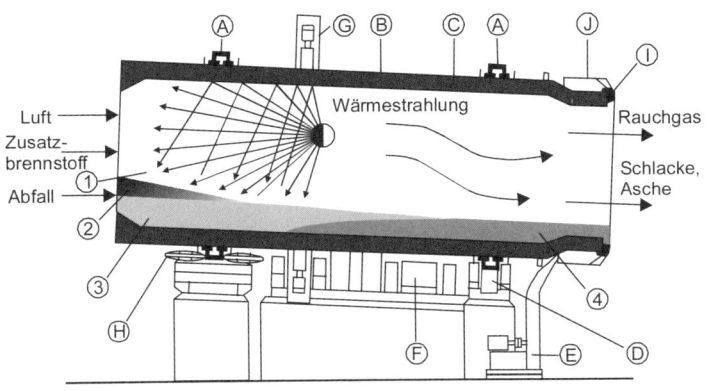

Bild 25-2: Drehrohrofen nach SATTLER und EMBERGER [25.7]
(A) Laufringe, (B) Drehrohrmantel, (C) feuerfeste Auskleidung, (D) Laufrolle, (E) Kühlventilator, (F) regelbarer Antrieb (G) Zahnkranz, (H) Ofenlängsführung, (I) Abschlusssegmente, (J) Auslaufschutz, (1) Wasserdampfzone, (2) Abfälle, (3) Brennbares, (4) Schlacke/Asche

Wirbelschichtöfen (vgl. Bild 25-3) eignen sich zur Verbrennung von einheitlich strukturiertem flüssigem, pastösem sowie festem Verbrennungsgut mit definierter Teilchengrößenverteilung.

Im Reaktor befindet sich nicht schmelzbares Inertmaterial (Sand, Asche), welches zunächst in loser Schüttung auf einem Düsenboden aufliegt. In der Betriebsphase wird dieses Feststoffbett durch eingedüste 800...1 000 °C heiße Luft angehoben und dehnt sich bis auf 2/3 des Reaktorvolumens aus. Das Brenngut wird von oben in das heiße Gas-Feststoff-Wirbelbett gegeben. Durch den ausgezeichneten Wärme- und Stoffaustausch wird bei kleiner Teilchengröße des Brenngutes für einen schnellen und meist vollständigen Ausbrand gesorgt. Die Rückstände werden als Asche im unteren Teil des Reaktors abgezogen. Temperaturen über dem Ascheerweichungspunkt, welche zur **Schlackenbildung** führen, dürfen bei diesem Verfahren nicht erreicht werden, da sonst das Wirbelbett verkleben würde. Dem Vorteil des geringeren Energieverbrauchs aufgrund der sehr geringen Verweilzeiten stehen die höhere Staubbelastung im entstehenden Rauchgas und die Empfindlichkeit gegenüber Lastschwankungen gegenüber.

Umwelttechnologien

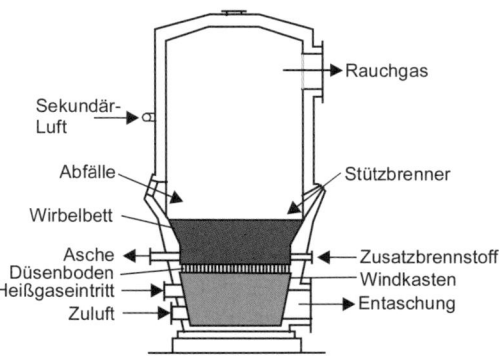

Bild 25-3: Schema eines Wirbelschichtofens

Bei der Verbrennung fallen verschiedene Stoffströme und Endprodukte an. Diese sind in (vgl. Bild 25-1) schematisch dargestellt. Im oberen Teil des Feuerungsraumes entsteht der **Rostabwurf**. Er hat einen ähnlichen Charakter wie die weiter unten im Feuerungsraum entstehende Schlacke und Asche. Ein Teil der Asche (Flugasche) verlässt – weil spezifisch leichter als die Schlacke – den Feuerungsraum mit dem heißen Rauchgas und gelangt in den Abhitzekessel und schließlich in den Staubfilter, wo sie sich als Kesselasche bzw. Filterstaub niederschlägt. Schließlich entstehen bei der Rauchgasreinigung je nach angewandtem Verfahren verschiedene flüssige oder feste Rückstände sowie Abwasser. Neuanlagen arbeiten abwasserfrei.

Das dem Feuerungsraum bei der Verbrennung folgende Anlagenelement ist der **Abhitzekessel,** welchem folgende Aufgaben zufallen:

■ Abkühlung des Rauchgases von 1 000…1 200 °C auf 200…300 °C als Voraussetzung für eine optimale Rauchgasreinigung sowie

■ die Wärmeenergie, wie nach der 17. BImSchV gefordert, mittels Wärmetauscher und Dampfturbine zurückzugewinnen.

Von dieser Energie wird etwa 1/3 als Eigenbedarf in der Anlage selbst verbraucht. Die im Brenngut enthaltene Energie lässt sich durch den unteren Heizwert H_u berechnen (H_u = Verbrennungsenthalpie des Brenngutes – Verdampfungsenthalpie des während des Prozesses gebildeten Wassers). Der untere Heizwert von Hausmüll schwankt je nach Zusammensetzung zwischen 7 und 12 MJ/kg (vgl. Bild 25-4). Bringt der Abfall einen Heizwert von 13 MJ/kg, so darf laut der EG-Richtlinie von 1992 von einer energetischen Verwertung gesprochen werden.

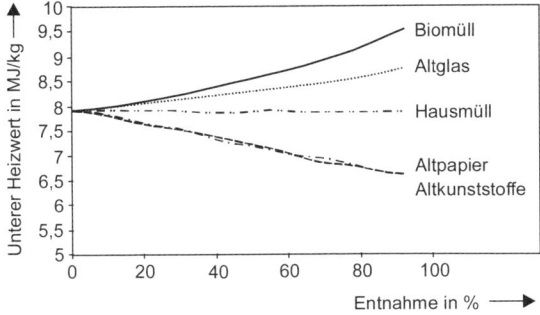

Bild 25-4: Änderung der Heizwerte von Hausmüll in Abhängigkeit von der prozentualen Entnahme verschiedener Fraktionen (Biomüll, Altglas, Altkunststoffe, Altpapier)

25.2   Rauchgasreinigung

Das bei der Verbrennung entstehende Rohgas enthält Staub sowie verschiedene gasförmige Schadstoffe und muss gereinigt werden, um die in der 17. BImSchV festgelegten Grenzwerte (vgl. Tab. 25-1) einzuhalten.

Bei der Verbrennung entstehen pro Tonne Abfall etwa 4 000…6 000 m³ Rauchgase. Die bei der Pyrolyse bzw. bei der Vergasung entstehenden Spaltgasvolumina betragen nur 1/5…1/20 des Rauchgasvolumens (vgl. Tabelle 25-2) einer Verbrennungsanlage [25.1], [25.2], weshalb die Anlagen zur Rohgasreinigung auch bedeutend kleiner sein können und mit geringerem Aufwand zu betreiben sind. Dies erklärt unter anderem das große Interesse an einer zur Verbrennung alternativen Technologie.

Tabelle 25-1: Schadstoffart und Menge, Grenzwerte und mögliche Reinigungsverfahren für die Schadgaskomponenten im Rauchgas einer Müllverbrennungsanlage

Schadstoff im Rauchgas	Menge in mg/m³ (i. N.)	Reinigungsverfahren	Grenzwert (Reingas)* in mg/m³ (i. N.)
Staub	800…1500	E-Filter, Zyklone, Gewebefilter	10
HCl	400…1150	Absorption: sauer;	10
SO_2	200…800	alkalisch (nass; trocken;	50
HF	2…20	quasi trocken)	1
CO	20…600		50

Schadstoff im Rauchgas	Menge in mg/m³ (i. N.)	Reinigungsverfahren	Grenzwert (Reingas)* in mg/m³ (i. N.)
NO$_x$	200...500	SCR; SNCR katalytische, nicht katalytische Reduktion	200
Schwermetalle (Hg, Zn, Cd, Ti usw.)		saure Absorption und Wäsche; Aktivkoks-adsorption	0,05
Dioxine/Furane	Altanlagen: 8...10 ng/m³ (i. N.) Neuanlagen: ≤ 2 ng TE/m³ (i. N.)	Adsorption: Aktivkohle/Koks; Zeolithe	0,1 ng TE/m$_N$³

TE Toxizitätsäquivalent (bezogen auf 2,3,7,8-Tetrachlordibenzodioxin mit TE = 1,0, das toxischste Dioxin), *17. BimSchV (Tagesmittelwerte)

Weiterhin unterscheiden sich Spaltgas- und Rauchgaszusammensetzung (vgl. Tabelle 25-2). Damit sind auch die angewandten Gasreinigungsverfahren unterschiedlich.

25.2.1 Entstaubung

Die folgenden Ausführungen beschränken sich auf die Beschreibung der Reinigung des bei der Verbrennung entstehenden Rauchgases. Das Reinigungsverfahren beginnt zunächst mit der **Abscheidung der partikelförmigen Inhaltstoffe**, welche einen Größenbereich von 1 µm...1 mm aufweisen. Zu ihrer Entfernung werden Elektrofilter, Gewebefilter bzw. Zyklone eingesetzt (vgl. Kap. 18). Im **Zyklon** werden zwar sehr kleine Teilchen durch Fliehkräfte abgeschieden, dem heutigen Gasreinheitsstandard (vgl. Tabelle 25-1) kann der Zyklon jedoch nicht mehr gerecht werden, weshalb sein eventueller Einsatz nur einer Vorentstaubung dient. Bei der elektrischen Staubabscheidung werden Staubteilchen durch eine in den Gasstrom gesetzte Sprühelektrode negativ aufgeladen und auf der gegenüberliegenden Niederschlagsanode abgeschieden.

Zwischen Sprüh- und Niederschlagselektrode wird eine sehr hohe Gleichspannung von 30...80 kV angelegt. Entscheidend für die Abscheidung ist der spezifische Widerstand des geladenen Staubes. Wenn dieser zu hoch ist, erfolgt keine Abscheidung mehr. Mit diesem Verfahren lassen sich zwar die Anforderungen der 17. BImSchV sehr gut einhalten, aber es wurde festgestellt, dass die Dioxinkonzentrationen im Rauchgas nach der E-Filter-Passage höher sind als vor dem Filter. Man vermutet, dass im E-Filter eine **De-Novo-Synthese** (Neubildung) von Dioxinen katalysiert wird [25.3].

Tabelle 25-2: Spaltgasmenge, Zusammensetzung der festen und gasförmigen Rückstände, Betriebstemperaturen und reaktive Gase der verschiedenen thermischen Behandlungsverfahren

Thermisches Behandlungsverfahren	Betriebstemperaturbereich in °C	reaktives Gas	Menge der Spaltgase in m^3 (i. N.) pro t Abfall	Zusammensetzung der Spaltgase = gasförmige Rückstände	Feste Rückstände
Verbrennung	850…1 500	Luft: N_2 78 % O_2 21 % CO_2 0,03 % Edelgase Rest	4 000…6 000	HCl, SO_2, NO_x, CO, HF, CO_2, Kohlenwasserstoffe, Aromaten, Dioxine, Furane	Schlacke, Asche: Silicium-, Eisen-, Nichteisenmetalloxide, Schwermetalle als Chloride, Sulfate, Phosphate und in elementarer Form
Pyrolyse	400…1 100	Luftausschluss; starker O_2-Unterschuss	200…1 200	HCl, HF, CO, CO_2, H_2, H_2S, NH_3, kurzkettige Kohlenwasserstoffe = KW, flüchtige Schwermetalle	Pyrolyseöle (langkettige KW), Teer, Koks, Fe, Nichteisenmetalle (elementar!), Aluminium-Siliciumoxide = Schlacke, Metalle, Schwermetalle sowie ihre Sulfide und Chloride in der Schlacke eingeschmolzen
Vergasung	800…2 000	O_2, CO_2, H_2O Dampf	200…1 200	HCl, SO_2, HF, CO, CO_2, H_2; flüchtige Schwermetalle; wenig NO_x sowie Dioxine und Furane	Schlacke, Asche als Mineralstoffgranulat (Zusammensetzung siehe oben bei der Verbrennung)

Umwelttechnologien

Daher wird bei Neuanlagen der Einsatz von Gewebefiltern bevorzugt. Hier wird der Staub auf der Filteroberfläche abgeschieden, während das Gas die Poren des Faser- bzw. Gewebefilters durchdringt. Als Faser- oder Gewebematerialien werden Glas, Metall oder Kunststoff verwendet. Diese sind in Form von Schläuchen oder Taschen parallel geschaltet in einem Gehäuse untergebracht. Die auf der Filteroberfläche abgeschiedene Staubschicht wird durch Rütteln oder durch Druckluftstöße mechanisch entfernt und fällt in den Staubbunker, der sich unmittelbar unter dem Filtergehäuse befindet.

25.2.2 Abtrennung der sauren Schadgase

In der nächsten Reinigungsstufe erfolgt die Abtrennung der sauren Schadgase durch Absorption (vgl. Kap. 21). Diese Reinigungsverfahren erfordern eine Abkühlung der Rauchgastemperatur auf mindestens 350 °C, welche nach Passieren des Abhitzekessels bereits erreicht ist. Eine optimale Schadgasabsorption (90 %) würde bei Temperaturen von 60 °C erfolgen. Man unterscheidet zwischen nassen, quasi trockenen und trockenen Verfahren.

Beim **nassen Verfahren** erfolgt die Reinigung in zwei Stufen. Zunächst passiert der Rauchgasstrom den sauren Wäscher (pH < 1) in welchem HCl (Chlorwasserstoff), HF (Fluorwasserstoff) sowie die flüchtigen Schwermetalle absorbiert werden. Bei der nachfolgenden alkalischen Waschstufe werden SO_2, CO und CO_2 an das Absorptionsmittel $Ca(OH)_2$ gebunden.

Zum Einsatz kommen Venturiwäscher, Radialstromwäscher oder Bodenkolonnen. Das nasse Verfahren hat mehrere Vorteile. Es kühlt das Rauchgas noch weiter ab, ermöglicht damit eine hohe Reinigungsleistung und lässt zwei verwertbare Endprodukte entstehen. Aus dem sauren Waschwasser wird durch Rektifikation 30%-HCl als vermarktbares Produkt gewonnen sowie erneut in den Reinigungsprozess rückführbares Waschwasser. Der schwermetallhaltige Teilstrom wird eingedampft. Die entstehenden Salze müssen deponiert werden. In der alkalischen Stufe entsteht Gips als zweites vermarktbares Produkt.

Das **quasitrockene Verfahren** neutralisiert und absorbiert die Schadgase in einer Stufe. Eine wässrige Lösung oder Suspension von $Ca(OH)_2$ wird dem 200...400 °C heißen Rauchgas entgegengesprüht, wobei Wasser vollständig verdampft und ein festes schwermetallhaltiges Neutralsalzgemisch, bestehend aus den Hauptkomponenten $CaCl_2$, CaF_2, $CaCO_3$, $CaSO_3$ und $CaSO_4$, gebildet wird. Dieses Produkt ist nicht vermarktbar. Gegenüber dem nassen Verfahren ist ein sehr viel höherer Verbrauch an Absorptionsmittel (1,5- bis 4facher Überschuss) bei gleichzeitig geringerer Reinigungsleistung zu verzeichnen.

Die oben genannten Nachteile gelten auch für das **trockene Verfahren**. Das Rohgas wird im Trockensorptionsreaktor mit $Ca(OH)_2$-Pulver in Kontakt gebracht, welches bis zur vollständigen Beladung mit Schadgasen im Kreislauf geführt werden muss. Mit diesem Verfahren sind die gesetzlich geforderten Grenzwerte allerdings nicht mehr einzuhalten.

25.2.3 Entstickung

Bei der thermischen Behandlung von Abfällen mit Luft (21 % O_2, 78 % N_2, 0,03 % CO_2, Rest: Edelgase) entstehen die toxischen gasförmigen Oxide des Stickstoffs: 90...95 % NO (Stickstoffmonoxid) sowie 5...10 % NO_2 (Stickstoffdioxid). Während sich Stickstoffdioxid in Wasser gut löst, ist das Monoxid so gut wie unlöslich. Es lässt sich durch die Rauchgaswäsche nicht entfernen.

Bei den Maßnahmen zur Minimierung von NO_X (Stickstoffoxide) unterscheidet man zwischen Primär- und Sekundärmaßnahmen. **Die Primärmaßnahmen** zielen darauf ab, die Bildung der NO_X im Feuerungsraum möglichst zu verhindern. Bei diesen feuerungstechnischen Maßnahmen wird die Verbrennung bei unterstöchiometrischer Luftzufuhr durchgeführt. So lässt sich zunächst die Rauchgasmenge insgesamt reduzieren. Im Feuerungsraum konkurrieren bei unterstöchiometrischer Luftzufuhr C-Verbindungen und N_2 (Stickstoff) um das Oxidationsmittel O_2 (Sauerstoff). Hierbei wird im Feuerungsraum so wenig NO_X gebildet, dass der Grenzwert weit unterschritten werden kann. Die Oxidation von C-Verbindungen bleibt jedoch weitgehend auf der Stufe des giftigen gasförmigen CO (Kohlenstoffmonoxid) stehen, welches immer auch eine unvollständige Verbrennung andeutet. Da sich CO sowie auch andere C-Verbindungen in Konzentrationen weit über dem Grenzwert anreichern, wird das CO-haltige Rauchgas in den oberen Brennkammerzonen bei Temperaturen < 1 000 °C durch Sekundärlufteinspeisung vollständig nachverbrannt. Die Reaktionszeiten sind sehr kurz gehalten. Damit wird die Konkurrenz zwischen C-Verbindungen, CO und N_2 um den begehrten oxidierenden Reaktanten O_2 zu Gunsten der Kohlenstoffverbindungen entschieden und es bildet sich CO_2. Lässt sich durch diese Verfahrensführung der Grenzwert dennoch nicht einhalten, so müssen **Sekundärmaßnahmen** folgen. Diese zielen darauf ab, NO_X mit einem N-haltigen Reduktionsmittel wie NH_3 (Ammoniak) oder $(NH_2)_2CO$ (Harnstoff) zu N_2 zu reduzieren. Beim **SNCR-Verfahren** (selectiv-non-

catalytic-reduction) sind ein 2- bis 3facher Überschuss von Reduktionsmittel sowie eine Reaktionstemperatur von 850...1 050 °C notwendig.
Findet dieser Verfahrensschritt nach Entfernung der sauren Rauchgas-
komponenten statt, so muss das Rauchgas auf diese Temperatur aufgeheizt werden. Wird dagegen wie beim **SCR-Verfahren** (selective-cata-
lytic-reduction) ein Katalysator (z. B.: Aktivkoks, TiO_2, WO_3, Ni) verwendet, so kann bei Temperaturen von 160...400 °C gearbeitet und auch
das Reduktionsmittel in stöchiometrischen Mengen eingesetzt werden
(vgl. Abschn. 20.3 und 20.4).

25.2.4 Entfernung von Dioxinen und Furanen

Die Stoffklasse der chlorierten Dibenzodioxine bzw. Dibenzofurane umfasst 75 bzw. 135 verschiedene Verbindungen (Kongenere), welche sich
durch die Anzahl der Chloratome und deren Stellung an den aromatischen Ringen unterscheiden. Nicht alle weisen die gleiche Toxizität auf.
Die toxischste Verbindung dieser Stoffklasse stellt das 2,3,7,8-Tetra-
chlordibenzodioxin = 2,3,7,8 TCDD dar (vgl. Bild 25-5). Ihr wird ein
Toxizitätsäquivalent TE von 1 zugewiesen. Die toxischen Wirkungen
der anderen Verbindungen werden hierauf bezogen (TE-Werte < 1).

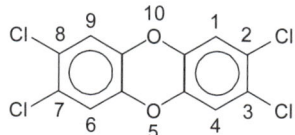

Bild 25-5: 2,3,7,8-Tetrachlordibenzodioxin (= 2,3,7,8-TCDD)

Bildung und Zerstörung dieser Verbindungen unterliegen einem Wechselspiel, welches abhängig ist vom Temperaturgradient, O_2-Angebot und
dem Vorhandensein katalytisch wirkender metallischer Oberflächen
[25.4]. In modernen Müllverbrennungsanlagen wird die **De-Novo-
Synthese** von Dioxinen ausgeschlossen und mit dem Müll eingebrachte
Dioxine werden stark (ca. 80 %) reduziert. Moderne Anlagen sind daher
keine Dioxinproduzenten, sondern wirken als Dioxinsenken.

Primärmaßnahmen zielen darauf ab, die Bildung dieser Verbindungen
im Feuerungsraum zu verhindern bzw. ihre Zerstörung zu erreichen. Je
vollständiger der Ausbrand des Brenngutes und je geringer der CO-
Gehalt im Rauchgas, desto geringer sind die Dioxingehalte [25.5]. Bei-
des lässt sich erreichen durch ausreichende Verweilzeiten im Feuerungsraum und eine Sekundärlufteinspeisung zur Nachverbrennung.

Um der Neubildung (De-Novo-Synthese) von Dioxinen/Furanen vorzubeugen, gilt es erstens mit schneller Abkühlung der Rauchgase den Temperaturbereich von 200...400 °C zu vermeiden und zweitens durch häufige Reinigung der Staubfilter mit möglichst vollständiger und schneller Flugaschenabtrennung die Bildung von Katalysatoroberflächen zu verhindern.

Mit diesen Primärmaßnahmen lassen sich die geforderten Grenzwerte selten einhalten. Deshalb zielen **Sekundärmaßnahmen** darauf ab, Rest-Dioxine und Furane durch Adsorption aus dem Rauchgas zu entfernen. Als Sorptive werden Aktivkoks, Aktivkohle oder hydrophobe Zeolithe verwendet. Aktivkoks- und Aktivkohlesorptive eignen sich auch zur Simultan-Entfernung von Dioxinen und Schwermetallen (Quecksilber, Cadmium usw.). Die adsorptive Dioxinentfernung kann nach der sauren Rauchgaswäsche sowie auch nach der Entstickung stattfinden.

25.3 Rückstandsbeseitigung/Rückstands-behandlung

Bei der Verbrennung entstehen Schlacken, Aschen und Rückstände aus der Rauchgasreinigung. In Bild 25-1 werden die Orte ihrer Entstehung benannt. Die nicht vermarktbaren Rückstände der Rauchgasreinigung müssen untertägig deponiert werden. Es handelt sich um **Calciummisch-salze aus der quasi trockenen bzw. trockenen Neutralisationsabsorp-tion** sowie **Schwermetallsalze aus der sauren Rauchgaswäsche**.

Schlacken als typische Reststoffe der Verbrennung stellen nicht brennbare wasserunlösliche mineralische Verbindungen dar. Sie bestehen hauptsächlich aus Siliciumaluminiumoxid. Weitere Inhaltsstoffe sind Eisen und Nichteisenmetallen, deren Oxide, unverbrannte Kohlenstoffverbindungen (z. B. Dioxine) sowie Schwermetalle ionisch gebunden oder elementar vorliegend. Als Verwertungsmöglichkeit dieses Rückstandes kommt der Straßenbau außerhalb von Wasserschutz- und Wassergewinnungsgebieten in Frage. Die Anforderungen legen Vorschriften der einzelnen Bundesländer fest. Dieser Baustoff ist allerdings erst dann als umweltverträglich zu bezeichnen, wenn keine Schwermetallionen oder toxische organische Stoffe eluierbar sind. Da dies nicht immer der Fall ist, sollen verschiedene Vorbehandlungsverfahren, auch als **Inertisierungsverfahren** bezeichnet, das Elutionsverhalten verbessern:

- **Verglasung**: Beim Fos-Melt-Verfahren oder Plasmaschmelzverfahren werden Schlacken, aber auch Aschen und Stäube aus Müll-

Umwelttechnologien

verbrennungsanlagen bei Temperaturen über 1 200 °C eingeschmolzen. Leicht flüchtige Schwermetalle können im Abgaskondensat abgetrennt werden oder sie finden sich eingeschmolzen
ebenso wie die organischen Reststoffe (z. B. Dioxine) in der
schockartig gekühlten, zum glasartigen Granulat erstarrten Schmelze. Aus diesem Granulat lassen sich keine Schadstoffe mehr elu-
ieren. Das Red-Melt-Verfahren schmilzt Stäube, Aschen und
Schlacken reduzierend bei $T > 1\,300$ °C. Im Abgaskondensat finden
sich die leicht flüchtigen Schwermetalle. Sie müssen deponiert
werden. Aus der schockartig abgekühlten Schmelze lassen sich elementare Metalle wie Cu, Ni, Fe und Cr isolieren, welche direkt in
einer Buntmetallhütte weiter verwendet werden können, sowie ein
silicathaltiges Granulat mit den Stoffeigenschaften eines Granits.
Dort eingeschmolzene Dioxine oder Schwermetallverbindungen
sind nicht mobilisierbar. Diese Inertisierungsverfahren können der
Verbrennung nachgeschaltet sein oder aber auch direkt in der
Anlage integriert sein.

Filterstäube enthalten anders als die Schlacke höhere Gehalte an mobilisierbaren Schwermetallen und organischen Reststoffen. Sie müssen deponiert
werden – wenn sie nicht wie oben beschrieben keramisiert oder verglast
sind. Um ihre Ablagerungseigenschaften bei Nichtverglasung für die Deponierung zu verbessern, gibt es zwei Methoden [25.6].

■ **Zementverfestigung**: Filterstäube werden als mineralische Substanz bei der Zementproduktion zugeschlagen. Sodann sind sie fest
in die Zementmatrix eingebunden und zeigen eine geringere
Elutierbarkeit von Schadstoffen. Werden die Stäube zuvor einer
alkalischen (pH = 9) oder sauren Wäsche bei pH = 4 unterzogen, so
werden die löslichen Chloride entfernt und der Bindemittel-
verbrauch zur Zementverfestigung kann gesenkt werden.

■ **3-R-Verfahren**: Dieses Verfahren zielt darauf ab, die schwer-
metallhaltigen Bestandteile aus den Filterstäuben herauszulösen.
Dies geschieht durch saure Wäsche, anschließende Filtration und
Trocknung. Der schwermetallfreie Rückstand wird zu Pellets ge-
presst und zur Zerstörung der organischen Schadstoffe erneut in den
Verbrennungsreaktor zurückgeführt.

26   Deponieren von Abfällen

26.1   Grundlagen der Deponietechnik/Deponien für Siedlungsabfall

Ist eine Verwertung von Restabfällen in Form eines Rohstoff-Recyclings oder eine Behandlung von Abfällen (thermisch, biologisch, chemisch-physikalisch) weder unter wirtschaftlichen Gesichtspunkten vertretbar noch technisch durchführbar, kommt als endliche Ablagerungsmethode nur die **Deponierung** in Betracht. Seit 1961 erfolgt diese Ablagerung in **geordneten Deponien**, d. h., Abfälle werden schichtweise systematisch eingebaut oder abgelagert. Im Jahre 2005 betrug das Gesamtaufkommen von Hausmüll, hausmüllähnlichen Gewerbeabfällen, Sperrmüll, Markt-abfällen und Straßenkehricht ca. 46,6 Mio. t [26.1]. Dieser **Siedlungsab-fall** wurde auf verschiedene Weise entsorgt (vgl. Bild 26-1).

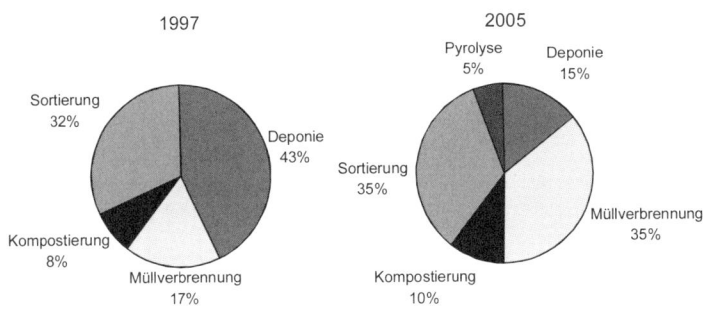

Bild 26-1: Angewandte Praktiken in ihren prozentualen Anteilen für die Entsorgung von Siedlungsabfällen im Jahre 1997 und prognostizierte Entwicklung für das Jahr 2005 [26.1]

Während im Jahre 1997 noch 42,72 % des angefallenen Hausmülls deponiert wurden, ist dieser Anteil auf 14,6 % im Jahre 2005 zurückgegangen (vgl. Bild 26-1). Dies basiert auf Berechnungen zu den ab 2005 greifenden gesetzlichen Vorschriften der **TA Siedlungsabfall** (3. allgem. Verwaltungsvorschrift zum Abfallgesetz, vgl. Kap. 3), welche die Beschaffenheit des abzulagernden Hausmülls vorschreibt. Eine Deponierung wird zukünftig nur noch bei Abfällen mit einem sehr geringen organischen Anteil des Trockenrückstandes der Originalsubstanz gestattet.

Umwelttechnologien

Tabelle 26-1: Charakteristische chemisch-physikalische Parameter als Zuordnungskriterien für einen Abfall zu einer bestimmten Deponieklasse (TA-Siedlungsabfall, Anhang B)

Parameter		Zuordnungswert zur Deponieklasse I	Zuordnungswert zur Deponieklasse II
1.	**Festigkeit***		
1.01	Flügelscherfestigkeit	≥ 25 kN/m²	≥ 25 kN/m²
1.02	Axiale Verformung	≤ 20 %	≤ 20 %
1.03	Einaxiale Druckfestigkeit	≥ 50 kN/m²	≥ 50 kN/m²
2.	**Organischer Anteil des Trockenrückstandes der Originalsubstanz****		
2.01	GV	≤ 3 Massen-%	≤ 5 Massen-% ***
2.02	TOC	≤ 1 Massen-%	≤ 3 Massen-%
3.	Extrahierbare lipophile Stoffe der Originalsubstanz	≤ 0,4 Massen-%	≤ 0,8 Massen-%
4.	**Eluatkriterien**		
	Leitfähigkeit	≤ 10 000 μS/cm	≤ 50 000 μS/cm
	Arsen	≤ 0,2 mg/l	≤ 0, 5 mg/l
	Cadmium	≤ 0,05 mg/l	≤ 0,1 mg/l
	Chrom VI	≤ 0,05 mg/l	≤ 0,1 mg/l
	Quecksilber	≤ 0,005 mg/l	≤ 0,2 mg/l
	AOX	≤ 0,3 mg/l	≤ 1,5 mg/l

* 1.02 kann gemeinsam mit 1.03 gleichwertig zu 1.01 angewandt werden. Die Festigkeit ist entsprechend den statischen Erfordernissen für die Deponiestabilität jeweils gesondert festzulegen. 1.02 in Verbindung mit 1.03 darf dabei insbesondere bei kohäsiven, feinkörnigen Abfällen nicht unterschritten werden. ** 2.01 kann gleichwertig zu 2.02 angewandt werden; Anforderung gilt nicht für verunreinigten Bodenaushub, der auf einer Monodeponie abgelagert wird. *** gilt nicht für Aschen und Stäube aus nicht genehmigungsbedürftigen Kohlefeuerungsanlagen nach dem BImSchG

Bestimmt als Glühverlust (GV) bzw. als gesamt organisch gebundener Kohlenstoff (TOC) darf der organische Anteil im Abfall maximal 3 % GV bzw. 1 % TOC betragen, wenn eine Ablagerung auf einer Deponie der Deponieklasse I vorgesehen ist. Deponien der Deponieklasse II gestatten die Ablagerung von Abfällen mit einem geringfügig höheren GV von maximal 5 % bzw. einem TOC von maximal 3 %. Bei Hausmüll lässt sich eine Reduzierung des organischen Anteils auf die oben genannten Werte nur durch eine thermische Behandlung mit einer eventuell vorgeschalteten Kompostierung oder Aussortierung der vorwiegend organischen Fraktionen erreichen. So erklärt sich, dass zukünftig ein größerer Teilstrom des Hausmüllaufkommens einer Müllverbrennungsanlage bzw. einer Sortierungs- oder Kompostierungsanlage zufließen wird, wie in Bild 26-1 für das Jahr 2005 gezeigt.

Allen Forderungen der TA-Siedlungsabfall liegt die Bestrebung zugrunde, das von einer Deponie ausgehende Gefährdungspotenzial möglichst gering zu halten. Man greift dabei auf Erfahrungen mit Deponien aus den 60er- und 70er-Jahren zurück, welche inzwischen zu kostspielig sanierungsbedürftigen Altlasten geworden sind. Der Innenraum dieser Altdeponien, so zeigte sich, war kein reaktionsträges sicheres Lager, sondern glich eher einem Reaktor, in dem zahlreiche chemische und biologische Stoffumwandlungsreaktionen stattfanden. So konnten Stoffe, welche aufgrund ihrer Schwerlöslichkeit bei Ablagerung als ungefährlich eingestuft wurden, im Deponiekörper in die toxische lösliche Form umgewandelt werden. Unbehandelte Abfälle wie Hausmüll mit hoher organischer Belastung und einem hohen Anteil an biologisch abbaubaren Stoffen lösen eine ganze Reihe von zunächst aeroben und dann schließlich anaeroben mikrobiologischen Stoffumwandlungsreaktionen aus und bewirken damit die signifikantesten Milieuveränderungen im Deponiekörper, welche sodann weitere chemisch-physikalische Folgereaktionen bedingen. So kann dem Parameter des organischen Anteils im abzulagernden Abfall ein hoher Stellenwert zugeschrieben werden. Mit der Forderung seiner weitgehenden Reduzierung vor Ablagerung kommt man dem Ziel einer sicheren und nachsorgearmen Deponie näher. Mögliche Reaktionen im Deponiekörper und Emissionen sind dennoch nicht vollständig abschätzbar und kontrollierbar. Mit der Einrichtung eines Multibarrieresystems mit unabhängig voneinander wirkenden Barrieren wird versucht, das Risiko des Transports von Schadstoffen in den Bereich Grundwasser oder Luft zu begrenzen:

- **1. Barriere**: Standortwahl nach hydrogeologischen Aspekten,

- **2. Barriere**: Vorbehandlung des Abfalls: Reduzierung der organischen Anteile und Immobilisierung der Schadstoffe,

- **3. Barriere**: Aufbau eines künstlichen wirksamen Systems zur Untergrund-, Wand- und Oberflächenabdichtung,

- **4. Barriere**: optimal wirkende Ableitsysteme für eventuell entstehendes Sickerwasser oder Deponiegas,

- **5. Barriere**: Betrieb einer Deponie nach dem Stand der Technik mit den Erfahrungen zur Emissionsminderung,

- **6. Barriere**: Deponiekontrolle, Nachsorge und Reparatur.

In der TA Siedlungsabfall ist dieses Prinzip des Multibarrieresystems für oberirdische Deponien festgeschrieben. Durch Wahl eines geologisch und hydrogeologisch geeigneten Standortes (1. Barriere) verfolgt man das Ziel, im Falle des Versagens aller künstlichen Barrieren den Transport von Schadstoffen zu begrenzen bzw. sensible Orte (z. B. Trinkwassergewinnungsgebiete, Überschwemmungs-, Erdbebengefährdungs- und

Umwelttechnologien

Siedlungsgebiete) völlig außer Reichweite zu lassen. Der natürliche Untergrund einer Deponie sowie der im weiteren Umfeld vorhandene sollte eine Mächtigkeit von mehreren Metern haben und aus schwach durchlässigem Locker- oder Festgestein mit hohem Schadstoffrückhalte-potenzial bestehen. Während für Deponien der Klasse II eine Mächtig-keit des natürlichen Untergrunds von mindestens 3 m und ein Durchläs-sigkeitsbeiwert von $k_f \leq 1 \cdot 10^{-7}$ gefordert wird, werden für Deponien der Klasse I keine genauen Werte genannt. Zusätzlich zu der natürlichen geologischen Barriere muss eine Deponie durch ein künstliches Abdicht-system an der Basis, der Oberfläche und eventuell auch an den Seiten-wänden gesichert werden. Folgende Qualitätsanforderungen werden an diese künstlich einzubauenden **Deponieuntergrund- und Deponieober-flächenabdichtungen der Deponieklassen I und II** gestellt:

- Wasserdichtigkeit, stabil gegenüber Austrocknung, Temperaturbe-ständig bis 70 °C,

- gasdicht gegenüber Deponiegas,

- stabil gegenüber Auflast und Setzungen,

- beständig gegenüber Mikroorganismen, Nagetieren, Wurzeleinwir-kung von Pflanzen,

- Erosions- und Frostsicherheit,

- gute Kontrollierbarkeit der Dichte, Reparierbarkeit, einfache Ver-legbarkeit,

- preisgünstig.

Der **Qualitätssicherungsplan nach DIN 55350** schreibt die Prüftechni-ken und Ergebnisse zur Gewährleistung dieser Anforderungen an die im Deponiebau verwendeten Materialien fest.

Für den Aufbau einer Deponie sind seit Juni 1993 zwei verschiedene Kombinationsdichtungssysteme vorgeschrieben, welche je nach Bauart eine Unterscheidung in Deponieklassen I und II (vgl. Bild 26-2) ermög-lichen.

Bei beiden Bautypen erfolgt unmittelbar oberhalb der geologischen Barriere zunächst die Verlegung eines Deponieplanums. Hierauf wird bei der **Deponieklasse I** eine zweilagige, bei der **Deponieklasse II** eine dreilagige mineralische Dichtungsschicht (Ton, Wasserglas, Bentonit-Matten) geschichtet. Nur bei der Deponieklasse II folgt nun die zusätzli-che Verlegung eines 2,5 mm dicken Deponieplanums (bevorzugt aus

HDPE = **H**ochd**r**uck**p**oly**e**thylen), welches mit einer Lage Feinsand oder Ähnlichem als Schutz abgedeckt wird.

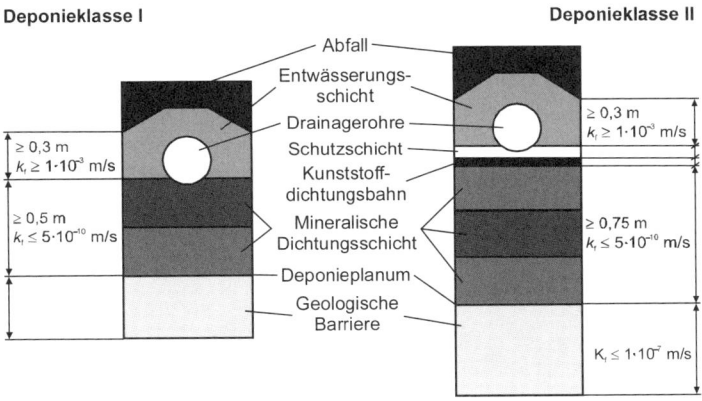

Deponieklasse I   **Deponieklasse II**

Abfall
Entwässerungsschicht
Drainagerohre
Schutzschicht
Kunststoffdichtungsbahn
Mineralische Dichtungsschicht
Deponieplanum
Geologische Barriere

$\geq 0{,}3$ m
$k_f \geq 1 \cdot 10^{-3}$ m/s

$\geq 0{,}5$ m
$k_f \leq 5 \cdot 10^{-10}$ m/s

$\geq 0{,}3$ m
$k_f \geq 1 \cdot 10^{-3}$ m/s

$\geq 0{,}75$ m
$k_f \leq 5 \cdot 10^{-10}$ m/s

$K_f \leq 1 \cdot 10^{-7}$ m/s

Bild 26-2: Basisabdichtung der Deponieklasse I und II

Der weitere Aufbau der Deponie ist bei beiden Bauarten nun wieder identisch. Eingebaut wird nachfolgend eine Entwässerungsschicht mit gut durchlässigem, tragfähigem Filtermaterial (Kies, Schlacke mit $k_f \geq 1 \cdot 10^{-3}$ m/s, Korngröße: doppelter Durchmesser der Schlitze der Entwässerungsrohre), in welcher Entwässerungsrohre zur Sickerwasserabführung verlegt werden. Oberhalb dieser Schicht soll dann zügig der Einbau von Abfall erfolgen, wobei die Abfalleigenschaften darüber entscheiden, in welcher Deponieklasse abgelagert werden darf (vgl. Tab. 26-1).

Die Ablagerung erfolgt in Aufschüttung zu einer **Halde** (Haldendeponie) oder in einer **Grube** (Grubendeponie), wobei die Abfälle hohlraumarm bzw. verdichtet einzubauen sind. Mit Verdichtungsgeräten (Kompaktoren) können Dichten von 0,8...1,2 t/m³ erreicht werden. Der Ablagerungsbereich der Deponie ist in Abschnitte einzuteilen. Die abgelagerte Abfallart, der Ablagerungsort, das Verfahren der Ablagerung und die Abfallschichtdicken sind anzugeben. Bei verfüllten Abschnitten oberirdischer Deponien hat nach TA Siedlungsabfall bereits während des Deponiebetriebes der Einbau einer Oberflächenabdichtung zu erfolgen. Die Oberflächendichtsysteme unterscheiden sich für die Deponieklasse I und II (vgl. Bild 26-3). Oberhalb der mineralischen Dichtungsschicht

Umwelttechnologien

erfolgt bei der Deponieklasse II der zusätzliche Einbau eines 2,5 mm dicken Deponieplanums mit aufliegender Schutzschicht. Ansonsten gleichen sich die Dichtsysteme.

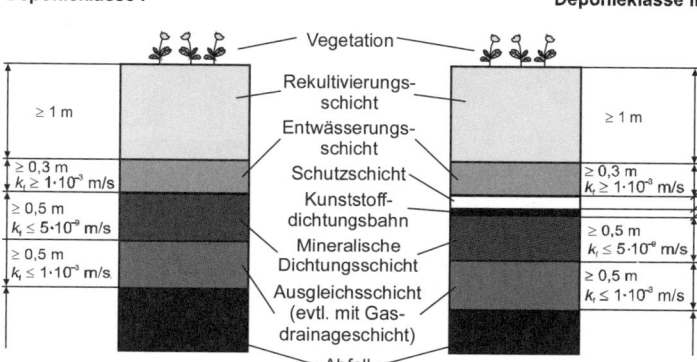

Bild 26-3: Oberflächenabdichtung der Deponieklasse I und II

Die Oberflächenabdichtung beider Deponiebauformen schließt ab mit einer mindestens 1 m starken Rekultivierungsschicht, welche so zu bepflanzen ist, dass Wind- und Wassererosionen unterbleiben und das Dichtsystem vor Wurzel- und Frostschäden geschützt ist.

Um eine gute Ableitung von Niederschlagswasser zu haben, sollte das Dichtungsauflager nach Abklingen der Setzungserscheinungen ein Gefälle von ≥ 5 % aufweisen.

26.2   Verschiedene Möglichkeiten der Klassifizierung von oberirdischen Deponien

Deponien werden klassifiziert nach Betriebsformen z. B. der angewandten Einbautechnik (Verdichtungsdeponie), der Form der Ablagerung (Gruben-, Haldendeponie), den verschiedenen abzulagernden Komponenten bzw. den Abfallqualitäten (Rotte-, Inert-, Monodeponie, Sonderabfalldeponie). Bei der Verdichtungs- sowie bei der Rottedeponie werden Siedlungsabfälle abgelagert. Während bei der Verdichtungsdeponie unbehandelte Siedlungsabfälle hoch verdichtet eingelagert werden, ist bei der Rottedeponie ein Kompostierungs- oder Rotteprozess als Vorbehandlungsstufe vor dem Einbau in die Deponie notwendig.

In **Monodeponien** kommen Abfälle einer Sorte zur Ablagerung, z. B. Altreifen, Bauschutt, Klärschlamm, oder Abfälle, die aus einem Produktions- oder Reinigungsverfahren stammen und nach Art und Reaktionsverhalten vergleichbar sind. Eine Ablagerung auf einer Monodeponie ist vorgeschrieben, wenn der Abfall einen bestimmten Schadstoffgehalt aufweist oder die Bindungsform der Schadstoffe eine Mobilisierung vermuten lässt oder nachteilige Reaktionen mit anderen Abfällen ausgeschlossen werden sollen. Die zuständige Behörde kann dabei die Ablagerung von Abfällen auch dann zulassen, wenn einzelne Zuordnungswerte (mit Ausnahme von 1. und 2.) der Tab. 26-1 überschritten werden.

Auf einer **Inertdeponie** dürfen nur Abfälle abgelagert werden, welche inert sind, d. h., sie enthalten keine mobilisierbaren Schadstoffe. Zu diesen Abfallarten zählen z. B. durch Verbrennung weitgehend mineralisierter Hausmüll oder Bodenaushub. Ab 2005 werden einige dieser Klassifizierungen hinfällig, da dann nur noch weitgehend inerte Abfälle abgelagert werden dürfen. Zukünftige neue Deponieformen sind:

- oberirdische Deponien der Klassen I und II,
- Monodeponien mit der Bauform nach der Deponieklasse I und II,
- Sonderabfalldeponien oberirdisch oder unter Tage.

26.3   Deponiegas und Sickerwasser

Das Sickerwasser einer Deponie entsteht im Wesentlichen durch eingetragenes Niederschlagswasser sowie auch durch die Eigenfeuchte der Abfälle, welche durch Verdichtung beim Einbau zur Freisetzung von Presswasser führt. Weiterhin entsteht Wasser beim biologischen Abbau der organischen Bestandteile im Abfall. In der Deponie werden fünf Abbauphasen unterschieden:

- In der kurzen **aeroben Phase** wird Luftsauerstoff verbraucht. Es werden wasserlösliche organische Verbindungen freigesetzt.

- Nach Verbrauch von Sauerstoff setzen **die anaeroben Stoffumwandlungsreaktionen** ein. Durch Hydrolyse werden polymere Stoffe in monomere lösliche Verbindungen umgesetzt.

- Es folgt die **Versäuerungsstufe** und dann die **acetogene Phase** mit der Freisetzung von NH_3 aus Proteinen sowie die Bildung von flüchtigen Verbindungen Essigsäure, CO_2 und H_2.

- Die C-haltigen Produkte werden in der **abschließenden methanogenen Phase** zu CH_4 und CO_2 umgesetzt. Wenn diese Phase abgeschlossen ist, kann Luft in den Deponiekörper diffundieren.

Umwelttechnologien

Lösliche Zwischenprodukte des Abbaus werden im Sickerwasser gefunden (vgl. Bild 26-4).

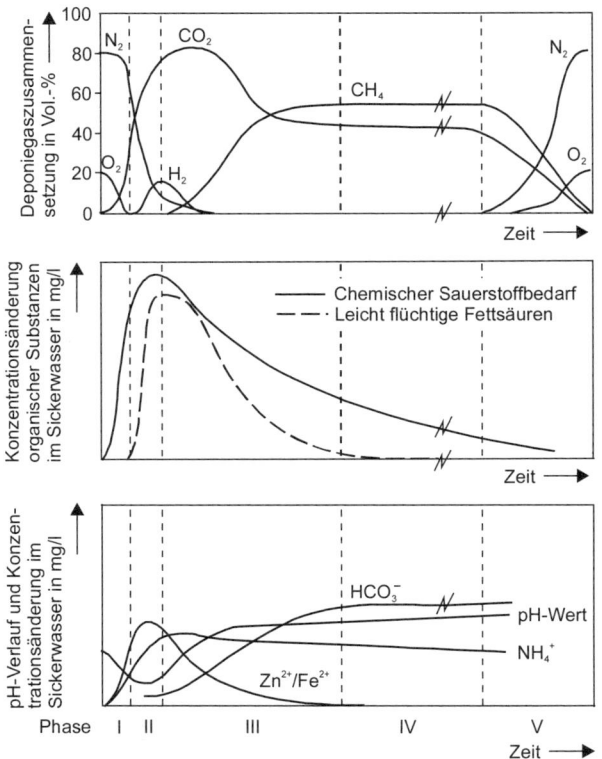

Bild 26-4.: Zeitliche Veränderung der Sickerwasser- und Deponiegaszusammensetzung [26.2]

Da mit der anaeroben Phase auch eine starke Herabsetzung des Redoxpotenzials im Deponiekörper einhergeht, kann eine Mobilisierung schwerlöslicher anorganischer Salze zu löslichen reduzierten Metallkationen ausgelöst werden. Die Zusammensetzung des Sickerwassers ist vom Alter der Deponie abhängig, wobei die organische Belastung mit zunehmendem Deponiealter abnimmt. In der Tab. 26-2 ist eine typische Sickerwasserzusammensetzung dem Abwasser einer kommunalen Kläranlage gegenübergestellt.

Tabelle 26-2: Konzentration verschiedener Einzel- und Summenparameter in Deponiesickerwasser und kommunalem Abwasser [26.3], [26.4]

Parameter	Sickerwasser	kommunales Abwasser
pH-Wert	5,5...8,5	6,6...8,6
CSB in mg/l	3 000...38 000	60...200
BSB_5 in mg/l	180...304	150...500
BSB_5/CSB	0,06...0,58	–
AOX in mg/l	1,9...3,4	–
SO_4^{2-} in mg/l	2...884	600
Cr in mg/l	0,275	0,03
Hg in mg/l	0,000 2...0,06	0,001
Zn in mg/l	0,64...68,4	0,5
TKN in mg/l	0...1 350	–

TKN Total KJEDAHL-Stickstoff

Sickerwasser wird in Entwässerungsrohren gesammelt und muss durch Sickerwasserpumpwerke aus dem Deponiekörper abgezogen werden, um die Basisabdichtung vom sich aufbauenden Flüssigkeitsdruck zu entlasten. Dieses Drainagesystem muss gewartet und kontrolliert werden. Zur Behandlung von Sickerwasser kommen alle in der Abwassertechnik verwendeten chemisch-physikalischen sowie biologischen Verfahren meist in Kombination zur Anwendung (vgl. Kap. 13 und 14).

Zur weiter gehenden Reduktion der Sickerwassermenge kommen folgende Maßnahmen zum Tragen: Verhinderung der Niederschlagsinfiltration während des Abfalleinbaus durch Überdachung der Einbauflächen und Trocknung bzw. Vorbehandlung der einzubauenden Abfälle.

Die **Bildung von Deponiegas** ist abhängig von den oben beschriebenen biologischen Umwandlungsprozessen (vgl. Bild 26-4) im Deponiekörper. Das freigesetzte Gas muss erfasst und abgesaugt werden und sollte wenn möglich nach entsprechender Gasreinigung (Entfernung von H_2S) verbrannt und energetisch verwertet werden. Unkontrolliert entweichendes Deponiegas kann zu Geruchsbelästigungen führen und stellt zugleich eine Gefahr dar (Explosion). Zur Entgasung einer Deponie werden unter anderem Gasbrunnen eingesetzt. Es handelt sich um perforierte (10 % der Fläche) Brunnenrohre mit einem Durchmesser von 0,6...1,2 m, welche in eine Tiefe von 15 m reichen. Die Gasproduktionsrate und auch die Zusammensetzung hängen von der jeweiligen biologischen Prozessstufe im Deponiekörper ab. Nach der instabilen Anfangsphase sind die Methan- und CO_2-Konzentration (Verhältnis CH_4/CO_2 = 1,2...1,5) über lange Jahre konstant. Für neu zu errichtende Deponien ist aufgrund der geforderten starken Reduzierung der organischen Abfallinhaltsstoffe nicht mit einer bedeutenden Deponieausgasung zu rechnen.

Umwelttechnologien

26.4   Deponien für Sonderabfall

Sonderabfälle werden auch als besonders überwachungsbedürftige Abfälle bezeichnet. Es handelt sich um gefährliche Abfallarten, welche in der europäischen Abfall-Verzeichnis-Verordnung (AVV: Umsetzung vom 10. 12. 01, Bundesgesetzblatt, Teil: 65) besonders gekennzeichnet sind. Dort als gefährlich gekennzeichnet sind z. B. schwermetallhaltige Abfälle, Klärschlämme, welche gefährliche Stoffe enthalten, asbesthaltige Abfälle, Filterstäube aus Verbrennungsanlagen, infektiöse oder radioaktive Abfälle. Eine bestimmte Schnittmenge des Siedlungsabfalls gehört folglich zum Sonderabfall. Die TA Abfall, Teil 1 macht Vorgaben zur Vorbehandlung von Sonderabfallstoffen. Grundsätzlich gilt auch bei Sonderabfällen das Gebot der Reduzierung organischer Inhaltsstoffe vor der Ablagerung (TA Abfall, Teil 1, Anhang D). In der 2. allgem. Verwaltungsvorschrift zum Abfallgesetz der TA Abfall 3b (Technische Anleitung Sonderabfall) ist seit 1991 für die Deponierung von Sonderabfällen der Stand der Technik festgeschrieben. Die Ablagerung ist auf oberirdischen Deponien oder einer Untertagedeponie möglich und kann ober- oder unterirdisch auch in Form einer Monodeponie geschehen bzw. angeordnet werden.

In Bezug auf das Multibarriersystem zeigt eine oberirdische Sonderabfalldeponie einen weitgehend mit der Deponieklasse II identischen Aufbau. Unterschiedliche Anforderungen werden lediglich bei der mineralischen Dichtungsschicht der Basis- und Oberflächenabdichtung genannt. Bei der mineralischen Dichtungsschicht der Oberflächenabdichtung (vgl. Bild 26-3) wird ein kleinerer Durchlässigkeitsbeiwert von $k_f \leq 1 \cdot 10^{-10}$ gefordert, bei der Basisabdichtung (vgl. Bild 26-3) ist die mineralische Dichtungsschicht in einer höheren Mächtigkeit von mindestens 1,5 m vorgesehen. Die weiteren bautechnischen Anforderungen entsprechen denen der Deponieklasse II.

Es gibt Zuordnungskriterien für die Zuordnung zu einer bestimmten Deponieform für Sonderabfälle:

Die Untertagedeponie im Salzgestein ist für Abfälle vorgesehen, die bei oberirdischer Ablagerung in Sonderabfalldeponien eine Gefahr für Wasser und Luft darstellen. Die Ablagerung unterirdisch wird als die sicherste angesehen. Gesteinsformationen bilden sich innerhalb von Millionen Jahren und dort in 100 m Tiefe vorkommende Wasserströme haben keine Verbindung zum oberirdischen Wasserkreislauf. Daher ist der Transport in die oberirdische Hydrosphäre und Lithosphäre mit der folgenschweren ubiquitären Verteilung von Schadstoffen ausgeschlossen.

Mögliche Stoffreaktionen in 100 m Tiefe ordnen sich in die geologisch langsam ablaufenden Stoffkreisläufe ein.

Die **Untertagedeponierung ist nicht erlaubt für Abfälle**, die penetrant riechen, selbstentzündlich, selbstgängig entflammbar oder explosiv sind. Weiterhin nicht deponiert werden dürfen Abfälle, die unter den Ablagerungsbedingungen zu Volumenvergrößerungen, zur Bildung selbstentzündlicher, toxischer oder explosiver Stoffe oder Gase führen und somit die Betriebssicherheit und Integrität der Deponie-Barrieren in Frage stellen könnten. Stoffe, die in mobilitätserhöhender Weise miteinander reagieren können, dürfen nicht miteinander deponiert werden.

Zur Ablagerung unter Tage sind grundsätzlich zwei Deponietypen vorgesehen. Man verfüllt die durch Salzabbau bzw. Salzbergbau entstandenen Hohlräume eines Bergwerks. Diese Untertagedeponie, auch als UTD-Typ 1) bezeichnet, ist befahrbar, eine getrennte Ablagerung von Abfällen ist möglich und deponierte Abfälle sind rückholbar. Beim Deponietyp UTD-Typ 2) handelt es sich um technisch erstellte untertägige Hohlräume, auch **Kavernen** genannt. Kavernen werden bergmännisch (Bohrungen und Abtrag) oder durch Aussohlung (Herauslösen des Salzgesteins mittels Wasser) gewonnen. Eine getrennte Ablagerung von Abfällen in ein und derselben Kaverne ist nicht möglich sowie auch keine Rückholung der Abfälle.

Umwelttechnologien

27   Lärmschutz und Lärmvermeidung

27.1   Luftschallentstehung und primärer Schallschutz

Die wirkungsvollsten und wirtschaftlichsten Maßnahmen zur Lärmminderung bestehen in der direkten Beeinflussung der Schallentstehungsvorgänge und deren unmittelbarer Umgebung. Es muss daher das vorrangige Ziel aller Bemühungen zur Lärmminderung sein, mit den Minderungsmaßnahmen zunächst an der Stelle der Schallentstehung anzusetzen. Mit diesen Sätzen beginnt die VDI-Richtlinie 3720, Bl. 1 „Lärmarm Konstruieren", die Teil des VDI-Handbuches „Lärmminderung" ist. Um Minderungsmaßnahmen durchführen zu können, ist es erforderlich, die Art und Weise der jeweiligen Schallentstehung und der Ausbreitung des Schalls zu kennen.

Direkte Entstehung von Luftschall:

- **aeropulsiv**: Ansaug- und Auspufföffnungen bei Motoren, pneumatische Geräte, Kompressoren, Zahneingriff bei Getrieben und Zahnradpumpen,

- **aerodynamisch**: Schaufelgitter von Ventilatoren, Pumpen und Turbinen mit Drehklang, Interferenz- und Wirbelgeräuschen, Spalten- und Schneidetöne, Freistrahlrauschen,

- **thermodynamisch**: Verbrennungsrauschen bei Schweißbrennern und Kesselfeuerungen.

Der Drehklang eines rotierenden Schaufelgitters mit der Frequenz f_D, z. B. bei einem Hubschrauberpropeller, entsteht aus den auf den ruhenden Beobachter einwirkenden schaufelgebundenen Kraftfeldern und den davon ausgelösten periodischen Druckschwankungen. Die Frequenz f_D des Drehklanges ergibt sich aus der Schaufelzahl Z_R des Gitters und der Drehzahl n zu:

$$f_D = Z_R \cdot \frac{n}{60} \qquad (27\text{-}1)$$

Die Töne des Interferenzgeräusches resultieren aus der Wechselwirkung der schaufelgebundenen Kraftfelder und deren Druckfluktuationen zwischen einem rotierenden Schaufelgitter mit Z_R Schaufeln und einem ruhenden Gitter oder auch mit einer Strebe oder einer Gehäusezunge, so

z. B. bei Turbinen, Ventilatoren und Sirenen. Für die Frequenzen dieser Töne gilt:

$$f_{K,i} = Z_R \cdot \frac{n}{60} \cdot i \qquad \text{mit } i = 1, 2, 3, \ldots \qquad (27\text{-}2)$$

Für viele Mechanismen der direkten Luftschallentstehung lassen sich Beziehungen für die erzeugte Schallleistung angeben, hergeleitet physikalisch-mathematisch streng oder vielfach auch empirisch. Für den Schallleistungspegel der Wirbelgeräusche von Ventilatoren gibt es so z. B. die vom Volumenstrom $\dot{V}$ und der Gesamtdruckdifferenz Δp_{ges} abhängige Beziehung (vgl. Kap. 10)

$$L_W = L_{Wspez} + 10 \lg \frac{\dot{V}}{\dot{V}_0} + 20 \lg \frac{\Delta p_{ges}}{\Delta p_0} \qquad (27\text{-}3)$$

Indirekte Luftschallentstehung:

- **gasdynamische Kräfte**: bei Verbrennungsmotoren, hydraulischen und pneumatischen Maschinen,

- **elektrodynamische Kräfte**: bei Generatoren, Motoren und Transformatoren,

- **Massenkräfte**: Unwuchten, Bauteilspiel, Translation/Rotation,

- **Kraftübertragung**: Zahn- und Kettengetriebe, Wälzlager,

- **Trenn- und Formkräfte**: Fräser, Drehmeißel, Sägen, Pressen.

Wie in Bild 27-1 dargestellt, bewirkt der im Kraftfluss erzeugte Körperschall an außerhalb des Kraftflusses liegenden Bauteilen eine Geschwindigkeitsanregung und somit auch in diesen Bauteilen Körperschall. Ein großer Teil des so erzeugten Körperschalls gelangt an die Oberfläche der Maschine, wo er von der Oberfläche, bevorzugt von den Biegewellen, als Luftschall abgestrahlt wird. In Pegelschreibweise gilt für die abgestrahlte Schallleistung mit dem Abstrahlmaß $10 \lg \sigma$ und dem Flächenmaß L_S (vgl. Gl. 10-18) die Beziehung

$$L_W = \overline{L_v} + 10 \lg \sigma + L_S \qquad (27\text{-}4)$$

Die Abstrahlung von Biegewellen von plattenartigen Oberflächen ist durch die Biegewellen-Grenzfrequenz

$$f_g = \frac{c^2}{2 \cdot \pi} \sqrt{\frac{m}{B}} \qquad (27\text{-}5)$$

gekennzeichnet, wobei die Wellenlänge der Dichtewelle gleich der Wellenlänge der Biegewelle ist.

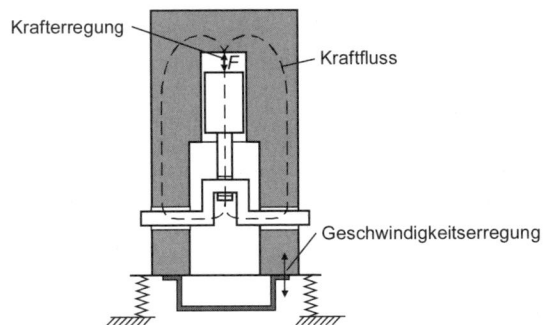

Bild 27-1: Modell einer Maschinenstruktur mit Kraft- und Geschwindigkeitserregung [27.1]

In obiger Beziehung ist $\overline{m} = \rho \cdot d$ die Masse der Platte mit der Dichte ρ

und der Dicke d und $\overline{B} = \dfrac{E}{1-\mu^2} \cdot \dfrac{d^3}{12}$ die Biegesteifigkeit der Platte mit

dem Elastizitätsmodul E und der Querkontraktionszahl μ.

Für $f < f_g$ ist die Abstrahlung schlecht, was in Bild 27-2 durch $\sigma < 1$ ausgedrückt ist. Oberhalb der Grenzfrequenz $f > f_g$ wird die Körperschallleistung an der Oberfläche, ausgedrückt durch den mittleren Schnellepegel $\overline{L}_v$, voll in Luftschall umgesetzt, sodass $\sigma = 1$ ist.

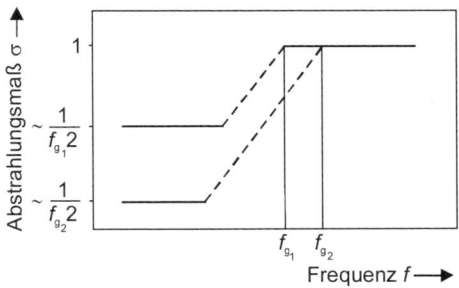

Bild 27-2: Qualitativer Verlauf des Abstrahlmaßes über der Frequenz

Die Entwicklung, Konstruktion, Fertigung und der Betrieb von lärmarmen Maschinen und Anlagen mit hoher Leistungsdichte basiert auf den

hier nur kurz angedeuteten Zusammenhängen der physikalischen Grundlagen der Maschinenakustik.

27.2   Schallausbreitung im Freien

Zur Berechnung der Ausbreitung des abgestrahlten Luftschalls werden
bevorzugt die Modelle der allseitig gleich abstrahlenden Punktschallquelle und der entlang der Länge rundum gleichmäßig abstrahlenden
Linienschallquelle benutzt. Für eine allseitig gleichmäßig in den Vollraum abstrahlende Punktschallquelle mit dem Schallleistungspegel

$L_W = L_p + 10 \lg \dfrac{S}{S_0}$ ergibt sich der Schalldruckpegel im Abstand r zur

Quelle auf der Kugeloberfläche $S = 4 \pi \cdot r^2$ mit $S_0 = 1\ \text{m}^2$ und $r_0 = 1\ \text{m}$
zu

$$L_p(r) = L_W - 10 \lg \frac{4\pi \cdot r^2}{Q \cdot S_0} = L_W - 20 \lg \frac{r}{r_0} - 11 \text{db} + 10 \lg Q \quad (27\text{-}6)$$

mit $Q = 1$ Abstrahlung in den Vollraum, $Q = 2$ Abstrahlung in den Halbraum,
$Q = 4$ Abstrahlung in den Viertelraum und $Q = 8$ Abstrahlung in den Achtelraum.

Der Schallleistungspegel einer Linienschallquelle mit der Länge l errechnet sich für einen Abstand $r \ll l$ aus dem Schalldruckpegel auf der
Oberfläche $S = 2 \pi \cdot r \cdot l$ des einhüllenden Zylindermantels zu

$$L_W = L_p + 10 \lg \frac{2 \pi \cdot r \cdot l}{S_0} \quad (27\text{-}7)$$

Für den Schalldruckpegel senkrecht zu einer Linienschallquelle der
Länge l im Abstand $r \ll l$ auf einer zylinderförmigen Oberfläche ergibt
sich aus Gl. (27-6) bis $Q = 4$:

$$L_p(r) = L_W - 10 \lg \frac{2 \cdot \pi \cdot r \cdot l}{Q \cdot S_0} = L_W - 10 \lg \frac{r}{r_0} - 8 \text{db} + 10 \lg \frac{Q \cdot r_0}{l} \quad (27\text{-}8)$$

Das Abstandsgesetz einer Punktquelle für die Abstandsverdoppelung
lautet demnach wegen

$$\Delta L_p = 20 \lg \frac{r}{2\,r} = -20 \lg 2 = -6\ \text{dB} \quad (27\text{-}9)$$

und das Abstandsgesetz einer Linienschallquelle im Bereich $r \ll l$ entsprechend

Umwelttechnologien

$$\Delta L_{\mathrm{p}} = 10 \lg \frac{r}{2 \cdot r} = -10 \lg 2 = -3 \text{ dB} \qquad (27\text{-}10)$$

Wie in Bild 27-3 gezeigt, liegt bei $r_{\mathrm{S}} = l/\pi$ das Übergangsgebiet zwischen „Zylinder- und Kugelwellenausbreitung".

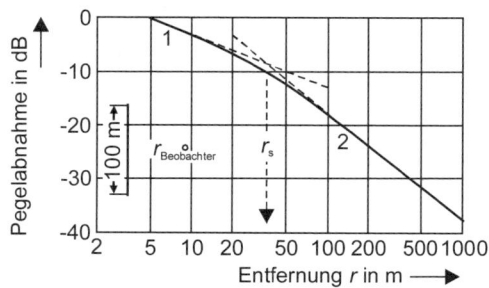

Bild 27-3: Pegelabnahme senkrecht zu einer Linienschallquelle der Länge l = 100 m. Kurve 1: Hüllfläche Zylindermantel (–3 dB), Kurve 2: Hüllfläche Kugel (–6 dB)

27.3   Schallausbreitung in Räumen

Die einfachste Beschreibung der Schallausbreitung in Räumen basiert auf dem Modell der allseitig abstrahlenden Punktschallquelle mit der Schallleistung P, die gemessen an den Raumabmessungen vergleichsweise klein ist. Das Schallfeld um die Punktquelle besteht aus dem Freifeld und dem Hallfeld mit konstantem Pegel. Dabei stellt sich ein Gleichgewicht zwischen der eingespeisten Schallleistung P und der von der äquivalenten Absorptionsfläche A der Raumbegrenzungsflächen S_i mit den Absorptionsgraden α_i absorbierten Schallleistung ein.

$$A = \sum_i \alpha_i \cdot S_i \qquad (27\text{-}11)$$

Mit der Intensität für Freifeld $I_{\mathrm{F}}(r) = \dfrac{P}{S(r)}$ und Hallfeld $I_{\mathrm{H}} = \dfrac{4\,P}{A}$ lässt sich für die Gesamtintensität im Abstand r bzw. den Schalldruckpegel schreiben (S_0 = 1 m^2):

$$L_p(r) = L_W + 10 \lg\left(\frac{S_0}{4\,\pi \cdot r^2} + \frac{4S_0}{A}\right) \qquad (27\text{-}12)$$

Der erste Summand in der Klammer beschreibt den Verlauf des Freifeldpegels (6 dB Pegelabfall) und der zweite Summand steht für den konstanten und nicht von r abhängigen Hallfeldpegel.

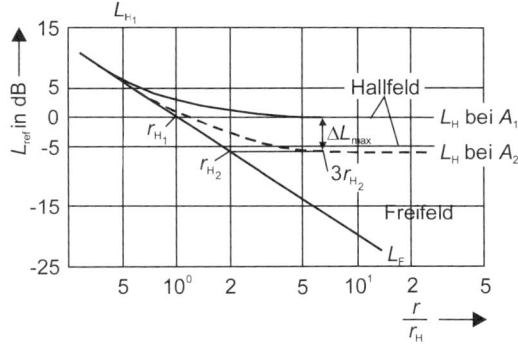

Bild 27-4: Freifeld- und Hallfeldpegel in einem Raum mit Absorption, Einfluss der äquivalenten Absorptionsfläche auf den Schalldruckpegel im Hallfeld [27.1]

Wie auch aus Bild 27-4 ersichtlich, wird der Übergangsbereich durch den Hallradius r_H beschrieben, der sich aus der Gleichsetzung der beiden Summanden in der Klammer von Gl. (27-12) ergibt. Für die Schallquelle auf reflektierendem Boden gilt:

$$r_H = \sqrt{\frac{A}{25}} \qquad (27\text{-}13)$$

Die Erhöhung der äquivalenten Absorptionsfläche von A_1 auf A_2 führt im Hallfeld zur Pegelminderung

$$\Delta L(H) = 10 \lg \frac{A_2}{A_1} \qquad (27\text{-}14)$$

Die Höhe des Schalldruckpegels im Freifeld in der Nähe der Quelle (Maschine) bleibt davon unberührt. Viel Absorptionsfläche verringert nicht nur den Hallfeldpegel, sie reduziert auch den oftmals unerwünschten Nachhall. Die Nachhallzeit T – die Zeit bis zum Abfall des Hallfeldpegels nach dem Abschalten der Schallquelle um 60 dB – ist abhängig

vom Volumen des Raumes V in m^3 und der äquivalenten Absorptionsfläche A in m^2 des Raumes. Es gilt für T in s (SABINE)

$$T = 0{,}163 \frac{V}{\overline{\alpha} \cdot A_O} \qquad (27\text{-}15)$$

wobei A_O die gesamte innere Oberfläche des Raumes ist und $\overline{\alpha}$ dessen
mittlerer Schallabsorptionsgrad gemäß

$$\overline{\alpha} = \frac{A}{A_O} = \frac{1}{A_O} \sum \alpha_i \cdot S_i \qquad (27\text{-}16)$$

Bis zu Werten von $\overline{\alpha} = 0{,}2$ ist obige Beziehung recht gut anwendbar,
dabei dürfen einzelne α_i-Werte durchaus wesentlich größer sein als 0,2.
Liegen Messwerte der Nachhallzeit T vor und ist die Bedingung $\overline{\alpha} \leq 0{,}2$
noch erfüllt, so kann aus der umgeformten SABINEschen Nachhallformel

$$A = 0{,}163 \frac{V}{T} \qquad (27\text{-}17)$$

die äquivalente Absorptionsfläche eines Raumes berechnet werden. Gl.
(27-17) eingesetzt in Gl. (27-12) ergibt für große r die Abhängigkeit des
Hallfeldpegels vom Raumvolumen V und der Nachhallzeit T ($v_0 = 1$ m^3,
$T_0 = 1$ s).

$$L_p(H) = L_W - 10 \lg \frac{V}{V_0} + 10 \lg \frac{T}{T_0} + 14 \text{ dB} \qquad (27\text{-}18)$$

Aufgelöst nach dem Schallleistungspegel bildet Gl. (27-18) die Grundlage zur messtechnischen Ermittlung der Schallleistung von Maschinen
nach dem Hallraumverfahren.

27.4   Sekundärer Schallschutz

27.4.1 Schallschirme

Die Wirkung von Schallschirmen (vgl. Bild 27-5) ist umso höher, je
näher der Schirm an der Schallquelle ist und je vollständiger er sie
umfasst. Die abschirmende Wirkung ΔL_Z wächst mit dem Verhält-
nis $\dfrac{\Delta s}{\lambda}$, wobei Δs die Differenz zwischen dem direkten Weg von Quelle
zu Empfänger und dem Weg über die Schirmkante ist und λ die Wellen-
länge in Luft.

$$\Delta L_Z = 10 \lg \left\{ 1 + \frac{10 \cdot h_{\text{eff}}^2}{\lambda} \left(\frac{1}{a} + \frac{1}{b} \right) \right\} \quad \text{für } h_{\text{eff}} < a, b \qquad (27\text{-}19)$$

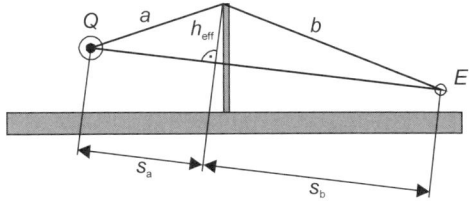

Bild 27-5: Skizze eines Schallschirmes und geometrische Weglängen

Mit Schallschirmen in Arbeitsräumen sind A-Schallpegelminderungen bis zu ca. 10 dB erreichbar. Nähere Einzelheiten zur Berechnung, Anwendung und Ausführung enthält [27.2]. Schallschirme im Freien finden insbesondere an Straßen zur Verringerung des Verkehrslärms in Form von Schutzwällen mit Bewuchs oder absorbierenden Schutzwänden Anwendung. A-Schallpegelminderungen bis maximal etwa 15 dB sind so erreichbar.

27.4.2 Schalldämpfer

Schalldämpfer werden zur Minderung des störenden Luftschalls in Rohrleitungen, Kanälen und vor Öffnungen eingesetzt. Im Inneren von Schalldämpfern mit gleichmäßig verteilter Auskleidung erfolgt eine Abnahme des Schalldruckpegels entlang der Kanalachse x nach einer Exponentialfunktion mit α' als Dämpfungskonstante:

$$p(x) = p(0) \cdot e^{-\alpha' x} \qquad (27\text{-}20)$$

Die Kanaldämpfung entlang der Strecke Δx im Kanal mit der Breite $2\,h$ ist definiert als

$$D_{\Delta x} = 20 \lg \frac{p(x)}{p(x + \Delta x)} \qquad (27\text{-}21)$$

Damit ergibt sich aus beiden Gleichungen für die Dämpfung

$$D_{\Delta x} = 20 \lg e^{\alpha' \Delta x} = 8{,}7 \cdot \alpha' \cdot \Delta x = D' \cdot \Delta x \qquad (27\text{-}22)$$

Umwelttechnologien

Bezogen auf die halbe Kanalbreite $\Delta x = h$ wird die spezifische Dämpfung $D' = D_h / h$ und für die Kanallänge l gilt dann

$$D_l = \frac{D_h}{h} \cdot l \qquad (27\text{-}23)$$

Das Einfügungsdämmmaß D_e eines Schalldämpfers der Länge l, besteht aus der Kanaldämpfung D_l und den Anteilen D_R infolge Reflexionen aus Querschnittänderungen durch Schalldämpferkulissen im Kanal

$$D_e = D_l + D_R \qquad (27\text{-}24)$$

Nach ihrem physikalischen Wirkungsprinzip und ihren frequenzabhängigen Dämpfungseigenschaften (vgl. Bild 27-6) ist eine Einteilung möglich in:

- **Resonanz**: schmalbandige Dämpfung infolge von Resonanzeffekten bei schwingenden Platten oder Luftvolumina vor bedämpften Hohlräumen,

- **Absorber**: breitbandige Dämpfung infolge von direkter Absorption,

- **Reflexion** und **Interferenz**: mehrfache schmalbandige Dämpfung infolge Reflexionen und Auslöschungen,

- **Drosselung**: breitbandige Dämpfung infolge Reibungsverlusten bei dem Durchströmen von porösem Material.

In der Praxis werden häufig Kombinationen von Absorber- und Resonanzschalldämpfern eingesetzt, um sowohl tonale als auch breitbandige Geräusche zu bedämpfen. Nach ihrer Bauform wird zwischen Kulissen- und Rohrschalldämpfern unterschieden. Die Pegelminderungen im betrieblichen Einsatz reichen von 30 bis maximal etwa 40 dB. Zur richtigen Dimensionierung eines Schalldämpfers ist die Kenntnis der Einsatzbedingungen ganz wichtig. In der VDI-Richtlinie 2567 sind weitere wesentliche Aspekte zum Thema Schalldämpfer zusammengestellt.

Die klassischen Schalldämpferbauformen arbeiten quasi passiv, es erfolgen keine geregelten, an wechselnde Frequenzen des Schalldruckes angepassten Eingriffe zur Pegelminderung. In den letzten Jahren wurden auch deshalb vermehrt **Antischall-Anlagen** mit entsprechenden Regelkreisläufen, bestehend aus Mikrophon, Steuergerät, Verstärker und Lautsprecher, zur Pegelminderung in Kanälen entwickelt und eingesetzt. Wie Bild 27-7 zeigt, wird dem vorhandenen Schallfeld im Kanal mit dem Lautsprecher ein genau entgegengesetzt wirkendes Schallfeld aufgeprägt, sodass es zu Interferenzen kommt.

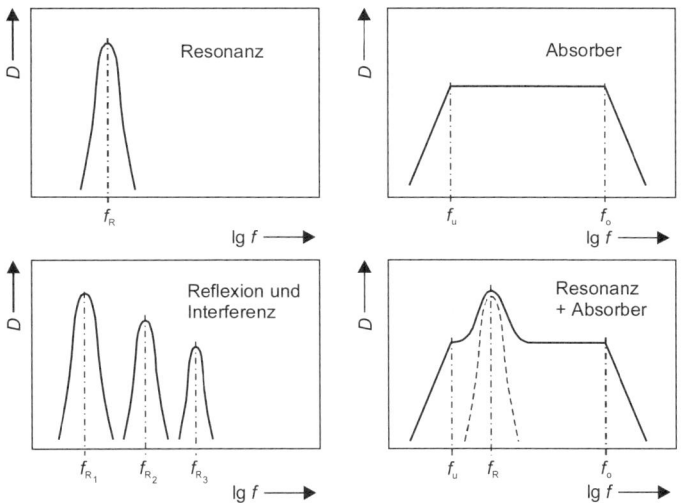

Bild 27-6: Prinzipieller Verlauf der Dämpfung D verschiedener Typen von Schalldämpfern

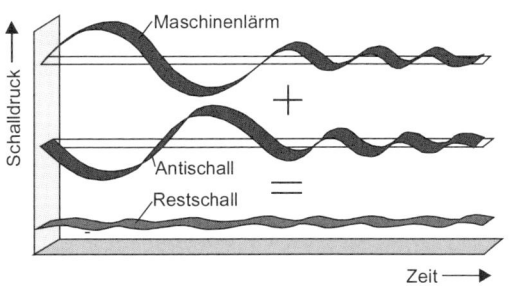

Bild 27-7: Prinzip der Pegelminderung durch Antischall-Anlage

Anstelle der Lautsprecher ist zur Erzeugung des Gegenschalls auch der Einsatz entsprechend angesteuerter Klappen im Kanal möglich, so z. B. bei Abgasanlagen mit heißen Gasgemischen bei Kraftfahrzeugen und Schiffsdieselmaschinen.

Umwelttechnologien

27.4.3 Kapsel

Kapseln für Maschinen werden meist aus Stahlblechplatten mit absorbierenden Innenseiten gefertigt. Die erreichbare Pegelminderung ΔL_W einer Kapsel hängt von dem **Schalldämmmaß** R der Wände und dem Absorptionsgrad α der Innenflächen S der Kapsel ab.

Für Vollkapseln sind je nach Ausführungsform folgende Minderungen der A-bewerteten Pegel zu erwarten:

- ▪ schalldämmende Matten: etwa 5 bis 10 dB(A),

- ▪ einschalige, nicht schallabsorbierend ausgekleidete Kapsel mit Absorption über die Strukturdämpfung: etwa 5 bis 15 dB(A),

- ▪ einschalige, schallabsorbierend ausgekleidete Kapsel, mit einer einfachen Körperschallisolierung zum Fundament: ca. 10...25 dB(A),

- ▪ zweischalige Kapsel, meist mit spezieller Körperschallisolierung zum Fundament: etwa 20 bis 40 dB(A).

Detaillierte Beschreibungen der Bauformen, der Einsatzbedingungen sowie zur Auslegung und Ausführung enthält die VDI-Richtlinie 2711.

27.5 Messung der Geräuschemission

Die Ermittlung der Schallleistung bzw. des Schallleistungspegels einer Maschine für festgelegte Betriebsbedingungen kann mithilfe von Messungen der Schalldruckpegel oder auch der Intensitätspegel nach dem Hüllflächenverfahren erfolgen oder bei kleineren Maschinen nach dem Hallraumverfahren, z. B. gemäß DIN 45635-3.

Beim **Hüllflächenverfahren** nach DIN EN ISO 3744 bis 3746, je nach Genauigkeitsklasse, und DIN 45635-1 zur Ermittlung des Schallleistungspegels auf einer z. B. die Maschine einhüllenden quaderförmigen Messfläche über einem reflektierenden Boden in einem Raum ergibt sich der Schallleistungspegel aus

$$L_W = \bar{L}_p + L_S, \tag{27-27}$$

Dabei ist $\bar{L}_p$ der mittlere Schallpegel auf der Hüllfläche S (Flächenmaß L_S). $\bar{L}_p$ ist aber nicht der auf der Hüllfläche direkt gemessene Pegel $\bar{L}_p''$, da dieser durch Fremdgeräusche und Nachhall verfälscht wird. L_p erhält man aus $\bar{L}_p''$ durch Abzug entsprechender Korrekturen K_1 und K_2:

$$\overline{L}_p = \overline{L}_p'' - K_1 - K_2 \qquad (27\text{-}28)$$

Die Fremdgeräuschkorrektur K_1 errechnet sich aus $\Delta L = \overline{L}_p'' - \overline{L}_F$ mit dem Messflächen-Schalldruckpegel $\overline{L}_F$ des Fremdgeräusches zu:

$$K_1 = -10 \lg\left(1 - 10^{-0,1\Delta L}\right) \qquad (27\text{-}29)$$

Die Raumkorrektur K_2 lässt sich aus der Gl. (27-12) erklären. Nach der Addition des Messflächenmaßes zu Gl. (27-12) gilt

$$L_{p\,ges} + 10 \lg\frac{S}{S_0} = L_W + 10 \lg\left(\frac{S_0}{S} + \frac{4S_0}{A}\right) + 10 \lg\frac{S}{S_0}, \; S_0 = 1 \text{ m}^2$$

$$L_{W\,ges} = L_W + 10 \lg\left[\left(\frac{S_0}{S} + \frac{4S_0}{A}\right) \cdot \frac{S}{S_0}\right] \text{ und damit für } K_2$$

$$L_{W\,ges} - L_W = K_2 = 10 \lg\left(1 + \frac{4S}{A}\right) \qquad (27\text{-}30)$$

27.6 Prognose der Lärmbelastung und Immissionsschutz

Die grundlegenden Verfahren zur Berechnung der Schallausbreitung im Freien basieren auf dem Rechenmodell der Punktschallquelle. Linienschallquellen und flächenhafte Schallquellen, z. B. Fassadenwände, werden durch eine sinnvoll gewählte Anzahl von Punktquellen simuliert. In der DIN ISO 9613-2 sind die Algorithmen zur Berechnung der „Dämpfung des Schalls bei der Ausbreitung im Freien" festgelegt, wobei die Berechnungen für die Oktavbandmittenfrequenzen von 63 Hz bis 8 kHz erfolgen sollen.

Der Immissionspegel, als „**äquivalenter Oktavband-Dauerschalldruckpegel bei Mitwind**" einer Punktquelle ist

$$L_{fT}(DW) = L_W + D_C - A \qquad (27\text{-}31)$$

Dabei sind L_W der Oktavband-Schallleistungspegel der Punktquelle, D_C die Richtwirkungskorrektur für die reale Abstrahlung, bestehend aus dem eigentlichen Richtwirkungsmaß D_I und einem Raumkorrekturmaß entsprechen Q für Vollraum, Halbraum usw., und

$$A = A_{div} + A_{atm} + A_{gr} + A_{bar} + A_{misc} \qquad (27\text{-}32)$$

die Dämpfungsterme für geometrische Ausbreitung, Luftabsorption, Bodendämpfung, Abschirmung und weiterer Effekte.

Der gesamte Immissionspegel $L_{AT}(DW)$ einer Anzahl von Schallquellen als A-bewerteter äquivalenter Dauerschalldruckpegel bei Mitwind ergibt sich nach der A-Bewertung $A_f(j)$ der Oktavpegel $j = 1...m$ und der Summation über die Oktavbänder und der Summation über die Schallquellen $i = 1...n$ zu:

$$L_{AT}(DW) = 10 \lg \left\{ \sum_{i=1}^{n} \left[\sum_{j=1}^{m} 10^{0,1 \left[L_{fT}(i,j) + A_f(j) \right]} \right] \right\} \qquad (27\text{-}33)$$

Bei Industrie- und Gewerbebetrieben wird unterschieden zwischen im Freien betriebenen Maschinen und Anlagen, Fahrzeugverkehr usw. auf dem Gelände sowie zwischen Gebäuden mit entsprechender Schallabstrahlung der Fassaden.

Die Schallleistungspegel der Fassadenelemente, z. B. Wände, Dächer, Fenster, Montagetore und Belüftungsöffnungen, werden ausgehend von dem zu berechnenden oder bekannten Halleninnenpegel und unter Berücksichtigung der Schalldämmmaße der Fassadenelemente nach den Grundsätzen der VDI-Richtlinien 2571 und 3760 berechnet.

Für den Halleninnenpegel L_I als Hallfeldpegel vor den Innenwänden gilt nach VDI 2571 die als Gl. (27-18) vorgestellte Beziehung

$$L_I \approx L_W + 14 + 10 \lg \frac{T}{T_0} - 10 \lg \frac{V}{V_0} \qquad (27\text{-}33a)$$

mit L_W als der Summe der Schallleistungspegel der in der Halle aufgestellten Maschinen. Die Schallleistungspegel $L_W(F)$ der Fassadenelemente mit der Fläche S werden bei Annahme eines Hallfeldes vor der Fassadeninnenseite in den Oktaven mit

$$L_W(F) = L_I - R' - 6 + 10 \lg \frac{S}{S_0} \qquad (27\text{-}34)$$

berechnet, wobei R' das frequenzabhängige bauseitig geltende Schalldämmmaß des Fassadenelementes ist.

Die sechste allgemeine Verwaltungsvorschrift zum Bundes-Immissionsschutzgesetz, die Technische Anleitung zum Schutz gegen Lärm – TA

Lärm vom 26. August 1998 dient dem Schutz der Allgemeinheit und der Nachbarschaft vor schädlichen Umwelteinwirkungen durch Geräusche sowie der Vorsorge. Sie gilt für Anlagen, die als genehmigungsbedürftige oder nicht genehmigungsbedürftige Anlagen den Anforderungen des zweiten Teils des Bundes-Immissionsschutzgesetzes unterliegen.

Ein wesentlicher Bestandteil der TA Lärm sind die dort festgelegten Immissionsrichtwerte, die von den Beurteilungspegeln der in der Nachbarschaft ansässigen Betriebe in der Regel gemeinsam einzuhalten sind. Für die nachstehenden Gebiete gelten außerhalb der Wohngebäude folgende Immissionsrichtwerte (Tab. 27-2).

Tabelle 27-2: Immissionsrichtwerte in dB(A)

	tags	nachts
in Industriegebieten	70	70
in Gewerbegebieten	65	50
in Kerngebieten, Dorf- und Mischgebieten	60	45
in allgemeinen Wohn- und Kleinsiedlungsgebieten	55	40
in reinen Wohngebieten	50	35
in Kurgebieten, bei Krankenhäusern und Pflegeanstalten	45	35

Bei Geräuschübertragungen innerhalb von Gebäuden liegen die Immissionsrichtwerte innerhalb der Wohnungen in allen Gebieten bei tags 35 dB(A) und nachts 25 dB(A). Als Beurteilungszeiträume gelten für den Tag die Zeit von 06:00 bis 22:00 Uhr und für die Nacht die Zeit von 22:00 bis 06:00 Uhr.

Umwelttechnologien

28   Energieeinsparung

28.1   Überblick

Das Anwachsen von Wohlstand und Industrietätigkeit war in den Industrienationen über Jahrzehnte hinweg unmittelbar mit einem Anstieg des Energieverbrauchs verknüpft. Erst nach der ersten Ölkrise 1973 fand eine Entkopplung statt, mit unterschiedlich starken Ausprägungen in den einzelnen Ländern. Der **Primärenergieverbrauch** des „Musterschülers" Deutschland stagniert seitdem auf hohem Niveau, Wohlstand und Industrietätigkeit wachsen dennoch weiter. Dieser Effekt kommt vor allem durch anhaltende Maßnahmen zur Energieeinsparung in allen Bereichen des öffentlichen und privaten Lebens zustande. Zudem haben folgende Aspekte zu einer Stabilisierung des Primärenergieverbrauchs beigetragen: Einige energieintensive Industrietätigkeiten wurden ins Ausland verlagert, die Industrietätigkeit im Osten Deutschlands ging nach der Wiedervereinigung zurück, und seit Anfang der 90er-Jahre findet eine verstärkte Nutzung regenerativer Energien statt.

Bild 28-1 beschreibt allgemein und im Speziellen für Deutschland den Weg der Energie von den Primärenergien über die Endenergien bis hin zu den Nutzenergien. Bei den dazwischenliegenden Umwandlungsschritten, dem Transport und der Speicherung der Energieträger treten Energieverluste auf. Von 100 eingesetzten Energieeinheiten in Form von Primärenergie kommen selbst im Energiesparland Deutschland beim Endverbraucher nur 35 Energieeinheiten in Form von Nutzenergie an. Das entspricht einem mittleren **Nutzungsgrad** für die Bereitstellung der Nutzenergien aus den Primärenergien in Deutschland von:

$$35\ \% = 35\ E\ /\ 100\ E = Nutzen\ /\ Aufwand$$

Gemäß Bild 28-1 erfolgt in Deutschland die **Bereitstellung** der **Endenergien** aus den Primärenergien mit einem Nutzungsgrad von im Mittel 70 %. Wie Tabelle 28-1 zeigt, existieren zwischen den einzelnen Endenergieträgern beträchtliche Unterschiede. Als energetische Kenngröße wird in Tabelle 28-1 nicht der Nutzungsgrad, sondern sein Kehrwert, der spezifische **Primärenergieaufwand** (= Aufwand/Nutzen), verwendet.

 Der spezifische Primärenergieaufwand gibt an, wie viel Kilowattstunden Primärenergie zur Bereitstellung einer Kilowattstunde Endenergie benötigt werden.

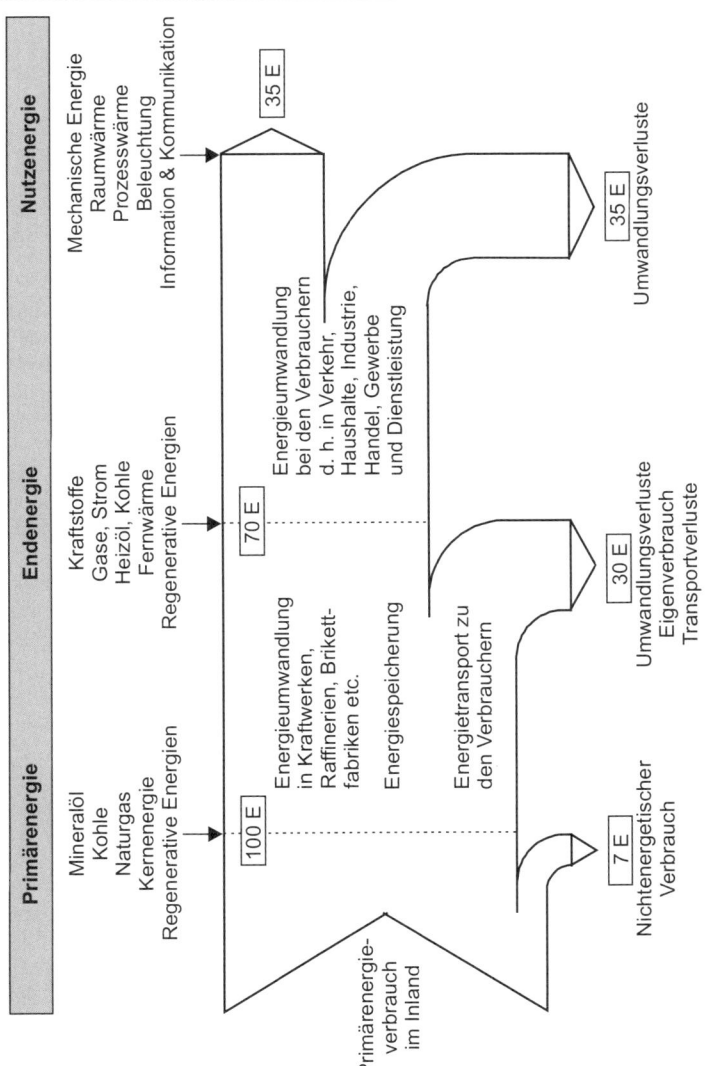

Umwelttechnologien

Bild 28-1: Der Weg der Energie (mit typischen, auf ein Jahr bezogenen Zahlenwerten für Deutschland; E = „Energieeinheit")

Zusätzlich enthält Tabelle 28-1 **Schadstoffemissionen,** die durch Bereitstellung und Nutzung der Endenergien entstehen. Die Zahlen in Tabelle 28-1 wurden im Sinne einer ganzheitlichen **Ökobilanz** ermittelt, d. h., sie berücksichtigen auch vor- und nachgelagerte Prozessketten wie

■   die Förderung der Primärenergien im Ausland und ihren Transport nach Deutschland und

■   die Herstellung, den Betrieb und die Entsorgung beteiligter Geräte und Anlagen (Anmerkung: geringer Anteil an den einzelnen Gesamtbeträgen).

Zur Bereitstellung der Endenergien Erdgas, Heizöl, Diesel, Benzin und Steinkohle sind zwischen 1,04 und 1,13 kWh Primärenergie pro kWh Endenergie notwendig. Deutlich höhere Aufwände von ca. 2,84 kWh Primärenergie pro kWh Endenergie entstehen im Mittel in Deutschland bei der Stromerzeugung, vor allem aufgrund der beträchtlichen Energieverluste in den herkömmlichen Kraftwerken.

Auch Strom aus Wasser- und Windkraft besitzt einen von null verschiedenen spezifischen Primärenergieaufwand: Pro Kilowattstunde regenerativ erzeugtem Strom wird eine Kilowattstunde regenerative Primärenergie angerechnet. Regenerativ erzeugter Strom muss ebenfalls zum Endverbraucher transportiert werden (plus 0,08 kWh_{Prim}/kWh_{Strom} = Mittelwert für Stromtransport, BRD). Letztendlich fällt ein geringer Betrag an Primärenergie zum Bau, Betrieb und zur Entsorgung der Anlagen an.

Bei den CO_2-Emissionen in Tabelle 28-1 spiegeln sich die unterschiedlichen Kohlenstoff- bzw. Wasserstoffgehalte der fossilen Energieträger wider. Die Weiteren Schadstoffemissionen berücksichtigen den allgemeinen Stand der Verbrennungs- und Reinhaltetechnik.

Betrachtet man die Energieumwandlung bei den Verbrauchern, zeigen sich ebenfalls deutliche Unterschiede. Während die Nutzungsgrade für die **Bereitstellung von Nutzenergien** aus Endenergien bei Haushalten, Industrie, Handel, Gewerbe und Dienstleistung zwischen 60 und 70 % betragen, werden im Verkehr keine 20 % erreicht. Im bundesdeutschen Mittel ergibt sich ein Wert von 50 % (vgl. Bild 28-1).

Alle genannten Mittelwerte stehen für eine Vielzahl einzelner Prozesse mit jeweils spezifischen Nutzungsgraden bzw. Energieverlusten.

Tabelle 28-1: Spezifischer Primärenergieaufwand zur Bereitstellung der Endenergieträger; Schadstoffemissionen durch ihre Bereitstellung und Nutzung beim Endverbraucher (Deutschland, ganzheitliche Ökobilanz)

Endenergieträger in Deutschland	spez. Primärenergie- aufwand in kWh_{Prim}/ kWh_{End}	Emissionen			
		CO_2	CO_2- Äquivalente	NO_x	SO_2
		in g/kWh_{End}		in mg/kWh_{End}	
Heizöl L (Heizwert: 35,8 MJ/l, Dichte 840 kg/m³)					
Bereitstellung	1,08	33	35	86	125
Verbrennung [1]		269	271	216	280
Diesel (Heizwert: 35,8 MJ/l, Dichte 840 kg/m³)					
Bereitstellung	1,08	34	26	95	126
Verbrennung [2]		268	270	250	279
Benzin, normal (Heizwert: 31,8 MJ/l, Dichte 750 kg/m³)					
Bereitstellung	1,13	48	50	110	160
Verbrennung [3]		267	270	102	21
Steinkohle (Heizwert Import: 27,5 MJ/kg, BRD: 29,4 MJ/kg)					
Bereitstellung, Import	1,10	26	46	79	218
Bereitstellung, BRD	1,04	14	58	13	20
Verbrennung [4]		340	346	289	1105
Erdgas (Heizwert: 33,8 MJ/m³, Dichte: 0,73 kg/m³)					
Bereitstellung	1,13	15	28	79	2
Verbrennung [5]		202	202	83	3
Strom aus [6]					
BRD-Mix	2,84	601	633	637	354
Braunkohle[7]	2,81	1159	1171	819	447
Steinkohle[8]	2,62	922	1045	505	633
Erdgas[9]	1,99	413	442	717	21
Kernkraft	3,16	38	39	117	62
Wasserkraft[10]	1,11	53	56	77	98
Windkraft[11]	1,09	35	37	59	22

[1] in einem Kessel ohne REA, NO_x-Minderung nach TA-Luft, [2] in einem Dieselmotor mit Katalysator, [3] in einem PKW-Otto-Motor mit Katalysator, [4] in einem kleinen HW mit NO_x-armer Rostfeuerung und Trocken-Additiv-Verfahren, [5] inklusive 0,08 kWh_{Prim}/kWh_{End} durch Stromtransport/-verteilung, Mittelwert BRD, 2000, [7] Zentrale Brennwertheizung, [8] Kohle-KW mit REA und NO_x-Minderung, [9] GuD-KW mit Low NO_x-Brennkammer, [10] im großen Wasser-KW, [11] im mittelgroßen KW Park [28.1]

In Tabelle 28-2 sind typische **Wirkungsgrade** für ausgewählte Arten der Umwandlung, des Transports und der Speicherung von Energie zusammengestellt. Wirkungsgrade unterscheiden sich von Nutzungsgraden nur darin, dass es sich um momentane Werte für einzelne Betriebspunkte handelt. Nutzungsgrade hingegen stellen Mittelwerte über einen be-

Umwelttechnologien

stimmten Zeitraum, zum Beispiel ein Jahr, dar. Wie auch in Tabelle 28-2 werden Wirkungsgrade meist für Volllastbetriebspunkte angegeben. Die Wirkungsgrade bei Teillast sind in der Regel geringer, bis hin zu 0 %.

Beispiel: Ein laufender Motor eines stehenden Autos besitzt einen momentanen Wirkungsgrad von 0 %, wenn auch die Abwärme des Motors und der von der Lichtmaschine erzeugte Strom gerade nicht zum Heizen des Wagens bzw. zum Betrieb von Nebenaggregaten benötigt werden, d. h., der momentane Nutzen der Brennstoffzufuhr zum Motor = 0 ist.

Tabelle 28-2: Typische Wirkungsgrade für ausgewählte Arten der Umwandlung, des Transports und der Speicherung von Energie

Art der Umwandlung, des Transports bzw. der Speicherung von Energie	Typische Wirkungsgrade
Stromerzeugung in Kraftwerken	
Mittelwert für Deutschland	38 %
Kernkraftwerke	30...35 %
Kohlekraftwerke	30...45 %
Gas- und Dampfturbinenkraftwerke	45...58 %
Solarkraftwerke	10...15 %
Windkraftwerke	30...40 %
Wasserkraftwerke	70...90 %
Gekoppelte Erzeugung von Strom und Wärme (= Kraft-Wärme-Kopplung) mittels Blockheizkraftwerken, Brennstoffzellen, Heizkraftwerken oder Gasturbinen	70...95 %
Speicherung von Strom mittels Pumpspeicherkraftwerken	70...80 %
Bereitstellung mechan. Energie mit Verbrennungsmotoren	
Ottomotoren	25...30 %
Dieselmotoren	35...45 %
Bereitstellung mechan. Energie mittels Elektromotoren	60...95 %
Bereitstellung von Wärme mittels Gas- oder Ölheizgeräten	
altes Standardgerät	60...90 %
Niedertemperaturgerät	85...95 %
Brennwertgerät	100...108 %
Bereitstellung von Licht mittels künstlicher Beleuchtung	
Glühlampe, Halogenlampe	4...7 %
Energiesparlampe, Leuchtstoffröhre	20...25 %

Der Weg der Energie in Bild 28-1, die Bandbreiten der spezifischen Primärenergieaufwände in Tabelle 28-1 und der Wirkungsgrade in Tabelle 28-2 zeigen typische **Ansatzpunkte zur Energieeinsparung**:

Bereitstellung der gleichen Energiedienstleistung mit höheren Wirkungsgraden bzw. reduzierten Energieverlusten bei Umwandlung, Transport und Speicherung der Energie:

■   Energiesparlampe statt Glühbirne, Verbrennungsmotor mit geringerem Kraftstoffverbrauch,

- Auslegung technischer Systeme ohne Überdimensionierung; Erhöhung der Auslastung von Fahrzeugen, etc.

Verringerung der notwendigen Nutzenergie für eine gewünschte Energiedienstleistung:

- Kompaktheit, Wärmedämmung und Luftdichtigkeit eines Gebäudes → behagliche Raumtemperaturen mit weniger Raumheizwärme,
- geringere Wassertemperatur beim Wäschewaschen → saubere Wäsche mit weniger Prozesswärme,

Rückgewinnung von Energie aus Energieverlustströmen:

- Wärmerückgewinnung in lüftungstechnischen Anlagen, d. h. Wärmeübertragung aus der warmen Abluft in die kühle Frischluft durch Wärmeaustauscher oder Wärmepumpen,
- Rückgewinnung der Bremsenergie von Straßenbahnen,

Methodenwechsel bei der gewünschten Energiedienstleistung:

- Nutzung öffentlicher Verkehrsmittel statt eines Kraftfahrzeuges für einen Transport von A nach B,
- Tageslichtnutzung statt künstlicher Beleuchtung,

Verzicht auf eine Energiedienstleistung (ggf. eine unnötige):

- Pullover statt Heizen,
- Ausschalten der Beleuchtung bei Nichtbenutzung eines Raumes,
- Nachtabschaltung der Heizung und der Warmwasserzirkulation durch Zeitschaltuhren.

Bei Energieeinsparanalysen an Gebäuden ist eine Unterteilung nach organisatorischen, technischen und gebäudeseitigen Maßnahmen weit verbreitet. Organisatorische Maßnahmen sind meist schnell und mit geringen Kosten umsetzbar. Die Energieeinsparung ist eher gering. Im Gegensatz dazu sind gebäudeseitige Maßnahmen meist teuer, bei langen Vorlaufzeiten und hohen Einsparpotenzialen. Technische Maßnahmen sind in ihren Eigenschaften dazwischen einzuordnen.

Allgemeine Aussagen dieser oder ähnlicher Art helfen bei einer ersten Einschätzung. Aufgrund der vielfältigen möglichen Randbedingungen ist es jedoch unerlässlich, Potenziale zur Energieeinsparung in jedem Einzelfall zu überprüfen.

Beispiel: Zentrale Warmwasserversorgungen, beheizt durch Fernwärme, Gas- oder Ölheizgeräte, sind energetisch betrachtet in aller Regel sinnvoller als Versorgungen mit dezentralen elektrischen Systemen. Eine Analyse der per Fernwärme beheizten zentralen Warmwasserversorgung an der FH Düsseldorf ergab aller-

Umwelttechnologien

dings beträchtliche Einsparpotenziale von über 300 000 kWh Primärenergie pro Jahr im Falle einer Umstellung auf dezentrale elektrische Durchlauferhitzer. Der ermittelte Jahresnutzungsgrad der zentralen Anlage lag diesem speziellen Fall unter 10 %, hervorgerufen durch ein weit verzweigtes altes Rohrnetz mit hohen Wärmeverlusten bei gleichzeitig sehr geringem Warmwasserbedarf.

Zum Abschluss dieses einführenden Kapitels zum Thema Energieeinsparung sei noch auf Folgendes hingewiesen. „**Energieverbrauch**" und „**Energieverlust**" sind im eigentlichen Sinne falsch gewählte Begriffe. Energie kann nicht verbraucht werden oder verloren gehen. Vielmehr finden Umwandlungen von der einen in eine andere Energieform statt. Die Gesamtenergiemenge bleibt dabei bei jedem Umwandlungsschritt konstant, nur ihre Wertigkeit bzw. Verwendbarkeit wird geringer. Beispiel: Die vielfältig verwendbare chemisch gebundene Energie in Erdgas wird bei der Verbrennung in Wärme hoher Temperatur umgewandelt. Ein Teil der Wärme entweicht mit dem Abgas an die Umgebung, der andere Teil wird zum Beispiel zur Beheizung eines Gebäudes auf 20 °C herangezogen und letztendlich ebenfalls an die Umgebung abgegeben. Die im Erdgas gebundene Energiemenge findet sich nach Abschluss der Umwandlungskette komplett in der Umgebung wieder. Sie besitzt als chemisch gebundene Energie im Erdgas eine sehr hohe Wertigkeit. Thermodynamisch gesprochen besteht sie zu 100 % aus Exergie. Im Gegensatz dazu beträgt ihr Exergiegehalt als Wärme auf Umgebungstemperatur nur noch 0 %. Ein Verbrauch bzw. Verlust von Exergie findet also auf dem in Bild 28-1 beschriebenen Weg der Energie tatsächlich statt, ein Verbrauch bzw. Verlust von Energie jedoch nicht. Weil sich die Begriffe Energieverbrauch und -verlust aber im Allgemeinen und selbst im fachlichen Sprachgebrauch eingebürgert haben, sollen sie auch in diesem Kapitel Verwendung finden.

28.2 Wirtschaftlichkeit und Finanzierung

Zur wirtschaftlichen Bewertung von Maßnahmen zur Energieeinsparung können verschiedene Kennzahlen und Methoden herangezogen werden. In diesem Kapitel werden drei Methoden näher erläutert: die **statische** und die **dynamische Amortisationsmethode** sowie die **Berechnung der Energieeinsparkosten**. Weitere gängige Methoden sind zum Beispiel die Kapitalwertmethode und die Barwertmethode.

In den Berechnungsgängen spielen typischerweise nachstehende Größen eine Rolle. Mit den angegebenen Zahlen wird zu den dargestellten Methoden jeweils ein Beispiel gerechnet.

- eingesparte Energiemenge $Q = 100\ 000$ kWh/a,

- Investitionskosten $I = 30\ 000$ €,

- Zinssatz des Kredits bzw. der entgangenen Kapitalanlage bei Finanzierung durch Eigenmittel $z = 0{,}05$/a $= 5\ \%$/a,

- Laufzeit des Kredits $n = 20$ a,
  kalkulatorisch meist gleichgesetzt mit der Nutzungs- bzw. Lebensdauer der finanzierten Maßnahme zur Energieeinsparung,

- Preis für fossile Energieträger (Gas, Öl) $ep = 0{,}03$ €/kWh.

Statische Amortisationsmethode

Die statische Amortisationsmethode stellt sicherlich die einfachste Form einer Wirtschaftlichkeitsbeurteilung dar. Berechnet wird die **statische Amortisationszeit** t_{statisch} mit folgender Gleichung:

$$t_{\text{statisch}} = \frac{I}{Q \cdot ep} \qquad (28\text{-}1)$$

I Investitionskosten, *Q* jährlich eingesparte Energiemenge, *ep* Energiepreis

Beispiel: $t_{\text{statisch}} = 30\ 000$ €/(100 000 kWh/a $\cdot$ 0,03 €/kWh) $= 10$ a

Die statische Amortisationszeit gibt demnach an, in wie viel Jahren die Summe der eingesparten Energiekosten gleich der Höhe der anfänglichen Investitionskosten ist, das heißt, nach welcher Zeit sich die Investition ohne Berücksichtigung von Zinseffekten amortisiert hat.

Dynamische Amortisationsmethode

Mit der dynamischen Amortisationsmethode wird ebenfalls eine Amortisationszeit berechnet, im Gegensatz zur statischen Methode jedoch unter Berücksichtigung von Zinseffekten ($\rightarrow$ dynamisch). Die Methode geht von folgendem Ansatz aus:

jährlich eingesparte (Energie-)Kosten = jährlich zurückzuzahlender Betrag für Zins und Tilgung des Kredits

Wie die folgenden Gleichungen zeigen, ergibt sich der jährlich zurückzuzahlende Betrag für Zins und Tilgung des Kredits, die jährlichen Kapitalkosten, aus der Annuität des Kredits. Die Annuität ist u. a. von der Kreditlaufzeit abhängig. Je länger die Kreditlaufzeit, desto geringer die jährlichen Raten. Diejenige Kreditlaufzeit, bei der obiger Ansatz erfüllt ist, stellt die gesuchte **dynamische Amortisationszeit** $t_{\text{dynamisch}}$ dar.

$$Q \cdot ep = I \cdot a \qquad (28\text{-}2)$$

a Annuität des Kredits, Einheit 1/a, $a = q^{n} \cdot z\ /\ (q^{n} - 1)$, $q = 1 + z$

Umwelttechnologien

Eingesetzt ergibt sich:

$$Q \cdot ep = \frac{I \cdot q^n \cdot z}{q^n - 1} \tag{28-3}$$

$$\frac{q^n}{q^n - 1} = \frac{Q \cdot ep}{I \cdot z} \tag{28-4}$$

Um die weitere Umrechnung übersichtlicher zu gestalten, setzt man $Q \cdot ep / (I \cdot z) = K$.

$$q^n = K \cdot (q^n - 1)$$

$$q^n \cdot (K - 1) = K$$

$$\ln q^n = n \cdot \ln q = \ln\left(\frac{K}{K-1}\right)$$

daraus folgt mit $K = Q \cdot ep / (I \cdot z)$ für $t_{\text{dynamisch}}$:

$$t_{\text{dynamisch}} = n = \frac{\ln \dfrac{K}{K-1}}{\ln q} \tag{28-5}$$

Beispiel: $K = 100\,000$ kWh/a $\cdot$ 0,03 €/kWh / (30 000 € $\cdot$ 0,05/a) = 2

$t_{\text{dynamisch}} = n = \ln (2 / 1) / \ln 1{,}05 = 14{,}2$

Die gesuchte dynamische Amortisationszeit beträgt 14,2 Jahre.

Zu beurteilende Maßnahmen zur Energieeinsparung sind in der Regel dann als wirtschaftlich zu erachten, wenn die Amortisationszeit kleiner ist als die Nutzungs- bzw. Lebensdauer der finanzierten Maßnahme. Je nach Investor können auch kürzere Amortisationszeiten gefordert werden wie zum Beispiel in Industrieunternehmen, wo Amortisationszeiten über drei Jahre häufig nicht toleriert werden.

Energieeinsparkosten-Methode

Mit dieser Methode kann man berechnen, wie teuer es ist, eine Kilowattstunde Energie einzusparen, anders formuliert, wie viel Geld pro eingesparte Kilowattstunde Energie investiert werden muss. Zinseffekte werden berücksichtigt. Die **Energieeinsparkosten** *ek* berechnen sich wie folgt:

$$ek = \frac{I \cdot a}{Q} \tag{28-6}$$

a Annuität des Kredits, Einheit 1/a, $a = q^n \cdot z / (q^n - 1)$, $q = 1 + z$

Beispiel: $ek = 30\,000\,€ \cdot \{(1{,}05^{20} \cdot 0{,}05) / (1{,}05^{20} - 1)\}/a / 100\,000\ \text{kWh/a}$

$ek = 30\,000\,€ \cdot 0{,}08/a / 100\,000\ \text{kWh/a}$

$ek = 0{,}024\,€ / \text{kWh}$

Eine Maßnahme zur Energieeinsparung ist nach dieser Methode dann als wirtschaftlich zu erachten, wenn die berechneten Energieeinsparkosten geringer sind als die zu erwartenden mittleren Energiepreise der substituierten Energieträger während der Nutzungsdauer der finanzierten Maßnahme.

Bewertung der Methoden

Die Energieeinsparkosten-Methode unterscheidet sich von den Amortisationsmethoden oder auch anderen Methoden in zwei entscheidenden Punkten:

- Der Berechnungsgang und damit die Energieeinsparkosten selbst sind nur von Größen abhängig, welche zum Zeitpunkt der Umsetzung der Energieeinsparmaßnahme bekannt sind (I und z) oder nach sorgfältiger Analyse bzw. mit Erfahrungswerten gut abgeschätzt werden können (Q und n). Die völlig unkalkulierbaren zukünftigen Energiepreise fließen im Unterschied zu anderen Methoden nicht in die Berechnung mit ein. Sie dienen bei dieser Methode nur als Vergleichsgröße bei der Bewertung der einmal berechneten Energieeinsparkosten.

- Energieeinsparkosten in der Nähe der heutigen Energiepreise (im Beispiel 0,024 €/kWh) korrelieren mit dynamischen Amortisationszeiten in der Größenordnung der Nutzungs- bzw. Lebensdauer der finanzierten Maßnahme (im Beispiel 14,2 a). Bei ungünstigeren Beispielbedingungen, z. B. einer Erhöhung der Investitionskosten um 20 000 € auf 50 000 €, würden sich Energieeinsparkosten von 0,04 €/kWh und mit einem eingesetzten Energiepreis von 0,03 €/kWh eine dynamische Amortisationszeit von 36,7 Jahren errechnen. Beide Kennzahlen besitzen objektiv den gleichen Aussagegehalt. Subjektiv bewertet schreckt eine Amortisationszeit von 36,7 Jahren ab und bewertet die Maßnahme als völlig unwirtschaftlich. Aus Sicht der Energieeinsparkosten ist es jedoch sehr wahrscheinlich, dass die mittleren Energiepreise während der Nutzungs- bzw. Lebensdauer der Maßnahme, d. h. während der nächsten 20 Jahre, über den berechneten Energieeinsparkosten von 0,04 €/kWh liegen werden. Damit wäre die Maßnahme wirtschaftlich.

Umwelttechnologien

Im Sinne einer Umsetzung von Maßnahmen zur Energieeinsparung ist die Angabe der Energieeinsparkosten der Angabe von Amortisationszeiten vorzuziehen. Lediglich bei sehr kurzen Amortisationszeiten wird durch diese die Wirtschaftlichkeit einer Maßnahme besser zum Ausdruck gebracht.

Finanzierung, Contracting

Unabhängig von der Attraktivität der ermittelten Wirtschaftlichkeitskennzahlen für Maßnahmen zur Energieeinsparung stellt sich häufig die Frage nach der Finanzierung der Investitionen. Dies gilt vor allem bei Investoren, die nur über geringe Eigenmittel verfügen und/oder die Investitionen nicht über die eingesparten Energiekosten refinanzieren können. Typische Beispiele sind:

- Öffentliche Einrichtungen, z. B. Hochschulen: Budgets zur Tätigung von Investitionen sind gering. Budgets zur Deckung der laufenden (Energie-)Kosten sind vorhanden, werden aber bei Senkung der (Energie-)Kosten an die gesunkenen Ausgaben angepasst.

- Besitzer vermieteter Immobilien: Die laufenden Energiekosten werden mit der Heizkostenabrechnung auf die Mieter umgelegt. Ob sie hoch oder niedrig sind, hat zumindest keinen direkten Einfluss auf die Einnahmensituation des Vermieters.

In solchen Fällen bietet sich Contracting an. Darunter versteht man die Einschaltung eines Dienstleisters, der die Energieeinsparmaßnahme abwickelt. Der **Contractor** tätigt die notwendigen Investitionen, kann als Betreiber der energiesparenden Anlage auftreten und verkauft über einen festgelegten Zeitraum die benötigte Energiedienstleistung wie die Raumheizwärme oder die Raumbeleuchtung an die Nutzer. Für die Nutzer bleiben während der Vertragslaufzeit die laufenden Kosten für die Energiedienstleistung auf altem hohem Niveau. Der Contractor kann seine Investitionen aufgrund der tatsächlich gesunkenen Energiekosten refinanzieren. Die Laufzeiten von Contractingverträgen liegen in der Größenordnung der dynamischen Amortisationszeiten der zu finanzierenden Maßnahmen. Nach Ablauf des Vertrages werden die gesunkenen Energiekosten an die Nutzer weitergegeben. Die Energie sparende Anlage geht gegebenenfalls in ihren Besitz über. Als Contractor treten z. B. Energieversorgungsunternehmen, Handwerksbetriebe oder spezielle Contractingfirmen auf.

28.3 Wärmepumpen

Bild 28-2 verdeutlicht das Prinzip der Wärmepumpe. Sie kann vergleichsweise wertlose Wärme niedriger Temperatur aufnehmen und bei höherer Temperatur als Nutzwärme wieder abgeben. Dieses „Bergauffließen" der Wärme funktioniert nur durch Zufuhr von Antriebsenergie.

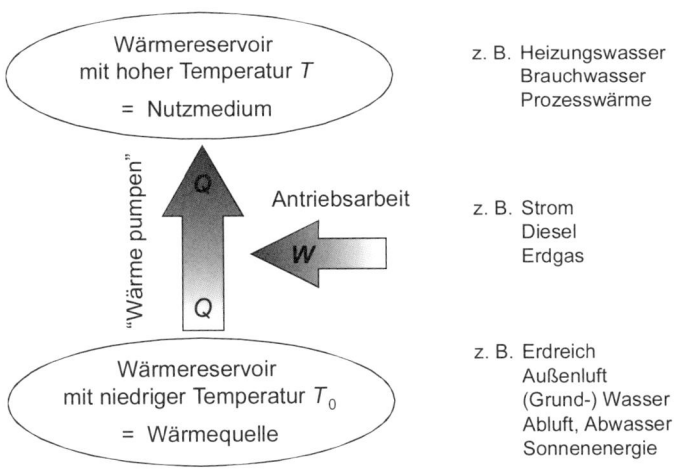

Bild 28-2: Das Funktionsprinzip der Wärmepumpe

Auf dem gleichen Funktionsprinzip basieren herkömmliche Kühlschränke. Dem Kühlschrankinneren wird Wärme entzogen und dem Aufstellraum über ein außen am Kühlschrank angebrachtes Rohrregister zugeführt.

Für eine Wärmepumpe gilt folgende **Energiebilanz** unter Vernachlässigung der Wärmeverluste an der Wärmepumpe selbst (vgl. Bild 28-2):

$$Q = Q_0 + W \tag{28-7}$$

Der Nutzungsgrad einer Wärmepumpe wird als **Arbeitszahl** β, der Wirkungsgrad als **Leistungsziffer** ε bezeichnet. Für β (und analog für ε) gilt mit Gleichung (28-7):

$$\beta = \frac{\text{Nutzen}}{\text{Aufwand}} = \frac{Q}{W} = 1 + \frac{Q_0}{W} \tag{28-8}$$

Umwelttechnologien

Die Energie aus der Umgebung Q_0 ist sozusagen gratis und stellt keinen energetischen Aufwand dar. Gemäß obiger Gleichung ist die Arbeitszahl bzw. Leistungsziffer einer Wärmepumpe charakteristischerweise größer als 1. Sie hängt entscheidend vom **Temperaturhub** $T - T_0$ ab. Je kleiner der Temperaturhub, desto größer sind Arbeitszahl und Leistungsziffer. Die Abhängigkeit folgt der Leistungsziffer des idealen CARNOT-Prozesses, welche eine theoretisch maximal erreichbare Obergrenze für die energetische Güte einer Wärmepumpe darstellt:

$$\varepsilon_{\text{Carnot}} = \frac{1}{\eta_{\text{Carnot}}} = \frac{T}{T - T_0} \tag{28-9}$$

T, T_0 absolute Temperaturen in Kelvin, η_{Carnot} CARNOT-Wirkungsgrad

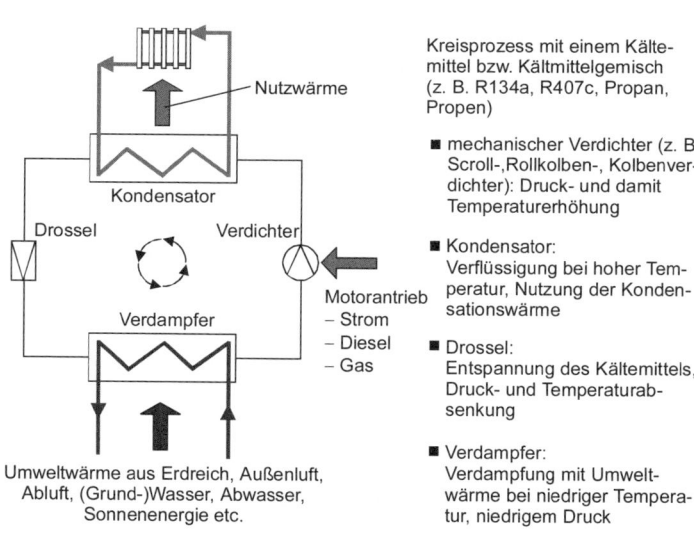

Kreisprozess mit einem Kältemittel bzw. Kältemittelgemisch (z. B. R134a, R407c, Propan, Propen)

■ mechanischer Verdichter (z. B. Scroll-,Rollkolben-, Kolbenverdichter): Druck- und damit Temperaturerhöhung

■ Kondensator: Verflüssigung bei hoher Temperatur, Nutzung der Kondensationswärme

■ Drossel: Entspannung des Kältemittels, Druck- und Temperaturabsenkung

■ Verdampfer: Verdampfung mit Umweltwärme bei niedriger Temperatur, niedrigem Druck

Bild 28-3: Kreisprozess einer Kompressions-Wärmepumpe

Bild 28-3 zeigt und erläutert den thermodynamischen **Kreisprozess** einer **Kompressions-Wärmepumpe**. Das intern zirkulierende Arbeitsfluid wird mittels eines mechanischen Verdichters komprimiert. Als Antrieb des Verdichters werden Elektro-, Gas- oder Dieselmotoren eingesetzt. Am weitesten verbreitet sind Elektro-Wärmepumpen.

Im Gegensatz zu Kompressions-Wärmepumpen arbeiten **Sorptions-Wärmepumpen** mit einer thermischen Verdichtung durch Beheizung. Diese erfolgt energetisch sinnvoll z. B. mit einem Gasbrenner, Solarenergie oder Abwärme, gegebenenfalls auch elektrisch (siehe Absorber-Kühlschränke im Campingbereich). Weiterhin ist charakteristisch, dass es sich bei den verwendeten Arbeitsstoffen im internen Kreisprozess zumindest um Zweistoffsysteme handelt mit weit auseinander liegenden Siedepunkten der einzelnen Komponenten. Zum Einsatz kommen z. B. Ammoniak/Wasser und Wasser/Zeolith.

Gas- und dieselmotorisch angetriebene Wärmepumpen und Sorptions-Wärmepumpen besitzen allgemein den Vorteil, dass sie höhere primär energetische Arbeitszahlen erreichen können als elektrische Wärmepumpen. Dennoch sind sie nicht so weit verbreitet. Gas- und Dieselmotor-Wärmepumpen werden nur für große Leistungen angeboten wie z. B. die „Thermoinsel" von Thyssen Bauen & Wohnen mit 300…3 000 kW Nennleistung. Sorptions-Wärmepumpen sind vergleichsweise komplex aufgebaut und deshalb teuer. Neue kompakte Geräte mit kleinen Leistungen zur Beheizung von Einfamilienhäusern befinden sich aktuell an der Schwelle zum Markteintritt.

Wärmepumpen besitzen verschiedene **Anwendungsbereiche**:

- als Heizgerät zur Raumheizung, Brauchwassererwärmung oder Schwimmbadbeheizung,

- zur Wärmerückgewinnung in Lüftungs- und Klimaanlagen und zur Abwärmenutzung in gewerblichen Prozessen z. B. aus Abwasser, Dampfschwaden, Stallluft etc.,

- bei gleichzeitigem Heiz- und Kühlbedarf wie z. B. in Fleischereien oder bei Kondenswäschetrocknern.

Einsatz von Wärmepumpen als Heizgeräte zur Raumheizung

Hier liegt mengenmäßig der größte Anwendungsbereich in Deutschland. Dabei handelt es sich fast ausschließlich um elektrische Kompressionswärmepumpen. Früher wurde sehr häufig Außenluft als Wärmequelle genutzt und die Wärmepumpe parallel mit einem konventionellen Heizgerät, d. h. bivalent, betrieben. Heute besitzen bei der Wärmequellenerschließung auch **Erdwärmesonden** einen großen Marktanteil und die Anlagen werden in der Regel monovalent, d. h. mit der Wärmepumpe als einzigem Heizgerät, ausgelegt. Bei Erdwärmesonden handelt es sich um bis etwa 100 m tiefe Bohrungen mit einem Durchmesser von ca. 12 cm. Nach Einbringung von ein bis zwei U-förmigen Kunststoffrohren wird das Bohrloch wieder verfüllt. Durch die Kunststoffrohre zirkuliert in einem geschlossenen Kreislauf ein Wasser/Frostschutz-Gemisch (Sole), um dem Erdreich Wärme zu entziehen. Die Wärmeentzugsleistung liegt bei 20 Watt je Meter Bohrlänge bei sandigen Böden bis ca. 100 W/m Bohrlänge bei Wasser führenden Böden. Der Vorteil der Erdsonde als Wärmequelle liegt in der nahezu gleichmäßigen Erdreichtemperatur in diesen Tiefen während der Heizperiode von ca. + 10 °C und dem geringen Platzbedarf. Um hohe Jahresarbeitszahlen zu erreichen, sind neben hohen Wärmequellentemperaturen auch niedrige Heiznetztemperaturen wichtig. Deshalb sollten ausreichend dimensionierte, auf niedrige Temperaturen ausgelegte Heizkörper oder Flächenheizungen zum Einsatz kommen.

Unter diesen Bedingungen werden von Elektro-Heizwärmepumpen **Jahresarbeitszahlen** von etwa 4 erreicht, d. h., pro kWh Antriebsenergie Strom können dem Heiznetz 4 kWh Nutzwärme zugeführt werden. 3 kWh kommen „gratis" aus dem Erdreich.

Dividiert man diese Jahresarbeitszahl von 4 durch den mittleren spezifischen Primärenergieaufwand bei der Strombereitstellung in Deutschland von 2,84 kWh_{Prim}/kWh_{End} (vgl. Abschn. 28.1), so ergibt sich eine primärenergetische Jahresarbeitszahl von 1,4. Ein Gas-Brennwertgerät erreicht einen primärenergetischen Jahresnutzungsgrad von maximal 1,08 / 1,13 = 0,96 (vgl. Tabellen 28-1 und 28-2). Damit spart eine Elektro-Wärmepumpe mit Erdsonde im Vergleich zu einem Gas- oder Öl-Brennwertgerät rund 45 % Primärenergie ein. Bei Nutzung der Außenluft als Wärmequelle liegen reale Jahresarbeitszahlen zwischen 3,0 und 3,5, was einer Primärenergieeinsparung von 10…30 % entspricht.

Kostenvergleiche für neue Einfamilienhäuser zeigen, dass Elektro-Wärmepumpen im Vergleich zu Öl- und Gasheizgeräten in der Regel die niedrigsten laufenden Energiekosten besitzen, abhängig vom speziellen Wärmepumpenstromtarif des Energieversorgers. Unter Berücksichtigung der höheren Investitionen für eine Wärmepumpenanlage ergeben sich ohne Fördermittel für die Wärmepumpe allerdings die höchsten jährlichen Gesamtkosten. Bei günstiger Fördersituation liegen die jährlichen Kosten in der Regel unter denen einer Ölheizung, selten jedoch unter denen einer Gasheizung.

28.4   Kraft-Wärme-Kopplung

Mit Kraft-Wärme-Kopplung (KWK) bezeichnet man die gleichzeitige Erzeugung von Strom (= Kraft) und Wärme. Je nach eingesetzter Technik ergeben sich unterschiedliche Anteile. Typische Werte von z. B. Blockheizkraftwerken liegen bei 35 % Strom und 55 % Wärme bei 100 % eingesetzter Energie und 10 % Verlusten am KWK-Aggregat.

Bild 28-4 verdeutlicht die energetischen Zusammenhänge im Vergleich zur getrennten Erzeugung von Strom in einem Großkraftwerk und Wärme in einem Brennwertkessel unter Berücksichtigung der Verteilverluste für den Strom und die Wärme bis zu den Endverbrauchern. Zur Bereitstellung der gleichen Menge an Strom und Wärme müssen bei getrennter Erzeugung über 40 % mehr Primärenergie eingesetzt werden als bei der gekoppelten Erzeugung mittels Kraft-Wärme-Kopplung.

Kraft-Wärme-Kopplung (Blockheizkraftwerk)

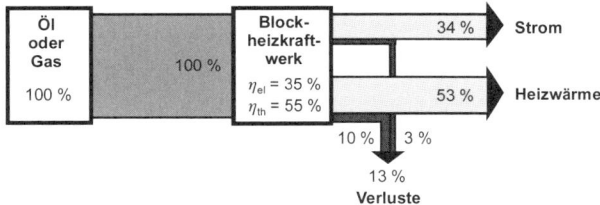

Getrennte Erzeugung (Strom im Kraftwerk/Wärme im Kessel)

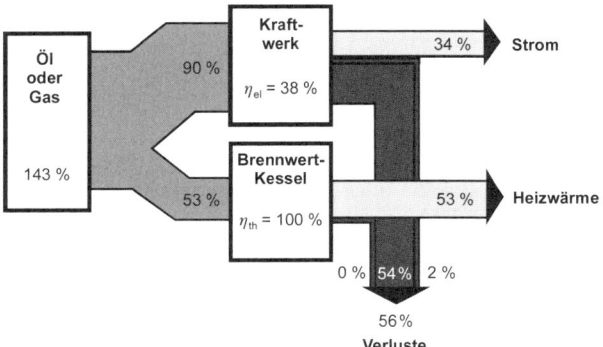

Bild 28-4: Bereitstellung von Strom und Wärme durch Kraft-Wärme-Kopplung oder getrennt in Kraftwerk und Heizkessel

Zur technischen Realisierung der Kraft-Wärme-Kopplung existieren verschiedene Möglichkeiten.

Umwelttechnologien

Bei **Blockheizkraftwerken** (**BHKW**) handelt es sich um Gas-, Diesel-oder auch Rapsölmotoren, welche einen Generator zur Stromerzeugung antreiben. Ihre Abwärme aus den Abgasen und der Motorkühlung werden als Heizwärme genutzt. Sie sind seit etlichen Jahren am Markt vertreten und werden in einem thermischen Leistungsbereich von etwa 10 kW bis 5 000 kW angeboten.

In **Brennstoffzellen** läuft eine elektrochemische Oxidation von Wasserstoff bzw. wasserstoffhaltigen Energieträgern wie Erdgas oder Methanol ab. Hierbei entstehen ebenfalls Strom und Wärme. Erste Geräte im mittleren Leistungsbereich werden am Markt angeboten. Geräte kleiner Leistung zur Wärmeversorgung von Mehrfamilienhäusern befinden sich in der Entwicklung.

Für große Leistungen im Megawattbereich werden **Gasturbinen** oder meist mit Kohle befeuerte **Heizkraftwerke** eingesetzt.

Die Verteilung des produzierten Stromes erfolgt in allen Fällen über das allgemeine Stromnetz. Die Art der **Wärmeverteilung** hängt von der thermischen Leistung ab. Kleine Leistungen können z. B. direkt in die Wärmeverteilung eines Gebäudes eingespeist werden. Mittlere Leistungen werden mit Nahwärmenetzen in einem kleinräumigen Bereich, z. B. einem Siedlungsquartier oder einem Industriebetrieb, verteilt. Große Heizkraftwerke speisen in Fernwärmenetze ein, mit denen z. B. ganze Innenstädte mit Heizenergie versorgt werden. Nah- und Fernwärmenetze bestehen aus wärmegedämmten Rohren, durch die meist Wasser, teils Wasserdampf, als Wärmeträger strömt.

Die **Auslegung** von KWK-Aggregaten erfolgt in der Regel auf die Wärmegrundlast. Die Spitzenlastdeckung übernimmt ein separater Heizkessel. Folgende Randbedingungen wirken sich günstig auf die **Wirtschaftlichkeit** von KWK-Aggregaten aus:

- ganzjährig hoher Bedarf an Wärme, auch im Sommer, um lange Betriebszeiten zu erreichen,
- möglichst gleichzeitiger Strombedarf, da die Netzeinspeisung produzierten Stromes in der Regel unwirtschaftlicher ist als der Eigenverbrauch (Stromerlös bei Einspeisung < Strompreis bei Einkauf),
- niedrige Kraftstoffpreise und hohe Stromerlöse bzw. –preise.

Die ersten beiden Randbedingungen sind typischerweise in Hallenbädern, Krankenhäusern und teils in Gewerbe- und Industriebetrieben erfüllt. Bei dortiger Installation einer KWK-Anlage kann angrenzende

Wohnbebauung mit versorgt werden. Bei der Versorgung reiner Wohn-siedlungen bzw. Wohnblöcke kann die KWK-Anlage wirtschaftlich nicht viel mehr als die ganzjährige Grundlast abdecken, die durch die Brauchwassererwärmung gegeben ist. Förderlich auf die Wirtschaftlich-keit können hier die preiswerte Verlegung des Nahwärmenetzes durch Wiesengelände oder Keller, der Eigenverkauf des produzierten Stromes an die Bewohner und ein sehr niedriger Heizwärmebedarf der Gebäude wirken.

Umwelttechnologien

29   Regenerative Energien

29.1   Überblick

Zu den regenerativen Energien zählen die Solarenergie, die Wasserkraft, die Windenergie, die Biomasse und die geothermische Energie. Bis auf die Energie der Gezeiten als eine Form der Wasserkraft und die geothermische Energie resultieren alle regenerativen Energien aus der **Einstrahlung der Sonne**: Durch die solare Einstrahlung verdunstet Wasser, regnet in höheren Regionen wieder ab und fließt zu Tal; aufgrund regional unterschiedlicher Einstrahlungsverhältnisse entstehen Temperaturunterschiede, daraus Luftdruckdifferenzen und infolgedessen Wind; Pflanzen brauchen die Sonne zur Bildung von Biomasse; usw. Die Gezeitenenergie resultiert aus der Planetengravitation zwischen Erde und Mond, die Geothermie aus der Hitze im Kern der Erde aus den Zeiten ihrer Entstehung und dem ständigen Zerfall radioaktiver Elemente in der Erdkruste.

Regenerative Energien werden meist nicht direkt genutzt, sondern in vielfältiger Weise in die vom Menschen nutzbaren Endenergien Wärme, Strom, mechanische Energie und Licht umgewandelt. Solarenergie wird hauptsächlich in Wärme und Strom umgewandelt. Gleiches gilt für die Geothermie. Wasserkraft und Windenergie produzieren fast ausschließlich Strom. Biomasse dient der Bereitstellung von Wärme und Strom und, umgewandelt zu flüssigem Kraftstoff, dem Antrieb von Fahrzeugen (= mechanische Energie).

Der Grad Höhe der Nutzung regenerativer Energien kann **energiewirtschaftlichen Statistiken** entnommen werden. Gerade bei regenerativen Energien stößt man – anders als bei den handelsüblichen Energieträgern wie Gas, Öl oder Kohle – aber immer wieder auf unterschiedliche Zahlen in verschiedenen Quellen. Dies ist auf folgende Gründe zurückzuführen:

- Regenerative Energien werden häufig dezentral genutzt, in vielen vergleichsweise kleinen Anlagen, bei privaten Betreibern, mit direkter eigener Nutzung der Energieerträge, ohne Handel der Energie. Beispiele hierfür sind der private Einschlag und die Verbrennung von Holz oder die Wassererwärmung mit einer thermischen Solaranlage im Einfamilienhaus. Eine genaue Erfassung der Energiemengen wird häufig nicht durchgeführt, sodass man auf Schätzungen angewiesen ist.

■ Regenerativ erzeugter Strom kann auf zwei unterschiedliche Arten in eine äquivalente Primärenergiemenge umgerechnet werden. Die Substitutionsmethode geht von dem Gedanken aus, dass eine Kilowattstunde Strom, die regenerativ erzeugt wird, eine Kilowattstunde Strom aus einem konventionellen Kraftwerk substituiert. Bei mittleren Wirkungsgraden solcher Kraftwerke von 38,2 % ergibt sich ein Umrechnungsfaktor von 2,62 kWh Primärenergie pro kWh Strom. Die Substitutionsmethode wurde bis 1994 in Deutschland angewandt. Die Wirkungsgradmethode behandelt die regenerativen Energien wie Primärenergien (PE). Sie unterstellt für ihre Umwandlung in die Endenergien Strom, Wärme, Kraftstoff etc. fiktive, per Konvention verabredete Wirkungsgrade η ($\neq$ reale Wirkungsgrade):

□ **Strom aus Sonne, Wind- und Wasserkraft:** $\eta = 100 \%$
$\Rightarrow$ Umrechnungsfaktor = 1 kWh PE pro kWh Strom

□ **Strom aus Biomasse:** $\eta = 38,2 \%$
$\Rightarrow$ Umrechnungsfaktor = 2,62 kWh PE pro kWh Strom

□ **Wärme, Kraftstoff aus regenerativen Energien:** $\eta = 92 \%$
(entspricht dem Bereitstellungswirkungsgrad für die Endenergien Gas und Öl unter Berücksichtigung der vorgelagerten Prozessketten, d. h. Förderung, Transport, Aufbereitung etc.)
$\Rightarrow$ Umrechnungsfaktor = 1,09 kWh PE pro kWh Wärme/Kraftstoff

International hat sich die Wirkungsgradmethode durchgesetzt. Seit 1995 wird sie auch in Deutschland angewendet.

■ Die Statistiken verwenden unterschiedliche Bilanzgrenzen. Gehört die thermische Verwertung, d. h. die Verbrennung von Müll, zur Wärme- oder Stromproduktion in eine Statistik zur Nutzung regenerativer Energien? Wird auch der Wasserkraftstrom aus Pumpspeicherkraftwerken mit ausgewiesen, obwohl es sich dabei vielfach nur um gespeicherten Strom aus konventionellen Kohle- oder Kernkraftwerken handelt? Wird die gesamte Stromversorgung betrachtet oder nur einzelne Teile wie die öffentliche Stromversorgung oder die betriebseigene Stromversorgung der Industrie? Entsprechende Angaben in den Statistiken sind zu beachten.

Trotz dieser „statistischen Unsicherheiten" wird die Nutzung regenerativer Energien in den folgenden Absätzen quantifiziert. Die Zahlenangaben vermitteln die Größenordnungen im Jahr 2008.

Umwelttechnologien

Die regenerativen Energien decken weltweit rund **15 % des Primär-energieverbrauchs**. Mehr als die Hälfte davon stammt aus der Verbrennung von Biomasse (Holz, organische Abfallstoffe etc.), unter anderem in unterentwickelten Landstrichen, wo es für die Bewohner keine andere Möglichkeit gibt, ihren Energiebedarf zu decken. Der Rest stammt überwiegend aus der Nutzung von Wasserkraft.

In einzelnen Ländern der Erde sind die Beiträge der regenerativen Energien zur Deckung des Primärenergieverbrauchs sehr unterschiedlich. Zum einen sind regenerative Energien geografisch betrachtet nicht überall in gleichem Maße vorhanden. Zum anderen wirken sich Unterschiede in den gesellschaftlichen, wirtschaftlichen und politischen Rahmenbedingungen aus. Kapital zur Errichtung der Anlagen muss vorhanden sein. In Island liegt der Beitrag der regenerativen Energien zur Deckung des Primärenergieverbrauchs bei über 70 %, da hier sehr günstige Voraussetzungen für die Nutzung der Geothermie bestehen (heiße Quellen). Der Strombedarf Norwegens kann fast ausschließlich aus Wasserkraft gedeckt werden, was zusammen mit einer nennenswerten Nutzung von Biomasse in der Primärenergiebilanz des Landes zu einem regenerativen Beitrag von rund 50 % führt. Weitere Beispiele: Schweden, Finnland, Österreich, Schweiz 20...30 %; USA ca. 5 %.

In Deutschland beträgt der Primärenergieverbrauch seit einigen Jahren relativ konstant rund 14 500 PJ pro Jahr. Der Anteil der regenerativen Energien daran wächst stetig und liegt mittlerweile bei insgesamt rund 7 % (2 % in 1998). Bild 29-1 zeigt die Aufteilung auf die einzelnen regenerativen Energieträger. Die Nutzung von Biomasse dominiert, gefolgt von Windkraft und Wasserkraft.

Die teils rasch wachsende Nutzung regenerativer Energien in Deutschland ist vor allem auf günstige gesetzliche Rahmenbedingungen und einschlägige Förderprogramme zurückzuführen. So verpflichtete das Stromeinspeisegesetz 1991 die Stromversorgungsunternehmen erstmals zu erhöhten Entgelten für ins Netz eingespeisten, regenerativ erzeugten Strom. Die verbesserten Rahmenbedingungen führten u. a. zu einem Boom privat finanzierter Windkraftanlagen. Die Einspeisevergütungen orientierten sich an den durchschnittlichen Stromerlösen der Energieversorgungsunternehmen in den jeweils vorangegangenen beiden Jahren (Windkraft: 90 %, davon Vergütung 2000 = 8,2 ct/kWh). Mit dem Wettbewerb auf den Strommärkten im Zuge der europäischen Liberalisierung sank zeitweilig nicht nur der Strompreis, sondern auch die Einspeisevergütung für regenerativ erzeugten Strom und damit die Wirtschaftlichkeit entsprechender Anlagen.

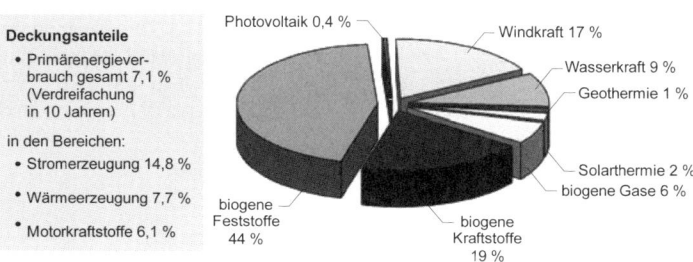

Deckungsanteile
- Primärenergiever-
  brauch gesamt 7,1 %
  (Verdreifachung
  in 10 Jahren)

in den Bereichen:
- Stromerzeugung 14,8 %
- Wärmeerzeugung 7,7 %
- Motorkraftstoffe 6,1 %

Bild 29-1: Nutzung regenerativer Energien in Deutschland, 2008 (Gesamt: 856 PJ)

Mit dem „**Gesetz für den Vorrang erneuerbarer Energien**", kurz „Erneuerbare-Energien-Gesetz EEG", gelten seit 1. April 2000 neue, vom Strompreis unabhängige Rahmenbedingungen. Die energieträger- und anlagenspezifischen Einspeisevergütungen orientieren sich an einem wirtschaftlichen Betrieb der jeweiligen Anlagen und werden in konstanter Höhe für 20 Jahre ab dem auf die Inbetriebnahme folgenden Jahr gezahlt. Eine jährliche Senkung der Einspeisevergütung für Neuanlagen soll technischer Weiterentwicklung Rechnung tragen bzw. dazu anregen. Zudem wird das EEG in regelmäßigen Abständen von einigen Jahren novelliert, um auf Basis von Erfahrungen und neuer Marktgegebenheiten die Vergütungssätze geeignet anzupassen.

Die regenerative Wärmenutzung wird durch direkte Zuschüsse und zinsverbilligte Kredite zur Finanzierung der Anschaffungskosten gefördert. Seit 2009 kommt das Erneuerbare-Energien-Wärmegesetz EEWärmeG hinzu, das einen bestimmten Anteil erneuerbarer Energien zur Wärmeversorgung von Neubauten vorschreibt.

Eine geeignete Kenngröße zur ökonomischen Bewertung von Anlagen zur Nutzung regenerativer Energien stellen die **Wärme-** bzw. **Stromgestehungskosten** dar. Es gilt: Gestehungskosten = jährliche Kosten aus den Kapitalkosten zur Finanzierung der Anlagenanschaffung und den laufenden Kosten während des Anlagenbetriebs dividiert durch den jährlichen Energieertrag (Einheit: ct/kWh). Die Gestehungskosten können direkt mit den Stromeinspeisevergütungen bzw. den Wärmepreisen aus Gas, Öl und Strom verglichen werden. Wirtschaftlichkeit ist gegeben, wenn die Gestehungskosten niedriger sind als die mittleren Stromeinspeisevergütungen bzw. konkurrierenden Wärmepreise in den Jahren der Anlagennutzung.

Umwelttechnologien

Im Rahmen der energetisch-ökologischen Bewertung von Anlagen zur Nutzung regenerativer Energien spielt ihre **Energierücklaufzeit** eine wichtige Rolle. Unter Energierücklaufzeit versteht man den Quotienten aus dem Energieaufwand bei der Produktion der Anlage dividiert durch ihren jährlichen Energieertrag.

29.2   Angebot an Solarenergie

Die Leistung der Solarstrahlung am äußeren Atmosphärenrand schwankt aufgrund der außermittigen Bahn der Erde um die Sonne von 1 325 W/m^2 im Juli bis 1 415 W/m^2 im Januar. Nach Durchtritt durch die Atmosphäre kann die **Strahlungsleistung** in Deutschland im Juni/Juli Spitzenwerte von rund 1 000 W/m^2 erreichen (wolkenlos, Mittagszeit, auf senkrecht zur Sonne ausgerichtete Fläche). Die maximalen Werte an stark bewölkten Wintertagen liegen unter 50 W/m^2.

Die auf die Erdoberfläche auftreffende Solarstrahlung besteht aus direkter, gerichteter Strahlung und diffuser, ungerichteter Strahlung. Der diffuse Strahlungsanteil setzt sich zusammen aus:

- in der Erdatmosphäre gestreute Solarstrahlung durch MIE-Streuung an kleinen Partikeln wie Staub oder Flüssigkeitströpfchen (Wolken) und RAYLEIGH-Streuung an Molekülen,

- von der Umgebung reflektierte Solarstrahlung z. B. von Schnee- oder Wasserflächen,

- atmosphärische Gegenstrahlung, d. h. Strahlung von Molekülen, die durch Absorption von Strahlung oder durch Wärmezufuhr aufgenommene Energie in Form von Strahlung wieder abgegeben.

An wolkenlosen Tagen dominiert die **Direktstrahlung**, an bedeckten Tagen die **Diffusstrahlung**. Die Summe aus direkter und diffuser Solarstrahlung bezeichnet man als **Globalstrahlung**. In Deutschland beträgt der Diffusstrahlungsanteil im Jahresmittel etwa 60 %.

Das regionale Angebot an Solarenergie ist weltweit sehr unterschiedlich. Es liegt in einem Bereich von unter 800 kWh/(m^2·a) an Globalstrahlung (Grönland, Süd-/Nordpol) bis zu 2 500 kWh/(m^2·a) in Wüsten und Hochlagen der Erde (Sahara, arabische Halbinsel, Kalahari/südliches Afrika, Nordwest-Australien, Mexiko, Anden). Dies resultiert vor allem aus unterschiedlichen Abschwächungen der Solarstrahlung auf ihrem Weg durch die Erdatmosphäre. Insbesondere ein kurzer Strahlungsweg (geringer Abstand zum Äquator, große Höhenlage) und eine geringe Bedeckungshäufigkeit führen zu großen jährlichen Globalstrahlungen.

Bild 29-2 zeigt eine Globalstrahlungskarte für Deutschland. Die Bandbreite der Werte für die jährliche Globalstrahlung auf horizontale Flächen reicht von 850 bis 1 200 kWh/(m²·a). Sie nimmt tendenziell von Süddeutschland (47° nördl. Breite) nach Norddeutschland (55° nördl. Breite) ab. Der Einfluss des Kontinentalklimas mit geringerer Bedeckungshäufigkeit führt im Osten zu einer Erhöhung der Werte.

Globalstrahlungskarten geben im Allgemeinen die Einstrahlung auf horizontale Flächen an. Mithilfe von Bild 29-3 lässt sich daraus die Globalstrahlung auf eine beliebig ausgerichtete Fläche bestimmen. Zur Vorgehensweise: In Bild 29-2 liest man für den gewünschten Standort die Globalstrahlung in kWh/(m²·a) auf eine horizontale Fläche ab. In Bild 29-3 wird die Globalstrahlung auf die horizontale Fläche (Neigungswinkel = 0° ⇒ Mittelpunkt des Halbkreises) zu 100 % gesetzt. Die Globalstrahlung auf eine geneigte Fläche lässt sich nun in Bild 29-3 als Prozentsatz ablesen, und zwar am Schnittpunkt des Halbkreises für den Neigungswinkel mit der Geraden für die Himmelsrichtung, in die die Fläche geneigt ist.

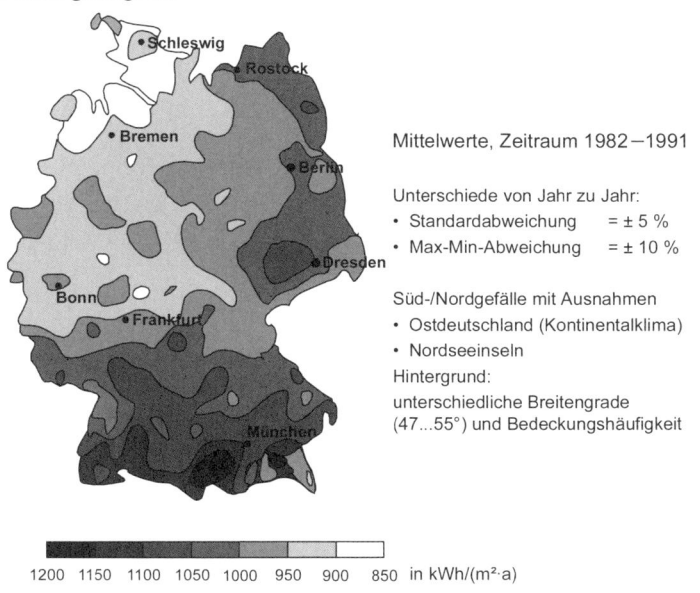

Mittelwerte, Zeitraum 1982−1991

Unterschiede von Jahr zu Jahr:
• Standardabweichung   = ± 5 %
• Max-Min-Abweichung   = ± 10 %

Süd-/Nordgefälle mit Ausnahmen
• Ostdeutschland (Kontinentalklima)
• Nordseeinseln
Hintergrund:
unterschiedliche Breitengrade
(47...55°) und Bedeckungshäufigkeit

1200 1150 1100 1050 1000 950 900 850 in kWh/(m²·a)

Bild 29-2: Globalstrahlungskarte für Deutschland (Globalstrahlung auf horizontale Flächen)

Beispiel: Gesucht ist die jährliche Globalstrahlung in kWh/(m²·a) auf eine 30° nach Südosten geneigte Dachfläche in Essen.

■　Jährliche Globalstrahlung in Essen auf eine horizontale Fläche aus Bild 29-2: 900...950 kWh/(m²·a),

■　Schnittpunkt zwischen dem Halbkreis für einen Neigungswinkel von 30° und der Geraden für südöstliche Himmelsrichtung aus Bild 29-3 A: 110 %,

■　Jährliche Globalstrahlung auf eine 30° nach Südosten geneigte Fläche in Essen = 900...950 kWh/(m²·a) · 1,1 = 990...1 045 kWh/(m²·a).

Die maximale jährliche Globalstrahlung auf eine 30°...40° nach Süden geneigte Fläche in Deutschland kann dementsprechend rund 1 400 kWh/(m²·a) = 1 200 kWh/(m²·a) · 1,18 betragen. Es ist hervorzuheben, dass eine ungünstigere Orientierung in weiten Bereichen einen nur geringen negativen Einfluss auf die jährliche Globalstrahlung besitzt.

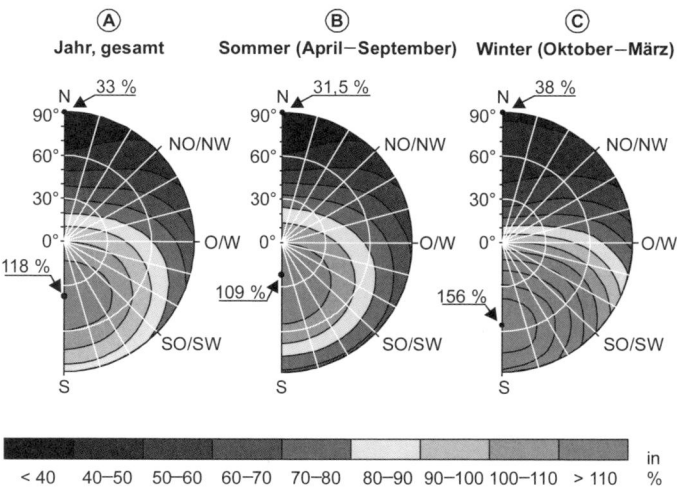

Bild 29-3: Globalstrahlung auf geneigte Flächen in Abhängigkeit von Neigungswinkel und Neigungsrichtung bzw. Himmelsrichtung in Prozent der Globalstrahlung auf eine horizontale Fläche (für Nordrhein-Westfalen)

29.3　Solarthermie

Bei der Bereitstellung von Wärme aus Solarenergie unterscheidet man aktive und passive Systeme. **Aktive thermische Solaranlagen** fangen die Solarstrahlung mit speziellen Kollektoren oder Spiegeln ein, Wärmeträgerströme werden bewegt. Beispiele hierfür sind Solaranlagen zur Beheizung von Brauchwasser, Gebäuden oder Freibädern, zur Meerwasserentsalzung, zum Antrieb von Sorptions-Kältemaschinen und zur Trocknung landwirtschaftlicher Güter oder auch solarthermische Kocher. **Passive Solarenergienutzung** findet an verglasten bzw. transparenten Gebäudeflächen statt. Solarstrahlung tritt durch sie in Gebäude ein und trägt so passiv zu ihrer Beheizung bei.

Einen Sonderfall zwischen thermischer Nutzung und Stromerzeugung stellen **solarthermische Kraftwerke** dar. Solare Direktstrahlung wird durch Spiegel – Parabolrinnen, Heliostate oder Spiegelfelder – fokussiert. Die entstehende Wärme besitzt so hohe Temperaturen, dass damit konventionelle Kraftwerksprozesse angetrieben werden können.

Von den aktiven Systemen sind in Deutschland Solaranlagen zur Brauchwassererwärmung am weitesten verbreitet. Immer häufiger werden Anlagen eingesetzt, die gleichzeitig die Raumheizung unterstützen. Auch zahlreiche Schwimmbäder werden solar beheizt.

29.3.1 Energieumwandlung im Solarkollektor

Die Umwandlung der Solarenergie in Wärme findet im Solarkollektor statt. Er hat die Aufgabe, die auftreffende Globalstrahlung zu absorbieren und die entstehende Wärme an einen strömenden Wärmeträger weiterzugeben. Im Wesentlichen kommen Solarabsorber, Flachkollektoren und Röhrenkollektoren zum Einsatz. Solarabsorber bestehen im einfachsten Fall aus schwarzem Kunststoffschlauch oder wasserdurchflossenen Kunststoffmatten. Den grundsätzlichen Aufbau von Flach- und Röhrenkollektoren zeigt Bild 29-4.

Der **Wirkungsgrad** der Energieumwandlung in einem Solarkollektor wird durch folgende Gleichung beschrieben:

$$\eta = \eta_0 - \frac{k_1 \cdot \Delta T}{G_G} - \frac{k_2 \cdot \Delta T^2}{G_G} \qquad (29\text{-}1)$$

η Wirkungsrad des Kollektors, η_0 optischer Wirkungsgrad des Kollektors, ΔT Kollektortemperatur – Umgebungstemperatur in K, G_G Globalstrahlungsleistung in W/m², k_1 linearer Wärmeverlustkoeffizient in W/(m²·K), k_2 quadratischer Wärmeverlustkoeffizient in W/(m²·K²)

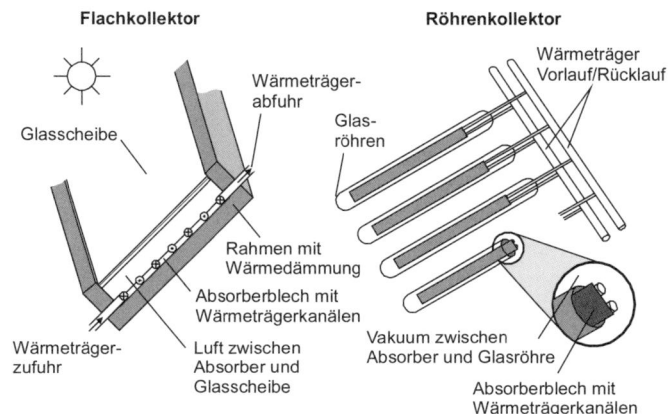

Bild 29-4: Grundsätzlicher Aufbau von Flach- und Röhrenkollektoren

Bild 29-5 visualisiert die prinzipiellen Unterschiede zwischen den Wirkungsgraden von Solarabsorbern, Flach- und Röhrenkollektoren.

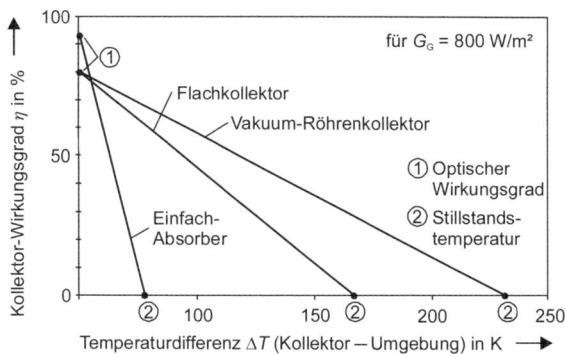

Bild 29-5: Wirkungsgradkennlinien von Solarabsorbern, Flach- und Röhrenkollektoren

Solarabsorber besitzen einen vergleichsweise hohen optischen Wirkungsgrad von über 90 %. Die Solarstrahlung kann wegen der fehlenden vorderseitigen Abdeckung ungehindert auf den Absorber treffen. Bei steigenden Temperaturdifferenzen gegen Umgebung treten aufgrund des fehlenden Wärmeschutzes (keine vorderseitige Abdeckung, keine rückseitige Wärmedämmung) hohe Wärmeverluste auf. Der Wirkungsgrad des Solarabsorbers sinkt rasch ab. Solarabsorber werden deshalb nur dann eingesetzt, wenn die gewünschten Nutztemperaturen nur wenig über der Umgebungstemperatur liegen, vorteilhafterweise zum Beispiel bei der Beheizung von Freibädern.

Bei Flach- und Röhrenkollektoren liegt der optische Wirkungsgrad bei 80...85 %. Die Maßnahmen zur Verminderung der Wärmeverluste – Glasabdeckung, wärmegedämmtes Gehäuse bzw. Vakuum zwischen Absorber und Glasumhüllung – lassen den Kollektorwirkungsgrad bei ansteigenden Temperaturdifferenzen zur Umgebung nur langsam absinken. Flach- und Röhrenkollektoren eignen sich deshalb zur Bereitstellung höher temperierter Wärme bis etwa 90 °C. Sie werden standardmäßig eingesetzt in Anlagen zur Brauchwassererwärmung und in kombinierten Anlagen zur Brauchwassererwärmung und Raumheizung und erreichen dort im Jahresmittel Kollektorwirkungsgrade von 40...60 %.

Die **Stillstandstemperaturen** von Kollektoren können bei hohen Globalstrahlungsleistungen bis über 200 °C ansteigen. Dieser Betriebszustand ist dadurch gekennzeichnet, dass dem Kollektor keine Nutzenergie entnommen wird. In Bild 29-5 entspricht dies dem Schnittpunkt der Wirkungsgradkennlinie mit der Abszisse. Bild 29-5 gilt für eine Globalstrahlungsleistung von 800 W/m². Es kann folgendermaßen auf andere Globalstrahlungsleistungen umgerechnet werden: η_0 ist unabhängig von G_G; ΔT (Stillstand – Umgebung) ist in erster Näherung direkt proportional zu G_G; mit η_0 und umgerechnetem ΔT liegt die neue Kollektorkennlinie fest.

29.3.2 Solaranlagen zur Brauchwassererwärmung und Raumheizung

Bild 29-6 zeigt eine Standardanlage zur solar unterstützten **Brauchwassererwärmung** in Deutschland. Es handelt sich um eine Zweikreisanlage mit geschlossenem Kollektorkreis und separatem Brauchwasserkreis mit Speicherbehälter. Die Solarkollektoren sind am besten um 30° bis 45° Richtung Süden geneigt. Die Regelung arbeitet temperaturdifferenzgesteuert. Ist die Temperatur im Solarkollektor um 5 bis 7 Kelvin höher als im unteren Bereich des Wasserspeichers, schaltet die Kollektorkreispumpe ein. Der Wärmeträger im Kollektorkreis, meist ein Wasser-Frostschutz-Gemisch, beginnt zu zirkulieren, nimmt Wärme im Solarkollektor auf und gibt sie über einen Wärmeaustauscher an das kühlere Brauchwasser im Speicher ab. Nähert sich die Kollektoraustrittstemperatur der unteren Speichertemperatur auf 2...3 Kelvin an, schaltet die Kollektorkreispumpe wieder aus. Sie schaltet ebenfalls aus, wenn die Speichertemperatur einen Maximalwert von 70...80 °C überschreitet. Die Nachheizung des Brauchwassers im oberen Speicherbereich wird immer dann in Gang gesetzt, wenn die dort gemessene Temperatur unter der gewünschten Nutztemperatur für das warme Wasser von 40...60 °C liegt. Die Nachheizung erfolgt meist durch ein ohnehin vorhandenes Gas- oder Ölheizgerät. Warmes Heizungswasser zirkuliert durch einen Wärmeaustauscher im oberen Speicherbereich und erwärmt das noch zu kühle Brauchwasser (vgl. Bild 29-6). Weitere Nachheizmöglichkeiten stellen Elektroheizstäbe im Speicher oder Elektro-Durchlauferhitzer im Zulauf zu den Wärmewasserzapfstellen dar.

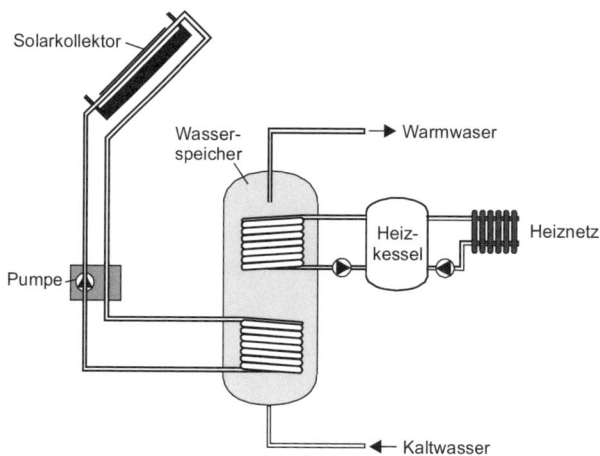

Bild 29-6: Standardanlage zur solar unterstützten Brauchwassererwärmung in Deutschland

Bei größeren Anlagen für Wohnheime, Sportanlagen etc. benutzt man in der Regel Schichtenspeicher und trennt den Nachheizbereich in Form eines kleinen separaten Speichers ab. In südlichen Ländern ohne Frostgefahr sind offene Thermosyphon-Anlagen üblich. Das im Kollektor erwärmte Brauchwasser strömt durch natürlichen Auftrieb in den darüber gelegenen Wasserspeicher und wird aus diesem direkt entnommen.

Bild 29-7 zeigt beispielhaft eine Anlage zur solar unterstützten **Brauchwassererwärmung** und **Raumheizung**, die mit einem Kombispeicher ausgestattet ist. Ein Kombispeicher besteht aus einem innen liegenden Behälter, in dem sich Brauchwasser befindet, und einem äußeren Behälter, der mit Heizungswasser gefüllt ist. Der Solarkreislauf und die Nachheizung koppeln ihre Energie – temperaturdifferenzgesteuert – zunächst in das Heizungswasser ein. Das Brauchwasser wird indirekt über das Heizungswasser erwärmt. Alternativen zu diesem System verzichten auf den innen liegenden Behälter und erwärmen das Brauchwasser im Durchlaufverfahren über einen innen liegenden oder einen außen liegenden Wärmeaustauscher, oder sie nutzen zwei separate Speicher für Brauchwasser und Heizungswasser.

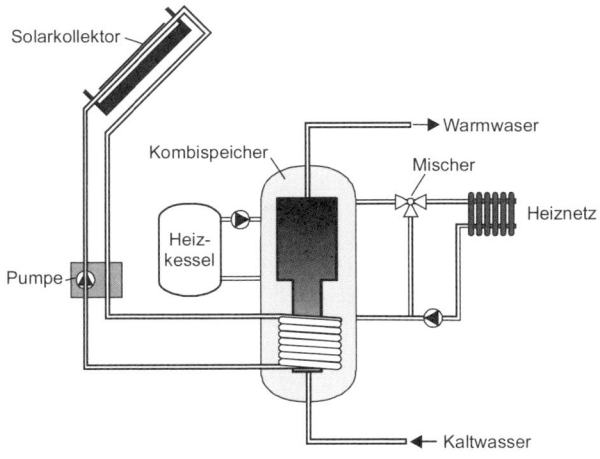

Bild 29-7: Anlage zur solar unterstützten Brauchwassererwärmung und Raumheizung mit Kombispeicher

Die Solarkollektoren sind im idealen Fall um 35° bis 50° Richtung Süden geneigt. Wichtig ist, dass bei solar unterstützter Raumheizung das angeschlossene Heiznetz auf niedrige Temperaturen ausgelegt ist, d. h. ausreichend große Heizkörper oder Flächenheizsysteme Verwendung finden.

29.3.3 Dimensionierung, Energieertrag und Wirtschaftlichkeit

Bei der Dimensionierung einer thermischen Solaranlage handelt es sich um eine Optimierung zwischen Investitionskosten und Energieertrag.

Sehr kleine Kollektorflächen und Speicher würden nicht den Aufwand ihrer Installation lohnen. Andererseits besitzt jeder zusätzliche Quadratmeter Kollektorfläche einen immer geringer werdenden Energieertrag. Zunehmendes Speichervolumen erhöht den solaren Energieertrag einer Anlage noch degressiver. Es ist ein Optimum zwischen steigenden Investitionskosten (Aufwand) und degressiv ansteigenden solaren Energieerträgen (Nutzen) zu finden.

Bei Solaranlagen zur Brauchwassererwärmung liegt dieses Optimum bei etwa 1,5 m^2 Röhren- bzw. 2,5 m^2 Flachkollektorfläche und 150...200 l Speichervolumen pro 100 l täglichem Warmwasserverbrauch mit 45 °C. Typische Anlagen für Einfamilienhäuser bestehen deshalb aus 3...4 m^2 Röhren- bzw. 4...6 m^2 Flachkollektoren und 250-...400-l-Speichern (Anschaffungskosten gesamt: ca. 5 000 €; Kollektoren: 250...500 €/m^2). Der solare Deckungsbeitrag zur Brauchwassererwärmung liegt im Jahresmittel bei etwa 50...65 %. Der solare Energieertrag pro Quadratmeter Kollektorfläche beträgt 350...400 kWh/(m^2·a). Bezogen auf die verfügbare Globalstrahlung entspricht dies Anlagenwirkungsgraden von 30...40 %. Die Energierücklaufzeit liegt bei etwa zwei Jahren.

Solaranlagen zur Brauchwassererwärmung und Raumheizung werden größer dimensioniert. Typische Anlagen für Einfamilienhäuser bestehen aus 8...15 m^2 Kollektorfläche und 400-...1 000-l-Speichern bei Anschaffungskosten von ca. 10 000 €. Der solare Deckungsbeitrag zur Brauchwassererwärmung und Raumheizung liegt im Jahresmittel bei 15 bis 30 %, der solare Energieertrag pro Quadratmeter Kollektorfläche bei 300...350 kWh/(m^2·a).

Als Pilotprojekte existieren in Deutschland auch mehrere große Solaranlagen mit Kollektorflächen bis 5 600 m^2 zur Versorgung ganzer Siedlungen mit solarer Nahwärme. Besonders interessant ist hier die Langzeitspeicherung der Solarenergie aus dem Sommer für den Winter, z. B. in großen geschlossenen Wasserbecken mit bis zu 12 000 m^3 Volumen. Es werden solare Deckungsgrade für Warmwasser und Raumheizung von 40 bis 60 % angestrebt. Einzelne Fertighaushersteller bieten bereits heute heizenergieautarke Einfamilienhäuser an mit 20...40 m^2 Kollektorfläche und saisonalen Solarspeichern mit 10...20 m^3 Wasservolumen.

Bild 29-8 vergleicht die **Wärmegestehungskosten** verschiedener Solaranlagensysteme mit den Energiepreisen von Gas, Öl und Strom, welche durch die Nutzung der Solarenergie substituiert werden. Bei Solaranlagen fallen zur Bereitstellung der Solarenergie vor allem Kapitalkosten an. Sie sind in Bild 29-8 mit 4 % Zins und 20 Jahren (Kredit-)Laufzeit

berücksichtigt (→ Annuität = 7,4 %). Die laufenden Kosten zum Beispiel zum Betrieb der Kollektorkreispumpe sind gering.

Die solaren Wärmegestehungskosten weisen je nach konkreter Anlagen-
konfiguration und Randbedingungen beträchtliche Unterschiede auf. In
der Regel ist der Einsatz von Flachkollektoren wirtschaftlicher als der
von Röhrenkollektoren, da Letztere zwar leistungsfähiger, aber auch
deutlich teurer sind.

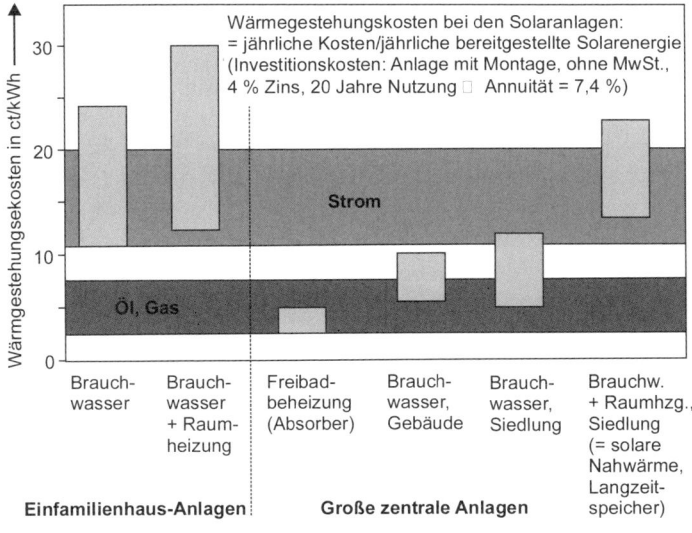

Bild 29-8: Wärmegestehungskosten verschiedener Solaranlagensysteme im Vergleich zu den Gas-, Öl- und Strompreisen

Die solare Brauchwassererwärmung ist im Vergleich zur elektrischen
häufig wirtschaftlich. Die solare Freibadbeheizung kann sogar mit Öl
und Gas konkurrieren. Die Wärmegestehungskosten von Einfamilien-
hausanlagen zur Brauchwassererwärmung und solchen, die auch die
Raumheizung unterstützen, liegen nur wenig auseinander. Vergrößerung
und Zentralisierung der Anlagentechnik führen zu niedrigeren Wärmegestehungskosten und bei der solaren Nahwärme mit Langzeitspeichern
zusätzlich zu höheren solaren Deckungsbeiträgen.

29.4   Photovoltaik

Photovoltaikanlagen produzieren auf direktem Wege Strom aus Solarenergie. Man unterscheidet Anlagen ohne und mit Kopplung zum
Stromnetz. **Anlagen ohne Netzkopplung**, sog. Inselanlagen, dienen der
Versorgung abgelegener oder mobiler Stromverbraucher. Beispiele
hierfür sind Dörfer in Entwicklungsländern, Berghütten, Mess- und
Signaltechnik an Straßen, Taschenrechner oder Uhren. Zur Verstetigung
der Strombereitstellung besitzen sie häufig eine Möglichkeit zur Zwi-
schenspeicherung des produzierten Solarstroms. **Anlagen mit Netzkopplung** werden meist an Gebäuden installiert, größere Anlagen auch
auf Freiflächen. Der produzierte Strom wird entweder direkt beim Betreiber der Anlage verbraucht oder ins allgemeine Stromnetz eingespeist.
Neben Photovoltaikanlagen können auch solarthermische Kraftwerke
Strom aus Solarenergie produzieren (vgl. Abschn. 29.3).

29.4.1   Energieumwandlung in der Solarzelle und
Anlagentechnik

Die direkte Umwandlung der Solarenergie in Strom findet in der Solarzelle statt. Bild 29-9 zeigt den prinzipiellen Aufbau einer Solarzelle.

Der **photovoltaische Effekt** basiert auf zwei physikalischen Vorgängen:

- **Strahlungsinduzierte Bildung von Ladungsträgerpaaren**
  Solarstrahlung trifft auf die Solarzelle auf und dringt etwas in sie
  ein. Mit der absorbierten Strahlungsenergie können Elektronen in
  ein höheres Energieniveau, das **Leitungsband**, angehoben werden.
  Sie sind dann in der Solarzelle als negative Ladungsträger frei beweglich. An dem ursprünglichen Platz des negativen Elektrons
  bleibt ein positives „Loch" zurück, sozusagen ein positiver Ladungsträger. Auch dieser Ladungsträger ist in der Solarzelle frei
  beweglich, da benachbarte Elektronen auf den freien Platz wechseln
  können, deren bisheriger Platz wird frei, ein benachbartes Elektron
  kann darauf wechseln, usw.

- **Trennung der gebildeten Ladungsträgerpaare**
  Ohne die Trennung würde es irgendwann zu einer Rekombination
  der gebildeten Elektron/Loch-Paare kommen, d. h., bewegliche
  Elektronen würden auf bewegliche Löcher treffen und die freien
  Plätze wieder einnehmen. Für die möglichst rasche Trennung der
  gebildeten Ladungsträgerpaare ist die Raumladungszone in der Solarzelle verantwortlich.

Die Raumladungszone entsteht an der Grenzschicht zweier unterschiedlich dotierter Halbleiter. In die n-Schicht sind bei der Produktion der Solarzelle durch gezielte Verunreinigung mit Fremdatomen (= Dotierung) zusätzliche negative Ladungsträger eingebracht worden. Einige davon diffundieren beim Zusammenbringen von n- und p-dotiertem Material in die p-Schicht. Zurück bleibt eine ortsfeste positive Raumladung in der n-Schicht. In der p-Schicht wird analog die Anzahl der positiven Ladungsträger (Löcher) erhöht, von denen dann einige in die n-Schicht diffundieren. Zurück bleibt eine ortsfeste negative Ladung in der p-Schicht.

Die ortsfesten Ladungen in der Raumladungszone wirken auf die strahlungsinduziert gebildeten Elektron-Loch-Paare wie Magnete. Die positive Ladung im n-Bereich der Raumladungszone zieht die negativen Elektronen in den n-Bereich, die negative Ladung im p-Bereich der Raumladungszone die positiven Löcher in den p-Bereich. Eine innere Rekombination ist nicht mehr möglich. Es entsteht eine außen messbare elektrische Spannung zwischen den beiden Seiten der Solarzelle. Stellt man eine leitende äußere Verbindung dazwischen her, rekombinieren Elektronen und Löcher über diese Verbindung. Es fließt Strom. Die Stromproduktion einer Solarzelle steigt in etwa linear mit steigender Globalstrahlungsleistung an. Sie steigt ebenfalls mit sinkender Zelltemperatur.

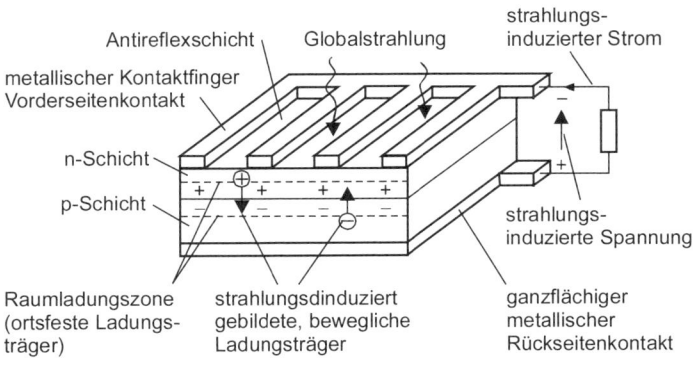

Bild 29-9: Prinzipieller Aufbau einer Solarzelle

Über 90 % der Solarzellen weltweit bestehen aus dem Halbleitermaterial Silicium. Bei **kristallinen Siliciumzellen** handelt es sich üblicherweise um 10 cm × 10 cm große Scheiben mit einer Dicke von 200…400 µm. Sie werden von Kristallstäben oder -blöcken abgesägt. Monokristalline Siliciumzellen aus zylindrischen Einkristallen sehen meist einheitlich dunkelblau-grau aus. Sie besitzen praktische Wirkungsgrade von 14 bis 18 %. Polykristalline Siliciumzellen, zum Beispiel aus gegossenen Kristallblöcken, besitzen meist ein unregelmäßig blau gescheckes Aussehen. Ihre Wirkungsgrade liegen in der Praxis bei 13…15 %. Beide Zelltypen sind etwa gleich weit verbreitet. Daneben gibt es **amorphe Siliciumzellen**, die häufig ein grau-braunes Aussehen besitzen. Es handelt sich um **Dünnschichtzellen** (Siliciumschichtdicke etwa 2 μm). Aufgrund des geringen Materialeinsatzes werden Dünnschichtzellen, auch aus anderen Halbleitermaterialien wie Silizium, voraussichtlich eine große Marktbedeutung erlangen.

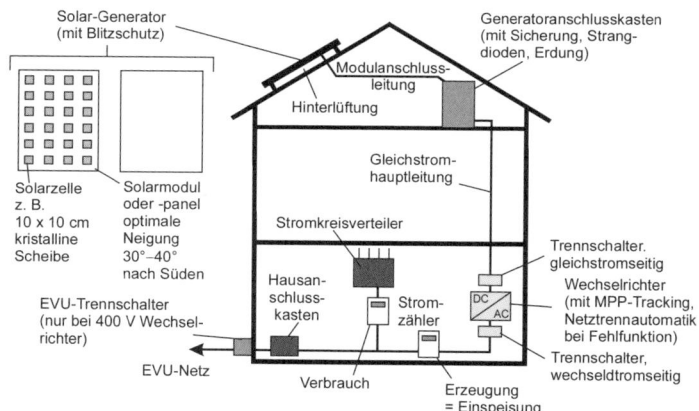

Bild 29-10: Netzgekoppelte Photovoltaikanlage

Die maximalen theoretischen Wirkungsgrade von Solarzellen aus einem Material liegen bei etwas über 30 %. Die geeignete Kombination verschiedener Materialien verschiebt diese Grenze nach oben auf ca. 50 %.

Bild 29-10 zeigt die Komponenten und den Aufbau einer **netzgekoppelten Photovoltaikanlage**, wie sie standardmäßig in Einfamilienhäusern installiert wird. Die Solarzellen, die in Modulen bzw. Panels zusammengefasst werden, sind am besten um 30° bis 40° nach Süden geneigt. Sie liefern Gleichstrom. Der Wechselrichter hat die Hauptaufgabe, daraus netzkonformen Wechselstrom herzustellen (Wirkungsgrad bei Nennleistung etwa 95 %, sinkend bei Teillast). Gleichzeitig regelt er den Gleichstromkreis so, dass die Solarzellen bei wechselnder solarer Einstrahlung, Temperatur etc. immer mit dem bestmöglichen Wirkungsgrad arbeiten (MPP-Tracking; MPP = Maximum-Power-Point).

29.4.2 Dimensionierung, Energieertrag und Wirtschaftlichkeit

Die Nenn- bzw. **Peakleistung** $P_{el, p}$ in kWp (p = Peak) von Solarzellen, -modulen oder -anlagen wird für **Standard-Test-Bedingungen** (Standard-Test-Conditions, STC) angegeben: Globalstrahlungsleistung $G_{G,STC}$ = 1 000 W/m², Temperatur der Solarzellen = 25 °C, Air Mass = 1,5 (d. h. Solarstrahlungsspektrum wie nach Durchtritt durch die 1,5fache senkrechte Atmosphärendicke). Es gilt:

$$P_{el,p \,(Zelle/Modul/Anlage)} = G_{G,STC} \cdot A_{Zelle} \cdot \eta_{STC \,(Zelle/Modul/Anlage)} \qquad (29\text{-}2)$$

A_{Zelle} Fläche der Solarzellen, η_{STC} Wirkungsgrad unter STC

Demnach produziert beispielsweise ein Modul mit 0,8 m² Zellfläche und einem STC-Modulwirkungsgrad von 15 % eine Peakleistung von 120 W Strom. Für eine 2-kWp-Anlage errechnet sich bei einem Anlagenwirkungsgrad unter STC von 13 % die benötigte Fläche an Solarzellen zu:

$$A_{Zelle} = 2\ 000 \text{ Wp} / (1000 \text{ W/m}^2 \cdot 0,13) = 15,4 \text{ m}^2$$

Die Größe einer netzgekoppelten Photovoltaikanlage wird in der Regel begrenzt von den verfügbaren Investitionsmitteln, selten von der verfügbaren Fläche. Speicherprobleme spielen keine Rolle, da das Stromnetz als Speicher dient. Für Anlagen mit 1…5 kWp Leistung, d. h. Modulflächen von überschlägig 8…40 m², müssen rund 4 000 € pro kWp aufgewendet werden. Große Anlagen sind spezifisch preiswerter als kleine. Die kWp-Preise von Anlagen mit mono- und polykristallinen Zellen unterscheiden sich nicht signifikant. Allgemein sind die Preise in den letzten Jahren kontinuierlich gesunken. Die laufenden Kosten sind gering. Die größten realisierten Anlagen besitzen Peakleistungen von einigen Megawatt.

Breit angelegte Feldtests in Deutschland belegen große Unterschiede bei der **jährlichen Stromproduktion** von Photovoltaikanlagen von unter 550 bis über 1 000 kWh Strom pro kWp installierter Leistung (Mittelwert 700 kWh/(kWp·a)). Das liegt zum einen an den unterschiedlichen Globalstrahlungen, die je nach Standort und Ausrichtung der Module auf diese auftreffen. Geringe Energieerträge haben aber auch andere, vermeidbare Gründe: Teilabschattungen der Anlage im Tagesverlauf, reale Modulwirkungsgrade liegen unter den Prospektangaben, geringe Hinterlüftung der Module, Stillstände bis zur Reparatur eines ausgefallenen Wechselrichters, nicht erkannte technische Mängel in der Anlage etc.

Umwelttechnologien

Der jährliche Energieertrag lässt sich folgendermaßen berechnen (Beispiel für 1 000 kWh/(m²·a) jährliche Globalstrahlung, 15,4 m² Zellfläche 2 kWp entsprechend, 12 % Anlagenwirkungsgrad im Jahresmittel):

- Jährlicher Energieertrag = 1 000 kWh/(m²·a) · 15,4 m² · 0,12
  = 1 848 kWh/a,
- Jährlicher Energieertrag bezogen auf 2 kWp Leistung
  = 924 kWh/(kWp·a).

Die Stromgestehungskosten von Photovoltaikanlagen liegen bei rund 35 ct/kWh, die Energierücklaufzeiten bei bis zu 10 Jahren.

29.5   Wasserkraft

Die Wasserkraft erfährt schon seit Jahrhunderten eine großtechnische Nutzung, früher zur Bereitstellung mechanischer Energie, zum Beispiel in Mühlen, Hammer- und Sägewerken, heute in der Regel zur Stromerzeugung mit Netzkopplung. Bis auf wenige Ausnahmen nutzen Wasserkraftwerke die **potenzielle Energie** (= Lageenergie) des Wassers E_{pot}:

$$E_{pot} = m_{Wasser} \cdot g \cdot \Delta h \qquad (29\text{-}3)$$

m_{Wasser} Masse Wasser, g Fallbeschleunigung, Δh Höhenunterschied

Ersetzt man in obiger Gleichung die Masse durch den Massenstrom an Wasser, errechnet sich statt der potenziellen Energie die hydraulische Leistung des Wasserstromes P_{hydr}. Schneeschmelzen, Trockenperioden oder Regenfälle führen zu einem zeitlich schwankenden Wasserangebot, wobei der zeitliche Wasserabfluss an Wasserläufen in vielen Fällen durch langjährige Messungen detailliert dokumentiert ist.

Das Beispiel von einem der zehn Wasserkraftwerke an der Mosel verdeutlicht die hohe Energiedichte der Wasserkraft (vergleiche Globalstrahlung in Deutschland ca. 1 000 kWh/(m²·a)):

Beispiel: Wasserabfluss = 350 m3/s, nutzbare Höhendifferenz = 7 m
→ P_{hydr} = 350 m³/s · 1 000 kg/m³ · 9,81 m/s² · 7 m = 24 034 kW

Für einen Tag summiert sich diese hydraulische Leistung zu einer Energiemenge von 24 034 kW · 24 h/d = 576 816 kWh/d.

Es gibt zahlreiche Arten von Wasserkraftwerken. Die wichtigsten sind:

- **Laufwasserkraftwerke**: Flusswasser wird so, wie es kommt, – laufend – genutzt. Die Aufstauung des Flusses dient lediglich der Herstellung einer nutzbaren Höhendifferenz zwischen Ober- und Unterwasser.

- **Speicherkraftwerke**: Speicherseen dienen der Verstetigung und Regelung von Wasserabfluss und Stromproduktion. Die Speichermöglichkeit von Wasser stellt im Vergleich zu anderen regenerativen Energien einen besonderen Vorteil der Wasserkraft dar!

- **Pumpspeicherkraftwerke**: In Schwachlastzeiten, z. B. nachts, wird Wasser mit elektrischen Pumpen in höher gelegene Speicherseen gefördert. In Spitzenlastzeiten wird dieses Wasser zur reaktionsschnellen Stromerzeugung wieder genutzt (Gesamtwirkungsgrad 75...80 %).

Auch viele kleine Wellenkraftwerke und einige Gezeitenkraftwerke sind in Betrieb. Meereswärme- und Meeresströmungskraftwerke, die Wärme bzw. kinetische Energie nutzen, befinden sich im Pilotprojektstadium.

29.5.1 Energieumwandlung mit Turbinen und Wasserrädern

Die Umwandlung der Wasserkraft in mechanische Drehbewegung findet mittels Turbinen oder Wasserrädern statt. Ein angeschlossener Generator erzeugt den elektrischen Strom. Bild 29-11 zeigt die verschiedenen Arten und Eigenschaften von Wasserturbinen.

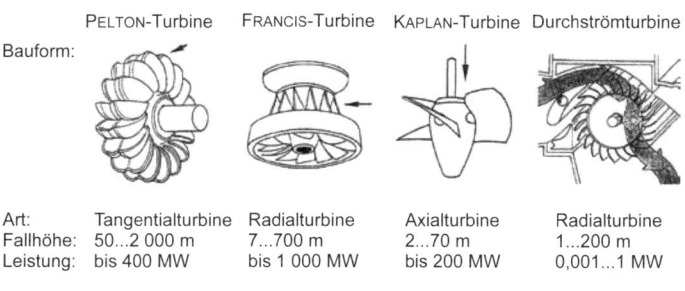

	PELTON-Turbine	FRANCIS-Turbine	KAPLAN-Turbine	Durchströmturbine
Art:	Tangentialturbine	Radialturbine	Axialturbine	Radialturbine
Fallhöhe:	50...2 000 m	7...700 m	2...70 m	1...200 m
Leistung:	bis 400 MW	bis 1 000 MW	bis 200 MW	0,001...1 MW

Bild 29-11: Bauarten und Eigenschaften von Wasserturbinen [29.1]

Einsatzbereiche moderner Wasserräder liegen bei Fallhöhen bis 10 m und Leistungen bis 50 kW.

Die **Wirkungsgrade** der Energieumwandlung in Turbinen und Wasserrädern betragen bei Nennleistung 80 bis knapp über 90 %. Ihr Teillastverhalten bei verminderten Wasserdurchflüssen kann durch Regeleinrichtungen wie verstellbare Turbinenschaufeln verbessert werden. Die Wirkungsgrade von PELTON-Turbinen, Durchströmturbinen und Wasserrädern sinken zum Beispiel erst bei 15 % Teillast unter 75 % ab, die von KAPLAN-Turbinen bei etwa 25 % Teillast.

Berücksichtigt man alle Komponenten einer Wasserkraftanlage (Turbine, Getriebe, Generator, Transformator, Hilfsantriebe), so ergeben sich Gesamtwirkungsgrade der Energieumwandlung bei Nennleistung von 70 bis 90 %. Im Jahresmittel liegen die Anlagenwirkungsgrade in der gleichen Größenordnung. Bei älteren Anlagen können sie bis zu 20 Prozentpunkte niedriger ausfallen.

29.5.2 Dimensionierung, Energieertrag und Wirtschaftlichkeit

Bei der Dimensionierung einer Wasserkraftanlage handelt es sich bei dem meist vorhandenen zeitlich schwankenden Wasserangebot um eine Optimierung zwischen Investition und Ertrag. Es wäre unwirtschaftlich, die Anlage auf den maximalen Wasserabfluss bei Hochwasser auszulegen. An allen anderen Tagen im Jahr liefe sie in – teils extremer – Teillast. Andererseits würde eine zu kleine Dimensionierung den technischen und wasserbaulichen Aufwand nicht lohnen. Die Auslegung eines Laufwasserkraftwerkes auf das **100-tägige Wasser** stellt einen guten mittleren Erfahrungswert dar. Das 100-tägige Wasser ist der Wasserabfluss, der an 100 Tagen im Jahr überschritten wird. Bei der Auslegung von Speicherkraftwerken spielt zusätzlich das Speichervolumen eine wichtige Rolle. Die Bandbreite installierter Wasserkraftleistungen reicht von einigen kW an kleinen Mühlenstandorten bis hin zu 18 200 MW beim 3-Schluchten-Staudamm in China.

Typische Energieerträge pro kW Nennleistung liegen bei 4 000 bis 500 kWh/a je nach Kontinuität des Wasserangebotes, Anlagendimensionierung, Teillastverhalten und Anlagenverfügbarkeit. Die Energierücklaufzeiten sind kleiner als ein Jahr.

Die spezifischen Investitionskosten für Wasserkraftwerke schwanken in einer Größenordnung von 1 000...15 000 € pro kW Nennleistung. Die Kosten für den Ersatz technischer Komponenten wie alter Turbinen, die Renovierung eines Wehres oder der komplette Neubau eines Kraftwerkes sind unterschiedlich hoch. Große Anlagen sind spezifisch preiswerter als kleine. Unterschiede in der Zugänglichkeit des Kraftwerkstandortes (Urwald oder Allgäu), dem baulichen Aufwand zur Aufstauung (breites oder enges Tal), den naturgegebenen Wassermengen und Fallhöhen (Hochgebirge oder Flusslauf) etc. wirken sich aus. In einigen Ländern ist die Nutzung des Wassers kostenpflichtig. So auch in Deutschland, wo bei den Wasserbehörden ein meist zeitlich befristetes **Wasserrecht** erworben werden muss. Laufende Ausgaben z. B. für Verwaltung, Wartung und Treibgutentsorgung sind in Höhe von 1…3 % der Investitionskosten zu berücksichtigen. In Summe ergeben sich Stromgestehungskosten in der Größenordnung von 1…15 ct/kWh.

29.6 Windkraft

Ähnlich wie die Wasserkraft wird auch die Windkraft schon seit Jahrhunderten technisch genutzt. Windmühlen und windgetriebene Schöpfwerke für Wasser sind die besten Beispiele. Heute produzieren Windkraftanlagen in der Regel elektrischen Strom, der ins Netz eingespeist wird.

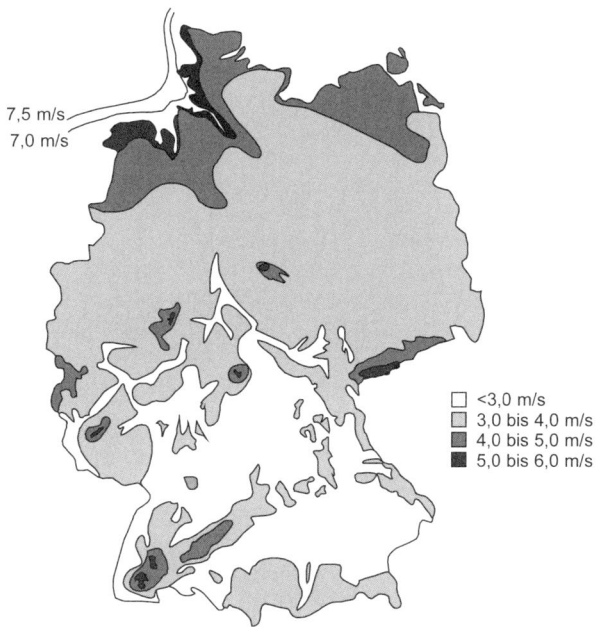

Bild 29-12: Jahresmittlere Windgeschwindigkeiten in Deutschland in 10 m Höhe

Windkraftanlagen nutzen die **kinetische Energie** (= Bewegungsenergie) des Windes E_{kin}:

$$E_{kin} = \frac{1}{2} \cdot m_{Luft} \cdot v^2_{Luft} \qquad (29\text{-}4)$$

m_{Luft} Masse Luft, v_{Luft} Luft- bzw. Windgeschwindigkeit

Ersetzt man in obiger Gleichung die Masse durch den Massenstrom an Luft und berücksichtigt die Beziehungen Massenstrom = Dichte ρ · Volumenstrom und Volumenstrom = Durchtrittsfläche A · Geschwindigkeit v, ergibt sich daraus folgende Gleichung für die hydraulische Leistung P_{hydr} des Windes mit ρ_{Luft} (1 bar, 20 °C) = 1,18 kg/m³:

$$P_{hydr} = \frac{1}{2} \cdot \rho_{Luft} \cdot A \cdot v^3_{Luft} \qquad (29\text{-}5)$$

Mit Bezug auf eine Windkraftanlage entspricht die Durchtrittsfläche A des Windes der Kreisfläche, die von den Rotorblättern umschrieben wird. Hervorzuheben ist die große Abhängigkeit der hydraulischen Leistung von der 3. Potenz der **Windgeschwindigkeit**. Bild 29-12 zeigt eine Windgeschwindigkeitskarte für Deutschland. Die größten Windgeschwindigkeiten werden an der Küste und in den Höhenlagen der Mittelgebirge ausgewiesen. Noch größere Windgeschwindigkeiten herrschen offshore, d. h. vor der Küste auf dem Meer. Windgeschwindigkeiten nehmen allgemein mit der Höhe über Grund zu, beispielsweise an der Nordseeküste von 6 m/s in 10 m Höhe auf 6,5...7 m/s in 30 m Höhe. Vor allem in hügeligem Gelände können an eng benachbarten Standorten sehr unterschiedliche Windgeschwindigkeiten herrschen. Windgeschwindigkeiten schwanken zeitlich sehr stark, auch in kleinen Zeitskalen. Genaue Windgutachten sind vor dem Bau von Windkraftanlagen für realistische Ertragsprognosen unerlässlich.

Beispiel: Energiedichte der Windkraft (vergleiche Globalstrahlung in Deutschland ca. 1 000 kWh/(m²·a)):

Windgeschwindigkeit = 8 m/s, Rotordurchmesser = 70 m
$\rightarrow P_{hydr} = \frac{1}{2} \cdot 1,18$ kg/m³ · π · (35 m)² · (8 m/s)³ = 1 162 kW
Für einen Tag summiert sich diese hydraulische Leistung zu einer Energiemenge von 1 162 kW · 24 h/d = 27 900 kWh/d.

29.6.1 Energieumwandlung an Rotorblättern

Von den zahlreichen Arten vorgeschlagener und ausgeführter Windkraftanlagen hat sich der Typ mit horizontaler Achse und drei Rotorblättern weitgehend durchgesetzt. Er stellt offensichtlich ein Optimum zwischen Kriterien wie Energieertrag, mechanischer Belastbarkeit, Laufruhe und Investitionskosten dar.

Die Umwandlung der Windkraft am Rotorblatt einer solchen Anlage basiert auf dem Auftriebseffekt, wie man ihn von aerodynamisch geformten Flugzeugflügeln kennt. Der Flugzeugflügel wird so in den Luftstrom gestellt, dass an ihm eine vertikale, das Flugzeug tragende Kraft entsteht. Die Kraft an einem umströmten Rotorblatt besitzt eine Komponente tangential zur Drehrichtung des Rotors. Das resultierende Drehmoment wirkt auf die Welle des Rotors und hält diese in Gang. Der angeschlossene Generator erzeugt elektrischen Strom.

Der maximale theoretische **Wirkungsgrad** der Umwandlung kinetischer Windenergie in mechanische Energie mittels Rotoren beträgt 59 % (Grenzwert nach BETZ); die Luftmoleküle müssen auch hinter der Windkraftanlage zur Abströmung noch kinetische Energie besitzen. Reale Wirkungsgrade von Rotoren betragen bei Nennleistung etwa 45 %. Im Jahresmittel werden unter Berücksichtigung aller Anlagenkomponenten (Rotorblätter, teils Getriebe, Generator, Transformator, Hilfsantriebe z. B. zur Windrichtungsnachführung und teils Blattverstellung) Wirkungsgrade von rund 35 % erreicht.

29.6.2 Dimensionierung, Energieertrag und Wirtschaftlichkeit

Die Dimensionierung von Windkraftanlagen richtet sich heute in vielen Fällen nach der am Markt angebotenen größten Leistungsklasse. Vorhandene Windkraftstandorte werden so am besten ausgenutzt. Die Nennleistung neuer Produkte ist in den letzten Jahren dynamisch gewachsen, z. B. durch größere Rotorblätter, längere Masten und höhere Auslegungs-Windgeschwindigkeiten. Marktgängige Anlagen besitzen Werte von rund 2 MW. Anlagen bis zu 5 MW sind vor allem für die geplanten Offshore-Anlagen im Meer vor der Küste vorgesehen.

Die Energieerträge von Windkraftanlagen liegen pro kW Nennleistung zwischen 1 000 und 2 500 kWh/a je nach Windgeschwindigkeitsverteilung, Auslegungs-Windgeschwindigkeit, Teillastverhalten und Verfügbarkeit der Anlagen. Die Energierücklaufzeiten sind kleiner als ein Jahr. Die spezifischen Investitionskosten großer Windkraftanlagen betragen 800…1 000 € pro kW Nennleistung. Unter Berücksichtigung laufender Kosten zum Beispiel für Wartungsverträge ergeben sich Stromgestehungskosten in der Größenordnung von 5 bis 15 ct/kWh.

29.7   Biomasse

Unter Biomasse kann jede organische Substanz pflanzlichen, tierischen oder menschlichen Ursprungs verstanden werden, die nicht fossiler Art ist. Grenzfälle in dieser Betrachtung stellen z. B. Torf und organischer Müll dar.

Der **Energieinhalt** von Biomasse und ihrer Umwandlungsprodukte hängt von ihrer chemischen Zusammensetzung ab, insbesondere dem Feuchte-, Kohlenstoff- und Wasserstoffgehalt. Frisches Holz mit 50 % Feuchte besitzt nur einen Heizwert von rund 7 MJ/kg, getrocknetes Holz mit 20 % Feuchte einen Heizwert von rund 14 MJ/kg. Der Heizwert von Biogasen liegt bei ca. 22 MJ/m^3, der von Rapsöl bei 33,9 MJ/l, der von Biodiesel bei 37 MJ/kg. Zum Vergleich: Braunkohle = 8,9 MJ/kg, Steinkohle = 29,6 MJ/kg, Heizöl EL = 42,7 MJ/kg. Die Energiedichte und das Handling aufbereiteter und umgewandelter Biomasse ist mit der von fossilen Brennstoffen vergleichbar. Die Energiedichte bei der Bildung von Biomasse über die Photosynthese ist jedoch gering. Die auftreffende Solarstrahlung wird unter realen Wachstumsbedingungen nur mit Wirkungsgraden von 0,1 bis 1 % in nutzbare Pflanzenmasse umgewandelt.

Bild 29-13 verdeutlicht die Vielfalt der biogenen **Ausgangsstoffe** und der **Umwandlungspfade** in flüssige, feste und gasförmige Brennstoffe. Als Ausgangsstoffe werden heute vor allem organische Abfallstoffe aus industriellen und gewerblichen Prozessen genutzt, da hier häufig zwei Vorteile zusammentreffen: Die Biomasse braucht nicht aufwendig eingesammelt zu werden und ihre energetische Nutzung löst ein anstehendes Entsorgungsproblem. Die Nutzung von Ernterückständen scheitert häufig am Aufwand für Sammlung und Transport. Der spezielle Anbau von Energiepflanzen konkurriert mit anderen Formen landwirtschaftlicher Flächennutzung. Von den Umwandlungspfaden spielt die Verbrennung fester Brennstoffe wie Holz die weitaus größte Rolle. Energetisch bedeutsam sind auch die physikalisch-chemische Umwandlung ölhaltiger Pflanzen, der anaerobe Abbau und die alkoholische Vergärung biogener Stoffe.

Unter **anaerobem Abbau**, auch Faulung genannt, versteht man die Umwandlung von Biomasse mittels Bakterien in einem wässrigen Milieu unter Luftabschluss (vgl. Abschn.15.3.1). Es entsteht ein wasserdampfgesättigtes brennbares Gas aus etwa 2/3 Methan und 1/3 Kohlenstoffdioxid mit geringen Beimengungen an anderen Stoffen wie H$_2$, NH$_3$ und H$_2$S.

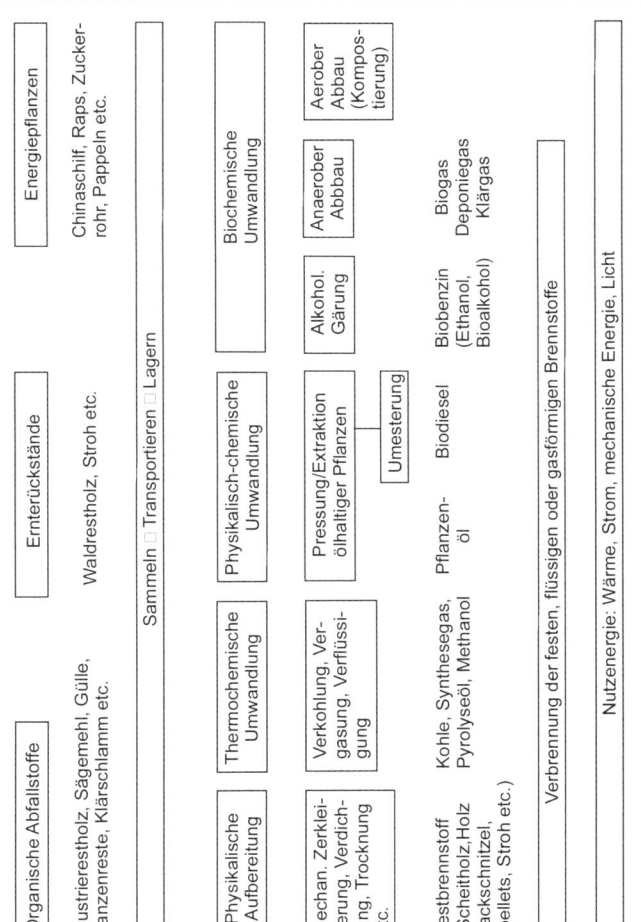

Bild 29-13: Energiebereitstellung aus Biomasse

Aus landwirtschaftlichen Abfallstoffen wie Gülle und Pflanzenresten wird damit **Biogas** produziert, aus den sich in Kläranlagen absetzenden Schlämmen entsteht **Klärgas** und aus den organischen Bestandteilen in Mülldeponien **Deponiegas**. Die produzierten Gase werden in der Regel direkt vor Ort genutzt. Häufig dienen sie zum Antrieb von Blockheiz-

Umwelttechnologien

kraftwerken. Gereinigtes Biogas wird als „Bioerdgas" in Erdgasleitungen eingespeist, was eine zeitliche und räumliche Entkopplung von Produktion und Nutzung ermöglicht.

Bei der **alkoholischen Gärung** wird aus Biomasse Ethanol gebildet, hier auch Bioalkohol oder Biobenzin genannt. Biobenzin kann Benzin aus Rohöl bis zu 20 % beigesetzt werden oder adaptierten Ottomotoren mit erhöhter Verdichtung als alleiniger Kraftstoff dienen. Als Ausgangsstoffe eignen sich vor allem zucker- und stärkehaltige Pflanzen wie Zuckerrohr, Zuckerrüben, Getreide und Mais. Der verfahrenstechnische und energetische Aufwand ist deutlich größer als bei der Produktion von Biogas. Große Anwendung findet dieser Pfad in Brasilien, wo für Millionen von Fahrzeugen Biobenzin aus Zuckerrohr hergestellt wird.

Die ölhaltigen Bestandteile von Pflanzen wie Raps oder Sonnenblumen sind die Ausgangsstoffe der **physikalisch-chemischen Umwandlung**. Der Presskuchen, der beim einfachen mechanischen Pressen anfällt, kann als Brennstoff oder Tierfutter verwendet werden. Bei der Extraktion wird das Pflanzenöl mithilfe organischer Lösungsmittel aus den Pflanzen herausgelöst. Anschließend erfolgt eine Trennung von Öl und Lösungsmittel mittels Destillation. Pressen und Extraktion werden auch kombiniert angewandt. In adaptierten Brennern und Motoren kann Pflanzenöl direkt verbrannt werden. Zur Nutzung in normalen Dieselmotoren muss vorher eine Umesterung zu Pflanzenölmethylester bzw. Biodiesel stattfinden.

Die **Wirtschaftlichkeit** der Nutzung von Biomasse muss in jedem Einzelfall geprüft werden. Allgemein besitzen Brennstoffe aus Biomasse zwei wichtige Vorteile: Sie sind lagerfähig und in ihrer festen, flüssigen oder gasförmigen Konsistenz in ähnlicher Weise verwendbar wie die herkömmlichen fossilen Energieträger.

Energieträger aus Biomasse werden häufig als **CO_2-neutral** charakterisiert. In Anbetracht der energetischen Aufwände für Anbau, Düngung, Ernte und Umwandlung ist dies jedoch nicht korrekt. Es existieren sogar Pfade mit einer negativen Primärenergiebilanz wie die alkoholische Vergärung von Zuckerrüben. Hier muss mehr Energie aufgewandt werden, als der produzierte Bioalkohol an Heizwert besitzt.

29.8   Geothermie

Unter der Nutzung geothermischer Energie versteht man den Entzug von Wärme aus Erdschichten von einigen Hundert bis zu mehreren Tausend Metern (zum Vergleich: Erdradius = 6 380 km). Ohne Zutun wird von der im Kern heißen Erde an der Oberfläche im globalen Mittel ein Wärmestrom von 0,065 W/m^2 an die Atmosphäre abgegeben (zum Vergleich: maximale Globalstrahlungsleistung in Deutschland = 1 000 W/m^2). Die Temperatur in der Erde nimmt im Mittel um 30 K/km zu (Bandbreite 10...200 K/km). In Deutschland liegen die Temperaturen in 2 000 m Tiefe zwischen 60 und 120 °C.

Geothermie grenzt sich damit ab von der Nutzung oberflächennaher Erdwärme z. B. als Wärmequelle für Wärmepumpen mit typischen Bohrtiefen bis etwa 100 m. Oberflächennahe Erdwärme basiert vor allem auf der Erwärmung des Bodens durch solare Einstrahlung, versickerndem Regen und dem Wärmetransport durch Grundwasserströmungen.

Die Nutzung geothermischer Energie wird durch das natürliche Vorkommen von Wasser bzw. Wasserdampf in porösen tiefen Erdschichten sehr erleichtert (= **hydrothermale Vorkommen** oder **Aquifere**). Über eine Bohrung kann das Wasser bzw. der Dampf an die Oberfläche gefördert, abgekühlt und in einigen Kilometern Entfernung über eine zweite Bohrung wieder in die Erde eingebracht werden. Der Mineral- und Salzgehalt hydrothermaler Vorkommen liegt teils erheblich über dem von Meerwasser wie im Oberrheingraben und im Norddeutschen Becken, kann aber auch Trinkwasserqualität besitzen wie im Molassebecken in Süddeutschland. Weltweit basieren nahezu alle geothermischen Anlagen auf solchen hydrothermalen Vorkommen. Um auch aus heißem trockenem Gestein Wärme entziehen zu können, wird das **Hot-Dry-Rock-Verfahren** in Pilotprojekten untersucht, z. B. im elsässischen Soultz-sous-Forets. Hier muss zunächst durch die Verpressung von Wasser in das Gestein ein Spaltsystem erzeugt werden, durch das dann später Wasser als Wärmeträger hindurchgepumpt werden kann.

Geothermische Energie eignet sich zur Bereitstellung von Wärme und – ab Temperaturen von etwa 150 °C – zur Erzeugung von Strom. Geothermische Heizzentralen speisen in der Regel Fernwärmenetze zur Wärmeversorgung von Städten und gewerblichen Prozessen (Beispiele: Waren, Neustadt-Glewe/Norddeutschland, Straubing, Erding/Süddeutschland, Reykjavik/Island, Pariser Becken). Bei zeitlich wechselndem Wärmebedarf wie bei der Gebäudebeheizung deckt die Geothermie typischerweise nur die Grundlast ab. Wärmepumpen erhöhen gegebenenfalls die Temperatur. Fossil befeuerte Kessel decken die Spitzenlast.

Umwelttechnologien

Anlagen zur Stromerzeugung finden sich in Europa z. B. in Larderello/ Toskana und in Island.

Wärme und Strom aus Geothermie ist unter günstigen Randbedingungen wirtschaftlich konkurrenzfähig. In Deutschland werden Wärmegestehungskosten von unter 10 ct/kWh erreicht. Vorteilhaft ist, wenn das Thermalwasser gleichzeitig für Thermalbäder oder als Trinkwasser verwendet werden kann. Hemmend wirkt das Risiko, dass die teuren Tiefenbohrungen nicht die prognostizierte Wärmeentzugsleistung liefern.

29.9   Beiträge zu einer künftigen Energieversorgung

Die Energie, die die Sonne jährlich auf die Erde einstrahlt, übersteigt den Primärenergiebedarf der Welt um mehr als das 10 000fache. Diese Zahl kann den Schluss nahe legen, dass bei ausreichend bereitgestelltem Kapital eine rein regenerative Energieversorgung der Welt ohne weiteres möglich ist. Folgende Aspekte sind jedoch zu beachten:

- Die realen – aber auch die theoretisch maximalen – **Wirkungsgrade** bei der Umwandlung regenerativer Energien in Nutz- bzw. Endenergien sind kleiner als 100 %. Bei den heutigen Standardtechniken reichen die realen Werte von rund 15 % bei der Photovoltaik über 40 % bei der Solarthermie bis 90 % bei der Wasserkraft.

- Flächen bzw. **Standorte** für Anlagen zur Nutzung regenerativer Energien sind nur begrenzt verfügbar. Es existieren konkurrierende Flächennutzungen wie durch Landwirtschaft oder Siedlungen. Dem Bau neuer Anlagen können wichtige Aspekte wie der Landschaftsschutz, die Überschwemmung weiter Landstriche oder die Umsiedlung von Menschen entgegenstehen. Die Ozeane sind für eine Nutzung regenerativer Energien nur schwer zu erschließen.

- Mangelnde Verfügbarkeit von Flächen bzw. Standorten herrscht vor allem in den Zentren des Energieverbrauchs in dicht besiedelten Gebieten. Andernorts bereitgestellte Energie muss gegebenenfalls über weite Strecken zum Ort der Nutzung transportiert werden. Technisch und wirtschaftlich möglich ist ein **Transport** heute nur bei Brennstoffen und mit Einschränkung bei Strom, nicht aber bei Wärme.

- Das Angebot an regenerativen Energien ist zeitlichen Schwankungen unterworfen. Energiebereitstellung und -verbrauch sind zeitlich nicht ausreichend korreliert. Eine **Energiespeicherung** würde wieterhelfen. Bei Solarenergie und Windenergie ist dies nicht möglich, schon besser bei Wasserkraft und Biomasse. Von den produzierten Energieträgern können Brennstoffe gut, Wärme und Strom nur mit erheblichen Einschränkungen gespeichert werden.

- Bei der Nutzung von Energie kann zwischen Strom-, Nieder- und Hochtemperaturanwendungen und dem Einsatz von Kraftstoffen unterschieden werden. Regenerative Energien können nicht beliebig in jede End- bzw. **Nutzenergieform** umgewandelt werden.

Zur Lösung der drei zuletzt genannten Problemfelder wird unter anderem die **Wasserstoffwirtschaft** diskutiert, mit Wasserstoff als universellem Energieträger für alle Anwendungen, produziert z. B. aus Wasser per Elektrolyse mittels regenerativ erzeugtem Strom. Die Realisierung der Wasserstoffwirtschaft steht jedoch voraussichtlich frühestens in einigen Jahrzehnten an.

Tabelle 29-2 fasst die heutige Nutzung und die **Nutzungspotenziale** regenerativer Energien für Deutschland zusammen, getrennt nach den End-/Nutzenergien Strom, Wärme und Kraftstoffe. Heute dominiert bei der Nutzung regenerativer Energien absolut betrachtet die Bereitstellung von Niedertemperaturwärme, relativ, bezogen auf den jeweiligen Endenergieverbrauch, die Stromproduktion.

Die Nutzungspotenziale werden in Tabelle 29-2 als Bandbreiten ausgewiesen. Die untere Zahl berücksichtigt die Restriktionen reale Wirkungsgrade, Flächenverfügbarkeit, unzulängliche Möglichkeiten für Transport und Speicherung und wirtschaftliche Anlagendimensionierung.

Das obere Potenzial berücksichtigt nur die beiden ersten Aspekte, geht also von einer Lösung des Transport- und Speicherproblems aus. Bei Ausschöpfung der unteren Potenzialgrenzen ergibt sich ein Beitrag der regenerativen Energien zur Energieversorgung Deutschlands in der Größenordnung von 20 %. Auch ohne grundsätzliche Lösung des Transport- und Speicherproblems lässt sich dieser Wert weiter steigern, z. B. durch die Offshore-Nutzung der Windkraft.

Ebenfalls führt eine Verringerung des Energiebedarfs zu größeren Deckungsbeiträgen. Gerade in Ländern wie Deutschland mit vergleichsweise bescheidenem Angebot an regenerativen Energien, aber hohem Wohlstand und starker Industrialisierung kommt deshalb der **Energieeinsparung** neben der Nutzung regenerativer Energien eine zentrale Bedeutung zu.

Umwelttechnologien

Tabelle 29-1: Endenergieverbrauch und Nutzung bzw. Nutzungspotenziale regenerativer Energien in Deutschland

Endenergieverbrauch 2540 TWh/a	Regenerative Energie	Nutzung in TWh/a (in 2008)	Nutzungspotenziale (ohne Import) in TWh/a	Anmerkungen zu den Nutzungspotenzialen	Wichtige Zukunftsaspekte zur Steigerung der regenerativen Deckungsbeiträge
Strom **520 TWh/a**	Wasserkraft	20,9 (→)	25...35 TWh/a		Strombezug aus N, S, CH, A
	Windkraft	40,4 (↑↑)	15...360*)	*) inkl. 240 TWh/a offshore	Offshore-Nutzung
	Photovoltaik	4,0 (↑↑)	20...650*)	*) inkl. Freiflächennutzung	Dünnschichtzellen
	Biomasse	26,0 (↑)	50...130	25 % (geschätzt) des Gesamtpotenzials	Ganzpflanzennutzung
	Summe	**91,4 (↑↑)**	**110...1 175**		Speicherung von Strom, reaktionsschnelle Kraftwerke
Wärme **1300 TWh/a** **ca. 40 %** **davon** **> 100 °C !** (nur Biomasse ist dafür geeignet)	Solarthermie (Wärme < 100 °C)	4,1 (↑)	170...1 400*)	*) inkl. Freiflächennutzung	solar unterstützte Raumheizung und Nahwärme
	Geothermie (Wärme < 100 °C)	0,2 (↑)	70...1 400 *)	*) ohne Hot-Dry-Rock	Fernwärmenetze, Einzelprojektstadium überwinden
	Wärmepumpen (Wärme < 100 °C)	2,3 (↑)	30...260 *)	*) mit oberflächennahen Erdsonden	gasangetriebene Geräte
	Biomasse	102,1 (↑)	50...130	25 % (geschätzt) des Gesamtpotenzials	Ganzpflanzennutzung
	Summe	**108,7 (↑)**	**320...3 190**		Speicherung von Wärme
Kraftstoffe **720 TWh/a**	Biomasse	37,7 (↑↑)	100...260	50 % (geschätzt) des Gesamtpotenzials	Ganzpflanzennutzung
	Summe	**37,7 (↑↑)**	**100...260**		Fahrzeuge mit Strom- bzw. Wasserstoff-Antrieb

Literatur

Kapitel 1

[1.1] UN (Hrsg.): Indicators of Sustainable Development: Guidelines and Methodologies. Im Selbstverlag, New York (2007)

[1.2] Statistisches Bundesamt (Hrsg.): Nachhaltige Entwicklung in Deutschland, Indikatorenbericht 2008. Im Selbstverlag, Wiesbaden (2008)

[1.3] Umweltbundesamt (Hrsg.): Umweltdaten Deutschland. Umweltindikatoren. Ausgabe 2007. Im Selbstverlag, Dessau-Roßlau (2007)

[1.4] WIPPERMANN, C., KALLENBACH, M., KLEINHÜCKELKOTTEN, K.: Umweltbewusstsein 2008. Umweltforschungsplan des BMU, Fkz. 3707 17 101, Bundesumweltministerium Berlin (2008)

[1.5] MEADOWS, D., et al.: Die Grenzen des Wachstums. Rowohlt Verlag, Reinbek (1973)

[1.6] GEORGESCU-ROEGEN, N.: The Entropy Law and the Economic Process. Harvard University Press, Cambridge, MA (1971)

[1.7] GRUHL, H.: Ein Planet wird geplündert – Die Schreckensbilanz unserer Politik. Fischer Taschenbuch Verlag, Frankfurt/M. (1978)

[1.8] N. N.: Growing Gap between Oil Discovery and Consumption. ASPO-ODAC, Newsletter No. 16 (2002)

Kapitel 2 (Weiterführende Literatur)

BROCK, T. D.: Biology of Microorganisms, 18. Edition, Prentice Hall International Inc. (1997)

HÖLZEL, G.: Einführung in die Chemie für Ingenieure, Carl Hanser Verlag (1992)

RHEINHEIMER, G.: Mikrobiologie der Gewässer, 5. Auflage, Gustav Fischer Verlag (1991)

SCHLEGEL, H.-G.: Allgemeine Mikrobiologie, 7. Auflage, Thieme Verlag (1992)

SCHWISTER, K.: Kleine Formelsammlung Chemie, 3. Auflage, Fachbuchverlag Leipzig (2008)

SCHWISTER, K.: Taschenbuch der Chemie, 3. Auflage, Fachbuchverlag Leipzig (2005)

SIETZ, M.: Chemie für Ingenieure, Verlag Harri Deutsch (1995)

Kapitel 3 (Weiterführende Literatur)

BENDER, SPARWASSER und ENGEL: Umweltrecht, Grundzüge des öffentlichen Umweltschutzrechts, 4. Auflage, Müller Verlag (2000)

HOPPE, BECKMANN und KAUCH: Umweltrecht, Kurzlehrbuch, 2. Auflage, Beck Verlag (2000)

KLOEPFER: Umweltrecht, 3. Auflage, Beck Verlag (2004)

STORM: Umweltrecht, Einführung, 8. Auflage, Schmidt Verlag (2006)

Kapitel 4

[4.1] GÜNTHER, E.: Ökologieorientiertes Controlling. Verlag Franz Vahlen (1994)

[4.2] KUCKARTZ, U.: Umweltbewusstsein in Deutschland. Umweltforschungsplan des BMU, FKz. 200 17 109, Umweltbundesamt (2002)

[4.3] Verordnung (EG) Nr. 761/2001 des Europäischen Parlaments und des Rates vom 19. März 2001 über die freiwillige Beteiligung von Organisationen an einem Gemeinschaftssystem für das Umweltmanagement und die Umweltbetriebsprüfung (EMAS). Abl. Nr. L.114 vom 24.4.2001

[4.4] Statistisches Bundesamt (Hrsg.): Umweltnutzung und Wirtschaft. Bericht zu den Umweltökonomischen Gesamtrechnungen 2006. Im Selbstverlag, Wiesbaden (2006)

[4.5] Norm DIN EN ISO 14040:2006: Umweltmanagement – Ökobilanz – Grundsätze und Rahmenbedingungen

[4.6] Umweltbundesamt: Ökobilanz für Getränkeverpackungen II. Reihe Texte 38/00. Im Selbstverlag (2002)

[4.7] MÖLLER, F.-J.: Ökobilanzen erstellen und anwenden. Ecobalance, München (1992)

[4.8] SCHMIDT, M., und SCHORB, A.: Stoffstromanalysen in Ökobilanzen und Öko-Audits. Springer Verlag (1995)

[4.9] HALLAY, H., und PFRIEM, R.: Öko-Controlling (1992)

[4.10] Verordnung über immissionsschutz- und abfallrechtliche Überwachungserleichterungen für nach der Verordnung (EG) Nr. 761/2001 registrierte Standorte und Organisationen (EMAS-PrivilegV) vom 24. Juni 2002 (BGBl. I Nr. 41 vom 28. 6. 2002 S. 2247)

[4.11] Norm DIN EN ISO 14001:2005: Umweltmanagementsysteme – Anforderungen mit Anleitung zur Anwendung

Literatur

Kapitel 5

[5.1] Rowe, W. D.: An Anatomy of Risk. Wiley, New York (1977)

[5.2] Fietkau, H.-J.: Störfallvermeidung und Risikokommunikation als Erfordernisse des Umweltschutzes. Aus Politk und Zeitgeschichte. Beilage zur Wochenzeitung Das Parlament B (6): 15–23 (1990)

[5.3] Renn, O.: Technik und gesellschaftliche Akzeptanz: Herausforderungen der Technikfolgenabschätzung. GAIA 2 (2), 67–83 (1993)

[5.4] Bidlingmaier, J.: Unternehmensziele und Unternehmensstrategien. Wiesbaden (1964)

[5.5] Gethmann und Kloepfer : Handeln unter Risiko im Umweltstaat. Springer Verlag, Berlin Heidelberg (1993)

Kapitel 6

[6.1] Kuhn, H.: Wasser – das unbekannte Element. W. Ennsthaler Verlag Steyr (1990)

[6.2] Tomek, H.: Gewässerschutzbericht 1996. Bundesministerium für Land- und Forstwirtschaft, Wien (1997)

[6.3] World Bank: World Development Report 1992: Development and the Environment. New York (1992)

[6.4] BDEW Bundesverband der Energie- und Wasserwirtschaft e. V.: Trinkwasserverwendung im Haushalt 2008, www.bdew.de (2009)

[6.5] Bernhardt, H. und Schmidt, W. D.: Zielkriterien und Bewertung des Gewässerzustandes und der zustandsverändernden Eingriffe für den Bereich der Wasserversorgung. Kohlhammer Verlag, Stuttgart (1988)

[6.6] Deutscher Verband für Wasserwirtschaft und Kulturbau e. V. (DVWK): Beurteilung der Aussagekraft des biochemischen Sauerstoffbedarfs, Merkblätter zur Wasserwirtschaft 218 (1990)

[6.7] Huber, W. und Salzwedel, S.: Umweltprobleme der Landwirtschaft. Metzler-Poeschel Verlag, Stuttgart (1992)

[6.8] Klötzli, F. A.: Ökosysteme, Fischer Verlag, UTB 1479 (1993)

[6.9] Ripl, W.: Prozesssteuerung in geschädigten See-Ökosystemen, Vierteljahresschr. Naturforsch. Ges. Zürich 121, S. 301-308 (1976)

Kapitel 7

[7.1] Joger, U. (Hrsg): Praktische Ökologie. Diesterweg-Sauerländer Verlag, Frankfurt, Salzburg (1994)

[7.2] SCHEFFER, F. und SCHACHTSCHNABEL, P.: Lehrbuch der Bodenkunde. 13. Aufl. Enke Verlag, Stuttgart (1992)

[7.3] PRINZ, H.: Abriß der Ingenieurgeologie; Grundlagen d. Boden- und Felsmechanik sowie des Erd-, Grund- und Tunnelbaus. Enke Verlag, Stuttgart (1982)

[7.4] KUNTZE et al.: Bodenkunde. Ulmer Verlag, Stuttgart (1988)

[7.5] GÖBEL, P.: Alles über Gartenböden. Kosmos Franckhsche Verlagsbuchhandlung, Stuttgart (1984)

[7.6] UBA: National Trend Tables for German Atmospheric Emission Reporting 1999-2007, Dessau (2009)

[7.7] JOCKEL, W. und HERTJE, J.: Die Entwicklung der Schwermetallemissionen in der BRD 1985–1995. Forschungsbericht 94-104 03524, TÜV-Rheinland, Köln (1995)

[7.8] UBA: National Trend Tables for the German Atmospheric Emission Reporting (Heavy Metals) 2007, Desssau (2008)

[7.9] UBA: National Trend Tables for the German Atmospheric Emission Reporting (POP) 1990-2007, Dessau (2009)

[7.10] GURRATH, P.: Landwirtschaft in Deutschland und der EU 2007. Stat. Bundesamt.(Hrsg.), Wiesbaden (2009)

[7.11] Inlandsabsatz Pflanzenschutzmittelwirkstoffe 2008. Bundesministerium f. Ernährung, Landwirtschaft u. Verbraucherschutz Ref. 517, Bonn (2009)

[7.12] Produzierendes Gewerbe, Düngemittelversorgung, Fachserie 4, Reihe 8,2, Stat. Bundesamt (Hrsg.), Wiesbaden (2008)

[7.13] KTBL-Fauszahlen für die Landwirtschaft (im Druck), KTBL (Hrsg.), Darmstadt (2009)

[7.14] Bericht der Chemischen Landesuntersuchungsanstalt Baden-Würtemberg (1992)

[7.15] LOOP, E. A.: Handbuch des Bodenschutzes. Ecomed Verlag, Landsberg (1990)

Kapitel 8

[8.1] Enquete-Komission: Deutscher Bundestag – Zur Sache; 19/90 – Bericht der Enquete-Kommission des 11. Deutschen Bundestages „Vorsorge zum Schutz der Erdatmosphäre", 3 (1990)

[8.2] DÄSSLER, H. G.: Einfluss von Luftraumverunreinigungen auf die Vegetation. Gustav-Fischer-Verlag, Jena (1991)

[8.3] FABIAN, P.: Atmosphäre und Umwelt, Chemische Prozesse – Menschliche Eingriffe. Springer Verlag, Berlin (1989)

[8.4] KLÖPFFER, W.: Atmosphärisches Methan als Treibhausgas – Quellen, Senken und Konzentrationen in der Umwelt. Z. Umweltchemie und Ökotoxikologie 2 (3): 163–169 (1990)

[8.5] MOOI, J.: Wirkung von SO_2, NO_2, O_3 und ihre Mischungen auf Pappeln und andere Pflanzenarten. Der Forst- und Holzwirt 39 (1984)

[8.6] SCHÖNWIESE, C. D. und RUNGE, K.: Der anthropogene Spurengaseinfluss auf das globale Klima, Bericht des Inst. f. Meteorologie und Geophysik. J. W. Goethe-Universität Frankfurt, Eigenverlag (1988)

[8.7] BMFT: Broschüre Förderschwerpunkt zum Treibhauseffekt. (1989)

[8.8] N. N.: Methan in der Atmosphäre – Der unterschätzte Beitrag der Landwirtschaft zum Treibhauseffekt. Ökologische Briefe Nr. 43 (1990)

[8.9] N. N.: Internationale Klimapolitik – Die zweite Weltklimakonferenz. Ökologische Briefe Nr. 43 (1990)

[8.10] WEBER, E., GRÖNER K. und HÜBNER K.: Hütte - Umweltschutztechnik, Springer Verlag (1999)

Kapitel 9

[9.1] MACHE, M.: Umweltrecht. Verlag für die Rechts- und Anwaltspraxis Herne/Berlin (1994)

[9.2] HÖSEL, SCHENKEL und SCHNURER: Müllhandbuch. (Loseblattsammlung), Erich Schmidt Verlag, Berlin

[9.3] http://www.umweltbundesamt-umwelt-deutschland.de/

[9.4] Informationszentrale der Energiewirtschaft (IZE): Folienreihen zur Abfallwirtschaft. Frankfurt (1992)

[9.5] Duales System Deutschland AG: Punktgenau, Das Duale System von A–Z, eine Informationsbroschüre. Köln (2000)

[9.6] Duales System Deutschland AG: Europa kommt zum Punkt, eine Information der Duales System Deutschland AG. Köln (2000)

Kapitel 10 (Weiterführende Literatur)

CREMER, L. und HUBERT, M.: Vorlesungen über Technische Akustik. Springer Verlag (1990)

MAUTE, D.: Technische Akustik und Lärmschutz. Fachbuchverlag, Leipzig (2006)

Kapitel 11

[11.1] Elektrische und magnetische Felder. Information der IZE, Frankfurt (1993)

[11.2] STROHM, H.: Friedlich in die Katastrophe. Zweitausendeins Verlag, Frankfurt

[11.3] BRANDAUER, H.: Bildschirmstrahlung, die schwedische Empfehlung

[11.4] Pschyrembel, Klinisches Wörterbuch. de Gruyter Verlag (1990)

Kapitel 12

[12.1] Trinkwasserverordnung vom 21.5.2001. Bundesgesetzblatt, Teil 1 (2001)

[12.2] Umweltbundesamt Berlin, Jahresbericht (1996)

[12.3] HANCKE, K.: Wasseraufbereitung: Chemie und chemische Verfahrenstechnik. VDI Verlag (1998)

Kapitel 13

[13.1] DIN 4045 Fachausdrücke der Abwassertechnik. Begriffe (2003)

[13.2] KOPPE und STOZEK: Kommunales Abwasser. 14. Auflage, Vulkan Verlag, Essen (1999)

[13.3] KUNZ, P.: Behandlung von Abwasser. Vogel Buchverlag, Würzburg (1995)

[13.4] PALLASCH, O. und TRIEBEL, W.: Lehr- und Handbuch der Abwassertechnik. Bd. II, Wilhelm Ernst & Sohn, Berlin/München (1973)

[13.5] LÖWISCH, E.: Umweltschutz. Oldenbourg Verlag (1974)

[13.6] LOLL, U. et al.: Die Bedeutung der Stickstoff- und Phosphorelimination für die Wassergütewirtschaft. Entsorgungspraxis Spezial: P- und N-Elimination 2 (1989)

[13.7] STUMM, W. und SIGG, L.: Kolloidchemische Grundlagen der Phosphatelimination in Fällung, Flockung und Filtration. Z. f. Wasser- und Abwasserforschung 12, 73 (1979).

[13.8] HESSE, G. und SEYFRIED, C. F.: Literaturstudie zur Phosphatelimination mit Schwerpunkt Fällungsreinigung. Veröffentlichungen des Inst. f. Siedlungswasserwirtschaft und Abfalltechnik, Univ. Hannover, 73 (1989)

[13.9] MUDRACK, K. und KUNST, S.: Biologie der Abwasserreinigung. G. Fischer Verlag, Stuttgart (1988)

Literatur

[13.10] SCHÜTTE, H. und FEHR, G.: Neue Erkenntnisse zum Bau und Betrieb von Pflanzenkläranlagen. Korrespondenz Abwasser 39 S. 872 bis 879 (1992)

[13.11] BÖHNKE, B.: Das A-B-Verfahren zur biologischen Abwasserreinigung. Regionale Abwasserentsorgung. Broschüre des Reinhalteverbandes Großraum Salzburg-Stadt und Umlandgemeinden (1987)

Kapitel 14

[14.1] KUNZ, P.: Umweltschutz/Entsorgungstechnik: Behandlung von Abwasser. 2. Aufl., Vogel Buchverlag, Würzburg (1990)

[14.2] ZLOKARNIK, M.: Verfahrenstechnik der aeroben Abwasserreinigung, Entwicklung und Trends. Chem. Ing. Technik 54, 93 (1982)

[14.3] KLOTZ, B.: Kläranlage auf engstem Raum. wlb (1990)

[14.4] WEILAND, P. und ROZZI, A.: The start-up, operation and monitoring of high-rate anaerobic treatment systems: Discusser´s report. Wat. Sci. Tech., Vol. 24, No. 8, S. 257–277 (1991)

Kapitel 15

[15.1] DIN 4045 Abwassertechnik – Grundbegriffe (1999)

[15.2] Müll-Handbuch, Sammlung und Transport, Behandlung und Ablagerung sowie Vermeidung und Verwertung von Abfällen, Erich Schmidt Verlag (2009)

[15.3] ATV-Handbuch Klärschlamm, 4. Auflage, Ernst & Sohn (1996)

[15.4] Güte- und Prüfbestimmungen der Gütegemeinschaft Kompost im Arbeitskreis für die Nutzbarmachung von Siedlungsabfällen e. V. für Abwasserschlamm-Kompost (1993)

[15.5] BIDLINGMAIER, W.: Das RAL-Gütezeichen für Kompost, Richtlinie der Bundesgütegemeinschaft Kompost, Abfall-Wirtschaft 9 (1995)

[15.6]: LOLL, U.: Recycling von Klärschlamm 2, EF-Verlag für Energie- und Umwelttechnik (1989)

[15.7] Institut für Industrie- und Siedlungswasserwirtschaft sowie Abfallwirtschaft e. V.: Klärschlammbehandlung. 62. Siedlungswasserwirtschaftliches Kolloquium, Oldenbourg Verlag, München (1987)

Kapitel 16

[16.1] HOLZWARTH, F.: Bundes-Bodenschutzgesetz/Bundes-Bodenschutz und Altlastenverordnung. Schmidt Verlag, Berlin (2000)

[16.2] KLOKE, A.: Mitteilungen des Verbandes Deutscher Landwirtschaftlicher Untersuchungs- und Forschungsanstalten, Heft 1–3 (1980)

[16.3] WEBER, H. H. und NEUMAIER, H.: Altlasten Erkennen Bewerten Sanieren. Springer-Verlag (1993)

[16.4] BRANDT, E.: Altlasten: Bewertung Sanierung Finanzierung. Eberhard Blottner Verlag (1993)

[16.5] BAROWSKI, D.: Handbuch zur Ermittlung und Abwehr von Gefahren durch kontaminierte Standorte. C. F. Müller Verlag (1991)

Kapitel 17

[17.1] KIEFER, K.-H.: Altlastensanierung: Sicherung, Sanierung, Folgenutzung kontaminierter Flächen. Springer-Verlag (1994)

[17.2] RÖSSLER, C.: Möglichkeiten und Grenzen von In-Situ-Verfahren bei der Altlastensanierung. Berlin: Technische Universität (1990)

[17.3] WEBER, H. H. und NEUMAIER, H.: Altlasten Erkennen Bewerten Sanieren. Springer-Verlag (1993)

[17.4] THOMÉ-KOZMIENSKY, K. J.: Müllverbrennung und Umwelt 4: EF-Verlag für Energie- u.Umwelttechnik, Berlin (1990)

[17.5] RISSING, P. J.: One-site und in situ sind Favoriten. Chemische Industrie 6, 19–22 (1986)

[17.6] Umweltbundesamt Wien: Mikrobiologische Bodensanierung: Theorie und Praxis: 15.–17. Dez. 1993 Kongreßzentrum Igls., Bundesumweltamt Wien (1994)

Kapitel 18

[18.1] WEBER, E. und BROCKE, W.: Apparate und Verfahren der industriellen Gasreinigung, Oldenbourg Verlag, München/Wien (1973)

[18.2] MUSCHELKNAUTZ, E. und TREFZ, M.: Druckverlust und Abscheidegrad in Zyklonen. VDI-Wärmeatlas – Abschnitt Lj, VDI Verlag (1991)

[18.3] LÖFFLER, F.: Staubabscheiden. Thieme Verlag, Stuttgart/New York (1988)

Literatur

[18.4] WHITE, H.: Entstaubung industrieller Gase mit Elektrofilter. Deutscher Verlag für Grundstoffindustrie, Leipzig (1969)

[18.5] KALMBACH, S. und SCHMÖLLING, J.: Technische Anlagen zur Reinhaltung der Luft. Erich Schmidt Verlag, Berlin (1986)

Kapitel 19

[19.1] SCHAEFER, H.: VDI-Lexikon Energietechnik. VDI Verlag, Düsseldorf (1994)

[19.2] KALIDE, W.: Energieumwandlung in Kraft- und Arbeitsmaschinen. Carl Hanser Verlag, München/Wien (1995)

[19.3] VOSS, H.: Rauchgasreinigung – Angewandte Verfahren und Entwicklungen. Technische Mitteilungen 78, H. 10, S. 498–504 (1985)

[19.4] WIRTH, K.-E.: Strömungszustände und Druckverlust in Wirbelschichten. VDI-Wärmeatlas, Abschnitt Lf. VDI Verlag, Düsseldorf (1991)

[19.5] BEITZ, W. und KÜTTNER, K.-H.: Taschenbuch für Maschinenbau/Dubbel, Abschnitt Energietechnik. 17. Auflage, Springer Verlag (1990)

Kapitel 20

[20.1] LEUCKEL, W.: Grundlagen und Entwicklungsstand der thermischen Abgasreinigung. VDI-Berichte 525, S. 247–274

[20.2] Prospekt der Firma Eisenmann Umwelttechnik, Leitfaden Umwelttechnik (1995)

[20.3] FRITZ, W. und KERN, H.: Reinigung von Abgasen. Umweltschutz-Entsorgungstechnik. Vogel Verlag (1990)

[20.4] SEIFERT, H., BECKER, R. und HEMMER, G.: Verfahrenstechnische Lösungen bei der thermischen Abgasreinigung. VDI-Berichte 1034

[20.5] HERION, C. und MEISSNER, R.: Katalytische Abgasreinigung in der chemischen Industrie. VDI-Berichte 1034, S. 123–138

[20.6] FALKENHAIN, G. und FLEISCHHAUER, W.: Angewandte Umwelttechnik – Ein einführender Überblick für Techniker in Ausbildung und Praxis. Cornelsen-Girardet Verlag (1996)

Kapitel 21

[21.1] SCHWISTER, K.: Taschenbuch der Verfahrenstechnik. 3. Auflage, Fachbuchverlag Leipzig (2007)

[21.2] ZOGG, M.: Wärme- und Stofftransportprozesse. Salle + Sauerländer-Verlag (1983)

[21.3] SATTLER, K.: Thermische Trennverfahren, Grundlagen, Auslegung, Apparate. 3. Auflage, VCH-Verlag (2001)

[21.4] Prospekt der Firma Eisenmann Umwelttechnik: Leitfaden Umwelttechnik (1995)

[21.5] VAUCK, W. R. A. und MÜLLER, H. A.: Grundoperationen chemischer Verfahrenstechnik. Dt. Verlag für Grundstoffindustrie (2003)

[21.6] FÖRSTER, U.: Umweltschutztechnik. Springer Verlag (1993)

[21.7] BAUMBACH, G.: Luftreinhaltung. Springer Verlag (1993)

[21.8] FALKENHAIN, G. und FLEISCHHAUER, W.: Angewandte Umwelttechnik – Ein einführender Überblick für Techniker in Ausbildung und Praxis. Cornelsen-Girardet-Verlag (1996)

[21.9] FRITZ, W. und KERN, H.: Reinigung von Abgasen, Umweltschutz-Entsorgungstechnik. Vogel Buchverlag (1990)

[21.10] SCHLÜNDER, E.–U. und THURNER, F.: Destillation, Absorption, Extraktion. Georg Thieme Verlag (1986)

Kapitel 22

[22.1] VDI Richtlinie 3477 (Entwurf). VDI-Handbuch Umwelttechnik, Düsseldorf (2002)

[22.2] BANK, M.: Basiswissen Umwelttechnik. Vogel Buchverlag, Würzburg (2006)

[22.3] SCHWISTER, K.: Taschenbuch der Verfahrenstechnik. 3. Auflage, Fachbuchverlag Leipzig (2004)

[22.4] REISER, M.: Reinigung von Abluft mit schlecht wasserlöslichen Inhaltsstoffen im Biomembranreaktor. Erich Schmidt Verlag (1999)

Kapitel 23

[23.1] V. BASSHUYSEN, R. und SCHÄFER, F.: Handbuch Verbrennungsmotor. Vieweg Verlag, Wiesbaden (2002)

[23.2] Mitsubishi: „Global Standard Ecoengine, Mitsubishi Gasoline Direct Injection Engine". February (1998)

[23.3] MAYER A. et al.: Passive Regeneration of Catalyst Coated Knitted Fiber Diesel Particulate Traps. SAE 960138

[23.4] Shell Lexikon Verbrennungsmotor. Supplement von ATZ und MTZ (2001)

Kapitel 24

[24.1] ZÜLSDORFF, M.: Biologische Bauweise. Bechtermünz Verlag, Eltville (1994)

[24.2] CHRIST, C.: Intergrierter Umweltschutz – Strategie der Abfallverminderung und -vermeidung. Chem.-Ing.- Tech. 64 Nr. 5 (1992)

[24.3] VDI Nachrichten Nr. 39, S. 12 (1992)

[24.4] SUTTER, H.: Möglichkeiten zur Vermeidung gefährlicher Sonderabfälle. Müll und Abfall 1 9, S. 102–108 (1987)

[24.5] Statistisches Jahrbuch 1999 für die Bundesrepublik Deutschland. Metzler und Poeschel, Stuttgart (1999)

[24.6] Wirtschaftsvereinigung Stahl: Zur Lage auf dem Stahlmarkt. (2001)

[24.7] Bundesumweltamt, www.umwelt-deutschland.de

[24.8] Katalyse e.V.: Das Umweltlexikon. Kiepenheuer und Witsch, Köln (1993)

[24.9] KREMER, G. und BECKER, K.: Rohstoffliche Verwertung von Altkunststoffen. GVC-Jahrbuch 1994, VDI Verlag, Düsseldorf (1994)

[24.10] MARK, F. E.: Energierückgewinnung aus Kunststoffen. GVC-Jahrbuch 1994, VDI Verlag, Düsseldorf (1994)

[24.11] BLECHSCHMIDT, J. (Hrsg.): Taschenbuch der Papiertechnik. Fachbuchverlag, Leipzig (2010)

Kapitel 25

[25.1] STAHLBERG, R. und FEUERRIEGEL, U.: Thermoselect – Energie- und Rohstoffgewinnung, Teil I: Verfahrensgrundlagen zur unterbrechungslosen Verwertung von Restabfällen. Chem. Technik 5, 257–266 (1994)

[25.2] KAMINSKY, W. und SINN, H.: Verwertung von polymeren Abfallstoffen durch Pyrolyse. Nachr. Chem. Tech. Lab. 38:3, 333–338 (1990)

[25.3] VOGG, H., MER, A. und STEGLITZ, L.: Zur Rolle des E-Filters bei der Dioxinbildung von Abfallverbrennungsanlagen. Abfallwirtschafts-Journal 2:9, 529 (1990)

[25.4] BLÜMICH, M.-J.: PCDD und PCDF bei der Verbrennung von kommunalem Abfall. Nachr. Chem. Tech. Lab. 38:3, 324–328 (1990)

[25.5] BALLSCHMITTER, K.: Chemie und Vorkommen der Halogenierten Dioxine und Furane. Nachr. Chem. Tech. Lab. 39:9, 988–1000 (1991)

[25.6] FAULSTICH, M.: Rückstände aus der Müllverbrennung. 1–159, EF-Verlag für Energie- und Umwelttechnik, Berlin (1992)

[25.7] SATTLER, K. und EMBERGER, J.: Behandlung fester Abfälle. In: Umweltschutz/Entsorgungstechnik. 3. Aufl., Vogel Buchverlag, Würzburg (1992)

Kapitel 26

[26.1] Statistisches Bundesamt, Wiesbaden: Öffentliche Abfallbeseitigung 1997. Fachserie 19, Kohlhammer Verlag, Mainz (1997).

[26.2] CHRISTENSEN, T. H., COSSU, R. and STEGMAN, R.: Sanitary Landfilling: Process Technology and Environmental Impact. S. 29–49, Acedemic Press, London (1989).

[26.3] HÖSEL, SCHENKEL und SCHNURER: Müll-Handbuch. Erich-Schmidt Verlag, Berlin (1991)

[26.4] THOME-KOZMIENSKY, K. J.: Deponie-Ablagerung von Abfällen. EF-Verlag, Berlin (1987)

Kapitel 27

[27.1] FÖLLER: Forschungsheft Nr. 26, Forschungskuratorium Maschinenbau e. V.

[27.2] VDI-Handbuch Lärmminderung. Beuth Verlag

[27.3] MAUTE, D.: Technische Akustik und Lärmschutz. Fachbuchverlag, Leipzig (2006)

Weiterführende Literatur

Arbeitswissenschaftliche Erkenntnisse – Forschungsergebnisse für die Praxis, Bundesanstalt für Arbeitsschutz, Wirtschaftsverlag NW

CREMER, L. und HUBERT, M.: Vorlesungen über Technische Akustik. Springer Verlag (1990)

Lärmschutz-Blätter des Hauptverbandes der gewerblichen Berufsgenossenschaften e. V., C. Heymanns Verlag

SCHMIDT, H.: Schalltechnisches Taschenbuch. VDI Verlag (1989)

VDI-Handbuch Lärmminderung. Beuth Verlag, Berlin (2000)

Kapitel 28 (Weiterführende Literatur)

DEHLI, M.: Energieeinsparung in Industrie und Gewerbe. Expert Verlag (1998)

FEIST, W.: Das Niedrigenergiehaus. 6. Auflage, Müller Verlag (2008)

FEIST, W.: Gestaltungsgrundlagen Passivhäuser. Das Beispiel (2000)

Literatur

HUMM, O. und JEHLE, F.: Strom optimal nutzen - Effizienz steigern und Kosten senken, in Haushalt, Verwaltung, Gewerbe und Industrie. Ökobuch (1996)

BAUMANN, F.-M.: Wärmepumpen: Heizen mit Umweltwärme. 6. Auflage, BINE (2006)

LUTZ, A.: Energiekonzepte für Neubaugebiete. Staatsanzeiger für Baden-Würtemberg (1996)

SUTTOR, W.: Blockheizkraftwerke – Ein Leitfaden für den Anwender. 6. Auflage, BINE (2006)

SANNER, B. und BUßMANN, W.: Erdwärme zum Heizen und Kühlen – Potentiale, Möglichkeiten und Techniken der oberflächennahen Geothermie. 5. Auflage, Geothermische Vereinigung (2005)

SCHADE, D.: Energiebedarf – Energienutzung – Energiebereitstellung. Springer Verlag (1995)

SCHMITZ, K. W. und SCHAUMANN, G. (Hrsg): Kraft-Wärme-Kopplung 3. Auflage, VDI Verlag (2005)

SUTTOR, W.: Praxis Kraft-Wärme-Kopplung –Technik, Umfeld, Realisierung von KWK-Anlagen. Müller Verlag, Loseblatt-Ausgabe

SUTTOR, W. und MÜLLER, A.: Das Mini-Blockheizkraftwerk. 5. Auflage, Müller Verlag (2009)

Kapitel 29

[29.1] www.bmwi.de, Energiedaten

Weiterführende Literatur

BUSSMANN, W.: Geothermie – Forschung – Entwicklung – Markt. Geothermische Vereinigung (1998)

DITTMANN, A.: Energiewirtschaft. Teubner Verlag (1998)

EDER, B. und SCHULZ, H.: Biogas-Praxis, Grundlagen, Planung, Anlagenbau, Beispiele, Wirtschaftlichkeit. 4. Auflage, Ökobuch (2007)

FISCH, N., MÖWS, B., ZIEGER, J.: Solarstadt – Konzepte – Technologien – Projekte. Kohlhammer Verlag (2001)

FLAIG, H.: Biomasse – nachwachsende Energie – Potentiale – Technik – Kosten. Expert Verlag (1998)

GASCH, R., TWELE J. (Hrsg): Windkraftanlagen – Grundlagen, Entwurf, Planung und Betrieb. 6. Auflage, Teubner Verlag (2009)

GIESECKE, J. und MOSONYI, E.: Wasserkraftanlagen – Planung, Bau und Betrieb. 4. Auflage, Springer Verlag (2005)

HAAS, H. und STROBL, T.: Wasserkraft. In Reihe Regenerative Energien Teil III, VDI Verlag (1998)

HAU, E.: Windkraftanlagen – Grundlagen, Technik, Einsatz, Wirtschaftlichkeit 4. Auflage, Springer Verlag (2008)

HEIER, S.: Nutzung der Windenergie. Leitfaden – Planung und Technik. 5. Auflage, BINE (2007)

KALTSCHMITT, M., HARTMANN, H. und HOFBAUER, H. (Hrsg): Energie aus Biomasse – Grundlagen – Techniken und Verfahren. 2. Auflage, Springer Verlag (2009)

KALTSCHMITT, M., HUENGES, E. und WOLFF, H. (Hrsg): Energie aus Erdwärme – Geologie – Technik und Energiewirtschaft. Dt. Verl. für Grundstoffindustrie (1999)

HULLMANN, H.: Photovoltaik in Gebäuden – Handbuch für Architekten und Ingenieure. Fraunhofer-IRB (2000)

KALTSCHMITT, M., STREICHER, W. und WIESE, A.: Erneuerbare Energien – Systemtechnik, Wirtschaftlichkeit – Umweltaspekte. 4. Auflage, Springer Verlag (2006)

SPÄTE, F. und LADENER, H.: Solaranlagen – Handbuch der thermischen Solarenergienutzung. 10. Auflage, Ökobuch (2008)

QUASCHNING, V.: Regenerative Energiesysteme. Technologie – Berechnung – Simulation. 5. Auflage, Carl Hanser Verlag, München (2007)

QUASCHNING, V.: Erneuerbare Energien und Klimaschutz. Hintergründe, Techniken, Anlageplanung, Wirtschaftlichkeit. Carl Hanser Verlag, München (2008)

SCHÜLE, R. und UFHEIL, M.: Thermische Solaranlagen – Marktübersicht. Ökobuch (1997)

STAIß, F.: Jahrbuch Erneuerbare Energien 2007. Bieberstein Verlag (2007)

STAISS, F. und KNAUPP, W.: Photovoltaik – Ein Leitfaden für Anwender. 4. Auflage, TÜV-Rheinland (2000)

VON KÖNIG, F. und JEHLE, C.: Bau von Wasserkraftanlagen – praxisbezogene Planungsgrundlagen. 4. Auflage, Müller Verlag (2005)

Sachwortverzeichnis